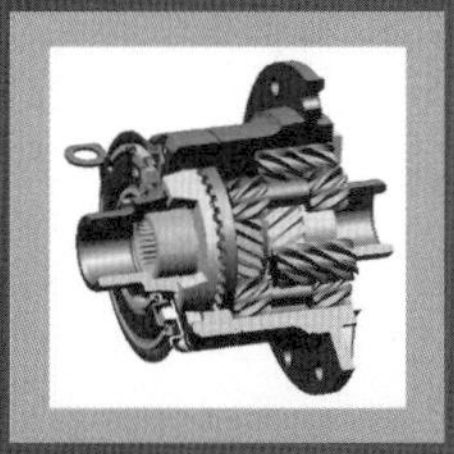 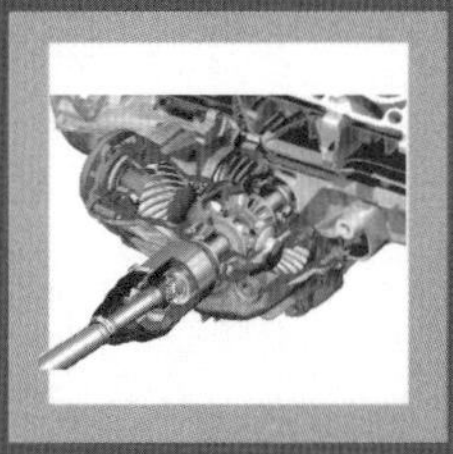 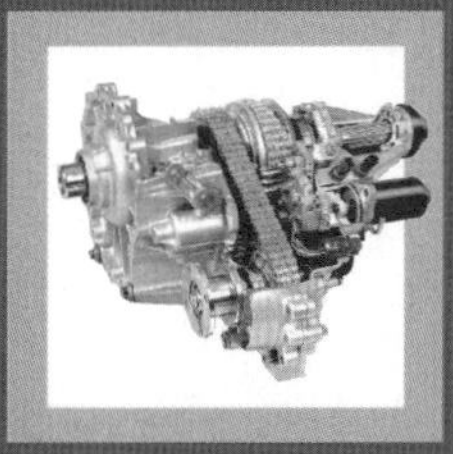 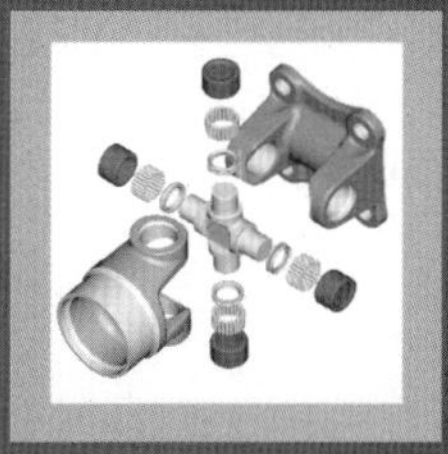

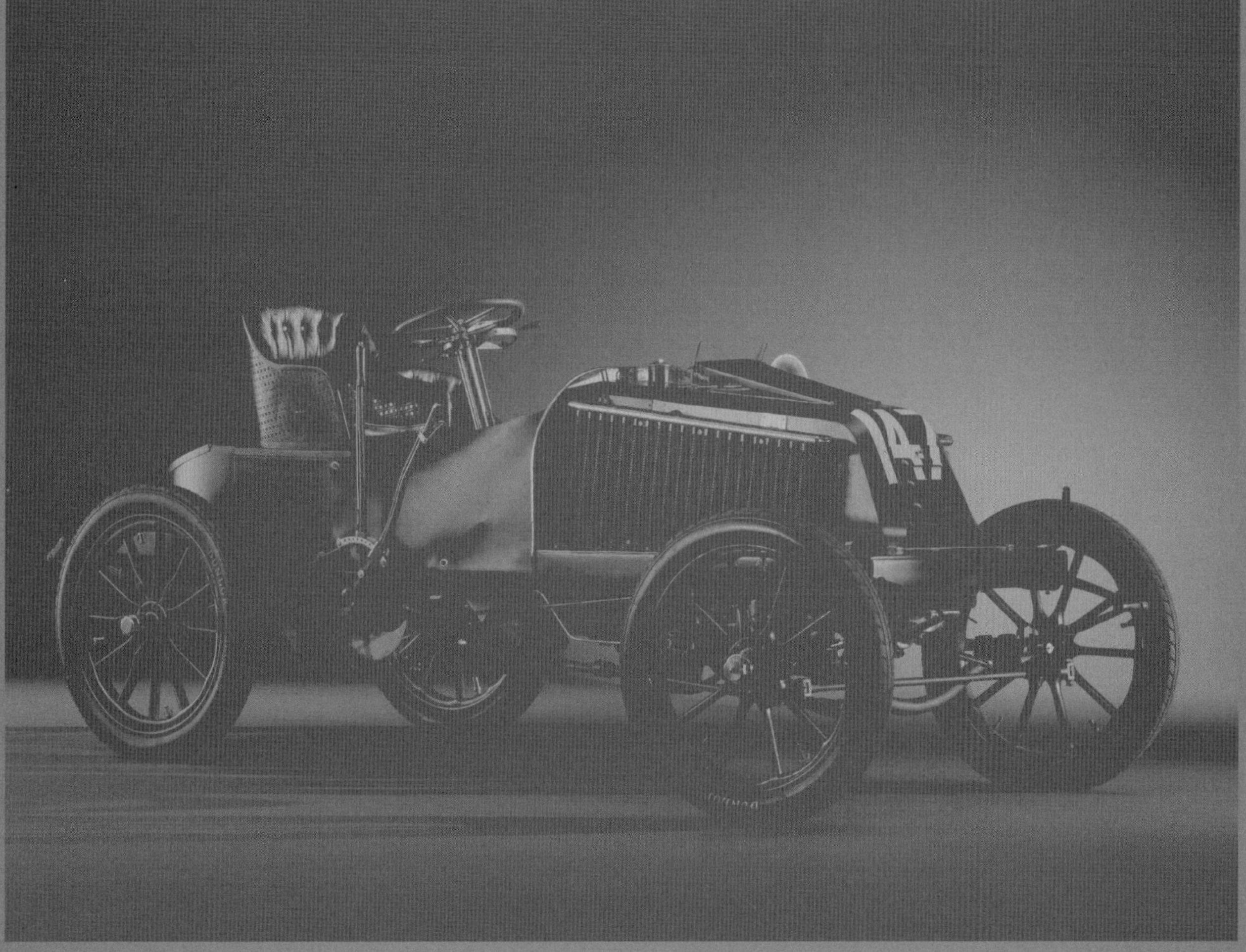

그린 오토섀시

GoldenBell
www.gbbook.co.kr

★ **불법복사는 지적재산을 훔치는 범죄행위입니다.**
저작권법 제97조의 5(권리의 침해죄)에 따라 위반자는 5년 이하의 징역 또는 5천만원 이하의 벌금에 처하거나 이를 병과할 수 있습니다.

제3의 개정판을 내면서....

자동차 메커니즘의 발전은 하루가 다르게 변모한다. 반면에 자동차 공학도는 양질 모두 도태일로를 걷고 있다.

하지만 '골든벨'은 우리들의 생활 산업에 필요불가결한 한 축을 이루어 왔고 미래에도 그럴 것임엔 틀림없다. 이에 따른 기술의 전령사로 다시 재 개편에 투자를 한다는 것은 전문 출판사의 자존감이자 양심의 발로이다.

이 책의 개편 내용은 다음과 같다.

자동차의 초심서와 진보 기술의 정보이자 입문서로서 타서와 비교할 수 없도록
가독력을 고민하며 편성하였다.
내용의 개정 주요 포인트는 **자동차 기초이론**은 물론이고
신기술인 **전자제어 자동변속기, 무단변속기(CVT), 전자제어 4WD(TOD, ITM),**
전자제어 공기식 현가장치, 전자제어 동력 조향장치(ECPS, EHOS, MDPS), 4WS, ABS,
제동력 배력장치, 전자 제동력 분배장치(EBD), 구동력 제어장치(TCS),
차체 자세 제어장치(VDC, ESP), 타이어 공기 압력 경고장치(TPMA),
전자 주차 브레이크장치(EPB)에 이르기까지 자동차 공학을 총망라하였다.

이 책을 잡는 자동차 공학도, 자동차 산업현장에서 신기술의 개념만이라도 체득하고자 하는 진정한 기술인들, 관련 시험에 응시하는 수험생들에게까지 후회 없는 필독서로 잔존하길 염원의 작품이다.

대한민국의 자동차 공학도들이여 !
당신이야말로 세계 속의 'Top Auto Technician' 입니다.

2013년(계사년) 벽두에
지은이

차 례

01 클러치와 수동변속기

클러치 9
- 클러치의 역할 9
- 단판 클러치의 구조 및 기능 10
- 클러치 조작 기구 13
- 페달 조작력 전달 방식 14
- 클러치 용량 16

수동 변속기 16
- 변속기의 필요성 16
- 변속기의 구비조건 16
- 변속기의 분류 17
- 변속기 조작 기구 20
- 변속비 21

FF방식 자동차의 동력 전달 장치 21
- 개요 21
- 구조 및 기능 22

02 유체클러치·토크컨버터 & 댐퍼클러치

유체 클러치 24
토크 컨버터 27
댐퍼 클러치 38

03 전자제어 자동변속기

전자제어 자동변속기의 개요 41
전자제어 자동변속기의 작동 요소 42
- 구성 부품의 구조 43
- 전자제어 자동변속기의 제어장치 48
- 전자제어 자동변속기 데이터 분석 60
- 전자제어 자동변속기의 동력전달경로 63
- 전자제어 자동변속기 각 단의 유압 회로도 68
- 자동변속기 변속 레버의 종류 73

전자제어 자동변속기의 각종 제어 74
자동변속기의 성능 점검 83
- 유압 시험 83
- 스톨 시험 stall test 83
- 자동변속기의 오일량 점검 방법 84
- 자동변속기의 오일 색깔 상태 84

04 무단 변속기(CVT)

무단 변속기의 개요 85
무단 변속기의 필요성 및 특징 86
무단 변속기 성능의 메커니즘 87
- 주행 성능 및 연료소비율 향상 87
- 동력 성능 향상 88

무단 변속기의 종류 90
- 동력 전달 방식에 따른 분류 90
- 변속 방식에 의한 분류 91

무단 변속기의 구성요소 96
- 무단 변속기 구성 요소 및 작동 96
- 무단 변속기 전자제어 104

05 드라이브 라인, 종감속장치 및 바퀴

드라이브 라인 111
종감속 기어 114
차동 장치 115
차축 117
차축 하우징 119
바 퀴 119

06 4WD Four Wheel Drive

4바퀴 구동 장치   125
- 4바퀴 구동 장치의 개요   125
- 파트 타임 방식과 풀 타임 방식   127

파트타임전자제어 4바퀴 구동장치   128
- 파트 타임 전자제어 4바퀴 구동 장치의 개요   128
- 파트 타임 4바퀴 구동 장치 구성 및 작동원리   129

풀 타임 전자제어 4바퀴 구동장치   134
- TOD 방식   134
- ITM 방식   138

07 주행성능 및 동력성능

자동차 주행 저항과 구동력   142
주행 저항   143
- 구름 저항(Rr)   143
- 공기 저항(Ra)   144
- 등판 저항(Rg)   146
- 가속 저항(Ri)   146
- 전체 주행 저항(Rt)   146

구동력과 주행 속도   147
바퀴와 노면 사이의 점착력   149
주행 성능 곡선   150
- 주행 성능 곡선을 그리는 방법   150
- 여유 구동력과 여유 구동 마력   152

등판 성능   153
가속 성능   153
최고 속도 성능   154
연료 소비율 성능   155

08 현가장치

현가장치   157
- 현가장치의 구성 부품   157
- 현가장치의 분류   161

자동차의 진동 및 승차감   164
- 자동차의 진동   164
- 진동수와 승차감   165

09 전자제어 현가장치

ECS   166
- ECS의 개요   166
- ECS의 특징   166
- ECS의 종류   167
- 액티브 ECS의 구성 부품   171
- ECS 제어 기능   182

뉴 ECS   189
- ECS의 개요   189
- ECS의 기능   189
- ECS의 입·출력 제어 기능   190
- ECS의 구성 부품   190
- 앞·뒤 현가장치   194

10 조향장치

조향장치   195
- 조향장치의 원리   196
- 조향장치의 구조와 작용   197

동력 조향장치   201
- 개 요   201
- 동력 조향장치의 종류   201
- 동력 조향장치의 구조   202
- 동력 조향장치의 작동   203

11 전자제어 동력조향장치

전자제어 동력조향장치 206
- 전자제어 동력조향장치의 개요 206
- 전자제어 동력조향장치의 특징과 종류 207

유압식 전자제어 동력조향장치 208
- 유압식 전자제어 동력조향장치의 개요 208
- 유압식 동력 조향장치의 기본원리 209
- 유압식 동력조향장치의 종류 210
- 유압식 동력조향장치의 구성 요소 212

전동 유압식 동력조향장치(EHPS) 214
- 전동 유압식 동력조향장치의 개요 214
- 전동 유압식 동력조향장치의 작동 원리 214
- 전동 유압식 동력조향장치의 제어 216

속도 감응형 전동식 동력 조향장치 (MDPS) 217
- 개요 217
- 장점 및 특징 217
- EPS시스템과 MDPS시스템의 비교 218
- 속도 감응형 전동식의 종류 218
- 속도 감응형 전동식의 구성 및 기능 220
- 속도 감응형 전동식의 작동 222
- 속도 감응형 전동식의 제어 223

12 4바퀴 조향장치(4WS)

4바퀴 조향장치의 개요 226

4바퀴 조향장치의 기본 개념 229
- 2바퀴 조향과 4바퀴 조향의 비교 229
- 4바퀴 조향장치 자동차의 자유로운 선회 230
- 4바퀴 조향장치 자동차의 중·고속에서의 선회 성능 230

4바퀴 조향장치의 제어 목적과 효과 231

4바퀴 조향장치의 작동 233

4바퀴 조향장치 제어 방식의 종류 234

13 휠 얼라인먼트

휠 얼라인먼트 개요 237
휠 얼라인먼트 요소의 정의와 필요성 237

14 선회 성능

- 선회 성능의 개요 243
- 사이드 슬립을 할 때 바퀴에 작용하는 힘 243

15 제동장치(Brake System)

제동장치의 분류 249
유압 브레이크 252
브레이크 슈의 구성 257
브레이크 드럼과 슈의 자기작동 260
자동 간극 조정 브레이크 260
브레이크 오일 260
디스크 브레이크 261
배력식 브레이크 265
- 진공 배력식의 원리 265
- 진공 배력식의 종류 265
- 공기식 배력 장치 269

공기 브레이크 270
주차 브레이크 275
감속 브레이크 275

Contents

16 ABS

ABS 개요 276
- 제동장치의 기초 이론 277
- ABS의 기능 281
- ABS의 기본 원리 281

ABS 구성 요소의 구조 및 작동 원리 284
- 컴퓨터(ECU) 284
- 하이드롤릭 유닛, 모듈레이터 285
- 휠 스피드 센서 290

ABS 고장 진단 291

17 제동력 배력장치
- 제동력 배력장치의 개요 292
- 제동력 배력장치의 장점 및 특징 292
- 제동력 배력장치의 종류 293

18 EBD
- 전자 제동력 분배장치의 개요 295
- 전자 제동력 분배장치의 필요성 295
- 전자 제동력 분배장치의 작동원리 297
- 전자 제동력 분배장치 경고등 제어 299

19 TCS(구동력 제어장치)

TCS의 개요 및 목적 300
- 바퀴의 역할 301
- 바퀴의 미끄럼과 구동력 302
- 목표 미끄럼 비율 변경 방법 302

구동력 제어 장치의 종류 303
- 엔진 조정 구동력 제어 장치 & 흡입 공기량 제한 형식 303
- 브레이크 제어 구동력 제어 장치 303
- 통합 제어 구동력 제어 장치 303

구동력 제어 장치의 기능 및 제어 304
- 구동력 제어 장치의 기능 304
- 구동력 제어 장치의 작동 원리 304
- 구동력 제어 장치의 제어 305

구동력 제어장치의 기능 및 제어 308
- 멜코 엔진운용장치(EMS) 방식 308
- 헬라(HELLA) 방식 310
- 통합 제어 구동력 제어 장치(FTCS) 311

통합 제어 구동력 제어 장치의 구성요소 및 작동 312
- 통합 제어 동력 제어장치 입·출력계통 312
- 통합 제어 구동력제어장치 구성요소의 기능 및 작동 원리 312

20 ESP(차체 자세제어장치)

차체 자세 제어장치의 개요 316

차체 자세 제어장치의 제어 이론 317

유압 부스터방식 차체자세 제어장치 319
- 유압 부스터 방식의 개요 319
- 유압 부스터 방식 구성 부품의 기능 320

진공 부스터 방식 차체자세 제어장치 329
- 진공 부스터 방식의 개요 329
- 진공 부스터 방식 구성 부품의 기능 330

차체 자세 제어 장치의 제어 335
- 요 모멘트 제어 335
- ABS의 관련 제어 336
- 자동 감속 제어(브레이크 제어) 337

21 제동성능

제동거리 339

제동 경과 340

제동 성능에 영향을 미치는 인자 344

22 프레임 및 보디

프레임　346
모노코크 보디　348
안전 보디　349

23 TPMS & EPB

타이어 공기 압력 경고 시스템의 개요　351

TPMS의 종류 및 구성　351
- TPMS의 종류　351
- TPMS의 구성　352
- EPB(전자 주차 브레이크 장치)　355

1 클러치와 수동변속기

학/습/목/표

1. 클러치의 역할에 대하여 설명할 수 있다.
2. 상용차 단판 클러치의 기능에 대하여 설명할 수 있다.
3. 승용차 단판 클러치의 기능에 대하여 설명할 수 있다.
4. 뒷바퀴 구동(FR) 수동 변속기의 필요성에 대하여 설명할 수 있다.
5. 뒷바퀴 구동(FR) 수동 변속기의 작동에 대하여 설명할 수 있다.
6. FF방식 자동차의 동력 전달 과정을 설명할 수 있다.
7. 트랜스 액슬의 기능에 대하여 설명할 알 수 있다.

1 클러치 Clutch

1-1. 클러치의 역할

클러치는 엔진의 플라이 휠과 변속기 사이에 배치되어 있으며, 엔진의 동력을 동력전달 장치에 연결하거나 차단하는 장치이다.

1 클러치의 필요성

① 엔진을 시동할 때 동력을 차단하여 무부하 상태로 하기 위해
② 변속기의 기어를 변속할 때 엔진의 동력을 일시 차단하기 위해
③ 자동차의 관성 운전을 하기 위해

2 클러치의 구비 조건

① 회전관성이 적어야 한다.
② 동력을 전달할 때에는 미끄럼을 일으키면서 서서히 전달되고, 전달된 후에는 미끄러지지 않아야 한다.
③ 회전부분의 평형이 좋아야 한다.
④ 냉각이 잘 되어 과열하지 않아야 한다.
⑤ 구조가 간단하고, 다루기 쉬우며 고장이 적어야 한다.
⑥ 단속 작용이 확실하며, 조작이 쉬울 것

3 단판 클러치 작동(상용 자동차)

1) 엔진의 동력을 차단할 때(클러치 페달을 밟으면)의 작동

클러치 페달을 밟으면 릴리스 베어링이 다이어프램 스프링(릴리스 레버)을 밀게 되므로 압력판이 플라이 휠

반대쪽으로 이동한다. 이에 따라 압력판의 압력에 의해 플라이 휠에 압착되어 있던 클러치 디스크가 플라이 휠과 압력판에서 분리되므로 엔진의 동력이 차단되어 변속기에 전달되지 않는다.

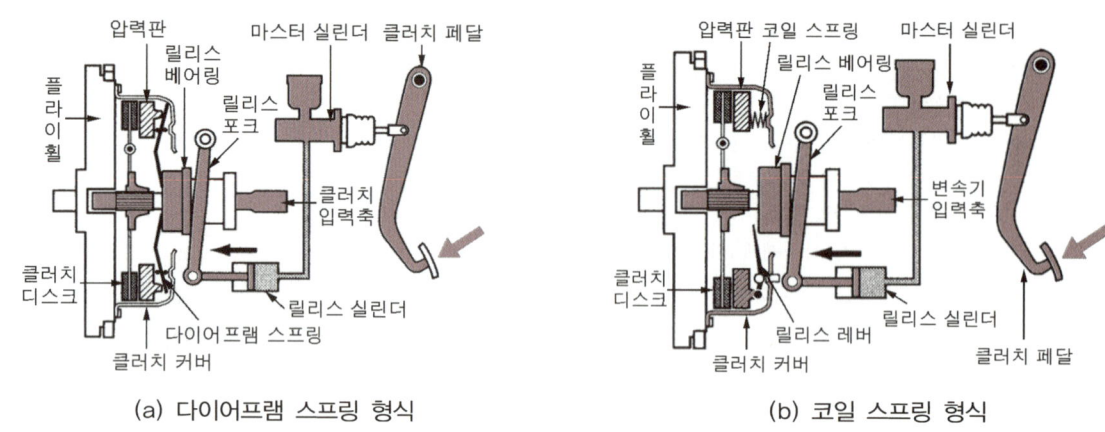

∷ 엔진의 동력을 차단할 때의 작동

2) 엔진의 동력을 전달할 때(클러치 페달을 놓으면)의 작동

엔진의 동력을 변속기로 전달하기 위해 클러치 페달을 놓으면 다이어프램 스프링(클러치 스프링)의 장력에 의하여 압력판이 클러치 디스크를 플라이 휠에 압착시킴으로 플라이 휠, 클러치 커버, 압력판, 클러치 디스크가 함께 회전한다. 클러치 디스크는 변속기 입력축의 스플라인에 설치되어 있으므로 클러치 디스크가 회전하면 엔진의 동력이 변속기에 전달된다.

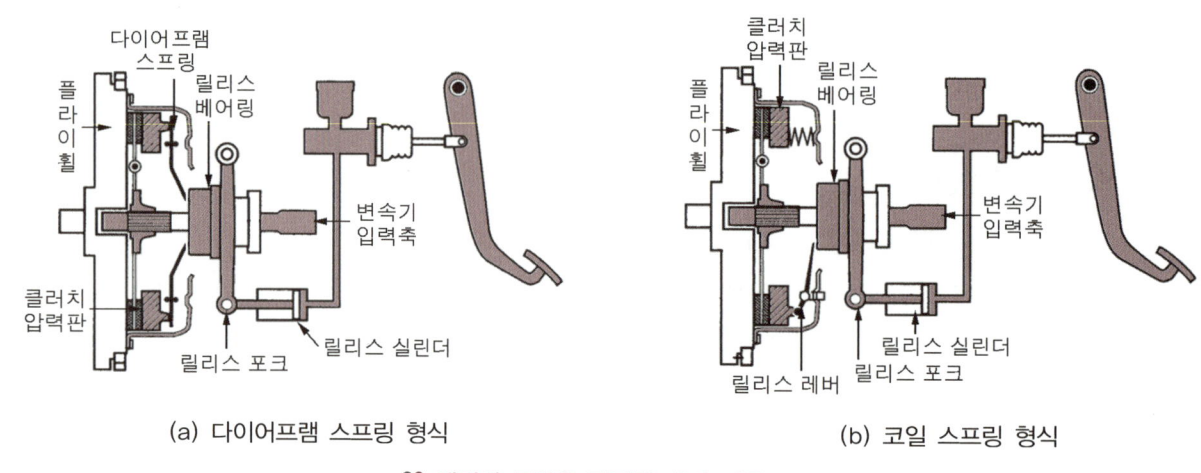

∷ 엔진의 동력을 전달할 때의 작동

1-2. 단판 클러치의 구조 및 기능

단판 클러치는 클러치 판, 압력판, 다이어프램 스프링(코일 스프링 형식에서는 클러치 스프링과 릴리스 레버), 클러치 커버 등과 이들이 설치되는 엔진 플라이휠 및 변속기 입력축 등으로 구성되어 있다.

1 클러치 디스크 clutch disc, 클러치 판

클러치 디스크는 플라이 휠과 압력판 사이에 끼워져 있으며, 클러치 페달을 놓았을 때 엔진의 동력을 변속기 입력축을 통하여 변속기로 전달하는 마찰 판이다. 구조는 원형 강판의 가장자리에 마찰 물질로 된 페이싱(또는 라이닝 ; facing or lining)이 리벳으로 고정되어 있고, 중심부에는 허브(hub)가 있으며. 그 내부에 변속기 입력축을 끼우기 위한 스플라인(spline)이 파져 있다.

또 허브와 클러치 강판 사이에는 비틀림 코일 스프링 또는 댐퍼 스프링(damper spring or torsion spring)이 설치되어 클러치 디스크가 플라이 휠에 접속될 때 회전 충격을 흡수한다. 페이싱 사이에는 파도 모양의 쿠션 스프링이 설치되어 클러치가 접속될 때 스프링이 변형되어 디스크의 변형, 편마멸, 파손 등을 방지한다.

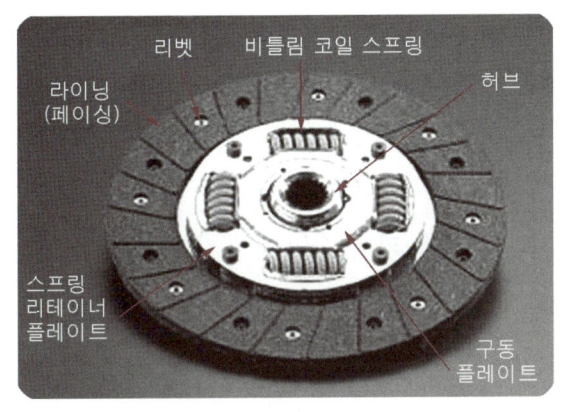 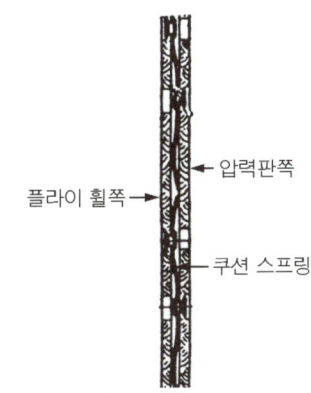

:: 클러치 디스크의 구조

2 변속기 입력축(클러치 축)

변속기 입력축은 클러치 디스크에 의해서 엔진의 동력을 변속기로 전달하며, 축의 스플라인 부에 클러치 디스크 허브의 스플라인이 끼워져 클러치 페달을 밟거나 놓을 때 클러치 디스크가 축 방향으로 미끄럼 운동을 한다. 앞 끝은 플라이 휠 중앙부에 설치된 파일럿 베어링에 의해 지지되고, 뒤끝은 볼 베어링에 의해 변속기 케이스에 지지되어 있다.

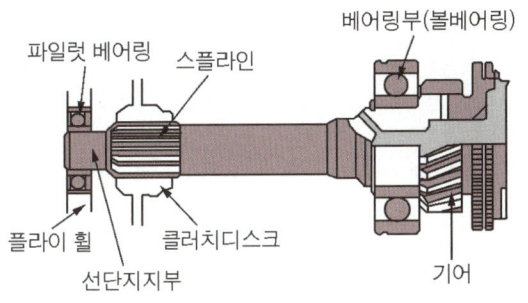

:: 변속기 입력축

3 압력판

압력판은 다이어프램 스프링(또는 클러치 스프링)의 장력으로 클러치 디스크를 플라이 휠에 압착시키는 역할을 한다. 클러치 디스크와의 접촉면은 정밀 다듬질되어 있고 뒷면에는 코일 스프링 형식에서는 스프링 시트와 릴리스 레버 설치 부분이 마련되어 있다. 또 압력 판과 플라이 휠은 항상 회전하므로 동적 평형이 잘 잡혀 있어야 한다.

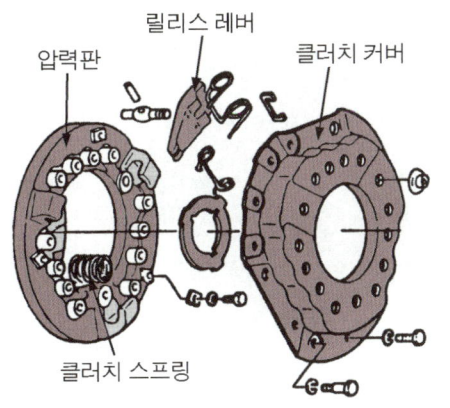 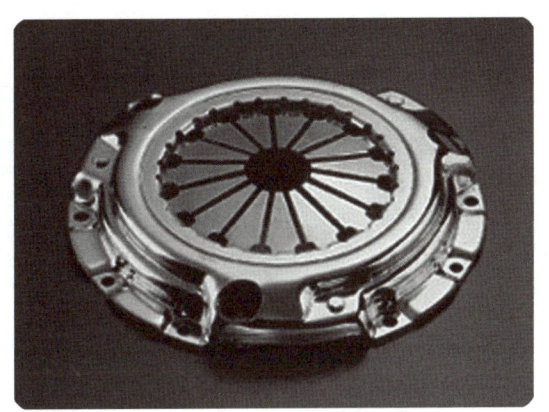

:: 클러치 압력판

4 릴리스 레버 release lever

릴리스 레버는 코일 스프링 형식에서 클러치 페달을 밟을 때 릴리스 베어링의 힘을 받아 압력판을 움직이는 작용을 하며, 이 레버의 높이가 서로 다르면 자동차가 출발할 때 진동을 일으키는 원인이 된다.

5 클러치 스프링 clutch spring

클러치 스프링은 클러치 커버와 압력판 사이에 설치되어 있으며, 스프링의 장력으로 압력판을 플라이 휠에 압착시키는 작용을 한다. 사용되고 있는 스프링에 따라 분류하면 코일 스프링 형식(상용차), 다이어프램 스프링 형식(승용차), 크라운 프레셔 스프링 형식 등이 있다.

1) 코일 스프링 형식 coil spring type

이 형식은 9~12개의 코일 스프링을 클러치 압력판과 커버 사이에 설치한 것이다.

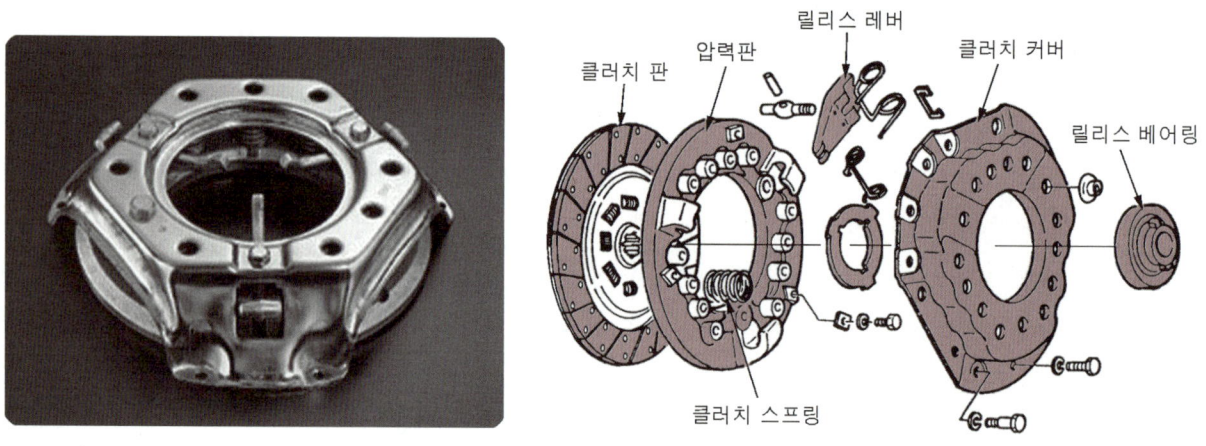

∷ 상용차 코일 스프링 형식의 구조

2) 다이어프램 스프링 형식(막 스프링 형식 ; 승용차)

이 형식은 코일 스프링 형식의 릴리스 레버와 코일 스프링의 역할을 동시에 하는 접시 모양의 다이어프램 스프링을 사용하고 있다.

① **구조 및 설치 상태** : 다이어프램 스프링의 바깥쪽 끝은 압력판과 접촉하며, 중앙의 핑거(finger)는 약간 볼록하게 되어 있다. 바깥쪽 끝의 약간 떨어진 부분에 피벗 링을 사이에 두고 클러치 커버에 설치되어 이 피벗 링을 지점으로 하여 압력판을 눌러 준다.

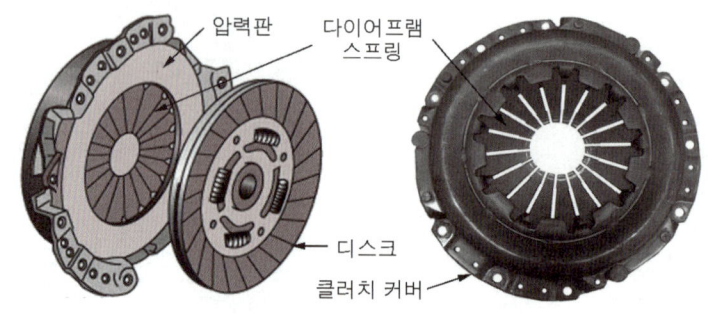

∷ 다이어프램 스프링 형식

② **다이어프램 스프링 형식의 작동** : 클러치 페달을 밟으면 릴리스 베어링에 의해 다이어프램 스프링 핑거 부분에 압력이 가해져 전체 다이어프램 스프링이 안쪽으로 구부러지면서 압력판을 뒤로 잡아당겨 클러치 디스크를 플라이 휠로부터 분리시킨다. 클러치 페달을 놓아 핑거 부분의 압력이 풀리면 다이어프램 스프링이 원위치 되어 클러치 디스크가 플라이 휠에 압착된다.

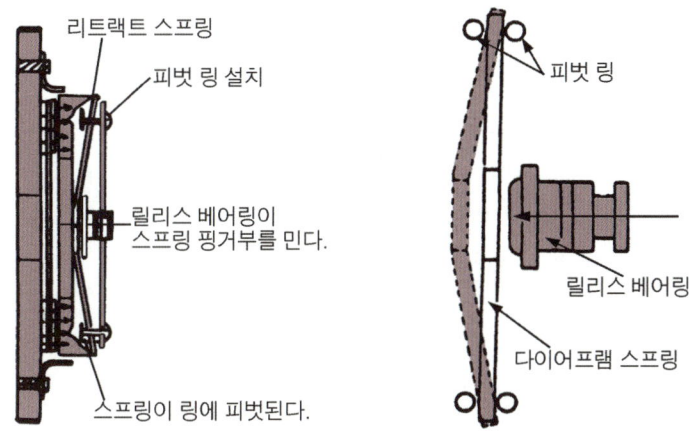

∷ 다이어프램 스프링 형식의 작동

3) 다이어프램 스프링 형식의 특징

① 압력판에 작용하는 힘이 일정하다.
② 원판형으로 되어 있어 평형이 좋다.
③ 구조가 간단하여 다루기 쉽다.
④ 클러치 페달 조작력이 작아도 된다.
⑤ 라이닝이 어느 정도 마멸되어도 압력판에 가해지는 압력의 변화가 없다.
⑥ 고속운전에서 원심력을 받지 않아 스프링 장력이 감소하는 경향이 없다.

1-3. 클러치 조작 기구

클러치 조작 기구에는 클러치 페달, 페달의 조작력을 릴리스 포크로 전달하는 부분, 릴리스 포크 및 릴리스 베어링 등으로 구성되어 있고, 페달 조작력 전달 방법에는 기계식과 유압식이 있다.

1 클러치 페달 clutch pedal

클러치 페달은 페달의 밟는 힘을 감소시키기 위해 지렛대 원리를 이용한다. 설치 방법에 따라 펜던트형(pendant type)과 플로어형(floor type)이 있다.

페달을 밟은 후부터 릴리스 베어링이 다이어프램 스프링(또는 릴리스 레버)에 닿을 때까지 페달이 이동한 거리를 자유 간극(또는 유격)이라 한다. 자유 간극이 너무 적으면 클러치가 미끄러지며, 이 미끄럼으로 인하여 클러치 디스크가 과열되어 손상된다. 반대로 자유 간극이 너무 크면 클러치 차단이 불량하여 변속기의 기어를 변속할 때 소음이 발생하고 기어가 손상된다.

따라서 페달의 자유 간극은 기계식인 경우 20~30mm정도, 유압식은 10~15mm 정도가 좋으며 자유 간극 조정은 클러치 링키지에서 하고, 클러치가 미끄러지면 페달 자유 간극부터 점검 조정하여야 한다.

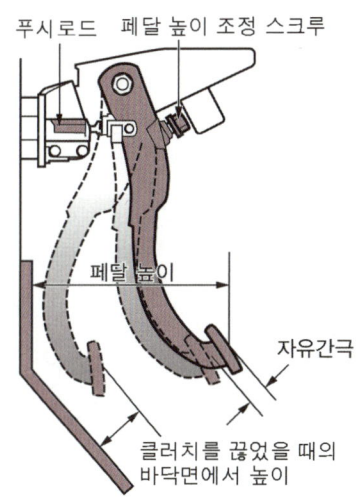

∷ 클러치 페달의 자유 간극

2 릴리스 포크 release fork

릴리스 포크는 릴리스 베어링 칼라에 끼워져 클러치 페달의 조작력을 릴리스 베어링에 전달하는 작용을 한다. 구조는 요크와 핀 고정부가 있으며 끝 부분에는 리턴 스프링을 설치하여 클러치 페달을 놓았을 때 신속히 원위치가 되도록 한다.

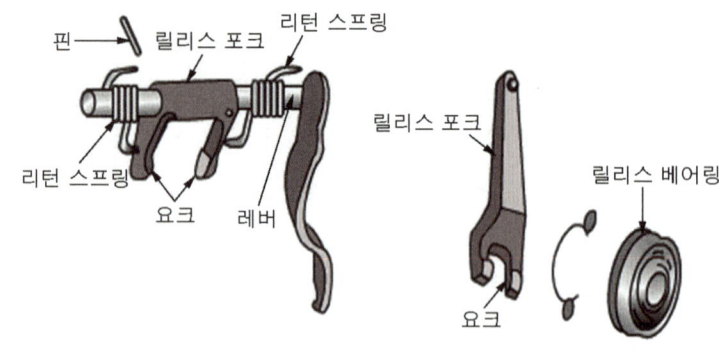

❖ 릴리스 포크

3 릴리스 베어링 release bearing

릴리스 베어링은 클러치 페달을 밟았을 때 릴리스 포크에 의하여 변속기 입력축의 길이 방향으로 이동하여 회전 중인 다이어프램 스프링(또는 릴리스 레버)을 눌러 엔진의 동력을 차단하는 역할을 한다.

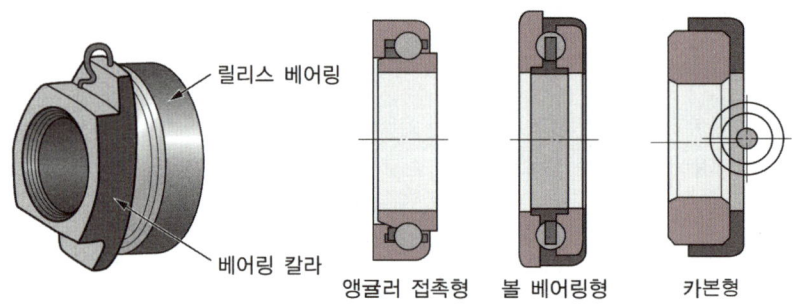

❖ 릴리스 베어링의 구조와 종류

1-4. 페달 조작력 전달 방식

1 기계식

기계식은 클러치 페달을 밟는 힘을 케이블을 거쳐 릴리스 포크로 전달하여 릴리스 베어링을 이동시키는 방식이다.

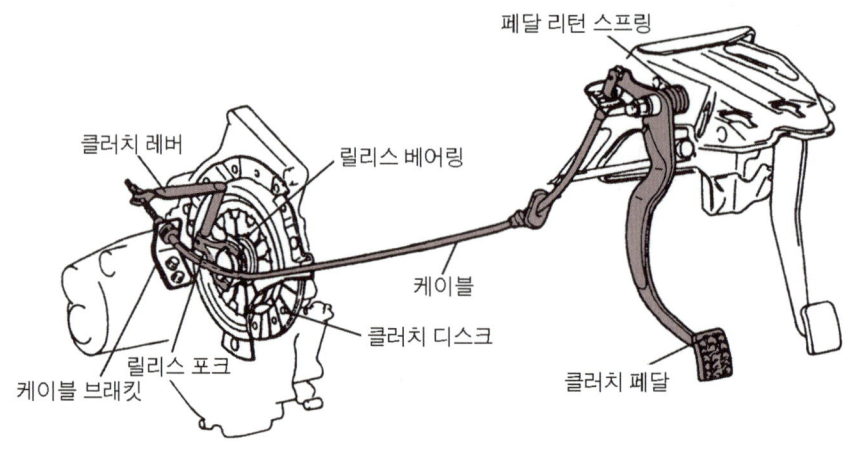

❖ 기계식

2 유압식

유압식은 클러치 페달을 밟으면 마스터 실린더에서 유압이 발생되며, 이 유압을 이용하여 릴리스 포크로 전달하여 릴리스 베어링을 이동시키는 방식이다. 이 방식의 특징은 다음과 같다.

① 마찰이 작기 때문에 클러치 페달을 밟는 힘이 작아도 된다.
② 클러치의 작용이 신속하게 이루어진다.
③ 엔진과 클러치 페달의 설치 위치가 자유롭다.
④ 구조가 복잡하며, 오일이 새거나 공기가 침입하면 조작이 어렵다.

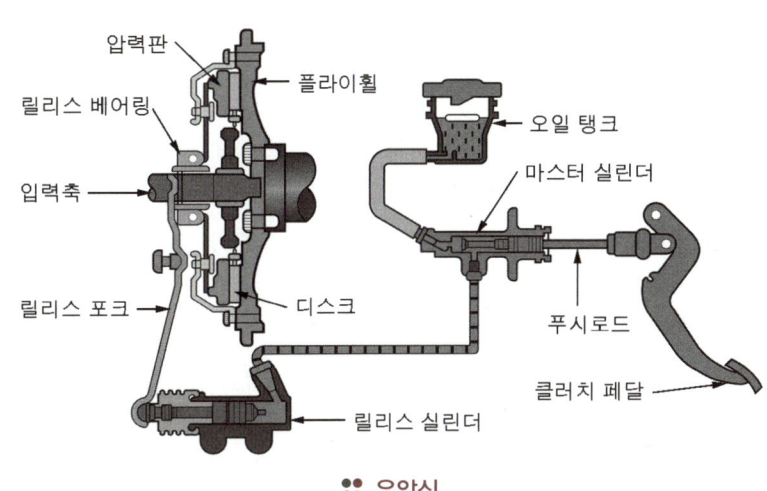

∷ 유압식

- 마스터 실린더(master cylinder) : 마스터 실린더는 알루미늄 합금이며, 위쪽에는 오일 저장 탱크가 있고 그 내부에 피스톤, 피스톤 컵, 리턴 스프링 등이 조립되어 있다. 작동은 클러치 페달을 밟으면 푸시로드가 피스톤을 밀어 유압을 발생시켜 릴리스 실린더로 보낸다. 그러나 페달을 놓으면 피스톤은 리턴 스프링 장력으로 제자리로 복귀하고, 릴리스 실린더로 보내졌던 오일이 리턴 구멍을 거쳐 오일 탱크로 복귀한다.
- 릴리스 실린더(release cylinder, 슬레이브 실린더) : 릴리스 실린더는 마스터 실린더에서 보내 준 유압을 피스톤과 푸시로드에 작용하여 릴리스 포크를 미는 작용을 한다. 또 릴리스 실린더에는 유압회로 내에 침입한 공기를 배출시키기 위한 공기 블리더 스크루가 있다. 그리고 클러치는 사용함에 따라 클러치 디스크의 페이싱이 마멸되어 페달의 자유 간극이 작아진다. 따라서 알맞은 시기에 페달의 자유 간극을 조정하여야 하지만 최근에는 페달의 자유 간극을 조정하지 않아도 되는 비조정식 릴리스 실린더를 사용하고 있다.

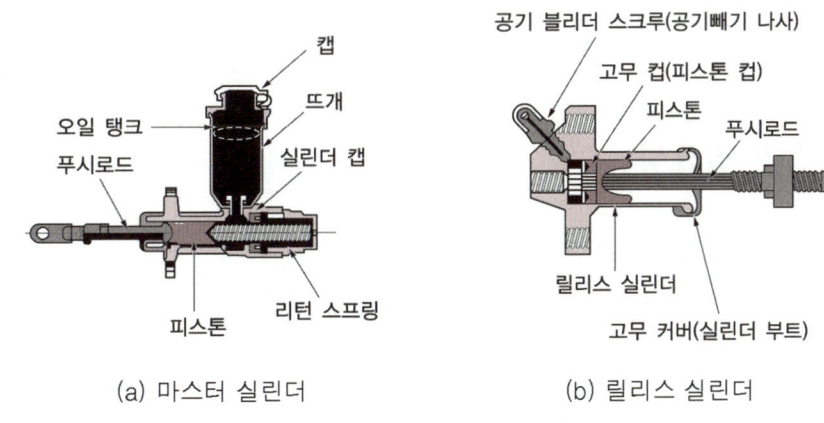

∷ 마스터 실린더와 릴리스 실린더의 구조

1-5. 클러치 용량

1 클러치 용량

클러치 용량이란 클러치가 전달할 수 있는 회전력의 크기이며, 일반적으로 사용 엔진 회전력의 1.5~2.5배 정도이다. 클러치 용량이 너무 크면 클러치가 엔진 플라이휠에 접속될 때 엔진이 정지되기 쉬우며, 반대로 너무 작으면 클러치가 미끄러져 클러치판의 라이닝 마멸이 촉진된다.

2 클러치가 미끄러지지 않는 조건

$$Tfr \geq C$$

여기서, T : 클러치 스프링 장력 f : 클러치판의 평균 반지름
r : 클러치판과 압력판 사이의 마찰 계수 C : 엔진 회전력

2 수동 변속기 manual transmission

엔진의 회전력은 회전속도의 변화에 관계없이 항상 일정하지만 그 출력은 회전속도에 따라서 크게 변화하는 특징이 있다. 자동차가 필요로 하는 구동력은 도로의 상태, 주행속도, 적재 하중 등에 따라 변화하므로 변속기는 이에 대응하기 위해 엔진의 옆이나 뒤쪽에 설치되어 엔진의 출력을 자동차의 주행속도에 알맞게 회전력과 속도로 바꾸어서 구동 바퀴로 전달하는 장치이다.

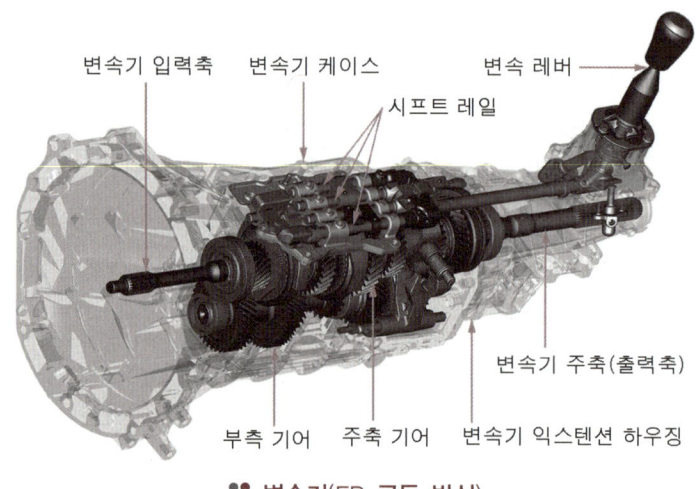

❋ 변속기(FR 구동 방식)

2-1. 변속기의 필요성

① 엔진과 차축 사이에서 회전력을 증대시킨다.
② 엔진을 시동할 때 무부하 상태로 한다(변속 레버 중립 위치).
③ 자동차를 후진시키기 위하여 필요하다.

2-2. 변속기의 구비조건

① 작고 가벼우며, 고장이 없으며 다루기 쉬울 것   ② 조작이 쉽고, 신속·확실·정숙하게 작동할 것
③ 단계가 없이 연속적으로 변속이 될 것   ④ 전달효율이 좋을 것

2-3. 변속기의 분류

1 활동 기어식 sliding gear type ; 섭동 기어식

이 변속기는 주축과 부축이 평행하며, 주축에 설치된 각 기어는 스플라인에 끼워져 축 방향으로 미끄럼 운동을 할 수 있다. 변속할 때는 변속 레버의 조작으로 주축에 설치된 기어 한 개(A, B)를 선택하여 미끄럼 운동으로 이동시켜 부축 기어에 물림으로서 동력이 전달된다. 이 형식은 구조는 간단하지만 기어를 미끄럼 운동시켜 직접 물림으로 변속 조작의 거리가 멀고, 가속 성능이 저하되며, 기어와 주축의 회전속도 차이를 맞추기 어려워 기어가 파손되기 쉽다.

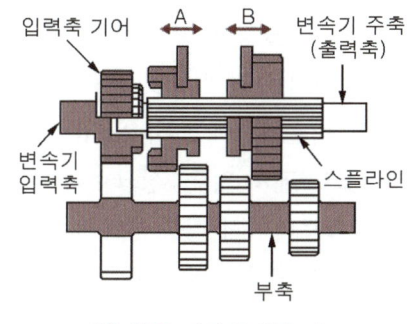

활동 기어식 변속기

2 상시 물림식 constant mesh type

이 변속기는 주축 기어와 부축 기어가 항상 물려 있는 상태로 작동하며, 주축에 설치된 모든 기어는 공전을 한다. 변속할 때는 주축의 스플라인에 설치된 도그 클러치(dog clutch or clutch gear)가 변속 레버에 의하여 이동하여 공전하고 있는 주축 기어 안쪽의 도그 클러치에 끼워져 주축과 기어에 동력을 전달한다.

이 형식은 기어를 파손시키는 일이 적고, 도그 클러치의 물림 폭이 좁아 변속 레버의 조작 각도가 작으므로 변속 조작이 쉽고 구조도 비교적 간단하다.

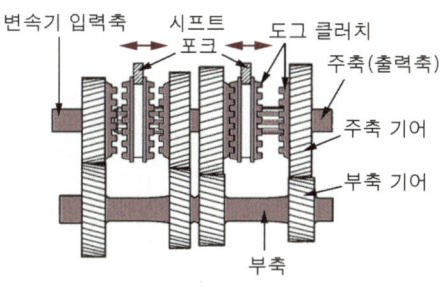

상시 물림식 변속기

3 동기 물림식 synchro mesh type

이 변속기는 주축 기어와 부축 기어가 항상 물려져 있으며, 주축 위의 제1속, 제2속, 제3속 기어 및 후진기어가 공전한다. 엔진의 동력을 주축 기어로 원활히 전달하기 위하여 기어에 싱크로메시 기구(동기 물림 장치)를 두고 있다. 싱크로메시 기구는 기어를 변속할 때 기어의 원뿔 부분에서 마찰력을 일으켜 주축에서 공전하는 기어의 회전속도와 주축의 회전속도를 일치시켜 기어 물림이 원활하게 이루어지도록 하는 방식이다.

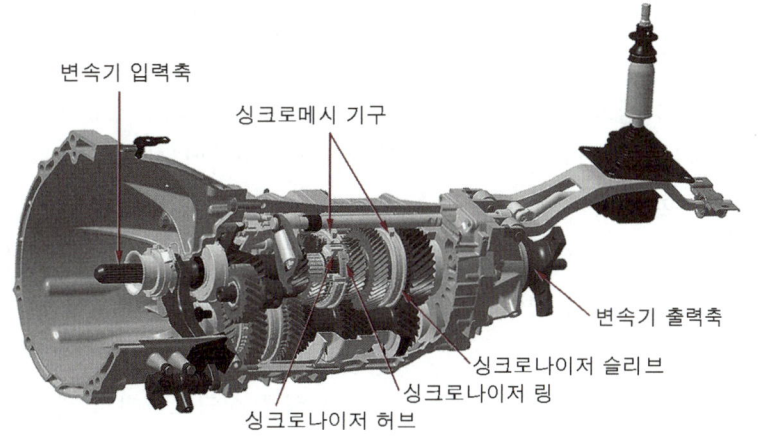

동기 물림식 변속기

1) 동기 물림식 구성품의 기능

① **변속기 입력축** : 엔진의 동력이 입력축의 스플라인에 설치된 클러치 판에 의해서 전달되어 회전하며, 출력축에 동력을 전달하는 역할을 한다. 또한 변속기 입력축에는 고속 기어의 변속이 가능하도록 싱크로메시 기구가 설치되어 있다.

② **변속기 출력축** : 변속기 출력축은 변속기 입력축에서 동력을 받아 회전하며(고속 기어의 변속에 의한 동력 포함), 입력축 및 출력축에서 변속이 이루어진 회전력을 종감속 기어장치에 전달하는 역할을 한다. 또한 출력축에는 저속 기어의 변속이 가능하도록 싱크로메시 기구가 설치되어 있다.

③ **싱크로메시 기구** : 싱크로메시 기구는 주행 중 기어 변속시 주축의 회전수와 변속 기어의 회전수 차이를 싱크로나이저 링을 변속 기어의 콘(cone)에 압착시킬 때 발생되는 마찰력을 이용하여 동기시킴으로써 변속이 원활하게 이루어지도록 하는 장치이다. 싱크로메시 기구의 구성은 싱크로나이저(클러치) 허브, 싱크로나이저(클러치) 슬리브, 싱크로나이저 링과 싱크로나이저 키로 이루어져 있으며, 작동은 다음과 같다.

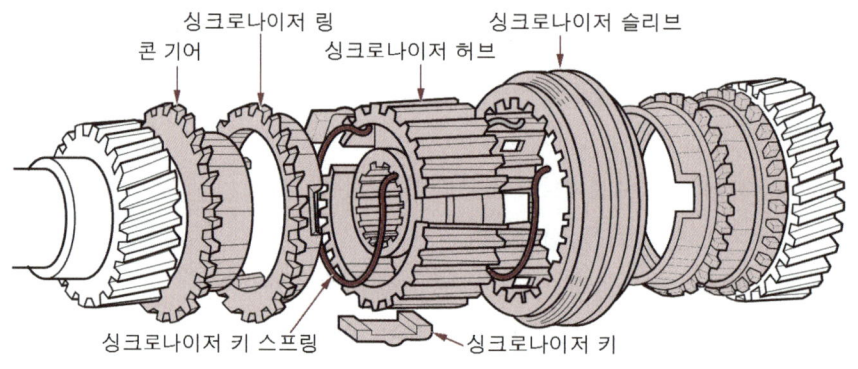

:: 동기 물림식 변속기

- **싱크로나이저 슬리브** : 싱크로나이저 슬리브 내면의 스플라인은 싱크로나이저 허브 외면의 스플라인에 결합되어 수평으로 이동할 수 있으며, 슬리브 외주에는 시프트 포크를 설치하기 위한 홈이 있다. 싱크로나이저 슬리브는 변속 레버의 조작에 의해 전후 방향으로 섭동하여 기어 클러치의 역할을 한다.

- **싱크로나이저 허브** : 싱크로나이저 허브의 내면에 설치된 세레이션에 의해 주축(출력축)에 고정되며, 외주에는 싱크로나이저 키를 설치하기 위한 3개의 홈이 있다. 변속 기어의 콘과 싱크로나이저 슬리브가 결합되면 입력축 및 주축은 싱크로나이저 허브에 의해서 회전된다.

- **싱크로나이저 키** : 싱크로나이저 키는 싱크로나이저 허브 외주의 3 개 홈에 설치되어 있으며, 배면에 돌기가 설치되어 싱크로나이저 슬리브의 안쪽 면에 설치된 싱크로나이저 키 스프링의 장력에 의해서 밀착되어 있다. 또한 양쪽 끝 부분은 싱크로나이저 링의 홈에 일정의 간극을 두고 끼워져 있다. 기어를 변속하기 위해서 싱크로나이저 슬리브가 전후로 이동할 때 배면의 돌기에 의해서 싱크로나이저 슬리브와 동일 방향으로 이동하여 싱크로나이저 링을 주축 기어의 콘에 밀착시켜 동기 작용이 이루어지도록 한다.

- **싱크로나이저 키 스프링** : 싱크로나이저 키 스프링은 싱크로나이저 허브와 싱크로나이저 슬리브 사이에 설치된 싱크로나이저 키를 싱크로나이저 슬리브의 안쪽 면에 압착시키는 역할과 싱크로나이저 슬리브를 고정하여 기어의 물림이 빠지지 않게 하는 역할을 한다.

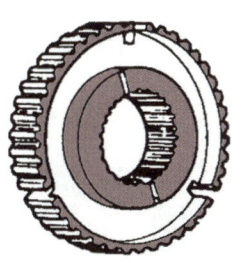
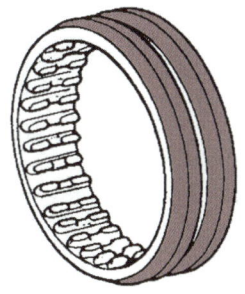

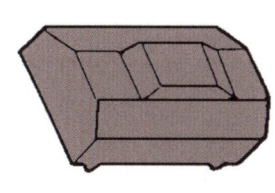

(a) 싱크로나이저 허브　　(b) 싱크로나이저 슬리브　　(c) 싱크로나이저 링　　(d) 싱크로나이저 키

∷ 싱크로나이저 슬리브, 허브, 싱크로나이저 링, 키

● **싱크로나이저 링** : 싱크로나이저 링은 주축 기어 또는 입력축 기어의 콘에 설치되어 변속 기어가 물릴 때 싱크로나이저 키에 의해 콘에 접촉되는 순간 마찰력에 의해서 동기 되어 싱크로나이저 슬리브가 각 기어의 콘 기어와 물리도록 하는 클러치 작용을 한다.

변속 기어가 물릴 때 콘에 윤활된 오일은 싱크로나이저 링의 내면에 축 방향으로 설치된 오일 홈으로 배출되고 내면의 둘레 방향으로 설치된 나사는 변속 기어가 물릴 때 콘에 형성된 유막을 파괴시켜 동기 작용이 원활히 이루어지도록 마찰력을 발생하는 역할을 한다.

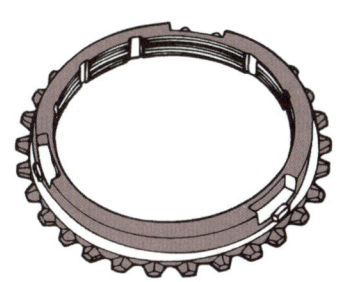

∷ 싱크로나이저 링

2) 동기 물림식의 작동

① **제1단계 작동** : 시프트 포크에 의해 슬리브가 이동하면 슬리브의 돌기 부분과 맞물려 있는 싱크로나이저 키가 이동함과 동시에 싱크로나이저 키의 끝 면에서 싱크로나이저 링을 기어의 원뿔 부분에 밀어 붙여 마찰이 되도록 함으로써 기어는 점차 슬리브와 동일한 속도로 회전한다. 그러나 완전히 동기 될 때까지는 기어와 슬리브의 속도 차이로 인해 싱크로나이저 링은 그 홈의 폭과 키 폭과의 차이만큼 벗어난 위치에 있으므로 키는 홈의 한쪽에 밀착된 상태로 회전한다. 이로 인해 슬리브와 싱크로나이저 링의 스플라인은 서로 마주 보는 위치에 있게 된다.

② **제2단계 작동** : 이 때는 싱크로나이저 슬리브가 더 이동하여 슬리브 홈과 싱크로나이저 키 돌기의 물림이 풀려 스플라인으로 이동하는 상태이므로 슬리브 내의 스플라인의 선단 부분이 싱크로나이저 링의 원뿔 기어(cone gear) 선단 부분에 부딪쳐 이동이 방해를 받으므로 싱크로나이저 링을 더욱 강력하게 기어의 원뿔 부분을 압착한다.

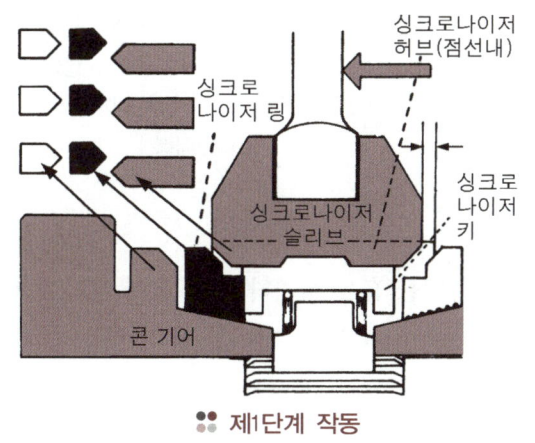
∷ 제1단계 작동

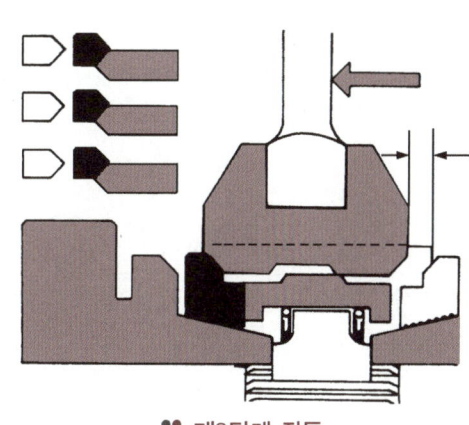
∷ 제2단계 작동

1. 클러치와 수동변속기　**19**

③ **제3단계 작동** : 이 때는 클러치 슬리브와 기어의 회전속도가 동일하게 되므로 싱크로나이저 링의 회전속도도 같아져 슬리브의 진행을 방해하지 않는다. 이에 따라 슬리브는 싱크로나이저 링의 원뿔 기어를 원활히 통과하여 기어의 스플라인과 맞물려 변속이 완료된다. 이와 같이 완전히 동기 작용이 완료될 때까지 싱크로나이저 슬리브와 변속 기어가 물리지 않으므로 기어를 변속하는데 무리가 없고, 변속할 때 소음이나 기어의 파손을 방지할 수 있다.

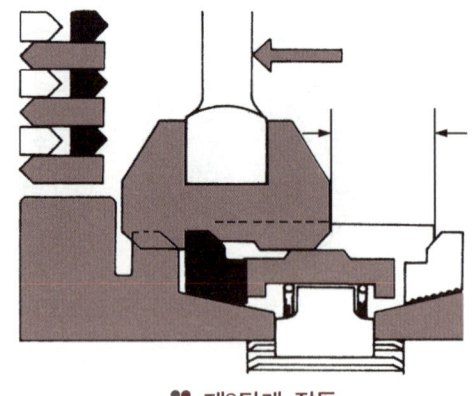

❈ 제3단계 작동

2-4. 변속기 조작 기구

변속기 조작 기구에는 변속 레버를 익스텐션 하우징 위에 설치하고 시프트 포크의 선택으로 변속하는 직접 조작 방식과 조향 칼럼에 변속 레버를 설치하고 변속기와 변속 레버를 별도로 설치한 후 그 사이를 링크나 와이어로 연결하여 조작하는 원격 조작 방식이 있다.

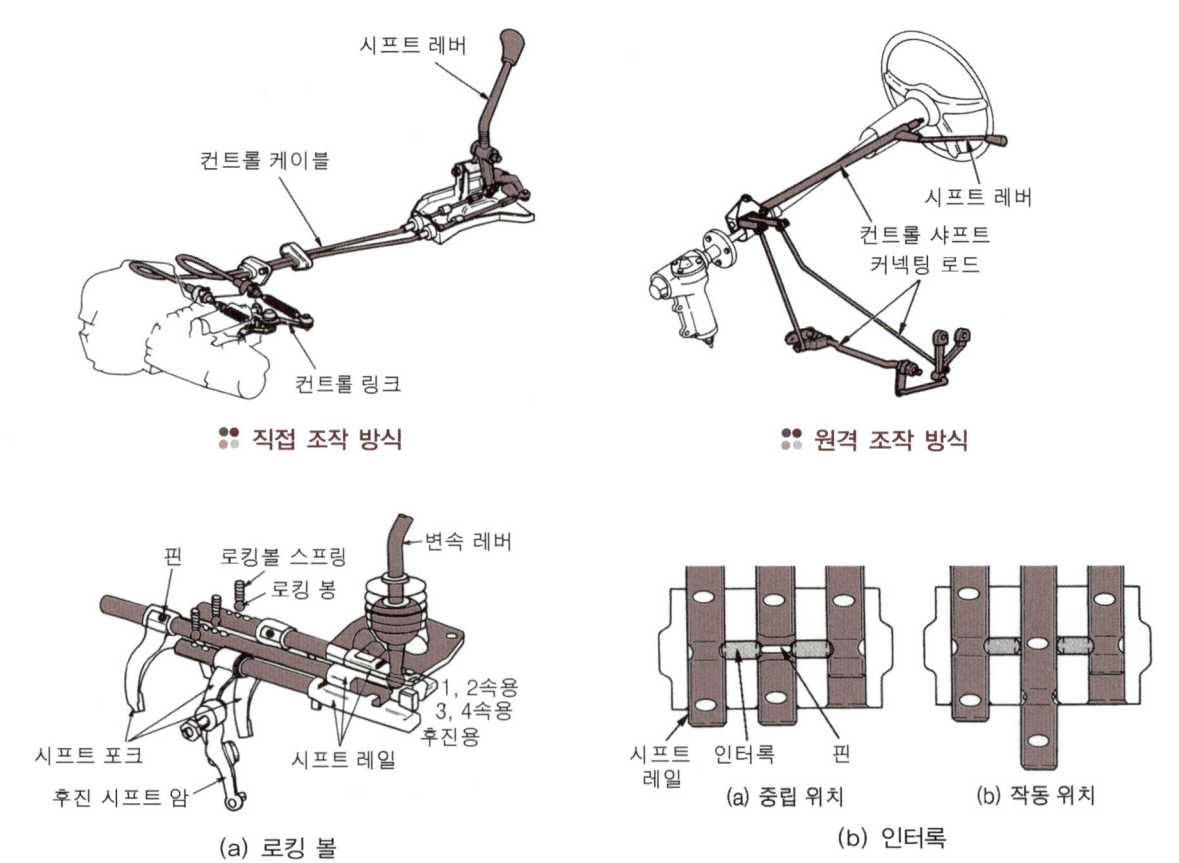

❈ 로킹볼과 인터록

변속기 조작 기구에는 시프트 레일에 각 기어를 고정시키기 위한 홈을 설치하고 이 홈에 기어가 빠지는 것을 방지하기 위해 로킹 볼(locking ball)과 스프링이 설치되어 있으며, 하나의 기어가 물려 있을 때 다른 기어는 중립에서 이동하지 못하도록 하여 기어의 이중 물림을 방지하는 인터 록(inter lock)이 설치되어 있다.

그리고 후진으로 변속할 때 기어가 파손되는 것을 방지하기 위하여 변속 레버를 누르거나 들어 올려 후진기어로 변속하여야 하는 후진 오 조작 방지 기구가 설치되어 있다.

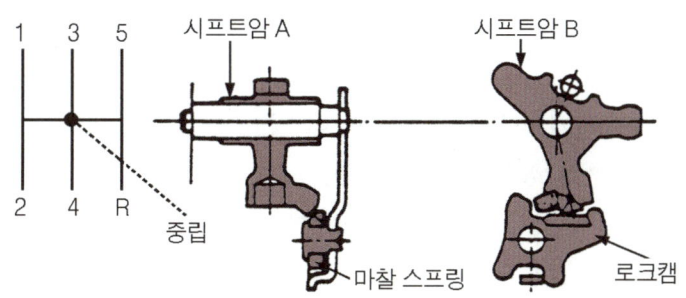

∷ 후진 오 조작 방지 기구

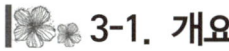 2-5. 변속비

변속비(또는 감속비)란 엔진의 회전속도와 변속기 주축(또는 추진축)의 회전속도와의 비율을 말한다.

$$변속비 = \frac{엔진\ 회전\ 속도}{변속기\ 주축\ 회전속도} \ \ 또는 = \frac{부축기어의\ 잇수}{주축기어의\ 잇수} \times \frac{주축기어의\ 잇수}{부축기어의\ 잇수}$$

그리고 변속비가 큰 것부터 차례로 제1속, 제2속 …… 이라고 부르며, 직결인 경우에는 변속비가 1.0으로 톱 기어(top gear)라 한다. 변속 기어를 저속으로 선택하면 변속비가 커지며, 주축의 회전력은 증가하나 구동 바퀴의 회전속도는 느려진다.

3 FF 방식 자동차의 동력 전달 장치

3-1. 개요

앞 엔진 앞바퀴 구동 자동차는 엔진과 동력 전달 장치를 앞에 설치하고 앞바퀴를 구동시켜 주행하는 자동차로 엔진과 동력 전달 장치를 일체화하여 엔진룸의 길이를 짧게 할 수 있으며, 이 공간을 실내나 트렁크의 공간으로 유효하게 이용할 수 있다.

또한 추진축이 없기 때문에 차량의 중량을 가볍게 할 수 있고 플로어 중앙이 평탄하게 되어 실내 공간을 넓게 이용할 수 있는 특징이 있으며, 구동 바퀴와 조향 바퀴가 동일하기 때문에 FR 자동차에 비하여 다음과 같은 특징이 있어 소형 승용차에 많이 사용되고 있다.

∷ 앞 엔진 앞바퀴 구동 자동차

1 특 징

① 구동력이 외력의 저항을 상쇄하도록 작용하기 때문에 직진에서의 안정성이 증대된다.
② 조향 방향과 동일한 방향으로 구동력이 전달되므로 조향할 때 안정성이 증대된다.
③ 앞바퀴로 자동차를 구동하기 때문에 직진 성능이 양호하다.
④ 자동차를 경량화 하여 연료 소비율이 향상된다.
⑤ 차량의 중심 위치가 전방에 있기 때문에 가로 방향에서 받는 바람의 영향에 대하여 안정성이 증대된다.
⑥ 실내의 유효 공간을 넓게 활용할 수 있다.
⑦ 차량의 중심 위치가 전방에 있기 때문에 제동할 때 안정성이 증대된다.

2 종 류

FF 방식의 자동차는 엔진, 변속기, 종감속 기어 및 차동 기어, 차축을 모두 차량의 앞에 집중하여 설치되기 때문에 배치 방식은 여러 가지 종류가 있으나 일반적으로 엔진의 설치 방법에 따라서 분류하면 세로 배치 방식과 가로 배치 방식이 있다.

3-2. 구조 및 기능

1 트랜스액슬 trans-axle

트랜스 액슬은 변속기, 종감속 기어 및 차동 기어를 1개의 케이스에 일체화시킨 구조로 되어 있으며, 변속기, 종감속 기어, 차동 기어의 기능은 FR 방식의 자동차와 동일하다.

가로 배치형은 엔진을 가로로 설치하고 엔진과 동일한 방향으로 트랜스 액슬을 설치하는 방식으로 트랜스 액슬은 2 축식이 많이 사용되고 있다. 또한 세로 배치형은 엔진을 세로로 설치하고 후방에 트랜스 액슬을 설치하는 방식으로 트랜스 액슬은 2 축식을 많이 사용한다.

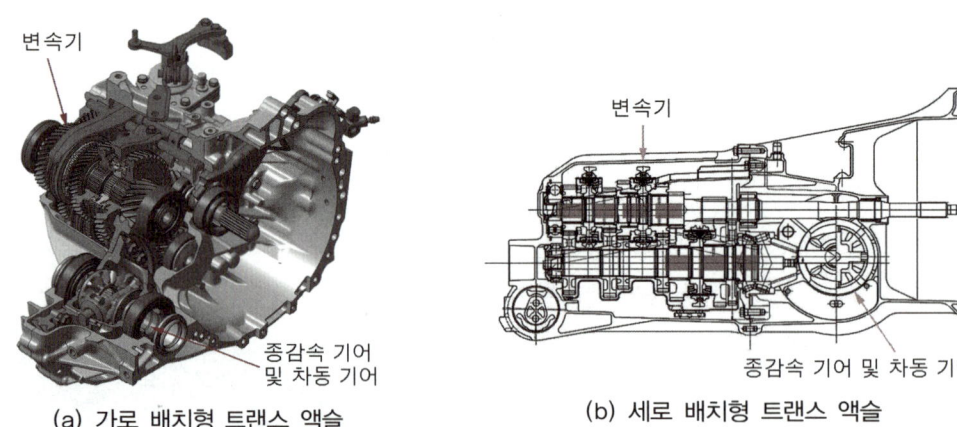

(a) 가로 배치형 트랜스 액슬　　(b) 세로 배치형 트랜스 액슬

트랜스 액슬의 구조

2 액슬축 axle shaft

액슬축은 바퀴가 상하의 진동에 대하여 각도 변화가 크게 이루어져야 하고, 조향 방향에 대하여 좌우로 변화되는 각도 변화에 대응하기 위하여 CV 자재 이음이 사용된다. 그림은 액슬축의 구조를 나타낸 것이다.

그림은 가로 배치형의 액슬축을 나타낸 것으로 엔진과 트랜스 액슬의 설치에 따라 좌우 액슬축 길이의 차이가 크기 때문에 진동, 소음, 운전성을 향상시키기 위하여 그림 (a)에 나타낸 것과 같이 길이가 긴 쪽의 액슬축을 중공축으로 사용하거나 그림 (b)에 나타낸 것과 같이 다이내믹 댐퍼를 설치하여 사용하고 있다.

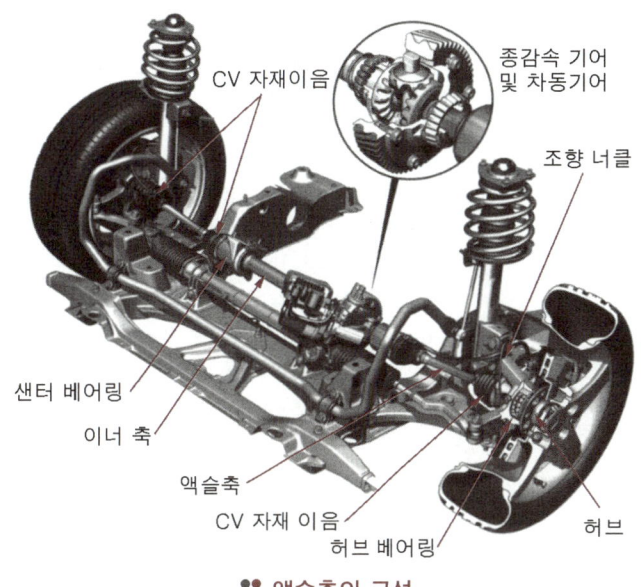

:: 액슬축의 구성

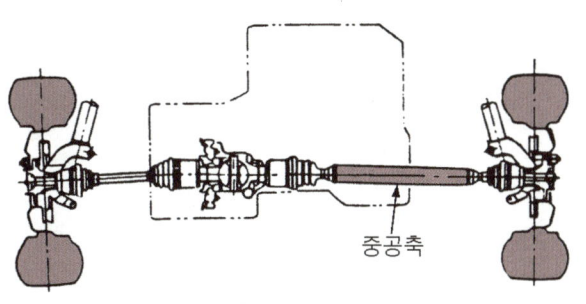

(a) 중공축을 사용한 액슬축

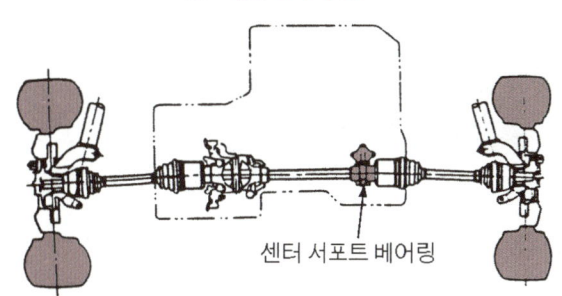

(b) 동일한 길이의 액슬축

(c) 다이내믹 댐퍼를 사용한 액슬축

:: 가로 배치형 액슬축

또한 고출력 엔진의 차량은 급 출발 또는 급 가속할 때 또는 큰 토크가 발생될 때는 조향 너클이 설치되어 있기 때문에 토크 스티어의 현상이 발생되므로 길이가 긴 쪽의 액슬축에 센터 베어링을 설치하거나, 좌우 액슬축의 길이가 같도록 분할하거나, 자재이음의 설치 각도를 동일하게 하여 토크 스티어 현상을 방지한다.

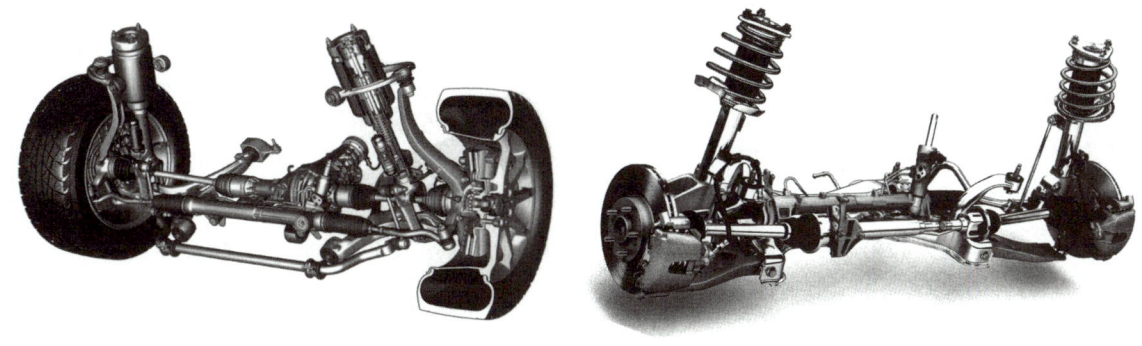

:: 가로 배치형 액슬축

2 유체클러치·토크컨버터&댐퍼클러치

학/습/목/표

1. 유체 클러치의 작동 원리 및 구조에 대하여 설명할 수 있다.
2. 유체 클러치의 작동에 대하여 설명할 수 있다.
3. 토크 컨버터의 구조 및 기능, 성능에 대하여 설명할 수 있다.
4. 스테이터의 작용에 대하여 설명할 수 있다.
5. 토크 컨버터의 작동에 대하여 설명할 수 있다.
6. 댐퍼 클러치 제어 관련 센서의 기능에 대하여 설명할 수 있다.
7. 댐퍼 클러치 제어를 위한 입력 정보에 대하여 설명할 수 있다.

1 유체 클러치 Fluid Clutch

1 유체 클러치의 작동 원리

유체 클러치는 2개의 날개 차 사이에 오일을 가득 채운 후 한쪽의 날개 차를 회전시키면 오일은 원심력에 의해 상대편 날개 차를 회전시킬 수 있다. 이 작용을 이용하여 엔진의 동력을 오일의 운동 에너지로 바꾸고, 이 에너지를 다시 토크로 바꾸어 변속기로 전달하는 장치이다.

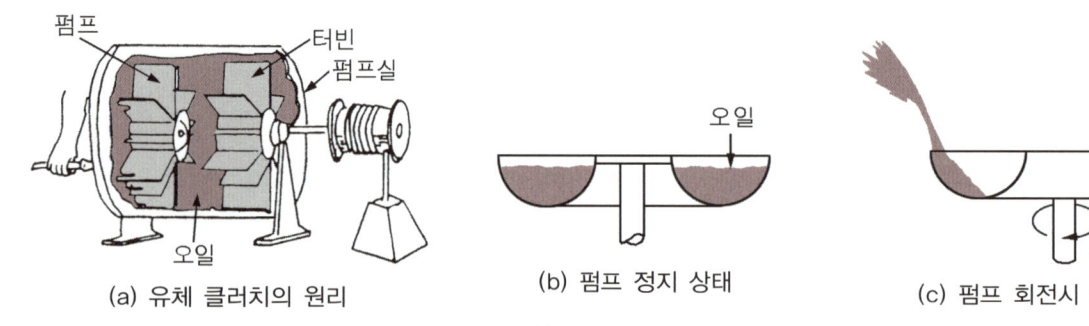

(a) 유체 클러치의 원리   (b) 펌프 정지 상태   (c) 펌프 회전시 오일의 작용

유체 클러치의 원리

2 유체 클러치의 구조

유체 클러치는 엔진 크랭크축에 펌프(pump) 또는 임펠러(impeller)를, 변속기 입력축에 터빈(turbine) 또는 런너(runner)를 설치하고 오일의 맴돌이 흐름(와류)을 방지하기 위하여 가이드 링(guide ring)을 배치하고 있다. 그리고 유체 클러치의 날개는 모두 반지름 방향으로 직선 방사선 상으로 배열되어 있다.

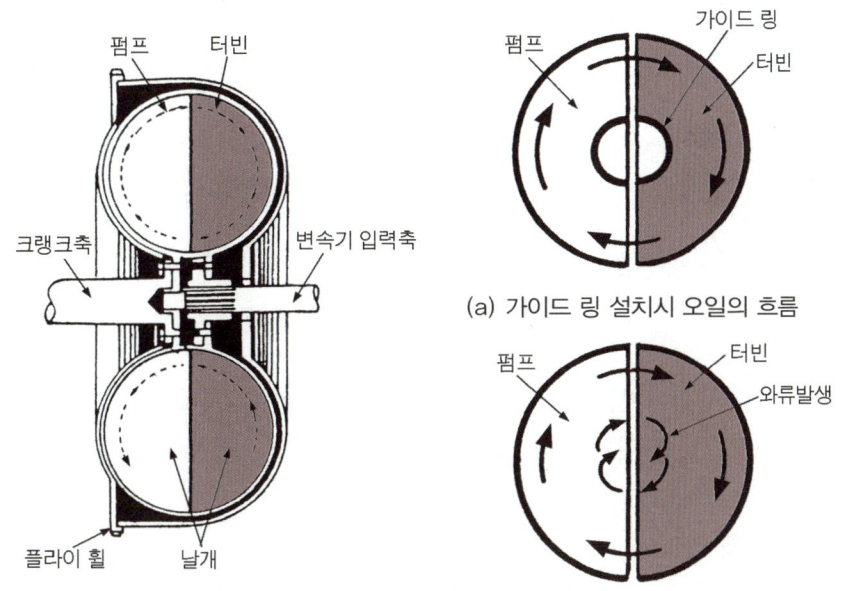

(a) 가이드 링 설치시 오일의 흐름

(b) 가이드 링을 설치하지 않았을 때 오일의 흐름

:: 유체 클러치의 구조

3 유체 클러치의 작동

엔진에 의해 펌프가 회전을 시작하면 펌프 속에 가득 찬 오일은 원심력에 의해 밖으로 튀어 나간다. 그런데 펌프와 터빈은 서로 마주보고 있으므로 펌프에서 나온 오일은 운동 에너지를 터빈의 날개 차에 주고 다시 펌프 쪽으로 되돌아오기 때문에 터빈도 회전하게 된다.

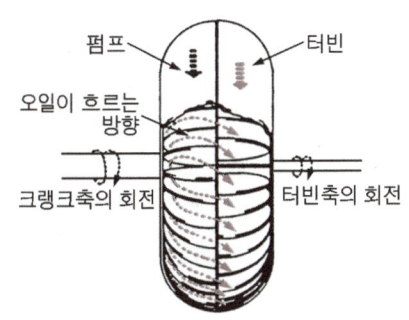

:: 펌프가 회전할 때 오일 작용

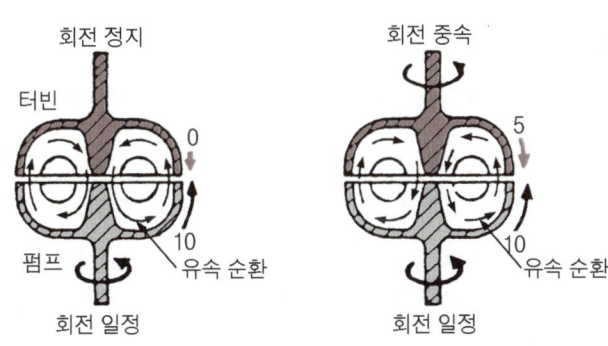

:: 펌프의 회전과 오일의 흐름

이때 오일은 맴돌이 흐름(vortex flow)을 하면서 회전 흐름(rotary flow)을 한다. 그리고 오일의 순환을 최대한 이용하기 위해서는 손실을 최소화하여야 한다. 이에 따라 원형으로 함으로서 마찰 손실과 충돌 손실을 최소화시키고 있다.

그러나 맴돌이 흐름 내부에서는 오일의 충돌이 발생하여 효율을 저하시킨다. 이를 방지하기 위해 가이드 링(가이드 코어라고도 함)을 그 중심부에 배치하여 오일의 충돌이 감소되도록 하고 있다.

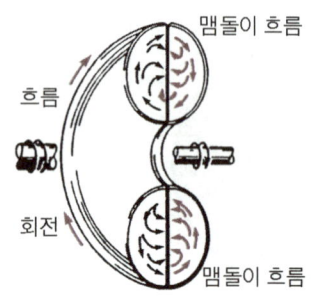 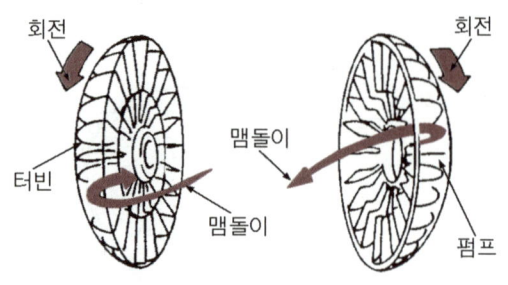

오일의 회전 및 맴돌이 흐름

유체 클러치 안에서 오일에 주어지는 운동 에너지의 크기는 그림(펌프 날개의 크기와 오일의 운동 에너지)에서와 같이 설명된다. 즉 펌프 날개 위의 A, B, C 및 D의 각 점이 날개와 함께 90°회전하여 각 A′, B′C′ 및 D′점에 도달하였다고 하면 호 AA′, BB′CC′ 및 DD′의 길이는 A, B, C 및 D점에서는 그 접선 방향으로 연장하여 얻은 Aa, Bb, Cc 및 Dd의 궤적 Od로 표시된다.

이것은 날개의 각 점이 표시하는 속도가 중심으로부터 멀수록 빨라진다는 것을 의미한다. 오일의 운동 에너지는 펌프의 지름이 커짐에 따라 증가하며, 또한 같은 크기일 경우에는 회전속도가 빠를수록 증가한다. 유체 클러치는 일종의 자동 클러치이다. 따라서 터빈의 회전속도가 증가하여 펌프와 같은 속도가 되었을 때는 오일의 순환 운동이 정지된다. 이때 토크 변환율은 1 : 1이 되어 마찰 클러치와 같은 역할을 한다.

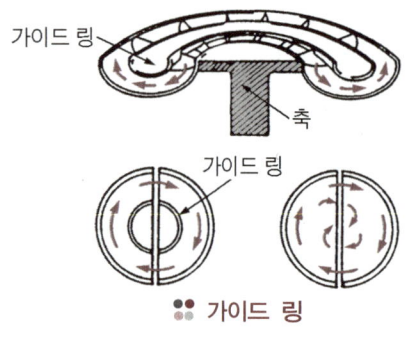 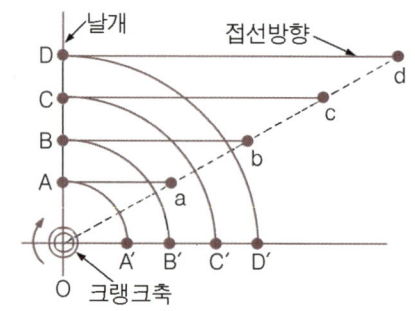

가이드 링

펌프 날개의 크기와 오일의 운동 에너지

→ **유체 클러치**

❶ 유체 클러치 펌프의 회전속도를 NP(rpm), 터빈의 회전속도를 NT(rpm)라고 하면 미끄럼율 $S = \dfrac{NP - NT}{NP} \times 100$ 으로 표시하며 전달 토크의 크기는 미끄럼율 S가 클수록(또는 속도비(NT/NP = 0에 가까워질수록) 커진다.

❷ 유체 클러치의 특성은 속도비 감소와 함께 회전력이 증가하며, 속도비 0에서는 최대 값이 된다. 이 점을 스톨 포인트(stall point)라고 한다. 즉, 스톨 포인트란 NT/NP=0을 말하며 이때의 토크를 드래그 토크(drag torque)라고 한다.

4 유체 클러치의 성능

유체 클러치는 터빈의 회전속도가 펌프의 회전속도와 거의 같아 졌을 때 최대 효율의 토크를 전달한다. 펌프가 터빈보다 훨씬 빨리 회전할 때는 터빈에 전달되는 토크 효율이 작아진다. 이것은 펌프가 터빈보다 빨리 회전할 때 오일은 터빈의 날개에 매우 큰 힘으로 전달된다. 이 오일은 터빈의 날개를 때리고 나서 펌프를 회전 반대 방향으로 다시 때린다.

이 힘은 펌프가 효율적으로 작용하는 것을 방해하고 펌프와 터빈의 회전속도 차이가 클 때는 펌프 토크의 많은 부분이 이 힘을 이겨내기 위해 사용된다. 이에 따라 유체 클러치에 의해 토크의 손실이 발생한다. 이를 방지하고 유체 클러치와는 반대로 토크를 증대시키기 위해 토크 컨버터를 개발하였다.

유체 클러치는 오일이 순환 운동을 하지 않으면 토크가 전달되지 않는다. 따라서 오일에 항상 순환 운동을 할 만큼의 운동 에너지를

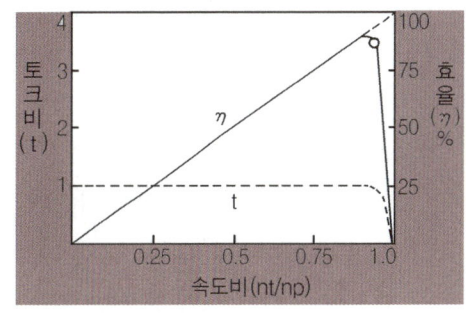

∷ 유체 클러치 성능 곡선도

남겨 두지 않으면 안 된다. 또한 오일이 보유한 순환 운동 에너지 만큼 미끄럼(slip)이 되어 터빈이 받는 에너지는 엔진의 에너지 보다 작게 된다. 실제에 있어서 유체 클러치의 펌프와 터빈 사이의 토크 비율은 미끄럼 때문에 1 : 1이 되지 못한다. 미끄럼 값은 2~3%이며, 전달 효율 η는 최대 98%정도이다.

> → 포인트
> ❶ 유체 클러치의 동력 전달 효율은 어떤 경우이든 100%가 되지 못한다.
> ❷ 자동차에서 유체 클러치만 두고 변속기를 두지 않으면 구동력이 부족하기 때문에 원활한 주행을 할 수 없게 된다. 따라서 유체 클러치를 설치한 자동차에서는 변속기를 두어야 한다. 그런데 엔진의 회전속도를 아무리 낮추어도 유체 클러치 내의 오일이 움직이기 때문에 터빈 도 약간 회전하게 된다. 따라서 터빈 축이 기존의 활동 기어 방식 변속기를 연결하면 변속 레버가 중립인 상태에서 부축이 회전하므로 변속 조작이 어려워진다.

5 유체 클러치 오일의 구비 조건

① 점도가 낮을 것   ② 비중이 클 것
③ 착화점이 높을 것   ④ 내산성이 클 것
⑤ 유성이 좋을 것   ⑥ 비등점이 높을 것
⑦ 응고점이 낮을 것   ⑧ 윤활성이 클 것

2 토크 컨버터 Torque Converter

1 토크 컨버터의 개요

토크 컨버터는 그 내부에 오일을 가득 채우고 자동차의 주행 저항에 따라 자동적, 연속적으로 구동력을 변환시킬 수 있으며 그 기능은 다음과 같다.

① 엔진의 토크를 변속기에 원활하게 전달한다.
② 토크를 변환시킨다.
③ 토크를 전달 때 충격 및 크랭크축의 비틀림 진동을 완화시킨다.

∷ 토크 컨버터

자동차에서는 특별한 경우를 제외하고는 대부분 3요소 1단 2상형을 사용하고 있으며 1단의 토크 컨버터로 얻을 수 있는 최대 토크 비율은 4 : 1정도이며 효율은 80% 정도이다. 최대 효율을 90% 이상 유지하려면 최대 토크 비율을 2.0~2.5 : 1로 하여야 하며, 더욱 큰 토크 비율을 얻으려면 1단 또는 3단으로 하여야 한다.

이때 최대 토크 비율은 4~6 : 1정도가 된다. 그러나 이것은 자동차보다도 건설기계에서 많이 사용되고 있다. 토크 컨버터는 펌프에 의하여 엔진의 기계적 에너지를 오일의 운동 에너지로 변환하여 터빈을 구동시키고 다시 기계적 에너지로 변환시켜 변속기 입력축에 동력을 전달한다.

즉 엔진의 플라이 휠에 조립된 펌프가 회전하면 토크 컨버터 하우징 내의 오일이 원심력에 의하여 터빈으로 보내 변속기 입력축에 동력을 전달한다. 터빈에서 나온 오일은 정지되어 있는 스테이터를 통과하면서 그 흐름의 방향이 바뀌어 다시 펌프로 들어가 순환한다. 이때 펌프, 터빈, 스테이터가 받는 토크의 크기를 각각 Tp, Tt, Ts라고 하고, 그 회전 방향을 고려하여 (+), (-)로 하면 다음의 식이 성립된다.

$$T_t = T_p + T_s \quad \cdots\cdots\cdots\cdots\cdots\cdots\cdots\cdots\cdots\cdots\cdots\cdots\cdots\cdots\cdots\cdots\cdots\cdots \text{①}$$

단, 이 경우 마찰 등으로 인한 에너지 손실은 없는 것으로 한다. 따라서 터빈이 받는 토크, 즉 변속기 입력축이 받는 토크 Tt는 펌프를 회전시키는데 필요한 엔진의 토크 Tp에 스테이터가 오일로부터 받는 토크 Ts만큼 증가한다. 이것이 토크 컨버터를 사용하였을 때 토크를 변환시킬 수 있는 이유이다.

아래 그림의 (a)와 같은 기구에서 물을 분출할 경우를 생각하면 단위 시간에 출구로부터 질량 m의 물이 V의 흐름 속도로 분출되면 반대 방향으로 F =mV의 반발력이 생긴다. 따라서 물탱크는 전진하게 될 것이다. 한편 그림의 (b)에서 날개가 평면 판일 경우에는 P의 힘만 발생하지만, 또 여기서 그림(c)과 같이 스테이터를 설치하면 2P+2R이라는 큰 힘이 발생되어 토크가 매우 크게 증대된다.

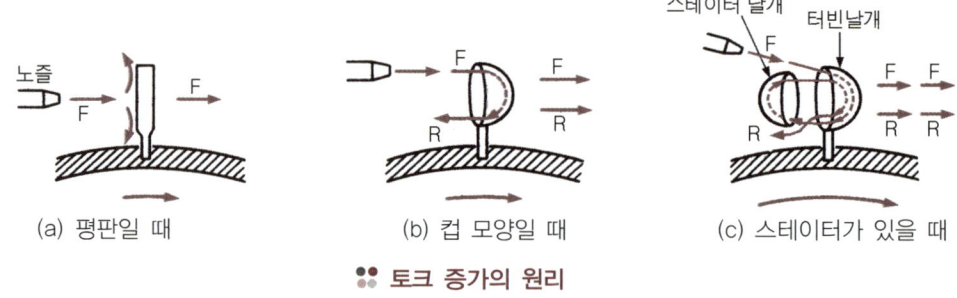

(a) 평판일 때 (b) 컵 모양일 때 (c) 스테이터가 있을 때

토크 증가의 원리

그러나 이 경우 엔진의 출력 L은 일정하므로 엔진으로부터의 입력 이상의 출력을 얻을 수는 없다. 즉

$$L = \frac{TN}{716} \quad \cdots\cdots\cdots\cdots\cdots\cdots\cdots\cdots\cdots\cdots\cdots\cdots\cdots\cdots\cdots\cdots\cdots \text{②}$$

엔진의 출력 L이 일정할 때 토크 T가 증가되려면 회전속도 N이 작아야 한다. 따라서 터빈의 토크 Tt가 펌프의 토크 Tp보다 크게 되려면 그 회전속도 Nt는 펌프의 회전속도 Np보다 작아야 한다. 이에 따라 마찰 등에 의한 에너지 손실이 없다고 가정하면 이들 사이에는 항상

$$T_p \times N_p = T_t \times N_t \quad \cdots\cdots\cdots\cdots\cdots\cdots\cdots\cdots\cdots\cdots\cdots\cdots\cdots\cdots \text{③}$$

의 관계가 성립한다. 이 관계는 2개의 크고 작은 기어로 회전시킬 경우 큰 기어 쪽은 작은 기어 쪽보다 전달 토크는 커지고, 회전속도는 낮아지는 경우와 같은 원리이다.

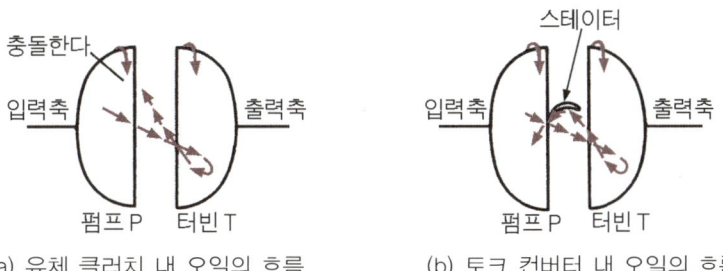

    (a) 유체 클러치 내 오일의 흐름   (b) 토크 컨버터 내 오일의 흐름

유체 클러치와 토크 컨버터 내의 오일 흐름 비교

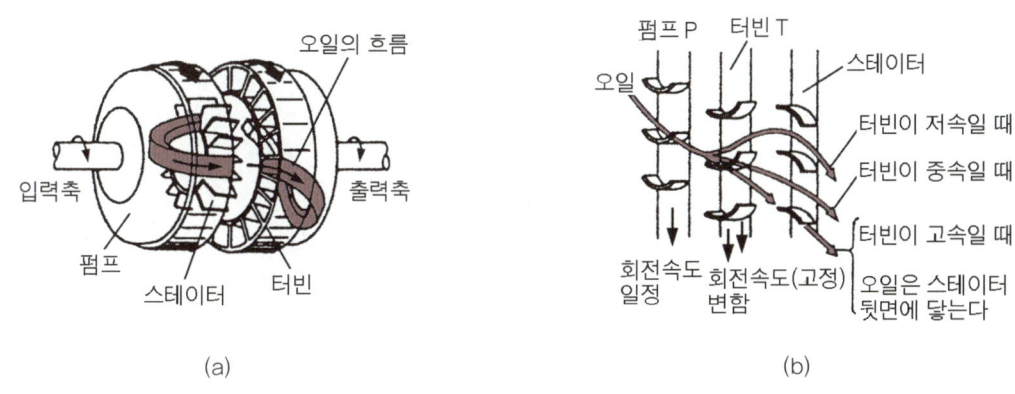

          (a)   (b)

토크 컨버터의 오일 흐름과 날개의 관계

2 토크 컨버터의 구조

토크 컨버터는 펌프(pump) 또는 임펠러(impeller), 스테이터(stator), 터빈(turbine) 또는 런너(runner)로 구성되어 있으며 비분해 방식이다. 펌프는 구동 판을 통해 크랭크축에 연결되어 있으며, 스테이터는 한쪽 방향으로만 회전 가능한 일방향 클러치(one way clutch)를 통해 토크 컨버터 하우징에 지지되어 있다. 그리고 터빈은 펌프에서 전달된 구동력을 동력 전달 계통으로 전달하는 변속기 입력축과 스플라인으로 결합되어 있으며, 토크 컨버터는 오일이 가득 채워진 하우징 내에 이들 3요소가 내장되어 있다. 또 토크 컨버터는 엔진의 플라이 휠에 볼트로 체결되어 있다.

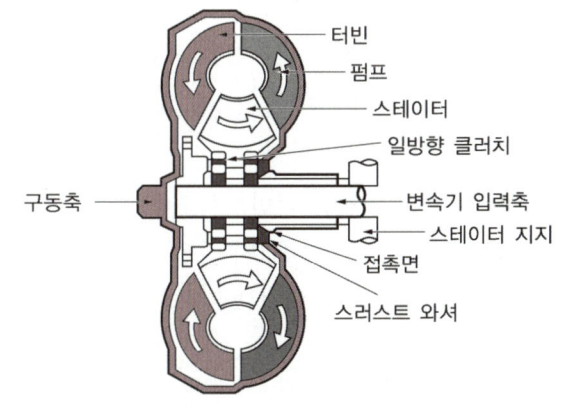

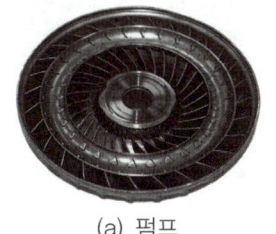   

    (a) 펌프   (b) 스테이터   (c) 터빈

3요소 토크 컨버터의 구성

> → 토크 컨버터 형식과 호칭
> ❶ 요소와 수 : 펌프, 터빈, 스테이터가 각각 1개인 것을 3요소라 한다.
> ❷ 단과 수 : 터빈이 1개인 것을 1단이라 하고 터빈이 2개인 것을 2단이라 한다.
> ❸ 상과 수 : 토크를 전달하는 양식의 변화 수, 토크 컨버터 기능을 하여 클러치 포인트 현상이 나타나는 것을 2상이라 하며 그밖에 엔진과 직결하는 다일렉트 클러치 등을 3상, 4상, 5상이라 한다.

3 토크 컨버터의 기능

토크 컨버터는 2가지 주요 기능을 가지고 있다. 그 하나는 엔진의 동력을 오일을 통해 변속기로 원활하게 전달하는 유체 커플링의 기능이고, 또 다른 하나는 엔진으로부터 토크를 증가시켜 주는 역할을 한다.

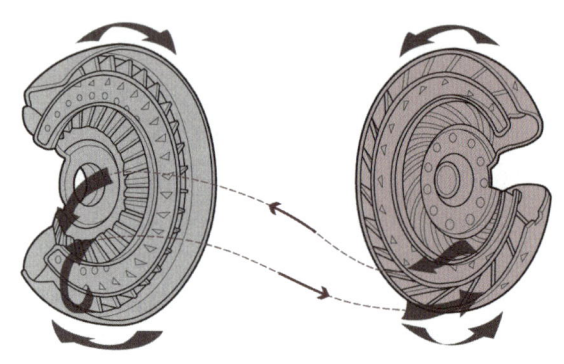

❖ 스테이터가 없는 경우 오일의 흐름

그리고 펌프는 엔진의 플라이 휠과 기계적으로 연결되어 있어 엔진이 작동될 때 엔진의 회전속도와 같은 속도로 회전한다. 따라서 엔진이 작동하면 펌프도 회전을 하여 중앙부의 오일을 날개로 배출한다. 펌프의 날개 사이에서 배출된 오일은 터빈의 날개를 치게 되므로 터빈을 회전시킨다.

엔진이 공회전 상태일 때는 펌프에서 배출되는 오일의 힘은 터빈을 회전시킬 수 있는 만큼 충분하지 못하므로 공회전 상태에서는 정지 상태로 있게 된다. 액셀러레이터 페달을 밟아 엔진이 가속되어 펌프의 속도가 증가함에 따라 오일의 힘이 증가되어 엔진의 동력이 터빈과 변속기로 전달된다. 오일은 터빈에 힘을 전달한 후 하우징과 날개를 따라서 흐르며, 엔진 회전방향과 반대방향으로 역류하려는 오일을 터빈이 흡수한다.

만약, 터빈에서 반시계 방향으로 회전하는 오일이 토크 컨버터의 펌프 안쪽으로 계속해 들어온다면 엔진의 회전방향과 반대방향으로 펌프의 날개를 치게 되어 펌프의 힘이 감소하게 된다. 이것을 방지하기 위해 펌프와 터빈 사이에 스테이터가 설치되어 있다. 스테이터에는 일방향 클러치가 설치되어 반시계 방향으로 회전하지 못하도록 되어 있다.

스테이터의 역할은 터빈으로부터 되돌아오는 오일의 흐름 방향을 펌프의 회전방향과 같도록 바꾸어 주는 것이다. 따라서 오일의 에너지는 펌프를 회전시키는 엔진의 동력을 보조하게 되며, 터빈을 회전시키는 오일의 힘을 증가시키게 되어 엔진으로부터 나오는 동력과 토크가 증가한다.

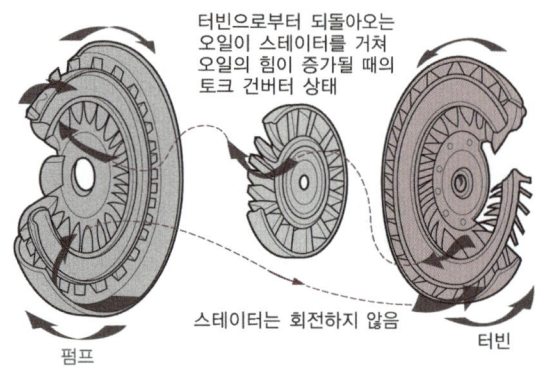

❖ 스테이터가 정지되어 있을 때 오일의 흐름

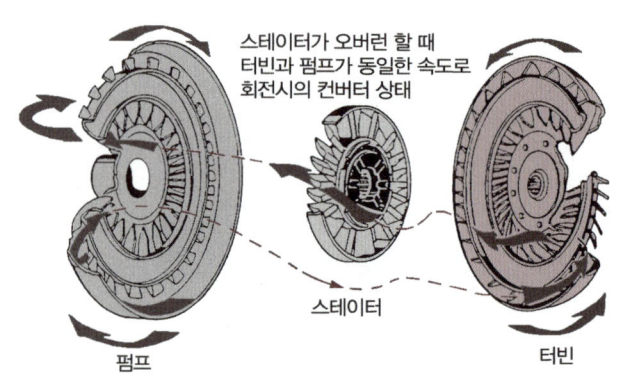

❖ 스테이터가 회전할 때 오일의 흐름

4 토크 컨버터의 성능

다음 페이지의 그림은 토크 컨버터의 성능 곡선도이며 터빈과 펌프와의 회전 속도비 $e = \dfrac{N_t}{N_p}$에 대하여 그 토크 비율 $t = \dfrac{T_t}{T_p}$ 및 동력 전달효율 $\eta = t \times e$를 나타내고 있다.

토크 t는 속도비 e=0에서 최대가 되며 이 점을 스톨 포인트(stall point)라고 한다. 토크비 t는 속도비 e가 증가함에 따라 감소하며, 어떤 속도비에서는 토크비 t = 1이 된다. 이 점을 클러치 포인트(clutch point)라 한다. 그 이상의 속도비에서는 토크비 t = 1이하가 된다. 효율 η는 스톨 포인트에서는 0이 되고 속도비 e가 증가함에 따라 효율이 증가하며, 일반적으로 클러치 포인트보다 낮은 속도비에서 최대가 되고 이후에는 급격히 저하한다. 이상은 토크 컨버터의 일반적인 특성으로 토크비 t = 1의 클러치 포인트에서 유체 클러치로 변환된다.

따라서 스테이터와 프레임 사이에 일방향 클러치를 설치하고 있는데 일방향 클러치에 의하여 클러치 포인트에 도달하면 지금까지 정지하고 있던 스테이터 날개의 뒷면에 오일이 작용하기 때문에 스테이터가 회전하기 시작하여 스테이터가 없는 유체 클러치와 같은 작용(동력만 전달)을 한다.

따라서 아래 그림의 실선에서 나타낸 것과 같이 토크비 t = 1의 상태가 계속되고 효율 η도 이 점보다 크게 상승한다. 이 클러치 포인트까지의 범위를 토크 컨버터 레인지(torque converter range)라고 하며, 그 이후의 범위를 유체 커플링 레인지(fluid coupling range)라고 한다. 유체 커플링 레인지에서는 유체 클러치와 같은 성능 곡선으로 된다.

일반적으로 1세트의 토크 컨버터로 얻을 수 있는 토크 비율 t는 일반적으로 2~3 : 1 정도이다. 그러나 이 정도의 토크비로는 수동 변속기만큼의 큰 토크비(수동 변속기의 감속비)를 얻을 수 없고 또 후진을 하기 위해서는 후진용 기어 장치가 필요하다. 이상의 이유로 인하여 토크 컨버터를 사용하는 자동변속기에서는 토크 컨버터만을 사용할 수 없고 반드시 기어 장치를 포함하는 보조 변속기를 사용하여 토크비의 증대와 회전방향의 변환을 도모하고 있다.

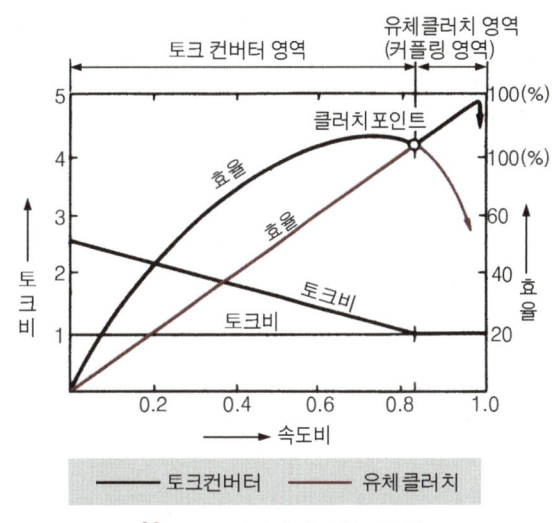

❖ 토크 컨버터의 성능 곡선

5 유체 클러치와 토크 컨버터의 차이점

유체 클러치와 토크 컨버터의 날개 형상은 그림과 같이 유체 클러치의 펌프와 터빈의 날개는 각도가 없이 방사선 상으로 되어 있고 토크 컨버터는 펌프와 터빈의 날개에 각도가 있으며, 또 이들 사이에는 스테이터가 있다. 또 토크 변환비은 유체 클러치가 1 : 1을 넘지 못하는데 비해 토크 컨버터는 2~3 : 1의 토크를 변환을 할 수 있다.

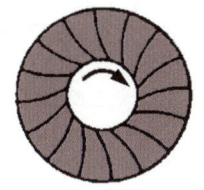  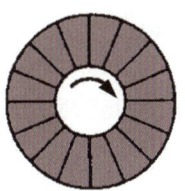

토크 컨버터 펌프 날개   토크 컨버터 터빈 날개   유체 클러치 날개

❖ 토크 컨버터와 유체 클러치 날개 형상

그 이유는 유체 클러치에서는 펌프 날개에서 오일이 평면 모양의 터빈 날개에 그림의 (a)에 나타낸 것과 같이 충돌하여 터빈에 충격력 P를 준다고 생각할 수 있다. 이때 터빈이 움직인다고 하여도 그 속도가 오일의 속도보다 빠르지 못하며, 또 충격력도 오일이 지닌 운동량보다 크게 되지 않는다. 따라서 유체 클러치에서는 전달 토크가 구동 쪽(펌프)과 피동 쪽(터빈)이 대체로 같아져 토크를 증대시키지 못한다.

그러나 날개에 각도를 두어 그림의 (b)와 같이 하고 오일을 그림에 화살표 방향으로 흐르게 하면 오일이 그 방향을 90°바꾸는 사이에 충격력 P를 피동 쪽에 주고 다시 90°의 방향을 변환하여 유출할 때까지 반동력 R을 준다(이때 날개 면과의 사이에 마찰이 없다고 가정한다). P=R이므로 피동쪽 날개에 주는 힘을 더 증가시키려면 구동쪽 날개에도 각도를 두고 대향시키면 된다.

(a) 곡면 날개   (b) 곡면 날개를 대향시킨다.

∷ 날개에 각도를 둔 경우

이와 같은 이유로 토크 컨버터는 토크를 변환시킬 수 있다. 그러나 날개에 각도를 두는 것만으로는 마찰 손실이 증가하거나 흐름의 간섭이 발생하므로 계획한 토크 변환을 얻을 수 없다. 이에 따라 실제로는 오일의 흐름 방향을 적극적으로 바꾸어 피동쪽 날개에서 나오는 흐름의 속도를 빨리 하여 구동쪽 날개로 되돌아가도록 하는 스테이터가 설치되어 있다.

6 스테이터 stator의 작용

스테이터는 토크 변환 작용이라는 중요한 작용을 하고 있다. 스테이터는 앞쪽에 오일이 부딪쳐서 흐름의 방향을 바꾸고 있는 경우는 펌프가 터빈에 비해 더 많이 회전한다. 즉 회전속도의 차이가 클 때이다. 회전속도의 차이가 크면 펌프에서의 오일이 그림과 같이 터빈에서 튕겨 나온다.

오일이 스테이터에 부딪쳐 각도를 바꾸어 펌프로 되돌아 올 때 토크 증대 작용이 일어난다(스테이터는 스테이터 축을 통해서 고정되어 있다). 이때 만약 스테이터가 축에 고정되어 있지 않고 펌프의 회전방향과 반대 방향으로 회전했을 때 즉 스테이터가 역회전했을 때는 전달 효율이 떨어진다. 그 이유는 역류하는 오일이 펌프의 회전을 방해하기 때문이다.

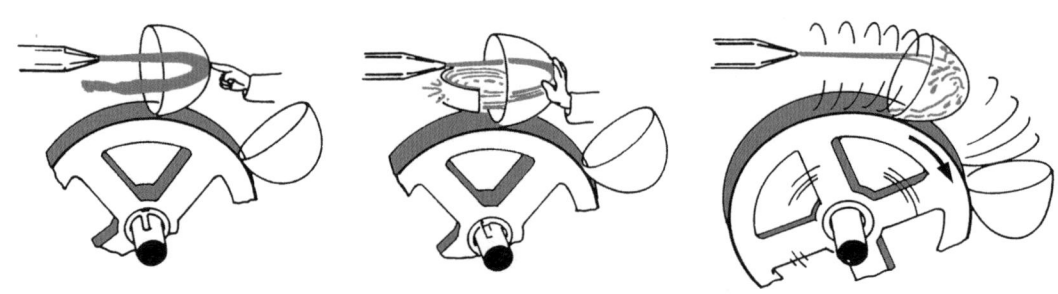

(a) 터빈이 정지되었을 때의 흐름   (b) 터빈이 회전할 때의 흐름   (c) 스테이터가 있을 때의 오일 흐름

∷ 스테이터의 작용

또한 스테이터는 일방향 클러치(프리 휠링 또는 원웨이 클러치라고도 함)를 사이에 두고 스테이터 축에 설치되어 있다. 따라서 펌프가 터빈의 회전 속도보다 빠른 동안 스테이터는 스테이터 축에 고정되어 오일 흐름의 방향을 바꾸어 주는 역할을 한다. 그러나 터빈의 속도가 펌프 속도의 8/10(즉, 속도 비율 0.8) 정도로 접근되면 오일의 흐름이 스테이터 뒷면에 작용하게 되어 스테이터도 펌프나 터빈의 회전방향으로 같이 회전하게 된다. 이때 토크 컨버터는 유체 클러치로 작용한다.

> 유체 클러치나 토크 컨버터 모두 엔진의 토크를 변속기 쪽으로 원활하게 전달하고 동시에 이들 사이에 일어나는 충격이나 크랭크축의 비틀림 진동을 완화하는 점에서는 같다. 그러나 유체 클러치는 주로 미끄럼이 0이 되는 부근에서 사용되는데 비하여 토크 컨버터는 광범위한 미끄럼에서 사용되고, 또한 토크를 어느 범위 내에서 변환시킬 수 있는 점에 큰 차이가 있다고 할 수 있다. 스테이터를 공전시키는 일방향 클러치 형식에는 롤러를 사용하는 것과 스프래그를 사용하는 것이 있으며, 어느 것이나 쐐기 작용을 이용하게 되어 있다.

7 토크 컨버터의 작용

토크 컨버터의 각 요소에 작용하는 토크는 오일의 운동량과 직접적인 관계가 있다. 각 요소의 날개는 오일이 통과하는 동안 운동량이 변화하도록 설계되어 있어 운동량의 변화에 의해 각 축으로 토크가 전달된다. 토크 컨버터 내부의 오일 순환은 펌프가 회전함에 따라 펌프 내에 들어있는 오일이 원심력에 의해 출구 쪽으로 분출되어 터빈의 입구로 들어간다.

터빈에 유입된 오일은 날개 차를 지나는 동안 운동량이 변화되어 출구를 통하여 분출되는 과정에서 터빈은 펌프와 같은 방향으로 토크를 받으면서 회전하기 시작한다. 그러나 터빈의 출구로 분출된 오일은 펌프의 회전방향과 반대방향의 속도 성분을 지니게 되므로 스테이터를 통하여 펌프와 같은 방향의 속도 성분을 갖도록 흐름의 방향을 바꾸어 펌프에 운동량을 더해준다. 스테이터는 반지름 변화에 의한 운동량의 변화보다는 터빈에서 분출되는 오일의 흐름 방향을 펌프의 회전방향과 같게 하는 것이 주 기능이다.

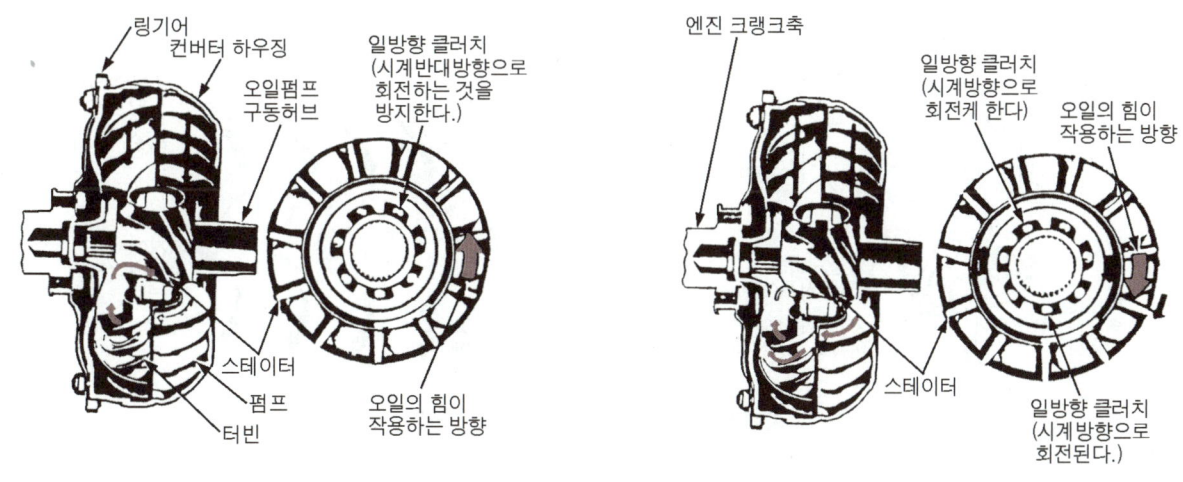

:: 토크 컨버터 내에서의 오일 흐름

1) 터빈이 정지하고 있을 때(스톨 stall 일 때)

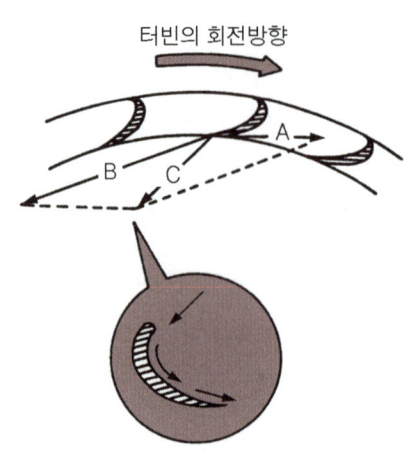

그림은 터빈이 정지하고 있을 때 오일의 흐름을 보인 것이다. 펌프가 회전하면 오일은 화살표 P_1방향으로 나와 터빈에 운동 에너지를 전달하고 P_2방향으로 흘러 들어간다. 이때 스테이터는 터빈에서 흘러나오는 오일을 처음의 방향 즉, P_1과 같은 P_3방향으로 바꾸어준다.

스테이터에 의해 방향을 바꾼 오일은 펌프에서 새롭게 나오는 오일과 합세하여 터빈을 회전시키는 힘에 합세한다. 이 오일은 상당히 큰 운동 에너지를 가지고 있으며, 펌프 날개의 뒷면에 작용하게 된다. 이때 터빈이 정지 상태(자동차가 정지 상태)에 있으므로 토크 변환 비율은 최대(2~3 : 1)가 된다.

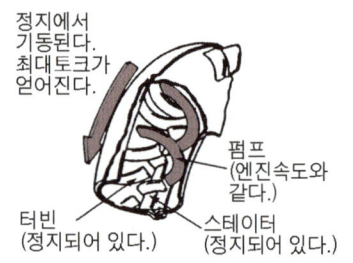

** 터빈이 정지하고 있을 때(스톨일 때)

2) 터빈이 펌프의 1/2 회전을 할 때(속도가 증가될 때)

그림은 터빈이 펌프의 1/2로 회전을 할 때의 오일의 흐름을 보인 것이다. 이때에도 오일은 터빈이 정지된 경우와 마찬가지로 P_1방향에서 터빈에 운동 에너지를 전달하고 P_2및 P_3의 방향으로 흐른다. 그러나 이때는 터빈의 회전속도가 펌프의 1/2이므로 P_2의 방향이 1)의 경우에 비하여 1/2 정도 터빈의 회전방향으로 곡선이 된다. 따라서 스테이터에 의한 오일 흐름 방향의 변환이 감소된다. 이 경우 토크의 변환율은 터빈이 정지된 경우의 1/2 정도(1.5 : 1)가 된다.

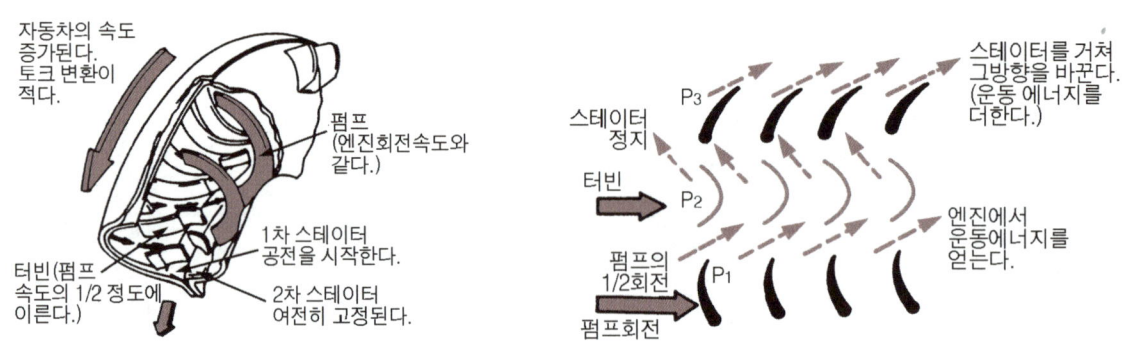

** 터빈이 펌프의 1/2 회전을 할 때

3) 펌프와 터빈의 회전속도가 거의 같아졌을 때(정속 주행)

그림은 펌프와 터빈의 회전속도가 거의 같아졌을 때 즉, 터빈과 펌프의 속도비(NT/NP)가 9/10 정도 되었을 때의 오일 흐름을 보인 것이다. 이때에는 터빈의 회전속도가 펌프의 회전속도와 거의 같으므로 터빈을 떠나는 오일의 흐름 방향이 펌프의 회전속도와 거의 같으므로 터빈을 떠나는 오일의 흐름 방향이 펌프의 회전방향과 거의 일치한다. 따라서 스테이터는 그 뒷면에서 오일의 작용을 받아 일방향 클러치가 작용하여 펌프 및 터빈과 함께 회전하게 된다. 이때 토크 컨버터로서의 기능은 정지되고 유체 클러치로서 작동하게 된다. 토크 변환율은 유체 클러치와 마찬가지로 1 : 1이 된다.

★ NT/NP = 1 부근에서 토크 컨버터의 기능이 정지되는 것은 스테이터에 의해 변환되는 오일 흐름의 변환이 없어지기 때문이다.

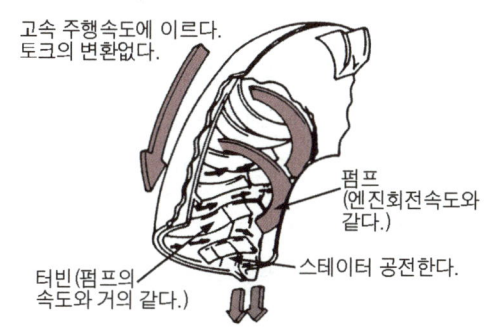

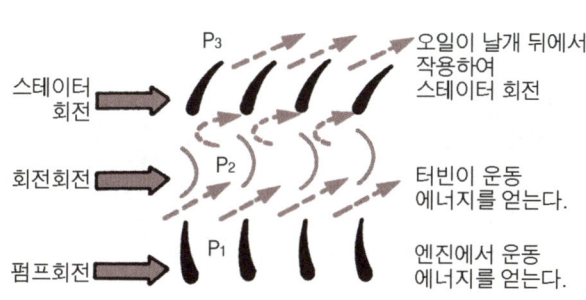

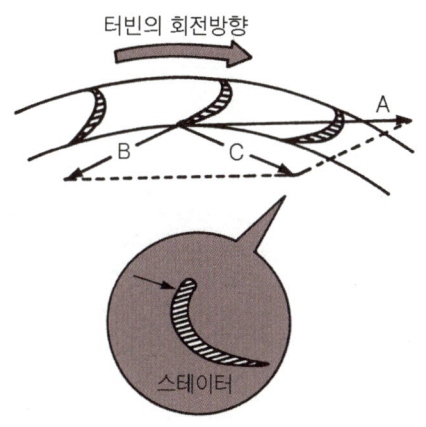

펌프와 터빈의 회전 속도가 거의 같아졌을 때

8 일방향 클러치 One Way Clutch 의 기능

스테이터는 펌프와 터빈의 회전속도 차이가 클 때는 유효하지만 반대로 회전속도가 적을 때는 토크 컨버터 내의 오일 흐름에 변화가 생기게 된다. 오일이 터빈으로 흘러 스테이터의 앞쪽에 부딪쳐 흐름의 방향을 바꾸고 있었으나 회전속도 차이가 없어지면 오일의 흐름도 대부분 맴돌이 상태가 되어 펌프와 터빈은 같은 속도로 회전하려 한다.

이때 스테이터가 스테이터 축에 고정되어 있으면 스테이터의 뒷면에서 오일이 흘러 들어가 스테이터도 펌프나 터빈과 함께 회전하려고 한다. 이때 스테이터를 회전시키지 않으면 전달 효율이 불량해져 토크 비율은 1 이하가 된다. 이것을 방지하기 위해서 스테이터에는 펌프의 회전방향과 같은 방향으로 회전시키는 힘이 작용했을 때 회전하며, 반대 방향으로 힘이 가해졌을 때는 고정시키는 일방향 클러치가 설치되어 있다.

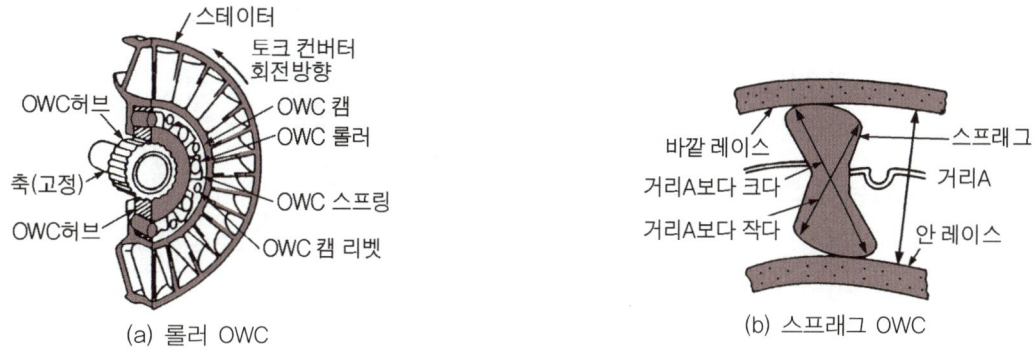

일방향 클러치의 형식

스테이터가 회전을 시작하는 시점을 클러치 포인트(clutch point)라고 한다. 이것을 경계로 하여 유체 클러치로 변환되어 토크의 증대 작용이 일어나지 않기 때문에 토크 변환율은 1이 된다. 만약 스테이터의 일방향 클러치가 고착되거나 회전방향으로 회전하지 않을 때 스톨 테스트의 결과는 양호하더라도 어느 속도(약 70~80km/h) 이상이 되면 주행 속도가 올라가지 않고 과열되기 쉽다.

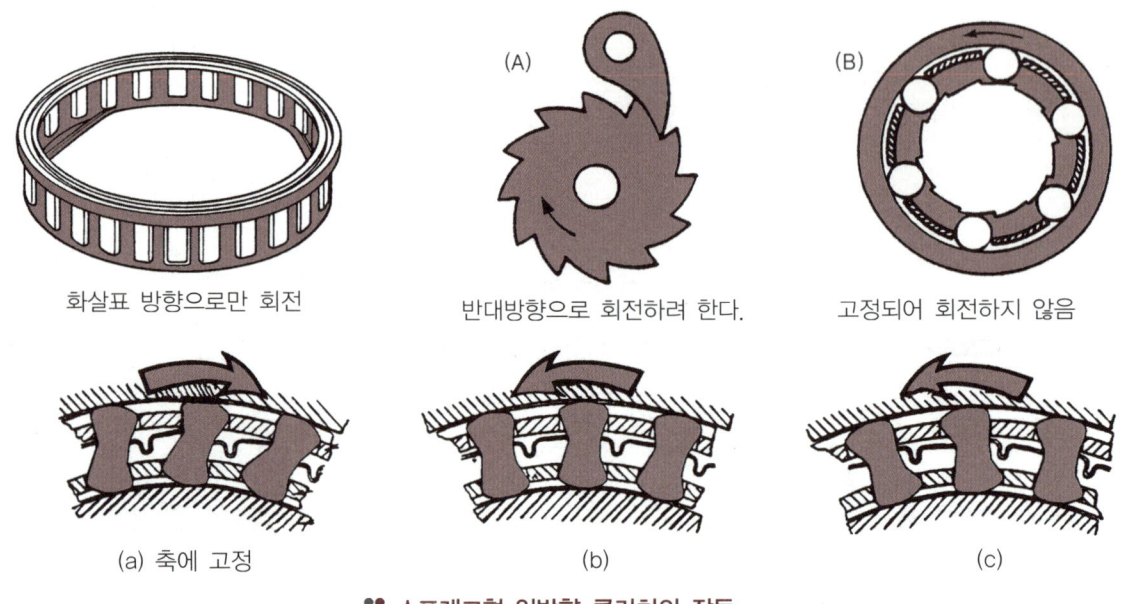

❖ 스프래그형 일방향 클러치의 작동

9 토크 컨버터의 오일 회로

토크 컨버터 내에서는 펌프와 터빈 및 스테이터 사이에는 항상 오일이 순환하므로 오일의 충돌 손실(shack loss)과 마찰 손실(friction loss)이 존재하게 되는데 이로 인해 효율은 항상 1보다 작아진다. 그런데 오일의 충돌과 마찰에 의한 동력 손실은 모두 열에너지로 변환되므로 토크 컨버터 내의 오일 온도는 매우 상승하게 된다. 따라서 과도한 온도 상승을 피하기 위해 토크 컨버터 내의 오일을 외부와 연결된 냉각 회로로 순환시킬 필요성이 있다.

1) 댐퍼(록업) 클러치가 없는 토크 컨버터의 오일 회로

그림은 댐퍼 클러치가 없는 토크 컨버터 내의 오일이 외부로 순환되는 경로의 예를 나타낸 것이다. 먼저 오일이 펌프의 허브와 스테이터 축 사이로 들어오면서 펌프와 터빈의 순서로 순환되고 터빈의 허브 부분을 통해 스테이터 축 사이로 유출되어 냉각기로 보내진다.

2) 댐퍼 클러치가 있는 토크 컨버터의 오일 회로

댐퍼 클러치가 있는 토크 컨버터는 기본적으로는 댐퍼 클러치가 없는 토크 컨버터의 구조와 같다. 다만, 댐퍼 클러치가 터빈과 토크 컨버터 커버(프런트 커버라고도 함) 사이에 설치되어 있는 점이 다르다.

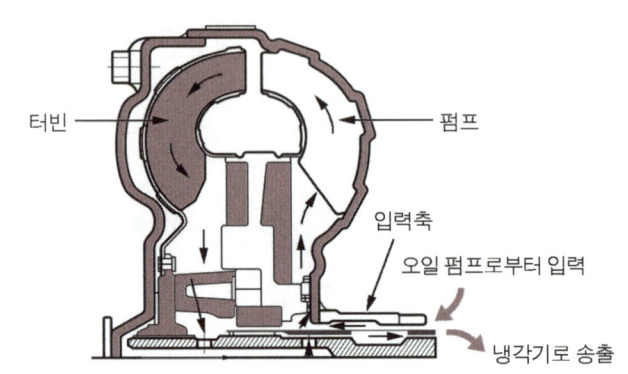

❖ 토크 컨버터 오일의 외부 순환 회로

먼저, 댐퍼 클러치가 작동 될 경우에는 오일이 그림(a)와 같이 토크 컨버터 허브 안쪽 면과 펌프와 스테이터 축 사이를 통하여 토크 컨버터 내에 가해진 다. 따라서 오일은 펌프와 터빈을 거쳐 댐퍼 클러치의 오른쪽 면에 작용하여 댐퍼 클러치 판을 왼쪽으로 밀게 된다.

한편 댐퍼 클러치의 왼쪽 면과 토크 컨버터 사이에 있던 오일은 댐퍼 클러치가 왼쪽으로 밀리게 되면 터빈 축에 마련된 오일 통로를 통하여 배출된다. 이 상태에서는 토크 컨버터 내에서 오일의 흐름은 없어지고 냉각을 위한 외부 순환도 필요 없게 된다.

댐퍼 클러치를 해제시킬 경우에는 그림(b)와 같이 오일을 입력축에 마련된 오일 통로를 통하여 댐퍼 클러치 왼쪽 면에 작용시키면 오일에 의해 댐퍼 클러치를 오른쪽으로 밀면서 댐퍼 클러치 판과 토크 컨버터 커버 사이로 흘러 나가므로 댐퍼 클러치가 해제된다. 이때 오일은 댐퍼 클러치 제어 솔레노이드 밸브(DCCSV)에 의해 제어된다.

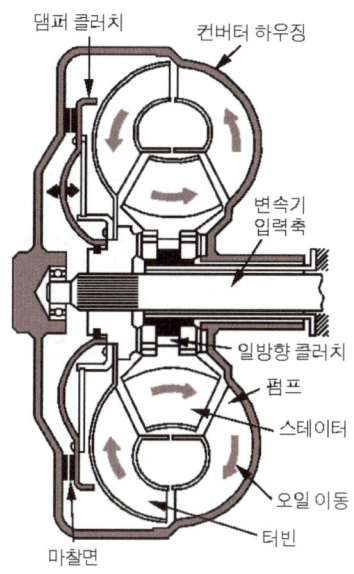

∷ 댐퍼 클러치가 있는 토크 컨버터

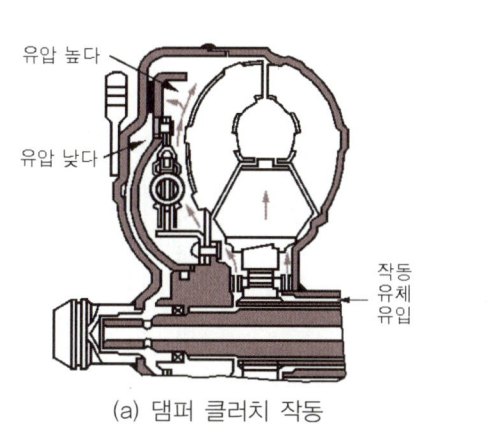 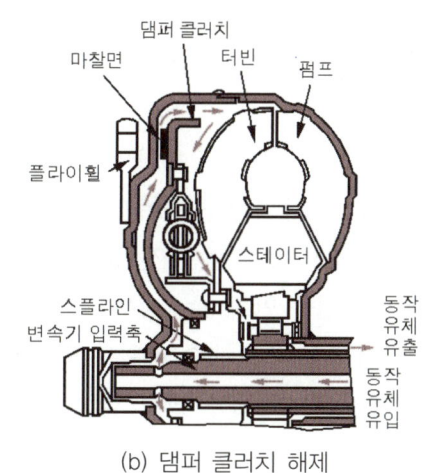

(a) 댐퍼 클러치 작동   (b) 댐퍼 클러치 해제

∷ 댐퍼 클러치 작동과 해제일 때의 오일 흐름

한편 댐퍼 클러치가 작동하고 있을 때는 엔진의 동력이 댐퍼 클러치를 통하여 직접 변속기 입력축에 전달되므로 토크 컨버터에서 오일에 의한 동력 손실과 열 발생은 없게 된다. 따라서 이 경우에는 토크 컨버터 내의 오일을 외부로 순환시키지 않도록 유압 제어 계통이 설계되어 있다. 오일의 외부 순환과 함께 토크 컨버터에는 일정 수준의 압력이 가해진다. 이것은 토크 컨버터 내부의 급격한 압력의 변화에 의해 발생할 수 있는 공동현상(cavitation)을 방지하기 위함이다.

> **→공동현상과 자동변속기의 내부 손실**
> ❶ **공동 현상** : 부분적으로 정압(static pressure)이 오일의 증발 압력 이하로 저하될 때 발생하는데 주로 각 요소의 입구에서 발생하기 쉽다. 공동 현상이 발생하면 성능이 불안정해지며 소음이 발생하고 심하면 날개 차를 손상시키는 경우도 있다. 댐퍼 클러치를 설치하는 가장 큰 이유는 토크 컨버터가 직결되어 동일한 주행 속도에서 엔진의 회전수가 저하되고 동력 전달 효율을 향상시켜 연료 소비율을 감소시키는데 있으며, 단점으로는 댐퍼 클러치가 ON, OFF될 때 충격이 발생한다.
> ❷ **자동 변속기의 내부 손실** : 자동 변속기 내부 손실에는 토크 컨버터의 미끄러짐에 의한 손실과 열손실(70%), 오일 펌프의 구동 손실(15%), 클러치, 밴드의 미끄러짐 손실(15%) 등이 있으며, 이들은 수동 변속기에 비해 약 10%정도 불리한 요소이다.

3 댐퍼 클러치 damper clutch

1 댐퍼 클러치의 기능

댐퍼 클러치는 자동차의 주행속도가 일정 값에 도달하면 토크 컨버터의 펌프와 터빈을 기계적으로 직결시켜 미끄러짐에 의한 손실을 최소화하여 정숙성을 도모하는 장치이며, 터빈과 토크 컨버터 커버 사이에 설치되어 있다. 동력 전달 순서는 엔진 → 프런트 커버 → 댐퍼 클러치 → 변속기 입력축이다.

2 댐퍼 클러치 Damper Clutch 제어와 관련 센서의 기능

1) 댐퍼 클러치 제어 방법

자동변속기를 설치한 차량에서 동력 손실의 대부분은 토크 컨버터의 미끄러짐이다. 이를 방지하기 위해 자동변속기 컴퓨터(TCU)는 댐퍼 클러치가 작동하지 않는 영역의 판정과 엔진 회전속도, 터빈의 회전속도, 스로틀 밸브 열림 정도 보정 등의 결과를 댐퍼 클러치 제어 판정 영역과 비교하여 댐퍼 클러치의 작동, 비 작동 및 슬립율을 결정하여 댐퍼 클러치 컨트롤 솔레노이드 밸브(DCCSV ; Damper Clutch Control Solenoid Valve)의 구동 신호를 출력한다.

댐퍼 클러치 컨트롤 솔레노이드 밸브의 제어는 35Hz로 듀티 제어되며, 솔레노이드 밸브의 응답성을 높이기 위해 각각의 펄스를 시작할 때 수 mS(milli second) 동안 높은 전압(12V)을 공급한다. 댐퍼 클러치 작동은 아래의 조건을 만족하는 경우에 이루어진다.

① 변속 패턴이 2속, 3속, 4속(파워/이코노미 공통)일 경우
② 터빈의 회전속도와 스로틀 밸브 열림 정도의 관계가 작동 영역 내에 있는 경우
③ 자동 변속기 오일(ATF)온도가 70℃ 이상일 경우

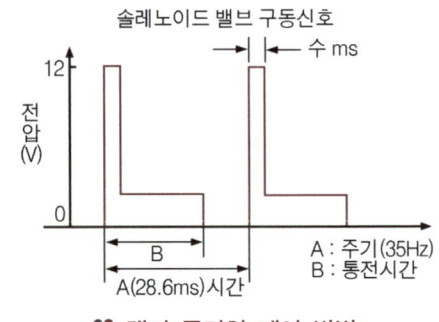
❖ 댐퍼 클러치 제어 방법

2) 댐퍼 클러치 제어 관련 센서의 기능

① **오일 온도(유온) 센서** : 댐퍼 클러치 비 작동영역의 판정을 위해 자동변속기 오일(ATF) 온도를 검출한다.
② **스로틀 포지션 센서(TPS)** : 댐퍼 클러치 비 작동영역의 판정을 위해 스로틀 밸브 열림의 정도를 검출한다.
③ **에어컨(A/C) 릴레이 스위치(S/W)** : 댐퍼 클러치 작동영역의 판정을 위해 에어컨 릴레이의 ON, OFF를 검출한다.
④ **점화 신호** : 스로틀 밸브 열림 정도의 보정과 댐퍼 클러치 작동영역의 판정을 위해 엔진의 회전속도를 검출한다.
⑤ **펄스 제너레이터-B** : 댐퍼 클러치 작동영역의 판정을 위해 변속 패턴의 정보와 함께 트랜스퍼 피동 기어의 회전속도를 검출한다.
⑥ **가속 페달 스위치** : 댐퍼 클러치의 비 작동영역을 판정하기 위하여 가속 페달 스위치의 ON, OFF를 검출한다.

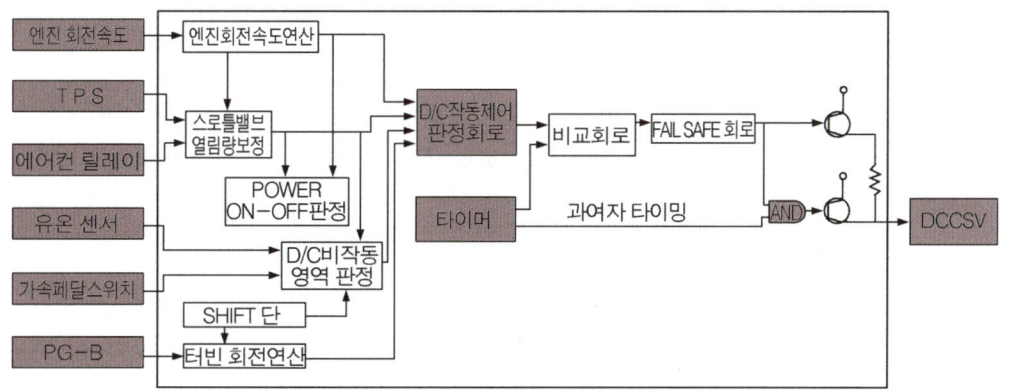

:: 댐퍼 클러치 제어 흐름

3) 댐퍼 클러치 제어를 위한 정보

① **엔진 회전속도 연산** : 엔진의 회전속도 연산은 점화 펄스(2 pulse/회전)에 의해 연산한다.

② **스로틀 밸브 열림량 보정** : 스로틀 밸브 열림 정도 보정은 스로틀 포지션 센서(TPS)의 출력 값을 기초로 하여 보정 및 에어컨 스위치를 ON으로 하였을 때 엔진의 공회전 상태를 보정을 한다. 이들 보정에 의해 운전 상황에 의한 스로틀 밸브의 열림 정도와 엔진의 출력 차이를 수정한다.

③ **변속 패턴** : 변속 패턴 제어에 의해 현재 어느 변속 단에 있는가를 댐퍼 클러치 비 작동영역 및 터빈의 회전속도 연산 회로에 입력한다.

④ **터빈 회전 속도 연산** : 터빈의 회전속도 연산은 펄스 제너레이터 B와 변속 패턴에 의해 터빈의 회전속도를 연산한다.

⑤ **파워(POWER) ON/OFF 판정** : 파워 ON / OFF의 판정은 엔진의 회전속도와 스로틀 밸브 열림 상태를 TCU 내의 패턴과 비교하여 파워 ON/OFF의 상태를 검출한다.

⑥ **댐퍼 클러치 비 작동영역 판정** : 아래의 조건을 검출하여 하나라도 조건이 만족하는 경우에는 댐퍼 클러치 비 작동영역으로 판정한다.
- 스로틀 밸브 열림 정도가 급격히 감소한 경우
- POWER OFF 영역 일 경우
- 제 1속 또는 후진을 할 경우
- 가속 페달을 밟고 있지 않을 경우(가속 페달 스위치 ON)
- 자동 변속기 오일(ATF)의 온도가 65℃이하 일 경우

⑦ **댐퍼 클러치 비 작동제어 판정** : 자동변속기 컴퓨터(TCU) 내에는 그림에 나타낸 것과 같이 작동 구간의 MAP과 목표 슬립량이 프로그램 되어 있고 스로틀 밸브 열림 정도와 터빈의 회전속도에 따라 댐퍼 클러치를 작동시키도록 구동 신호를 출력한다. 댐퍼 클러치의 슬립량은 엔진의 회전속도와 터빈의 회전속도에 의해 연산되어 목표 슬립량에 근접하도록 제어한다. 그리고 댐퍼 클러치 비 작동 명령이 입력된 경우에는 댐퍼 클러치를 작동하지 않는다.

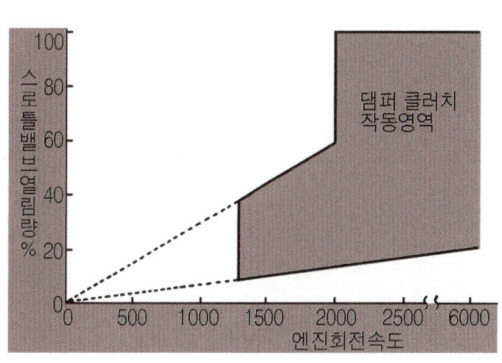

:: 댐퍼 클러치 비 작동 제어 판정

⑧ **비교 회로** : 댐퍼 클러치 작동제어 판정 회로에 의해 출력된 구동 신호와 타이머로부터의 신호를 받아서 댐퍼 클러치 컨트롤 솔레노이드 밸브에 구동 신호를 출력한다.

⑨ **페일 세이프(fail safe)회로** : 페일 세이프 회로는 자동변속기 컴퓨터가 장치의 이상을 감지하여 페일 세이프 상태로 한 경우 구동 신호를 정지시키는 회로이다. 이 회로에 의해 페일 세이프일 때 댐퍼 클러치는 해제된다.

3 전자제어 자동변속기

학/습/목/표
1. 자동변속기의 작동 요소와 구성 부품의 작동 원리에 대하여 설명할 수 있다.
2. 자동변속기의 제어장치의 구성요소의 기능에 대하여 설명할 수 있다.
3. 자동변속기의 CAN 통신에 대하여 설명할 수 있다.
4. 자동변속기의 데이터 분석에 대하여 설명할 수 있다.
5. 자동변속기의 동력전달 경로에 대하여 설명할 수 있다.
6. 자동변속기의 각 단의 유압회로에 대하여 설명할 수 있다.
7. 자동변속기의 각종 제어에 대하여 설명할 수 있다.

1 전자제어 자동변속기의 개요

전자제어 자동변속기는 변속기의 쾌적성과 안정된 주행성, 연료소비율 향상 및 엔진의 전자제어 장치와 다른 전자제어 장치와도 연계하여 제어할 수 있다. 변속할 때 엔진의 출력을 감소시켜 변속의 충격을 완화하는 작동이나 반대로 구동력 제어장치(TCS ; Traction Control System)를 제어하는 경우에는 현재의 변속 단계를 고정하여 원활한 제어를 도와준다.

그밖에도 고장이 발생하였을 때 최소한의 안전을 확보하는 기능과 예상하지 못한 상황에서의 위기 탈출 제어와 같이 안정된 주행을 하기 위해서는 반드시 전자제어 자동변속기가 필요하다. 전자제어 자동변속기는 신경망 제어 및 인공지능 제어를 실행하여 운전자의 습관과 도로운행의 조건에 따라 자동변속기 컴퓨터가 최적의 변속 단계를 선택한다.

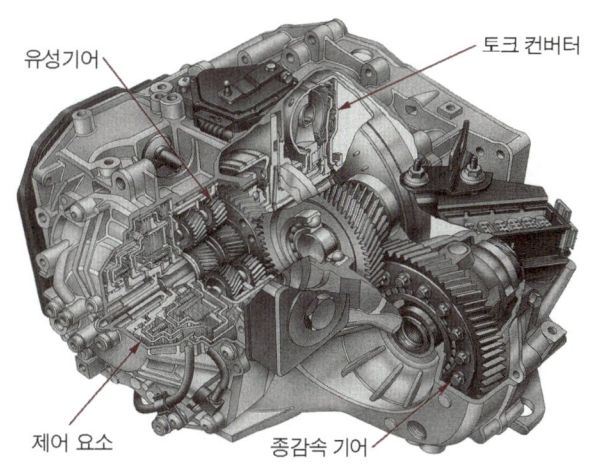

❖ 전자제어 자동변속기 단면도

또 스포츠 모드(sports mode)를 사용하여 자동변속기이면서 수동변속기의 경쾌함을 동시에 만족할 수 있도록 한다. 그리고 5단 자동변속기는 변속 단계를 추가시켜 넓은 변속비의 선택이 가능하도록 하여 출발 성능, 가속 성능, 앞지르기 성능 및 연료소비율 등을 향상시킨다. 자동변속기의 종류에는 변속조작 방법에 따라 여러 가지가 있으나 주로 토크 컨버터와 유성기어 장치에 유압제어 장치를 사용한다. 전자제어 자동변속기의 장・단점은 다음과 같다.

1) 전자제어 자동변속기의 장점
① 도로조건에 적합한 변속제어로 편리성이 증대된다.
② 전자제어에 의해 내구성이 증대 및 연료소비율이 향상된다.

③ 변속효율과 신뢰성이 증대된다.
④ 위급한 상황일 때 안전을 확보할 수 있다.
⑤ 고장정보의 명확한 전달로 정비시간을 단축할 수 있다.

2) 전자제어 자동변속기의 단점

① 자동변속기의 가격이 비싸진다.
② 사후관리 비용이 증가와 정비개소 증가로 인한 정비가 어렵다.

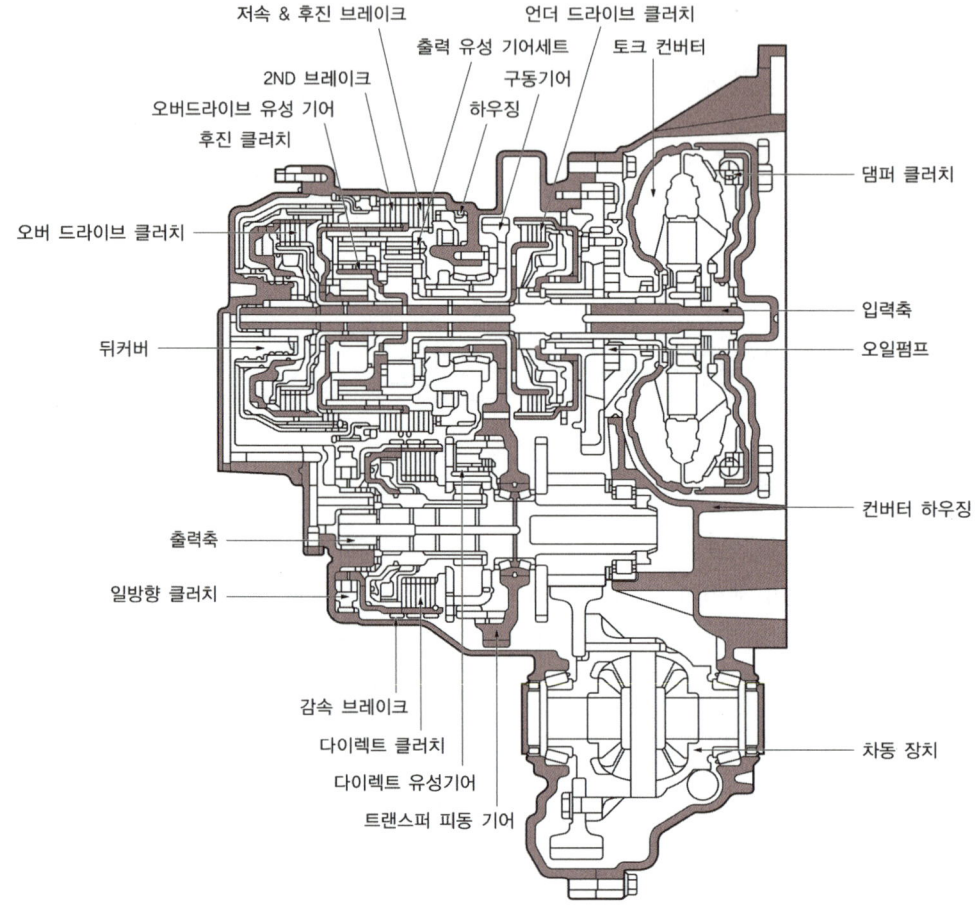

∷ 전자제어 자동변속기 구성 부품

2 전자제어 자동변속기의 작동 요소

자동 변속기는 토크 컨버터와 기어 트레인(gear train)으로 구성되어 있다. 토크 컨버터는 댐퍼 클러치가 내장되어 있는 3요소(펌프, 터빈 및 스테이터), 1단형(터빈이 1개)을 주로 사용하며, 기어 트레인은 3조의 다판 클러치, 2조의 다판 브레이크, 2조의 유성기어 장치로 구성되어 있다.

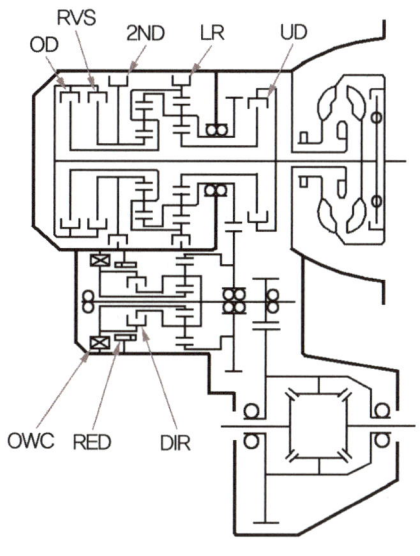

- **UD**(언더 드라이브 클러치 ; under drive clutch) : 입력 축과 언더 드라이브 선 기어를 연결한다.
- **RSV**(후진 클러치 ; reverse clutch) : 입력 축과 후진 선 기어를 연결한다.
- **OD**(오버 드라이브 클러치 ; over drive clutch) : 입력 축과 오버 드라이브 캐리어를 연결한다.
- **DIR**(다이렉트 클러치 ; direct clutch [5 A/T]) : 다이렉트 선 기어와 다이렉트 캐리어를 연결한다.
- **LR**(저속 & 후진 브레이크 ; low & revers brake) : 저속 & 후진 링 기어와 오버 드라이브 캐리어를 고정한다.
- **2ND**(2차 브레이크 ; second brake) : 후진 선 기어를 고정한다.
- **RED**(감속 브레이크 ; reduction brake [5A/T]) : 다이렉트 선 기어를 고정한다.
- **OWC2**(원웨이 클러치 ; one way clutch) : 다이렉트 선 기어가 반 시계 방향으로 회전하는 것을 규제한다.
- **OWC1** : 저속 & 후진 브레이크 및 링 기어가 반 시계 방향으로 회전하는 것을 규제한다.

:: 자동 변속기의 작동 요소

2-1. 구성 부품의 구조

1 토크 컨버터 Torque Converter

토크 컨버터는 엔진의 동력을 변속기로 전달하는 동력 전달 장치이며, 3요소 2상, 1단 방식을 많이 사용한다. 여기서 3요소란 펌프, 터빈 및 스테이터이며, 2상이란 토크 증대 기능과 유체 커플링 기능을, 그리고 1단이란 터빈의 수를 말한다.

2 클러치 Clutch

① **언더 드라이브 클러치** Under Drive Clutch : 이 클러치는 4단 자동변속기의 경우에는 전진 1, 2, 3속에서, 5단 자동변속기에서는 4속까지 작동하며, 입력 축의 구동력을 언더 드라이브 선 기어로 전달한다. 작동 유압은 피스톤과 리테이너(retainer) 사이(피스톤 유압실)에 작동하여 피스톤을 클러치 디스크로 밀어 붙여 구동력을 리테이너로부터 허브(hub)로 전달한다.

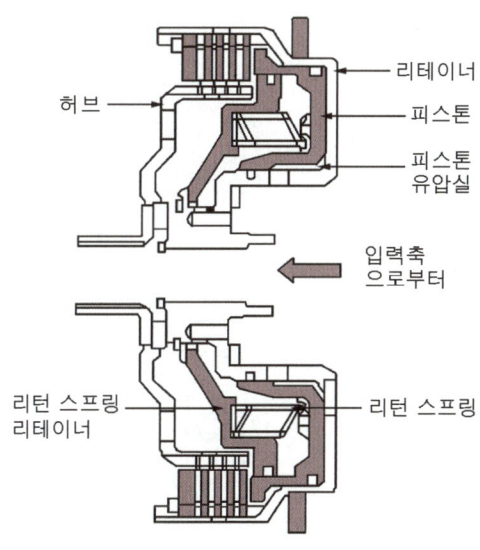

:: 언더 드라이브 클러치

② **클러치 내 원심 평형** balance **기구** : 원심 평형 기구는 고속회전에서 피스톤 유압실에 잔류하는 오일이 원심력을 받아 피스톤을 밀지만 피스톤과 리턴 스프링 리테이너 사이에 들어있는 오일에서 원심력이 발생하기 때문에 양쪽의 힘이 상쇄되어 피스톤이 움직이지 않도록 하는 작용을 한다.

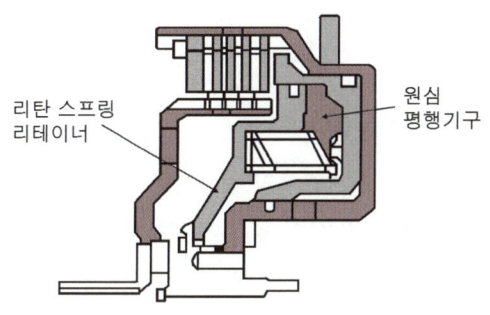

:: 클러치 내 원심 평형 기구

③ **후진 클러치와 오버 드라이브 클러치(Reverse Clutch & Over Drive Clutch)** : 후진 클러치는 후진할 때 작동하여 입력축의 구동력을 후진 선 기어로 전달한다. 오버 드라이브(OD) 클러치는 4단 자동변속기의 경우 전진 3속과 4속에서 작동하며, 5단 자동변속기의 경우에는 5속까지 작동하여 입력축의 구동력을 오버 드라이브 유성기어 캐리어 및 저속 & 후진 링 기어로 전달한다.

후진 클러치와 오버 드라이브 클러치의 구성 부품은 그림과 같이 오버 드라이브 클러치의 리테이너는 후진 클러치 피스톤의 작동을 겸한다. 후진 클러치의 작동 유압은 후진 클러치 리테이너와 오버 드라이브 클러치 리테이너 사이에 작용하여 오버 드라이브 클러치 어셈블리를 움직여 리테이너로부터 허브(hub)로 전달한다.

또한 오버 드라이브 클러치의 작동 유압은 피스톤과 리테이너 사이에 작용하여 구동력을 리테이너로부터 허브(hub)로 전달한다. 그리고 양쪽의 클러치도 오버 드라이브 클러치 피스톤 안쪽의 유압 평형 기구에 의하여 원심력의 영향을 배제시킨다.

④ **다이렉트 클러치(Direct clutch) 및 일방향 클러치(One Way clutch)** : 다이렉트 클러치는 4속과 5속에서 작동하여 다이렉트 유성기어 캐리어와 다이렉트 선 기어를 연결한다. 다이렉트 클러치의 구성 부품은 그림과 같이 작동 유압은 피스톤과 리테이너 사이에 작용하여 피스톤이 클러치 디스크를 밀면 구동력을 리테이너로부터 허브로 전달한다.

또한 일방향 클러치는 스프래그(sprag)형식으로 1, 2, 3속에서 작용하며, 한쪽으로만 회전하기 때문에 다이렉트 선 기어가 시계방향으로 회전하려는 것을 저지한다.

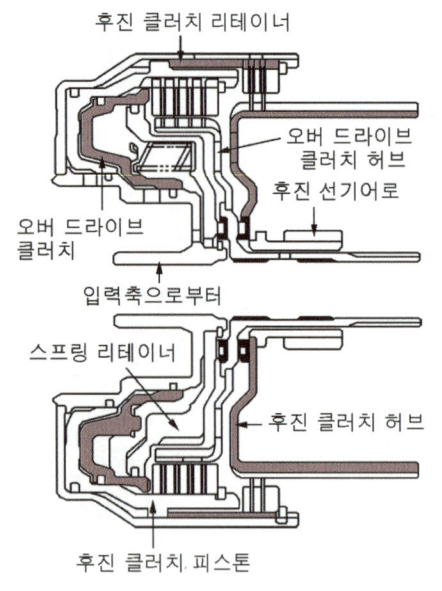

●● 후진 클러치와 오버 드라이브 클러치

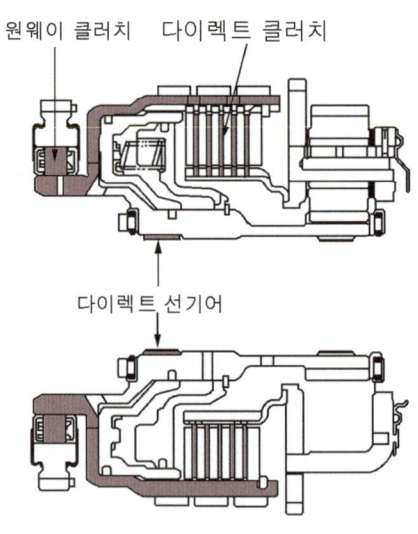

●● 다이렉트 클러치 및 일방향 클러치

3 브레이크 Brake

4단 자동변속기의 경우에는 저속 & 후진 브레이크와 2ND 브레이크 2조를 사용하고, 저속 & 후진 브레이크는 1속일 때 저속 & 후진 링 기어 및 오버 드라이브 유성기어 캐리어를 케이스에 고정한다. 2ND 브레이크는 2속일 때 오버 드라이브 선 기어를 케이스에 고정한다. 5단 자동변속기의 경우에는 저속 & 후진 브레이크와 2ND 브레이크 및 밴드 형식의 1조로 구성되어 있다.

그리고 감속 브레이크는 1, 2, 3속, 후진, 주차 및 중립에서 작동하여 다이렉트 선 기어를 케이스에 고정한다. 감속 브레이크는 그림과 같이 감속 브레이크 피스톤에 의해 밴드가 체결되는 구조로 되어 있다.

4 유성기어 장치 planetary gear system

자동변속기는 토크 컨버터를 통하여 엔진에서 출력되는 동력을 변속하여 구동축에 전달하는 과정에서 유성기어는 가장 중요한 역할을 한다.

1) 유성기어 장치의 구조

유성기어 장치는 바깥쪽에 링 기어가 있고 중앙부에는 선 기어가 설치되며, 링 기어와 선 기어 사이에는 이들과 동일한 축에서 유성기어 캐리어에 지지되어 있는 유성기어 등으로 구성되어 있다. 유성기어 장치의 변속 원리는 선 기어, 링 기어, 유성기어 캐리어를 동시에 구동하는 경우와 각각 고정하는 경우에 따라서 증속, 감속, 역전이 이루어진다.

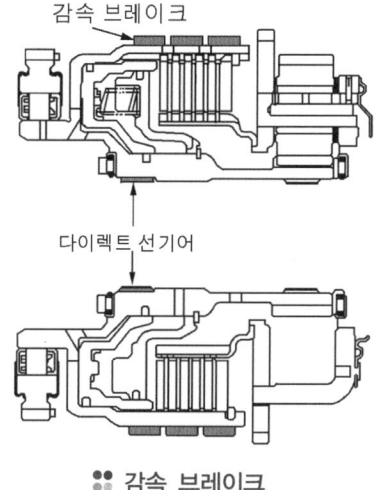

∷ 감속 브레이크

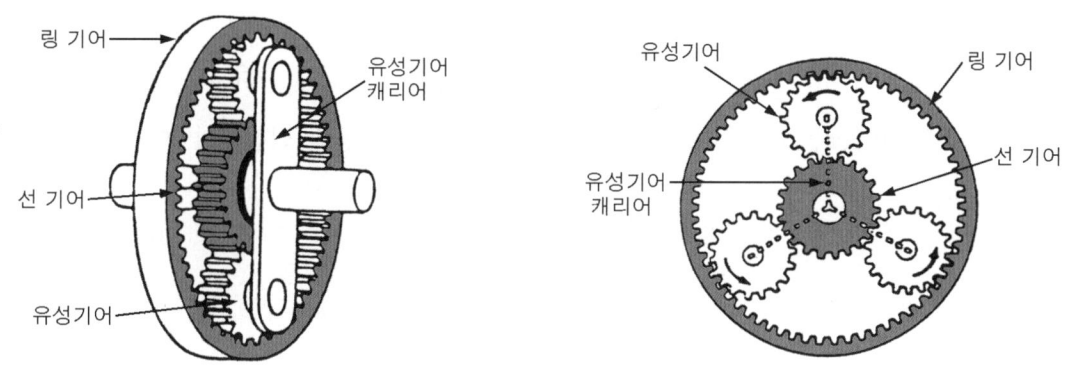

∷ 유성기어 장치의 구조

① **유성기어 캐리어의 감속 1** : 링 기어 D를 고정하고 선 기어 A를 회전시키면 유성기어 B는 자전을 하면서 공전하고 유성기어 캐리어 C는 감속되어 선 기어 A와 같은 방향으로 회전한다. 이때의 변속비는 공식과 같다.

$$변속비 = \frac{A+D}{A}$$

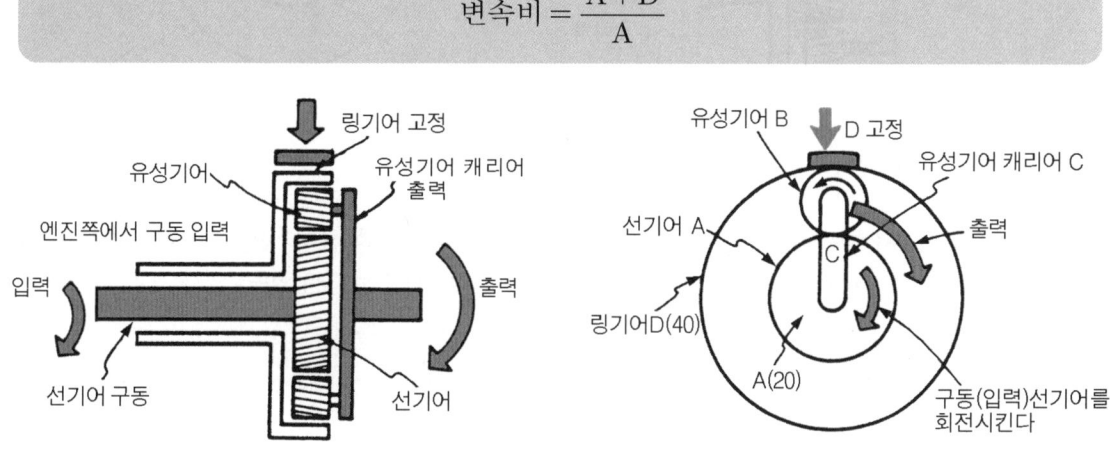

∷ 유성기어 캐리어 감속 원리(1)

② **유성기어 캐리어의 감속 2** : 선 기어 A를 고정하고 링 기어 D를 회전시키면 유성기어 B는 자전을 하면서 공전하고 유성기어 캐리어 C는 감속되어 링 기어 D와 같은 방향으로 회전한다. 이때의 변속비는 공식과 같다.

$$변속비 = \frac{A+D}{D}$$

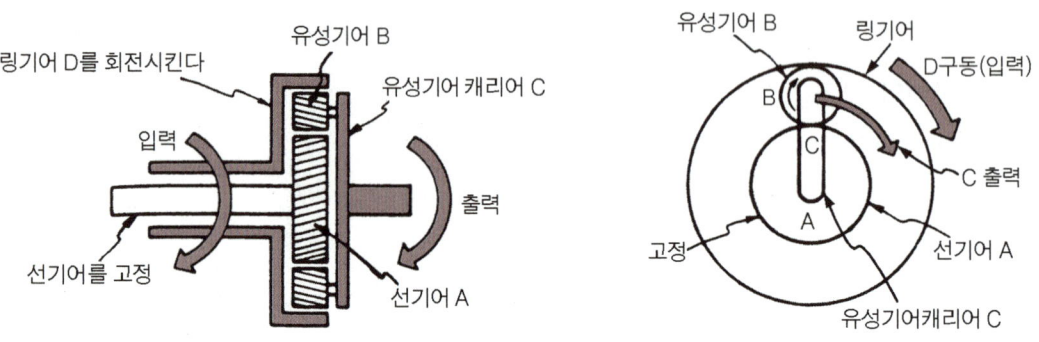

∷ 유성기어 캐리어 감속(2)

③ **선 기어 증속** : 링 기어 D를 고정하고 유성기어 캐리어 C를 회전시키면 유성기어 B는 자전을 하면서 공전하고 선 기어 A는 유성기어 캐리어 C와 같은 방향으로 증속 회전한다. 이때의 변속비는 공식과 같다.

$$변속비 = \frac{A}{A+D}$$

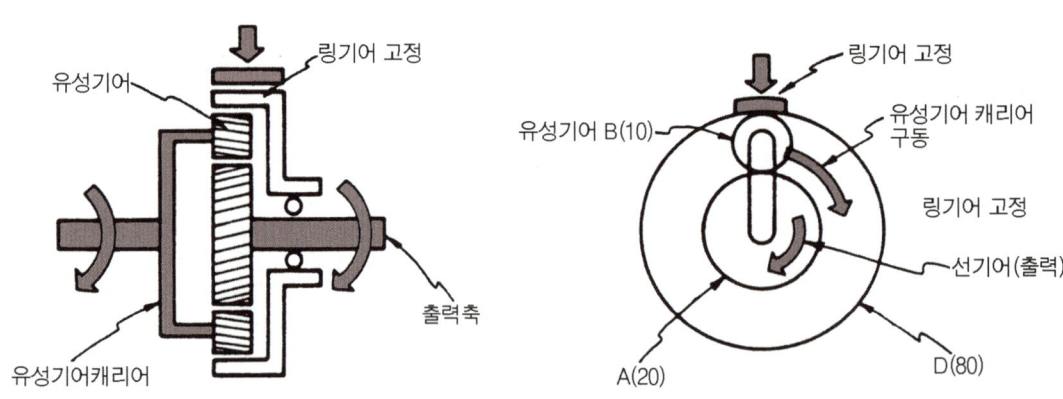

∷ 선 기어 증속 원리

④ **링 기어 역회전** : 유성기어 캐리어 C를 고정하고 선 기어 A를 회전시키면 유성기어 B는 고정된 위치에서 자전만하고 링 기어 D를 역회전시킨다. 이때의 변속비는 공식과 같다.

$$변속비 = -\frac{A}{D} = \frac{-20}{40} = -0.5$$

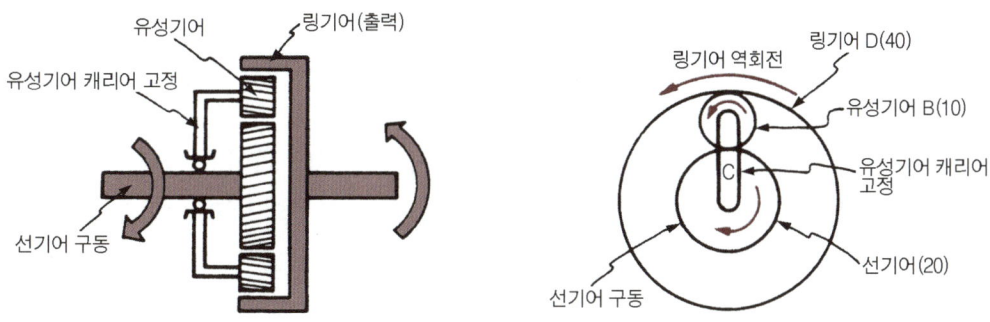

:: 링 기어 역회전 원리

⑤ **링 기어 증속** : 선 기어 A를 고정하고 유성기어 캐리어 C를 회전시키면 유성기어 B는 자전하면서 공전하고 링 기어 D는 유성기어 캐리어 C와 같은 방향으로 증속 회전한다. 이때의 변속비는 공식과 같다.

$$변속비 = \frac{D}{A+D}$$

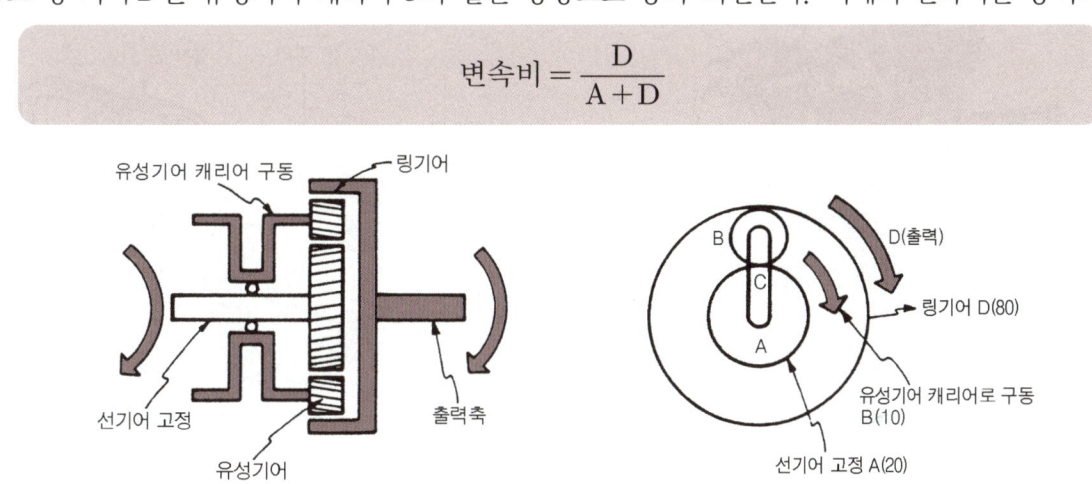

:: 링 기어 증속 원리

2) 복합 유성기어 장치의 종류

① 라비뇨 형식(Ravigneaux type)

라비뇨 형식은 서로 다른 2개의 선 기어를 1개의 유성기어 장치에 조합한 형식이며, 링 기어와 유성기어 캐리어를 각각 1개씩만 사용한다. 1차 선 기어는 쇼트 피니언 기어(short pinion gear)와 물려있고 2차 선 기어는 롱 피니언 기어(long pinion gear)와 맞물려 있으며 숏 피니언 기어는 1차 선 기어와 롱 피니언 기어 사이에, 링 기어는 롱 피니언 기어와 맞물려 있다. 그리고 1차 선 기어(small sun gear), 2차 선 기어(large sun gear), 유성기어 캐리어를 입력으로, 링 기어를 출력으로 사용한다.

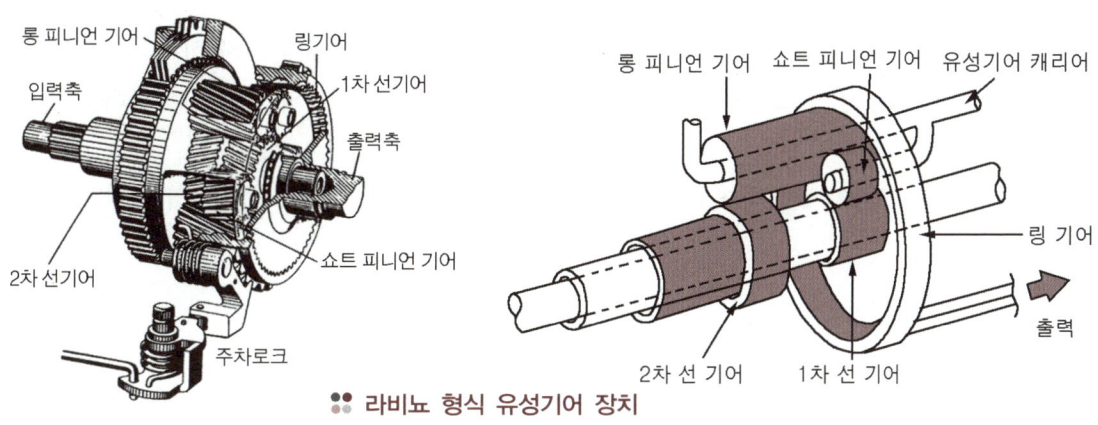

:: 라비뇨 형식 유성기어 장치

② 심프슨 형식(Simpson type)

심프슨 형식은 싱글 피니언(single pinion) 유성기어만으로 구성되어 있으며, 선 기어를 공용으로 사용한다. 유성기어 캐리어는 같은 간격으로 3개의 피니언으로 조립되어 있으며, 비분해형이다. 앞 유성기어 캐리어에는 출력축 기어, 공전기어, 링 기어가 조립되어 이 3개의 기어가 일체로 회전한다.

그리고 피니언의 안쪽에는 선 기어, 바깥쪽에는 뒤 클러치 드럼의 내접기어가 조립된다. 뒤 유성기어 캐리어에는 일방향 클러치(one way clutch) 안쪽 레이스(inner race)가 결합되어 있고 저속 & 후진 브레이크(low & reverse brake) 구동판이 결합되어 있어 뒤 유성기어 캐리어가 회전하면 일방향 클러치 안쪽 레이스로 저속 & 후진 브레이크의 구동판이 일체로 되어 회전한다. 그리고 피니언 안쪽에는 선 기어, 바깥쪽에는 드라이브 허브의 내접기어가 조립된다.

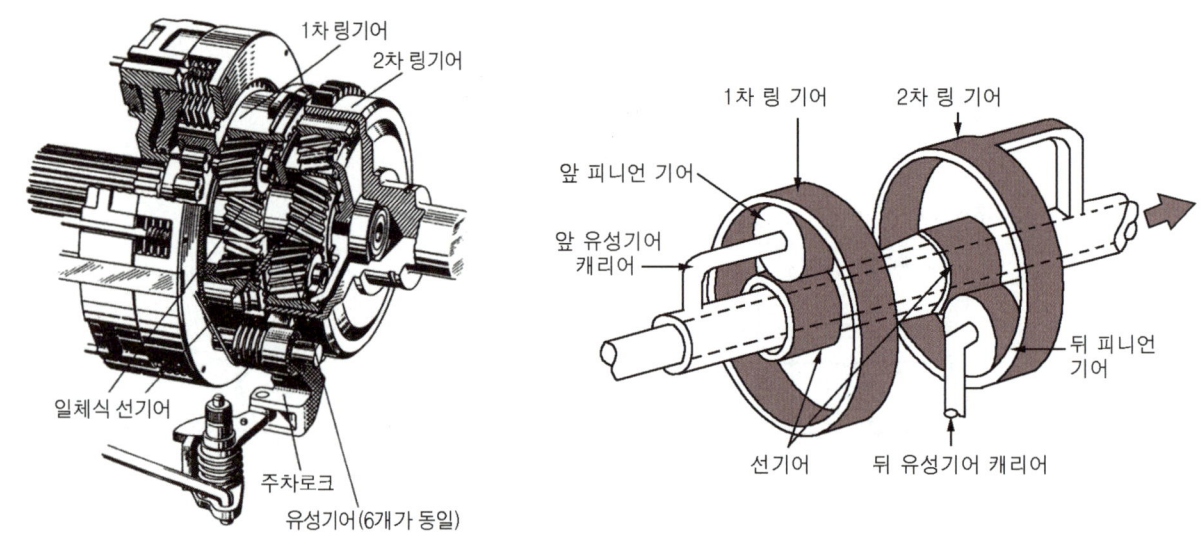

:: 심프슨 형식 유성기어 장치

2-2. 전자제어 자동변속기의 제어장치

1 유압제어 장치

1) 유압제어 장치의 개요

유압제어 장치는 유압 발생원인 오일 펌프, 발생 유압을 제어하는 압력제어 밸브(regulator valve), 자동변속기 컴퓨터의 전기 신호를 유압으로 변환하는 솔레노이드 밸브와 각 요소에 작용하는 유압을 제어하는 압력제어 밸브 및 라인 압력을 받아 오일회로의 변환을 실행하는 각종 밸브 등과 이들을 내장하는 밸브 보디로 구성되어 있다.

또 전자제어 장치에 고장이 발생하여도 스위치 밸브, 페일 세이프 밸브의 작동에 의해 제3속 및 후진주행이 가능하다.

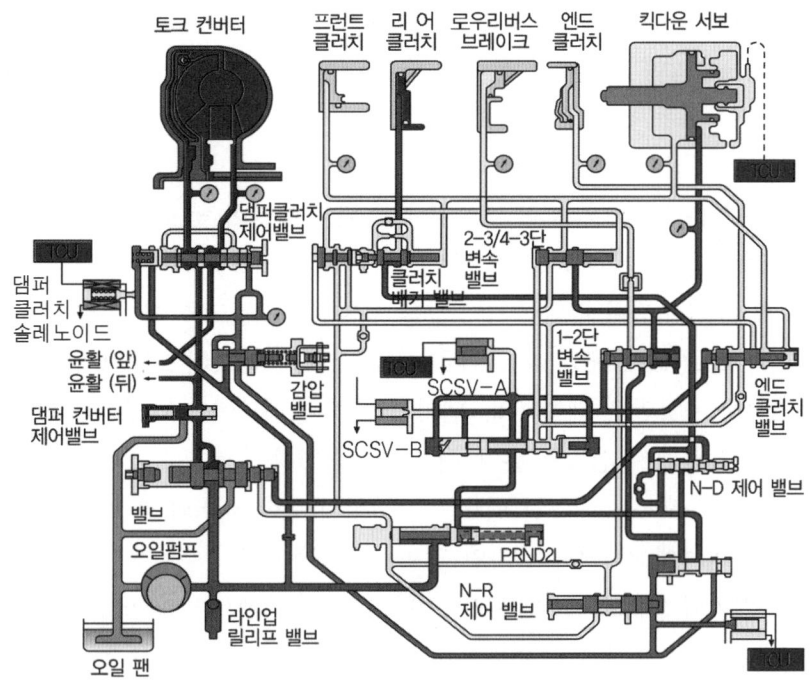

:: 자동변속기 유압회로

2) 유압제어 장치의 구성 요소

① **오일 펌프(oil pump)** : 오일 펌프는 토크 컨버터와 유압제어 장치에 작동 유압을 공급하며, 유성기어 장치, 입력축, 각종 요소 등의 마찰부분에 유압을 공급한다.

② **밸브 보디(valve body)** : 밸브 보디는 변속기 측면의 앞쪽에 세로방향으로 설치되어 있다. 각 작동 요소마다 솔레노이드 밸브와 압력 제어 밸브를 설치하였으며, 라인 압력 조정은 레귤레이터 밸브로 한다.

 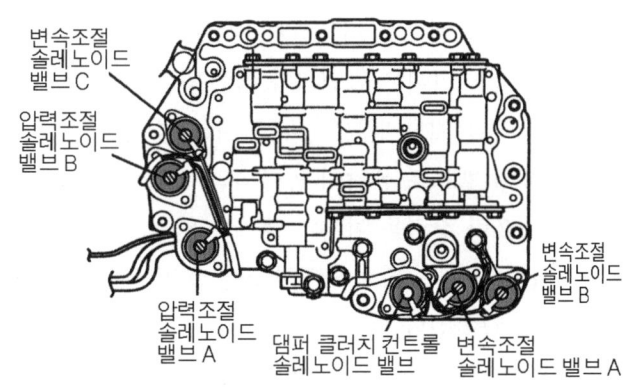

:: 밸브 보디의 구조

③ **레귤레이터 밸브(regulator valve)** : 레귤레이터 밸브는 오일 펌프에 발생한 유압을 라인 압력으로 조정한다. 밸브에는 라인 압력이 작용하는 포트(port)가 3개가 설치되어 있어 유압이 스프링의 장력에 대항하여 라인압력을 각 변속단계에 알맞은 유압으로 조정한다.

④ **토크 컨버터 압력 제어 밸브(torque converter pressure control valve)** : 토크 컨버터 압력 제어 밸브는 토크 컨버터(댐퍼 클러치가 해제될 때) 및 유압을 일정하게 제어한다. 작동은 레귤레이터 밸브에 의한 라인 압력을 제어할 때 나머지 유량은 토크 컨버터 압력 제어 밸브로부터 토크 컨버터로 공급된다.

이때 분기된 유압이 오리피스(orifice)를 통과하여 밸브 체임버(valve chamber)로 공급된다. 이 밸브 체임버에 작용하는 유압이 스프링의 장력에 대항하여 밸브를 움직여 토크 컨버터의 유압을 제어한다.

밸브 체임버에 작용하는 유압이 스프링의 장력보다 작을 때는 스프링 장력에 의하여 밸브로부터의 유압이 토크 컨버터로 공급된다. 레귤레이터 밸브로부터 유압이 스프링 장력보다 커지면 밸브를 한쪽으로 밀어 포트가 열리면 유압은 오일 펌프 쪽으로 유출되어 유압이 낮아진다. 압력이 낮아지면 밸브 체임버에 작용하는 유압도 낮아지기 때문에 밸브는 스프링 장력으로 리턴되어 포트를 닫는다. 이 작용으로 토크 컨버터의 유압이 제어되어 유압이 일정값을 유지할 수 있도록 제어한다.

⑤ **댐퍼 클러치 제어 밸브(damper clutch control valve)와 솔레노이드 밸브** : 댐퍼 클러치 제어 밸브는 댐퍼 클러치에 작용하는 유압을 제어하며, 댐퍼 클러치 솔레노이드 밸브는 자동변속기 컴퓨터의 신호에 의하여 듀티 제어되어 전기 신호를 유압 신호로 변환한다.

⑥ **매뉴얼 밸브(manual valve)** : 매뉴얼 밸브는 운전석의 변속 레버와 연동하여 변속 레버의 각 레인지마다 오일 회로를 변환하여 각 밸브로 라인 압력을 공급한다.

⑦ **압력 제어 밸브(PCV)와 솔레노이드 밸브(PCSV)** : 압력 제어 밸브(Pressure Control Valve)와 솔레노이드 밸브(Solenoid Valve)는 후진 클러치(reverse clutch)를 제외한 각 요소에 1조씩 설치되어 있다. 저속 & 후진, 언더 드라이브용 압력 제어 밸브는 클러치 유압이 해제될 때 유압이 급격히 낮아지는 것을 방지하여 클러치 대 클러치(clutch to clutch) 제어를 할 때 입력축 회전속도의 상승률을 억제한다. 그리고 오버 드라이브, 2차 압력 제어 밸브는 저속 & 후진, 언더 드라이브용 압력 제어 밸브와 기능이 같다.

솔레노이드 밸브는 자동변속기 컴퓨터의 신호에 의하여 듀티 제어되어 전기 신호를 유압으로 변환하여 각 클러치 및 브레이크를 작동시킨다. 압력 제어 밸브의 형상은 각 밸브마다 다소 다르나 작동 원리는 같다. 여기서는 오버 드라이브 클러치를 예를 들어 설명하면 다음과 같다.

- 오버 드라이브 밸브가 작동하지 않을 때 즉, 솔레노이드 밸브가 ON 상태일 때는 솔레노이드 밸브에 의하여 오일 회로가 닫히기 때문에 유압이 공급되지 않는다. 이때 압력 제어 밸브는 스프링 장력에 의하여 밸브가 이동하기 때문에 포트가 닫혀 오버 드라이브 클러치에 유압이 공급되지 않는다.
- 오버 드라이브 클러치가 작동을 하면 자동변속기 컴퓨터의 신호에 의해 솔레노이드 밸브가 듀티 제어되어 체크 밸브(check valve)를 밀어 오일 회로를 열고 압력제어 밸브로 유압을 공급한다. 압력 제어 밸브로 유압이 공급되면 랜드의 면적 차이에 의해 밸브를 한쪽으로 미는 힘이 생기며, 이 힘이 스프링 장력을 이기고 밸브가 열리기 때문에 라인 압력이 오버 드라이브 클러치로 공급된다. 변속이 완료되면 솔레노이드 밸브는 OFF 되기 때문에 오버 드라이브 클러치로 공급되는 유압은 라인 압력과 같아진다.

⑧ **스위치 밸브(switch valve)** : 오버 드라이브 클러치가 작동할 때 스위치 밸브를 경유한 유압이 레귤레이터 밸브로 공급된다. 이에 따라 제3속, 제4속에서는 라인 압력이 감압된다. 페일 세이프일 때(자동변속기 릴레이 OFF일 때)에는 저속 & 후진 압력 제어 밸브에서 저속 & 후진 브레이크에 공급되는 유압을 차단한다.

⑨ **페일 세이프 밸브(fail safe valve)** : 페일 세이프 밸브 A는 페일 세이프가 발생하였을 때 저속 & 후진 브레이크 유압을 해제한다. 또 해제하였을 때 저속 & 후진 브레이크의 오일 회로를 변경하여 더욱 빠른 변속을 실현한다. 페일 세이프 밸브 B는 페일 세이프일 때 2ND 압력 제어 밸브로부터 2ND 브레이크로의 유압을 차단한다. 그리고 페일 세이프 밸브 C는 페일 세이프일 때 스위치 밸브로부터 다이렉트 클러치로의 유압을 차단한다.

⑩ **어큐뮬레이터(accumulator)** : 어큐뮬레이터는 자동변속기의 유압 제어 장치에서 사용되는 것이며, 클러치 및 브레이크의 작동 오일 회로에 설치되어 변속할 때 클러치로 공급되는 유압을 일시적으로 축적하여 클러치 및 브레이크가 급격하게 작동하는 것을 방지하여 부드러운 변속이 이루어지도록 한다.

2 전자제어 장치

전자제어 자동변속기가 어떤 원리로 전자제어가 되어 자동적으로 변속이 되는지에 대해 설명하도록 한다. 전자제어에는 각 상황을 검출하는 센서(sensor)가 필요하다. 예를 들어 현재 변속 레버의 위치가 P 레인지에서 엔진의 회전속도가 일정값 이상이 입력되고 운전자가 밟은 액셀러레이터 페달의 조작 정도는 약 50%이며, 그 밖의 센서 신호들이 자동변속기 컴퓨터(TCU ; Transmission Control Unit)로 입력되면 자동변속기 컴퓨터는 센서들의 정보를 연산하여 출력시킨다. 그리고 유압의 공급 및 차단은 유압 제어 솔레노이드 밸브로 한다.

즉 솔레노이드 밸브는 전기를 공급하면 전자석이 되어 밸브가 열리거나 닫히는 원리이다. 유압이 공급되면 이 유압은 클러치나 브레이크로 전달되어 유성기어 장치에서 각종 기어의 회전속도 변화를 유도한다. 현재 제1속에 해당하는 시점이라면 유성기어는 1속에 해당하는 만큼 변속비가 이루어지고 변속된 회전속도는 바퀴로 전달된다. 또 자동변속기 컴퓨터가 제4속에 해당하는 시점이라고 판단하면 제4속에 해당하는 유압을 공급하기 위해 제4속의 유압 제어 솔레노이드 밸브를 작동시킨다. 제4속의 작동을 중지시킬 때에는 공급 유압을 해제한다.

이러한 원리에 의해 각각의 변속이 자동으로 이루어진다. 전자제어 자동변속기는 입력 부분·제어 부분 및 출력 부분으로 구성된다. 입력 부분은 각종 센서들의 신호가 입력된다. 이 센서들의 신호는 변속을 실행하기위한 매우 중요한 것이며, 자동변속기 자체의 신호도 있지만 엔진으로부터 입력되는 신호도 여러 가지가 있다.

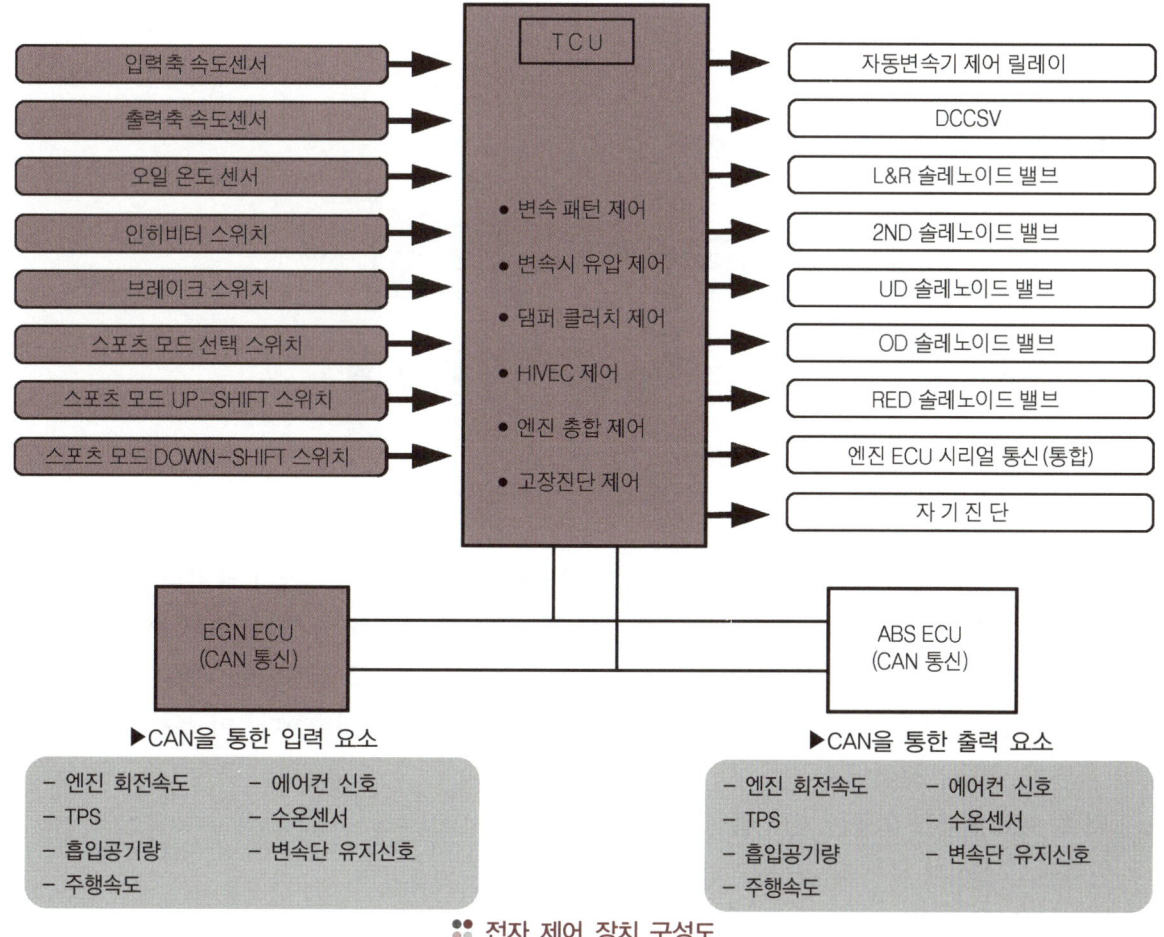

∷ 전자 제어 장치 구성도

종전에는 엔진으로부터의 신호는 센서 각각의 단품을 통해서 입력 정보를 받았으나 현재는 대부분 CAN(Controller Area Network)통신으로 입력 정보를 받는다. 그리고 제어 부분은 자동변속기 컴퓨터이며, 자동변속기 컴퓨터는 각종 센서의 입력 신호 분석 및 연산 그 밖의 변속에 필요한 모든 작동을 진행하며, 고장이 발생하였을 때 고장 표출 및 안전을 확보를 하며, 출력 부분을 제어한다.

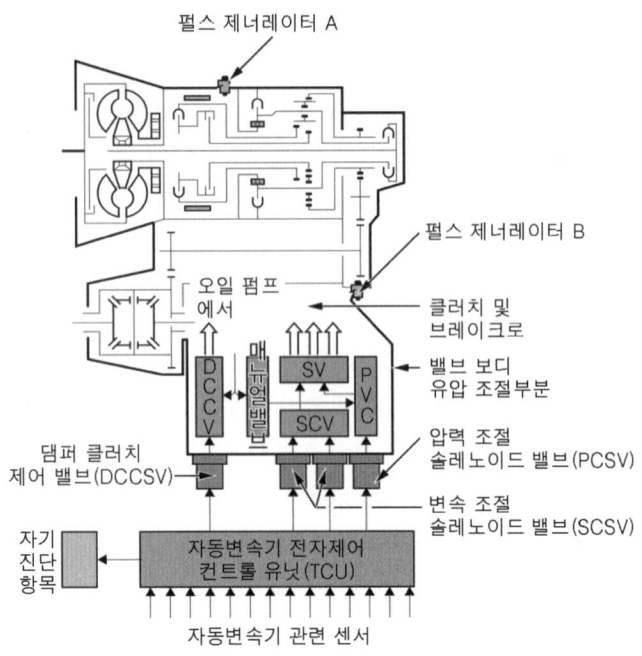

출력 부분은 크게 3부분으로 분류되는데 먼저 각각의 솔레노이드 밸브이다. 솔레노이드 밸브는 자동변속기 컴퓨터의 신호에 의해 작동하는데 각각의 조합을 통해서 변속단 1-2-3-4-R이 결정된다. 그리고 솔레노이드 밸브에 전원을 공급하는 자동변속기 릴레이 제어도 컴퓨터가 한다. 점화 스위치의 ON 신호가 자동변속기 컴퓨터로 입력되면 컴퓨터는 바로 자동변속기 릴레이로 출력한다. 이때 모든 솔레노이드 밸브에 전원이 공급된다.

∴ 전자제어 장치의 구성도

1) 점화스위치 IG-ON 전원

점화 스위치 IG-ON 전원은 자동변속기 컴퓨터를 활성화시키는 신호이다. 즉 최초로 작동을 시작하는 시점이 IG-ON 전원이 입력되는 순간이다. 또 이때부터는 스캐너의 통신 기능이 가능하다. 점화 스위치를 IG-ON 하였는데도 스캐너와 통신이 안 된다면 이는 IG-ON 신호가 들어오지 않는다고 판단할 수 있다.

2) 입력축 속도 센서 input shaft speed sensor

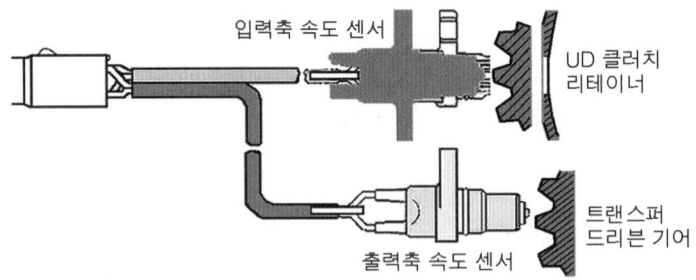

∴ 입·출력 속도 센서의 구조

① **입력축 속도 센서의 기능** : 입력축 속도 센서는 자동변속기 컴퓨터 제어에서 출력축 속도 센서와 함께 가장 핵심 신호 중 하나이다. 변속기로 입력되는 회전속도를 검출하여 자동변속기 컴퓨터로 입력한다. 엔진의 회전속도가 토크 컨버터를 거쳐 입력축을 통해 변속기 내부로 입력되면 대부분 엔진의 회전속도 함께 공전하는 입력축의 언더 드라이브 클러치 리테이너 부분에서 검출한다. 이 부분은 엔진이 작동되면 출력이 나와야 정상이다.

② **입력축 속도 센서를 이용한 제어 종류**
- 변속단의 설정제어(1~4속/R속) : 변속할 때 기본신호로 이용한다.
- 댐퍼 클러치 제어 : 미끄러지는 양 = 엔진 회전속도 − 입력축 속도 센서

- 각 단의 동기 어긋남 연산 : 연산 방식 = (입력축 − 출력축 × 변속비) ≥ 200rpm
- 피드백 제어(회전속도 변화에 대응) : 변속할 때 터빈의 회전속도 변화에 따른 피드백을 제어한다.
- 클러치 대 클러치 제어 : 클러치 대 클러치 제어를 할 때 회전속도 변화를 피드백을 제어한다.

③ 입·출력축 속도 센서의 종류

- 펄스 제너레이터 방식(Pulse Generator type) : 펄스 제너레이터 방식의 센서는 2핀으로 구성되며, 내부 저항은 약 250Ω 정도이다. 종전에 주로 사용하였으며, 자동변속기 컴퓨터에서 기준 전압 2.5V를 출력한다. 엔진이 작동하면 자력선의 변화에 의해 2.5V를 기준으로 사인파 펄스가 출력된다. 회전속도 증가와 더불어 주파수가 증가하며, 최대 전압과 최소 전압이 변화한다. 가격이 저렴한 장점이 있으나 외부의 노이즈(noise)에 약한 단점이 있다.

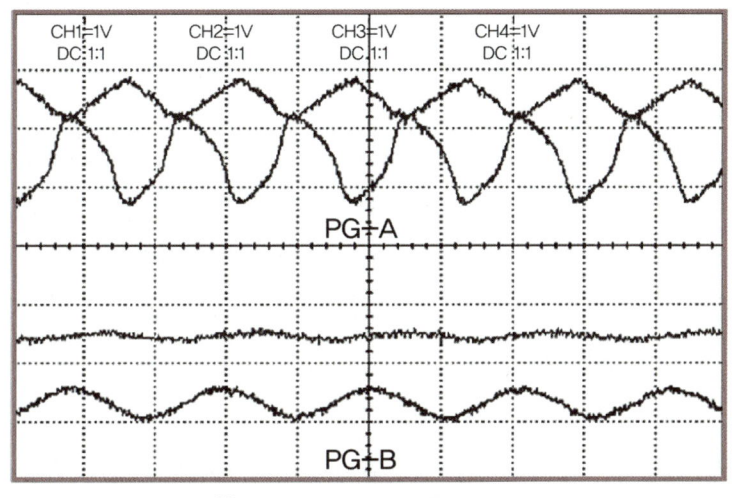

펄스 제너레이터 출력 파형

펄스 제너레이터 외형

- 홀 센서 방식(Hall sensor type) : 현재 생산되는 자동변속기는 대부분이 홀 센서 방식을 사용하고 있으며, 펄스 제너레이터 방식과는 다르게 3핀으로 되어 있다. 센서 작동 전원 12V에 센서 출력 전압 5V와 접지선으로 구성된다. 출력 특성은 0~5V로 변화하며, 회전속도의 증가와 더불어 주파수가 증가하는 특성이 있고 출력 전압의 폭은 변동되지 않는다. 펄스 제너레이터 방식에 비해 외부 노이즈에 안정적으로 대응하며 신뢰성이 높은 장점이 있으나 가격이 비교적 비싸다.

→ **입력 및 출력축 속도센서 고장진단 및 페일 세이프**

자동변속기 컴퓨터는 차속 센서로부터 주행속도를 검출한 상태에서(최소 30km/h 이상) 입력 및 출력축 속도 센서로부터 신호가 입력되지 않는 경우 고장코드를 표출한다. 자동변속기 컴퓨터는 입력축 속도 센서가 고장 나면 선택 레인지에 따라 2속 또는 3속으로 고정시킨다.

예를 들어 L, 2 레인지에서는 2속으로 고정하며, 레인지 3과 D에서는 3속으로 고정시켜 부분 페일 세이프(fail safe)를 진행한다. 이것은 최소한의 주행이 가능하도록 하는 림프 홈(limp home)기능이다. 그리고 페일 세이프 또는 림프 홈 기능이란 페일 세이프는 안전을 확보하는 기능으로 2가지의 제어가 있다. 한 가지는 부분 페일 세이프로 자동변속기 컴퓨터의 의지에 의한 제어이다. 즉 2, 3속을 번갈아 제어할 수 있다. 4속 중에 2, 3속을 제어 할 수 있으니 반쪽 제어인 셈이다. 그렇다고 완전한 고장으로 보기도 어렵다. 이러한 이유로 부분 페일 세이프란 용어를 사용한다. 그러나 완벽한 페일 세이프는 자동변속기 릴레이를 OFF시키는 경우이다. 이때는 모든 솔레노이드 밸브로 공급되는 전원이 차단되므로 모든 클러치로 유압이 공급된다. 이때 밸브보디 내에 있는 안전밸브에 의해 다른 유압들은 모두 해제되고 오직 3속에 해당하는 언더 드라이브와 오버 드라이브로만 유압이 공급되므로 3속으로 고정 된다. 문제 부분이 해결되어 자동변속기 컴퓨터로 전원이 다시 공급되면 다시 자동변속기 릴레이로 출력한다.

3) 출력축 속도 센서 output shaft speed sensor

① **출력축 속도 센서의 기능** : 출력축 속도 센서는 유성기어에서 변속된 이후의 회전속도이며, 실질적인 자동변속기의 출력 신호이다. 여기서 종감속 기어만 거치면 바로 바퀴의 회전속도가 된다. 실질적인 검출 부위는 트랜스퍼 피동기어 부위이다. 이 신호를 기준으로 자동변속기 컴퓨터는 변속 제어 및 각종 제어를 실행한다.

② **출력축 속도 센서를 이용한 제어 종류**
- 변속단의 설정 제어(1~4속 / R속)는 변속할 때 기본 신호로 이용한다.
- 각 단의 동기 어긋남 연산 방식은 (입력축 − 출력축 × 변속비) ≥ 200rpm으로 한다.
- R 레인지의 페일 세이프 제어는 후진으로 변속할 때 출력축 회전속도가 입력되면 안전을 확보하기 위해 R 레인지의 유압을 해제한다.
- 1속으로 출발할 때 일정값 이상의 주행속도가 입력되면 일방향 클러치를 보호하기 위해 저속 & 후진 브레이크의 유압을 해제한다.

③ **출력축 속도 센서 출력 특성** : 출력축 회전속도는 입력축 회전속도가 유성기어를 거치면서 변속이 이루어진 회전속도이며, 출력축 속도 센서가 검출한다. 따라서 출력축 속도 센서의 출력 특성은 입력축 속도 센서의 회전속도를 변속비로 나누면 이 값이 바로 출력축 속도 센서의 회전속도이다. 즉, 해당 변속비 × 출력축 속도는 입력축 회전속도가 된다. 3속일 때 변속비는 대부분의 자동변속기에서 1 : 1이다 이때는 입·출력 회전속도 값이 동일한 값을 지시한다.

4) 오일 온도(유온) 센서

① **오일 온도 센서의 기능** : 오일 온도 센서는 부특성 서미스터를 이용하여 자동변속기 내부의 오일 온도를 검출하여 변속을 제어하거나 댐퍼 클러치 제어, 고온 방지 제어, 극저온 모드 제어 등 각종 제어에 활용한다. 이 센서가 불량할 경우 충격이나 이상 변속을 느낄 수 있다.

② **오일 온도 센서를 이용한 제어** : 초기 유압 설정 제어는 자동변속기 컴퓨터가 오일 온도에 따른 초기 설정 값의 유압을 다르게 각각 제어하며, 댐퍼 클러치 제어는 자동변속기 컴퓨터가 오일 온도에 따라 댐퍼 클러치 작동·비작동을 결정한다(오일 온도 50℃). 또 자동변속기 오일(ATF)의 고온 방지 변속제어는 오일 온도가 125℃ 이상으로 상승하면 2-3·3-4 변속 선도로 변경한다. 오일 극저온 모드 변속제어는 오일 온도가 −29℃ 이하일 때 변속단계를 2속에 고정시켜 오일 온도의 상승을 촉진시킨다.

∷ 유온 센서 설치 위치

③ **오일 온도 센서의 작동** : 오일 온도 센서는 자동변속기 컴퓨터에서 (+)쪽에 약 5V를 공급받으며, 이 전압은 센서의 부특성 저항을 거쳐 (−)를 통하여 컴퓨터에서 접지된다. 이 (+)쪽에 가해지는 전압은 부특성 서미스터의 저항값의 변화에 따라 변한다. 즉 냉각된 상태에서는 저항값이 커지므로 공급되는 전압도 높아진다. 반대로 열간 상태에서는 온도가 높으므로 저항값은 낮아진다. 저항값이 낮기 때문에 직렬 회로에서 저항값이 낮은 곳에 전압도 낮게 공급되므로 출력 전압은 낮게 출력된다.

5) 인히비터 스위치 inhibiter switch

인히비터 스위치는 변속단계의 설정·유지 및 해제를 제어할 때 이용되며, 그밖에 댐퍼 클러치를 제어할 때에도 이용되고, 페일 세이프 조건에서도 중요 신호로 이용된다.

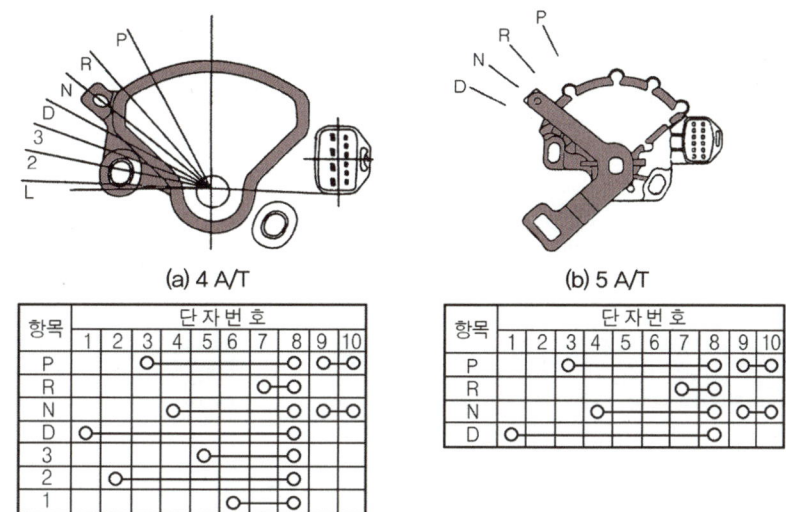

:: 인히비터 스위치의 구조와 단자 사이의 접속

① **인히비터 스위치의 변속단계 설정·유지 및 해제 기능** : 변속단계 설정은 자동변속기의 종류에 따라서 약간 다르며, 또 스포츠 모드의 사용 여부에 따라 다르다. 먼저 일반적인 변속 레버의 경우에는 변속할 때 각 레인지의 위치에 따라 제어가 달라진다. 예를 들어 변속 레버의 위치가 D레인지에 있다면 변속단계는 4속까지 변속이 이루어진다. 그러나 레인지가 3속 위치(OD-S/W OFF)에 있다면 변속단계는 3속까지만 변속이 이루어진다. 즉 4속 위치에서 갑자기 가속을 하고 싶다면 구동력이 큰 3속이 필요하다.

이때 변속 레버를 바로 3속 위치로 이동하면 변속단계는 자연스럽게 3속으로 이루어져 변속이 실행된다. 위치가 2위치라면 2속까지만 변속이 이루어지며 만약 L(Low) 위치에 있다면 변속은 1속에 고정이 된다(이때는 D.3.2.1속과는 달리 엔진 브레이크가 작동한다).

엔진 브레이크가 작동하는 이유는 D.2.3일 때 1속에서는 일방향 클러치가 작동하여 유성기어의 링 기어를 반시계방향으로 운동을 제지하여 자동차의 전진이 가능한데 엔진 브레이크가 작동할 때에는 바퀴에서 역으로 시계방향의 회전이 전달되므로 일방향 클러치는 이 회전을 억제시킬 수 없다. 그러나 L레인지 1속 때는 저속 & 후진 브레이크가 작동하므로 링 기어의 시계·반시계방향 모두를 제지할 수 있으므로 엔진 브레이크가 가능하다.

② **댐퍼 클러치 제어 기능** : 댐퍼 클러치 제어는 토크 컨버터 내에서 미끄럼에 의한 연료소비율의 증가를 방지하기 위해 설치한 것으로 정상적으로 작동하지 않으면 엔진의 작동이 정지되거나 운전자가 심한 출력 부족을 느낄 수 있으므로 자동변속기에서 매우 중요하다.

따라서 자동변속기 컴퓨터는 인히비터 스위치로부터 D나 3레인지의 신호가 입력되어야만 댐퍼 클러치를 작동시킨다. 이유는 저속 단계에서 댐퍼 클러치를 작동시키면 구동력을 충분히 확보하지 못한 상태이므로 자동차가 주행하는데 상당한 어려움을 겪는다.

즉 댐퍼 클러치의 효과를 정상적으로 얻으려면 반드시 3속, 4속에서만 작동하여야 한다. 예외적으로 오일의 온도가 한계 온도 이상으로 올라가면 오일의 온도를 낮추기 위해 2속에서 댐퍼 클러치를 작동시킨다(온도 상승 원인이 미끄럼이므로 댐퍼 클러치를 작동시키면 미끄럼이 억제된다).

③ **후진 단계 페일 세이프 기능** : 인히비터 스위치 신호는 전원 퓨즈로부터 공급되는 전원이 스위치를 거쳐 12V의 전압이 자동변속기 컴퓨터로 입력된다. 이 신호를 기초로 입력 여부를 판단한다. 자동변속기 컴퓨터는 후진(R) 레인지를 선택했을 때 출력축 속도 센서의 신호가 일정값 이상으로 입력되면 후진 유압을 형성시키지 않는다. 이것은 안전을 확보하기 위한 조치이다.

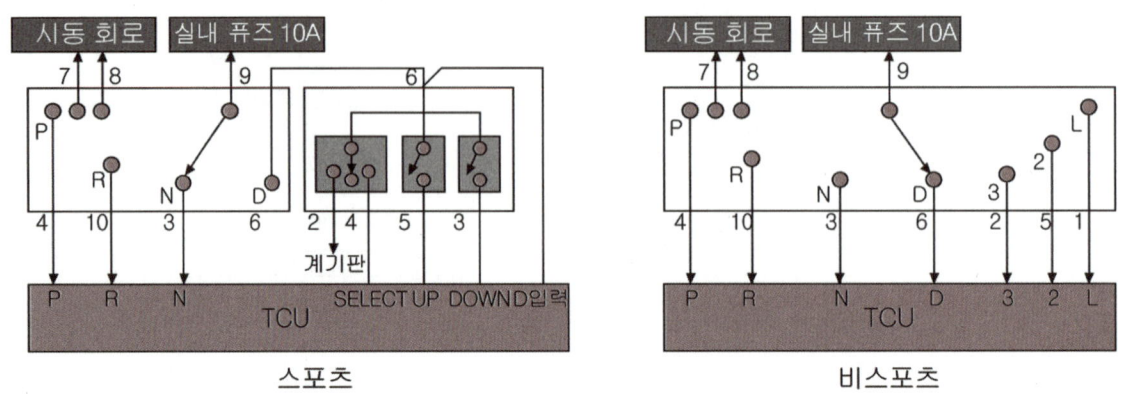

∷ 인히비터 스위치 회로도

6) 브레이크 스위치 brake switch

브레이크 스위치는 내리막길을 주행할 경우 엔진 브레이크 사용을 선호하는 운전자는 브레이크 페달을 자주 밟는다. 그러나 엔진 브레이크를 별로 선호하지 않는 운전자는 브레이크 페달을 자주 밟지 않는다. 자동변속기 컴퓨터는 현재의 운전자의 성향을 파악하여 최적의 변속 명령을 내리는데 브레이크 신호를 이용한다.

7) CAN Controller Area Network 통신

① **CAN 통신의 기능** : CAN 통신은 자동변속기와 엔진 사이에 매우 중요한 통신이다. 또 구동 바퀴의 구동력을 제어하는 구동력 제어장치(TCS)와도 매우 밀접한 관계를 갖는다. 자동변속기 컴퓨터로 입력되는 정보는 변속을 제어하는데 필요한 여러 신호들이 입력되며, 자동변속기 컴퓨터는 엔진으로 출력의 감소 요구 신호를 보낸다. 이때 자동변속기는 현재의 변속단계를 유지하여 구동력 제어장치의 제어를 도와준다.

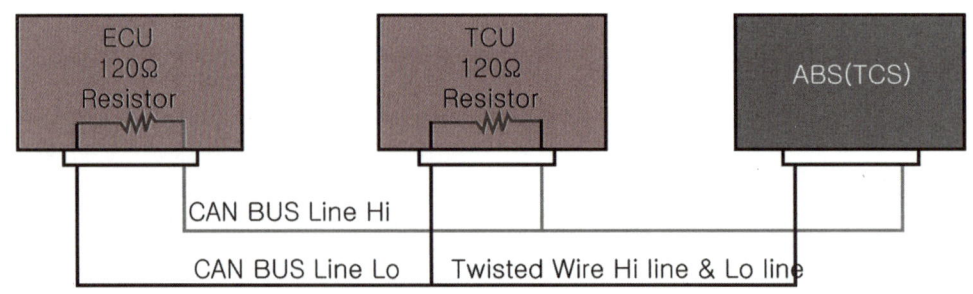

∷ CAN 통신구성

② **엔진 컴퓨터에서 자동변속기 컴퓨터로 입력되는 신호**
- 스로틀 위치 센서(TPS) 신호 : 엔진 컴퓨터는 CAN 통신 라인을 통해 스로틀 위치 센서의 값을 자동변속기 컴퓨터로 보내주고 자동변속기 컴퓨터는 이 신호를 기초로 변속단계의 제어 및 그 밖의 제어에 활용한다. 스로틀 위치 센서는 변속단계를 제어하기 위한 신호 중 한가지이므로 매우 중요하다. 변속단계가 실행되기 위해서는 스로틀 위치 센서의 값과 출력축 속도 센서의 값이 필요하다. 만약

CAN 통신이 고장이거나 엔진에서 실질적으로 고장이 발생할 경우는 스로틀 위치 센서의 값은 50%로 고정된다.

- **엔진 회전속도(rpm) 신호** : 자동변속기 컴퓨터는 기본적으로 엔진 회전속도를 입력받아 현재의 입력축 속도 센서의 회전속도와 엔진의 회전속도를 비교한다. 이 비교 데이터가 댐퍼 클러치의 미끄럼 비율이 된다. 미끄럼 비율이 증가하면 댐퍼 클러치를 작동시켜 미끄럼을 억제하여 연료소비율을 향상시킨다. 다음으로는 엔진의 출력을 연산하는데 엔진 회전속도가 사용된다.
- **흡입 공기량 신호** : 엔진 컴퓨터는 공기량을 계측하는 공기 유량 센서로부터의 신호를 CAN 통신을 통하여 자동변속기 컴퓨터가 인식할 수 있도록 한다. 흡입 공기량의 신호는 엔진의 부하를 계산하기 위한 신호로 이용되는데 흡입 공기량을 엔진 회전속도로 나누면 이것이 엔진 부하가 된다.

  자동차가 언덕길을 주행할 때 발생하는 상황을 이해하여야 한다. 운전자는 출력의 부족을 느끼고 액셀러레이터 페달을 많이 밟게 된다. 따라서 흡입 공기량이 증가하지만 출력의 부족에 의해 엔진 회전속도는 적게 상승한다. 또 흡입 공기량이 많고 엔진 회전속도가 낮으면 엔진의 부하는 감소한다.

  반대로 내리막길을 주행할 때에는 액셀러레이터 페달을 밟지 않기 때문에 엔진의 회전속도는 높고 흡입 공기량은 적으므로 엔진의 부하가 적어진다. 자동변속기 컴퓨터는 엔진의 부하를 기초로 초기 유압 및 변속할 때 유압을 설정하므로 기계적인 고장이 공기 유량 센서(AFS)에서 발생한다면 변속의 불량 및 초기 변속을 할 때 런업(run-up : 엔진 회전속도 상승현상)이 발생할 수 있으므로 주의하여야 한다.
- **주행 속도 신호** : 자동변속기로 입력되는 주행속도 신호는 입·출력 속도 센서의 고장을 판정하기 위한 신호로 이용된다. 주행 속도가 입력되지 않으면 입·출력 속도 센서의 고장 판정이 어렵다. 최근에는 차속 센서를 사용하지 않는 자동차들이 있는데 이때는 ABS(Anti-lock Brake System) 모듈로부터 주행 속도를 지원받는다.

  만약 ABS가 설치되지 않은 경우에는 앞 오른쪽에 휠 스피드 센서를 설치하여 주행 속도 신호로 이용한다. 또 계기판이나 그 밖의 작동은 자동변속기 컴퓨터에서 주행 속도 신호를 출력하는데 출력축 속도 센서 신호를 주행 속도 신호에 맞도록 계산한다. 따라서 자동변속기 컴퓨터는 이 신호를 이용하여 주행속도 관련 장치들을 작동을 시킨다.
- **수온 센서** : 엔진 컴퓨터는 수온 센서의 정보를 CAN 통신 라인을 통하여 자동변속기 컴퓨터로 제공한다. 자동변속기 컴퓨터는 이 신호를 기초로 냉각수 온도가 35℃ 이하이면 100초 동안 정상 패턴보다 저속 단계의 영역을 유지하여 엔진의 회전속도 상승을 유도한다.
- **에어컨 작동신호** : 자동변속기 컴퓨터는 에어컨 작동 여부에 따라 유압의 제어를 변화시키기 위해 엔진 컴퓨터로부터 에어컨 작동여부의 신호를 CAN 통신으로부터 받는다.

③ **CAN 통신 고장일 때 데이터 조치 사항**
- 엔진 회전속도를 300rpm으로 간주하여 모든 제어를 진행한다.
- 흡입 공기량은 엔진의 최대 흡입량 70%로 간주한다.
- 스로틀 위치 센서(TPS)가 고장일 때에는 2.5V로 고정(스로틀 열림 정도 50%)한다.
- 에어컨 작동 신호는 에어컨 OFF로 간주한다.
- 주행 속도 신호는 입력되지 않는 것으로 간주하며, 관련 고장의 판정을 금지한다.
- 수온 센서 신호는 입력되지 않는 것으로 간주하며, 관련 제어를 금지한다.

④ **CAN 통신 방식** : CAN 통신은 파워 트레인에서 사용하는 고속 CAN과 차체 전장부품에서 사용하는 저

속 CAN으로 크게 나누는데 공통적으로 High와 Low 두 배선을 이용하여 통신하며, 통신의 신뢰성이 높다. CAN 통신은 모든 정보를 제어 기구들이 함께 공유할 수 있는 장점이 있다.

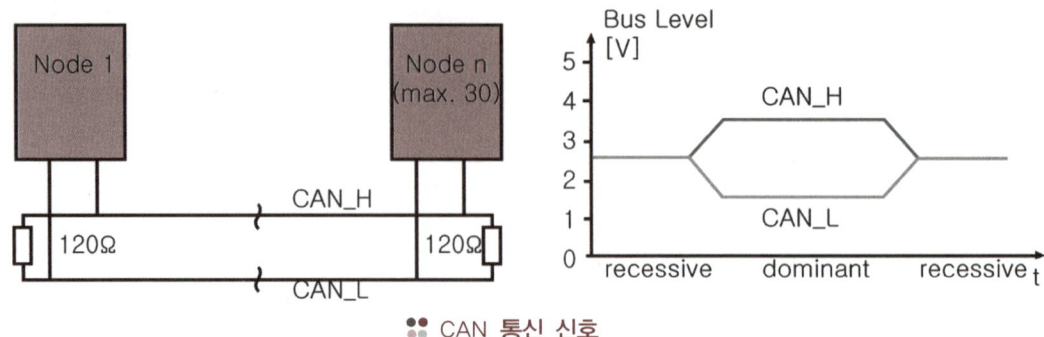

❖ CAN 통신 신호

- 고속 CAN(high speed can) : 고속 CAN은 파워 트레인 즉 엔진과 자동변속기, 구동력 제어장치에서 사용하는 방식으로 최대 통신 속도는 125kbps이며, 전압 변동 방식은 2.5V를 기준으로 최대 전압(high level)은 3.5V까지 최소 전압(low level)은 1.5V이다.

 최대와 최소 전압의 차이값이 2V이므로 2V 차이가 날 때 비교기는 "1"로 인식하고 0V 차이가 발생할 때에는 "0"으로 인식한다. 또 120Ω의 저항 2개가 엔진과 자동변속기 쪽에 설치되지만 최근에는 엔진에 1개와 외부(정션 박스)에 설치되는 경우가 많다. 이 저항은 외부의 노이즈로부터 안정적으로 통신이 가능하도록 하는 기능을 한다.

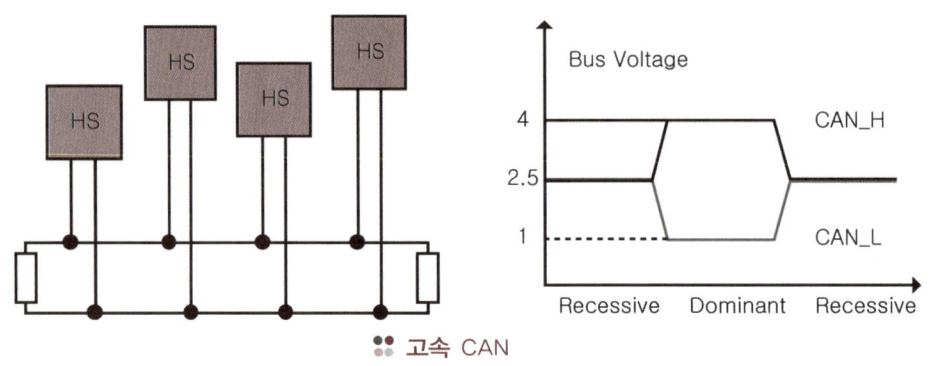

❖ 고속 CAN

- 저속(low speed)CAN : 저속 CAN은 차체의 전장부품에서 주로 사용되며, 최대(high)와 최저(low) 2개의 배선이 있다. 고속 CAN에 설치된 저항이 저속 CAN에는 없다. 전압 변동은 최대·최저의 전압 차이가 5V일 때가 비교기 "1"이고, 최대·최저의 전압 차이가 3V일 때 "0"이 된다.

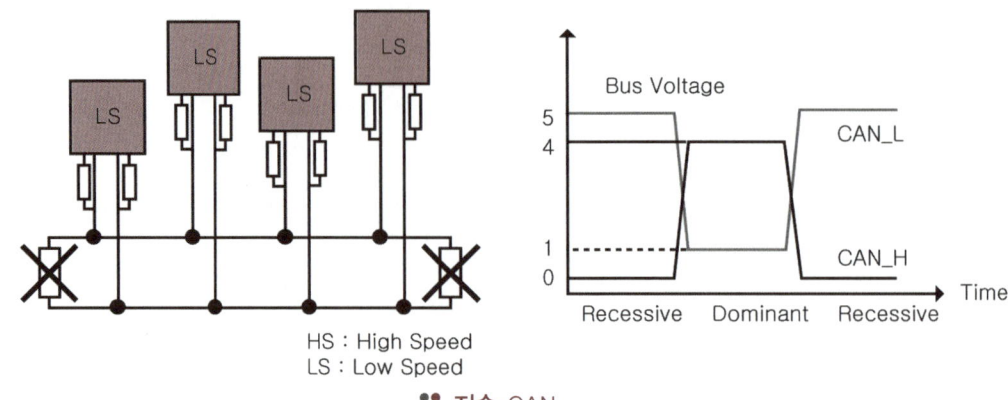

HS : High Speed
LS : Low Speed

❖ 저속 CAN

8) 자동변속기(A/T) 릴레이

① **자동변속기 릴레이의 기능** : 자동변속기 릴레이는 자동변속기 컴퓨터 제어에 의해 실내 정선 박스의 전원을 유압 제어 솔레노이드 밸브로 공급한다. 또 자기진단에 의해 고장이 검출되면 자동변속기 릴레이의 출력을 OFF시켜 페일 세이프인 3속 홀드(limp home)가 진행된다.

② **자동변속기 릴레이 ON·OFF 제어** : 자동변속기 컴퓨터는 최초 솔레노이드 밸브에 전원을 공급하기 위해 자동변속기 릴레이를 ON으로 하지만 만약 전자제어 장치에 문제가 발생하면 자동변속기 릴레이를 OFF시켜 3속으로 유도한다.

이후 점화 스위치를 OFF시킨 후 다시 ON으로 하면 0.3초 동안 자동변속기 릴레이에 전원을 출력한다. 이때 고장이 없으면 지속적으로 ON을 유지 하지만 고장 코드가 다시 검출되면 즉시 OFF시킨다. 만약 자동변속기 릴레이 제어 계통에 이상이 있으면 관련 고장 코드를 표출하고 릴레이도 OFF시킨다.

9) 유압 제어 솔레노이드 밸브

① **유압 제어 솔레노이드 밸브의 기능** : 유압 제어 솔레노이드 밸브는 자동변속기 컴퓨터에 의해 듀티 제어로 작동한다. 자동변속기는 유압에 의해 작동되는데 해당 클러치에 유압을 공급하고 해제하는 역할을 유압 제어 솔레노이드 밸브가 한다.

예전에는 라인 압력 전체를 초기에 공급할 때에는 낮추고 공급이 완료되는 시점에서 높이는 비효율적인 방법의 제어를 하였으나 최근에는 각각의 작동 요소에 독립적인 솔레노이드 밸브를 설치하여 요소 하나하나를 독립적으로 제어한다. 따라서 1속에서 3속, 4속으로의 스킵(skip) 변속이 가능하게 되었다. 그리고 클러치와 클러치를 각각의 독립 유압으로 작동하는 클러치 대 클러치 제어도 실현이 가능하게 되었다.

② **유압 제어 솔레노이드 밸브의 구조** : 자동변속기의 유압을 종합적으로 제어하는 밸브 보디에 유압 제어 솔레노이드 밸브가 설치되며, 전원을 공급한 상태 즉 솔레노이드 밸브가 ON 상태에서는 유압이 공급되지 않고 배출 구멍으로 배출된다. 반대로 솔레노이드 밸브에 전원의 공급을 차단하면 제어부분에서 공급되는 유압이 해당 클러치나 브레이크의 작동 부분으로 공급된다. 솔레노이드 밸브의 저항 값은 약 2.7~3.4Ω이다(20℃ 기준).

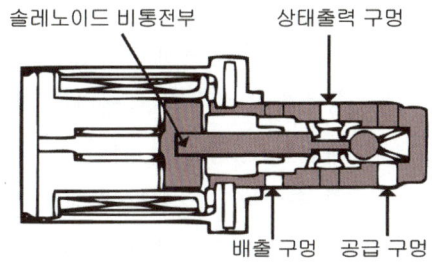

유압 제어 솔레노이드 밸브의 구조

③ **유압 제어 솔레노이드 밸브의 제어** : 솔레노이드 밸브는 5~6개 정도 설치되는데, 4단 자동변속기는 5개, 5단 자동변속기는 6개로 구성된다. 작동 요소 표를 보면 총 6개의 작동 요소를 확인할 수 있는데 그중에 일방향 클러치와 REV(Reverse Clutch)는 기계적인 작동 요소이다. 즉 유압에 의한 작동이 아니므로 솔레노이드 밸브와 직접적인 영향이 없다. 따라서 4개의 솔레노이드 밸브를 조합하여 1~4단이 이루어짐을 알 수 있다.

스캐너의 표기에는 0%와 100%로 표기되는데 0%일 때가 해당 작동 요소로 유압이 공급되는 상태를 나타내고 100%일 때 유압이 공급되지 않는 상태를 나타낸다(최근의 자동차에서는 0%가 유압이 공급되지 않는

자동변속기 작동 요소 표

구분		UD	OD	RVS	LR	2ND	OWC
P					●		
R				●	●		
N					●		
D	1	●			●		
	2	●					●
	3	●	●				
	4		●				●

상태이고, 100%가 공급되는 상태). 즉 솔레노이드 밸브에 전기를 통전시키면 유압은 공급되지 않는 상태이고 전기를 차단하면 유압이 공급되는 상태가 된다. 그리고 일방향 클러치는 1단 작동 요소인 언더 드라이브(UD ; Under Drive) 클러치와 저속 & 후진(LR ; Low & Reverse) 브레이크이며, 저속 & 후진 브레이크에 공급 유압이 일정 속도 이상에서 해제되면 일방향 클러치의 기계적인 힘에 의해 1속이 유지되며, 출력축 속도 센서 값이 약 200rpm 부근이 되면 유압이 자동적으로 해제된다.

최근에 전자제어 자동변속기는 동시에 2가지의 클러치를 각각 독립적으로 제어하는 클러치 대 클러치 제어를 실행하는데 이때 제어 파형을 보면 쉽게 알 수 있다.

제어 1구간은 정밀 제어 구간으로 실제로 유압이 공급되지 않는 부분이다. 제2구간은 실제 솔레노이드 밸브가 작동하지 않는 구간으로 유압이 공급되는 부분이다. 제3구간은 솔레노이드 밸브가 전기적으로 통전되는 구간이므로 유압이 공급되지 않는 부분이다.

 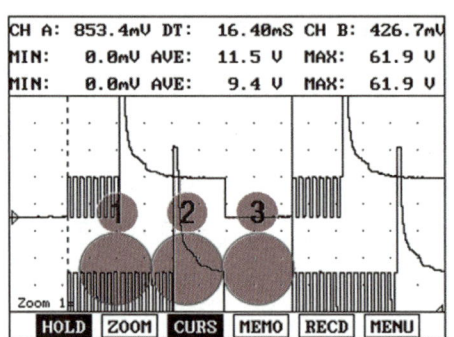

∷ 솔레노이드 밸브 제어 파형

④ **솔레노이드 밸브가 고장일 때의 조치** : 전자제어 자동변속기에서 솔레노이드 밸브의 작동이 매우 중요하다. 즉 이 부분에서 고장이 나면 정상적인 전자제어 기능을 실행할 수 없다. 따라서 고장이 발생하면 자동변속기 컴퓨터는 곧바로 3속으로 고정(limp home)을 실행한다. 방법은 자동변속기 릴레이의 전원을 차단한다. 전원이 차단되면 모든 솔레노이드 밸브가 OFF 상태가 되는데 이때 모든 유압이 공급된다, 즉 솔레노이드 밸브에 의해 제어되는 모든 작동 요소로 유압이 공급된다. 이에 따라 기계적으로 인터록이 걸려 문제가 발생되는데 이때 밸브 보디 내에 안전밸브가 작동하여 언더 드라이브와 오버 드라이브로만 유압이 공급되도록 하여 3속이 된다.

2-3. 전자제어 자동변속기 데이터 분석

1 스로틀 위치 센서 throttle position sensor

스로틀 위치 센서는 CAN 통신을 통해 입력되며, 변속을 하기 위한 가장 기초적인 신호로서 매우 중요한 신호 중 하나이다. 만약 CAN 통신이 고장이 나면 스로틀 밸브의 열림 정도를 50%로 간주(2.5V 전압 인식)한다. 액셀러레이터 페달의 조작 여부에 따라 원활하게 반응하는지를 점검하고 값이 고정되어 있는지를 확인하는 것이 중요하다.

2 오일온도 센서 oil temperature sensor

오일 온도 센서는 자동변속기 내의 오일 온도를 검출하며, 정상인 경우는 현재의 온도를 지시하지만 고장인 경우에는 이상 온도를 표시한다. 단선된 경우는 -40℃를 표시하며, 단락된 경우에는 150℃ 정도를 표시한다. 참고로 자동변속기 오일은 열에 의한 변동 폭이 있어 열간 상태에서는 부피가 팽창하여 유면이 높아지고 냉간 상태에서는 유면이 낮아진다. 이 때문에 오일의 온도가 80℃ 정도일 때 점검하여야 한다.

3 엔진 회전속도

엔진의 회전속도를 나타내며, CAN 통신을 통해 입력된다. 엔진의 부하를 검출하는데 매우 중요한 신호이며, 만약 CAN 통신 라인이 고장이면 3,000rpm으로 고정된다.

4 입력축 속도 센서 input shaft speed sensor

변속기로 입력되는 회전속도를 나타내며, 토크 컨버터 터빈의 회전속도를 검출한다. 입력되는 회전속도는 엔진의 회전속도와 비슷한 값이 입력된다. 만약 댐퍼 클러치가 작동 중이라면 동일한 회전속도가 입력되고, 작동하지 않는 경우에는 엔진 회전속도보다 낮은 회전속도가 입력된다(토크 컨버터의 미끄럼 영향).

엔진이 작동 중이라면 항상 출력되어야 한다. 단, D레인지를 선택한 후 브레이크가 작동하고 있으면 0rpm이다. 이때는 브레이크가 터빈을 고정하고 있기 때문이다. 자동차가 주행한다면 회전속도가 엔진의 회전속도 부근으로 나타난다.

5 출력축 속도 센서 output shaft speed sensor

변속기 내의 유성기어 장치에서 변속이 이루어져 출력되는 회전속도이다. 이 회전속도는 기어비 만큼 입력축보다 낮은 회전속도가 된다. 실질적인 변속단계를 제어하는데 매우 중요한 신호이며, 그 밖의 제어에서도 많이 활용된다.

이 신호는 자동차가 정지하고 있을 때에는 출력되어서는 안 되며, 자동차가 주행하기 시작하면 출력되어야 정상이다. 후진을 선택했을 때 이 신호가 입력 상태라면 후진을 제어하지 않는다.

6 브레이크 스위치 brake switch

현재 브레이크 상태를 나타내며, 브레이크 페달을 밟았을 때에는 ON, 브레이크 페달에서 발을 떼면 OFF신호로 나타낸다. 내리막길을 주행할 때 엔진 브레이크를 작동하기 위한 운전자의 성향을 파악하는 신호로 이용된다.

7 차속 센서 vehicle speed sensor

차속 센서는 입·출력 속도 센서를 고장을 판정하기 위한 신호로 이용한다. 이 신호는 실제 주행 속도를 의미하므로 자동차의 주행 여부를 정확히 판단할 수 있다. 차속 센서가 입력되지 않으면 자동변속기 컴퓨터는 입·출력 속도 센서의 고장을 판정하지 못한다.

8 저속 & 후진 솔레노이드 밸브 듀티 제어

저속 & 후진(LR, Low & Reverse) 솔레노이드 밸브의 듀티비를 나타내며, 100%일 때에는 유압이 공급되지 않으며, 0%일 때 유압이 공급된다. 초기 유압을 공급할 때 정상이라면 이 듀티비는 변화된다. 완료 듀티일 때 100% 또는 0%로 고정된다. 최근에 생산되는 자동차는 정비성능을 위해 유압을 공급할 때 100%, 공급하지 않을 때에는 0% 바뀌어 출고되고 있다.

9 언더 드라이브 솔레노이드 듀티 제어

언더 드라이브 솔레노이드 밸브의 듀티비를 나타내며, 100% 일 때에는 유압이 공급되지 않고, 0%일 때 유압이 공급된다. 초기 유압을 공급할 때 정상이라면 이 듀티비는 변화된다. 완료 듀티일 때 100% 또는 0%로 고정된다. 최근에 생산되는 자동차는 정비성능을 위해 유압을 공급할 때 100%, 공급하지 않을 때에는 0% 바뀌어서 출고되고 있다.

10 2ND 솔레노이드 듀티 제어

2ND(Second) 솔레노이드 밸브의 듀티비를 나타내며, 100%일 때에는 유압이 공급되지 않으며, 0%일 때 유압이 공급된다. 초기 유압을 공급할 때 정상이라면 이 듀티비는 변화된다. 완료 듀티일 때 100% 또는 0%로 고정된다. 최근에 생산되는 자동차는 정비성능을 위해 유압을 공급할 때 100%, 공급하지 않을 때에는 0% 바뀌어서 출고되고 있다.

11 오버 드라이브 솔레노이드 듀티 제어

오버 드라이브(OD, Over Drive) 솔레노이드 밸브의 듀티비를 나타내며, 100% 일 때에는 유압이 공급되지 않으며, 0%일 때 유압이 공급된다. 초기 유압을 공급할 때 정상이라면 이 듀티비는 변화된다. 완료 듀티일 때 100% 또는 0%로 고정된다. 최근에 생산되는 자동차는 정비성능을 위해 유압을 공급할 때 100%, 공급하지 않을 때에는 0% 바뀌어서 출고되고 있다.

12 감속 솔레노이드 듀티 제어(5속 전용 솔레노이드 밸브)

감속(RED, Reduction) 솔레노이드 밸브의 듀티비를 나타내며, 100%일 때에는 유압이 공급되지 않으며, 0%일 때 유압이 공급된다. 초기 유압을 공급할 때 정상이라면 이 듀티비는 변화된다. 완료 듀티일 때 100% 또는 0%로 고정된다. 최근에 생산되는 자동차는 정비성능을 위해 유압을 공급할 때 100%, 공급하지 않을 때에는 0% 바뀌어서 출고되고 있다.

13 압력 제어 솔레노이드 듀티 제어

압력 제어 솔레노이드 밸브의 듀티비를 나타내며 라인 압력을 3.2~10.5bar까지 제어할 수 있다. 듀티비가 100%일 때 라인 압력은 3.2bar이며, 0%일 때에는 10.5bar이다.

14 댐퍼 클러치 제어 솔레노이드 듀티 제어

댐퍼 클러치 제어(DCC ; Damper Clutch Control) 솔레노이드 밸브의 듀티비를 나타내며, 듀티비가 0%일 때 댐퍼 클러치로 유압 공급되지 않는 상태이며, 0% 이외에서 100%까지 유압은 순차적으로 라인 압력까지 상승한다. 제어 주파수는 위에 열거한 솔레노이드 밸브는 약 60Hz이지만 댐퍼 클러치 듀티비는 30Hz이다. 댐퍼 클러치 제어 솔레노이드가 다소 정밀성이 떨어져도 댐퍼 클러치 제어에는 전혀 이상이 없다.

15 댐퍼 클러치 미끄럼 비율

댐퍼 클러치 미끄럼 비율은 "엔진 회전속도 - 입력축 속도 센서"이다. 토크 컨버터 내에서 부하에 의해 미끄럼 비율이 증가하면 이 수치가 증가하는데 자동변속기 컴퓨터는 이때 댐퍼 클러치의 듀티비를 높여 미끄럼 비율을 낮춘다. 듀티비가 낮아지면 미끄럼 비율은 증가한다.

16 자동변속기 릴레이 출력

자동변속기 릴레이의 출력 데이터는 현재 릴레이를 거쳐 자동변속기 컴퓨터로 인가되는 전압을 나타낸다. 이 전압이 축전지 단자 전압이면 모든 장치는 정상이며, 0V일 경우는 페일 세이프 상태이다.

17 변속 레버 스위치

변속 레버 스위치는 인히비터 스위치에서 입력되는 신호를 표시하는 데이터이며, 현재 변속 레버의 위치를 나타낸다. P와 N레인지일 때는 어느 곳에서나 P, N으로 표시된다. 이 외에는 해당 레인지를 표시한다. 변속 레버 스위치가 고장일 때에는 앞(前) 신호를 인식한다.

18 기어 변속 단계

현재의 기어 변속단계를 의미한다. 즉 자동변속기 컴퓨터가 현재 실행하고 있는 변속단계를 표시한다.

19 에어컨 스위치

현재 에어컨 스위치의 작동여부를 나타낸다. 에어컨이 작동할 때에는 ON, 작동하지 않을 때에는 OFF로 표시된다.

20 하이백(HIVEC) 모드

현재 하이백 상태를 나타낸다. 정상이면 HIVEC "A" 비정상이면 HIVEC "F"로 표시된다.

21 자동변속기 컴퓨터(TCU) ID

현재 자동변속기 컴퓨터의 ID(Identification : 통신상의 고유 암호)를 나타낸다.

2-4. 전자제어 자동변속기의 동력전달 경로

4단 자동변속기와 5단 자동변속기의 동력전달 경로의 차이점은 5단 자동변속기의 경우 주 변속장치의 1, 2, 3,속 변속비는 4단 자동변속기와 같으며, 추가적으로 부 변속장치에서 감속하므로 더 낮은 변속비가 얻어진다. 여기서는 5단 자동변속기에 관련된 동력전달 경로만 설명하도록 한다.

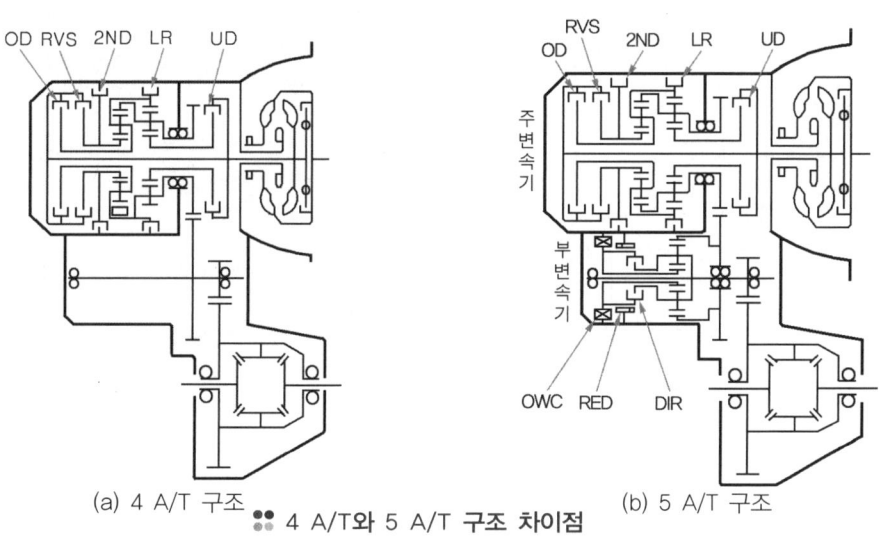

(a) 4 A/T 구조   (b) 5 A/T 구조

4 A/T와 5 A/T 구조 차이점

1 주차(P) & 중립(N) 레인지

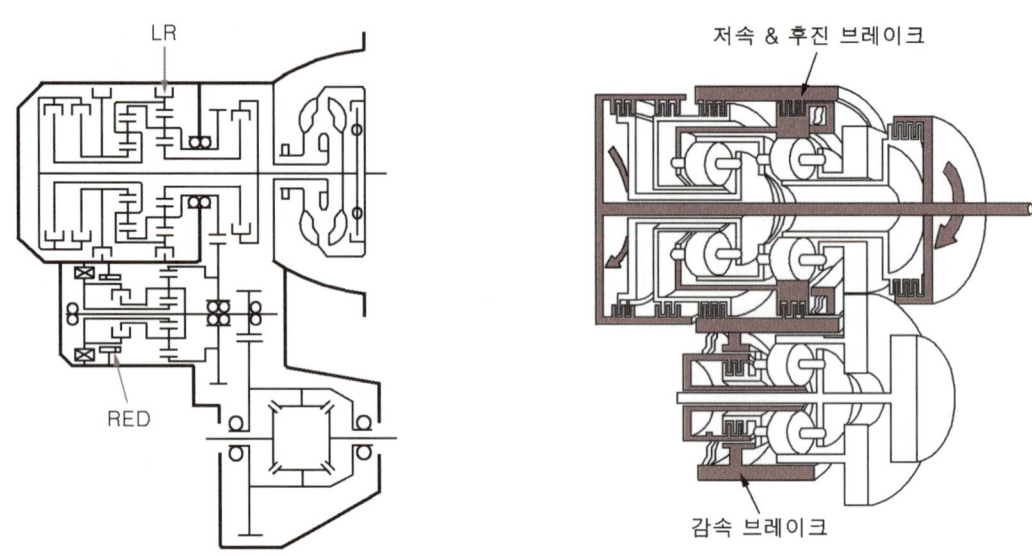

:: P와 N 레인지

주차(Parking) 및 중립(Neutral)에서는 전체 클러치가 개방되기 때문에 입력축의 구동력은 유성기어 캐리어로 전달되지 않는다. 다만, 제1속 및 후진의 변속을 신속히 하기 위하여 저속 & 후진 브레이크와 감속 브레이크가 작용하여 변속 준비를 한다.

작동요소 변속레버	UD Clutch	OD Clutch	2ND Brake	L&R Brake	RVS Clutch	RED Brake	DIR Clutch	OWC 1	OWC 2
P, N				○		○			

2 D 레인지 제1속

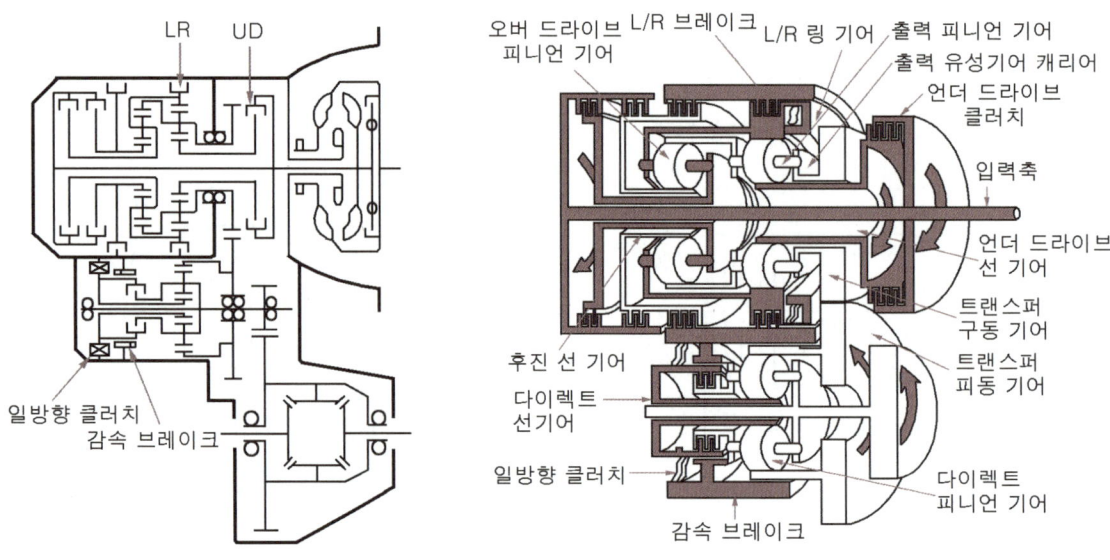

:: D 레인지 제1속

D 레인지 제1속에서는 입력축의 구동력은 언더 드라이브 클러치를 통하여 언더 드라이브 선 기어를 구동하

며, 출력 피니언 기어는 반시계 방향으로 회전한다. 이때 저속 & 후진 링 기어가 고정되어 있으므로 출력 유성기어 캐리어만 시계방향으로 회전하며, 트랜스퍼 피동 기어는 반시계 방향으로 회전한다.

그리고 다이렉트 선 기어는 일방향 클러치에 의해 고정되어 있기 때문에 다이렉트 피니언 기어는 선 기어 바깥 둘레를 공전함으로써 다이렉트 유성기어 캐리어는 시계방향으로 회전한다. 이 때 출력축은 시계방향으로 회전하여 제1속의 변속비를 얻는다.

작동요소 변속레버	UD Clutch	OD Clutch	2ND Brake	L&R Brake	RVS Clutch	RED Brake	DIR Clutch	OWC 1	OWC 2
제1속	○			○		○		○	○

3 D 레인지 제2속

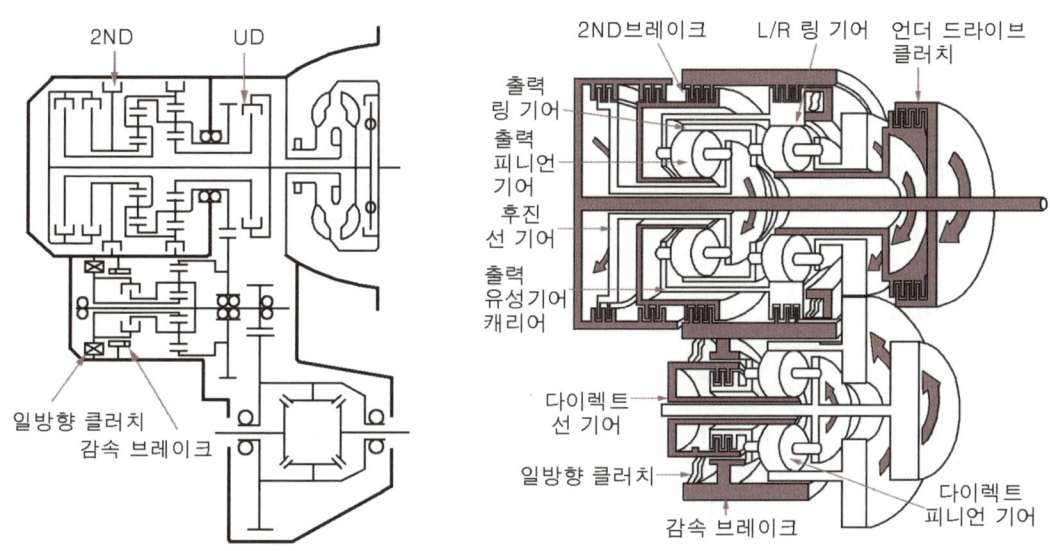

:: D 레인지 제 2속

D 레인지 제 2속에서는 후진 선 기어가 고정되어 출력 링 기어로부터의 구동력은 오버 드라이브 피니언 기어가 후진 선 기어 바깥 둘레를 공전하는 형태로 오버 드라이브 유성기어 캐리어를 시계방향으로 회전시킨다. 오버 드라이브 유성기어 캐리어는 저속 & 후진 링 기어와 연결되어 있기 때문에 저속 & 후진 링 기어도 시계방향으로 회전한다. 그리고 저속 & 후진 링 기어의 자전 분량이 출력 유성기어 캐리어의 회전에 가산되어 제2속의 변속비를 얻는다.

작동요소 변속레버	UD Clutch	OD Clutch	2ND Brake	L&R Brake	RVS Clutch	RED Brake	DIR Clutch	OWC 1	OWC 2
제2속	○		○			○			○

4 D 레인지 제3속

D 레인지 제3속에서는 오버 드라이브 클러치와 언더 드라이브 클러치가 동시에 작동하여 언더 드라이브 선 기어와 저속 & 후진 링 기어의 회전속도가 같아져 유성기어 세트는 고정된 상태에서 일체로 회전한다. 즉, 직결 상태이다. 그리고 부 변속 상태는 제2속과 마찬가지이므로 제3속의 변속비를 얻는다.

작동요소 변속레버	UD Clutch	OD Clutch	2ND Brake	L&R Brake	RVS Clutch	RED Brake	DIR Clutch	OWC 1	OWC 2
제3속	○	○				○			○

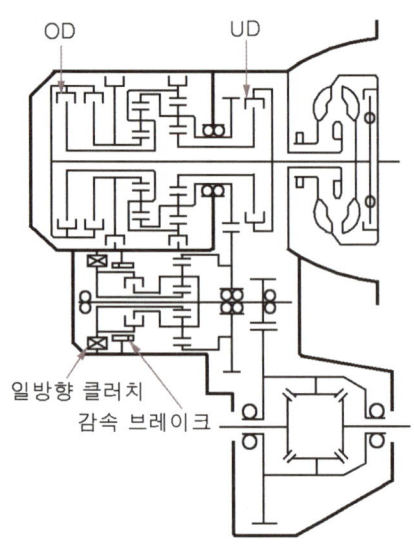

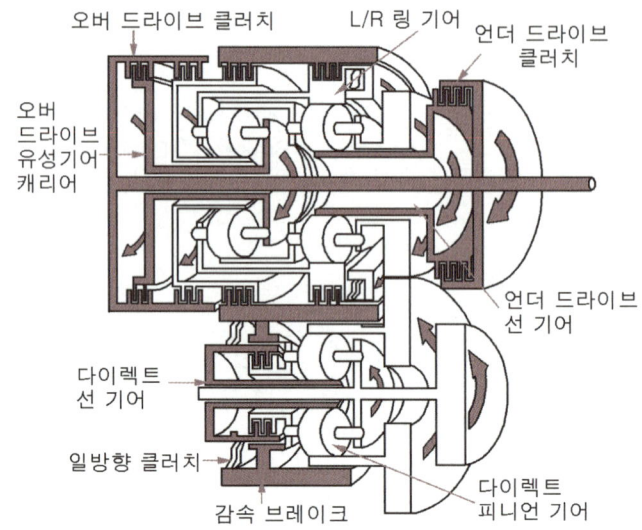

◼◼ D 레인지 제3속

5 D 레인지 제4속

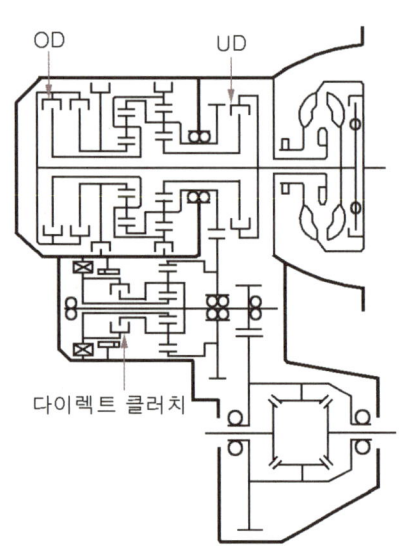

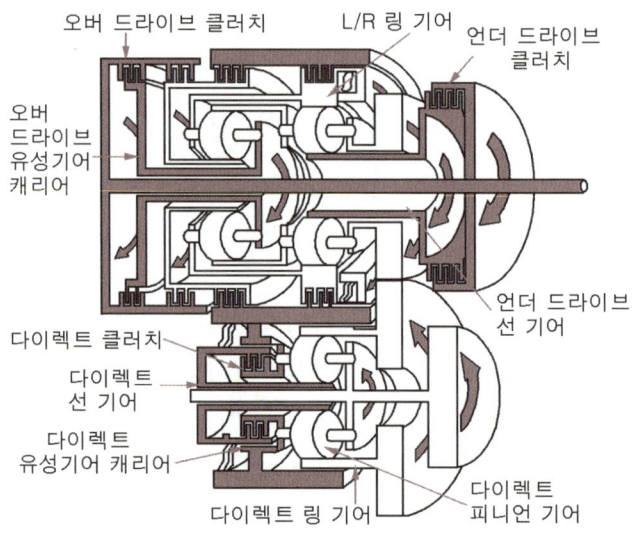

◼◼ D 레인지 제4속

D 레인지 제4속에서도 주 변속 상태는 제3속 상태와 마찬가지로 일체로 회전하며, 다이렉트 링 기어를 경유하여 다이렉트 선 기어를 반시계 방향으로 회전시킨다. 이때 다이렉트 클러치에 의한 다이렉트 선 기어는 유성기어 캐리어 및 출력축에 연결되어 있기 때문에 일체로 회전하므로 제4속의 변속비(1 : 1)를 얻는다. 즉 제3속일 때 약 1.4 : 1로 감속되다가 4속에서는 부 변속 장치의 변속비로 1 : 1이 되므로 제3속에 비해 회전속도가 빨라진다.

작동요소 변속레버	UD Clutch	OD Clutch	2ND Brake	L&R Brake	RVS Clutch	RED Brake	DIR Clutch	OWC 1	OWC 2
제4속	○	○					○		

6 D 레인지 제5속

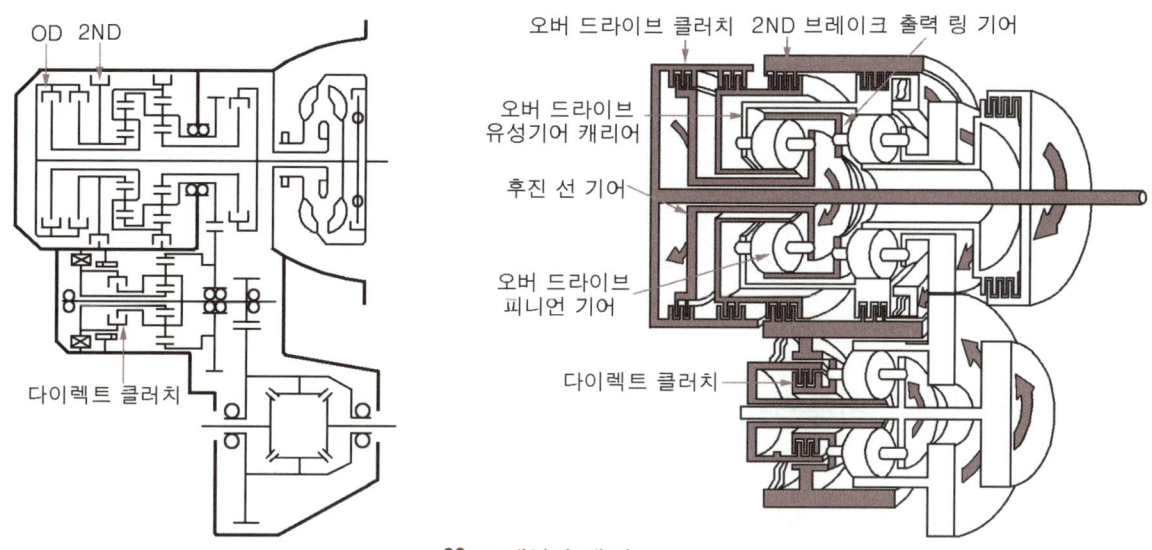

:: D 레인지 제5속

D 레인지 제5속에서는 입력축으로부터 구동력은 후진 클러치를 통하여 오버 드라이브 유성기어 캐리어에 전달된다. 또한 후진 선 기어는 2ND 브레이크에 의해 고정되기 때문에 출력 링 기어에는 오버 드라이브 캐리어의 회전에 의해 오버 드라이브 피니언 기어가 후진 선 기어 바깥 둘레의 공회전 분량이 가산되어 회전속도가 증속된다. 부 변속 상태는 제4속과 마찬가지로 제5속의 변속비를 얻는다.

작동요소 변속레버	UD Clutch	OD Clutch	2ND Brake	L&R Brake	RVS Clutch	RED Brake	DIR Clutch	OWC 1	OWC 2
제5속		○	○				○		

7 후진 Reverse

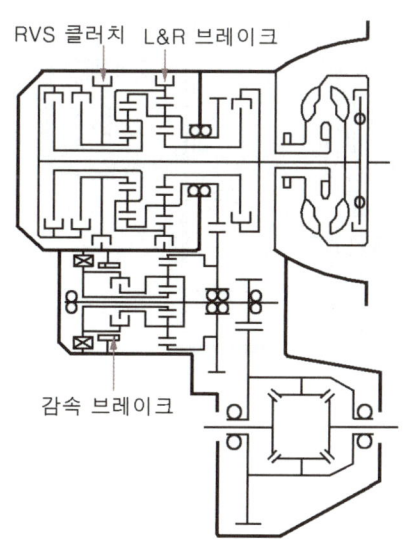
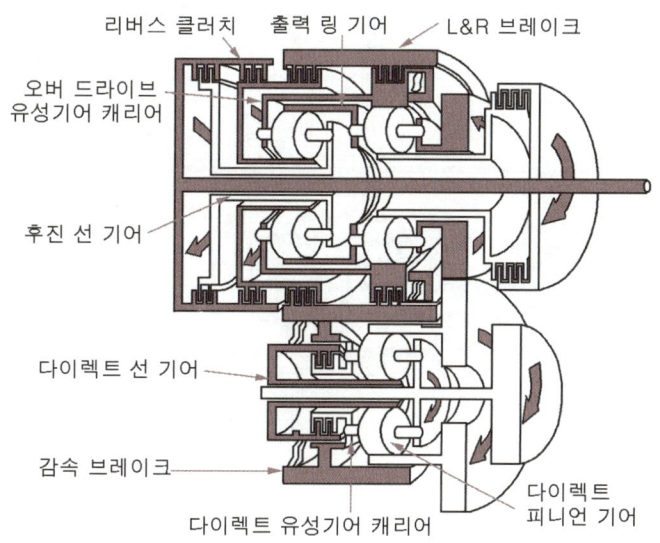

:: 후진

후진에서는 후진 선 기어가 구동되며, 오버 드라이브 캐리어는 저속 & 후진 브레이크에 의해 고정되어 있으므로 후진 선 기어의 구동력은 오버 드라이브 피니언 기어를 통하여 출력 링 기어에 반시계 방향의 회전력을 전달한다. 또한 다이렉트 선 기어는 감속 브레이크에 의해 고정되어 있기 때문에 다이렉트 피니언 기어가 다이렉트 선 기어 바깥 둘레의 공회전 분량이 가산되어 다이렉트 캐리어를 시계방향으로 회전시켜 후진 변속비를 얻는다.

작동요소 변속레버	UD Clutch	OD Clutch	2ND Brake	L&R Brake	RVS Clutch	RED Brake	DIR Clutch	OWC 1	OWC 2
후진				○	○	○			

2-5. 전자제어 자동변속기 각 단의 유압 회로도

1 주차 & 중립레인지일 때의 유압회로

주차(Parking) 및 중립(Neutral) 레인지에서는 유압이 저속 & 후진(Low & Reverse) 브레이크로만 공급된다. 자동변속기 컴퓨터는 저속 & 후진브레이크 솔레노이드 밸브와 댐퍼클러치 솔레노이드 밸브를 제외한 나머지 밸브들을 전기적으로 ON 제어한다.

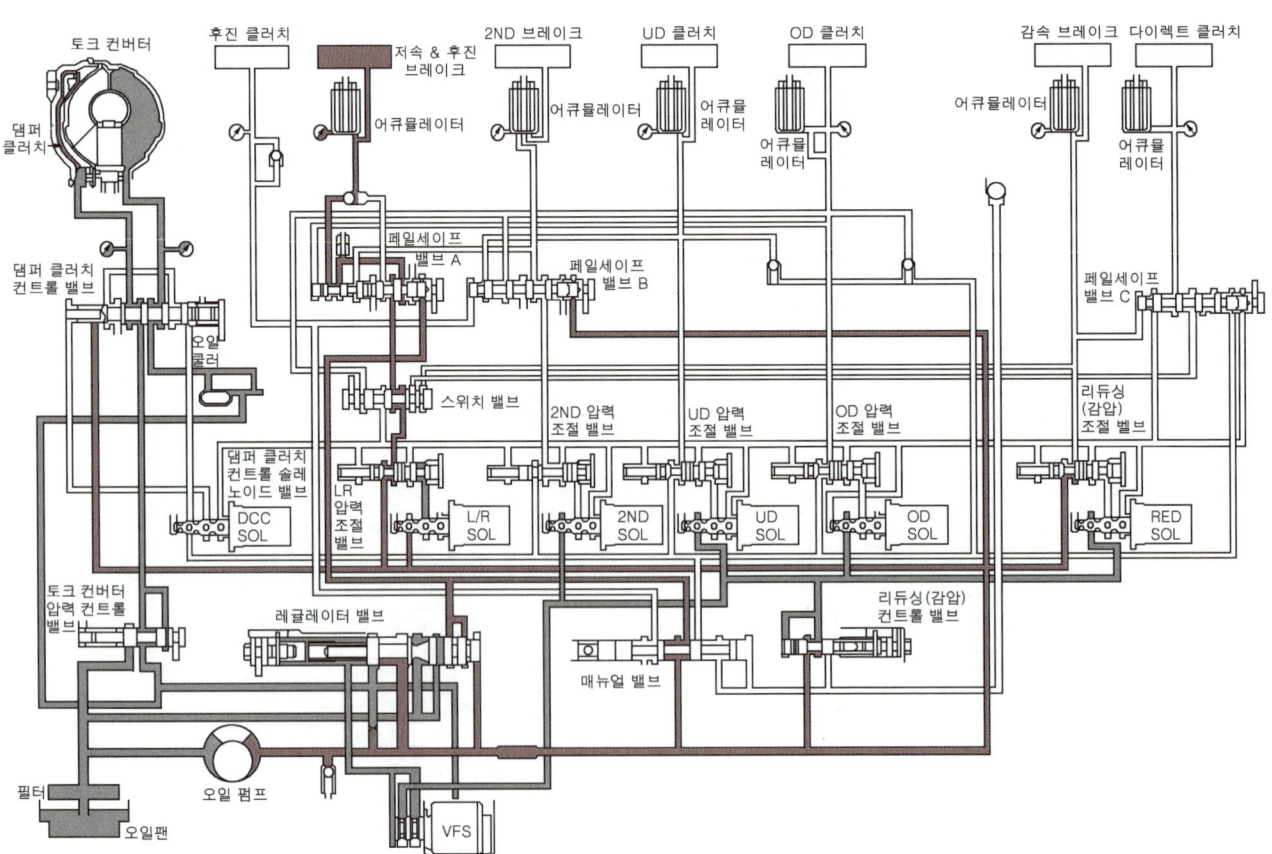

:: 주차 & 중립 유압 회로도

2 후진 레인지일 때의 유압회로

후진(Reverse) 레인지에서는 후진 클러치(Reverse clutch)에 기계적으로 유압이 공급되며, 저속 & 후진(LR) 브레이크는 듀티로 제어된 유압이 공급된다. 또 감속 브레이크(reduction brake, 5속을 만들기 위한 부변속장치에 유압을 공급함)쪽에서 유압이 공급된다. P, N레인지와 다른 점은 압력제어 솔레노이드 밸브가 작동한다.

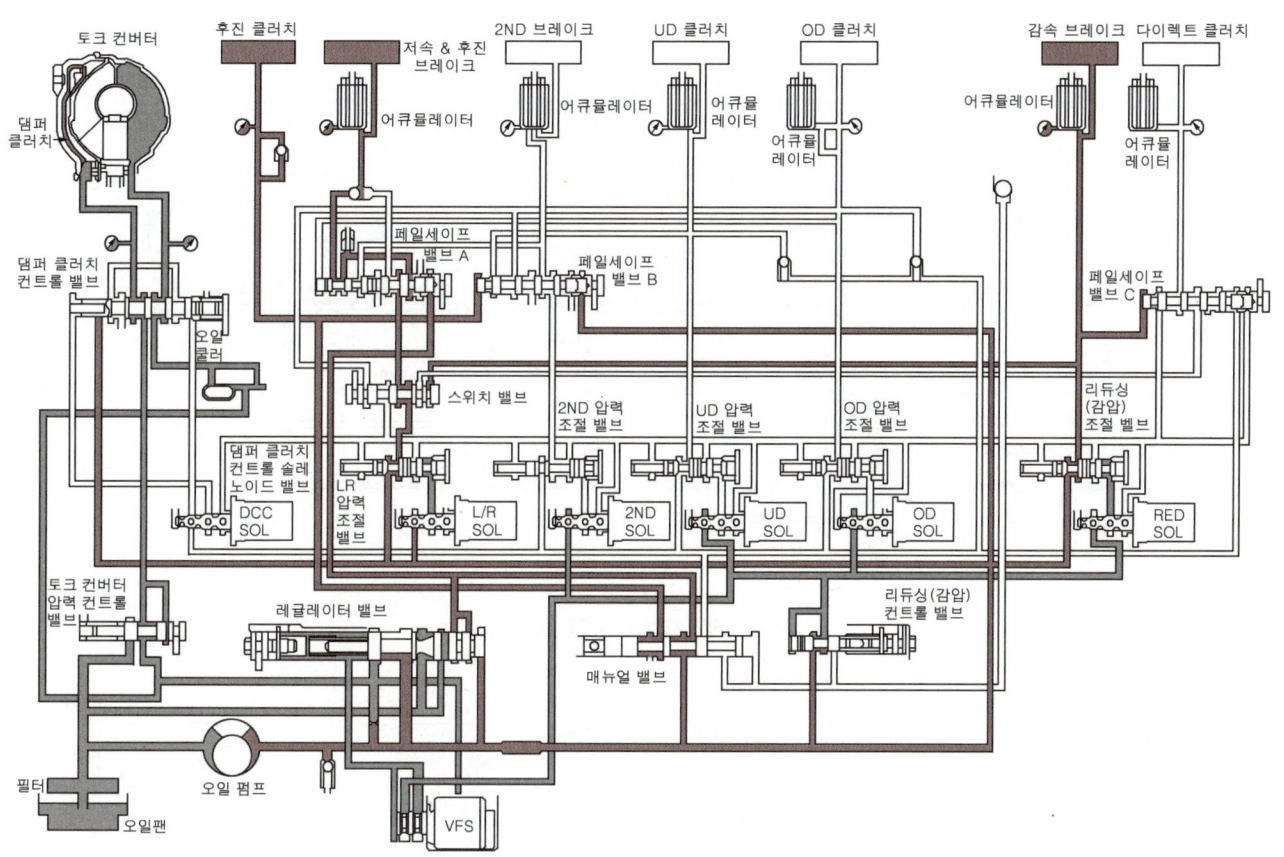

◦◦ 후진 레인지 유압 회로도

3 D레인지 1속 유압회로

D레인지 1속에서는 각 클러치나 브레이크로 공급되는 유압은 언더 드라이브(UD)클러치와 저속 & 후진(LR) 브레이크로 공급된다. 또 감속 브레이크 쪽도 유압이 공급된다.

4 D레인지 2속 유압회로

2속의 유압공급은 언더 드라이브(UD)클러치와 2ND 브레이크로 공급하며, 감속 브레이크에도 지속적으로 유압이 공급된다.

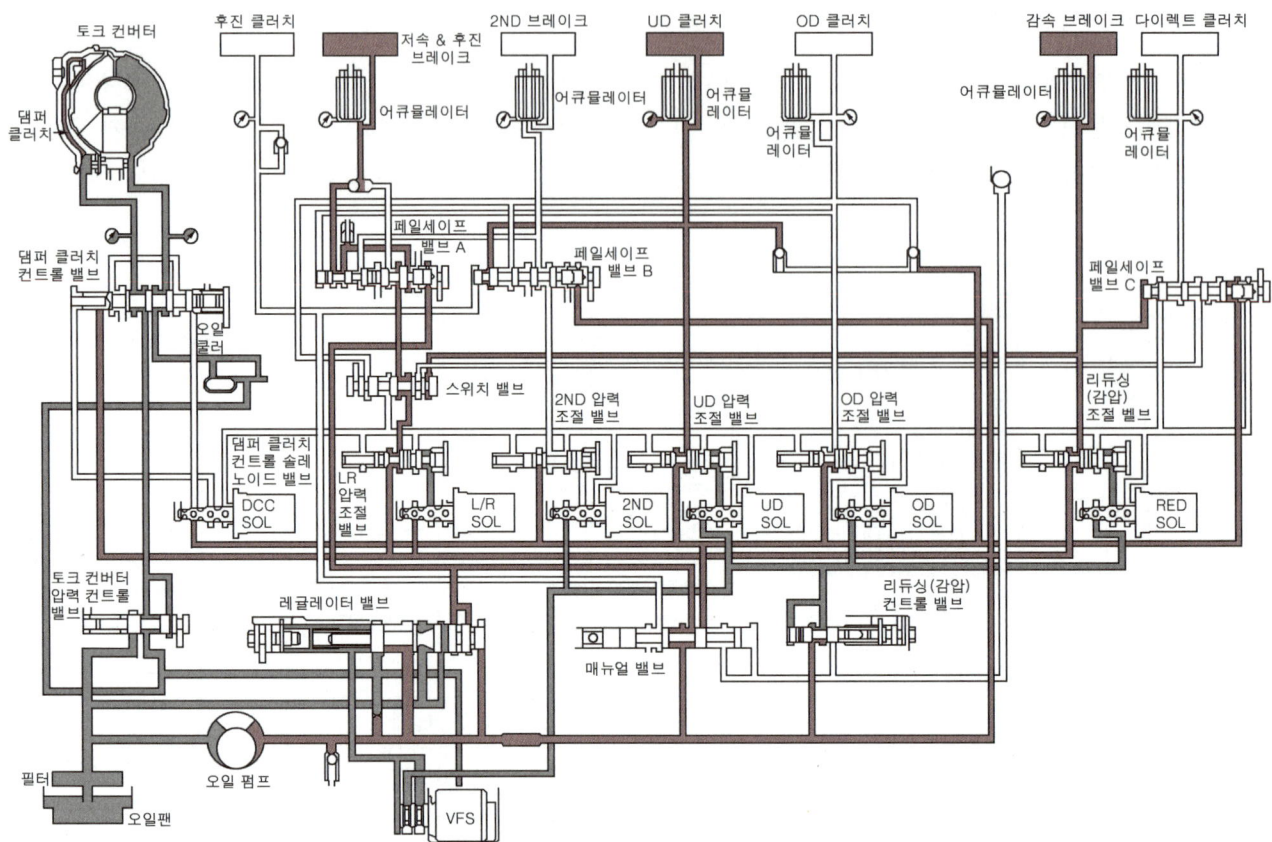

∷ D 레인지 1속 유압 회로도

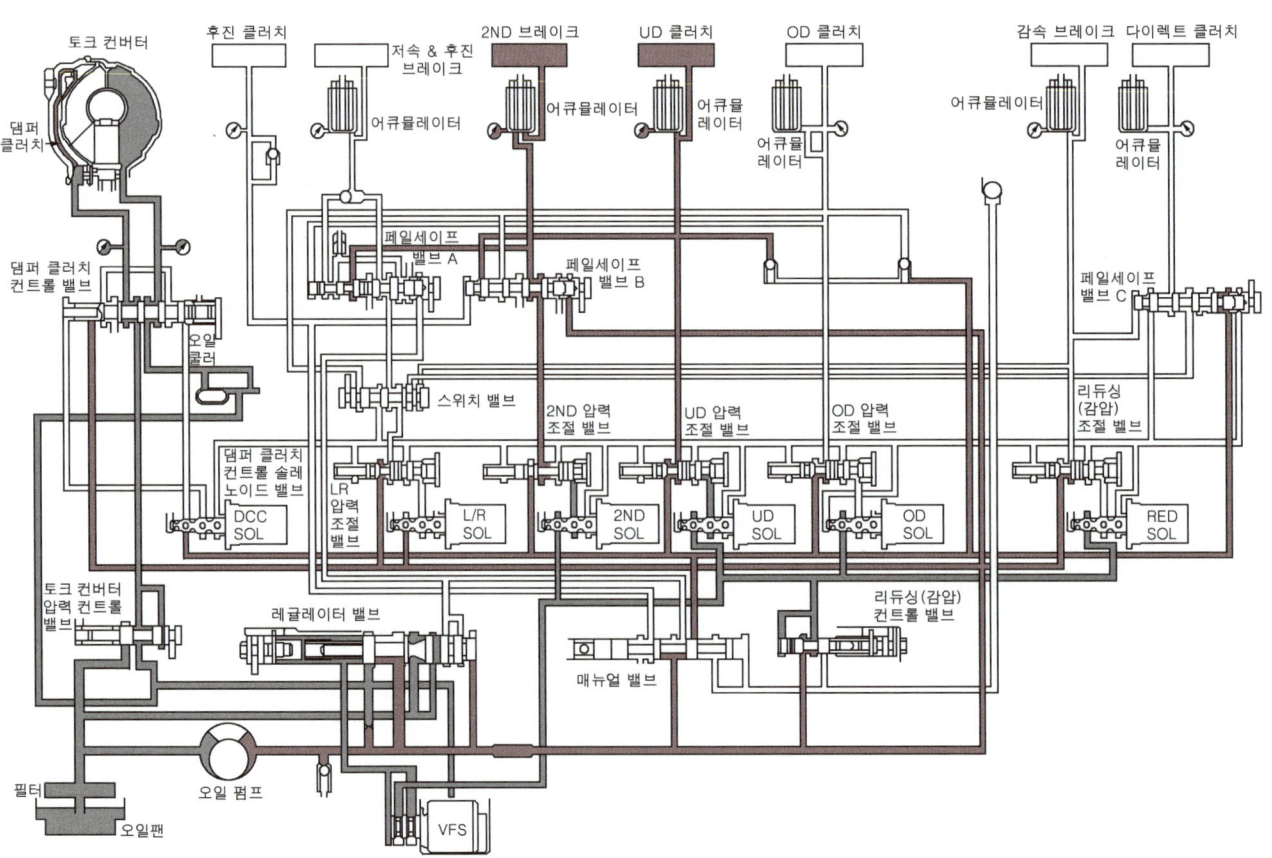

∷ D 레인지 2속 유압 회로도

5 D레인지 3속 유압회로

3속에서는 언더 드라이브(UD) 클러치와 오버 드라이브(OD) 클러치에 유압이 공급되어 3속의 변속비를 얻을 수 있으며, 감속 브레이크 쪽에도 유압이 공급된다. 감속 브레이크는 주 변속장치에서 들어오는 회전속도의 항상 약 1.5 : 1 정도로 감속한다. 따라서 주 변속장치에서 언더 드라이브(UD)와 오버드라이브(OD)가 작동하면 1 : 1 회전비가 형성되는데 감속까지 작동한다면 1×1.5 = 1.5이다. 따라서 3속에서의 주 변속장치와 부 변속장치의 총 기어비는 1.5 : 1이 된다.

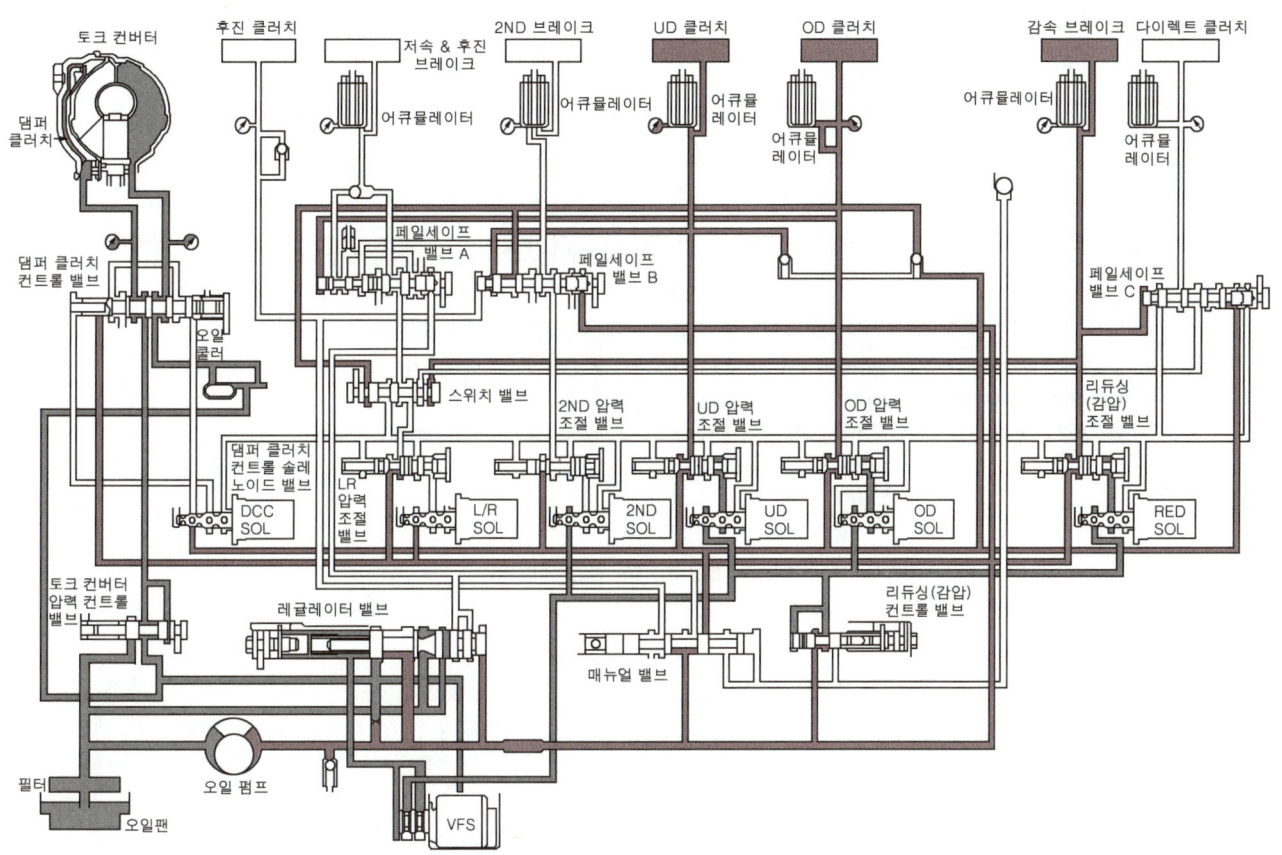

D 레인지 3속 유압 회로도

6 D레인지 4속 유압회로

4속에서는 오버 드라이브(OD) 클러치와 2ND 브레이크에 유압이 공급되어 4속의 변속비를 형성한다. 감속(RED) 브레이크는 4속까지 작동하여 부 변속장치를 작동시킨다. 압력 제어 솔레노이드 밸브가 2, 3속 때와 동일한 제어를 한다. 4속에서는 주 변속장치에서는 오버 드라이브(OD)클러치와 2ND 브레이크가 작동하였으므로 오버 드라이브 상태이다. 그러나 부 변속장치에서 1.5로 감속되므로 1 : 1에 가까운 변속비가 형성된다.

7 D레인지 5속 유압회로

5속에서는 오버 드라이브(OD) 클러치와 2ND 브레이크가 작동하여야 하는데 저속 & 후진(LR) 브레이크 솔레노이드 밸브가 작동한다. 저속 & 후진(LR) 브레이크 솔레노이드 밸브가 작동하고 스위치 밸브가 이동하면 이때 유압이 다이렉트 클러치로 공급된다. 만약 스위치 밸브가 작동하지 않으면 유압은 저속 & 후진 브레이크로 공급된다.

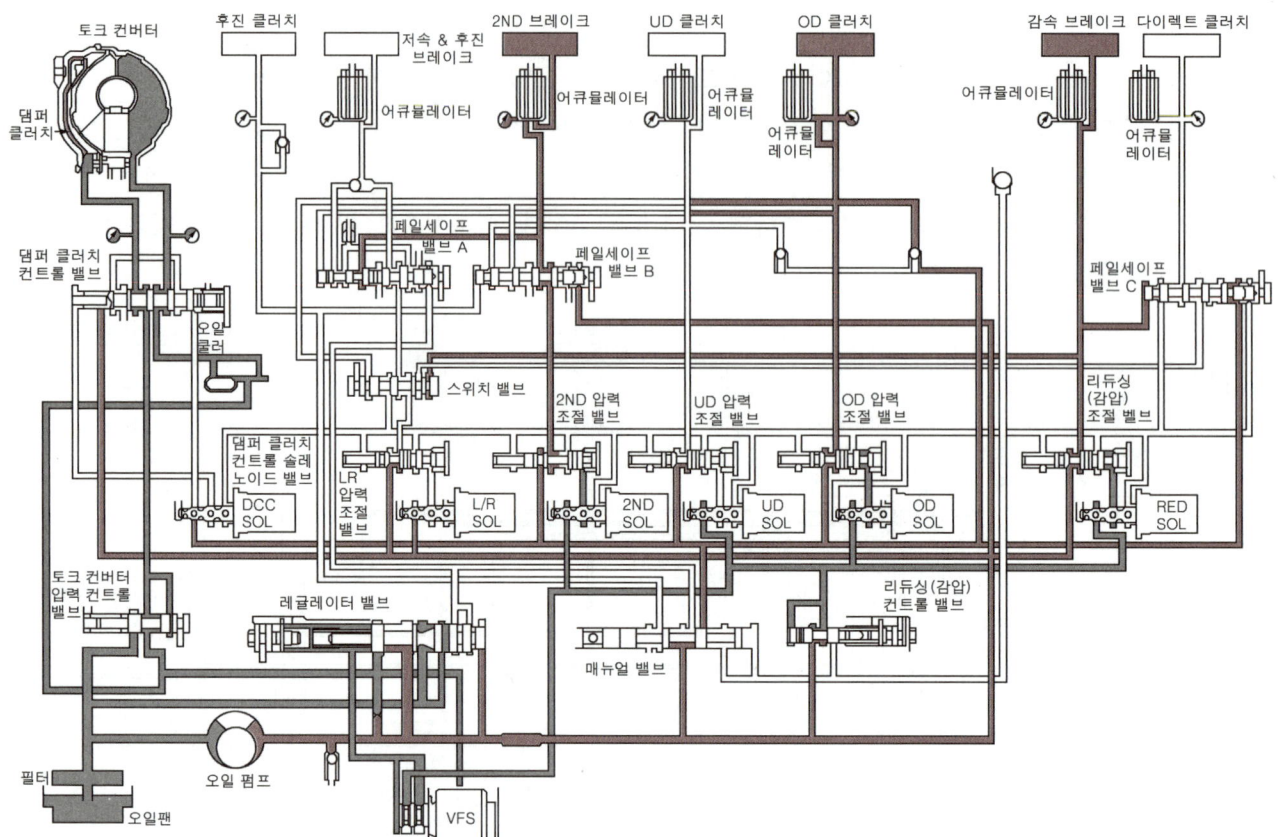

❖❖ D 레인지 4속 유압 회로도

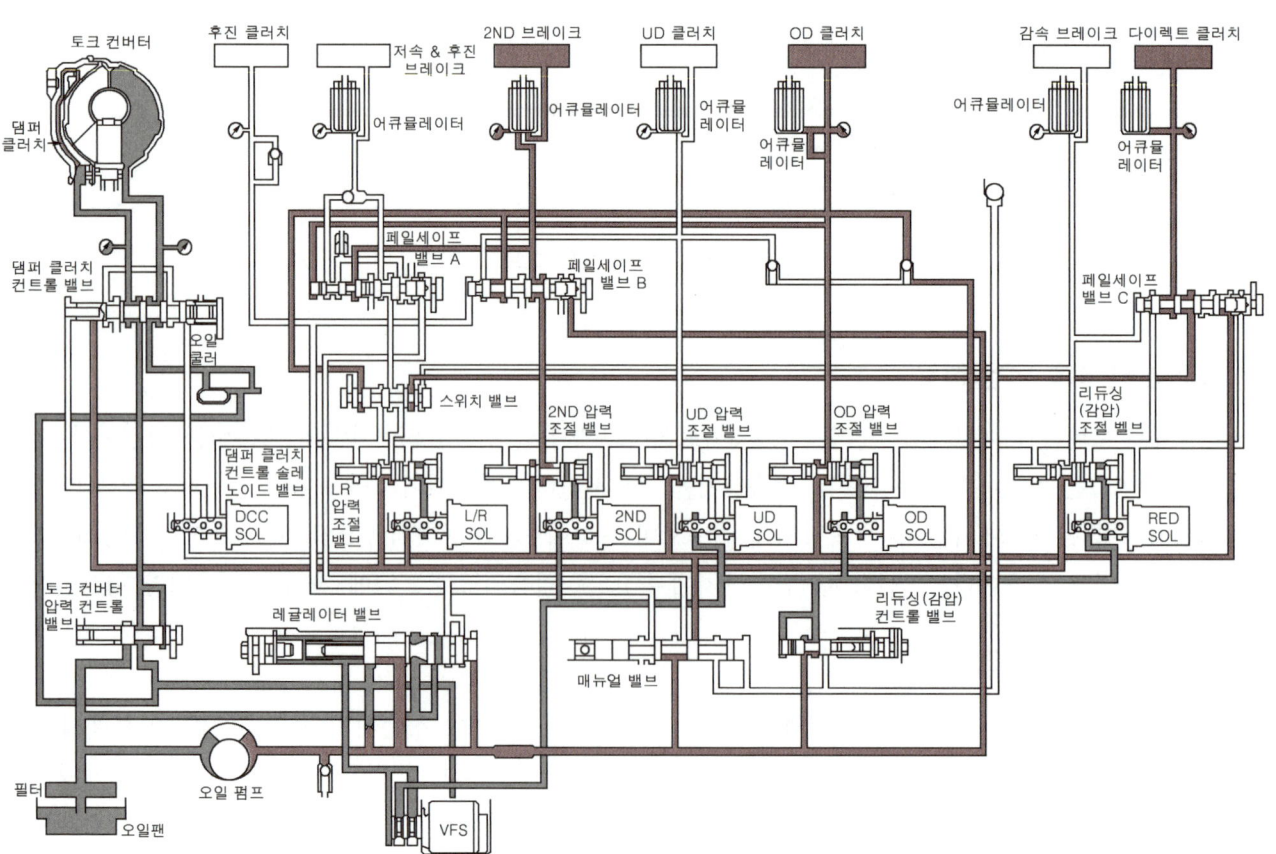

❖❖ D 레인지 5속 유압 회로도

2-6. 자동변속기 변속 레버의 종류

1 노멀형 normal type 7위치 변속 레버

1) P Parking 레인지

P 레인지는 자동차의 주차 및 엔진 정지·시동시 자동차가 움직이지 않도록 변속기가 잠기는 위치이며, 엔진을 시동할 수 있다. 정차할 때에는 반드시 P 레인지를 선택하여야 한다.

2) R Reverse 레인지

R 레인지는 자동차의 후진을 위한 위치이며, 엔진의 시동은 불가능하다.

3) N Neutral 레인지

N 레인지는 자동차의 프리 휠링(free wheeling) 상태이다. 엔진이 작동되지 않는 상태에서 자동차를 이동시킬 때 사용하며, P 레인지와 함께 엔진의 시동이 가능하다.

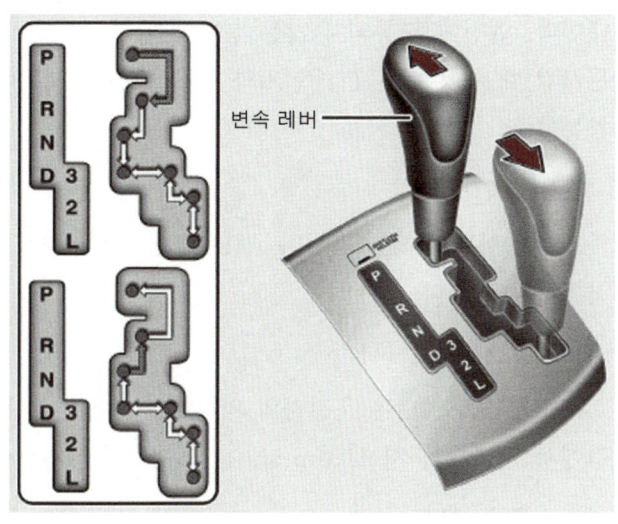

노멀형 7위치 변속 레버

4) D Drive 레인지

D 레인지는 주행을 하기 위한 위치이며, 제1속부터 4속까지 변속이 가능하다. 그리고 D 레인지 제1속에서는 엔진 브레이크가 작동하지 않는다.

5) 3 레인지

3 레인지는 제1속부터 제3속까지 변속이 가능하며, 3레인지 제1속에서는 엔진 브레이크가 작동하지 않는다. 참고로 6위치 변속 레버는 오버 드라이브 스위치(OD SW)가 있어 ON으로 하면 제4속까지 OFF로 하면 제3속까지 변속이 이루어지므로 7위치 변속 레버와 구분이 필요하다.

6) 2 레인지

2 레인지는 제1속부터 제2속까지 변속이 가능하다. 2 레인지 제1속에서는 엔진 브레이크가 작동하지 않는다.

7) L Low 레인지

L 레인지는 제1속으로 고정이며, 엔진 브레이크의 효과를 얻을 수 있다.

2 스포츠 모드 sports mode 4위치 변속 레버

1) P 레인지

P 레인지는 자동차의 주차 및 엔진 정지·시동시 자동차가 움직이지 않도록 변속기가 잠기는 위치이며, 엔진을 시동할 수 있다. 정차할 때에는 반드시 P 레인지를 선택하여야 한다.

2) R 레인지

R 레인지는 자동차의 후진을 위한 위치이며, 엔진의 시동은 불가능하다.

3) N 레인지

N 레인지는 자동차의 프리 휠링(free wheeling) 상태이다. 엔진이 작동되지 않는 상태에서 자동차를 이동시킬 때 사용하며, P 레인지와 함께 엔진의 시동이 가능하다.

4) D 레인지

D 레인지는 주행 위치이며, 제1속부터 제5속까지 변속이 가능하며, D 레인지 제1속에서는 엔진 브레이크가 작동하지 않는다.

5) 스포츠 모드 (+)

스포츠 모드 (+)는 운전자의 의지대로 전진만 수동으로 변속할 수 있다. (+)쪽으로 한번 밀면 현재의 변속단에서 1단씩 업 시프트(up shift) 되며, 액셀러레이터 페달을 밟으면서 제5속까지 변속할 수 있다.

6) 스포츠 모드 (-)

스포츠 모드 (-)는 운전자의 의지대로 전진만 수동으로 변속할 수 있다. (-)쪽으로 한번 밀면 현재의 변속단에서 1단씩 다운 시프트(down shift) 되며, 브레이크 페달을 밟으면서 제5속에서부터 제1속까지 변속할 수 있다. (-)쪽으로 빠르게 2회 조작하면 제3속에서 제1속으로, 제4속에서 제2속으로 변속이 가능하다.

:: 스포츠 모드 4위치 변속 레버

3 전자제어 자동변속기의 각종 제어

1 변속할 때의 유압제어

1) 클러치 대 클러치 변속 clutch to clutch shift

기존의 자동변속기에서는 변속할 때 2개의 변속 제어 솔레노이드 밸브(SCSV ; Shift Control Solenoid Valve)를 이용하였기 때문에 정교한 변속의 제어가 어려웠으며, 또 1개의 압력 제어 솔레노이드 밸브(PCSV ; Pressure Control Solenoid Valve)에 의해 유압을 공통으로 제어하기 때문에 정밀한 유압의 제어를 실현하지 못하였다. 그러나 클러치 대 클러치 변속 방식에서는 자동변속기 컴퓨터(TCU)가 입력축의 회전속도와 출력축의 회전속도 신호를 받아 필요한 유압을 계산하고 4개의 솔레노이드 밸브에 출력 신호를 보내어 해제쪽 클러치(또는 브레이크)와 결합쪽 클러치(또는 브레이크)를 동시에 제어하여 변속이 이루어진다.

이에 따라 클러치를 변환할 때 양쪽 클러치 회전력의 용량을 각각 계산하여 면밀히 제어함으로써 변속 중에 엔진의 런업(run up)이나 클러치가 고정되는 문제를 방지할 수 있어 원활하고 응답성이 좋은 변속을 실현한다.

① 솔레노이드 밸브의 구성

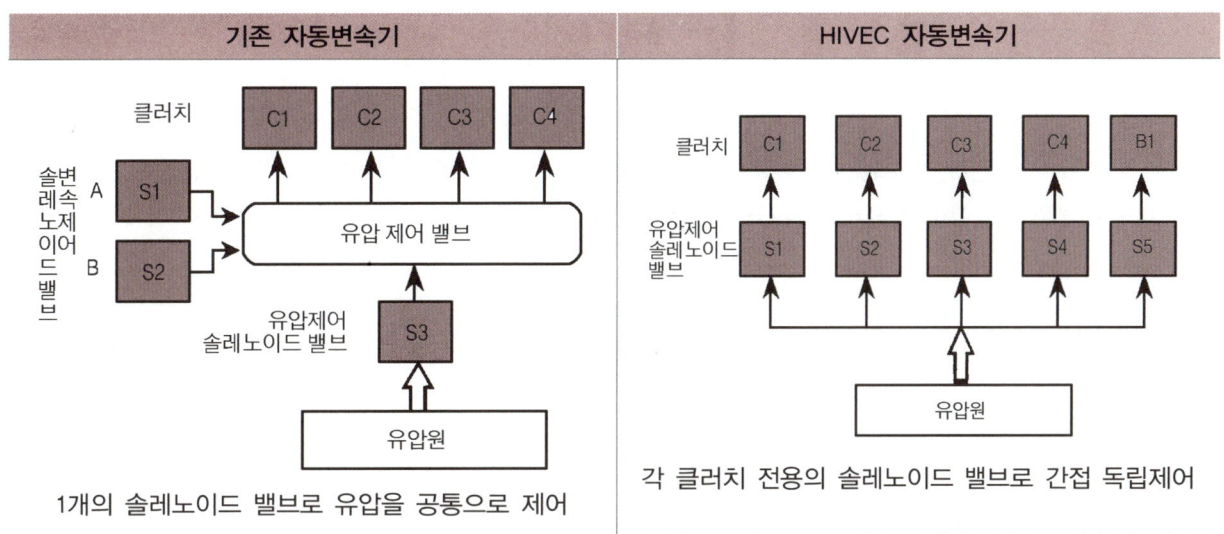

※ 솔레노이드 밸브의 구성

② 클러치 대 클러치 제어 선도

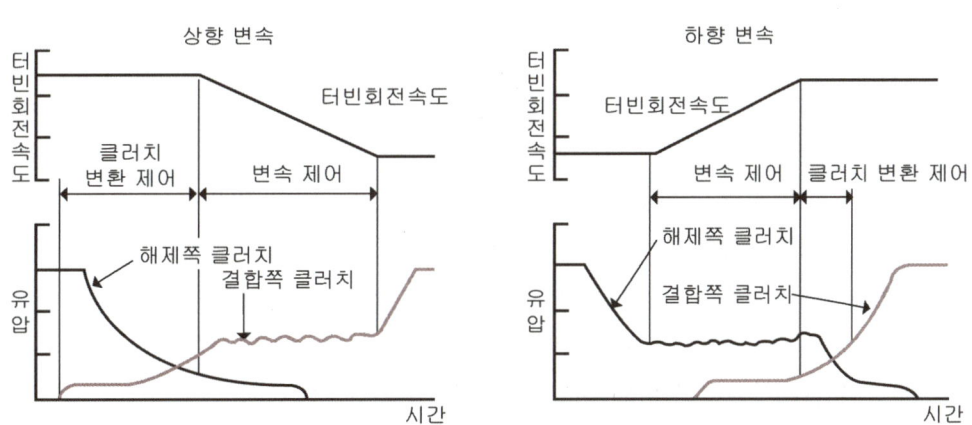

※ 목표 터빈 회전속도 변화에 따라 결합쪽과 해제쪽의 유압을 제어한다.
※ 주의 : 저온에서(-20℃이하)는 자동변속기 오일(ATF)의 유동이 늦기 때문에 솔레노이드 밸브의 듀티율을 61.3Hz → 31Hz 로 낮춘다.

※ 클러치 대 클러치 제어 선도

2) 스킵 변속 제어 skip shift control

각종 솔레노이드 밸브를 사용하여 킥 다운(kick down)이 될 때 또는 하이백 제어에 의한 스킵 변속이 가능하다. 즉 신속한 응답성의 변속이 이루어진다.

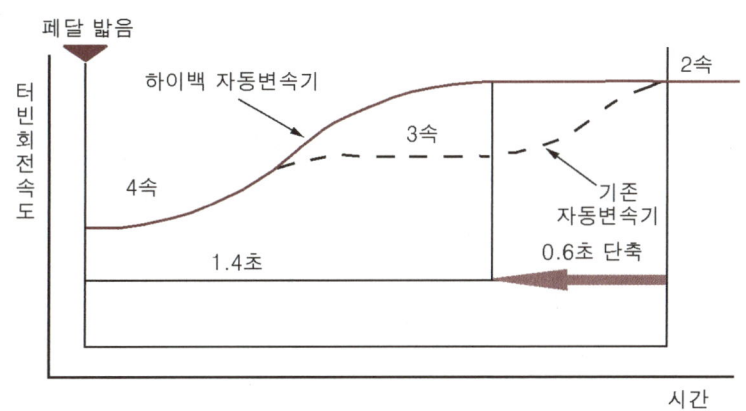

※ 스킵 변속 제어

3) 피드 백 변속 제어 (feed back shift control)

각 변속 단으로 변속할 때 입력축의 회전속도 변화를 미리 설정된 목표 변화비율과 일치하도록 솔레노이드 밸브의 듀티율을 피드 백 제어한다. 이에 따라 변속 중에 회전력의 변화를 이상적으로 제어하는 것이 가능하므로 변속의 느낌이 대폭 향상되며, 엔진이나 변속기의 노화에 따른 성능의 변화에 대해서도 자동적으로 보정하므로 변속의 감각이 안정된다. 또 밸브 보디를 측면에 설치할 수 있어 배출 구멍의 위쪽 이동으로 밸브 보디 내에 항상 오일이 가득 차 있어 N → D, N → R 변속에서도 피드 백 제어를 사용하여 정숙한 변속이 이루어진다.

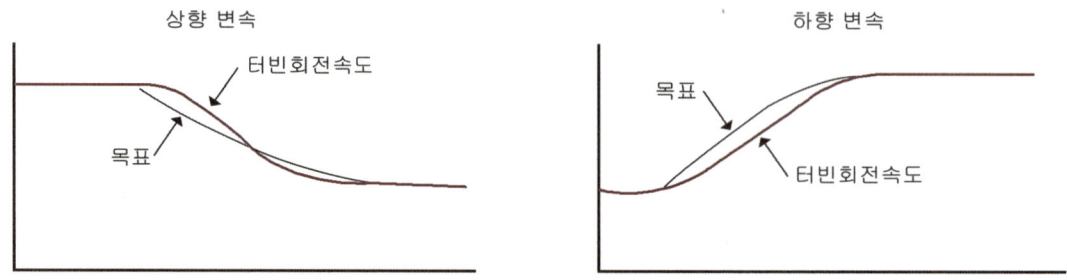

※ 터빈의 회전속도 변화(입력축 속도센서)를 피드 백하여 유압을 듀티 제어한다.

∷ 피드 백 변속 제어

2 변속 선도 Shift Pattern 제어

각종 변속 선도는 자동차의 연료소비율, 가속성능 및 배기가스 배출 등에 큰 영향을 미치므로 자동차의 배기가스, 주행성능 등을 고려하여 결정한다. 5단 자동변속기의 경우에는 하이백 제어의 적용으로 도로 조건 및 운전자의 주행 방법에 따라 변속시점이 변화하는 가변 변속 선도를 사용하기 때문에 기존의 자동변속기에서 사용되던 파워(Power) 및 이코노미(Economy) 스위치를 제거하였다.

그리고 그림의 변속 선도에 있는 실선은 변속 단계의 상향(Up) 변속상태를 나타내며, 점선은 변속 단계의 하향(Down) 변속상태를 나타낸 것이다. 변속점이 상향과 하향시기가 다른 것은 변속시점에 근접한 속도로 운행할 때 상향과 하향이 반복하여 발생되는 히스테리시스 현상을 방지하기 위함이다.

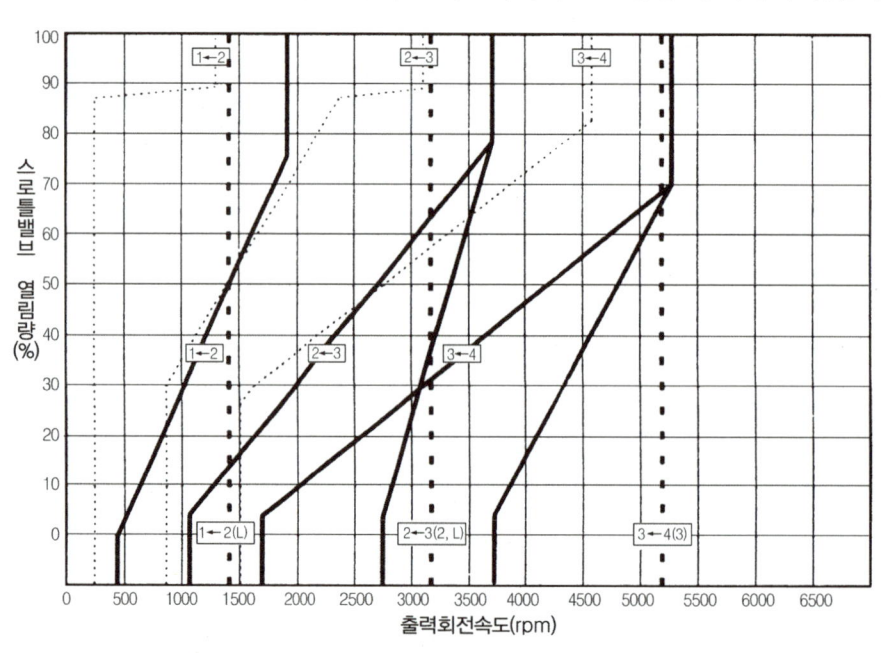

★ 센서 및 액추에이터의 고장으로 페일 세이프 모드(3속 고정)로 주행을 하거나 하이백 제어가 불가능할 경우 가변 변속 제어는 불가능하며, 표준 변속 선도를 사용한다. 표준 변속 선도란 각각의 상향 변속선 중에서 왼쪽 끝의 변속 선을 말한다.

∷ 자동변속기의 변속선도

3 배기가스 저감 변속 선도

엔진의 유해 배기가스 감소 위해서는 촉매 컨버터의 온도를 빨리 상승시켜야 하므로 엔진 자체에서는 냉각수 온도에 따라 엔진의 회전속도를 상승시키며, 전자제어 자동변속기에서는 점화스위치를 ON으로 하였을 때 냉각수 온도가 35℃ 이하이면 100초 동안 표준 변속 선도보다 더 낮은 단계의 영역을 확보하여 주행할 때 엔진의 회전속도 상승을 유도한다.

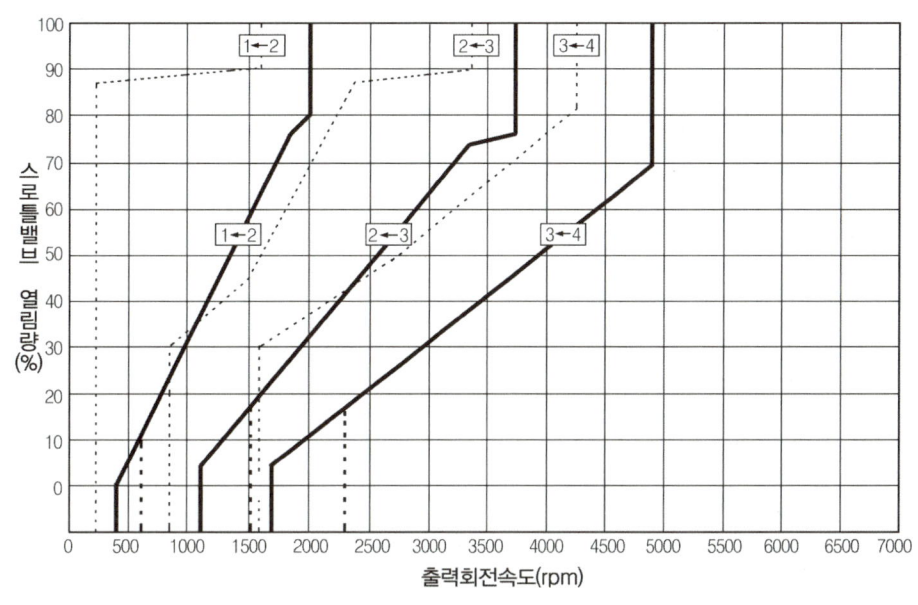

:: 배기가스 저감 변속선도

4 극저온 변속 선도

자동변속기 오일(ATF)의 온도가 -29℃ 이하일 경우에는 오일의 성능이 저하됨으로 2속으로 홀드(hold)시키며, 오일의 온도가 -29℃ 이상일 경우에는 정상의 선도로 복귀한다.

5 홀드 Hold 변속 선도

눈길 등 미끄러운 도로면에서 출발할 때의 변속 선도이며, 운전자가 홀드 스위치를 작동시킬 경우 홀드 변속 선도로 진입한다. 다만, 스포츠 모드가 적용된 자동차에서는 스포츠 모드를 이용하여 2속의 출발이 가능하도록 한다. 따라서 스포츠 모드 자동차는 홀드 스위치가 없다.

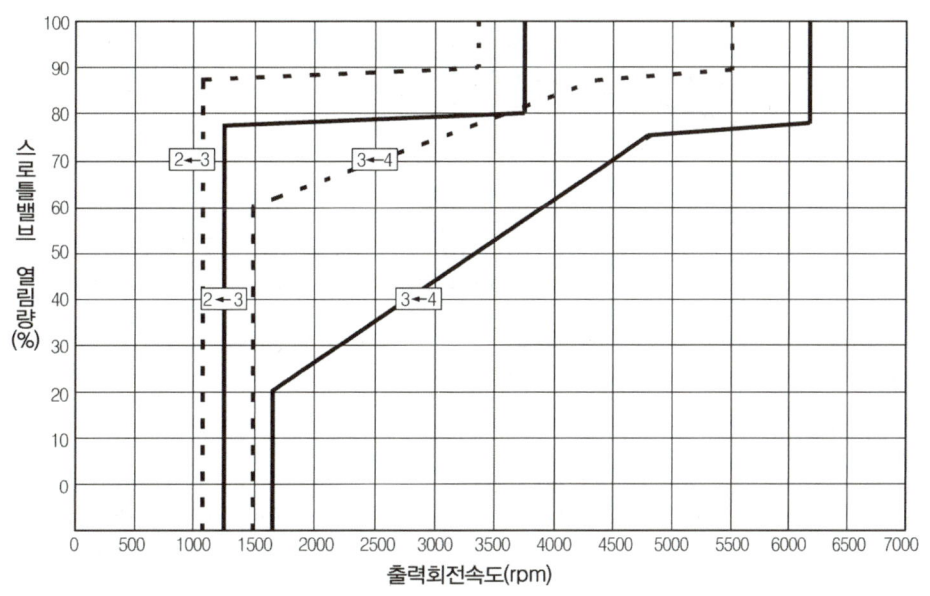

:: 홀드 변속 선도

6 오일 온도 제어 가변 변속 선도

제3속 또는 제4속으로 등판할 때 토크 컨버터의 미끄러짐(slip) 상태에서 장시간 연속 운전에 따른 오일의 온도 상승을 방지하기 위해 제4속 해제 및 2 → 3, 3 ← 2 변속 선을 변경한다. 즉, 미끄럼에 따른 오일의 온도 상승을 억제하기 위한 제어이다.

1) 진입 조건
① 변속단이 제3속 또는 4속일 때
② D 레인지 또는 3 레인지일 때
③ 자동변속기의 오일 온도가 125℃ 이상일 때
④ 출력축의 회전속도가 600~2,010rpm 사이일 때

2) 해제 조건
① 제3속의 상태를 3초 이상 지속할 때
② 오일의 온도가 110℃ 이하일 때
③ 출력축의 회전속도가 2,010rpm 이상 또는 600rpm 이하일 때
④ P, R, N, 2, L 레인지의 신호를 검출할 때

위의 해제 조건 중에서 어느 하나라도 만족하면 통상의 변속 패턴으로 자동 복귀한다.

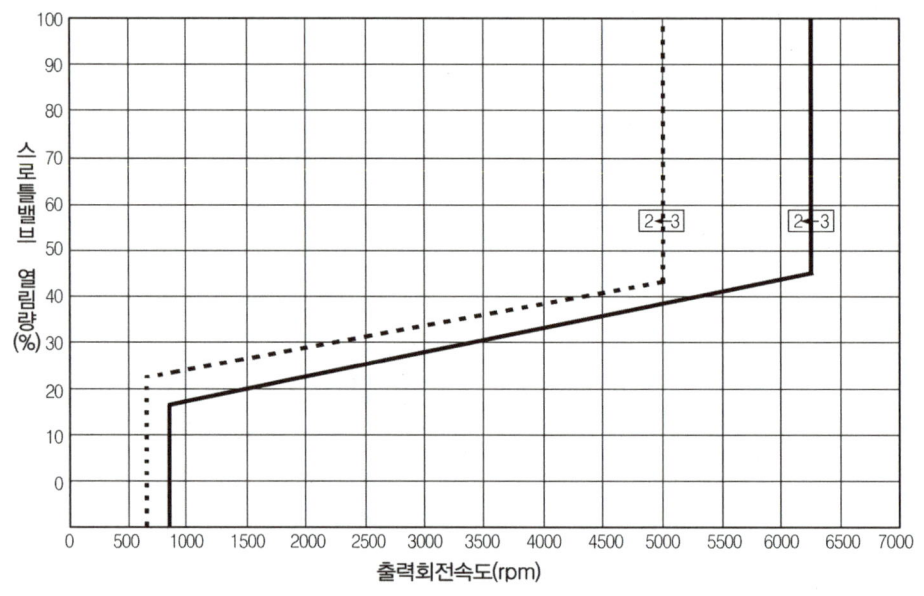

∴ 오일 온도 제어 가변 변속 선도

7 하이백 제어

하이백 제어(HIVEC ; Hyundai Intelligent Vehicle Electronic Control)는 다양한 도로조건을 운전할 때 운전자가 원하는 최적의 변속단을 얻을 수 있도록 전체 운전영역의 최적 제어와 운전자의 기호와 습성에 알맞게 변속시간을 변환시켜 주는 학습제어로 구성되어 있다.

1) 전체 운전영역의 최적 제어

많은 운전자가 다양한 도로조건에서 주행하였을 때 최적의 수동 변속 조작이 미리 입력되어 있다. 이를 기준으로 하여 자동변속기의 컴퓨터는 액셀러레이터 페달을 밟은 정도, 주행속도, 브레이크 신호를 받아 현재의 주행조건을 판단하여 최적의 변속단으로 출력한다. 이에 따라 하이백 제어는 어떠한 도로 조건하에서 주행하여도 최적의 변속 단을 얻을 수 있다.

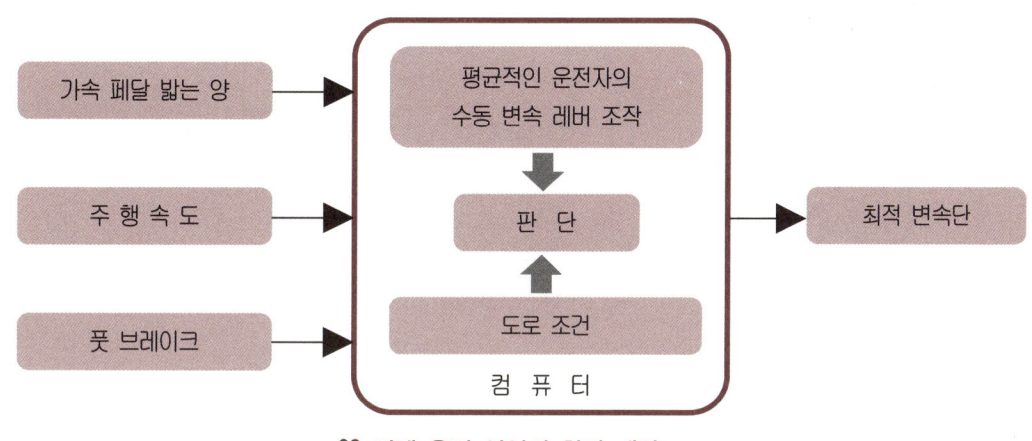

∷ 전체 운전 영역의 최적 제어

2) 신경망 제어 neural network

자동변속기 컴퓨터에 의해 최적의 변속단으로 출력하기 위한 연산은 매우 복잡하기 때문에 기존의 퍼지(Fuzzy) 같은 논리만으로는 실현이 불가능하므로 하이백은 신경망 제어를 채택하여 최적의 변속단을 가능하도록 하였다.

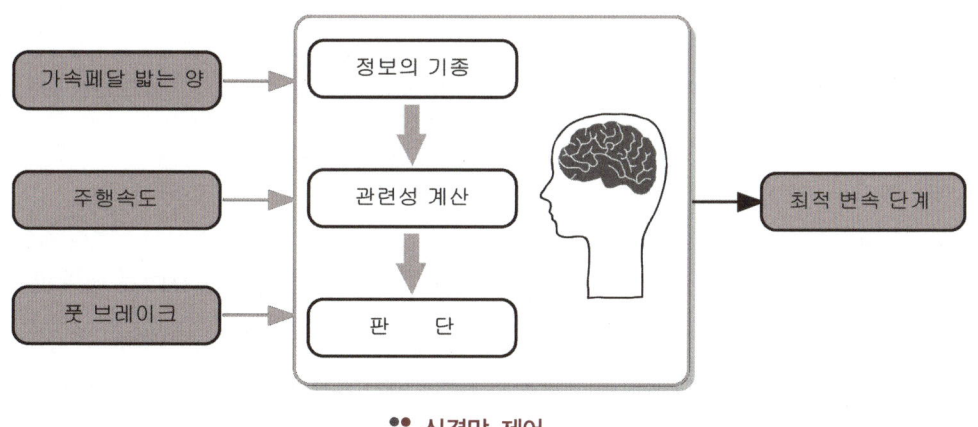

∷ 신경망 제어

➡신경망 제어란?
★ 신경망 제어 란 컴퓨터의 판단을 인간의 뇌의 판단에 근접하게 한 논리 회로로써 인간의 뇌와 같이 복수의 입력 정보를 가공하여 이것들을 상호 정교하게 관련시켜 순간적으로 적절한 판단을 내리는 고도의 장치이다.

3) 학습 제어

전체 운전영역의 최적 제어에 의해 미리 입력된 최적의 변속 조작이 실현 가능하도록 되었지만 보다 더 자신의 기호에 맞는 운전을 원하는 운전자와 운전의 숙련도, 2인의 운전자가 1대의 자동차를 교대로 운전하는 경우 및 운전자의 기분이 변화할 수도 있기 때문에 전자제어 자동변속기에는 센서, 브레이크 등의 신호를 받아 운전자의 특성을 판단하여 현재 운전자가 원하는 주행상태를 갖출 수 있도록 변속 선도를 수정하는 학습 기능을 갖추고 있다. 또 엔진의 부하, 타이어의 부하 등의 최댓값을 학습하여 그 크기와 빈도로 운전자의 스포츠 정도를 판단한다. 즉, 가속을 좋아하는 운전자는 고속에서도 변속단을 3속으로 유지할 수 있으므로 주의가 필요하다. 이때에는 자동변속기 컴퓨터를 리셋(reset)하여 재학습을 유도하여야 한다.

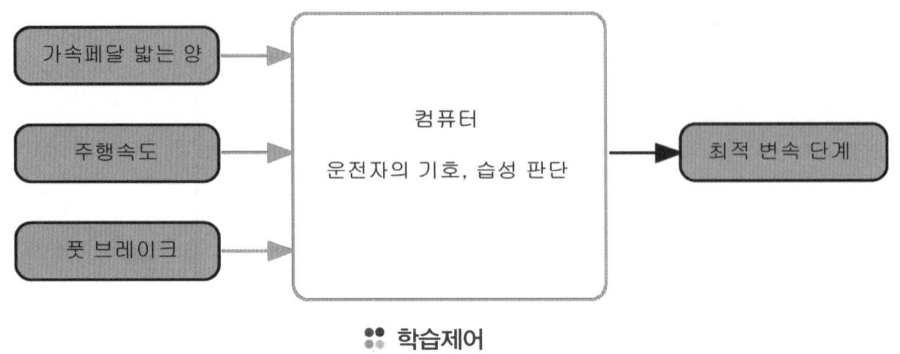

∷ 학습제어

4) 하이백의 기능

① **내리막 길 다운 시프트(down shift) 기능** : 내리막길을 주행할 때 적당한 엔진 브레이크를 작동시키기 위하여 다운 시프트(down shift)하는 기능이다. 도로의 기울기, 제동력, 주행속도 등으로부터 신경망 제어(Neural Network)를 사용하여 종합적으로 구한 엔진 브레이크의 필요에 따라 다운 시프트 여부를 판정한다.

② **내리막 길 다운 시프트 학습 기능** : 내리막길에서 운전자의 성향에 맞는 다운 시프트가 이루어지도록 작동 조건을 학습하는 기능이다. 액셀러레이터 페달의 조작과 브레이크의 페달 조작으로부터 엔진 브레이크의 과부족을 판정하여 운전자의 성향에 맞는 다운 시프트 조건을 학습한다.

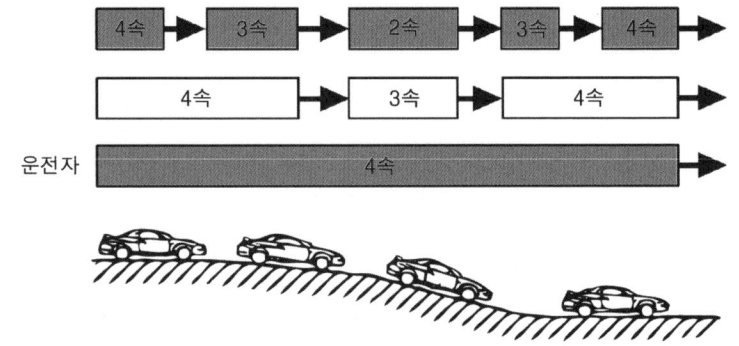

∷ 내리막 길 다운 시프트 학습기능

③ **스포츠(sporty) 정도에 따른 변속 선도 연속 변환 기능** : 운전자의 운전 성향(Sport 정도)에 맞도록 변속 선도를 연속적으로 변환하는 기능이다. 엔진의 성능과 타이어 성능의 한계에 대해서 그 정도의 주행 상태에 있는지를 구하는 운전 성향에 의거 업 시프트(up shift) 선을 저속 쪽에서 고속 쪽으로 연속적으로 이동한다.

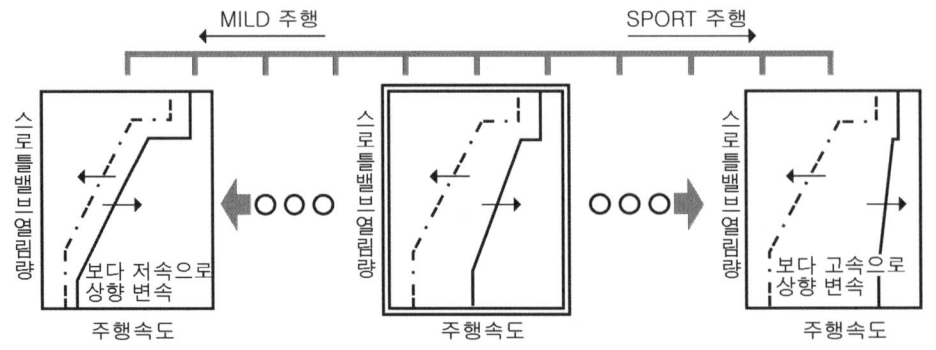

∷ 스포츠 정도에 의한 변속선도

④ **오르막길에서 불필요한 업 시프트(up shift) 방지** : 오르막길을 주행할 때 리프트 풋(lift foot)에 따른 불필요한 업 시프트를 방지하고 구동력을 확보하는 기능이다. 도로의 기울기에 따라 업 시프트 선을 저속 쪽에서 고속 쪽으로 연속적으로 이동하는 것에 따라 불필요한 업 시프트를 방지한다.

⑤ **하이백 제어 금지 조건**

㉮ 자동변속기의 오일 온도가 40℃ 이하인 경우

㉯ 표준 변속 패턴 이외의 경우

ⓐ 인히비터 스위치(inhibitor switch) 신호가 P, R, N, L인 경우

ⓑ 극저온 모드인 경우

ⓒ 유온 제어 가변 변속 패턴인 경우

ⓓ 배기가스 제어 변속 패턴인 경우

㉰ 페일 세이프(fail saft)인 경우

㉱ 하이백 제어 금지인 경우

ⓐ 스로틀 위치 센서의 단선 또는 단락인 경우

ⓑ 오일 온도 센서가 단선인 경우

ⓒ 제동등 스위치가 단락인 경우

㉱ 통신 배선이 단선인 경우

㉲ 컴퓨터가 고장인 경우(ENG CHECK LAMP 점등)

㉳ 점화 스위치를 ON으로 한 후 처음으로 제동등 스위치가 ON에서 OFF로 될 때까지의 기간 동안

8 스포츠 모드 sport mode 제어

전자제어에 의해 쉬운 운전(easy drive)의 실현이 가능하게 되었으나 쉬운 운전과는 별도의 "Fun to Drive (운전을 즐김)"를 희망하는 운전자에게 대응하기 위해 자동변속기이면서 수동변속기 감각의 운전을 가능하도록 한 새로운 기능이다.

1) 스포츠 모드의 특성

변속 레버를 앞뒤로 움직이는 것만으로 쉽게 Up과 Down의 변속이 가능하며, 액셀러레이터 페달을 밟은 상태에서 기어의 변속이 가능하다. 이로 인하여 출력의 감소 없이 운전을 즐길 수 있다. 그리고 굴곡도로나 산악도로에서도 변속 단계를 스스로 간단히 선택할 수 있으며, 코너의 진입 직전이나 경사로 직후 경쾌한 다운 시프트가 가능하게 되어 경쾌한 운전이 가능하다.

이때 현재의 변속 단계를 변속 지시등(shift indicator)의 점등으로 표시하여 스포츠 모드에서 변속 레버의 조작을 도와준다. 또 D 레인지 중에도 변속 단계를 표시하여 스포츠 모드를 선택할 때 의지 결정을 도와준다.

2) 스포츠 모드 조작 방법

변속 레버를 스포츠 모드 (+)에서 1번 밀면 1단의 상향 변속(up shift)이 된다. 반대로 변속 레버를 스포츠 모드 (-)에서 1번 당기면 1단의 하향 변속

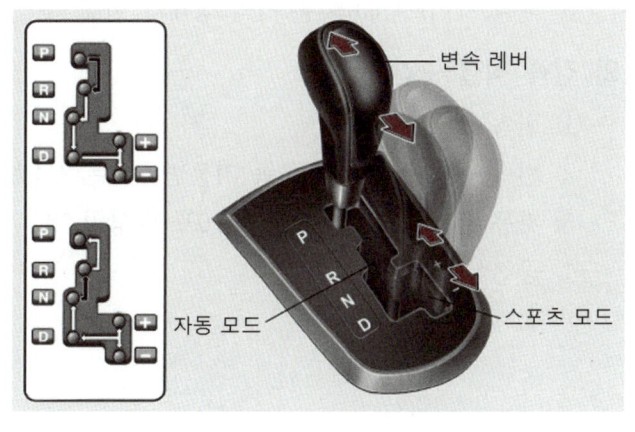

∷ 스포츠 모드 변속

(down shift)이 된다. 그리고 스킵 변속(skip shift ; 뛰어 넘는 변속)을 2회 계속해서 같은 방향으로 빠르게 변속 레버를 조작하면 1단을 건너 뛴 스킵 변속이 된다.

3) 스포츠 모드의 반응

클러치 페달의 조작이 필요 없기 때문에 변속이 신속하면서도 구동력의 끊어짐 없이 빠른 응답을 실현할 수 있으며, 기존의 자동변속기보다 변속 시간이 빠르다.

9 댐퍼 클러치 damper clutch 제어

댐퍼 클러치 제어는 저속회전 영역에서 약간 미끄러지는(매우 미세한 미끄럼) 부분적인 록업(partial lock up) 제어와 고속회전 영역에서 완전 직결되는 전체 록업(fool lock up) 제어로 구성되어 있으며, 이것을 조합하여 낮은 연료소비율과 정숙성을 양립시킨다.

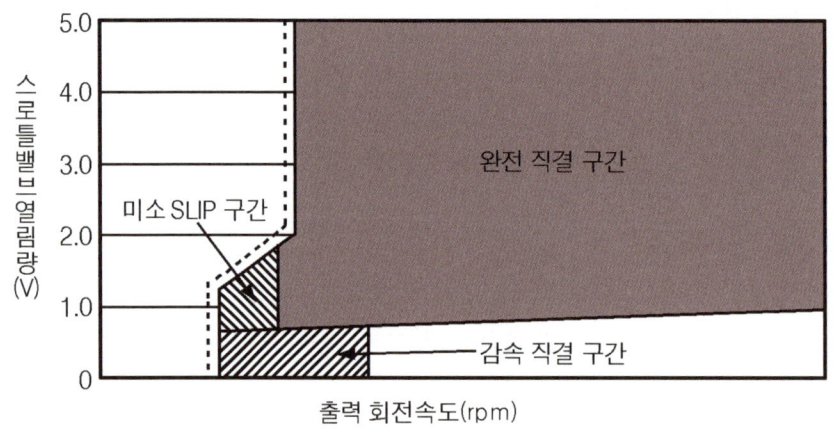

:: 댐퍼 클러치 제어

1) 댐퍼 클러치의 작동 조건

① D 레인지이며, 제2속 이상일 것(단, 제2속에서 댐퍼 클러치의 작동은 자동변속기의 오일 온도가 125℃ 이상이어야 한다.)
② N → D, N → R 제어 중이 아닐 것
③ 완전 직결되었을 때 자동변속기의 오일 온도가 50℃ 이상일 것
④ 미세한 미끄럼일 때 자동변속기의 오일 온도가 70℃ 이상일 것
⑤ 페일 세이프(제3속 홀드)의 상태가 아닐 것

2) 감속 직결 구간 조건

① 변속 중이 아닐 것
② 변속단이 제3속 이상(5속 자동변속기는 제4속 이상)일 것
③ 자동변속기의 오일 온도가 70℃ 이상일 것
④ 공전상태가 ON일 것

4 자동변속기의 성능 점검

4-1. 유압 시험

1 준비 작업

① 자동변속기의 케이스 바깥쪽을 청소한다.
② 오일량을 점검하고, 불량하면 교환한다.
③ 매뉴얼 조절 케이블 및 스로틀 케이블을 점검한다.
④ 오일의 온도가 50~80℃에서 시험한다.

2 시험 결과 분석

① 라인 압력이 과다하면 변속 레버를 D, 2, L 및 R 레인지로 선택할 때 충격이 발생된다.
② 라인 압력이 과소하면 D 레인지나 R 레인지의 스톨 포인트(stall point)가 높아져 클러치의 미끄럼이 일어나 1 → 2, 2 → 3으로 시프트 업이 일어나지 않거나 시프트 업의 지연 또는 3 → 2 킥다운 될 때 충격이 커진다.
③ 주행 중 업 시프트의 충격이 크거나 변속점이 높아지는 이유는 라인 압력의 과다가 주원인이며, 클러치나 제1속, 후진 브레이크에 미끄럼이 발생하는 것은 누유로 인한 라인 압력의 과소에 있다.

4-2. 스톨 시험 stall test

스톨 시험이란 시프트 레버의 D 레인지와 R 레인지에서 엔진의 최대 회전속도를 측정하여 자동변속기와 엔진의 종합적인 성능을 점검하는 시험이며, 시험 시간은 5초 이내여야 한다.

1 엔진의 회전속도가 규정 값보다 낮다

① 엔진의 출력이 부족하다.
② 토크 컨버터의 일방향 클러치(프리 휠)의 작동이 불량하다.
③ 규정 값보다 600rpm 이상 낮으면 토크 컨버터의 결함일 수도 있다.

2 D 레인지에서 스톨 속도가 규정 값보다 높다

① 제1속에서 작동되는 요소의 결함이다.
② 오버 드라이브 클러치가 미끄러진다.
③ 전진 클러치가 미끄러진다.
④ 일방향 클러치(프리휠)의 작동이 불량해진다.
⑤ 라인 압력이 낮아진다.

3 R 레인지에서 스톨 속도가 규정 값보다 높다

① R 레인지에서 작동되는 요소의 결함이다.
② 오버 드라이브 클러치가 미끄러진다.
③ 후진 클러치가 미끄러진다.
④ 라인 압력이 낮아진다.
⑤ 브레이크가 미끄러진다.

4-3. 자동변속기의 오일량 점검 방법

① 자동차를 평탄한 지면에 주차시킨다.
② 오일 레벨 게이지를 빼내기 전에 게이지 주위를 깨끗이 청소한다.
③ 시프트 레버를 P 레인지로 선택한 후 주차 브레이크를 걸고 엔진을 시동한다.
④ 변속기 내의 유온이 70~80℃에 이를 때까지 엔진을 공전 상태로 한다.
⑤ 시프트 레버를 차례로 각 레인지로 이동시켜 토크 컨버터와 유압 회로에 오일을 채운 후 시프트 레버를 N 레인지로 선택한다. 이 작업은 오일량을 정확히 판단하기 위해 필히 하여야 한다.
⑥ 게이지를 빼내어 오일량이 "MAX" 범위에 있는가를 확인하고, 오일이 부족하면 "MAX" 범위까지 채운다. 자동 변속기용 오일을 ATF(Automatic Transmission Fluids)라고 부르기도 한다.

4-4. 자동변속기의 오일 색깔 상태

① **정상** : 정상 상태의 오일은 투명도가 높은 붉은 색이다.
② **갈색을 띨 때** : 자동변속기가 가혹한 상태에서 사용되었음을 의미한다. 이 경우에는 오일 자체가 고온 상태에서 장시간 노출되어 열화를 일으킨 것이며 색깔뿐만 아니라 탄 냄새가 나고 점도가 낮아져 깔깔하게 느껴진다. 또 오일을 장시간 사용한 경우에도 비슷한 색깔로 되는 경우가 있는데 어느 경우이든지 신속하게 오일을 교환하도록 한다.
③ **투명도가 없어지고 검은 색을 띨 때** : 자동변속기 내의 클러치 디스크가 마멸되어 분말에 의한 오손, 부싱 및 기어의 마멸을 생각할 수 있다.
④ **니스 모양으로 된 경우** : 오일이 매우 고온에 노출되어 바니시화 된 상태이다.
⑤ **백색을 띨 때** : 수분이 오일에 많은 양이 유입된 경우이다.

4 무단 변속기(CVT)

학/습/목/표
1. 무단 변속기(CVT)의 필요성 및 특징에 대하여 설명할 수 있다.
2. 무단 변속기 성능의 메커니즘에 대하여 설명할 수 있다.
3. 무단 변속기의 종류에 대하여 설명할 수 있다.
4. 무단 변속기의 구성 요소의 작동에 대하여 설명할 수 있다.
5. 무단 변속기의 전자제어에 대하여 설명할 수 있다.
6. 무단 변속기의 각종 센서의 작동 원리에 대하여 설명할 수 있다.

1 무단 변속기의 개요

무단 변속기(CVT : Continuously Variable Transmission)란 연속적으로 가변시키는 변속기라는 의미이며, 무단 변속기는 단계가 없는 변속을 실행할 수 있어 자동변속기에서 변속시에 발생할 수 있는 변속의 충격(변속 감각, shift quality) 감소 및 연료소비율과 가속성능 등을 향상시킬 수 있다. 무단 변속기의 종류는 크게 변속에 의한 방식과 동력전달 방식으로 분할 수 있으며, 변속 방식에 의한 분류에는 벨트 풀리 방식과 트로이덜(익스트로이드 ; extoroid)방식이 있으며, 현재는 벨트 풀리 방식을 주로 사용한다.

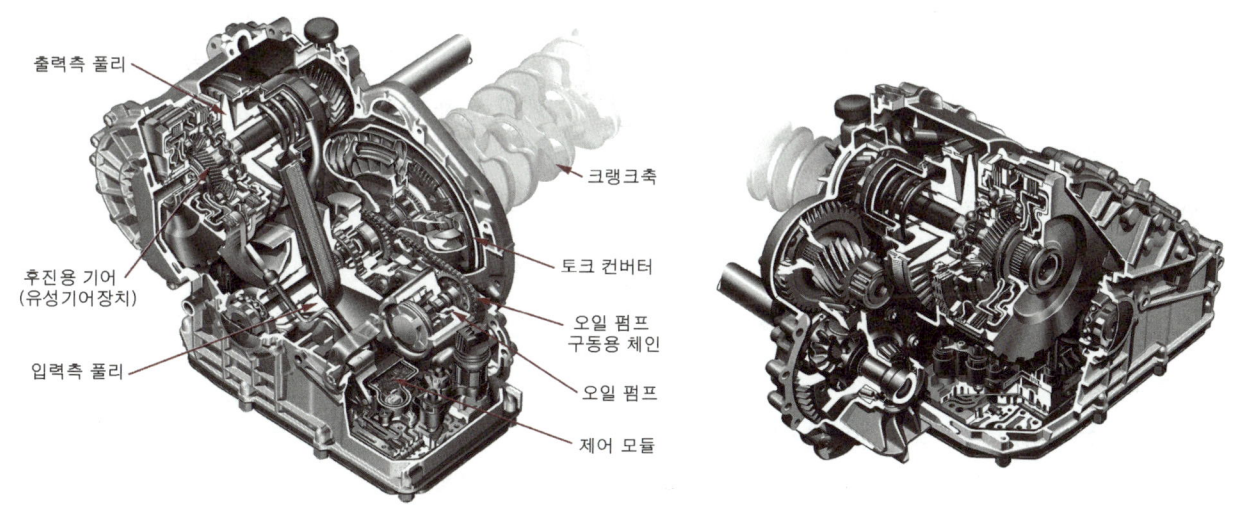

❖❖ 무단 변속기의 단면도

벨트 풀리 방식에서도 전동기(motor)를 이용하여 제어하는 건식(dry type)과 유압을 이용하여 제어하는 습식(wet type)이 있다. 또 동력전달 방식에 의한 분류에는 전자 분말 클러치 방식(Electronic Powder clutch type)과 토크 컨버터(torque converter) 방식이 있다. 무단 변속기의 원리는 벨트 풀리(belt pulley)에 벨트를 연결하고 벨트 풀리의 지름을 변화시켜 변속이 이루어지고 있으며, 엔진에 가장 적합한 회전속도로 변속이 된다. 즉, 무단 변속기는 엔진을 항상 최적의 운전 상태로 유지시킬 수 있어 효율이 10~20% 정도 높아지며, 이에 따라 연료소비율, 변속의 감각 및 가속성능이 향상된다.

2 무단 변속기의 필요성 및 특징

1 무단 변속기의 필요성

엔진을 자동차용으로 사용하기 위해서는 변속기와 종감속 기어가 반드시 필요하다. 특히 변속기는 효율적인 자동차의 사용과 함께 엔진의 출력을 자유롭게 제어할 수 있는 기능을 지니고 있으나 현재의 수동변속기나 자동변속기만으로는 한계가 있다. 즉, 변속단 수를 폭넓게 사용하는데 제약이 따른다. 이론상 변속단 수를 증가시킬수록 출력의 성능 곡선은 이상적인 곡선에 근접할 수 있다. 그러나 수동변속기나 자동변속기에서는 변속단 수를 무한대로 늘릴 수 없으나 무단 변속기에서는 가능하다.

즉, 무단 변속기는 변속단 수를 무한대(변속비 2.319~0.445)로 할 수 있기 때문에 운전 중 최적의 성능곡선을 지속적으로 유지시킬 수 있다. 이와 같은 특성으로 연료 1L당 주행거리를 비교하였을 때 수동변속기 보다 약 15%, 자동변속기보다는 약 50% 정도 향상시킬 수 있는 장점이 제기되고 있다.

특히 이러한 성능의 향상이나 연료소비율 향상 등과 더불어 변속의 감각 및 가속성능 향상 등의 장점으로 인해 그 사용의 비중이 증가되고 있으며, 앞으로 자동변속기를 대체할 수 있는 새로운 변속기이다.

2 무단 변속기의 특징

무단 변속기는 변속 중에 발생될 수 있는 변속의 충격이 없는 장점이 있다. 이것은 기존의 자동변속기가 지니고 있는 고질적인 문제점을 해결할 수 있다는 차원에서 그 중요성이 인식되고 있으며, 이와 함께 자동변속기에서 실현이 어려운 동력성능의 향상과 연료소비율의 향상을 들 수 있다.

무단 변속기는 자동변속기와는 달리 주어진 변속의 패턴에 따라 최대 변속비와 최소 변속비 사이를 연속적으로 무한대의 변속단 수로 변속시킴으로서 엔진의 동력을 최대한 이용하여 동력의 성능 향상과 연료소비율의 향상을 얻을 수 있다.

1) 가속 성능을 향상시킬 수 있다.

무단 변속기는 변속비가 연속적으로 이루어지기 때문에 엔진의 회전속도를 일정 구간으로 유지하여 변속할 수 있어 운전자의 성향에 따라 필요한 구동력 구간에서 운행할 수 있다.

2) 연료소비율을 향상시킬 수 있다.

자동변속기는 록업(lock-up) 영역을 변속기의 충격이나 내구성 및 엔진의 회전력 감소문제 때문에 제한을 두지만 무단 변속기는 중간에 끊어지는 변속이 없으며, 또 엔진의 회전력을 감소시키지 않도록 컴퓨터에 의한 변속단 수의 제어가 가능하여 록업 영역이 자동변속기보다 넓은 영역을 가질 수 있다. 그리고 최소 연료소비율 곡선에 따라 변속점이 이동하도록 할 수 있기 때문에 연료소비율을 향상시킬 수 있다.

3) 변속에 의한 충격을 감소시킬 수 있다.

변속단이 없기 때문에 변속단에 따른 엔진의 회전력 변화가 없으며, 변속단 수 사이의 변속비 차이가 전혀 없어 충격을 일으키지 않는다.

3 무단 변속기 성능의 메커니즘

무단 변속기는 단계가 없이 변속비를 제어할 수 있기 때문에 연료소비율 향상 및 동력의 성능 향상을 가져왔으며, 이외에도 구동력 향상 등의 여러 가지 특징을 지니고 있다.

3-1. 주행 성능 및 연료소비율 향상

1 주행 성능 향상

최적 상태의 연료소비율 곡선에 근접하여 운행할 수 있도록 무단 변속기 컴퓨터에 의한 변속비 제어가 가능하기 때문에 연료소비율이 향상된다. 좌측의 그림은 자동변속기의 엔진 회전속도와 주행속도의 관계를 나타낸 그래프이며, 우측의 그림은 무단 변속기의 엔진 회전속도와 주행속도를 나타낸 그래프이다.

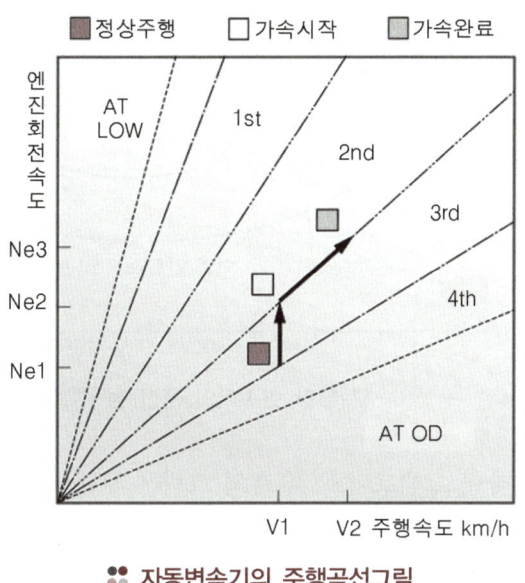
자동변속기의 주행곡선그림

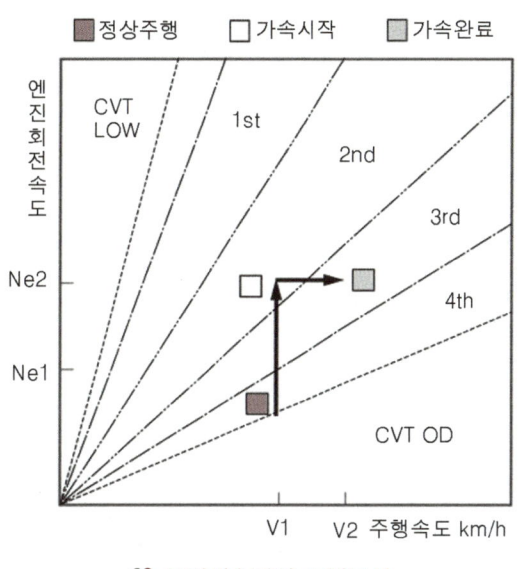
무단변속기의 주행곡선

그래프에서 보듯이 자동변속기와 무단 변속기는 급가속을 할 때 엔진의 회전속도 변화가 매우 크게 나타나고 있음을 알 수 있다. 즉 자동변속기와 수동변속기에서는 각 변속단 사이의 변속비 폭이 매우 크다. 이에 따라 높은 변속단으로 주행하던 자동차가 가속할 때 킥 다운(kick down) 현상에 의해 낮은 변속단으로 다운 시프트(down shift) 되면서 기어비의 차이만큼 엔진의 회전속도 상승을 유발한다.

계속 이러한 상태로 주행을 하다가 어느 시점에 도달하면 다시 높은 변속단으로 정상화 변속되면서 엔진의 회전속도는 현재의 주행속도에 대비하여 유지되거나 낮아진다. 즉, 기어비의 차이만큼 엔진의 회전속도는 주행 중에 수도 없이 상승과 하강을 반복한다. 만약에 각 변속단의 사이에 기어비의 차이를 최소화할 수만 있다면 이러한 현상을 충분히 극복할 수 있다. 무단 변속기가 이러한 문제점을 해결할 수 있는 방안이다. 무단 변속기는 각 변속단 사이의 변속비가 0.001 단위로 구성되어 있기 때문에 변속비의 차이가 전혀 없이 낮은 변속단에서부터 높은 변속단까지 운행이 가능하다.

2 연료소비율 향상

이번에는 연료소비율 곡선에 대해 알아보도록 하자. 자동차가 정속으로 주행할 때 각 변속단별 및 각 주행속도별 엔진의 운전 점은 변속비가 작아질수록 같은 주행속도에 대해 엔진의 운전 점은 연료소비율 값이 적은 왼쪽의 위로 이동하는 경향을 지니고 있다.

따라서 엔진의 회전속도와 주행속도의 비율을 감소시킬 경우 각 변속단에서 같은 주행속도에 대한 운전 점은 전체적으로 왼쪽의 위로 이동하고 이에 따라 연료소비율은 향상된다. 정속주행을 할 때뿐만 아니라 모드(mode) 주행에서도 이와 같은 경향을 나타낸다.

즉 낮은 변속단일 경우에는 엔진의 운전 점은 그래프의 오른쪽 아래에 머물러 있어 엔진의 회전력은 낮지만 엔진의 회전속도는 높고, 높은 변속단으로 이동할수록 운전 점이 왼쪽으로 이동하기 때문에 엔진의 회전력은 증가하지만 엔진의 회전속도는 낮아짐을 알 수 있다.

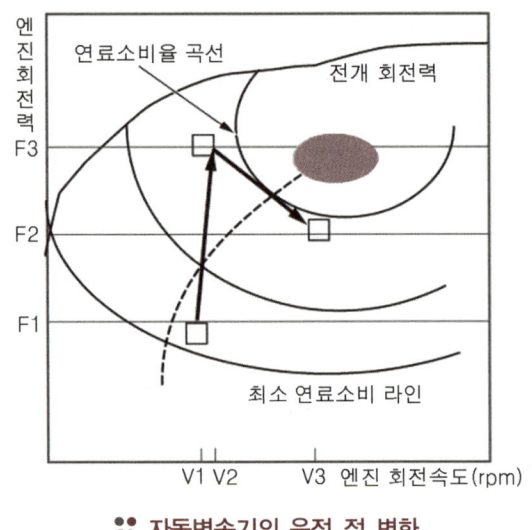

❋ 자동변속기의 운전 점 변화 ❋ 무단 변속기의 운전 점 변화

좌측의 그림은 자동변속기의 엔진 운전 점의 변화를 나타낸 그래프이고, 우측의 그림은 무단 변속기의 엔진 운전 점의 변화를 나타낸 그래프이다. 그래프에서 보듯이 자동변속기의 경우는 정속주행 중 가속을 하면 어느 한 점에서 엔진의 운전 점이 변화하는데 순간적인 엔진의 회전력은 높아지고 낮은 변속단으로 다운 시프트 되면서 엔진의 회전력이 서서히 낮아지는 것을 알 수 있다.

상대적으로 엔진의 회전속도는 증가한다. 그러나 무단 변속기에서는 순간적인 엔진의 회전력은 높아지나 낮은 변속단의 영역으로 계속 주행하더라도 더 이상의 급격한 회전력의 변화는 없으며, 엔진의 회전속도도 일정하게 유지되는 것을 알 수 있다.

따라서 같은 주행속도를 지니고 있는 엔진의 회전력이 상대적으로 무단 변속기가 높고 기어비의 변화에 대해 엔진 회전력의 변화가 적어 구동 성능의 향상 및 연료소비율의 향상을 이룰 수 있다.

3-2. 동력 성능 향상

그림은 자동변속기와 무단 변속기의 구동력에 대한 변화를 나타낸 그래프이다. 그래프에서 보듯이 구동력은 낮은 변속단일수록 가장 높고, 높은 변속단으로 갈수록 서서히 감소하는 것을 알 수 있다. 또 같은 변속단이라도 주행속도가 증가할수록 구동력이 서서히 감소하는 경향을 보인다.

한편 수동변속기나 자동변속기의 경우에는 구동력이 각 변속단에 따라 크게 변화하는 것을 알 수 있다. 즉 일정한 커브 곡선을 그리면서 서서히 감소하지 않고 급작스럽게 감소된다. 그러나 무단 변속기의 경우에는 각 변속단 사이의 변속비 차이가 매우 작기 때문에 구동력이 급격하게 감소하지 않고 서서히 감소하기 때문에 다른 자동차를 앞지르기 위하여 급가속을 할 경우에는 현재의 구동력만으로도 앞지르기가 가능하다.

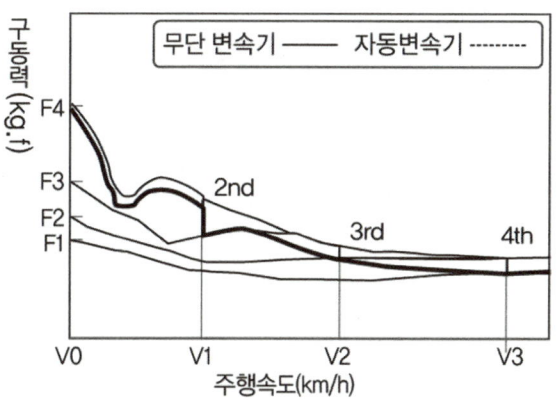
 자동변속기와 무단 변속기의 구동력 성능 곡선

그러나 기존의 수동변속기 및 자동변속기의 경우에는 다운 시프트를 하여 현재의 높은 변속단에서 낮은 변속단으로 이동시켜 떨어진 구동력을 만회시켜야만 가속성능을 발휘할 수 있다. 즉 수동변속기 및 자동변속기는 무단 변속기에 비하여 가속성능의 저하와 변속 응답성의 저하가 발생한다.

그림은 정속주행을 할 때 변속에 따른 엔진 회전속도의 변화를 자동변속기와 무단 변속기를 비교한 그래프이다.

그래프에서 보는바와 같이 자동변속기의 경우 운전자가 액셀러레이터 페달을 일정하게 밟고 있는 경우 높은 변속단으로 변속되면서 엔진의 회전속도가 낮아지는 것을 볼 수 있다. 즉 자동변속기의 경우 처음 출발할 때 엔진의 회전속도가 일정하게 서서히 올라가다가(N3) 2속으로 진입하면 1속 대비 2속의 변속비 차이만큼 엔진의 회전속도가 내려간다(N2). 또 3단과 4단으로 진입하여도 마찬가지로 낮은 변속단의 기어비 차이만큼 엔진의 회전속도가 낮아진다.

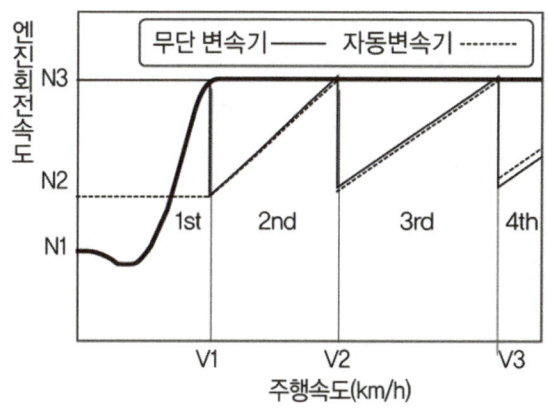
 자동변속기와 무단 변속기의 엔진 회전속도 변동 곡선

그러나 무단 변속기의 경우에는 운전자가 액셀러레이터 페달을 서서히 밟으면 엔진의 회전속도는 일정궤도(N3)까지 올라가고 높은 변속단의 영역으로 진입하여도 엔진의 회전속도는 변화 없이 풀리(pulley) 사이의 회전속도비 변화만 발생하기 때문에 운전자가 느끼는 엔진이 회전속도 변화는 전혀 없다.

변속이 될 때 엔진의 회전속도가 낮아지는 것은 자동변속기에서 연료소비율에 악영향을 주는 요인 중의 하나로 작용하고 있다. 즉 엔진의 회전속도가 낮아지는 것은 변속비의 차이에 의해서 발생하였으며, 운전자는 계속 주행을 하여야 하는 관계로 액셀러레이터 페달을 밟고 있는 상태가 지속 중이고 엔진의 회전속도는 다시 처음의 상태(N3)까지 올라가야 하므로 연료의 추가적인 공급이 요구된다. 즉 일정하게 계속 유지되고 있는 무단 변속기보다 N2까지 낮아진 엔진의 회전속도를 다시 높이는데 필요한 엔진의 부하는 더욱 더 커진다.

4 무단 변속기의 종류

4-1. 동력 전달 방식에 따른 분류

1 토크 컨버터 방식 torque converter type

토크 컨버터 방식은 기존의 자동변속기에서 사용하는 토크 컨버터와 같다. 그러나 무단 변속기의 특성상 록업(lock up) 작동 영역을 자동변속기에 비해 크게 할 수 있기 때문에 연료소비율의 향상 및 출발 성능에 큰 효과를 볼 수 있다.

  토크 컨버터의 록업 작동 영역

2 전자 분말 클러치 방식 Electronic Powder clutch type

전자 분말 클러치 방식은 구동판(drive plate)에 볼트(bolt)로 고정되어 있으며, 변속기 입력축과 연결된 로터(rotor), 구동판과 연결된 클러치 하우징(clutch housing)의 요크(yoke) 및 코일(coil) 등으로 구성되어 있다. 제어 기구(controller)에서 브러시(brush)로 전류를 공급하면 슬립 링(slip ring)을 통해 코일이 자화(磁化)되어 요크와 로터 사이에 있는 자석 성분의 분말(powder)이 연속적으로 연결된다. 이 결합력에 의해 요크 및 변속기 입력축과 결합된 로터가 연결되어 동력을 전달한다. 이 결합력은 전류의 세기에 비례하며, 제어 기구에서 전류의 공급을 차단하면 분말의 연결 상태가 해제되므로 클러치가 분리되어 동력이 차단된다.

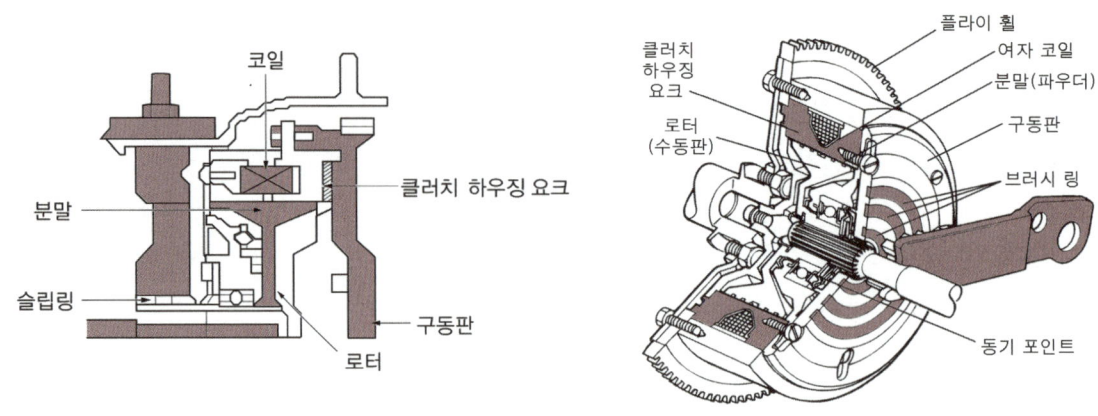

  전자 분말 클러치 방식의 구조

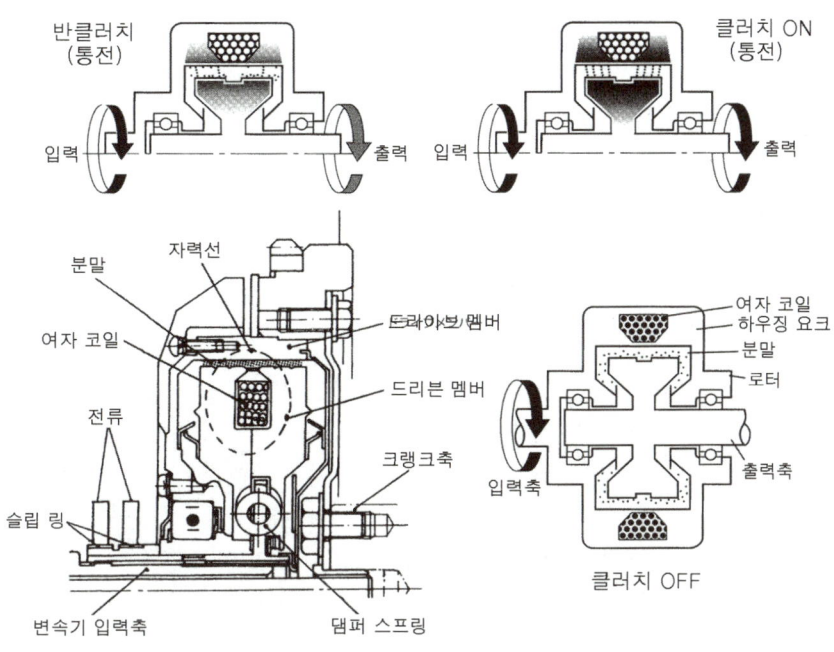

:: 전자 분말 클러치의 작동

4-2. 변속 방식에 의한 분류

변속 방식에 위한 분류는 풀리(pulley) 사이에 물려서 입력되는 동력을 출력과 연결하는 매개체로 구분할 수 있는데 크게 벨트 풀리 방식과 구동력(traction) 방식으로 나눌 수 있으며, 벨트 풀리 방식에는 고무 벨트 방식, 금속 벨트 방식, 체인 방식 등이 있으며, 구동력 방식에는 트로이덜(익스트로이드) 방식이 있다.

1 벨트 풀리 방식 belt pulley type

V 벨트는 자동차 산업의 초기부터 그 응용이 시도되었으나 벨트의 내구성, 마찰에 의한 동력 전달의 신뢰성, 적절한 변속비의 유지를 위한 제어 성능 등 여러 면에서 수동변속기에 뒤떨어지므로 실제 사용은 미루어져 온 상태이다. 그러나 최근에 이르러 복합 고무 벨트, 금속 벨트, 체인 등 무단 변속기용 벨트 강도의 획기적인 개선과 제어 기술의 발전으로 인하여 자동차용 첨단기술로 다시 각광을 받고 있다. V 벨트 무단 변속기의 무단 변속 기능은 구동 및 피동 풀리에서 벨트의 회전 반지름을 연속적으로 변화시켜서 얻는다.

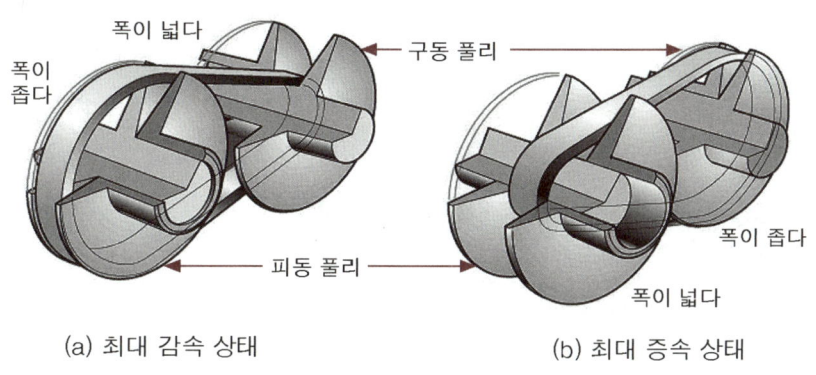

(a) 최대 감속 상태   (b) 최대 증속 상태

:: 벨트 풀리 방식의 변속

그림은 V 벨트를 사용한 무단 변속기의 변속 원리를 나타낸 것이다. 구동 풀리와 피동 풀리를 각각 축에 고정한 고정 풀리와 축 방향으로 이동이 가능한 이동 풀리로 구성되어 있으며, 벨트 회전피치 반지름의 변화 즉, 고정 풀리와 이동 풀리 사이의 너비(폭) 조정은 구동 및 피동 풀리의 이동 풀리 면에 가해지는 축의 힘에 의해 제어된다.

한편 벨트의 동력 전달은 V 벨트와 풀리 사이의 마찰에 의하여 이루어지며, 적절한 마찰을 유지하기 위해서는 풀리에 가해지는 축의 힘을 제어하여야 한다. 따라서 주어진 변속비와 부하 회전력에 해당하는 적절한 축의 힘을 제어하는 것이 V 벨트 무단 변속기의 핵심 요소이다.

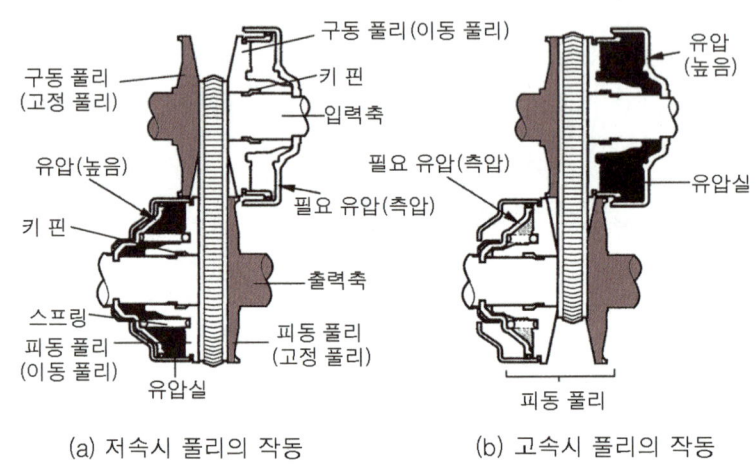

V-벨트 무단 변속기의 구조와 변속 원리

1) 고무 벨트 rubber belt

고무 벨트는 알루미늄 합금 블록(block)의 옆면 즉 변속기 풀리와의 접촉면에 내열수지로 성형되어 있다. 이 고무 벨트는 높은 마찰 계수를 지니고 있으며, 벨트를 누르는 힘(grip force)을 작게 할 수 있다. 고무 벨트 방식은 주로 경형 자동차나 농기계, 소형 지게차, 소형 스쿠터 등에서 사용된다.

또 고무 벨트 방식은 알루미늄 합금 블록에 내열수지가 있어 변속 제어 즉 풀리의 가변을 전동기로 실행할 수밖에 없는 단점이 있다. 높은 마찰 계수는 무단 변속기 전체의 높은 전달 효율과도 밀접한 관계가 있다. 이에 따라 연료소비율은 자동변속기보다는 향상되었으며, 수동변속기와는 비슷한 성능이 확보되었다.

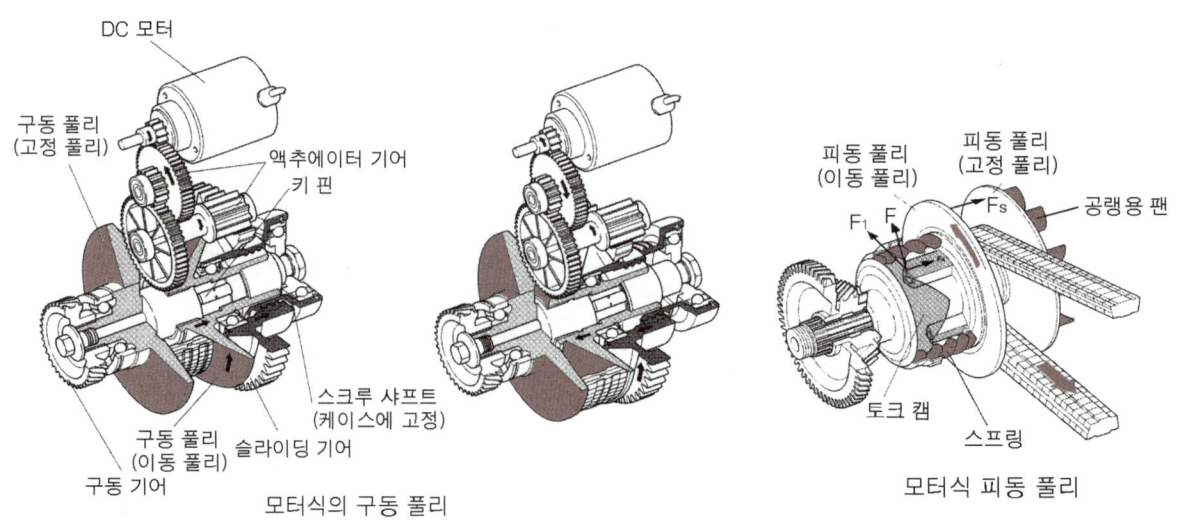

전동 모터식

그러나 고무 벨트 방식은 배기량이 큰 자동차에서는 미끄러짐과 내구성 때문에 사용하기가 어려우며, 또 주기적인 고무 벨트의 교환이 필요하다. 고무 벨트의 동력 전달 특성을 보면 일반 V 벨트 구동 계통에서 널리 사용되는 Ettelwein 공식은 전달 회전력 T와 긴장쪽 장력 T_1, 이완쪽 장력 T_2의 관계를 다음과 같이 정의하고 있다.

$$T = (T_1 - T_2)R \qquad \frac{T_1}{T_2} = \mathrm{EXP}(\mu' \cdot \theta)$$

여기서 μ'는 유효 마찰 계수로 $\mu' = \dfrac{\mu}{\sin(\alpha/2)}$로 정의되며, α는 풀리의 V홈 각도, θ는 벨트와 풀리의 전제 접촉 각도이다. Ettelwein 공식은 간단하기 때문에 일반적인 V 벨트 동력 전달장치에서 널리 사용되고 있지만 다음 사항을 고려하지 않고 있다.

① V 벨트와 풀리의 전체 접촉각도 θ 중 일부만 동력전달이 사용된다. 전체 접촉각도는 비활동 및 활동구간으로 나누어지며, V 벨트와 풀리 사이의 마찰력은 활동구간에만 사용된다.
② V 벨트는 풀리의 V 홈 안으로 파고 들어가기 때문에 마찰력은 풀리의 접선방향과 반지름 방향의 성분을 동시에 고려하여야 한다.
③ V 벨트의 반지름 및 접선방향으로 미끄러지기 때문에 V 벨트의 회전중심은 풀리의 회전중심과 다르다.
④ 마찰 계수 μ는 V 벨트와 풀리 사이의 수직 압력의 함수일 뿐만 아니라 V 벨트와 풀리의 상대 미끄러짐 속도에도 의존한다.
⑤ V 벨트는 벨트의 두께를 무시할 수 없으며, 풀리에 감겨 회전할 때 굽힘 모멘트에 의한 응력이 발생한다.

Ettelwein 공식은 위 사항을 모두 무시하였기 때문에 정확한 부하 회전력 및 변속비와 축의 힘과의 관계를 필요로 하는 V 벨트 무단 변속기에는 그대로 사용할 수 없다.

V 벨트 무단 변속기에서는 주어진 설계의 사양 즉 변속비의 범위, 축간 거리, 벨트와 풀리 사이의 마찰 계수, 풀리의 V홈

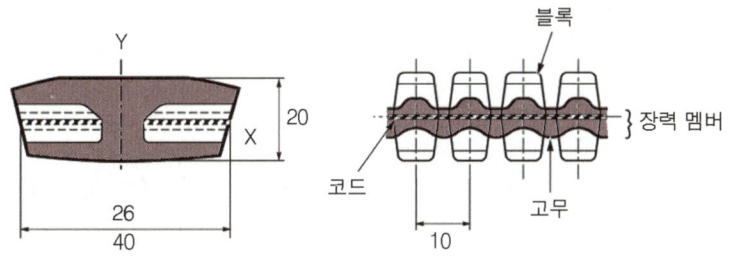

고무 벨트의 구조

각도에 대해 운전영역을 구하여 운전영역 내에서 변속비와 부하 회전력 및 축의 힘에 관한 이론공식을 사용하여야 한다.

2) 금속 벨트 steel belt

금속 벨트는 고무 벨트에 비하여 강도의 면에서 매우 유리하다. 그림은 금속 벨트의 구조를 나타낸 것이다. 금속 벨트는 강철 밴드(steel band)에 금속 블록(steel block)을 배열한 형상으로 되어 있으며, 강철 밴드는 원둘레 길이가 조금씩 다른 0.2mm의 밴드를 10~14개 겹쳐 큰 인장력을 가지면서 유연성이 크게 되어 있다. 평균 두께 3mm의 금속 블록은 핀과 구멍이 있는 구조로 밴드 위에서 서로 힌지(hinge)점을 지니고 밴드와 함께 굽혀질 수 있도록 되어 있다.

그림은 금속 벨트 무단 변속기의 동력 전달 상태를 나타낸 것이다. 금속 벨트 무단 변속기는 금속 벨트와 2개의 풀리로 구성되어 있으며, 풀리의 축간 거리는 고정되어 있고, 고무 벨트 무단 변속기와 같이 이동 풀리에

가해지는 축의 힘에 의해 벨트 회전 피치의 반지름이 변화되면서 무단 변속이 이루어진다.

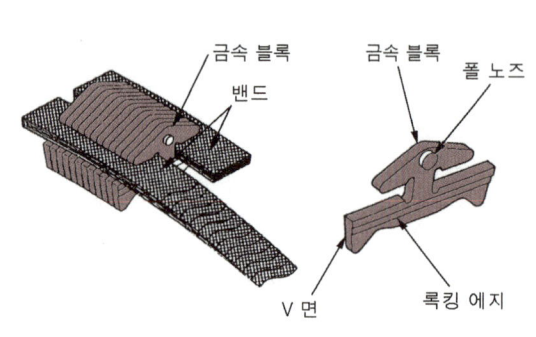

❈❈ 금속 벨트의 구조

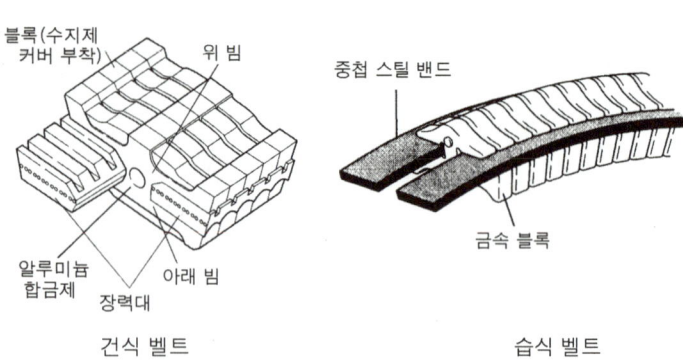

❈❈ 건식과 습식 금속 벨트

운전 중 구동 풀리는 금속 블록과 풀리 사이의 마찰에 의해 블록이 회전하면 블록은 앞쪽의 금속 블록을 밀어 블록과 블록 사이에 압축력이 발생한다. 이 압축력은 블록이 풀리를 회전시킴에 따라 증가하여 진입할 때 P_1에서 진출할 때 P_2로 변화한다.

한편 피동 풀리에서는 금속 벨트 블록이 풀리 사이의 마찰에 의해 풀리를 당겨서 회

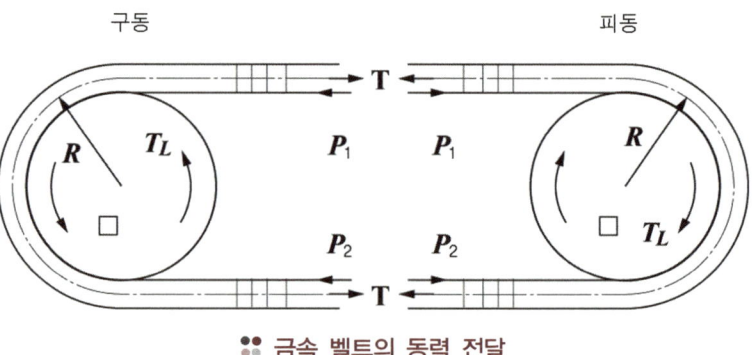

❈❈ 금속 벨트의 동력 전달

전시키며, 이에 따라 블록과 블록 사이의 압축이 감소한다. 압축력은 피동 풀리에 진입할 때 P_2에서 P_1으로 변화한다.

금속 밴드와 금속 블록 사이의 마찰을 무시한다면 밴드의 장력은 운전 중 T로 항상 일정하며, 따라서 주어진 부하 회전력 T_L에 대한 동력 전달 공식은 다음과 같이 표시한다.

$$T_L = (T-P_1)R - (T_2-P_2)R = (P_2-P_1)R$$

위 공식에서 알 수 있듯이 금속 벨트 무단 변속기의 회전력은 금속 블록 압축력의 차이 $P_2 - P_1$에 의해 전달된다. 이것은 고무 벨트 전동에서 회전력이 벨트 장력의 차이 $T_1 - T_2$에 전달되는 것과는 뚜렷한 대조를 이룬다.

금속 벨트 무단 변속기의 구동에 관해서는 스웨덴의 Gerbert의 연구를 제외하고는 자세한 이론적 해석이 거의 발표되지 않은 실정이다. Gerbert의 금속 벨트의 구동 이론은 앞에서 설명한 고무 벨트 이론과 비슷하며, 비선형 미분 방정식으로 표시한다. 금속 벨트 해석을 위해 다음과 같이 가정한다.

① 금속 블록과 밴드의 결합을 연속적인 벨트로 생각한다.
② 금속 블록과 밴드 사이의 마찰력은 무시한다. 즉 밴드는 동력 전달에 관여하지 않는다.
③ 운전 중 밴드의 길이는 일정하다.
④ 풀리와 블록 사이의 전체 접촉각도는 비활동 및 활동구간으로 분류되고, 비활동 구간에서 블록의 압축력은 일정하다.
⑤ 풀리와 블록 사이의 윤활유에 의한 유체 동력학적인 효과는 무시한다.

따라서 금속 벨트 무단 변속기의 동력 전달 특성을 요약하면 다음과 같다.

① **구동 풀리** : 밴드의 장력은 T로 항상 일정하고 구동 풀리와 블록의 전체 접촉각도는 자립작용으로 인하여 비활동 구간이 되어 반지름 방향의 마찰력만 작용한다. 긴장측 벨트 블록의 압축력은 $P_1 = 0$이다.

② **피동 풀리** : 밴드의 장력은 T로 항상 일정하고 구동 풀리와 블록의 전체 접촉각도는 비활동 및 활동구간으로 분류된다. 비활동 구간에서 풀리와 불록 사이에는 마찰력만 작용하고 블록의 압축력은 P_2로 일정하다.

활동구간에서는 접선방향의 마찰력만 작용하며, 블록의 압축력은 P_2에서 $P_1(P_1=0)$으로 변화한다. 피동 풀리 벨트 장력의 관계 공식은 다음과 같다.

$$\frac{T-P_1}{T_{P_2}} = \text{EXP}(\mu \cdot \theta)$$

위 공식은 다음 조건 아래에서만 성립한다.

$$T - P_1 > 0, \ T - P_2 > 0$$

위의 조건은 다음과 같은 의미를 지니고 있다. 밴드의 장력이 블록의 압축력보다 커야 한다는 것이며, 전달 부하 회전력이 증가할수록 블록의 압축력 P_2가 증가하므로 밴드의 장력 T가 P_2보다 크려면 더 큰 축의 힘을 공급하여야 한다는 것을 알 수 있다. 따라서 밴드의 유효 스러스트(thrust) $P_2 - P_1$의 크기는 위 조건에 의한 제한을 받는다.

2 트로이덜 방식 troidal type

트로이덜 방식의 원리는 입력축과 출력축 원판에 하중을 작용시키고 롤러가 회전함에 따라 접촉 반지름이 변화하여 반지름 비에 의해 변속이 된다. 현재의 벨트 구동형 무단 변속기는 구조상 앞바퀴 구동 방식에서 주로 사용하는데 비해 트로이덜 방식은 구조 원리상 뒷바퀴 구동 방식에서 사용할 수 있는 구조를 지녔으므로 주로 뒷바퀴 구동 방식의 자동차에서 사용된다.

또 트로이덜 방식은 넓은 변속 범위 및 높은 효율성과 정숙성을 지니고 있는 장점이 있으나 큰 출력 및 회전력에 대한 강성이 필요하고 변속기의 무게가 무겁고 또 미끄러짐 방지를 위해 특수 오일을 사용하여야 하는 결점이 있다.

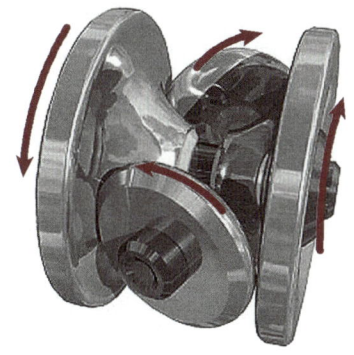

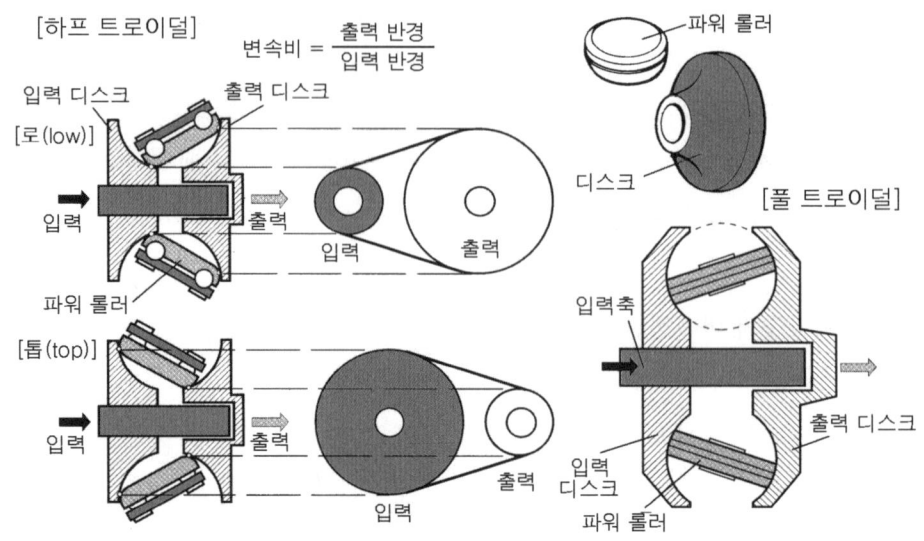

:: 트로이덜 방식의 구조

5 무단 변속기의 구성요소

5-1. 무단 변속기 구성 요소 및 작동

1 토크 컨버터 torque converter

토크 컨버터는 엔진의 동력을 변속기로 전달하는 유체 동역학적 동력 전달장치이며, 현재 대부분의 자동변속기에서 이용하고 있는 매우 중요한 장치이다. 특히 무단 변속기용 토크 컨버터는 일반 자동변속기의 주요 구성부품을 공용하고 있으나 록업 클러치의 강성화와 정숙성 확보, 록업 영역의 확대로 낮은 연료소비율 실현 및 출발 성능을 향상시켰다. 그림은 무단 변속기에서 사용하고 있는 토크 컨버터의 특성을 나타낸 그래프이다.

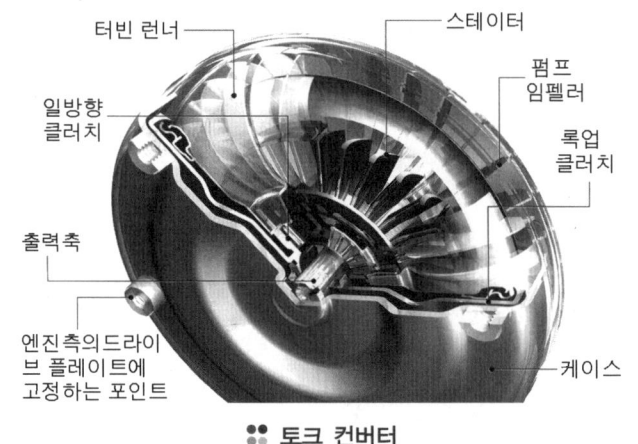

:: 토크 컨버터   :: 토크 컨버터 성능 곡선

먼저 토크 컨버터의 성능 표시는 임펠러(impeller)와 터빈(turbine) 사이의 속도 비율을 정의하여 이것을 매개로 성능 특성을 표시한다. 속도 비율은 다음과 같이 정의한다.

$$e = \frac{No}{Ni}$$

여기서, e : 속도 비율
No : 출력 회전속도(rpm)
Ni : 입력 회전속도(rpm)

그리고 출력 속도가 0인 경우를 스톨(stall) 상태라 하며, 브레이크 페달을 밟은 상태에서 엔진을 구동할 때의 경우에 해당된다. 그리고 토크 컨버터는 회전력의 증대 기능이 있기 때문에 이 특성을 나타내기 위해서는 임펠러의 회전력과 터빈의 회전력 비율 즉, 회전력 비율을 정의하여야 한다.

$$Tr = \frac{To}{Ti}$$

여기서, Tr : 회전력 비율
To : 출력 회전력(kgf·m)
Ti : 입력 회전력(kgf·m)

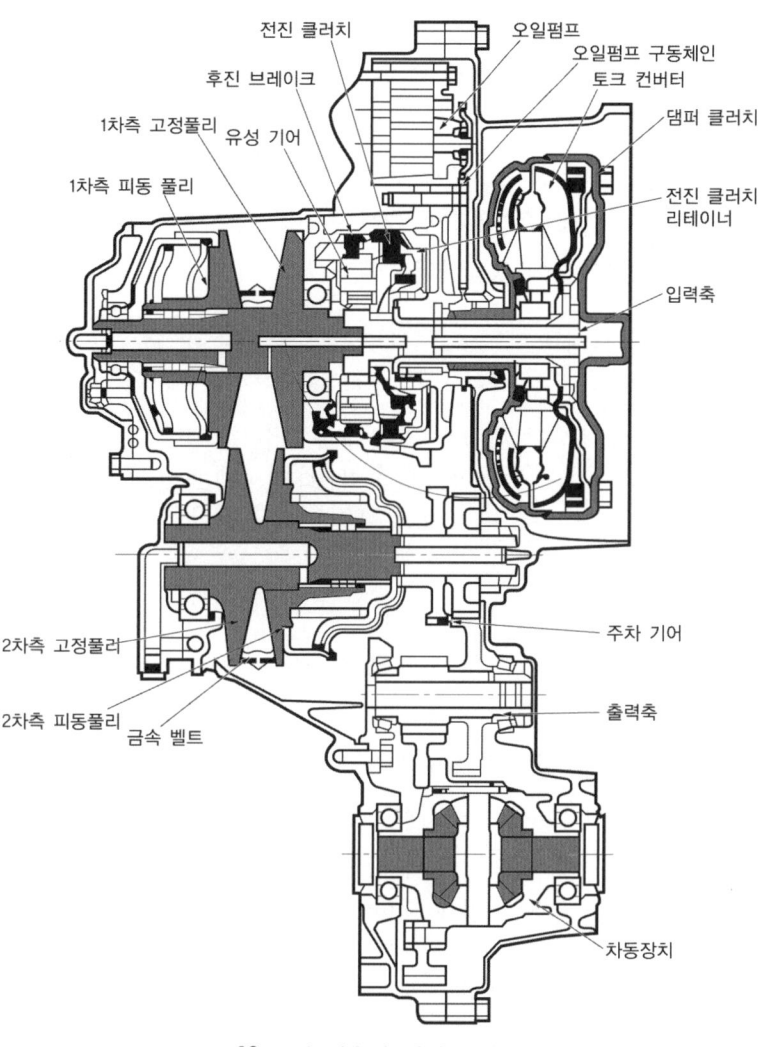

∷ 무단 변속기 전체 구성도

그림의 토크 컨버터 성능 곡선에 나타낸 바와 같이 회전력 비율은 스톨 상태에서 가장 크게 나타나고, 속도 비율이 증가할수록 감속한다. 그리고 속도 비율이 약 0.85~0.88 부근에 이르면 회전력 비율은 대략 1이 된다. 따라서 회전력 비율이 1보다 큰 속도 비율 영역은 회전력 증대 구간이 되고, 회전력 비율이 1 이하인 영역은 커플링(coupling)구간이 된다. 그리고 토크 컨버터의 효율은 입력되는 동력과 출력되는 동력의 비율로 표시할 수 있다. 따라서 토크 컨버터에서는 속도 비율과 회전력 비율만 알면 효율을 쉽게 계산할 수 있다. 일반적으로 회전력 증대 영역에서 효율은 속도 비율 0.6~0.8인 구간에서 가장 높고, 커플링 구간에서는 속도 비율에 따라 일정하게 증가한다. 토크 컨버터의 성능 특성을 가장 잘 나타낸 것으로 입력 용량 계수(input capacity factor)가 있다.

입력 용량 계수는 토크 컨버터의 형상 즉, 원형 단면의 크기 및 형상, 블레이드(blade) 각도 등에 의해 결정되며, 그 값은 임펠러와 터빈의 속도 비율에 따라 변화한다. 입력 용량 계수는 다음과 같이 정의한다.

$$Ci = \frac{Ti}{Ni^2}$$

여기서, Ci : 입력 용량 계수 Ti : 입력 회전력(kgf·m) Ni : 입력 회전속도(rpm)

따라서 입력 용량 계수의 단위는 $kg_f \cdot m/rpm^2$이다. 어떤 토크 컨버터의 입력 용량 계수를 알면 임의의 입력 조건에 대해 출력 회전력과 회전속도를 계산할 수 있다. 입력 용량 계수의 값은 속도 비율에 따라서 감소하는 것을 알 수 있다.

따라서 입력 용량 계수를 알면 출력 용량 계수도 정의할 수 있는데 출력 용량 계수는 자동차의 연료소비율을 계산할 때 임의의 주행조건에 대한 엔진의 작동 회전속도와 회전력을 계산하는데 필요하기도 하다. 출력 용량 계수는 다음과 같이 정의한다.

$$Co = \frac{Ti}{Ni^2} = \frac{Tr \times Ti}{(e \times Ni)^2} = \frac{Tr}{e^2}$$

여기서, Co : 출력 용량 계수 Ti : 입력 회전력(kgf·m)
Ni : 입력 회전속도(rpm) Tr : 회전력 비율
e : 속도 비율

따라서 임의의 점에서 입력 용량 계수를 알면 그 점에서의 속도 비율과 회전력 비율을 이용하여, 출력 용량 계수를 계산할 수 있으며, 필요에 따라서는 토크 컨버터 성능 곡선에 그려 놓을 수도 있다. 입력 용량 계수의 결정 요건은 다음과 같다.

① 스톨 회전속도가 1,800~2,000rpm 범위 내에서 스톨 회전속도가 이보다 낮아지면 공전상태에서 엔진의 회전속도가 낮아지게 되어 안정성이 결여된다.

② 엔진 성능 곡선과 스톨 상태에서의 입력 용량 계수 곡선과의 교차점이 엔진의 최대 회전력 부근에서 일어나야 한다. 이렇게 되어야만 구동력이 커져 등판 능력과 출발 성능이 향상된다.

2 오일 펌프 oil pump

오일 펌프는 토크 컨버터 바로 뒷부분이나 변속기 케이스의 맨 뒤쪽에 설치되며, 어떤 경우에는 밸브 보디(valve body) 내에 설치하기도 한다. 오일 펌프는 항상 엔진에 의해 구동되는데 토크 컨버터의 뒤쪽에 설치하는 경우에는 토크 컨버터의 펌프 커버 허브에 의해 구동되며, 변속기 뒤쪽이나 밸브 보디에 설치할 경우에는 토크 컨버터 커버와 연결된 별도의 오일 펌프 구동축에 의해 구동된다.

오일 팬으로부터 흡입되는 오일은 반드시 오일 필터를 거쳐 불순물이 여과되도록 되어 있으며, 배출 압력은 유압제어 장치와 연결되어 있어 엔진의 회전속도와 관계없이 일정하게 유지된다. 오일 펌프의 종류와 그 특징은 다음과 같다.

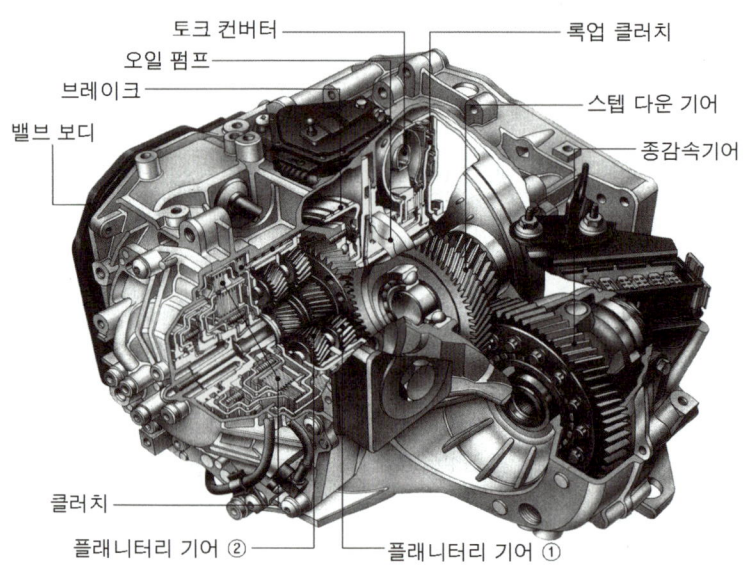

∷ 오일 펌프 설치 위치

1) 베인 펌프 vane pump

베인 펌프는 원형 실린더 모양의 공간이 회전중심과 약간 어긋나게(편심) 가공되어 있는 펌프 보디(pump body, cam ring)와 이를 덮고 있는 커버로 구성되어 있다. 이 펌프는 전반적으로 우수한 성능을 지니고 있으며, 가변 용량형으로 사용하기가 매우 편리하지만 구조가 복잡하고 부품수가 많기 때문에 값이 비싸다.

또한 가변 용량형으로 사용할 때 다른 오일 펌프에 비해 소음이 크고, 배출 압력을 안정적으로 제어하기 어려운 것으로 알려져 있다. 주로 동력조향장치의 오일 펌프로 사용된다.

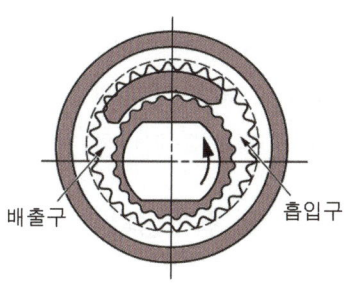

∷ 베인 펌프의 구조

2) 내접 기어 펌프 internal gear pump

자동변속기에서 가장 많이 사용되는 오일 펌프이며, 한 쌍의 기어로 구성되어 있는데 내부에 배치되는 작은 안쪽 기어와 이를 감싸고 회전하는 바깥쪽 기어로 되어 있다. 안쪽 기어는 통상 엔진에 의해 구동되는 축에 의해 회전한다. 안쪽 기어에 어긋나게 설치된 바깥쪽 기어는 펌프 하우징 안에 설치되고 펌프 커버에 의해 밀봉된다.

안쪽 기어는 오일 펌프 구동축에 의해 지지되며, 특징은 구조가 간단하고, 부품수도 적어 설계하기가 쉽고, 값도 싸다. 그리고 배출 압력이 안정적이다. 그러나 크레센트(crescent)의 정밀한 가공이 어려운 단점이 있다.

∷ 내접 기어 펌프의 구조

3) 로터리 펌프 또는 트로코이드 펌프 rotary pump or trochoid pump

로터리 펌프는 내접 기어 펌프와 비슷한 모양을 지니고 있으나 기어 이의 모양이 다르고, 크레센트가 없다. 안쪽 로터(inner rotor)는 바깥쪽 로터(outer rotor)보다 이가 1개 적으며, 이의 높이는 두 기어 사이의 편심량의 2배와 같다.

로터를 설계할 때에는 두 기어가 완전히 물리는 점의 반대편에서 두 기어의 물림이 완전히 물리도록 하여야 한다. 일반적으로 안쪽 로터가 구동 쪽이 된다. 특징은 구조가 간단하므로 제작이 쉬우나 배출 압력이 다소 불안정한 것으로 알려져 있다.

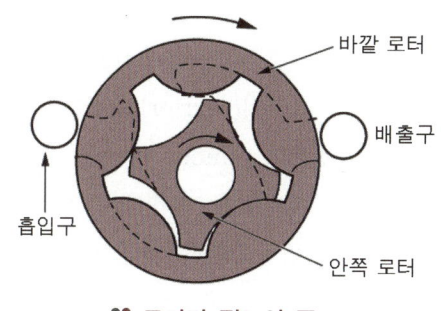

∷ 로터리 펌프의 구조

4) 외접 기어 펌프 external gear pump

외접 기어 펌프도 내접 기어 펌프와 마찬가지로 2개의 기어를 사용하는데 차이점은 두 기어가 서로 다른 회전 중심을 기준으로 물리며, 크레센트가 없다. 이 모양은 인벌류트(involute) 치형을 사용하며, 펌프 보디와 이 끝 부분 사이에는 매우 작은 틈새가 유지된다.

흡입 구멍으로 흡입된 오일은 기어 틈새와 펌프 보디 사이의 공간에 채워져 배출 구멍 쪽으로 이송된다. 흡입 구멍과 배출 구멍 사이에는 기어 이의 접촉에 의해 밀봉되며, 펌프의 구동은 두 기어 중 1개를 통해 이루어진다. 무단 변속기용으로 사용되는 외접 기어 펌프는 무단 변속기

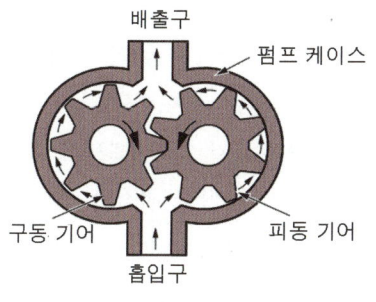

∷ 외접 기어 펌프의 구조

특성상 미끄러짐이 발생할 때 벨트 및 풀리에 치명적인 영향을 주게 되므로 기존 자동변속기용 오일 펌프보다 높은 압력이 요구된다.

또 이 펌프는 설치상의 제약이 있어 체인을 통해 구동되거나 일부 자동변속기에서는 밸브 보디 내에 설치하기도 한다. 특징은 흡입 구멍과 배출 구멍 사이 거리가 짧은데 비해 실(seal) 면이 길기 때문에 오일 펌프 중 효율이 가장 좋다. 그리고 다른 오일 펌프에 비해 소음도 낮은 수준이나 구조상 다른 펌프에 비해 공간을 크게 차지한다.

3 무단 변속기용 오일

오일은 점도가 낮아지면(높은 온도일 때) 제어 밸브, 클러치나 브레이크의 피스톤, 실(seal) 등으로부터 오일의 누출이 증대되어 유압이 낮아지는 원인이 되므로 정밀한 제어가 어렵다. 그리고 유성이 저하되므로 마모가 증가하고 오일의 온도도 높아진다. 따라서 펌프 효율도 낮아진다.

반대로 점도가 높이지면(낮은 오도일 때) 내부 마찰, 유동 저항 등에 의한 온도 상승과 동력 손실을 피할 수 없게 된다. 그리고 제어 밸브 등의 작동이 원활하지 못하여 변속의 불량을 유발하기도 한다. 오일은 점도지수가 높아 온도 변화에 따른 점도 변화가 적어야 한다.

4 전진 및 후진장치

무단 변속기의 변속은 가변 풀리와 벨트에 의해 결정되므로 별도의 변속장치가 필요 없다. 그러나 무단 변속기 역시 후진을 하여야 하기 때문에 후진을 위한 별도의 전·후진 장치가 필요하다. 전·후진 장치는 유성기어를 사용하며, 유성기어의 구성은 선 기어(sun gear), 링 기어(ring gear), 캐리어(carrier)로 되어 있으며, 더블 피니언(double pinion) 방식을 사용한다.

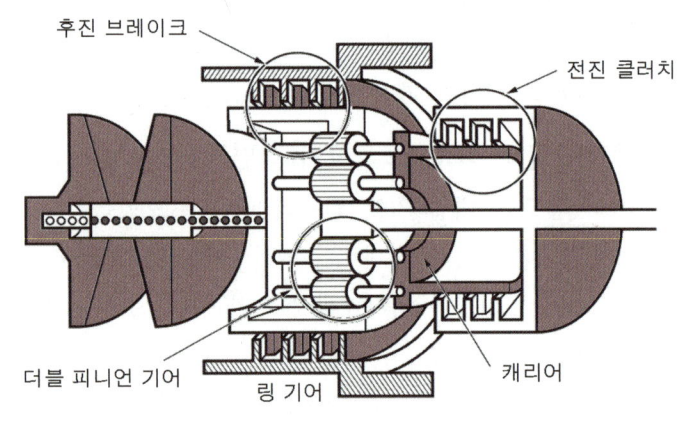

전·후진장치의 구성

더블 피니언은 전진에서 후진으로 동력을 변환할 때 회전방향을 바꾸기 위한 장치이다. 그리고 유성기어를 제어하기 위한 별도의 클러치와 브레이크가 필요하며, 전진에서 캐리어를 직접 구동하기 위한 전진 클러치 1세트와 후진할 때 링 기어 케이스를 고정하기 위한 후진 브레이크 1세트가 설치되어 있다.

1) 전진할 때의 작동

전진할 때 동력 전달의 경로는 엔진 → 토크 컨버터 → 입력축 → 전진 클러치 리테이너 → 전진 클러치 허브 → 캐리어 → 1차 풀리 순서이며, 정지상태에서는 엔진의 동력이 터빈을 통해 입력축으로 전달되어 회전한다. 입력축에는 스프라인(spline)을 통해 전진 클러치의 리테이너(retainer)가 조립되어 있어 회전을 하지만 유압이 작용하지 않기 때문에 허브(hub)는 회전하지 않는다.

이때 전진 위치로 변속을 하면 전진 클러치에 유압이 작용하며, 회전하고 있는 전진 클러치의 리테이너 동력은 허브로 전달되고, 허브는 유성기어 캐리어로 전달된다. 한편 캐리어는 입력 요소인 동시에 출력 요소로 되어 있기 때문에 1 : 1의 상태 즉 직결 상태로 1차 풀리에 전달이 되어 1차 풀리가 회전한다.

이때 선 기어도 회전을 하고 있으나 캐리어와 같은 축에서 같은 속도로 회전하므로 동력 전달에는 아무런 영향을 미치지 않는다.

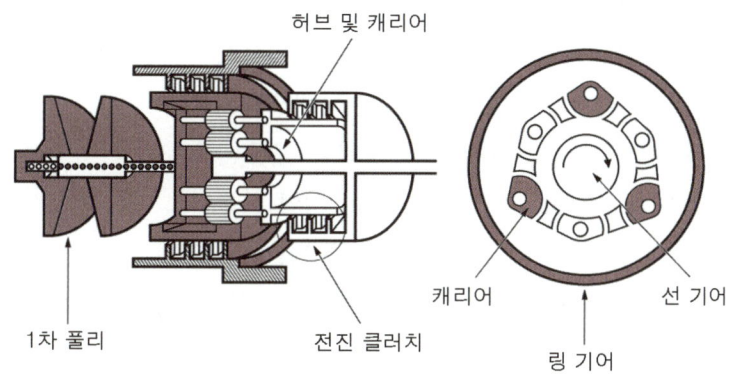

∷ 전진할 때의 동력 전달 경로

2) 후진할 때의 작동

후진할 때 동력 전달의 경로는 엔진 → 토크 컨버터 → 입력축 → 선 기어 → 더블 피니언(후진 브레이크에 의해 케이스에 고정) → 링 기어 → 캐리어 → 1차 풀리 순서이며, 정지 상태에서는 엔진의 동력이 터빈을 통해 입력축에 전달되어 회전한다.

입력축 위에는 선 기어가 일체로 가공되어 회전하고 있으며, 선 기어는 더블 피니언과 맞물려 있기 때문에 서로 역회전을 하여 링 기어로 전달된다. 그러나 출력 요소인 캐리어가 회전을 하지 않기 때문에 동력은 출력되지 않는다.

이때 후진 위치로 변속을 하면 유압이 후진 브레이크에 작용하게 되어 회전하고 있는 링 기어를 변속기 케이스에 고정하게 되고, 선 기어로부터 들어온 동력을 역회전시켜 1차 풀리로 전달하여 후진한다. 후진에서는 선 기어가 구동 기어가 되고, 링 기어가 고정 요소로 되어 감속이 발생한다.

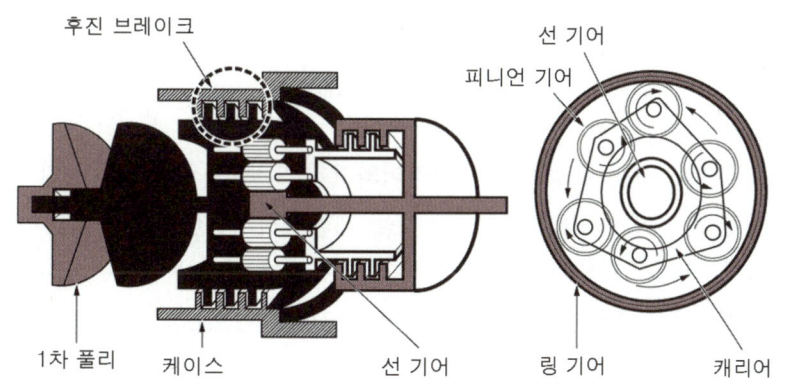

∷ 후진할 때의 동력전달 경로

5 가변 풀리

무단 변속기에서 변속비가 제어되는 부분은 풀리이다. 즉, 지름이 다른 2개의 풀리가 벨트를 통해 서로 연결되어 있으며, 각 풀리에는 벨트가 설치되어 지름을 변경할 수 있도록 되어 있다. 풀리의 지름 변경은 그림에 나타낸 바와 같이 1차 풀리 피스톤과 2차 풀리 피스톤에 의해 변경할 수 있도록 되어 있다. 각 풀리 장치 즉 구동과 피동 풀리는 고정 및 이동 시브(sheave)로 구성되어 있다.

고정 시브와 이동 시브 사이에는 볼 스플라인(ball spline)을 사용하여 축 방향으로의 이동은 자유로우나 회전운동이 제한을 받는다. 이동 시브가 축 방향으로 이동함에 따라 벨트의 접촉 반지름이 바뀌며, 이에 따라 풀리비가 변화된다. 벨트의 압착력을 발생시키는 유압실은 피스톤, 이동 시브 및 풀리 커버로 구성되어 있다.

유입실에 작용하는 유압은 유압장치에 의해 제어되는 정압 요소와 피스톤 작용에 의해 발생되는 원심 유압 요소로 구분된다. 특히 피동 풀리가 고속으로 회전하는 경우 원심 유압은 벨트 제어 성능에 영향을 미칠 정도로 크기 때문에 원심 유압을 상쇄시키기 위해 반대 방향의 원심 유압을 발생시키는 유압실을 설치한다.

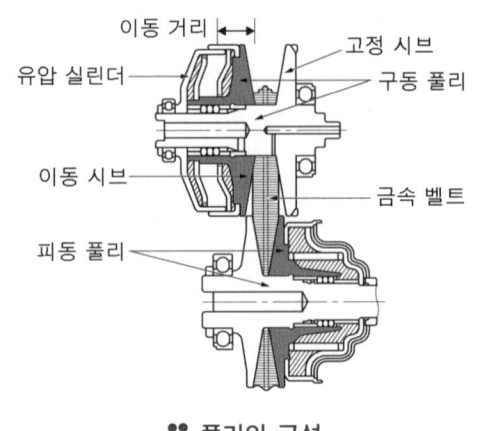

∷ 풀리의 구성

1) 1차 풀리(구동 풀리)

1차 풀리는 그림에 나타낸 바와 같이 더블 피스톤(double piston)을 사용한다. 이것은 1차 풀리의 역할이 구동 중 기어비의 제어와 관련이 있음을 의미한다. 저속으로 운행 중인 자동차를 고속으로 변속하기 위해서는 1차 풀리의 유압실에 유압을 가하게 되는데 이때 벨트는 가장 안쪽에 위치하고 있다가 바깥쪽으로 이동을 한다. 이때 벨트가 위치해 있는 풀리의 지름비가 곧 변속비가 된다.

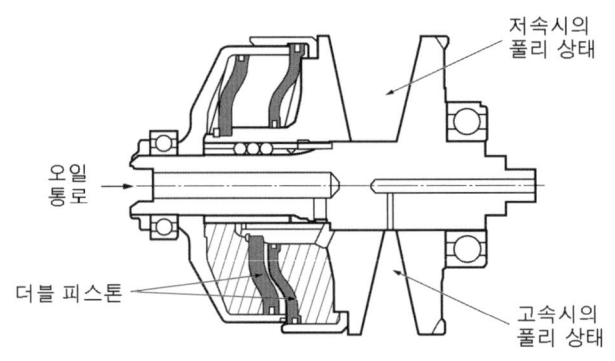

∷ 1차 풀리의 내부구조

구성은 고정 풀리의 끝 부분에는 유성기어의 캐리어와 결합되도록 스플라인이 가공되어 있으며, 이동 풀리는 축 방향의 이동을 원활히 하면서 회전방향의 이동을 제한하기 위한 볼 스플라인이 3개씩 120°의 간격으로 3군데 총 9개가 설치되어 있다. 이 볼은 매우 정밀성을 요구하기 때문에 함부로 분해를 해서는 안 되며, 분해 하였다가 다시 사용할 경우에는 유압 계통에 문제를 일으킬 수 있으므로 신중을 기해야 한다.

2) 2차 풀리(피동 풀리)

2차 풀리의 내부 구조 및 원리는 1차 풀리와 거의 비슷하지만 역할이 다르기 때문에 일부 구조는 차이가 있다. 1차 풀리는 변속비 제어가 주 역할이었다면 2차 풀리는 벨트의 장력 제어가 주 역할이다. 즉 1차 풀리와 항상 연동하여 작동하지만 벨트의 장력 상태에 따라 유압을 적절하게 제어한다. 그리고 피스톤 유압실 내부에는 리턴 스프링이 설치되어 있으며, 리턴 스프링은 엔진의 작동을

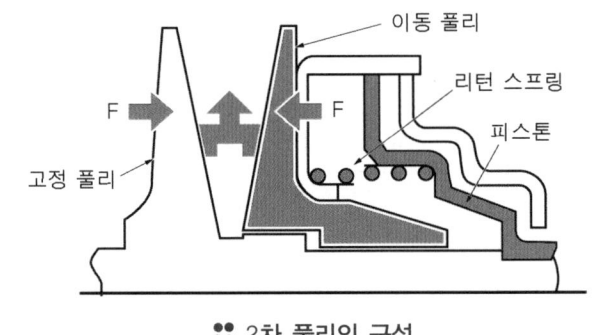

∷ 2차 풀리의 구성

정지하여 유압이 작용하지 않을 때 벨트의 긴장감을 유지시키기 위한 안전장치이다. 그밖에 고정 시브와 이동 시브로 구성되어 있으며, 이동 시브의 원활한 축 방향 이동 및 회전방향으로의 회전을 억제하기 위한 볼 스플라인이 3개씩 120° 간격으로 3군데 설치되어 있다.

3) 저속 주행에서의 작동

그림은 저속 주행 및 출발할 경우이다. 저속 주행 및 출발할 때 1차 풀리는 최대한 벌어지기 때문에 벨트는 가장 안쪽으로 들어가게 되어 1차 풀리 축 중심에서 반지름이 가장 작아지고 2차 풀리는 최대한 좁혀져 벨트가 가장 바깥쪽으로 가게 되어 2차 풀리 중심에서 반지름이 가장 커진다. 이것은 수동변속기의 작은 기어가 큰 기어를 구동하는 원리와 같다.

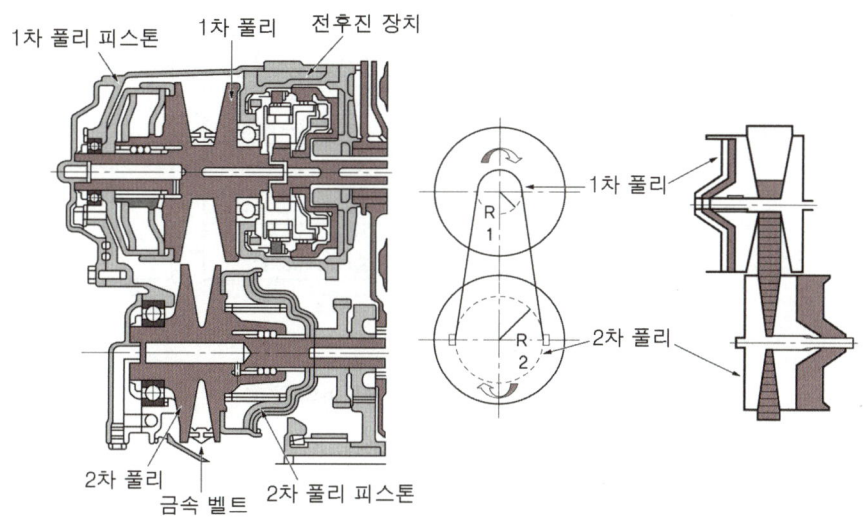

∷ 저속 주행에서의 풀리 변화

4) 고속 주행에서의 작동

그림은 고속으로 주행하는 경우이다. 고속 주행에서는 1차 풀리는 최대한 좁혀지기 때문에 벨트가 가장 바깥쪽으로 가게 되어 1차 풀리의 중심에서 반지름이 가장 크게 되고 2차 풀리는 최대한 벌어져 벨트가 가장 안쪽으로 들어가게 되어 2차 풀리 축 중심에서 반지름이 가장 작아진다. 이것은 수동변속기의 큰 기어가 작은 기어를 구동하는 원리와 같다.

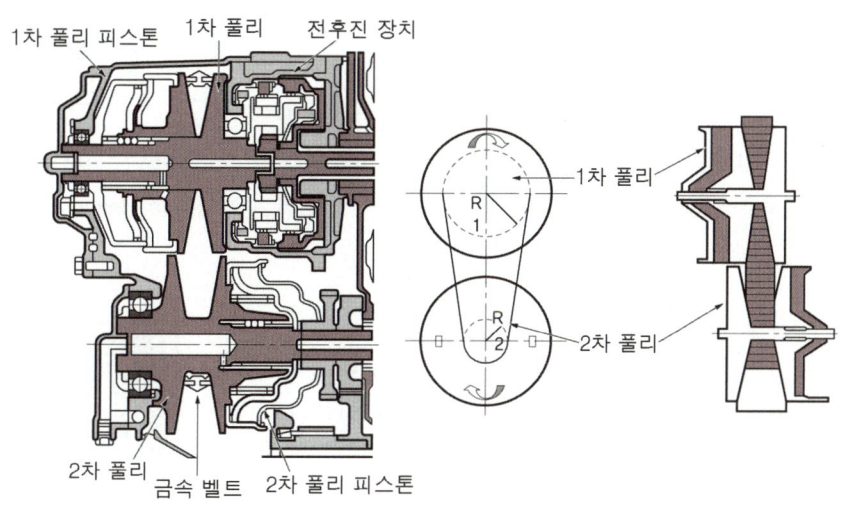

∷ 고속 주행에서의 풀리 변화

5-2. 무단 변속기 전자제어

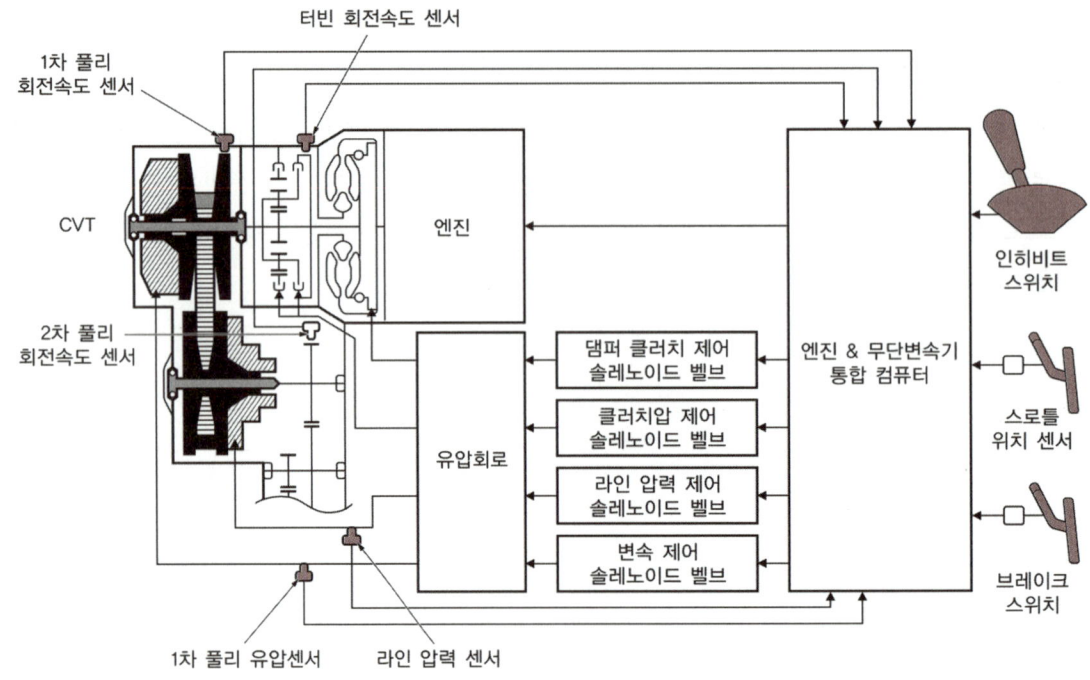

∷ 무단 변속기 전자제어의 구성

1 각종 센서의 구성 및 작동원리

1) 듀티 솔레노이드 밸브 duty solenoid valve

기존의 자동변속기용 보다 솔레노이드 밸브의 기준 유압을 낮추어 소형으로 하기 때문에 제작 비용이 싸며, 소음이 작다. 또 소형화에 의해서 작동 부분의 무게가 가벼워져 작동 부분에 작용하는 전자력, 스프링 장력도 작아지므로 자동으로 변속할 때의 에너지를 낮게 하고 내구성도 높일 수 있다.

무단 변속기용 솔레노이드 밸브 종류에는 댐퍼 클러치 제어 솔레노이드 밸브(DCCSV ; Damper Clutch Control Solenoid Valve), 라인 압력 제어 솔레노이드 밸브(LPCSV ; Line Pressure Control Solenoid Valve), 클러치 압력 제어 솔레노이드 밸브(CPCSV ; Clutch Pressure Control Solenoid Valve), 변속 제어 솔레노이드 밸브(SCSV ; Shift Control Solenoid Valve) 등이 있다.

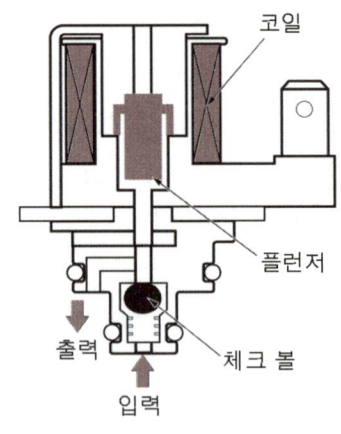

∷ 솔레노이드 밸브의 구조

2) 오일 온도 센서 oil temperature sensor

무단 변속기의 오일 온도를 부특성 서미스터로 검출하여 댐퍼 클러치 작동 및 미작동 영역을 검출하고 변속할 때 유압 제어 정보로 이용한다.

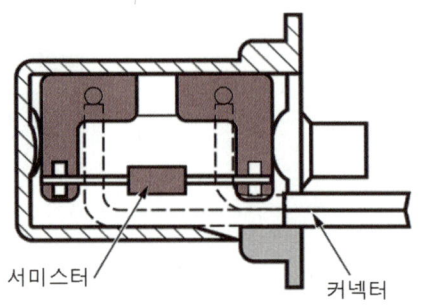

∷ 오일 온도 센서의 구조

3) 유압 센서 oil pressure sensor

유압 센서는 라인 압력(2차 풀리의 유압) 검출용과 1차 풀리의 유압 검출용 2개가 설치된다. 유압 센서는 물리량인 유압을 전기량인 전압 또는 전류로 변화하는 것을 이용한 것으로 무단 변속기에서 사용하는 유압 센서는 전압을 이용하는 방식이다.

4) 회전 속도 센서

회전속도 센서의 형식은 홀 센서(hall sensor)를 사용하며, 종류에는 터빈 회전속도 센서, 1차 풀리 회전속도 센서, 2차 풀리 회전속도 센서 등 3가지가 있으며, 터빈 회전속도를 제외하고 모두 공용화가 가능하다.

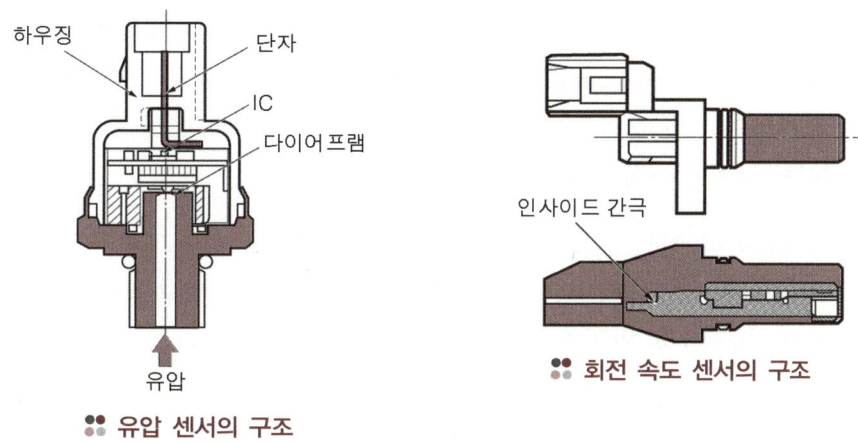

유압 센서의 구조 　　　회전 속도 센서의 구조

2 유압 제어 장치

유압 제어 장치는 유압을 발생하는 오일 펌프, 무단 변속기 컴퓨터의 전기 신호를 받아 유압을 제어하는 솔레노이드 밸브, 솔레노이드 밸브에서의 제어 압력을 기초로 작동하는 각종 제어 밸브 및 라인 압력을 일정한 유압으로 제어하는 레귤레이터 밸브(regulator valve)와 이들을 구성하고 있는 밸브 보디 등으로 구성되어 있다. 무단 변속기 컴퓨터는 각종 센서의 정보에서 신호를 받아 4개의 솔레노이드 밸브를 최적으로 조건으로 자동차가 주행할 수 있도록 제어한다.

1) 라인 압력 제어 line pressure control

무단 변속기는 벨트의 장력과 마찰력에 의해 회전력이 전달되기 때문에 벨트와 풀리 사이에 미끄럼이 없도록 동력을 원활히 전달하기 위하여 풀리에 작용하는 유압이 매우 높아야 하며, 일반적으로 20~30bar 정도이다.

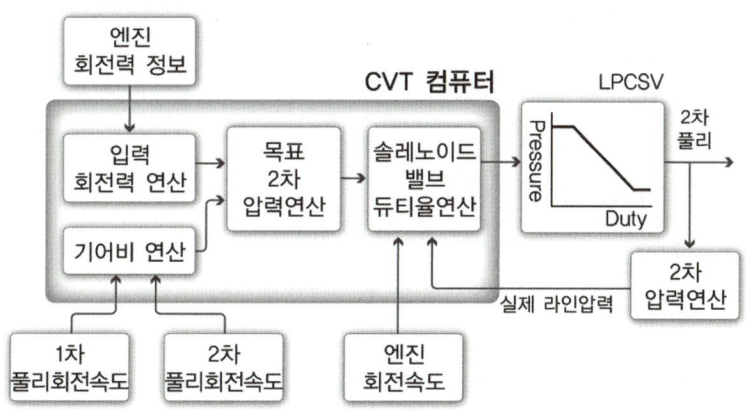

라인 압력 제어 장치의 구성

또 항상 높은 라인 압력을 유지하기 위해서는 오일 펌프의 구동력이 커지므로 효율을 높이기 위해서는 전달되는 회전력의 크기에 비례하는 적절한 라인 압력을 제어할 필요성이 있다. 따라서 라인 압력 제어장치는 자동 변속기보다 훨씬 높은 유압 제어와 수시로 입력되는 회전력에 대해 라인 압력을 신속·정확하게 가변 제어시킬 필요가 있다.

즉, 2차 풀리에 라인 압력을 직접 작용시켜 벨트의 장력과 마찰력을 확보하는 제어를 한다. 이와 같이 엔진의 회전속도나 스로틀 밸브 열림 정도 신호 및 토크 컨버터의 특성 등에 근거하여 입력되는 회전력을 추정하여 최대한의 회전력 용량(벨트 마찰력)을 확보하기 위해 2차 풀리의 유압실 유압을 솔레노이드 밸브로 제어한다.

또 유압 센서의 신호에 의해 목표 유압과 유압실의 유압을 일치시키기 위해 피드백 제어를 실행하고 라인 압력의 편차를 감소시켜 제어 성능을 향상시킨다. 이와 같이 입력에 대해서 최적의 라인 압력을 제어하는 것에 의해 연료소비율을 향상시킬 수 있다. 그리고 무단 변속기 컴퓨터는 기어비에 따른 벨트의 장력 상태를 연산하여 이에 가장 적합한 벨트의 장력 상태를 유지하도록 라인 압력 제어 솔레노이드 밸브를 듀티 제어하여 밸브 보디에 있는 레귤레이터 밸브를 작동시켜 전체 라인 압력을 제어한다.

2) 변속비 제어 shift ratio control

무단 변속기는 두 풀리 사이의 지름 변화에 따라 변속비가 얻어지므로 변속을 하기 위해서는 반드시 풀리의 이동 시브가 축 방향으로 이동을 하여야 한다. 풀리의 이동은 풀리에 작용하는 유량에 의해 이루어지는데 비교적 넓은 면적의 풀리 피스톤이 원하는 변속비 위치로 신속히 이동하기 위해서는 매우 큰 순간적인 유량을 필요로 한다. 변속비 제어는 이와 같이 1차 풀리가 신속하게 이동하기 위해 필요한 유압과 유량을 제공한다.

즉, 변속 제어 방식은 라인 압력(벨트 마찰력)과 평형을 이루면서 변속을 실행하는 방법으로 비례 제어 솔레노이드 밸브와 유량 제어 방식의 변속 제어 솔레노이드 밸브를 사용하며, 무단 변속기 컴퓨터로부터의 명령에 대응하여 변속을 실행한다.

리프트 풋 업(lift foot up)상황이나 킥다운(kick down)과 같이 급격한 변속 상황에 대처하기 위해 유량 제어 밸브를 사용한다. 예를 들어 다운 시프트(down shift, 하향 변속)의 경우에는 비례 제어 솔레노이드 밸브의 유압 신호를 받아 변속 제어 밸브가 배출 구멍이 열리는 방향으로 이동을 하고, 1차 풀리 유압실의 유압은 배출 구멍을 통해서 배출되어 유압이 낮아진다.

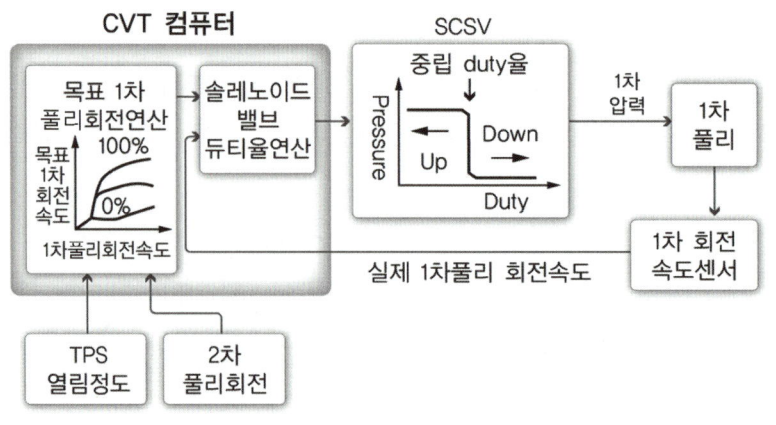

∷ 변속비 제어 장치의 구성

업 시프트(up shift, 상향 변속)의 경우에는 변속 제어 밸브가 비례 제어 솔레노이드 밸브의 신호 압력에 연동하여 라인 압력 공급구멍 쪽으로 이동하고 1차 풀리 유압실의 유압이 라인 압력과 평형을 이루도록 증가하는 것에 의해 풀리가 이동하여 업 시프트가 된다.

변속비 제어장치의 구성 그림과 같이 무단 변속기 컴퓨터는 스로틀 밸브의 열림 정도와 2차 풀리 회전속도에 따른 목표 변속비와 실제 변속비를 일치시켜 피드백 제어를 실행한다.

한편 운전자 성향에 따른 제어 및 도로 상황에 따른 제어를 위해 목표로 하는 1차 풀리의 회전속도를 연산하여 이에 맞는 1차 풀리 회전속도를 제어한다. 즉 스포티(sporty)한 운전을 즐기는 운전자는 목표하는 1차 풀리의 회전속도를 현재보다 높이고, 점잖은(gentle) 운전을 즐기는 운전자는 목표로 하는 1차 풀리 회전속도를 현재보다 낮춘다.

3) 댐퍼(또는 록업) 클러치 제어 damper clutch or lock up clutch control

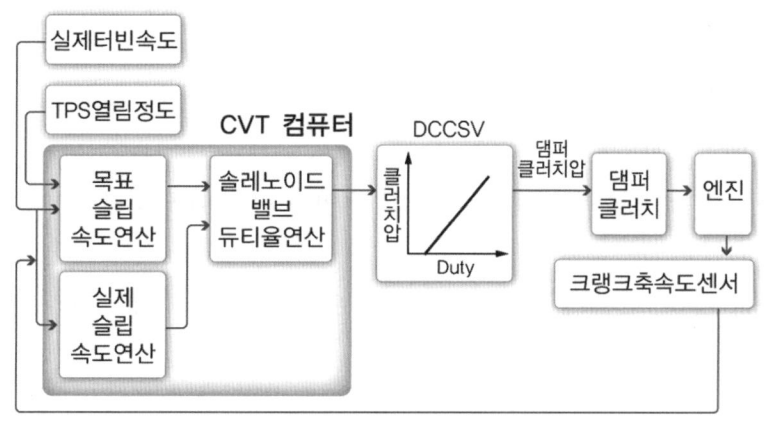

∷ 댐퍼 클러치 제어 장치의 구성

토크 컨버터의 댐퍼 클러치 제어는 자동변속기와 비슷하나 다만 토크 컨버터의 댐퍼 클러치 속도비 0.7 정도에서 자동변속기보다 다소 빠르게 이루어진다. 이것을 무단 변속기의 변속비 폭이 자동변속기보다 넓기 때문에 댐퍼 클러치를 일찍 작동시켜도 출발 성능에는 문제가 없기 때문이며, 그리고 연료소비율을 조금이라도 향상시키기 위해서는 토크 컨버터의 댐퍼 클러치를 일찍 작동시키는 것이 유리하다.

4) 클러치 압력 제어 clutch pressure control

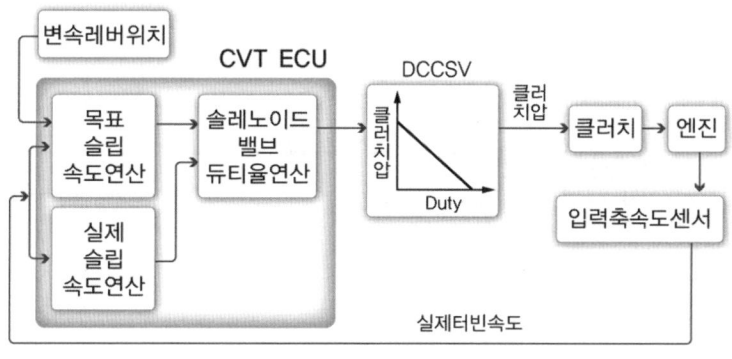

∷ 클러치 압력 제어 장치의 구성

변속 레버의 N → D, N → R로 조작할 때 충격 제어를 위해 클러치, 브레이크의 유압을 제어한다. 이때 전진 클러치 및 후진 브레이크의 유압 제어는 1개의 솔레노이드 밸브로 하며, 운전자의 변속 레버 조작에 따라 전·후진이 결정된다. 또 솔레노이드 밸브 이외에 어큐뮬레이터에 의해 기계적인 유압 제어도 병행한다.

5) 솔레노이드 밸브의 기능

① **라인 압력 제어 솔레노이드 밸브** : 레귤레이터 밸브의 작동을 제어하여 2차 풀리의 유압 및 전체 라인의 압력을 제어한다.

② **변속비 제어 솔레노이드 밸브** : 변속 제어 밸브의 작동을 제어하고 1차 풀리의 유압을 제어하여 변속비를 제어한다.

③ **클러치 압력 제어 솔레노이드 밸브** : 클러치 압력 제어 밸브를 제어하여 전진 클러치 및 후진 브레이크의 유압을 제어한다.

④ **댐퍼 클러치 제어 솔레노이드 밸브** : 댐퍼 클러치 제어 밸브를 제어하여 비직결, 미끄러짐 직결, 직결 상태를 제어한다.

6) 제어 밸브의 기능

① **레귤레이터 밸브** : 주행 조건에 따른 적절한 라인 압력을 라인 압력 제어 솔레노이드 밸브의 제어에 따라 제어된다.

② **변속 제어 밸브** : 변속비 제어를 위해 1차 풀리의 유압을 변속 제어 솔레노이드 밸브의 제어에 따라 제어된다.

③ **클러치 압력 제어 밸브** : 전진 클러치 및 후진 브레이크의 작동 압력을 클러치 압력 제어 솔레노이드 밸브의 제어에 따라 제어된다.

④ **댐퍼 클러치 제어 밸브** : 댐퍼 클러치의 작동 및 해제를 위해 댐퍼 클러치 제어 솔레노이드 밸브에 제어에 의해 제어된다.

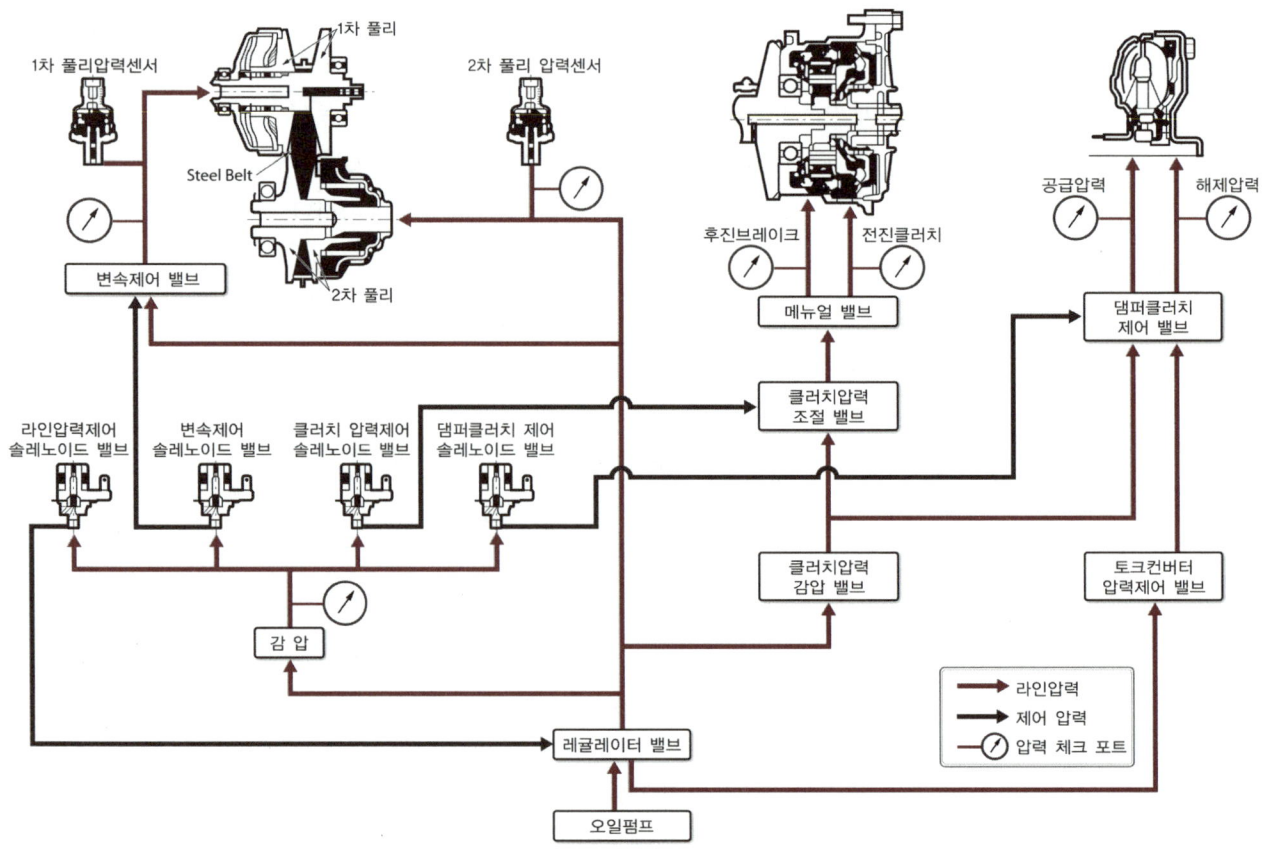

❖❖ 유압 제어장치 구성도

3 엔진과 무단 변속기 종합제어

무단 변속기는 앞에서 설명한 바와 같이 벨트에 의해 동력을 전달한다. 벨트를 잡는 것은 엔진의 회전력(입력 회전력)에 대응하여 풀리에 작동하는 유압을 제어하는 것으로 엔진에서의 총합제어에 의해 필요한 최소량으로 제어되며, 기계 손실을 감소시킨다.

1) 정확한 엔진 회전력 연산

엔진은 정밀한 회전력 제어가 가능하다. 이 정확한 회전력의 정보를 이용하여 벨트를 잡아주는 힘을 최소로 억제하고 유압을 필요 최소 압력으로 한다.

2) 빠른 응답 제어

벨트를 잡아주는 힘은 응답 성능에 대한 여유를 고려하여 엔진 제어와 무단 변속기 사이의 통신 지연을 배제하는 것이며, 유압 센서를 이용하여 여유를 최소로 한다.

3) 엔진의 운전 영역

엔진은 낮은 회전속도 영역에서의 개선 효과가 필요하다. 변속비를 단계 없이 제어하는 무단 변속기와 엔진의 조합에 의해 연료소비율이 낮은 회전속도 영역에서도 운전속도가 높도록 한다.

4 INVECS 제어

INVECS는 Intelligent Vehicle Electronic Control System의 머리글자를 조합한 것이다.

1) 내리막길 제어

여러 가지 주행 조건에 의한 엔진 브레이크를 얻을 수 있도록 변속비를 제어한다. 이 제어는 현재의 주행 상태를 기초로 액셀러레이터 페달 또는 브레이크 페달 조작 정도에 의해 엔진 브레이크의 과부족을 판정하고 학습 보정 제어를 실행한다.

2) 오르막길 제어

오르막길을 주행할 때 리프트 풋(lift foot)에 따른 불필요한 업 시프트(up shift)를 방지하고 다시 가속할 때 구동력의 확보를 위해 도로 조건에 따라 1차 풀리의 목표 회전속도를 증대시켜 엔진의 회전속도가 낮아지는 것을 방지한다. 따라서 운전 조건을 판정하고 적절한 운전 조건을 제어하는 것은 1차 풀리 회전속도의 증대량을 높이기 위함이다.

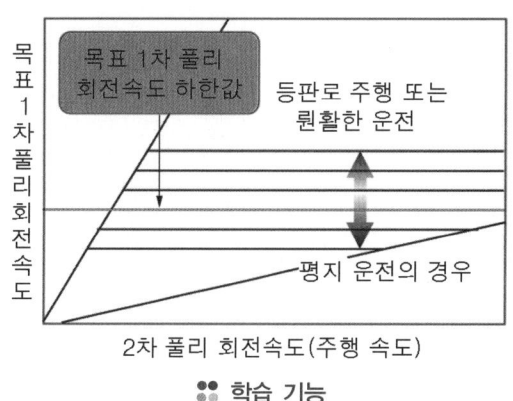

∷ 무단 변속기의 INVECS Ⅲ

∷ 학습 기능

5 댐퍼 클러치 제어

무단 변속기 직결 영역의 그림에 표시된 직결 빈도를 증대시켜 높은 효율, 낮은 연료소비율을 실현한다.

1) 작동시점은 저속화

댐퍼 클러치 비직결 영역에서 토크 컨버터의 미끄러짐 양이 큰 저속에서 직결하였을 경우 충격이 발생하기 때문에 엔진의 회전력에 응답하여 정밀하게 직결 작동 압력을 제어하여 저속에서 충격 없이 직결되도록 한다.

2) 오일의 저온화

낮은 온도에서 연마 특성을 확보하고, 주행 시작 후 빠른 단계로 직결을 실행하도록 한다.

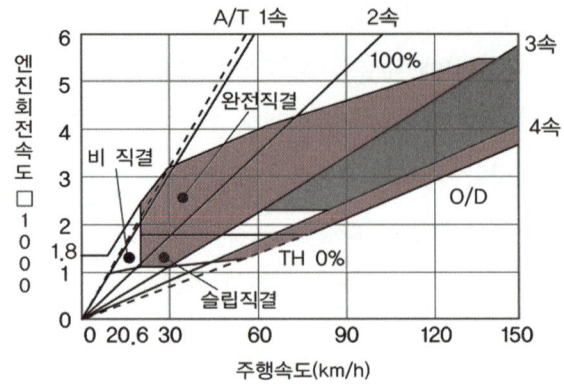

∷ 무단 변속기 직결 영역

6 스포츠 모드 제어

스포츠 모드는 자동변속기이면서 수동변속기 감각의 운전이 가능하도록 하는 기능이다. 스포츠 모드 제어의 특성은 다음과 같다.

① 앞뒤로 변속 레버를 움직이는 것만으로 쉽게 Up 및 Down shift가 가능하다.

② 액셀러레이터 페달을 밟은 상태에서 기어 변속이 가능하다. 따라서 출력의 감소 없이 운전할 수 있다.

③ 굴곡진 산악도로에서 변속단을 스스로 간단하게 선택할 수 있고, 이에 따라 커브 진입 직전이나 경사진 도로 직후의 경쾌한 다운 시프트가 가능하다.

④ skip shift가 가능하다.

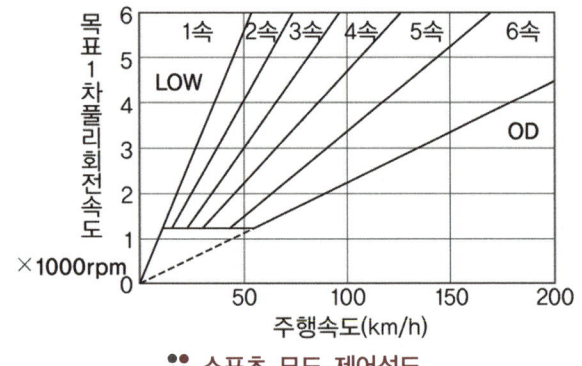

∷ 스포츠 모드 제어선도

5 드라이브 라인, 종감속장치 및 바퀴

학/습/목/표

1. 자재 이음과 슬립 이음의 기능에 대하여 설명할 수 있다.
2. CV 자재 이음의 종류에 대하여 설명할 수 있다.
3. 추진축의 기능에 대하여 설명할 수 있다.
4. 종감속 기어의 필요성에 대하여 설명할 수 있다.
5. 차동장치의 원리와 작동에 대하여 설명할 수 있다.
6. 차동장치의 원리와 필요성에 대해 알 수 있다.
7. 바퀴의 기능 및 타이어의 구조에 대하여 설명할 수 있다.

1 드라이브 라인 drive line

드라이브 라인은 앞 엔진 뒷바퀴 구동(FR) 자동차에서 변속기의 출력을 종감속 기어로 전달하는 부분이며, 슬립 이음, 자재 이음, 추진축 등으로 구성되어 있다.

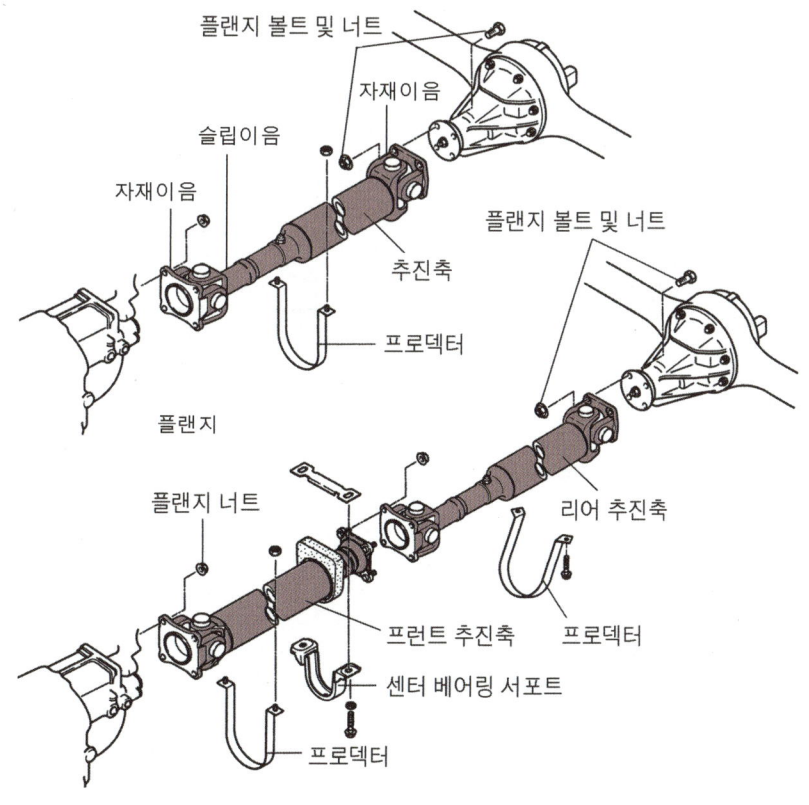

∷ 드라이브 라인의 구성

1 슬립 이음 slip joint

슬립 이음은 변속기 주축 뒤끝 부분의 스플라인을 통하여 설치되며, 뒷 차축의 상하 운동에 따라 변속기와 종감속 기어 사이에서 길이 변화를 수반하게 되는데 이때 추진축의 길이 변화를 가능하도록 하기 위해 설치되어 있다.

2 자재 이음 universal joint

자재 이음은 변속기와 종감속 기어 사이의 구동각의 변화를 주는 장치이며, 종류에는 십자형 자재 이음, 플렉시블 이음, 볼 엔드 트러니언 자재 이음, 등속도(CV) 자재 이음 등이 있다.

1) 십자형 자재 이음(훅 조인트)

이 형식은 중심부의 십자축과 2개의 요크(yoke)로 구성되어 있으며, 십자축과 요크는 니들 롤러 베어링을 사이에 두고 연결되어 있다. 그리고 십자형 자재이음은 변속기 주축이 1회전하면 추진축도 1회전하지만 그 요크의 각속도는 변속기 주축이 등속도 회전하여도 추진축은 90°마다 변동하여 진동을 일으킨다.

이 진동을 감소시키려면 각도를 12~18°이하로 하여야 하며 추진축의 앞·뒤에 자재 이음을 두어 회전 속도 변화를 상쇄시켜야 한다.

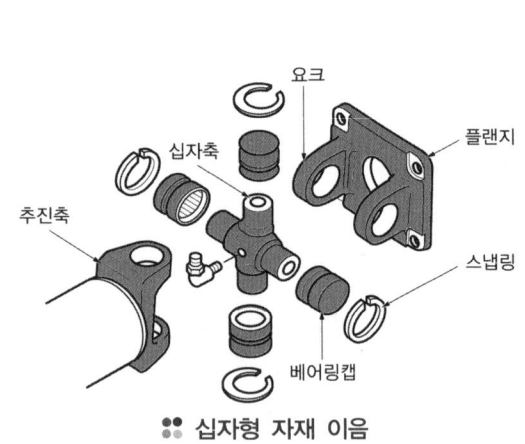
∴ 십자형 자재 이음

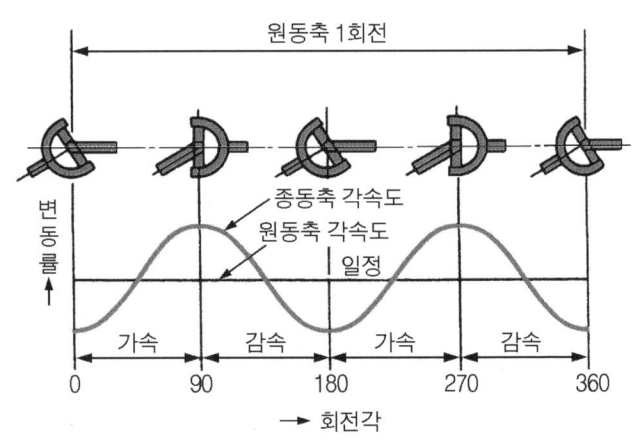
∴ 십자형 자재 이음의 등속도 운동

2) 등속도(CV) 자재 이음

일반적인 자재 이음에서는 동력 전달 각도 때문에 추진축의 회전 각속도가 일정하지 않아 진동을 수반하는데 이 진동을 방지하기 위해 개발된 것이 등속도 자재 이음이다. 드라이브 라인의 각도 변화가 큰 경우에는 동력 전달 효율이 높으나 구조가 복잡하다.

등속도 자재 이음은 주로 앞바퀴 구동 방식(FF) 자동차의 앞차축에 이용된다. 종류에는 바필드 자재이음, 트리포드 자재 이음, 더블 오프셋 자재 이음 등이 있다.

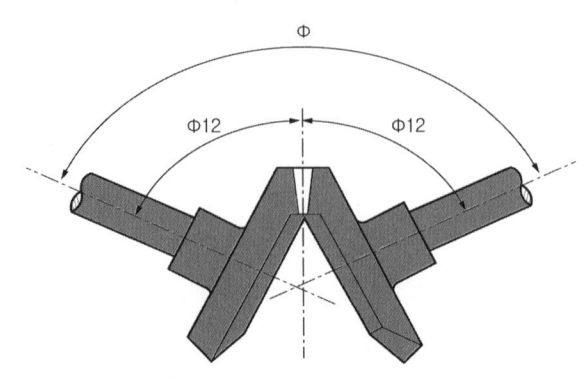
∴ 등속도 자재 이음의 원리

① **버필드 자재 이음**(birfiled joint type) : 버필드 자재 이음은 안쪽 레이스(inner race), 바깥 레이스(outer race), 볼(steel ball) 및 볼 케이지(ball cage)로 구성되어 있고, 안쪽 레이스는 바깥쪽이 둥글게 되어 있으며, 그 위에 같은 간격으로 6개의 안내 홈을 가지고 있다. 바깥 레이스는 안쪽이 둥글게 되어 있으며, 그 위에 안쪽 레이스 홈에 대응하는 위치에 6개의 안내 홈이 있으며 이들의 홈에 6개의 볼이 들어 있다. 특히, 축방향의 전위가 불가능한 형식은 굴절 각도가 47°까지 가능하며, 축방향의 전위가 가능한 형식에서는 축 방향의 길이 변화가 가능한 대신 굴절 각도는 20°로 제한된다. 주로 앞바퀴 구동방식 자동차에서 구동축의 바깥쪽 자재 이음으로 사용된다.

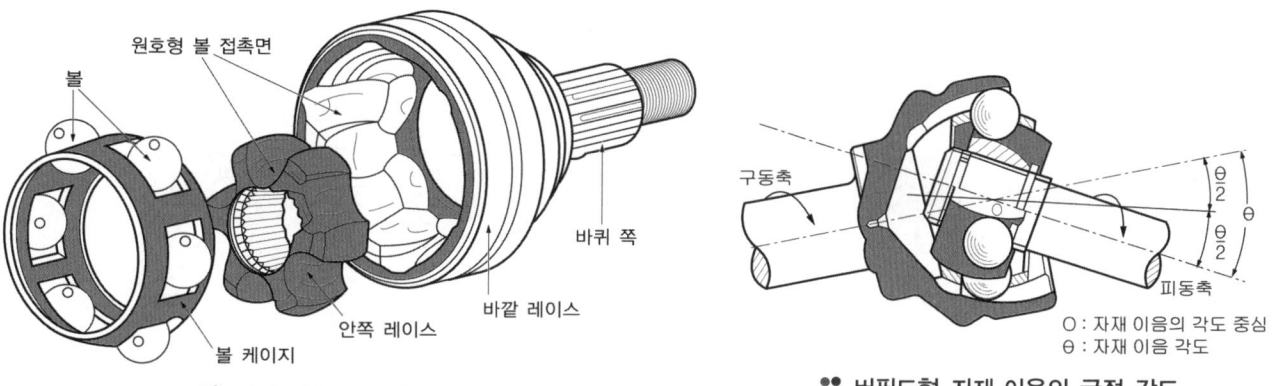

버필드형 자재이음의 구조　　　　**버필드형 자재 이음의 굴절 각도**

② **트리포드 자재 이음**(tripod joint type) : 트리포드 자재 이음은 주로 추진축과 뒷차축의 자재 이음으로 사용되며, 굴절 각도는 22°, 길이 방향의 전위가 약 30mm까지 가능하다. 최근에는 앞바퀴 구동방식 자동차에서 트랜스액슬 쪽 자재 이음으로 사용된다. 트러니언 자재 이음(trunnion joint)이라고도 부른다.

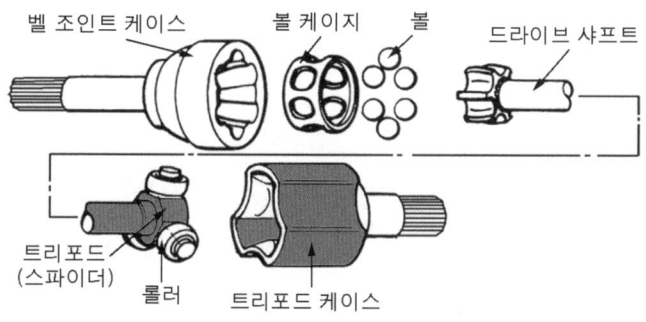

트리포드 자재 이음의 구조

③ **더블 오프셋 자재 이음**(double off-set joint type) : 더블 오프셋 자재 이음은 축 방향의 전위가 가능하다. 구조는 버필드 자재 이음과 같으나 볼 케이지에 끼워진 볼이 바깥 레이스 안쪽 면의 직선상의 레일에서 미끄럼 운동을 할 수 있도록 되어 있다. 굴절각도는 20°까지, 축방향의 길이 변화는 약 30mm까지 가능하다. 주로 앞바퀴 구동방식 자동차에서 구동축의 트랜스액슬 쪽 자재 이음으로 사용된다.

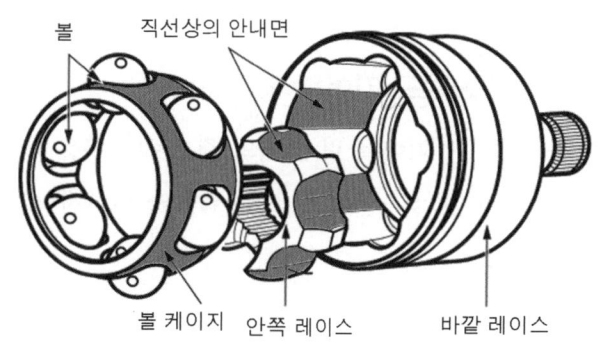

더블 오프셋 자재 이음의 구조

3 추진축 propeller shaft

추진축은 강한 비틀림을 받으면서 고속 회전하므로 이에 견딜 수 있도록 속이 빈 강관(steel pipe)을 사용한다. 회전의 평형을 유지하기 위해 평형추가 부착되어 있으며, 양쪽 끝부분에는 자재 이음의 요크가 있다. 축간거리(wheel base)가 긴 자동차에서는 추진축을 2~3개로 분할하고, 각 축의 뒷부분을 센터 베어링(center bearing)으로 프레임에 지지한다.

또 대형 자동차의 추진축에는 비틀림 진동을 방지하기 위한 토션 댐퍼를 두고 있다. 센터 베어링은 앞·뒤 추진축의 중심을 지지하는 것으로 앞 추진축 뒤끝의 스플라인 축에 설치되어 있으며, 토션 댐퍼(torsion damper)는 추진축의 비틀림 진동을 방지하는 것으로 추진축의 끝 부분에 설치된다.

> **TIP**
> 추진축은 끊임없이 변화하는 엔진의 동력을 받으면서 고속 회전하므로 비틀림 진동을 일으키거나 축이 구부러지면 기하학적인 중심과 질량 중심이 일치하지 않게 되어 휠링(whirling)이라는 굽음 진동을 일으킨다.

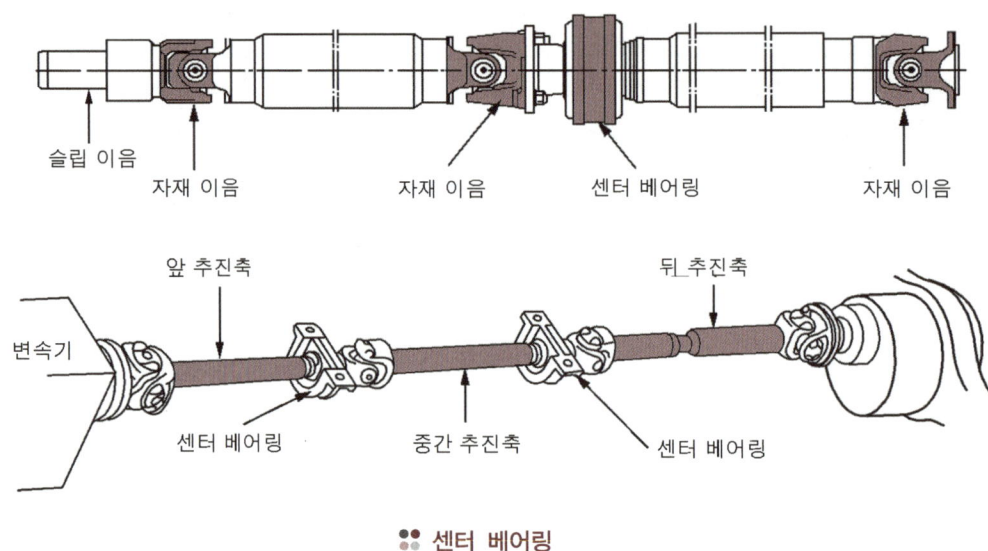

:: 센터 베어링

2 종감속 기어 final reduction gear

종감속 기어는 추진축의 회전력을 직각으로 전달하며, 엔진의 회전력을 최종적으로 감속시켜 구동력을 증가시킨다. 구조는 구동 피니언 기어와 링 기어로 되어 있으며, 종류에는 웜과 웜기어, 베벨 기어, 하이포이드 기어가 있으며 현재는 주로 하이포이드 기어를 사용하므로 이 기어에 대해서만 설명하기로 한다.

1 하이포이드 기어 hypoid gear

하이포이드 기어는 링 기어의 중심보다 구동 피니언의 중심이 10~20% 정도 낮게 설치된 스파이럴 베벨기어의 전위(off-set)기어이며 장·단점은 다음과 같다.

1) 장 점

① 구동 피니언의 오프셋에 의해 추진축 높이를 낮출 수 있어 자동차의 중심이 낮아져 안전성이 증대된다.
② 동일 감속비, 동일 치수의 링 기어인 경우에 스파이럴 베벨 기어에 비해 구동 피니언을 크게 할 수 있어 강도가 증대된다.

③ 기어 물림률이 커 회전이 정숙하다.

2) 단 점
① 기어 이의 폭 방향으로 미끄럼 접촉을 하므로 압력이 커 극압 윤활유를 사용하여야 한다.
② 제작이 조금 어렵다.

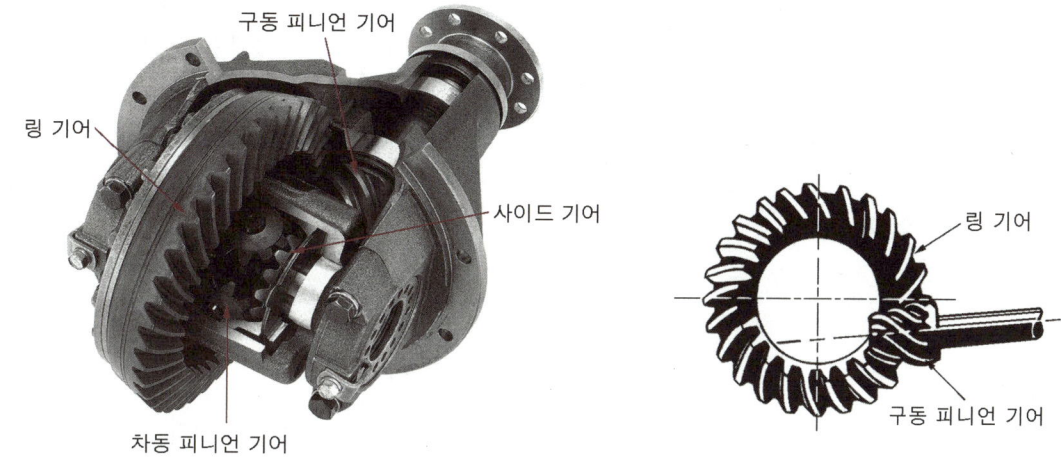

∷ 하이포이드 기어

2 종감속비

종감속비는 링 기어의 잇수와 구동 피니언의 잇수비로 나타낸다.

$$종감속비 = \frac{링기어의\ 잇수}{구동피니언의\ 잇수}$$

종감속비는 나누어서 떨어지지 않는 값으로 하는데 그 이유는 특정의 이가 항상 물리는 것을 방지하여 이의 편 마멸을 방지하기 위함이다. 또 종감속비는 엔진의 출력, 자동차 중량, 가속 성능, 등판능력 등에 따라 정해지며, 종감속비를 크게 하면 가속 성능과 등판능력은 향상되나 고속 성능이 저하한다. 그리고 변속비×종감속비를 **총감속비**라 한다. 이에 따라 변속 기어가 톱 기어이면 엔진의 감속은 종감속기어에서만 이루어진다.

3 차동 장치 differential

1 개 요

차동 장치는 자동차가 선회할 때 양쪽 바퀴가 미끄러지지 않고 원활하게 선회하려면 바깥쪽 바퀴가 안쪽 바퀴보다 더 많이 회전하여야 하며, 또 요철(凹凸) 노면을 주행할 때에도 양쪽 바퀴의 회전속도가 달라져야 한다. 즉, 차동 장치는 노면의 저항을 적게 받는 구동바퀴 쪽으로 동력이 전달될 수 있도록 하며, 사이드 기어, 차동 피니언 기어, 피니언 축 및 케이스로 구성되어 있다.

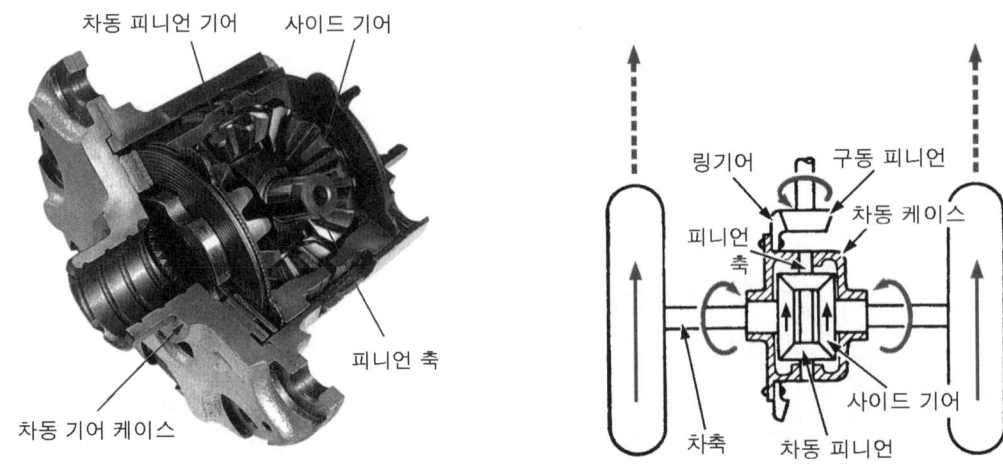

:: 차동 장치의 구성

2 원 리

차동 장치는 래크와 피니언의 원리를 응용한 것이며, 양쪽의 래크 위에 동일한 무게를 올려놓고 핸들을 들어 올리면 피니언에 걸리는 저항이 같아져 피니언이 자전을 하지 못하므로 양쪽 래크와 함께 들어 올려진다(자동차가 직진할 때).

그러나 래크 B의 무게를 가볍게 하고 피니언을 들어 올리면 래크 B를 들어 올리는 방향으로 피니언이 자전을 하며, 양쪽 래크가 올라간 거리를 합하면 피니언을 들어 올린 거리의 2배가 된다(자동차가 선회할 때).

여기서 래크를 사이드 기어로 바꾸고 좌우 차축을 연결한 후 차동 피니언을 종감속 장치의 링 기어로 구동시키도록 하고 있다.

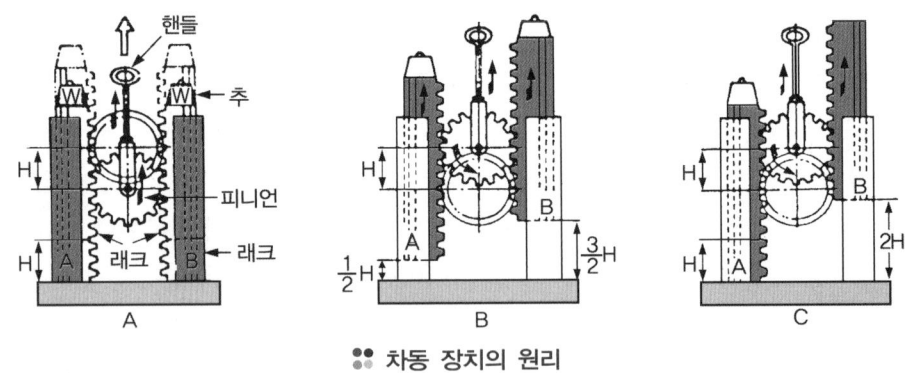

:: 차동 장치의 원리

3 작 동

자동차가 평탄한 도로를 직진할 때에는 좌우 구동 바퀴의 회전 저항이 같기 때문에 좌우 사이드 기어는 같은 회전속도로 차동 피니언 기어의 공전에 따라 전체가 1개의 덩어리가 되어 회전한다.

그러나 차동 작용은 좌우 구동 바퀴의 회전 저항의 차이에 의해 발생하고 바퀴가 통과하는 노면의 길이에 따라 회전하므로 곡선 도로를 선회할 때 안쪽 바퀴는 바깥쪽 바퀴보다 저항이 증대되어 회전속도가 감소하며, 그 분량만큼을 바깥쪽 바퀴를 가속시킨다. 그리고 한쪽 사이드 기어가 고정되면(가령, 오른쪽 바퀴가 진흙탕에 빠진 경우) 이때는 차동 피니언 기어가 공전하려면 고정된 사이드 기어(왼쪽) 위를 굴러가지 않으면 안되므로 자전을 시작하여 저항이 적은 오른쪽 사이드 기어만을 구동시킨다.

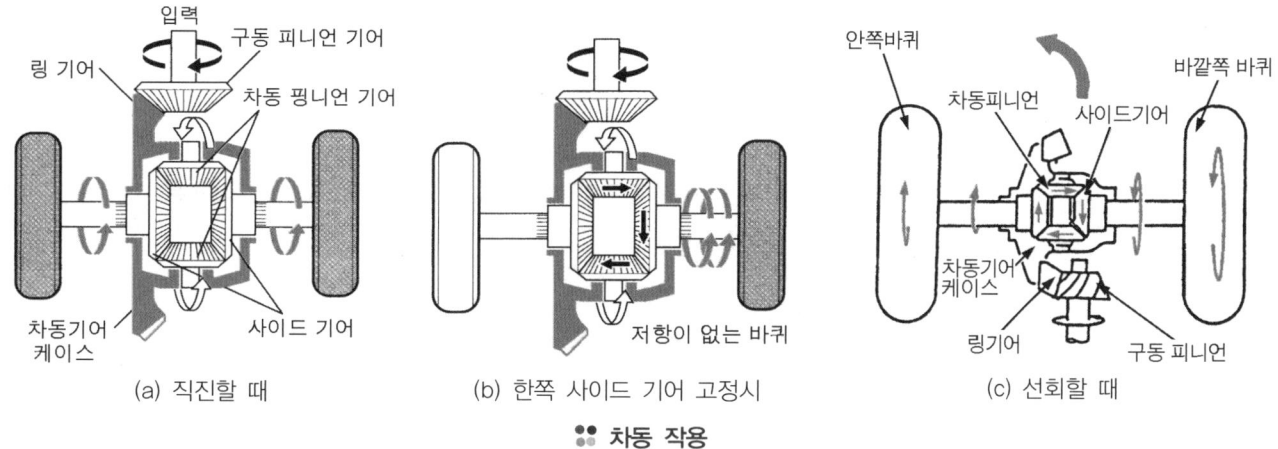

(a) 직진할 때   (b) 한쪽 사이드 기어 고정시   (c) 선회할 때

:: 차동 작용

4 차축 axle shaft

차축은 바퀴를 통하여 자동차의 중량을 지지하는 축이며, 구동 차축과 유동 차축이 있다. 구동 차축은 종감속 기어에서 전달된 동력을 바퀴로 전달하고 노면에서 받는 힘을 지지하는 역할을 한다.

앞바퀴 구동 방식의 앞차축, 뒷바퀴 구동 방식의 뒷차축, 4WD의 앞·뒷차축이 구동 차축에 속한다. 유동 차축은 자동차의 중량만을 지지하므로 구조가 간단하다. 여기에서는 구동 차축에 대해서만 설명하기로 한다.

1 앞바퀴 구동(FF) 방식의 앞차축

앞바퀴 구동 방식의 승용 자동차나 4WD의 구동 차축으로 사용되며, 등속도(CV) 자재 이음을 설치한 구동 차축과 조향 너클(steering knuckle), 차축 허브(axle hub), 허브 베어링(hub bearing) 등으로 구성되어 있다. 동력의 전달은 앞바퀴 구동 방식은 트랜스 액슬에서 직접 차축으로 보내지며, 4WD 방식에서는 트랜스퍼 케이스 → 앞 추진축 → 앞 종감속 기어를 통하여 양끝에 등속도 자재 이음이 설치된 차축과 차축 허브를 거쳐 앞바퀴로 보내진다. 자동차의 하중은 바퀴에서 차축 허브를 거쳐 허브 베어링에 전달된 반발력을 조향 너클과 현가 스프링을 통하여 차체에 전달됨으로써 지지된다.

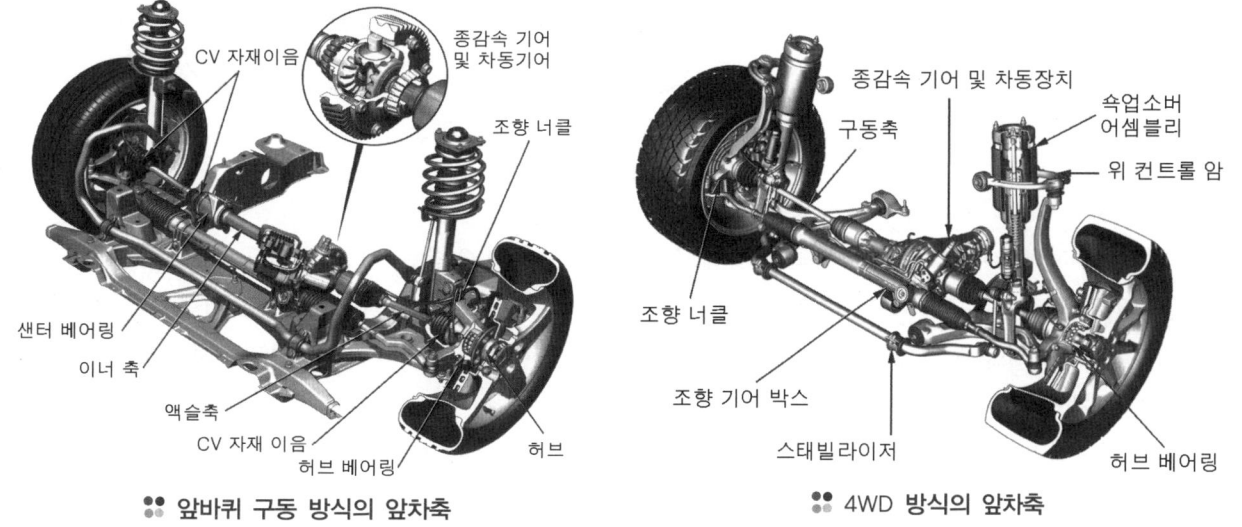

:: 앞바퀴 구동 방식의 앞차축   :: 4WD 방식의 앞차축

2 뒷바퀴 구동(FR) 방식의 뒤차축과 차축 하우징

1) 차축의 종류

뒷바퀴 구동 방식은 차동 장치를 거쳐 전달된 동력을 뒷바퀴로 전달하며, 차축의 끝 부분은 스플라인을 통하여 차동 사이드 기어에 끼워지고, 바깥쪽 끝에는 구동 바퀴가 설치된다. 뒤차축의 지지 방식에는 전부동식, 반부동식, 3/4 부동식 등 3가지가 있다.

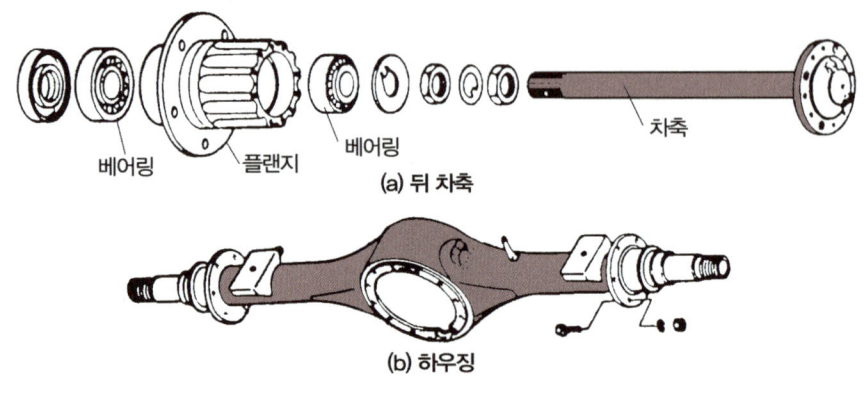

∷ 뒷차축과 하우징

① **전부동식** : 차축의 안쪽은 차동 사이드 기어와 스플라인으로 결합되고 바깥쪽은 차축의 허브와 결합되어 있으며, 차축의 허브에 브레이크 드럼과 바퀴가 설치된다.

차축의 허브에 2개의 베어링이 끼워지며 동력 전달은 종감속 기어 → 차동장치 → 차축 → 차축 허브 → 바퀴의 순서로 이루어지며, 차축은 동력만 전달한다. 이에 따라 바퀴를 빼지 않고도 차축을 빼낼 수 있으며, 버스, 대형 트럭에 사용된다. 그리고 자동차에 가해지는 하중 및 충격과 바퀴에 작용하는 작용력 등은 차축 하우징이 받는다.

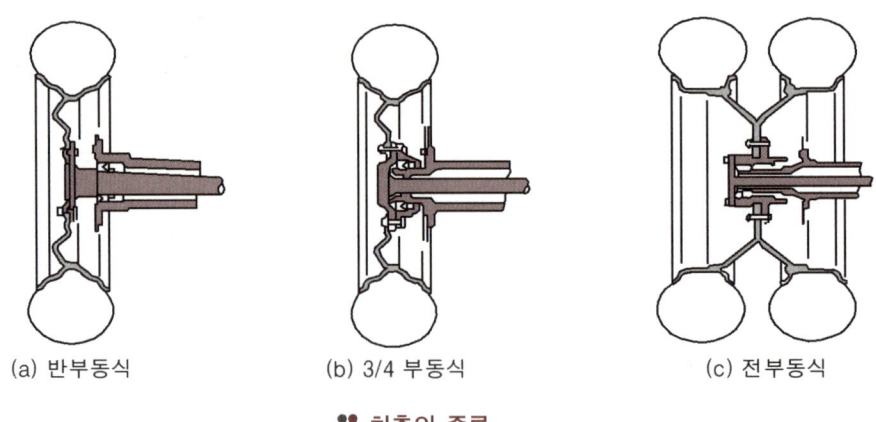

∷ 차축의 종류

② **반부동식** : 구동 바퀴가 직접 차축 바깥에 설치되며, 차축의 안쪽은 차동 사이드 기어와 스플라인으로 결합되고 바깥쪽은 리테이너(retainer)로 고정시킨 허브 베어링(hub bearing)과 결합된다. 이에 따라 내부 고정 장치를 풀지 않고는 차축을 빼낼 수 없다. 뒷바퀴 구동 방식의 승용자동차에서 많이 사용된다. 반부동식은 자동차 하중의 1/2을 차축이 지지한다.

③ **3/4 부동식** : 차축 바깥 끝에 차축 허브를 두고, 차축 하우징에 1개의 베어링을 두고 허브를 지지하는 방식이다. 3/4 부동식은 차축이 자동차 하중의 1/3을 지지한다.

5 차축 하우징 axle housing

차축 하우징은 종감속 기어, 차동 장치 및 차축을 포함하는 튜브 모양의 고정 축이며 중간에는 종감속 기어와 차동 장치의 지지를 위해 둥글게 되어 있고, 양 끝에는 플랜지 판이나 현가 스프링의 지지 부분이 마련되어 있다. 차축 하우징의 종류에는 벤조형, 분할형, 빌드업형 등 3가지가 있다.

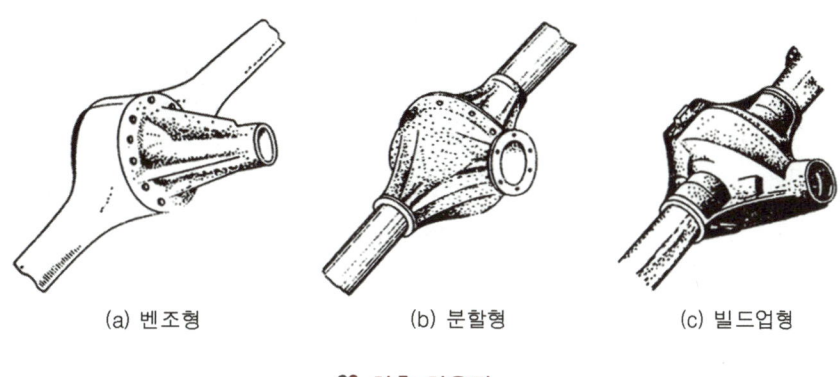

(a) 벤조형   (b) 분할형   (c) 빌드업형

:: 차축 하우징

6 바퀴

바퀴는 휠(wheel)과 타이어(tire)로 구성되어 있다. 바퀴는 차량의 하중을 지지하고, 제동 및 주행할 때의 회전력, 노면에서의 충격, 선회할 때 원심력, 자동차가 경사졌을 때 옆 방향의 작용력을 지지한다.

휠은 타이어를 지지하는 림(rim)과 휠을 허브에 지지하는 디스크(disc)로 구성되어 있으며, 타이어는 림 베이스(rim base)에 끼워진다.

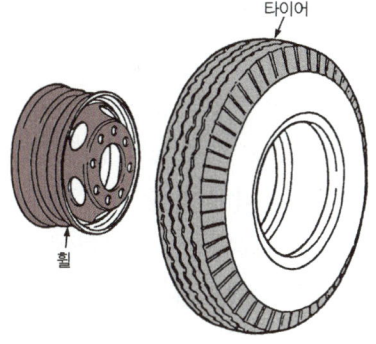

:: 바퀴의 구성

1 휠의 종류와 구조

휠의 종류에는 연강 판을 프레스 성형한 디스크를 림과 리벳이나 용접으로 접합한 디스크 휠(disc wheel), 림과 허브를 강철선의 스포크로 연결한 스포크 휠(spoke wheel) 및 방사선 상의 림 지지대를 둔 스파이더 휠(spider wheel)이 있다.

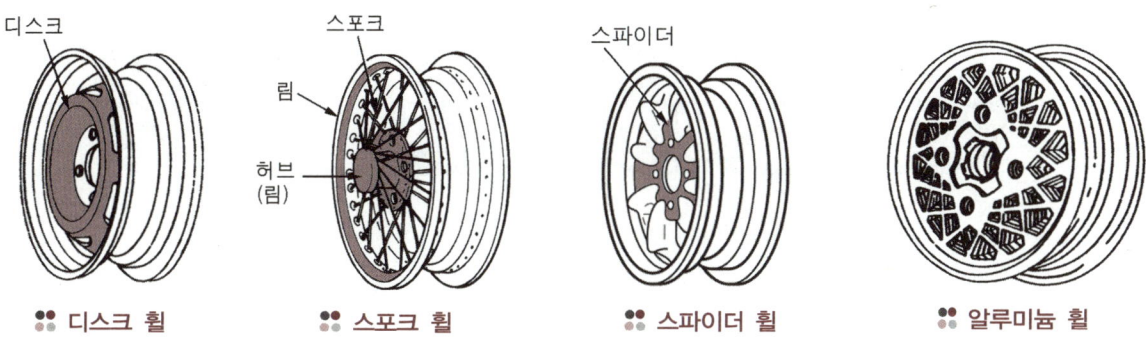

:: 디스크 휠   :: 스포크 휠   :: 스파이더 휠   :: 알루미늄 휠

2 타이어 Tire

보통(바이어스) 타이어, 레이디얼 타이어, 스노 타이어, 편평 타이어 등이 있으며 그 특징은 다음과 같다.

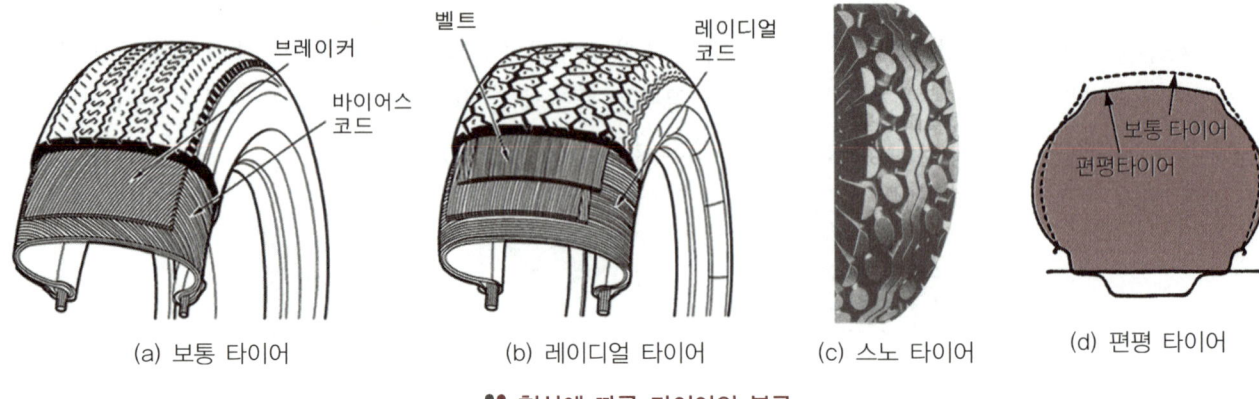

(a) 보통 타이어 (b) 레이디얼 타이어 (c) 스노 타이어 (d) 편평 타이어

∷ 형상에 따른 타이어의 분류

1) 보통(바이어스) 타이어

이 타이어는 카커스 코드(carcass cord)를 빗금(bias)방향으로 하고, 브레이커(breaker)를 원둘레 방향으로 넣어서 만든 것이다.

2) 레이디얼(radial) 타이어

이 타이어는 카커스 코드를 단면 방향으로 하고, 브레이커를 원둘레 방향으로 넣어서 만든 것이다. 따라서 반지름 방향의 공기 압력은 카커스가 받고, 원둘레 방향의 압력은 브레이커가 지지한다. 이 타이어의 특징은 다음과 같다.

① 타이어의 편평율을 크게 할 수 있어 접지 면적이 크다.
② 특수 배합한 고무와 발열에 따른 성장이 적은 레이온(rayon) 코드로 만든 강력한 브레이커를 사용하므로 타이어 수명이 길다.
③ 브레이커가 튼튼하여 트레드가 하중에 의한 변형이 적다.
④ 선회할 때 사이드 슬립이 적어 코너링 포스가 좋다.
⑤ 전동 저항이 적고, 로드 홀딩이 향상되며, 스탠딩 웨이브가 잘 일어나지 않는다.
⑥ 고속으로 주행할 때 안전성이 크다.
⑦ 브레이커가 튼튼하여 충격의 흡수가 불량하므로 승차감이 나쁘다.
⑧ 저속에서 조향 핸들이 다소 무겁다.

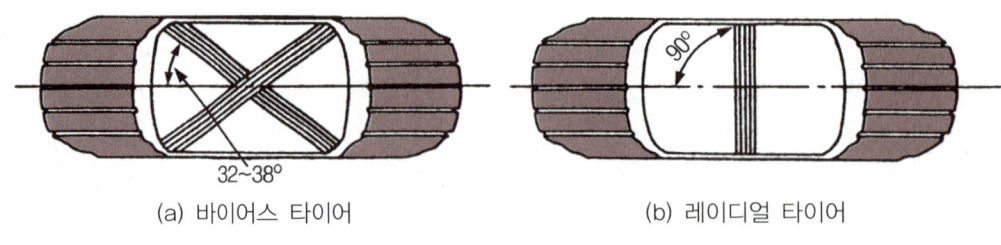

(a) 바이어스 타이어 (b) 레이디얼 타이어

∷ 코드의 차이

3) 스노(snow) 타이어

이 타이어는 눈길에서 체인을 감지 않고 주행할 수 있도록 제작한 것이며, 중앙부의 깊은 리브 패턴이 방향성을 주고, 러그 및 블록 패턴이 견인력을 확보해 준다. 스노 타이어는 제동 성능과 구동력을 발휘하도록 다음과 같이 설계되어 있다.

① 접지 면적을 크게 하기 위해 트레드 폭이 보통 타이어보다 10~20% 정도 넓다.
② 홈이 보통 타이어보다 승용 자동차용은 50~70%정도 깊고, 트럭 및 버스용은 10~40% 정도 깊다.
③ 내마멸성, 조향성, 타이어 소음 및 돌 등이 끼워지는 것에 대해 고려되어 있다.

> → 스노 타이어를 사용할 때 주의사항
> ❶ 바퀴가 고정(lock)되면 제동 거리가 길어지므로 급제동을 하지 말 것
> ❷ 스핀(spin)을 일으키면 견인력이 급감하므로 출발을 천천히 할 것
> ❸ 트레드 부가 50%이상 마멸되면 체인을 병용할 것   ❹ 구동 바퀴에 걸리는 하중을 크게 할 것

4) 편평 타이어

이 타이어는 타이어 단면의 가로, 세로 비율을 적게 한 것이며, 타이어의 단면을 편평하게 하면 접지 면적이 증가하여 옆 방향의 강도가 증가한다. 또한 제동, 출발 및 가속할 때 등에서 내 미끄럼 성능과 선회 성능이 좋아진다. 편평 타이어의 장점은 다음과 같다.

① 보통 타이어보다 코너링 포스가 15% 정도 향상된다.
② 제동 성능과 승차감이 향상된다.
③ 펑크가 났을 때 공기가 급격히 빠지지 않는다.
④ 타이어 폭이 넓어 타이어 수명이 길다.

3 타이어 구조

1) 트레드 tread

트레드는 도로면과 직접 접촉하는 고무로 된 부분이며, 카커스와 브레이커를 보호하는 부분이다.

2) 브레이커 breaker

브레이커는 트레드와 카커스 사이에 배치되어 있으며, 몇 겹의 코드 층을 내열성의 고무로 싼 구조로 되어 있다. 브레이커는 트레드와 카커스의 분리를 방지하고 도로면에서의 완충작용도 한다.

3) 카커스 carcass

카커스는 타이어의 뼈대가 되는 부분이며, 공기의 압력을 견디어 일정한 체적을 유지하고 하중이나 충격에 따라 변형하여 완충작용을 한다. 카커스를 구성하는 코드 층의 수를 플라이 수(ply rating ; PR)라 한다.

4) 비드 부분 bead section

비드 부분은 타이어가 림과 접촉하는 부분이며, 비드 부분이 늘어나는 것을 방지하고 타이어가 림에서 빠지

❖ 타이어의 구조

는 것을 방지하기 위해 내부에 몇 줄의 피아노선이 원둘레 방향으로 들어 있다.

4 트레드 패턴의 종류

1) 트레드 패턴의 필요성

① 타이어의 사이드슬립이나 전진 방향의 미끄럼을 방지한다.
② 타이어 내부에서 발생한 열을 방산한다.
③ 트레드에서 발생한 절상(切傷)의 확산을 방지한다.
④ 구동력이나 선회성능을 향상시킨다.

2) 리브 패턴 rib pattern

이 패턴은 타이어 원둘레 방향으로 몇 개의 홈을 둔 것이며, 사이드 슬립에 대한 저항이 크고, 조향 성능이 양호하며, 포장도로에서 고속 주행에 알맞다.

3) 러그 패턴 lug pattern

이 패턴은 타이어 회전방향의 직각으로 홈을 둔 것이며, 전·후진 방향에 대해서 강력한 견인력을 발휘하며 제동성능과 구동력이 우수하다.

4) 블록 패턴 block pattern

이 패턴은 눈 위나 모랫길 같은 연약한 도로면을 다지면서 주행할 수 있어 사이드 슬립을 방지할 수 있다.

:: 리브 패턴

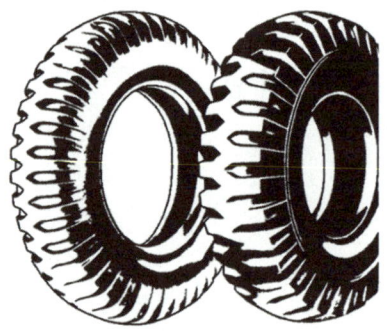
:: 러그 패턴

:: 블록 패턴

5) 리브 - 러그 패턴

이 패턴은 타이어 숄더(shoulder) 부분에 러그 패턴을, 트레드 중앙 부분에는 지그재그(zig-zag)형의 리브 패턴을 사용하여 양호한 도로나 험악한 도로면에서 모두 사용할 수 있다.

6) 슈퍼 트랙션 패턴 super traction pattern

이 패턴은 러그 패턴의 중앙 부분에 연속된 부분을 없애고 진행방향에 대해 방향성을 가지게 한 것이며, 기어(gear)와 같은 모양으로 되어 연약한 흙을 확실히 잡으면서 주행할 수 있다.

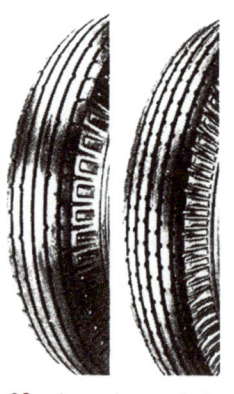
:: 리브 러그 패턴

:: 슈퍼 트랙션 패턴

7) 오프 더 로드 패턴 off the road pattern

이 패턴은 진흙길에서도 강력한 견인력을 발휘할 수 있도록 러그 패턴의 홈을 깊게 하고 폭을 넓게 한 것이다.

∷ 오프 더 로드 패턴

5 타이어의 호칭 치수

타이어의 호칭 치수는 바깥 지름과 폭은 표준 공기 압력과 무 부하 상태에서 측정하며, 정하중의 반지름은 타이어를 수직으로 하여 규정의 하중을 가하였을 때 타이어의 축 중심에서 접지 면까지의 가장 짧은 거리를 측정하며, 타이어의 호칭 치수는 다음과 같이 표시한다.

① **고압 타이어의 호칭 치수** : 바깥 지름(inch)×폭(inch) - 플라이 수(ply rating)
② **저압 타이어의 호칭 치수** : 폭(inch) - 안지름(inch) - 플라이 수
③ **레이디얼 타이어** : 레이디얼 타이어는 가령 165 SR 13 인 타이어의 경우 폭이 165mm, 안지름이 13inch 이며, 허용 최고 속도가 180km/h 이내에서 사용되는 타이어란 뜻이다. 여기서 S 또는 H는 허용 최고속도 표시 기호이며 R은 레이디얼의 약자이다.

∷ 타이어 제원

6 타이어에서 발생하는 이상 현상

1) 스탠딩 웨이브 현상 standing wave

이 현상은 타이어 접지 면에서의 찌그러짐이 생기는데 이 찌그러짐은 공기 압력에 의해 곧 회복이 된다. 이 회복력은 저속에서는 공기 압력에 의해 지배되지만 고속에서는 트레드가 받는 원심력으로 말미암아 큰 영향을 준다. 또 타이어 내부의 고열로 인해 트레드부가 원심력을 견디지 못하고 분리되며 파손된다. 스탠딩 웨이브의 방지 방법은 타이어 공기 압력을 표준보다 10~15% 높여 주거나 강성이 큰 타이어를 사용하면 된다.

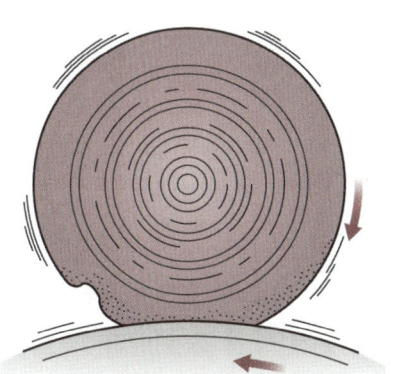

∷ 스탠딩 웨이브 현상

2) 하이드로 플래닝 hydro planing ; 수막 현상

이 현상은 물이 고인 도로를 고속으로 주행할 때 일정 속도 이상이 되면 타이어의 트레드가 노면의 물을 완전히 밀어내지 못하고 타이어는 얇은 수막에 의해 노면으로부터 떨어져 제동력 및 조향력을 상실하는 현상이다. 이를 방지하는 방법은 다음과 같다.

① 트레드의 마멸이 적은 타이어를 사용한다.
② 타이어의 공기 압력을 높이고, 주행속도를 낮춘다.

③ 리브 패턴의 타이어를 사용한다. 러그 패턴의 경우는 하이드로 플래닝을 일으키기 쉽다.
④ 트레드 패턴을 카프(calf)형으로 세이빙(shaving) 가공한 것을 사용한다.

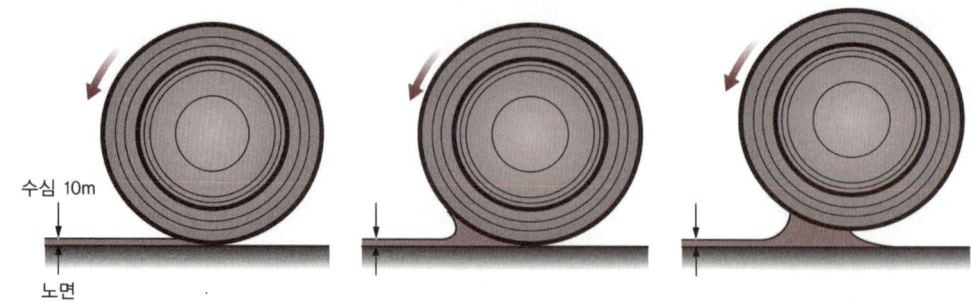

∷ 하이드로 플래닝의 진행 과정

7 바퀴 평형 wheel balance

바퀴의 평형에는 정적 평형(static balance)과 동적 평형(dynamic balance)이 있다.

① **정적 평형** : 이것은 타이어가 정지된 상태의 평형이며, 정적 불평형일 경우에는 바퀴가 상하로 진동하는 트램핑(tramping)현상을 일으킨다.

② **동적 평형** : 이것은 회전 중심축을 옆에서 보았을 때의 평형으로 회전하고 있는 상태의 평형이다. 동적 불평형이 있으면 바퀴가 좌우로 흔들리는 시미(shimmy)현상이 발생한다.

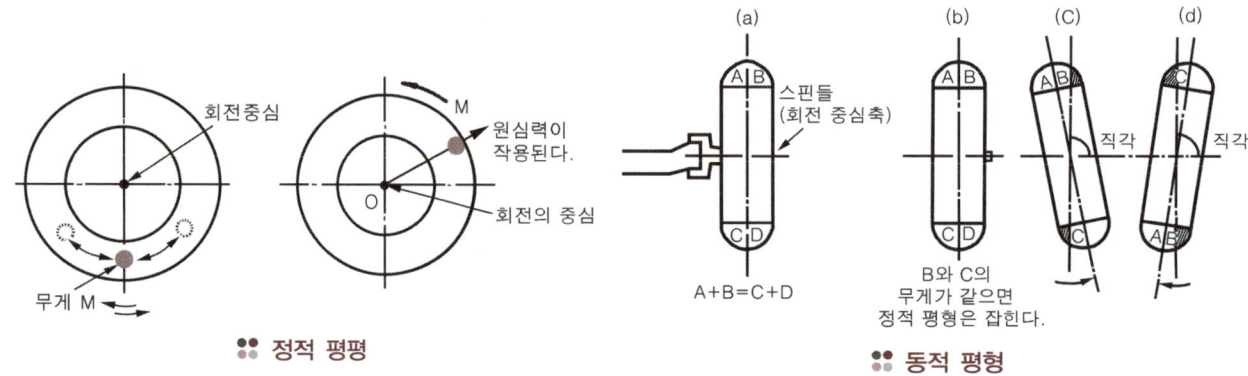

∷ 정적 평평   ∷ 동적 평형

8 바퀴 로테이션 wheel rotation

바퀴는 설치된 위치마다 마멸이 동일하지 않으며 도로의 조건, 앞바퀴 정렬, 하중의 분포, 운전 방법 등에 따라 그 마멸이 변화한다. 따라서 정기적으로 점검하고, 각각의 마멸을 보완할 수 있도록 6,000~8,000km 주행마다 그 위치를 교환하여야 한다.

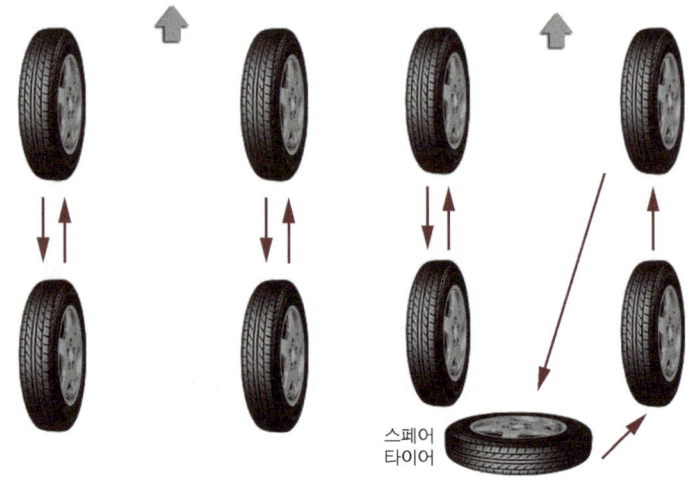

∷ 바퀴 로테이션

6 4WD(Four Wheel Drive)

학/습/목/표

1. 4바퀴 구동 장치의 특징에 대하여 설명할 수 있다.
2. 4바퀴 구동 장치의 장점에 대하여 설명할 수 있다.
3. 파트 타임 방식과 풀 타임 방식에 대하여 설명할 수 있다.
4. 파트 타임 전자제어 구동 장치의 구성과 기능에 대하여 설명할 수 있다.
5. 풀 타임 전자제어 구동 장치의 구성과 기능에 대하여 설명할 수 있다.
6. TOD 방식의 구성과 기능에 대하여 설명할 수 있다.
7. ITM 방식의 구성과 기능에 대하여 설명할 수 있다.

 **4바퀴 구동 장치**

1-1. 4바퀴 구동 장치의 개요

  4바퀴 구동 장치(4WD ; four wheel drive system)는 앞·뒤 4바퀴로 엔진의 동력을 모두 전달하는 방식이다. 2바퀴 구동 방식(2WD)에 비하여 험한 도로, 경사가 가파른 도로 및 미끄러운 도로면을 주행할 때 효과적이다. 현재 국내에서 사용하고 있는 4바퀴 구동 장치의 종류에는 파트 타임(part time) 방식, 풀 타임(Full time) 방식, 모든 바퀴 구동(AWD ; All Wheel Drive) 방식 등이 있다.

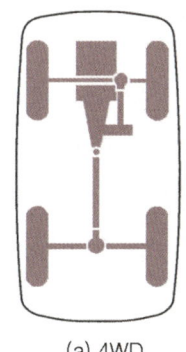 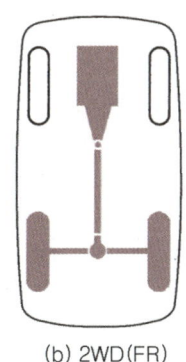 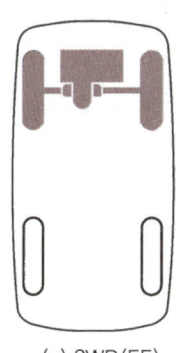

(a) 4WD   (b) 2WD(FR)   (c) 2WD(FF)

4WD와 2WD

  파트 타임 4바퀴 구동 장치는 2H(2바퀴 구동), 4H(4바퀴 고속구동), 4L(4바퀴 저속구동)로 구성되어 있으며, 평상시에는 2바퀴 구동으로 운행을 하다가 눈길이나 오프로드(off road) 등에서는 수동으로 4바퀴 구동 장치로 전환한다. 파트 타임 4바퀴 구동 장치는 평상시에는 2바퀴로 구동하기 때문에 연료소비율 면에서는 유리하지만 운전자의 판단에 의해 직접 조작하여야 하므로 편의성이 떨어진다.

  풀 타임(full time) 방식은 4H(4바퀴 고속구동)와 4L(4바퀴 저속구동)로 구성된 상시 4바퀴 구동 장치이며,

평상시에는 4H 모드(4 High mode)로 2바퀴 구동과 같은 방법으로 운행하다가 도로조건에 따라 앞·뒷바퀴로 구동력이 자동적으로 분배된다.

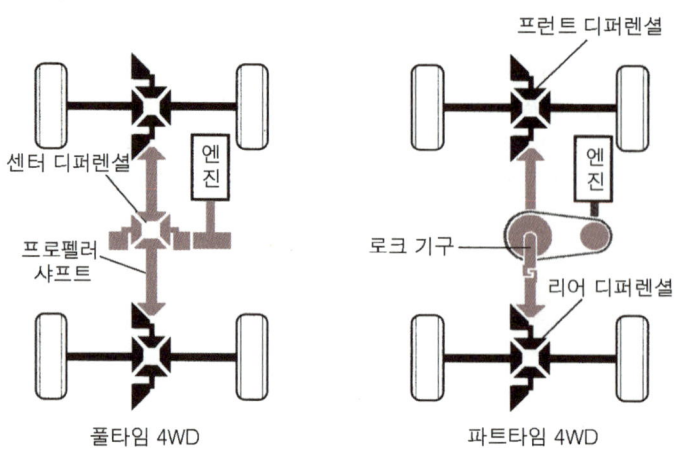

:: 풀 타임 4WD와 파트 타임 4WD

상시 4바퀴 구동장치이므로 우수한 접지력을 확보할 수 있지만 2바퀴 구동 방식에 비해 연료소비율이 다소 많다. 모든 바퀴 구동(AWD) 방식은 풀 타임 4바퀴 구동 장치와는 달리 항상 앞·뒷바퀴로 4 : 6의 비율로 엔진의 동력이 분배된다. 예전의 상시 4바퀴 구동 장치는 항상 4바퀴를 구동하므로 연료소비율이 많았다. 그러나 모든 바퀴 구동 방식은 최적의 기어비와 구동 계통의 저항값의 최소화, 밀집된(compact) 디자인과 중량의 감소 등을 통해 연료소비율 문제를 상당부분 해결하였다.

또 ESP(Electronic Stability Program or VDC ; Vehicle Dynamic Control system, 차체 자세 제어장치)와 연계하여 최적의 주행 안정성을 확보할 수 있으며,

1 4바퀴 구동 장치의 특징

① **등판능력 및 견인력이 향상된다.** - 4개의 바퀴에 균일하게 구동력을 분배하기 때문에 등판능력과 견인력이 향상된다.

② **조향성능과 안전성이 향상된다.** - 앞바퀴 구동(FF) 자동차는 언더 스티어링(under steering)으로 주행하려고 하고, 뒷바퀴 구동(FR) 자동차는 오버 스티어링(over steering)으로 주행하려고 하나, 4바퀴 구동 장치의 자동차는 뉴트럴 스티어링(neutral steering) 주행을 하므로 조향성능이 우수하고 출발 할 때 가속이 가능하며, 고속으로 주행을 할 때에도 우수한 직진 안정성이 발휘된다. 또 선회할 때 방향 안정성이 향상되므로 가속이 가능하다.

③ **제동력이 향상된다.** - 2바퀴 구동 자동차는 제동할 때 앞바퀴나 뒷바퀴 중 먼저 고착(lock)되는 바퀴의 코너링 포스(cornering force)가 현저히 감소하여 조향성능이 급격히 감소하는데 비하여 4바퀴 구동 장치의 자동차는 4바퀴가 고착될 때까지 코너링 포스의 저하가 적으므로 빠른 감속 상태에서도 제동력이 향상된다.

④ **연료소비율이 많다.** - 마찰 계수가 낮은 도로에서는 우월성이 인정되지만 연료소비율이 많다. 그 이유는 2바퀴 구동 자동차에 비해 무게가 무겁고, 동력전달 장치의 회전방향 변환, 종감속 기어에 의한 동력전달 손실, 관성 중량의 영향에 기인된다.

2 4바퀴 구동 자동차의 장점

① 구동력이 균일하게 분배되므로 험한 도로나 눈길 등에서의 주행능력이 우수하다.
② 앞·뒷바퀴 모두에 구동력이 전달되므로 등판능력이 향상된다.
③ 차동장치나 조작 기구를 이용하여 선회할 때 앞·뒷바퀴의 선회 반지름 차이에 의해 발생하는 회전속도 차이를 흡수하므로 방향 안정성이 향상되고 빠른 선회속도를 유지할 수 있다.
④ 높은 출력의 자동차에서 급발진 및 가속할 때 타이어의 점착력보다 구동력이 크기 때문에 일어나는 공전을 방지한다.
⑤ 2바퀴 구동 자동차는 제동할 때 가장 먼저 고착되는 바퀴의 코너링 포스가 현저하게 감소하여 조향 성능이 매우 저하되지만 4바퀴 구동 자동차는 4개의 바퀴가 모두 고착될 때까지 코너링 포스의 저하가 작으므로 급제동을 할 때에도 높은 조향 안정성 확보가 가능하다.

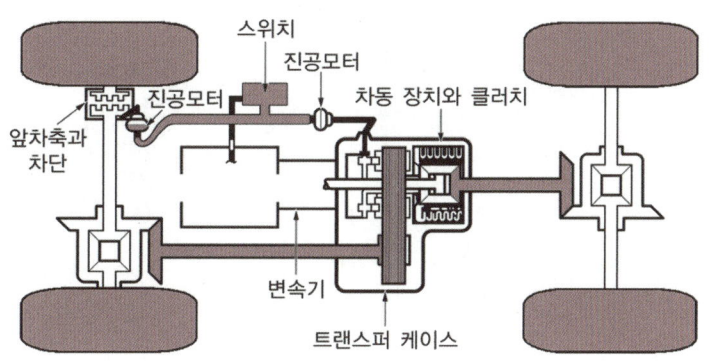

※ 4바퀴 구동 장치의 구성

1-2. 파트 타임 방식과 풀 타임 방식

1 파트 타임 방식 part time type

파트 타임 방식은 4바퀴 구동 장치를 운전자의 조작에 의해 작동하는 방식이다. 즉 파트 타임 방식은 필요에 따라 수동으로 앞·뒷바퀴를 기계적으로 직결하는 트랜스퍼 케이스(trans fer case)를 도로의 상태에 따라 변환시킨다.

4바퀴의 마찰 계수가 같은 도로면에서는 앞·뒷바퀴의 구동력 분배는 작동 하중의 분배에 비례하며, 어느 한쪽 바퀴가 미끄러지더라도 타이어의 접착력에 해당하는 구동력이 분배된다. 엔진이 세로 방향으로 배열되고 앞바퀴 구동(FF) 자동차의 경우 생산 비용면에서 매우 유리하며, 주행할 때 일반 도로에서는 2바퀴로 구동하면 동력의 손실이 적어 경제적인 운전이 가능하다.

그러나 앞·뒷바퀴의 구동축이 같은 회전을 하기 때문에 안쪽 바퀴의 내륜 차이에 의해 타이어와 도로면 사이에 강제 미끄럼이 발생하는 **타이트 코너 브레이크 현상**(tight corner brake)**이 발생하여 타이어의 마모가 증가하고 연료소비율이 커진다. 파트 타임 방식의 분류는 다음과 같다.

> **TIP**
> **타이트 코너 브레이크 현상**
> 건조하고 포장된 도로의 급선회에서 앞·뒷바퀴의 선회 반지름 차이가 타이어의 회전 차이 및 구동축의 회전 차이로 되어 앞바퀴는 브레이크가 걸린 느낌으로 되고, 뒷바퀴는 공전하는 느낌이 드는 현상을 말한다.

① **제1세대(수동 방식)** : 휠 허브(Wheel hub)에서 2바퀴 / 4바퀴 구동장치를 수동으로 변환시키는 방식이다.

② **제2세대(기계-자동 방식)** : 저속에서 4바퀴 구동 장치의 변환이 가능하며, 2바퀴 구동으로 변환할 때에는 1~2m 정도 후진하여야 한다.

③ **제3세대(진공-자동 방식)** : 고속에서 4바퀴 구동 / 2바퀴 구동의 변환이 가능하며, 구조가 간단하다.

④ **비중앙축 장치(CADS, Center Axle disconnect System) 방식** : 4바퀴 구동 장치를 구동할 때 슬리브(sleeve)에 의해 앞차축과 뒤차축이 연결되어 동력을 전달하는 방식이다.

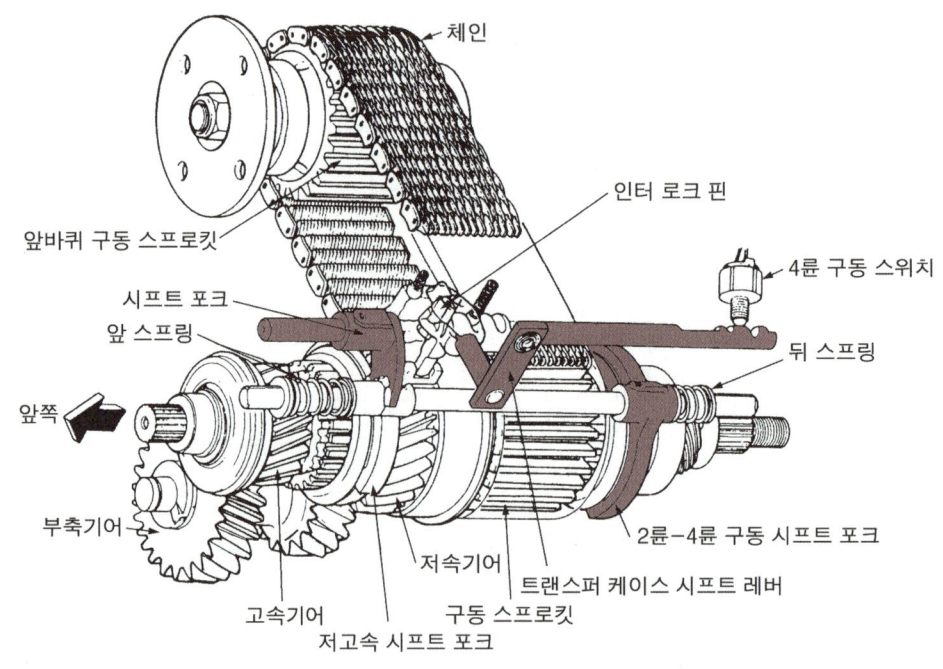

❋❋ 트랜스퍼 케이스의 구조

2 풀 타임 방식 full time type

엔진의 동력을 항상 4바퀴로 전달하는 방식이며, 기구가 복잡하므로 가격이 비싸고, 연료소비율이 큰 단점이 있으나 험한 도로 및 가혹한 사용 조건뿐만 아니라 포장도로에서도 안정성이 입증되어 많이 실용화되고 있다. 풀 타임 방식은 앞·뒷바퀴 구동력 전달 장치의 차이에 따라 구동력을 앞·뒷바퀴에 항상 일정한 비율로 분배하는 고정 분배 방식과 도로면 상태 및 주행 상태에 따라 구동력의 분배를 가변으로 하는 가변 분배 방식이 있다.

2 파트 타임 전자제어 4바퀴 구동 장치

2-1. 파트 타임 전자제어 4바퀴 구동 장치의 개요

파트 타임 4바퀴 구동 장치는 평상시에는 2바퀴(뒷바퀴)로만 주행하다가 운전자의 필요에 따라 4바퀴 구동 장치로 전환하는 방식이다. 이 파트 타임 4바퀴 구동 장치는 풀 타임 4바퀴 구동 장치와 거의 비슷하나, 앞차축과 뒤차축 사이에 중앙 차동 장치(center differential gear system)가 없는 점이 다르다.

따라서 4바퀴 구동 모드에서 구동력을 항상 앞바퀴와 뒷바퀴에 50 : 50으로 분배하며, 중앙 차동 장치가 없기 때문에 선회할 때 앞바퀴와 뒷바퀴의 회전반경 차이를 보정하지 못하므로 "타이트 코너 브레이크(tight corner braking)" 현상이 발생한다.

이 현상은 자동차가 선회할 때 좌우의 바퀴의 회전반경 차이를 차축 하우징(axle housing)에 설치된 차동장치로 해결하지만 파트 타임 4바퀴 구동 장치에는 앞바퀴와 뒷바퀴의 회전반경 차이를 보정해줄 수 있는 중앙 차동장치가 없어 앞바퀴와 뒷바퀴가 똑같은 회전량으로 회전하려고 하기 때문에 나타나는 현상이다.

이로 인해 발생하는 심한 부하가 구동축이나 변속기에 작용하게 되고 이를 극복하기 위해선 4바퀴 중 어느 하나는 반드시 미끄러지거나(slip)또는 스핀(spin)을 일으켜야 한다. 그렇지 못할 경우에는 구동축이나 변속기가 파손될 염려가 있다.

2-2. 파트 타임 4바퀴 구동 장치 구성 및 작동원리

1 파트 타임 4바퀴 구동 장치의 주요 구성부품 흐름도

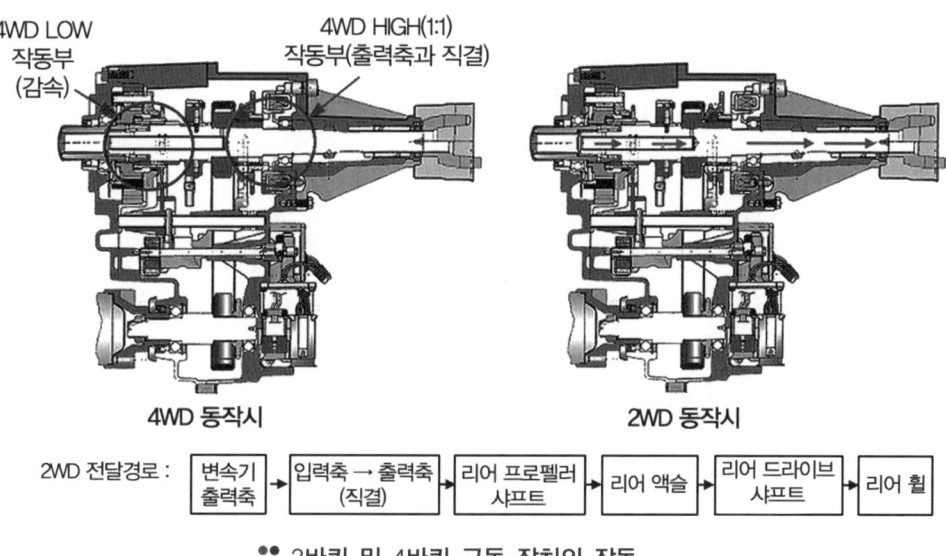

∷ 2바퀴 및 4바퀴 구동 장치의 작동

2 4바퀴 구동 장치 비중앙축 장치

1) 비중앙축 장치 개요

비중앙축 장치(CADS ; Center Axle disconnect System)는 2바퀴로 주행하다가 4바퀴 구동으로 변환할 때 마지막으로 구동력을 단속하는 장치이다. 즉 2바퀴 구동에서 4바퀴 구동으로 전환이 가능하도록 하는 장치이다. 2바퀴로 주행할 때에는 자동차의 주행속도에 의해 앞차축은 무부하 상태로 회전한다.

이때 피니언 축(pinion shaft)과 링 기어(ring gear)에서 발생하는 소음과 진동을 억제하여 자동차가 최적의 상태로 주행 하도록 한다. 즉 파트 타임 4바퀴 구동 장치의 불완전한 구동을 방지하기 위해 차축에 비중앙축 장치를 설치하여 완전한 2바퀴 구동 주행이 가능하도록 하는 장치이다.

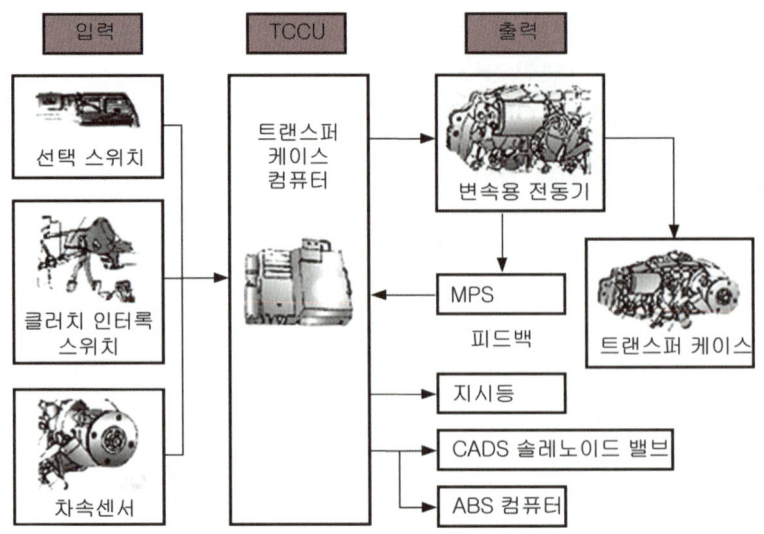

∷ 파트 타임 4바퀴 구동장치의 구성

2) 비중앙축 장치의 작동 원리

4바퀴 구동 장치로 구동할 때에는 슬리브에 의해 앞차축과 뒤차축이 연결되어 구동축으로 동력을 전달한다. 그러나 2바퀴 구동 모드로 전환되면 액추에이터의 스프링 장력과 솔레노이드 밸브의 압력 차이로 인하여 연결되어 있던 앞차축과 뒤차축의 연결이 차단된다. 이와 같이 2바퀴 구동으로 주행할 때 구동하지 않는 바퀴의 구동축을 차단하여 연료소비율을 향상시킨다. 그리고 솔레노이드 밸브는 컴퓨터(TCCU ; Transfer Case Control Unit)에서 제어한다.

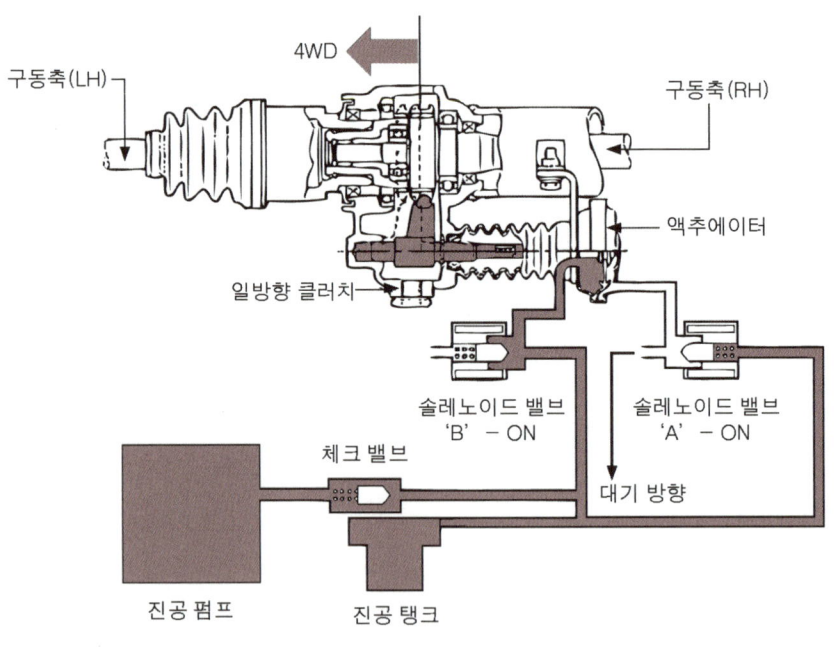

∷ 비중앙축 장치의 구성

3 파트 타임 4바퀴 구동 장치 전자제어 입·출력도

전자제어 파트 타임 4바퀴 구동장치는 입력부분, 제어부분, 출력부분으로 분류되며, 각종 센서로부터 입력된 정보를 바탕으로 컴퓨터가 제어 연산하여 출력부분인 변속용 전동기(shift motor)를 작동시킨다. 이때 중요한 입력 신호는 자동차의 변속상태, 주행속도 그리고 스위치의 위치 등이다. 컴퓨터는 변속용 전동기를 구동하고 변속용 전동기의 작동여부를 알려주는 전동기 위치센서(MPS ; Motor position sensor)에 의해 피드백(feed back) 받아 작동여부를 확인 한다.

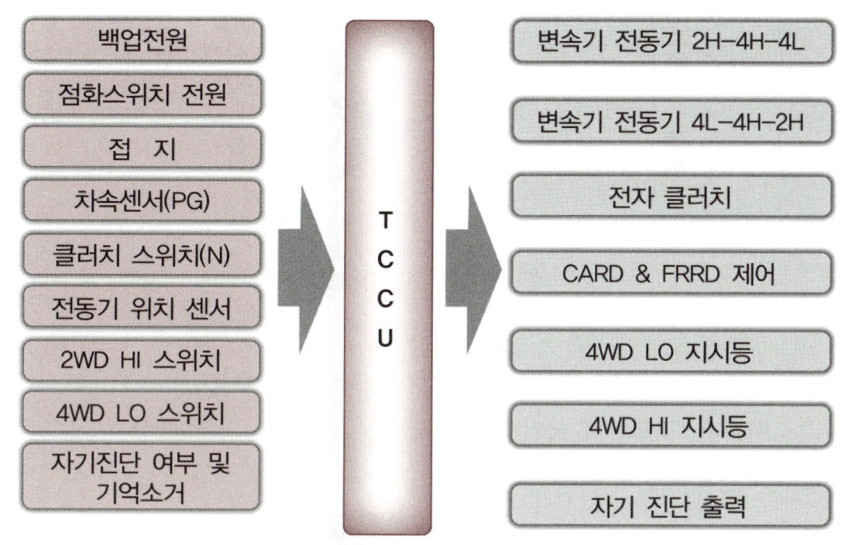

•• 입출력 다이어그램

1) **컴퓨터** TCCU ; Transfer Case Control Unit

컴퓨터는 운전석 시트 아래쪽에 설치되어 있으며, 운전자의 스위치 조작에 따라 주행 중에도 2바퀴 구동에서 4바퀴 고속(HIGH) 구동으로 변환이 가능하도록 한다. 또 4바퀴 구동에서 4바퀴 저속(LOW) 구동은 자동차를 일단 정지시킨 후 변환이 가능하도록 하며, 고장이 발생하였을 때 진단 기능도 한다.

① **2바퀴 구동에서 4바퀴 구동으로 선택할 때** : 크래시 패드에 설치된 선택 스위치를 2바퀴 구동(2H)에서 4바퀴 구동 고속(4H)으로의 선택은 주행속도가 60~80km/h 이하일 때만 가능하며, 변환이 완료되면 계기판에 있는 HIGH 램프가 점등된다.

② **4바퀴 구동에서 2바퀴 구동으로 선택할 때** : 크래시 패드에 설치된 선택 스위치를 4H에서 2H로 선택하면 자동차의 주행상태에서도 변환이 가능하며, 변환이 완료되면 계기판의 HIGH 램프가 소등된다.

③ **4바퀴 고속구동에서 4바퀴 저속구동으로 선택할 때**

㉮ 주행속도가 0~3km/h 이하에서만 작동되므로 자동차를 일단 정지시킨다.

㉯ 클러치 페달을 밟는다(클러치 인터 록 스위치 "ON" 상태).

㉰ 크래시 패드에 설치된 선택 스위치 4H/4L로 선택한다.

㉱ 변환이 끝나면 해당 램프가 점등된다. 4바퀴 구동 장치가 저속 구동이면 LOW 램프가 점등된다.

2) **변속용 전동기** shift motor

① **변속용 전동기의 기능** : 이 전동기는 직류(DC) 전동기이며, 컴퓨터에 의해 제어된다. 2H-4H-4L 모드로 변환할 때 변속용 전동기를 회전시키면 전동기와 연결된 전자축(electronic shaft)과 축의 캠(shaft cam)이 회전하여 감속 시프트 포크(reduction shift fork)와 록업 포크(lock up fork)를 제어하여 4바퀴 구동장치로 변환시키는 역할을 한다.

② **변속용 전동기의 구성 회로도** : 2H-4H-4L 모드로 제어할 때는 컴퓨터 1번과 2번 단자에 "B+"가 출력

되어 16, 17번 단자 쪽으로 접지된다. 4L-4H-2L 방향으로 제어할 때는 극성이 바뀌어 16, 17번 단자에 "B+"가, 1, 2단자에는 (-)로 제어하도록 되어있다.

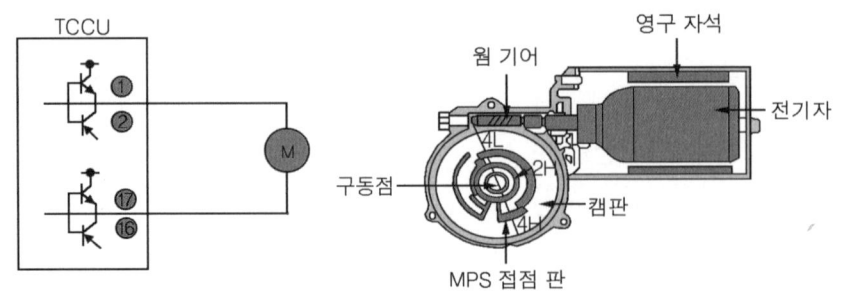

⁍ 변속용 전동기 회로구성

3) 전동기 위치 센서 MPS ; Motor Position Sensor or Position Encoder

전동기 위치 센서는 변속용 전동기의 회전방향과 위치를 인코더(encoder)를 이용하여 4개의 스위치 신호를 변속용 전동기의 작동을 컴퓨터로 전달하는 센서이다.

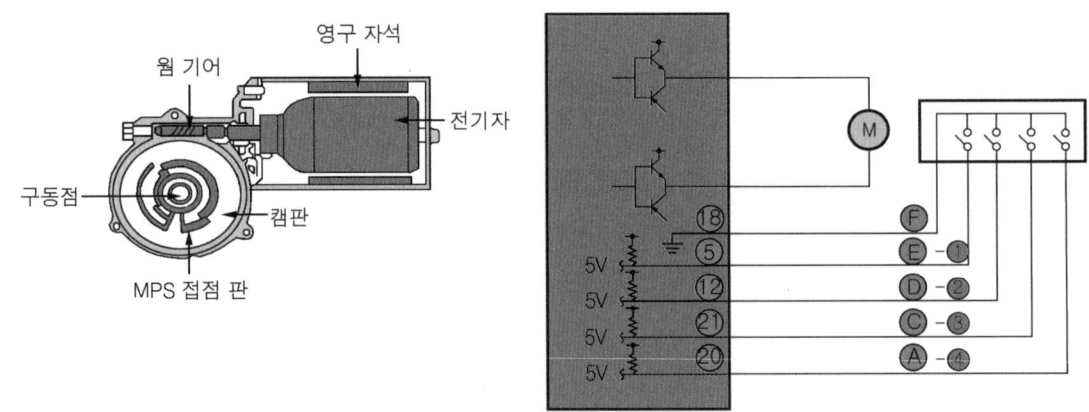

⁍ 전동기 위치 센서의 회로도

4) 전자 클러치 EMC ; Electronic Magnetic Clutch

전자 클러치는 4바퀴 구동 고속 모드에서 변속용 전동기에 의해 작동된 록업 포크(lock up fork)가 록업 장치를 일정한 위치까지 이동시키면 이때부터 출력축의 구동 기어와 록업 장치의 피동 기어를 연결시킬 때 작동되어 기어가 물리도록 한다. 전자 클러치는 컴퓨터에 의해 작동되며, 4바퀴 구동 고속 및 저속 모드에서 모두 작동한다.

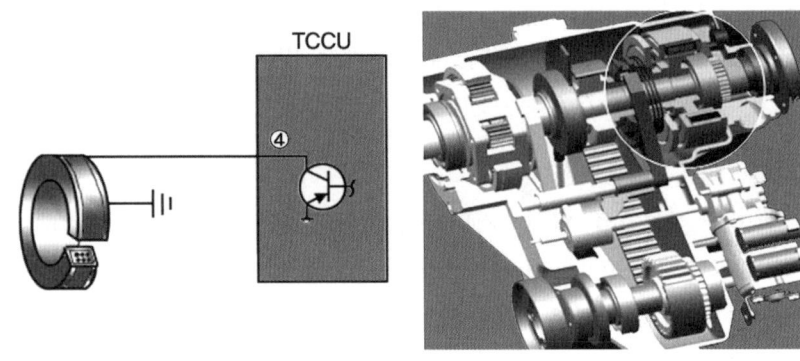

⁍ 전자 클러치

5) 차속 센서 vehicle speed sensor

차속 센서는 ABS(Anti lock Brake System)의 휠 스피드 센서(wheel speed sensor)나 자동변속기의 펄스 제너레이터(pulse generator) A & B와 같은 원리를 이용하며, 트랜스퍼 케이스 하우징에 설치되어 있다. 컴퓨터는 이 센서를 이용하여 주행 속도를 검출하여 4바퀴 구동 저속 모드로 변환할 때 0~3km/h 이하에서만 작동 여부를 결정한다. 차속 센서의 작동 원리는 다음과 같다.

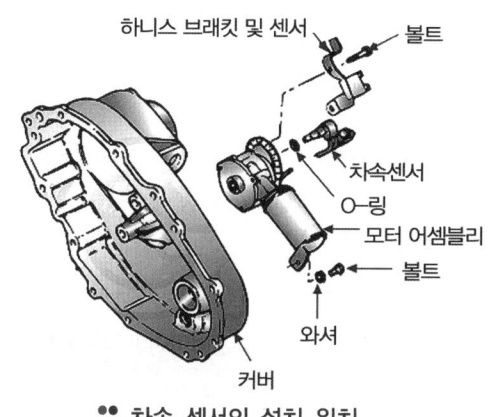

코일이 감긴 영구자석의 양극 사이에서 전자 클러치가 회전하면 철심에 인가되었던 영구자석의 자속에 변화가 생기고 이 자속의 변화에 의해 교류 전압이 발생된다. 이 교류 전압은 전자 클러치의 회전속도에 비례하여 주파수가 변화하기 때문에 컴퓨터가 센서로부터 시간당 주파수를 검출하여 자동차의 주행 속도를 검출한다.

∷ 차속 센서의 설치 위치

6) 지시등(4바퀴 구동 장치 고속, 저속)

지시등은 4바퀴 구동 고속 모드와 저속 모드 지시등이 계기판에 설치되어 있으며, 운전자의 선택 스위치 선택에 따라 점등 및 소등된다. 또 4바퀴 구동 장치에 고장이 발생하면 4바퀴 구동 고속 모드와 저속 모드 지시등을 동시에 점등시켜 장치의 고장여부를 알려준다.

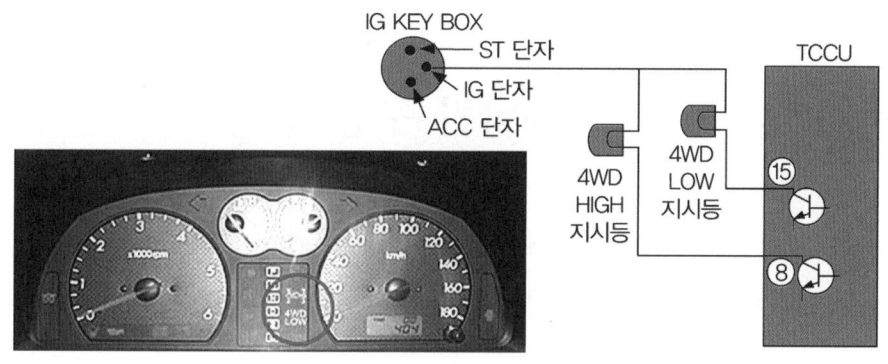

∷ 4바퀴 구동장치 지시등

지시등의 작동 원리는 다음과 같다. 점화 스위치를 "ON"으로 하면 키 박스(key box)에서 계기판에 있는 램프로 전원이 공급되어 컴퓨터 8번과 15번 단자에 대기한다. 이에 따라 점화 스위치 "ON"과 동시에 컴퓨터에 전원이 공급되면 컴퓨터가 8번과 15번 단자의 트랜지스터 베이스를 작동시켜 각각의 램프를 점등시킨다.

컴퓨터는 6초 동안에 장치의 자체를 점검하여 이상이 없으면 4바퀴 구동 고속 및 저속 모드 지시등을 트랜지스터 베이스의 전원을 차단하여 소등시키고, 고장이 발생하면 트랜지스터 베이스를 계속 작동시켜 2개의 램프를 지속적으로 점등시킨다. 또 고속 모드와 저속 모드 지시등이 점멸되면 선택 스위치를 작동시켰으나 장치가 아직 작동되지 않는다는 표시이다.

7) 4바퀴 구동 선택스위치

이 스위치는 운전자의 의지에 따라 4바퀴 구동 고속 모드(HIGH), 저속 모드(LOW), 2바퀴 구동 고속모드(2WD HIGH)의 선택 여부를 컴퓨터로 입력시킨다.

이 스위치를 점검할 때는 멀티 테스터를 이용한다. 디지털(digital)신호이므로 1과 0으로 컴퓨터가 처리하기 때문에 전압의 수준을 판단하여야 한다. 컴퓨터 7번과 13번 단자에 멀티 테스터를 연결하고 각각의 스위치를

"ON" 시켰을 때는 0.8V 이하로 낮아져야 하고 "OFF" 시켰을 때에는 최소 2.5V 이상이 되어야 한다.

만약 스위치를 "ON" 시켜도 0.8V 이하로 떨어지지 않는다면 스위치의 접점 또는 접지 계통을 점검하여야 한다. 또 스위치를 "OFF" 시켜도 계속적으로 0.8V 이하이면 컴퓨터 7번과 13번 단자의 배선이 스위치 접점 이전에서 차체에 접지되었거나 또는 단락되었으므로 컴퓨터 커넥터를 분리한 후 멀티 테스터의 레인지를 선택하여 차체와 배선 이상 여부를 확인한다.

반대로 스위치를 "ON" 시켜도 2.5V 이상으로 계속 유지되면 컴퓨터 커넥터에서 스위치까지의 배선이 단선되었고, 스위치 접지선이 단선되어도 이러한 현상이 일어날 수 있다.

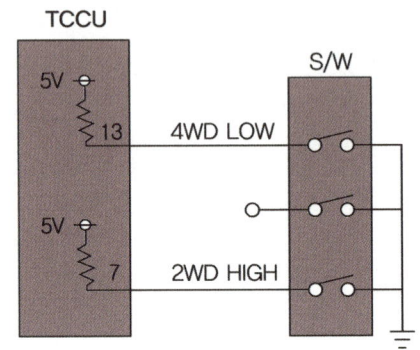

❖ 4바퀴 구동 장치 선택 스위치

3 풀 타임 전자제어 4바퀴 구동 장치

풀타임 방식은 상시 4바퀴 구동 장치를 의미하며, 뒷바퀴 구동(FR) 자동차의 TOD(Torque on demand) 방식과 앞바퀴 구동(FF) 자동차의 ITM(Interactive torque management system) 방식으로 분류된다.

3-1. TOD torque on demand 방식

기존의 풀 타임 4바퀴 구동 장치는 엔진과 변속기를 통해 트랜스퍼 케이스로 전달되는 동력을 오일과 기계 장치를 이용하여 앞바퀴와 뒷바퀴로 분배하는 것이 주목적이었다.

반면 TOD 트랜스퍼 케이스는 전자제어에 의해 앞바퀴와 뒷바퀴로 동력을 분배한다. 즉, 일률적으로 앞바퀴와 뒷바퀴로 동력을 분배하는 것이 아니라, 도로조건이나 자동차 주행상태에 따라서 앞바퀴와 뒷바퀴로의 동력분배가 0 : 100~50 : 50까지 자동적으로 수시 변경된다.

기본적으로 포장도로에서 저·중속으로 주행할 때는 "뒷바퀴 구동" 상태(이론상 뒷바퀴로는 100%의 동력이 전달되고, 앞바퀴로는 동력이 전달되지 않음)로 주행하다가 뒷바퀴의 미끄럼이 검출되면, 적당한 양의 동력이 앞바퀴로도 전달된다.

컴퓨터는 트랜스퍼 케이스의 스피드 센서로부터 앞·뒷바퀴 회전속도의 신호를 받고, 엔진 컴퓨터로부터 엔진의 출력상태에 대한 정보를 받아 분석하며, 그 값에 따라 전자 클러치(Electro Magnetic Clutch)의 압착력을 변화시킨다. 전자 클러치의 압착력이 변화되면 앞 추진축이 제어되며, 컴퓨터로 보내는 입력 값에 따라 앞바퀴로의 동력이 변화한다.

컴퓨터로 보내져 분석된 자동차의 주행속도, 엔진의 출력 상태, 바퀴의 미끄러짐 비율 등의 정보에 따라 전자 클러치의 압착력이 제어되며, 압착력이 변화될 때 압착력이 크면 동력이 많이 전달되고, 압착력이 작으면 클러치의 미끄럼 비율이 커지기 때문에 작은 동력이 전달되므로 입력 신호에 따라 적절한 동력이 앞바퀴로 분배된다.

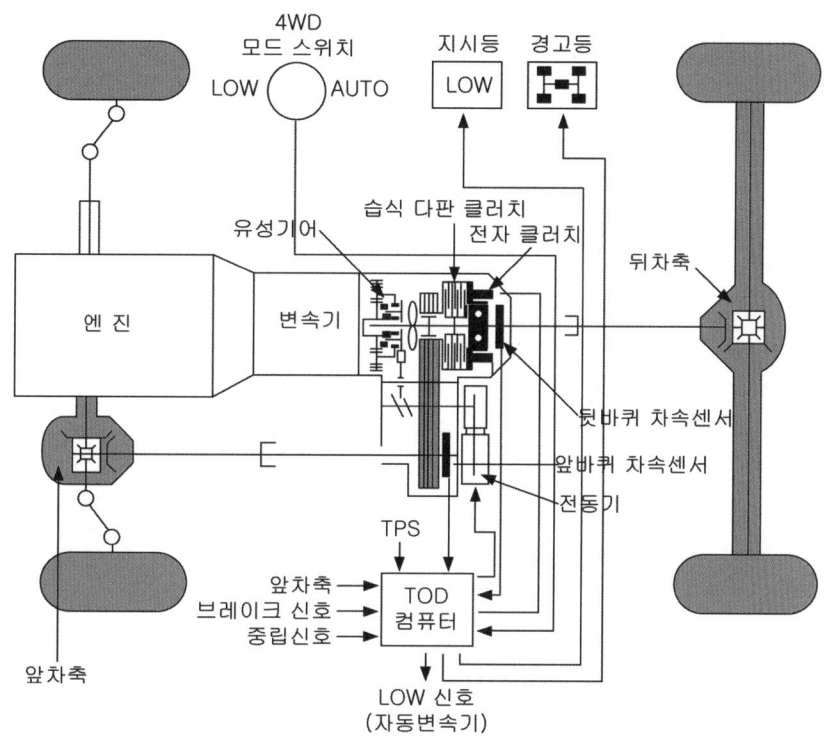

풀 타임 전자제어 4바퀴 구동 장치의 구성도

1 도로조건에 따른 앞·뒷바퀴 동력 분배

① **포장도로에서 저·중속으로 주행할 때** – 기존의 파트 타임 트랜스퍼 케이스를 사용하는 자동차에서는 정지된 상태에서 조향 핸들을 좌측 또는 우측으로 돌린 후 출발하면 자동차가 멈칫멈칫하며 걸리는 타이트 코너 브레이크(Tight Corner Braking) 현상이 발생하는데, TOD 장치에서는 이 현상이 일어나지 않고 뒷바퀴 구동의 주행이 가능하다.

② **포장도로에서 고속으로 주행을 할 때** – 포장도로에서 고속으로 주행할 때는 뒷바퀴가 주 구동 바퀴가 되며(약 85%), 측면에서 부는 바람 또는 우천에서도 안전한 접지를 유지하도록 앞바퀴로도 동력(약 15%)이 분배된다.

③ **마찰 계수가 낮은 도로에서 선회할 때** – 비포장도로, 눈길, 빙판길, 진흙길 등에서 선회할 때 필요한 동력을 앞바퀴에도 분배한다. 앞바퀴에 동력(약 30%)이 분배되면 도로면의 접지력이 상대적으로 높아지고 자연스러운 조향이 가능하다.

④ **마찰 계수가 낮은 도로에서 등판주행 또는 출발할 때** – 비포장도로, 눈길, 빙판길, 진흙길 등에서 등판주행 또는 출발을 할 때에는 필요에 따라 50 : 50의 동력을 앞·뒷바퀴에 분배하여 최대 접지력과 구동력을 발휘할 수 있다.

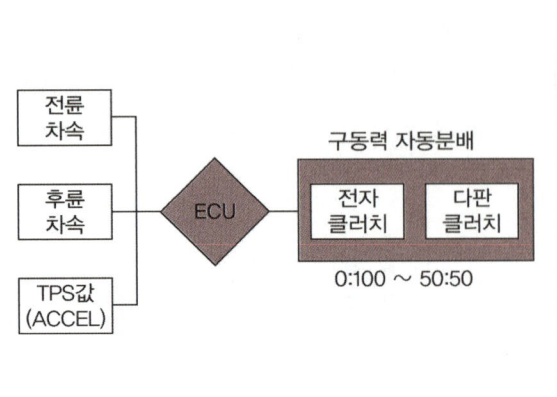
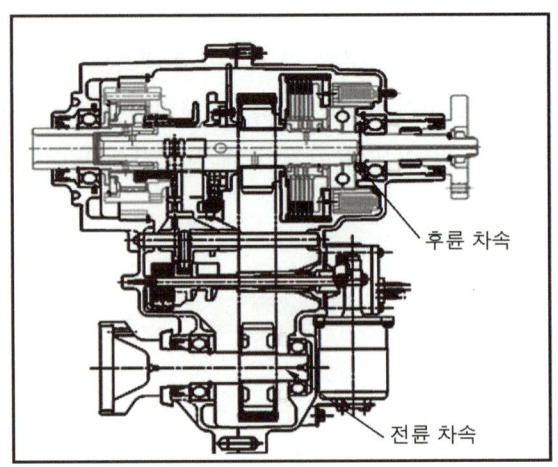

:: TOD 구동력 자동 분배

2 TOD 방식의 장점

① 동력이 앞바퀴와 뒷바퀴로 분배되어 4바퀴 구동 상태에서도 연료소비율이 향상된다.
② 동력이 앞바퀴와 뒷바퀴로 조건에 따라 적절히 분배되므로 각 바퀴가 최적의 접지력을 발휘한다. 이것은 최적의 주행성능 유지, 선회할 때 안정성 유지, 브레이크를 작동할 때 효율 향상 등의 효과가 있음을 의미한다.
③ 도로면의 변화에 따른 반응이 신속하다.
④ 내부 구조가 간단하므로 경량화가 가능하다.
⑤ ABS와 연계 및 조화가 쉬워 ABS의 작동이 효과적이다.
⑥ 컴퓨터에 의해 자동 제어되므로 작동이 쉽고, 편리하다.
⑦ 비포장도로 및 포장도로에서의 직진 안정성 및 주행성능이 우수하다.
⑧ 주행 중 자동차 조향핸들의 조작이 편리다.

3 TOD 전자제어 장치의 기능 및 작동

1) TOD 선택 모드 스위치

TOD는 자동 모드(auto mode)와 저속 모드(low mode) 2가지의 모드가 있다. 자동 모드는 일반적으로 사용되는 모드이며, 기어비는 1:1이다. 저속 모드는 기존의 풀 타임 트랜스퍼 케이스와 같고 앞·뒷바퀴 쪽에 50:50의 동력을 분배시켜 4바퀴 구동 상태에서 최대의 구동력을 발휘하도록 한다. 이때 기어비는 2.48:1이다.

① **자동 모드를 선택할 때의 기능**

TOD는 클러치를 전자제어 하여 앞뒤 추진축의 출력 회전속도를 검출하고 그 차이가 설정된 값 이상일 경우 초과된 회전속도를 미리 계산한 후 그에 상응하는 동력을 전자 클러치를 통해 앞바퀴로 전달한다. 이러한 앞뒤 추진축의 회전속도는 홀 센서(Hall Effect Sensor)를 이용하여 검출하며, 검출된 신호는 TOD 컴퓨터로 보낸다. 앞뒤 추진축의 초과된 회전속도의 차이에 따른 다양한 전류량에 의해 트랜스퍼 케이스 클러치 코일이 활성화된다.

② **저속 모드를 선택할 때의 기능**

모드 스위치(mode switch)를 "저속(LOW)"으로 선택하면, 4바퀴 구동 저속 상태로 선택된다. 추진축의 동력비율은 1 : 1에서 2.48 : 1로 변환된다.

∷ TOD 선택 모드 스위치

2) 변속용 전동기 shift motor

트랜스퍼 케이스의 변속용 전동기는 트랜스퍼 케이스 뒤쪽에 설치되어 있다. 변속용 전동기는 로터리 헬리컬 캠(rotary helical cam)을 구동한다. 모드 선택 스위치에서 구동 위치를 "저속(LOW)"으로 선택하면, 헬리컬 캠이 "자동(AUTO) 모드"에서 "저속(LOW) 모드" 위치로 회전하면서 시프트 포크가 2.48 : 1의 감속 위치로 된다.

3) 트랜스퍼 케이스 trans fer case

TOD 트랜스퍼 케이스는 "자동 모드"/"저속 모드" 스위치 조작과 변속용 전동기의 전기적 작동에 의해 변속기로부터

∷ 변속용 전동기

의 동력을 뒷차축 및 앞차축으로 분배한다. 뒷바퀴 구동 모드에서 변속기로부터의 동력은 트랜스퍼 케이스의 입력축(Input Shaft)을 통해 뒤쪽의 출력축(Output Shaft)으로 전달된다.

이렇게 전달된 동력은 추진축을 통하여 뒷차축으로 전달되고, "자동 모드"/"저속 모드"로의 변속은 HI-LO 칼라(Collar)가 감소되는 방향으로 시프트 포크가 출력축(Output Shaft)과 앞차축 유성기어를 연결시켜 실행된다. 이에 따라 입력축으로부터 전달된 동력은 선 기어를 통해 앞차축 유성기어를 회전시키고, 앞차축 유성기어는 출력축과 물려 저속모드 상태로 구동된다.

4) 뒤 스피드 센서 Rear Speed Sensor

뒤 스피드 센서는 홀 효과를 이용한 센서이며, 30개의 이(tooth)를 가진 휠의 회전에 따라 0~5Vdc의 사각파형(Square Wave)을 발생시킨다. 이의 수가 30개인 휠은 트랜스퍼 케이스 내부에 설치되어 뒤 추진축과 결합되어 있으며, 뒤 추진축이 회전하면 1회전 당 휠의 잇수 만큼의 스피드 센서 펄스 신호가 발생한다. 즉, 추진축이 1회전하면 30개의 스피드 센서 펄스 신호가 발생하게 된다.

5) 앞 스피드 센서 Front Speed Sensor

앞 스피드 센서는 뒤 스피드 센서와 동일하며, 앞 추진축과 결합되어 있다.

6) 전자 클러치 EMC ; Electro Magnetic Clutch

전자 클러치는 도로조건 및 자동차의 주행상태에 따라 요구되는 양 만큼의 동력을 앞 추진축에 분배하기 위해 사용한다.

4 TOD 입출력 다이어그램

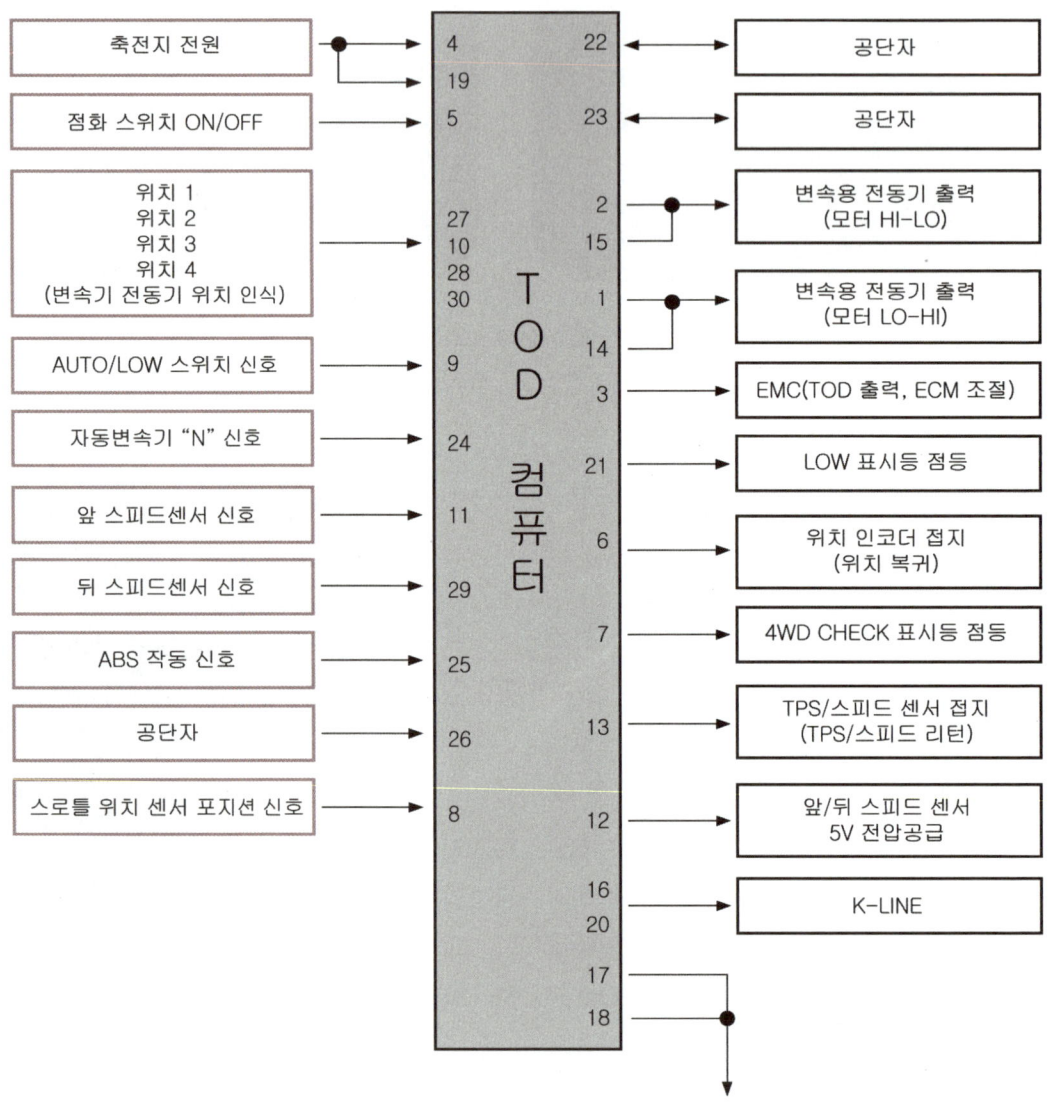

∷ TOD 전자제어 입·출력도

3-2. ITM Interactive Torque Management 방식

ITM 방식의 4바퀴 구동 장치는 주로 앞바퀴 구동 방식의 온 로드(on road)용 자동차에서 사용하는 상시 4바퀴 구동 장치 TOD와 함께 **풀 타임 방식**이라 부른다. 앞에서 설명한 트랜스퍼 케이스 형식과 달리 매우 간단한 장치로 구성되어 있다. ITM은 견인력을 향상시키며, 선회 주행에서의 안정성, 그 밖의 주행 안정성에 효과가 우수하다.

1 ITM 방식의 작동 개요

앞바퀴 구동 방식 자동변속기에서 뒷바퀴 쪽으로 동력을 인출하는 트랜스퍼 케이스를 경유한 동력은 추진축으로 전달되고 추진축과 종감속 기어 사이에 설치된 ITM에서 전기적으로 동력을 전달하면 4바퀴 구동이 되고, 동력을 차단하면 2바퀴 구동으로 작동한다.

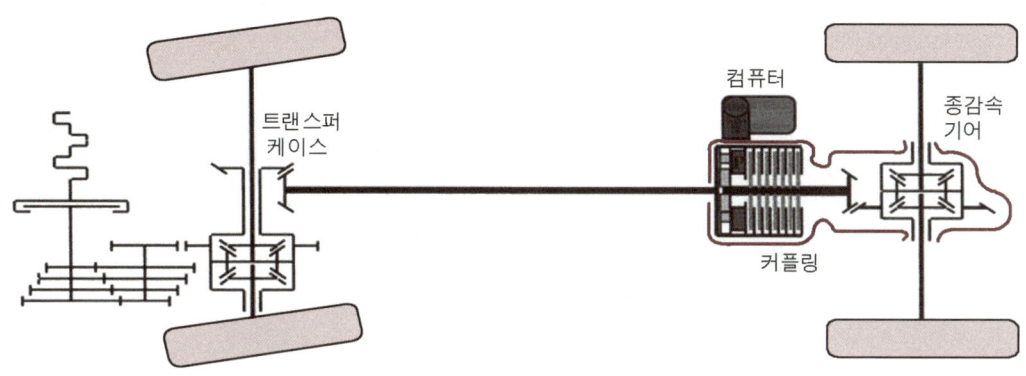

:: ITM 작동 개념도

2 ITM 작동 원리

ITM 컴퓨터가 4바퀴 구동의 작동 영역을 판단하면 ITM에 설치된 전자 클러치 코일을 작동시켜 ITM 내의 클러치 판을 압착시킨다. 이에 따라 추진축으로부터 전달된 동력이 뒤 종감속 기어를 경유하여 뒷바퀴로 전달된다.

:: ITM 내의 전자 클러치 코일

3 ITM의 전자제어 입·출력 구성도

입력부분
- 축전지
- 조향핸들 각속도 센서
- 휠 스피드 센서 (ABS/TCS, ESP by CAN)
- ABS ACTIVE(by CAN)
- 스로틀 위치 센서(by CAN)
- 4WD 고정 스위치

→ ITM 컴퓨터 →

출력부분
- 전자 클러치
- 4WD 경고등
- 4WD 고정등(lock lamp)
- 자기진단

:: ITM 전자제어 입·출력도

1) 조향 핸들 각속도 센서

조향 핸들 각속도 센서는 조향 핸들의 조향 정도를 파악하여 선회 주행할 때 4바퀴 구동 장치의 구동력을 제어하여 안정된 선회가 가능하도록 유도한다. 또 선회할 때 발생하는 타이트 코너 브레이크 현상을 방지한다. 배선은 총 5선으로 전원, 접지, 중립 지점, 조향 1, 2로 각각 구성되어 있으며, ITM 컴퓨터로 신호가 입력된다. 조향 각도와 조향 속도를 판단하여 제어에 활용한다. 전압은 최고(high) 신호가 약 4.0V이고 최저(low) 신호가 약 1.5V를 나타낸다.

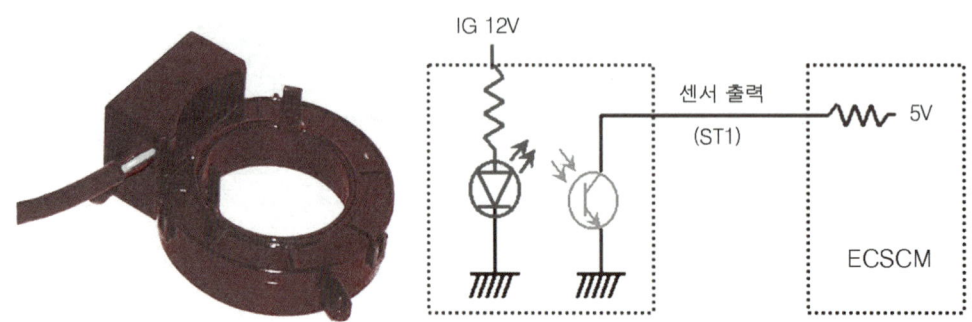

∷ |조향 핸들 각속도 센서

2) 휠 스피드 센서

휠 스피드 센서는 각 바퀴의 회전속도를 판단하여 ITM 컴퓨터로 보내준다. 4바퀴 구동 장치의 제어에서 중요한 신호 중 한가지이다. 휠 스피드 센서에서 비정상적인 신호가 출력되면 4바퀴 구동 장치를 제어할 때 문제가 발생한다.

바퀴 미끄럼 방지 제동장치(ABS)가 작동 때와 ITM 작동이 겹칠 수 있으므로 CAN 통신 라인을 통해 바퀴 미끄럼 방지 제동장치의 작동여부 신호를 입력받는다. 만약 동시 작동 조건이라면 바퀴 미끄럼 방지 제동장치 제어가 우선한다.

3) CAN 통신 데이터

ITM 컴퓨터는 CAN 통신 라인으로부터 스로틀 위치 센서(TPS) 값과 바퀴 미끄럼 방지 제동장치 작동여부 신호를 입력받는데, 먼저 스로틀 위치 센서는 운전자의 가속 의지를 확인하여 제어에 활용한다. 또 ABS 작동 여부 신호는 4바퀴 구동 장치의 제어와 ABS 제어가 동시에 이루어질 것에 대비하여 신호를 입력받는다. 우선 신호는 바퀴 미끄럼 방지 제동장치이다.

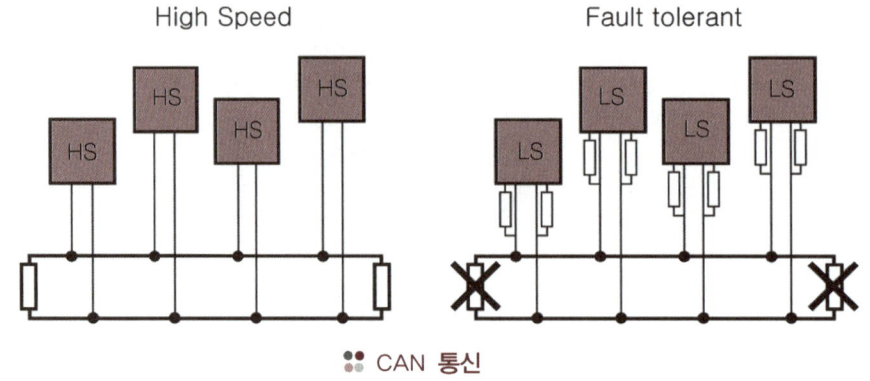

∷ CAN 통신

4) 4바퀴 구동 장치 고정 LOCK 스위치

자동차가 습지대에 빠졌거나 그밖에 상시 4바퀴 구동이 필요할 때 이용하는 스위치이며, 이 스위치를 ON시키면 상시 4바퀴 구동 장치로 동작한다. 4바퀴 구동 장치 고정 스위치를 ON시킨 상태에서 고속으로 주행하면 자동으로 고정이 해제된다.

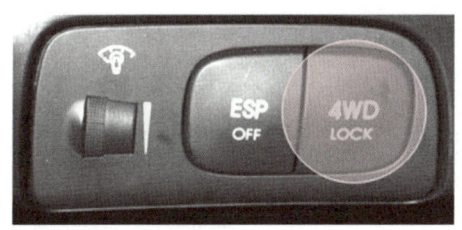 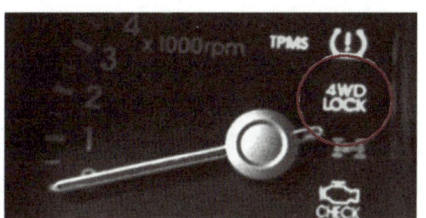

(a) 4WD 고정 스위치　　　　　　(b) 4WD 고정 램프

※ 4바퀴 구동 장치 고정 스위치

5) 전자 클러치 코일 출력 제어

ITM 컴퓨터는 ITM 작동 조건이 각종 센서로부터 입력되면 전자 클러치 코일을 듀티 제어하여 4바퀴를 제어한다. 듀티비가 증가하면 구동력 분배율도 커지고 듀티비가 낮아지면 동력 분배율도 같이 작아진다.

7 주행성능 및 동력성능

학/습/목/표

1. 주행 저항에 대하여 설명할 수 있다.
2. 구동력과 주행 속도의 관계에 대하여 설명할 수 있다.
3. 바퀴와 노면 사이의 점착력 관계에 대하여 설명할 수 있다.
4. 주성 성능 곡선에 대하여 설명할 수 있다.
5. 자동차의 등판 성능에 대하여 설명할 수 있다.
6. 최고 속도 성능에 대하여 설명할 수 있다.
7. 연료소비율 성능에 대하여 설명할 수 있다.

자동차의 동력 성능은 그 사용 엔진 및 동력전달 장치의 성능과 제원에 따라 결정되며 가속성능, 등판성능, 최고 속도 및 연료소비율을 포함한다. 또한 자동차 주행 중에는 그 주행을 방해하는 힘의 작용을 받는다. 이를 주행 저항이라 하며 주행 저항의 크기는 자동차의 동력 성능에 큰 영향을 미친다.

1 자동차 주행 저항과 구동력

자동차가 일정한 속도로 주행할 때는 주행 저항(Running resistance)이 작용하여 그 진행을 방해하므로 일정한 속도를 유지하기 위해서는 구동 바퀴가 주행 저항에 상응하는 만큼의 구동력을 발생시키지 않으면 안 된다. 따라서 일정한 속도로 주행하고 있는 자동차는 그림의 주행 저항 D와 구동력 F가 같은 같이 된다.

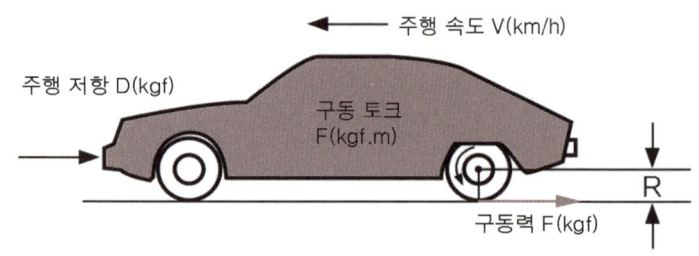

주행 저항과 구동력

이 경우 어떤 원인으로 주행 저항이 구동력보다 커지면(등판을 할 경우 또는 액셀러레이터 페달을 놓아서 엔진의 회전력이 감소한 경우 등) 자동차는 감속을 시작하며, 반대로 구동력이 주행 저항보다 커지면 자동차는 가속을 하게 된다. 이때 구동 바퀴가 필요로 하는 출력은 다음 식으로 나타낸다.

$$\text{구동 바퀴의 출력(PS)} = \frac{FV}{75 \times 3.6} \quad \cdots\cdots\cdots\cdots\cdots\cdots\cdots\cdots\cdots\cdots\cdots\cdots\cdots (1)$$

단, 정속으로 주행할 경우 구동력 F = 주행 저항 D가 된다. 이와 같이 하여 구한 구동 바퀴의 출력을 주행 저항 마력이라 한다.

2. 주행 저항

주행 저항은 자동차 주행을 방해하는 측으로 작용하는 힘의 총칭으로서 구름 저항, 공기 저항, 등판 저항, 가속 저항의 4가지로 구성된다. 주행 저항 공식은 다음과 같다.

$$P = k_1 \times D \times V \quad \cdots\cdots\cdots\cdots\cdots\cdots\cdots\cdots\cdots\cdots\cdots\cdots\cdots\cdots\cdots\cdots\cdots\cdots\cdots\cdots (2)$$

여기서, P : 주행 저항 마력(PS) k_1 : 주행 저항 계수 D : 주행 저항력(kgf) V : 주행 속도(Km/h)

2-1. 구름 저항(Rolling resistance, Rr)

바퀴가 수평 노면을 굴러가는 경우에 발생하는 저항으로 노면의 굴곡, 타이어 접지 부분의 변형, 타이어와 노면의 마찰 손실에서 발생하며 바퀴에 걸리는 자동차의 하중에 비례한다. 즉 바퀴가 수평 노면을 전동하는 경우에 발생하는 저항과 에너지 손실에 의한 것으로 다음과 같은 저항 및 손실로 표현된다.

① 타이어 접지 부분의 변형에 의해 발생하는 저항
② 노면을 변형시키는데 필요로 하는 동력 손실에 의한 저항
③ 노면의 요철 등에 의한 충격 저항
④ 바퀴와 노면 사이의 접지 부분에서의 미끄러짐에 의한 저항
⑤ 바퀴 베어링 등의 마찰에 의한 저항

구름 저항은 여러 가지 원인에 의해 발생하기 때문에 바퀴에 걸리는 하중, 노면의 상태 및 주행 속도에 따라 변하지만 일반적으로 하중에 비례하므로 주행 속도에는 영향은 받지 않는다고 본다. 그리고 구름 저항 계수가 바퀴의 공기 압력에 의해 변화하는 것은 공기 압력이 낮을수록 바퀴의 변형이 커지고, 바퀴의 변형이 커지면 전동할 때의 변형과 복원에 의한 에너지 손실이 커진다. 또한 접지 부분에 있어서 바퀴가 노면에서 미끄러지기 때문에 마찰에 의한 손실이 커지며, 구름 저항 계수는 바퀴가 새것일 때, 공기 압력이 낮을 때, 주행 속도가 증가할 때 커진다. 이 현상은 고속이 되면 급격히 증가되어 스탠팅 웨이브가 발생한다.

구름 저항은 다음 식으로 나타낸다.

$$\text{구름 저항 } Rr = \mu r \times W \quad \cdots\cdots\cdots\cdots\cdots\cdots\cdots\cdots\cdots\cdots\cdots\cdots\cdots\cdots\cdots\cdots (3)$$

여기서, Rr : 구름 저항(kgf) μr : 구름 저항 계수 W : 차량 총 중량(kgf)

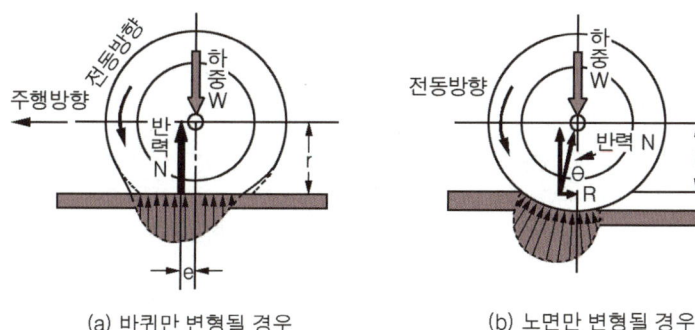

(a) 바퀴만 변형될 경우   (b) 노면만 변형될 경우

❖ 바퀴 및 노면의 변형과 구름 저항

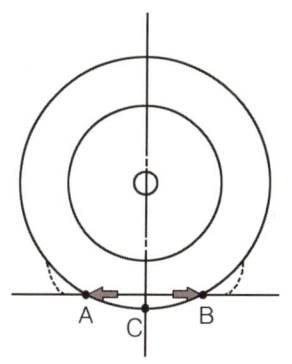

❖ 노면과 바퀴의 미끌림

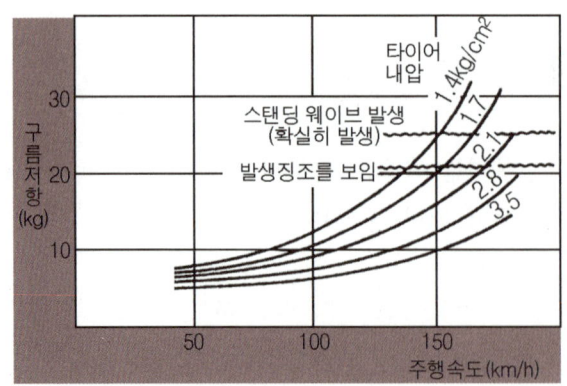

주행 속도 및 바퀴 공기 압력과 구름 저항의 관계

2-2. 공기 저항(Air resistance, Ra)

자동차의 주행을 방해하는 공기의 저항으로 대부분 압력 저항이며, 차체의 형상에 따라 공기 흐름의 박리에 의해 발생하는 맴돌이 형상 저항과 자동차가 양력에 의한 유도 저항이다. 공기 저항은 자동차의 투영 면적과 주행속도의 곱에 비례한다. 자동차의 공기 저항은 압력 저항이 주된 것이지만 그 중 형상 저항이 전체의 60%를 차지한다.

① **형상 저항** : 차체의 형상에 의해 결정되며 전 투영 면적에 작용되는 풍압에 의해 크게 작용한다. : **(항력)**
② **유로 저항** : 고속이 되면 차체를 들어 올리려는 힘이 발생한다. : **(양력)**
③ **마찰 저항** : 공기의 점성 때문에 차체의 표면과 공기 사이에 발생한다.
④ **표면 저항** : 차체의 표면에 있는 요철이나 돌기 등에 의해 발생한다.
⑤ **내부 저항** : 엔진의 냉각 및 차량의 실내 환기를 위해 들어오는 공기 흐름에서 발생한다.

공기 저항은 다음 식으로 나타낸다.

$$\text{공기 저항 } Ra = \mu a \times A \times V^2 = Cd \times \left(\frac{\rho}{2}\right) \times A \times V^2 \quad \cdots\cdots (4)$$

여기서, Ra : 공기 저항 (kgf) μa : 공기 저항 계수 A : 전면 투영 면적 (m²)
        Cd : 공기 저항 계수 V : 주행속도 (km/h)

그리고 차체에 작용하는 공기의 힘은 다음과 같다.

1 차체에 작용하는 3분력과 3모멘트

차체에 작용하는 공기력은 차체의 전후로 작용하는 항력, 옆으로 작용하는 횡력, 위 방향으로 작용하는 양력이 3분력이고, 각각의 모멘트 롤링, 피칭, 요잉 모멘트로서 3 모멘트 등 6 자유도이다.

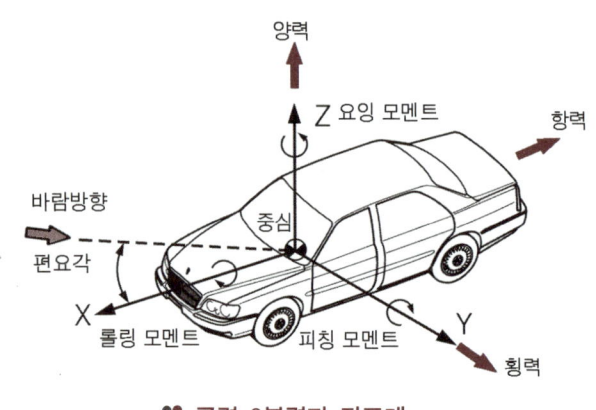

공력 6분력과 좌표계

2 항력과 롤링 모멘트

항력은 공기 저항이라고도 하며, 평탄한 도로를 정상으로 주행하는 자동차에 가해지는 주행 저항은 주로 바퀴와 노면 사이의 구름 저항과 공기 저항이다. 항력은 속도의 2승에 비례하므로 고속이 될수록 주행 저항이 차지하는 비율이 증가되어 공기 저항을 줄일 수 있으면 고속 주행에서 연료소비율의 향상 및 최고 속도를 증가시킬 수 있다.

발생 원인은 외부 저항과 내부 저항으로 구분된다. 외부 저항은 차체의 형상과 관계되는 것으로 돌기나 부가물에 의한 영향으로 구분되고 내부 저항은 엔진의 냉각을 요하는 통풍 저항과 브레이크 등의 부품 냉각에 요하는 통풍 저항으로 구분된다. 방지하는 방법은 다음과 같다.

① **차체 앞부분** : 에어 댐 등을 설치하여 공기 저항을 줄인다.
② **차체 뒷부분** : 리어 스포일러(공기의 흐름을 방해하여 차체 주위의 공기 흐름을 제어하는 역할을 하는 것)를 설치한다.
③ **엔진 냉각 바람** : 차체 뒷면으로 배출시켜 뒷면의 부압을 완화시킨다.
④ **차체 외부 부착물** : 몰딩, 미러, 머드 가이드를 공기 저항이 감소되도록 설계한다.
⑤ 롤링 모멘트를 줄이기 위해 전자제어 현가장치(ECS)를 설치한다.

3 양력과 피칭 모멘트

1) 발생 원인

주행 중 상하 공기 흐름의 속도 차이에 의해서 양력이 발생되는 것으로 자동차가 고속으로 주행할 때 양력이 크게 발생되어 자동차가 들리는 현상으로 조정 안정성에 악영향을 준다. 즉, 양력의 증가는 타이어의 코너링 포스를 감소시키기 때문에 일반적으로 안정성에 악영향을 주지만 자동차의 조향 특성에 대한 영향은 앞뒷바퀴 양력의 분담과 현가장치의 특성에 따라 바뀐다. 양력의 주요인은 차체의 형상, 냉각의 바람, 부착물 등이다.

2) 감소 방지 방법

① 해치백 자동차가 노치백(세단) 자동차보다 유리하다.
② 리어 스포일러를 설치한다.
③ 자동차의 앞 부분에 에어댐을 설치한다.
④ 냉각 바람을 도입한다.

4 횡력과 요잉 모멘트

1) 발생 원인

자동차가 주행 중 바람이 가로 방향에서 불 때 힘을 받으며, 이 횡력에 의해 주행 방향 안정성에 영향을 받는다.

2) 감소 방지 방법

① 공기 저항을 감소시키기 위해 차체의 형상을 유선형으로 하거나 필러 등을 둥글게 한다.
② 고속으로 주행할 때 바람의 압력에 영향을 덜 받는 언더 스티어링 자동차가 유리하다.
③ 요잉 모멘트를 감소시키기 위해 4륜 구동 장치나 액티브 요잉 제어 장치(active yawing control system)를 사용한다.

2-3. 등판 저항(Gradient resistance, Rg)

자동차가 경사면을 올라갈 때 자동차의 중량에 의해 경사면에 평행하게 작용하는 분력의 성분이다. 경사 각도를 경사면 구배율 %로 표시하면 된다. 경사면의 수직 성분 W × COSθ에 구름 저항 계수 μr 을 곱한 것은 등판할 때 구름 저항 계수가 되지만 그 수직 값이 일반적으로 작기 때문에 구름 저항의 구배에 의한 값은 무시하는 것이 일반적이다.

내리막길에서는 등판 저항이 반대로 되며, 구름 저항이나 공기 저항 보다 등판 저항의 절대 값이 커지면 자동차의 주행속도도 빨라진다. 등판 저항은 다음 식으로 나타낸다.

$$\text{등판 저항 } Rg = W \times \sin\theta \quad \cdots\cdots\cdots (5)$$

여기서, Rg : 등판 저항 (kgf)　　W : 차량 중량 (kgf)　　θ : 각 면의 경사각 (deg)

2-4. 가속 저항(Acceleration resistance, Ri)

자동차의 주행속도를 변화시키는데 필요한 힘을 가속 저항이라 하며, 자동차의 관성을 이기는 힘이므로 '관성 저항'이라고도 할 수 있다.

① 자동차 구동 계통 회전 부분의 회전 속도를 상승시키는 힘이다.
② 회전 부분을 제외하고 자동차의 가속 부분만 고려한 힘이다.

회전 부분 상당 중량은 자동차 변속비에 따라 다르며, 저속에서 중요한 인자가 된다. 가속 저항은 다음 식으로 나타낸다.

$$\text{가속 저항 } Ri = \left(\frac{\alpha}{g}\right) \times (1+\varepsilon) \times W \quad \cdots\cdots\cdots (6)$$

여기서,　Ri : 가속 저항 (kgf)　　W : 차량 중량 (kgf)　　α : 가속도 (m/s)
　　　　ε : 회전 부분 상당 관성 계수　g : 중력 가속도 (m/s)

2-5. 전체 주행 저항(Total running resistance, Rt)

자동차의 주행 저항은 주행 조건에 따라 여러 가지 상태로 나타낼 수 있으며, 구분은 다음과 같이 된다.

① **평탄한 도로 정속 주행에서의 전체 주행 저항** = 구름 저항 + 공기저항
② **경사로 정속 주행에서의 전체 주행 저항** = 구름 저항 + 공기저항 + 등판 저항
③ **평탄한 도로 가속 주행에서의 전체 주행 저항** = 구름 저항 + 공기저항 + 가속 저항
④ **경사로 가속 주행에서의 전체 주행 저항** = 구름 저항 + 공기저항 + 가속 저항 + 등판 저항

> **TIP**
> **타행주행이란?**
> 자동차의 변속기를 중립 위치에 놓고 관성에 의해 주행하는 것을 의미하는데, 주행하고 있는 자동차는 주행 저항을 받으므로 타행할 때는 이 힘에 상당하는 감속이 된다. 따라서 고속도에서 타행 시험을 하여 일정한 주행 구간마다 소요 시간을 측정하고 이 구간의 평균 속도의 변화 감속도 찾아내고 반대로 하면 주행 저항으로 추정할 수 있다. 구름 저항을 구하거나 풍동을 사용하지 않고 공기저항을 구하려면 이 방법이 좋다.

3 구동력과 주행 속도

자동차가 주행을 계속하기 위해서는 이미 설명한 전체 주행 저항에 상당하는 이상의 동력을 엔진에서 발생하여야 한다. 따라서 전체 주행 저항 값을 알면 이것에 대응해서 그 자동차에 탑재하려는 엔진의 용량과 제원을 결정할 수 있다.

1 주행에 필요한 엔진의 마력

자동차가 R(kgf)의 전체 주행 저항을 받고, V(km/h)의 속도로 주행을 계속하는데 필요한 엔진의 마력은 다음과 같다. 이때 먼저 주행 저항 마력 Nr(PS)은

주행 저항 마력 $Nr = \dfrac{R \times V \times 1000}{75 \times 60 \times 60}$ ················ (7)

이다. 따라서 엔진에 필요한 마력(축마력) Ne(PS)는

엔진에 필요한 마력 $Ne = \dfrac{Nr}{\eta_t} = \dfrac{R \times V}{270 \times \eta_t}(PS)$ ················ (8)

여기서, η_t : 엔진에서 구동 바퀴 사이의 동력전달 효율(일반적으로 자동차에서는 0.85~0.9 정도)

2 주행에 필요한 엔진 회전력

자동차는 구동 바퀴에서 발생하는 구동력과 전체 주행 저항과는 항상 평형 상태에서 주행을 한다.

구동력 F = 전체 주행 저항 R(kgf) ················ (9)

또한 그림에서 구동 바퀴의 구동력 F(kgf)와 엔진 회전력 T(kgf·m)와의 사이에는

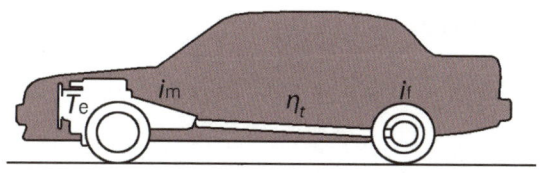

●● 구동력과 엔진 회전력

$F \times r = Te \times i_m \times i_f \times \eta_t = Te \times i \times \eta_t$ ················ (10)

여기서, r : 바퀴의 유효 반지름(m) i_m : 변속비 i_f : 종감속비 i : 총감속비($i_m \times i_f$)

의 관계가 성립하며, 이것에 의해

$$F = \frac{Te \times i \times \eta_t}{r} \text{ (kgf)} \quad \cdots\cdots (11)$$

$$Te = \frac{F \times r}{i \times \eta_t} \text{ (kgf·m)} \quad \cdots\cdots (12)$$

공식 (9), (12)에 의해 전체 주행 저항 R에 대항하여 자동차가 주행하는데 필요한 엔진의 회전력은

$$Te = \frac{R \times r}{i \times \eta_t} \text{ (kgf·m)} \quad \cdots\cdots (13)$$

로 된다. 식 (9)에서 구동력과 전체 주행 저항과의 평형 관계를 아래 그림과 같이 나타낼 수 있다.

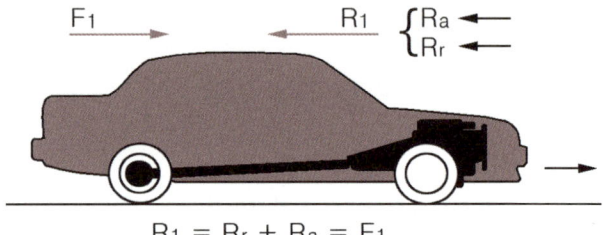

(a) 수평로 정속 주행시

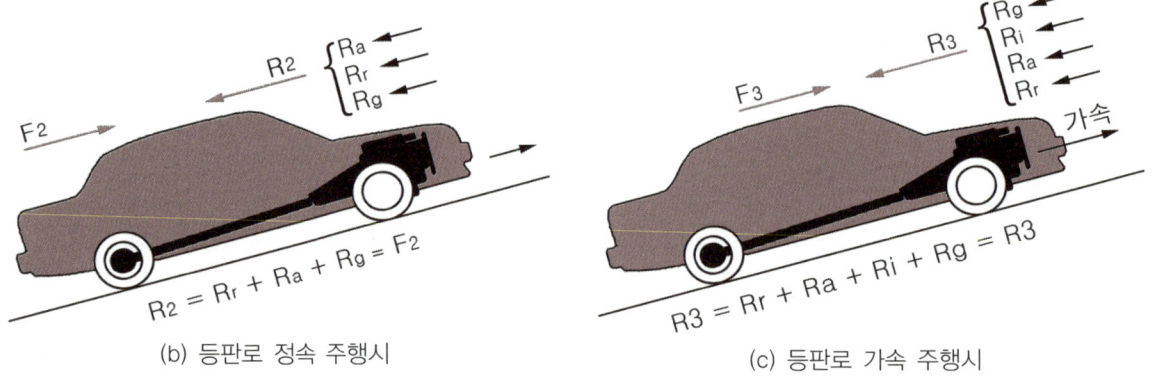

(b) 등판로 정속 주행시   (c) 등판로 가속 주행시

∷ 구동력과 주행 저항

3 주행 속도와 엔진 회전속도와의 관계

자동차 주행 속도 V(km/h)와 엔진 회전속도 n(rpm)과의 사이에는 다음 식이 성립한다.

$$V = \frac{2 \times \pi \times r \times 60 \times n}{i_m \times i_f \times 1000} \text{ (km/h)} \quad \cdots\cdots (14)$$

4 엔진 마력과 회전력과의 관계

엔진 발생 마력(축마력) Ne(PS)와 엔진 회전력 Te(kgf·m)와의 사이에는 다음 식이 성립한다.

$$Ne = \frac{2 \times \pi \times Te \times n}{75 \times 60} = \frac{Te \times n}{716} \text{ (PS)} \quad \cdots\cdots (15)$$

4 바퀴와 노면 사이의 점착력

자동차가 주행을 계속하는데 필요한 조건으로 위 식 (9)의 조건 이외에 다음 조건에 만족하여야 한다.

$$F < \eta_a \times Wd \quad \cdots\cdots\cdots\cdots\cdots\cdots\cdots\cdots (16)$$

여기서, η_a : 바퀴와 노면 사이의 점착 계수   Wd : 구동 바퀴에 작용하는 무게(kgf)

여기서 $\eta_a \times Wd$ 를 바퀴의 노면에 대한 점착력이라 한다. 이것은 바퀴와 노면 사이에 작용하는 일종의 마찰력으로 자동차의 바퀴는 접지되는 부분이 탄성 변형을 일으킨다. 즉 바퀴가 노면에 점착하는 독특한 마찰력을 나타내므로 이것을 점착력이라 부른다.

자동차가 주행 중 이 점착력 $\eta_a \times Wd$ 보다 구동력 F가 크면 바퀴가 미끄럼을 일으켜 주행을 할 수 없게 된다. 이 점착력의 크기는 노면의 상태에 따라서 다르며, 미끄러지기 쉬운 노면에서는 이 값이 작다. 점착 계수의 일반적인 값을 아래 표에 나타내었다.

노면 상태	바퀴와 노면 사이의 점착 계수(η_a)
건조한 포장 도로	0.8~0.9
습기가 있는 콘크리트 도로	0.5
습기가 있는 아스팔트 도로	0.4
물기가 있는 도로	0.15
눈길	0.1~0.3
빙판 길	0.07~0.1

자동차가 미끄럼을 일으키지 않고 주행하기 위해서는 앞에서 설명한 구동력과 점착력 사이에

$$\text{구동력 } F < \text{점착력 } \eta_a \times Wd \quad \cdots\cdots\cdots\cdots\cdots\cdots (17)$$

의 조건을 만족하지 않으면 안 된다. 이에 따라 구동력을 크게 하기 위해서 출력이 큰 엔진을 탑재하여 회전력을 크게 하더라도 그 노면에서의 점착력 이상의 구동력을 발휘하면 미끄럼을 일으켜 주행을 할 수 없게 된다. 건조한 포장도로의 교차로에서 신호 대기 중 빨리 출발을 하기 위하여 액셀러레이터 페달을 급격히 밟으면 바퀴가 순간적으로 공전하여 출발이 늦어지는 것이 좋은 예이다. 점착 계수 η_a는 항상 $\eta_a < 1$이므로 점착력 $\eta_a \times Wd$ 는 항상 구동 바퀴의 하중 Wd 보다 작다.

$$\text{구동력 } F < \text{점착력 } \eta_a \times Wd < \text{구동 바퀴 하중 } Wd \quad \cdots\cdots\cdots\cdots (18)$$

이 되며, 구동력이 구동 바퀴의 하중보다 클 때는 구동 바퀴가 미끄럼이 발생되어 주행을 하지 못한다. 따라서 큰 구동력을 얻기 위해서는 구동 바퀴를 크게 할 필요가 있으며, 4WD인 경우에는 구동 바퀴의 하중이 증가하므로 구동력이 거의 배로 증가한다.

5 주행 성능 곡선

주행 성능 곡선을 보면 그 자동차의 동력 성능과 특성을 알 수 있다. 주행 성능 곡선은 자동차가 일정한 속도로 주행할 때의 주행 저항과 그 때의 최대 구동력(엔진 스로틀 밸브가 완전히 열린 상태에서 주행할 때의 구동력)과의 관계를 변속기의 각 변속 단마다 선도를 나타낸 것이다. 주행 성능 곡선은 일반적으로 주행 저항과 구동력의 관계, 엔진의 회전속도와 주행 속도와의 관계를 나타낸다.

5-1. 주행 성능 곡선을 그리는 방법

어느 자동차의 주행 저항과 엔진의 성능 곡선을 알면 다음의 순서로 주행 성능 곡선을 그릴 수 있다.

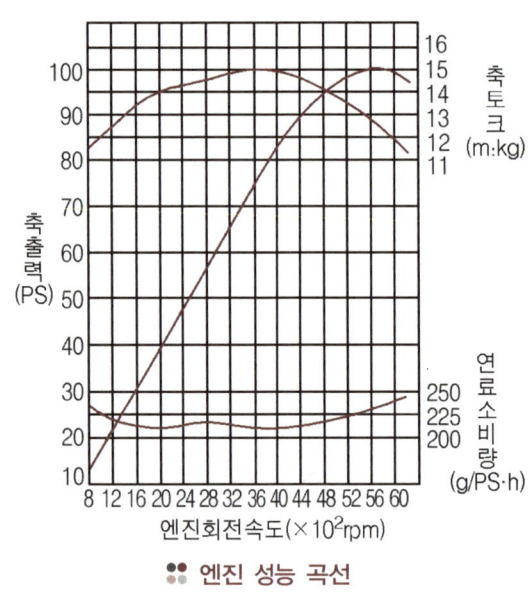
❖ 엔진 성능 곡선

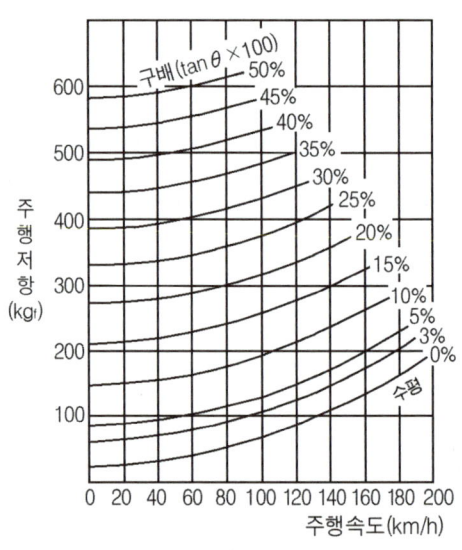
❖ 주행 저항선도

1 주행 저항 선도

주행 저항에 대해서는 가속이나 감속을 하지 않고 일정한 속도로 주행할 때의 저항을 나타내므로 가속 저항은 이 선도에 포함되지 않는다. 따라서 주행 성능 곡선에서 전체 주행 저항 R은 다음 공식과 같다.

$$\text{전 주행 저항 R} = \text{구름 저항(Rr)} + \text{공기 저항(Ra)} + \text{등판 저항(Rg)}$$
$$= \mu_r \times W + \mu_a \times A \times V^2 + W \times \sin\theta \quad \cdots\cdots (19)$$

2 구동력 선도

구동력과 엔진 회전력과의 관계는 공식 (11)에 의해 각 변속단 별로 구할 수 있다. 그 결과를 구동력과 주행 속도와의 관계로 나타내면 그림과 같다.

3 주행 속도·엔진 회전속도 선도

자동차의 주행 속도와 엔진 회전속도와의 관계는 공식 (14)를 이용하여 구할 수 있다. 이것을 각 변속 단마다 구하면 그림과 같은 선도를 얻을 수 있다.

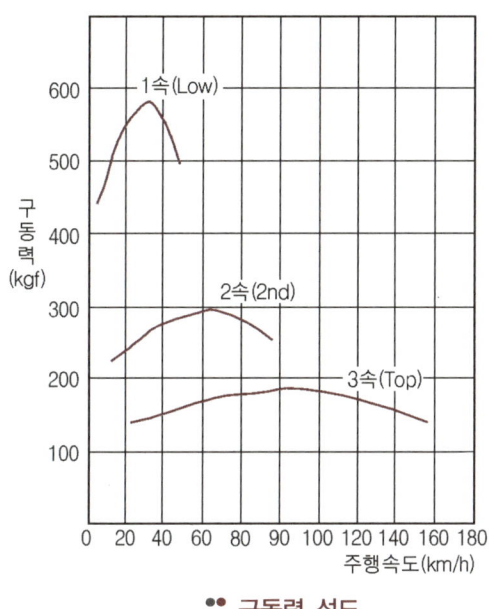

∷ 구동력 선도

∷ 주행속도·엔진 회전속도 선도

이상의 선도를 종합한 것이 그림에 나타낸 수동변속기 자동차와 자동변속기 자동차의 주행 성능 곡선이다.

종감속기어비 3.900	차량총중량 1,260kg
제1단기어비 3.263	최대등판능력 sin"=0.448
제2단기어비 1.645	타이어유효반경 0.296m
제3단기어비 1.000	엔진최대토크 15.0kgf·m/3,600rpm
제3단기어비 1.000	엔진최대출력 100PS/5,600rpm

종감속기어비 3.900	차량총중량 1,285kg
제1단기어비 2.393	최대등판능력 sin"=0.432
제2단기어비 1.450	타이어유효반경 0.296m
제3단기어비 1.000	엔진최대토크 150kgf·m/3,600rpm
후진기어비	엔진최대출력 100PS/5,600rpm

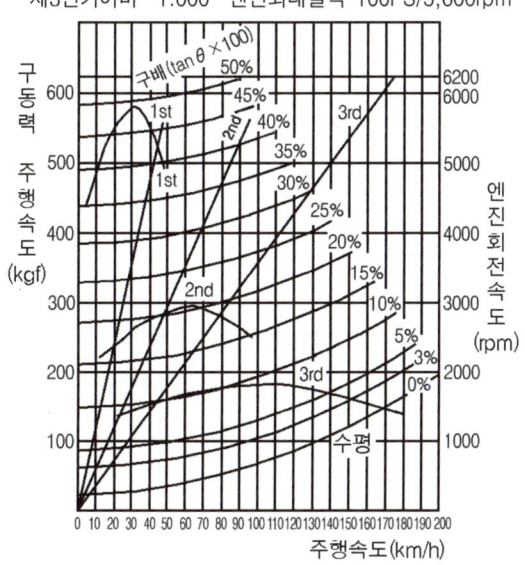
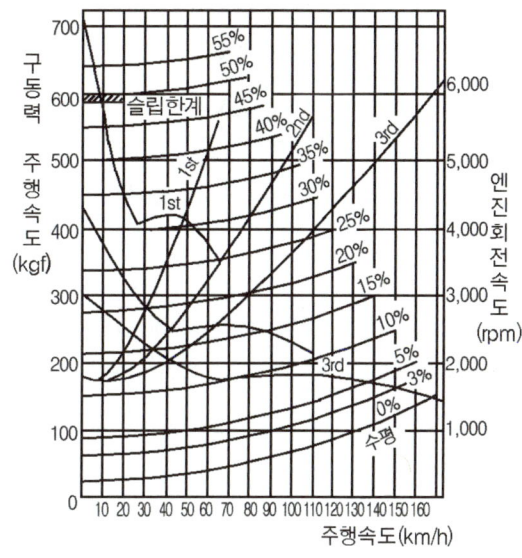

∷ 수동변속기 자동차의 주행 성능 곡선

∷ 자동변속기 자동차의 주행 성능 곡선

한편 그림은 주행 저항 마력과 구동 마력과의 관계를 나타낸 주행 성능 곡선의 예이며, 구동 마력은 변속 단에 관계없이 그 최대 값은 동일하지만 주행 속도 범위는 다르다.

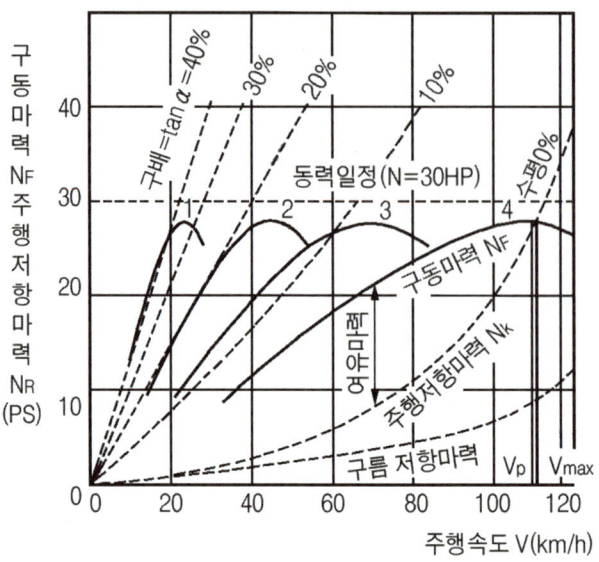

•• 주행 마력과 구동 마력과의 관계

5-2. 여유 구동력과 여유 구동 마력

주행 성능 곡선의 어떤 주행 속도 V(km/h)에서 주행 저항(주행 저항 마력)과 그 때의 최대 구동력(최대 구동 마력)과의 차이를 여유 구동력(여유 구동 마력)이라 한다.

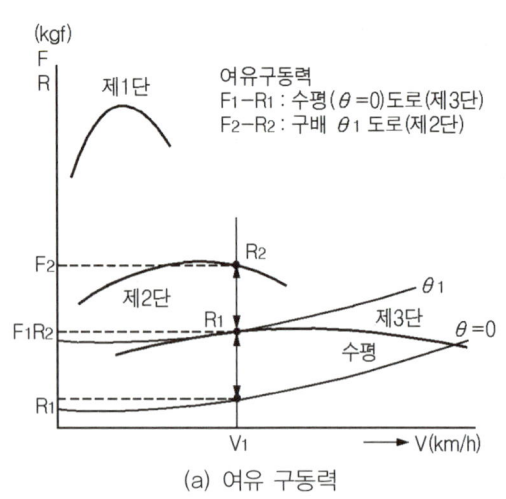

•• 여유 구동력과 여유 마력

위의 그림(a)에서 주행 속도 V_1(km/h)에서 평탄한 도로를 3단으로 주행할 때 주행 저항은 R_1(kgf), 구동력은 F_1이므로 여유 구동력은 구동력(F_1) − 주행 저항(R_1)이다. 그러나 P_1점을 통과하는 구배 θ_1의 등판 도로를 3단에서 주행 속도 V_1으로 주행할 때 여유 구동력은 0이 되므로 주행 속도 V_1이상 가속을 할 수 없다.

또한 평탄한 도로를 주행 속도 V_1에서 주행 중 3단에서 2단으로 시프트 다운(shift down)하면 여유 구동력은 $F_2 - R_1$이 되어 3단의 경우보다 $(F_2 - R_1) - (F_1 - R_1) = F_2 - F_1$만큼 여유 구동력이 증가된다. 일반적으로 시프트 다운을 하면 가속이나 등판이 쉬운 것은 이 여유 구동력이 증가하기 때문이다.

6 등판 성능

자동차의 최대 등판능력은 그림에서 변속 기어 단수를 1단에서의 최대 구동력 곡선을 지나는 주행 저항 곡선 중 최대 구배이다. 따라서 최대 등판능력은 식 $Rg = W \times \sin\theta$를 기본 공식으로 하여 다음 공식으로 구한다.

$$\sin\theta_{MAX} = \frac{F_{MAX} - (Rr + Ra)}{W} \quad \cdots\cdots (20)$$

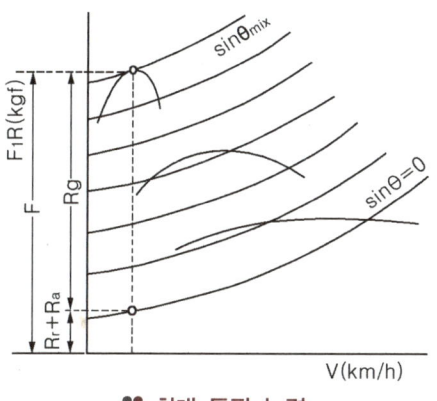

∷ 최대 등판 능력

7 가속 성능

앞에서 설명한 바와 같이 여유 구동력이 있을 경우에는 가속을 할 수 있다. 따라서 최대 가속 성능을 얻기 위해서는 그림의 V₀에서 V₁까지는 1단의 변속비로, V₁에서 V₂까지는 2단 변속비로, 그리고 V₂부터는 3단에서 주행하도록 기어 변속을 적절한 시기에 하면 된다. 지금 자동차의 가속도를 α(m/s)라 하면 식 $Rg = W \times \tan\theta = \frac{W \times S}{100}$ (kgf)에 의해 다음과 같이 나타낸다.

$$\alpha = g \times \frac{F - R}{W + \Delta W} \quad \cdots\cdots (21)$$

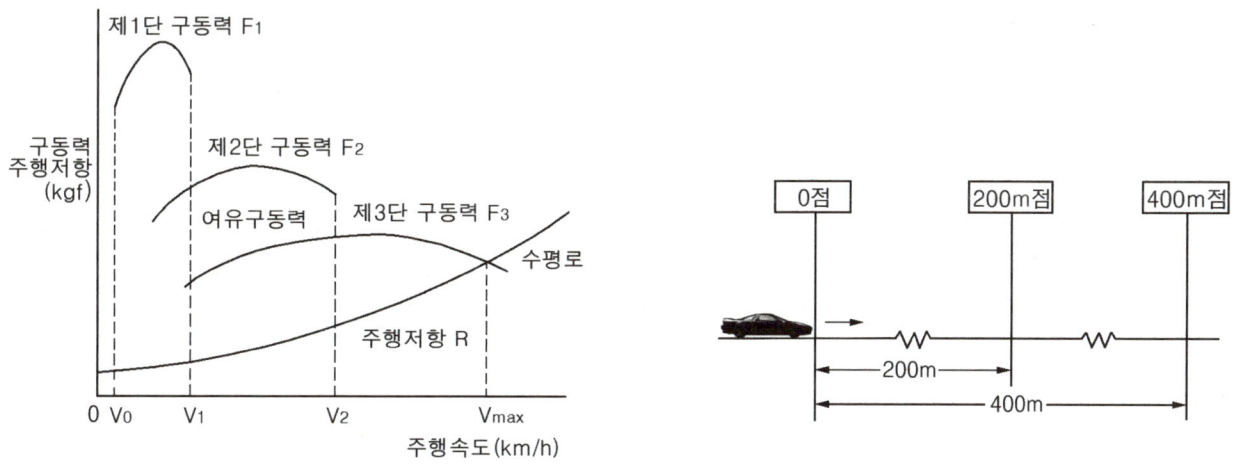

∷ 여유 구동력과 가속 성능의 관계

다만, 실제로 가속할 경우에는 여유 구동력이 크더라도 바퀴가 미끄러지면 가속할 수 없다. 따라서 자동차가 발휘할 수 있는 최대 가속도는 바퀴와 노면 사이의 점착력 $\eta_a \times Wd$로 나타낼 수 있다.

$$\alpha_{MAX} = \frac{\eta_a \times Wd}{W + \Delta W} \quad \cdots\cdots\cdots\cdots\cdots\cdots\cdots\cdots\cdots\cdots\cdots\cdots\cdots\cdots\cdots\cdots\cdots\cdots\cdots\cdots\cdots\cdots\cdots\cdots\cdots\cdots\cdots (22)$$

그리고 가속 성능을 향상시키기 위해서는
① 여유 구동력을 크게 할 것
② 자동차 총중량을 작게 할 것

등이 요구되며, 여유 구동력을 크게 하기 위해서는
① 주행 저항을 적게 할 것
② 엔진의 회전력을 크게 할 것
③ 총 감속비를 크게 할 것
④ 구동 바퀴의 유효 반지름을 작게 할 것

등의 방법이 있으나 총 감속비를 크게 하거나 구동 바퀴의 유효 반지름을 작게 하면 최고 속도가 낮아진다.

8 최고 속도 성능

자동차가 바람의 영향을 받지 않고 평탄한 도로를 주행할 때 발휘되는 속도의 최대 값을 최고 속도라 한다. 따라서 이것은 그림의 주행 성능 곡선에서 최고속 기어(top gear)의 구동력 곡선과 구배 0인 수평 도로에서의 저항 곡선과의 교차점 M_1에 해당하는 속도이다.

실제 도로에서 주행을 할 경우에는 최고 속도까지의 주행 속도는 법규로 제한되어 있기 때문에 낼 수 없으나 이 최고 속도의 값은 고속 주행 중 가속 여유나 장시간 고속 주행을 할 경우 엔진과 동력 달 계통의 내구성 척도로서의 의미가 있다.

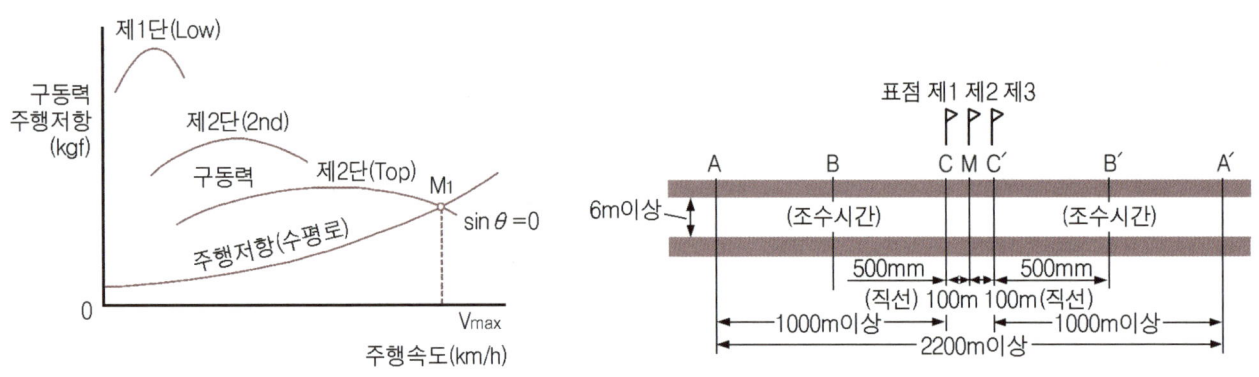

:: 주행 성능 곡선 상의 최고 속도

또한 최고 속도를 높이기 위해서는 다음과 같이 하여야 한다.
① **주행 저항을 감소시킨다** : 구름 저항, 공기 저항을 감소시켜야 하며, 특히 고속에서는 공기 저항이 주행 저항의 대부분을 차지하므로 공기 저항을 감소시키기 위해 차체를 유선형으로 하고 동시에 차체의 돌출

물 등을 유선형으로 하거나 최소로 하여야 한다. 또한 전면 투영 면적을 최소로 하여야 한다.

② **구동력을 고속측에서 가능한 저하시키지 않도록 한다** : 엔진의 회전력을 고속측에서 저하시키지 않도록, 또한 최고 회전력을 발휘하는 회전속도를 고속측으로 이동시키도록 한다.

③ **총감속비를 적절하게 선정한다** : 사용하는 엔진이 결정되었을 때 총감속비를 변경하면 최고속 기어 구동력 곡선의 높이와 가로 방향의 위치가 변화하므로 교차점 M_1은 오른쪽으로 이동한다. 그 밖에 바퀴의 유효 반지름도 최고 속도에 영향을 미치므로 적절하게 선정하여야 한다.

9 연료 소비율 성능

연료 소비량과 주행 거리의 관계를 연료소비율 성능이라 하며, 자동차의 경제적 성능이기도 하다. 엔진 출력을 PS, 매 시간 당 연료 소비량을 Q, Q를 PS로 나눈 매시 매 마력당 연료소비율을 b라 하면 이들 사이에는 엔진 회전속도 n에 따라 그림과 같은 관계가 된다. 연료소비율 b 곡선 중 가장 낮은 점이 연료소비율이 최소가 되는 점이다. 따라서 이 점에 해당하는 회전속도에서 운전을 하면 가장 경제적이다. 연료소비율 표시 방법에는 단위에 따라 여러 가지가 있다.

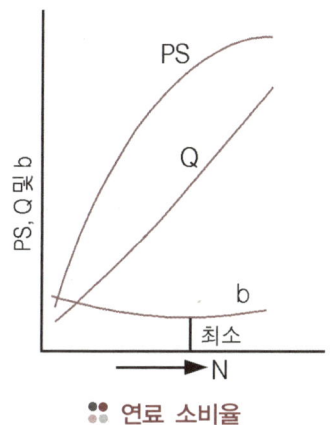

∷ 연료 소비율

① km/L : 연료 1L당 주행한 거리 km를 나타낸 것으로 주로 사용하는 단위이다. 또 이 단위를 역으로 표시한 L/km도 있다.

② L/100km : 100km 주행에 필요한 연료소비량을 나타낸 것이다.

③ L/h : 단위 시간 당 연료소비량을 나타낸 것이다.

④ ton-km/L : 연료 1L당 주행 거리에 차량 총중량 또는 적재 중량을 곱한 것. 이것은 화물 자동차의 수송 효율을 나타낸 것이다.

지금 일정한 노면을 일정한 주행 속도 V(km/h)로 주행할 때 엔진 회전 속도 n(rpm)은 식 (14)에서

$$n = \frac{V \times i_m \times i_f \times 1000}{2 \times \pi \times r \times 60} \quad \cdots\cdots (23)$$

가 된다. 이때 엔진에 필요한 마력 Ne는 식 (8)에 의해 구할 수 있으므로 엔진 성능 곡선으로부터 그 때의 엔진 연료 소비율 b(g/PS-h)를 구할 수 있다. 1시간 당 연료 소비량은 $\frac{b \times Ne}{1000 \times r}$(L)이므로 자동차의 연료소비량 B(km/h)는 다음 공식으로 구할 수 있다.

$$B = \frac{V}{\frac{b \times Ne}{1000 \times r}} = \frac{1000 \times r \times V}{b \times Ne} \text{(km/h)} \quad \cdots\cdots (24)$$

연료소비율 시험은 정지 연료소비율 성능 시험과 운행 연료소비율 성능 시험이 있으며, 정지 연료소비율 시험은 일정한 주행 속도에 의한 연료소비량을 측정하는 것으로 일반적으로 평탄한 포장도로를 500~2000m의 거리를 일정 주행속도로 왕복하여 일정 구간에 대한 소비량을 측정한다. 오른쪽 그림에서 알 수 있듯이 주행 속도의 증가에 따라 연료소비율은 저하한다.

또한 운행 연료소비율 시험은 실제의 도로를 주행하여 측정하는 것으로 그 연료소비율은 일반적으로 정지 시험의 60~80% 정도이다. 또 운행 연료소비율 시험은 테스트 코스 내에서 모의시험을 하는 모델 운행 연료소비율 시험이 있다. 이것은 아래 그림과 같이 출발, 가속감속, 정지, 신호 대기 횟수 및 시간 등의 상황을 패턴화 하여 연료소비율을 구하는 방법이다.

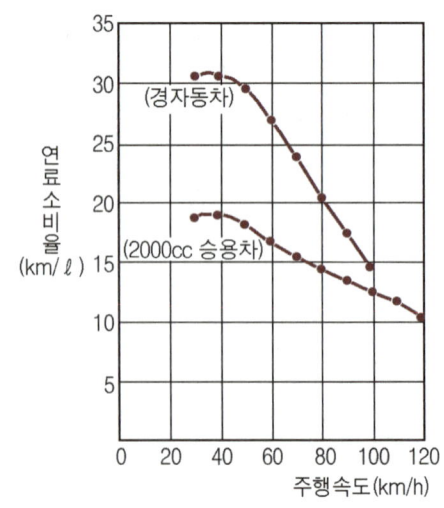

∷ 정지 연료소비율

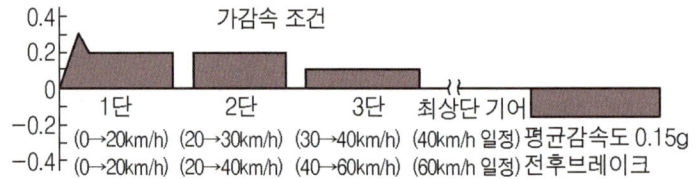

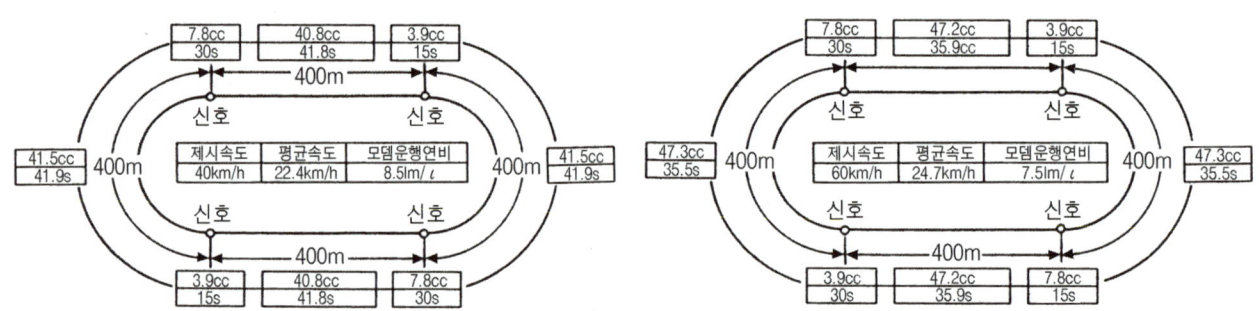

∷ 모델 운행 연료소비율 시험

그리고 섀시 다이나모미터를 사용하여 일정한 주행 조건을 설정하여 연료소비율을 측정하기도 한다. 최근에 배출가스 규제와 관련하여 실시하는 10모드 연료소비율이나 11모드 연료소비율 측정이 여기에 해당한다.

8 현가장치

학/습/목/표

1. 현가장치의 필요성에 대하여 설명할 수 있다.
2. 스프링의 종류와 작용에 대하여 설명할 수 있다.
3. 쇽업소버의 역할에 대하여 설명할 수 있다.
4. 일체차축 현가장치의 장·단점에 대하여 설명할 수 있다.
5. 독립 현가장치의 장·단점에 대하여 설명할 수 있다.
6. 더블 위시본 형식의 특징에 대하여 설명할 수 있다.
7. 맥퍼슨 형식의 특징에 대하여 설명할 수 있다.

1 현가장치 Suspension System

현가장치(Suspension System)는 주행 중 노면으로부터 전달되는 충격이나 진동을 완화시켜 바퀴와 노면의 점착성과 승차감을 향상시키는 장치이다. 현가장치는 주로 차체(body)와 차축 사이에 설치되며, 스프링을 비롯하여 스프링의 자유 진동을 흡수하여 승차감을 향상시키는 쇽업소버, 좌우 진동을 방지하는 스태빌라이저 등이 있다. 최근에는 컴퓨터로 조절하는 전자제어 현가장치(ECS) 등도 실용화되어 있다.

1-1. 현가장치의 구성 부품

1 스프링 spring

스프링에는 판스프링, 코일 스프링, 토션 바 스프링 등의 금속제 스프링과 고무 스프링, 공기 스프링 등의 비금속제 스프링 등이 있다.

1) 판스프링 leaf spring

판스프링은 스프링 강을 적당히 구부린 띠 모양으로 된 것을 몇 장 겹쳐서 그 중심에서 센터 볼트(center bolt)로 조인 것이다. 맨 위쪽에 길이가 가장 긴 주 스프링 판의 양끝에는 스프링 아이(spring eye)를 두고 새클 핀을 통하여 차체에 설치하게 되어 있다.

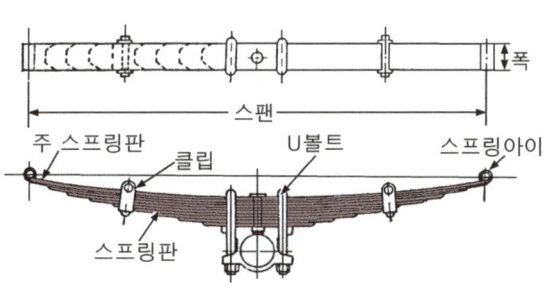

❖ 판스프링의 구조

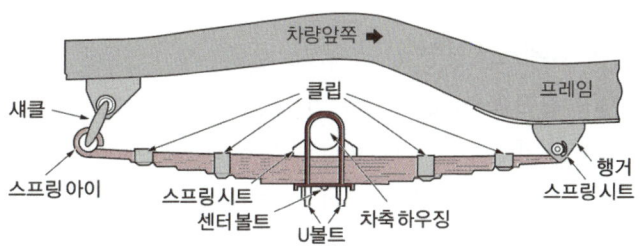

❖ 판스프링의 설치 상태

2) 코일 스프링 coil spring

코일 스프링은 스프링 강을 코일 모양으로 제작한 것이며, 외력에 의해 변형되는 경우 판스프링은 구부러지면서 응력을 받으나 코일 스프링은 코일 1개 단면마다 비틀림에 의해 응력을 받는다.

미세한 진동에도 민감하게 작용하므로 현재의 승용차에서는 앞·뒤 차축에서 모두 사용되고 있다.

코일 스프링의 특징은 다음과 같다.
① 단위 중량 당 에너지 흡수율이 크다.
② 제작비가 적고, 스프링 작용이 유연하다.
③ 판간 마찰이 없어 진동 감쇠 작용을 하지 못한다.
④ 옆방향 작용력에 대한 저항력이 없어 차축에 설치할 때 쇽업소버나 링크 기구가 필요해 구조가 복잡하다.

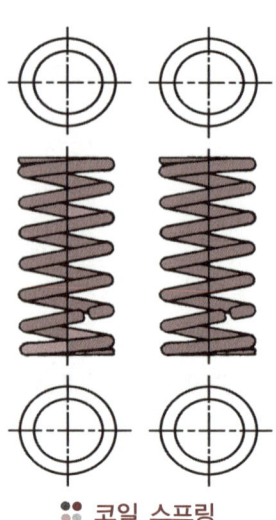

∷ 코일 스프링

3) 토션 바 스프링 torsion bar spring

토션 바 스프링은 막대를 비틀었을 때 탄성에 의해 본래의 위치로 복원하려는 성질을 이용한 스프링 강의 막대이다. 이 스프링은 단위 중량당의 에너지 흡수율이 매우 크며, 가볍고 구조가 간단하다. 스프링의 힘은 막대(bar)의 길이와 단면적으로 정해지고 진동의 감쇠 작용이 없어 쇽업소버를 병용하여야 하며, 좌우의 것이 구분되어 있다.

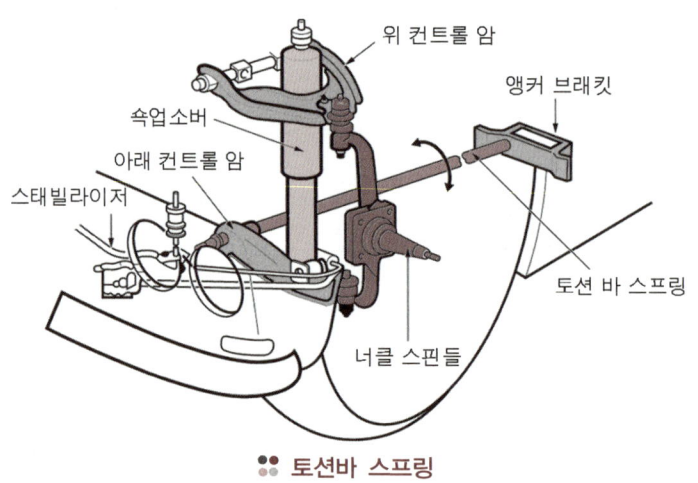

∷ 토션바 스프링

2 쇽업소버 shock absorber

쇽업소버는 노면에서 발생한 스프링의 진동을 흡수하여 승차감을 향상시키고 동시에 스프링의 피로를 감소시키기 위해 설치하는 기구이다. 쇽업소버는 스프링이 압축될 때는 급격히 압축되고 늘어날 때는 천천히 작용함으로써 스프링의 상하 운동에너지를 열에너지로 변환시키는 역할을 한다.

1) 텔레스코핑형 telescoping type

이 형식은 안내를 겸한 가늘고 긴 실린더의 조합으로 되어 있으며, 내부에는 차축과 연결되는 실린더와 차체에 연결되는 피스톤 로드가 있으며, 피스톤의 상하 실린더에는 오일이 가득 채워져 있다. 피스톤에는 오일이 통과하는 작은 구멍(오리피스)이 있고, 이 구멍에는 밸브가 설치되어 있다. 텔레스코핑형에는 단동식과 복동식이 있다.

① **단동식** : 이것은 스프링이 늘어날 때에는 통과하는 오일의 저항으로 진동을 조절하고, 스프링이 압축될 때에는 오일이 저항 없이 통과하도록 하여 차체에 충격을 주지 않으므로 좋지 못한 곳에서 유리하다.

② **복동식** : 이것은 스프링이 늘어날 때와 압축될 때 모두 저항이 발생되는 형식이며, 출발할 때 노스 업(nose up)이나 제동할 때 노스 다운(nose down)을 방지할 수 있다.

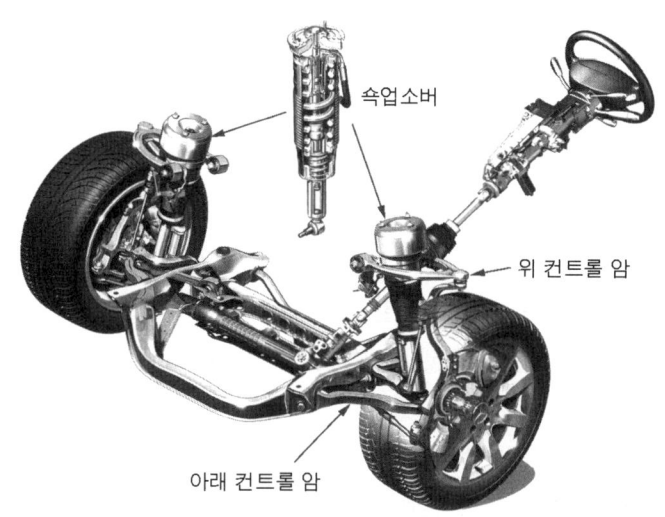

:: 쇽업소버의 설치 상태

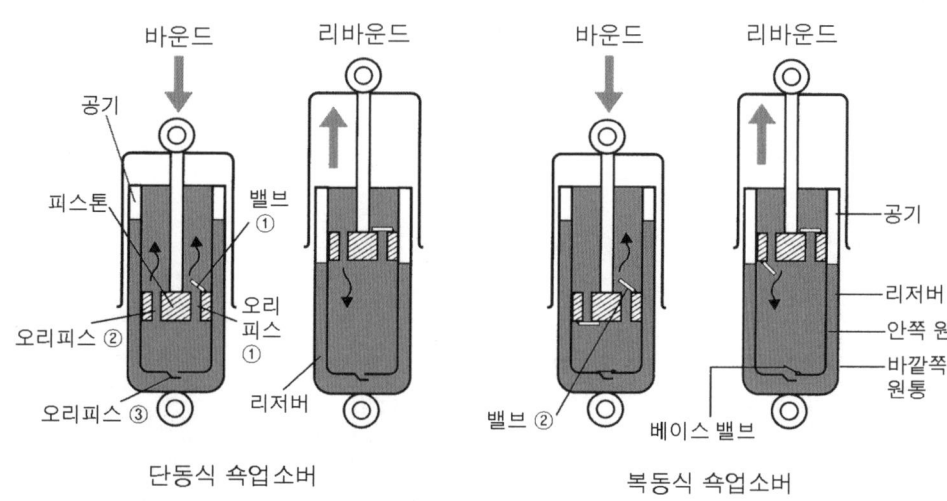

:: 단동식과 복동식의 작동

2) 레버형 lever type

이 형식은 링크와 레버를 사이에 두고 설치되며, 그 내부는 피스톤, 피스톤을 밀어 주는 앵커 레버, 실린더 및 앵커 축으로 구성되어 있다.

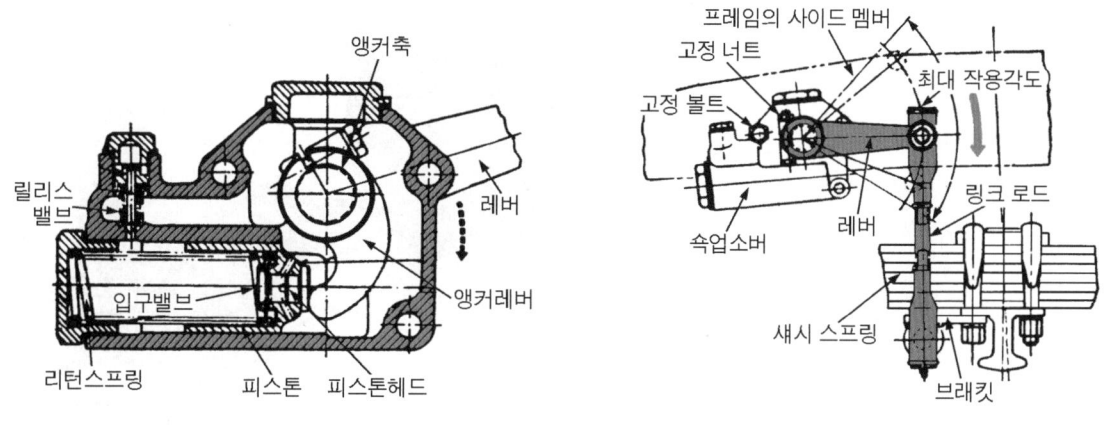

:: 레버형 쇽업소버

8. 현가장치

작동은 압축되었던 스프링이 퍼지기 시작하면 레버가 아래쪽으로 내려가며, 이 움직임으로 피스톤이 밀려지면서 실린더 내의 오일이 릴리스 밸브의 스프링에 대항하여 밸브를 거쳐 나가며, 이때 오일이 받은 유동 저항으로 진동의 감쇠작용을 한다. 반대로 스프링이 압축되면 레버가 위쪽으로 상승한다. 이에 따라 피스톤이 리턴 스프링 장력으로 복귀하며, 동시에 입구 밸브가 열려 실린더 내에는 오일이 가득 채워진다.

3) 드가르봉 형(가스 봉입 방식)

이 형식은 유압식의 일종으로 프리 피스톤(free piston)을 더 배치하고 있으며, 프리 피스톤의 위쪽에는 오일이 들어 있다. 아래쪽에는 고압(30kgf/cm²)의 질소 가스가 봉입되어 내부에 압력이 걸려 있으며, 1개의 실린더가 있다. 작동은 쇽업소버가 압축될 때 오일이 오일 실(oil chamber) A(피스톤 아래쪽)의 유압에 의해 피스톤에 설치된 밸브의 바깥둘레가 열려 오일 실 B로 들어온다. 이때 밸브를 통과하는 오일의 유동 저항으로 인해 피스톤이 하강함에 따라 프리 피스톤도 가압된다.

쇽업소버의 작동이 정지하면 프리 피스톤 아래쪽의 질소 가스가 팽창하여 프리 피스톤을 밀어 올려 오일 실 A의 오일에 압력을 가한다. 그리고 쇽업소버가 늘어날 때에는 피스톤의 밸브는 바깥둘레를 지점으로 하여 오일 실 B에서 A로 이동하지만 오일 실 A의 압력이 낮아지므로 프리 피스톤이 상승한다. 또 늘어남이 정지하면 프리 피스톤은 원위치로 복귀한다.

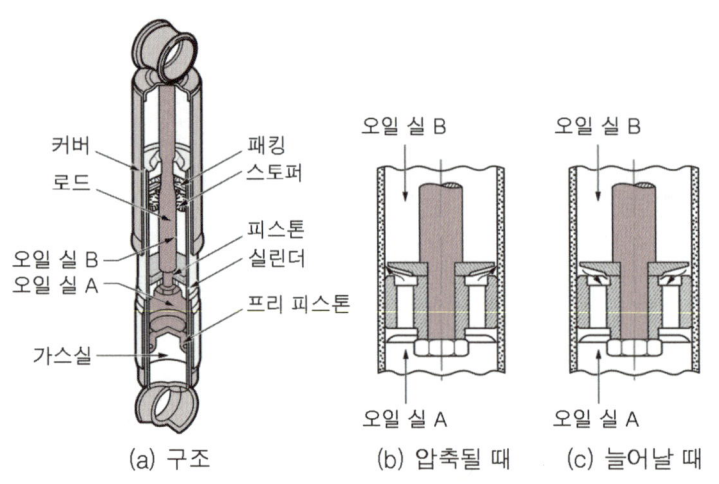

∷ 드가르봉형 쇽업소버

TIP

오버댐핑과 언더댐핑
★ 오버 댐핑(over damping) : 쇽업소버의 감쇠력이 너무 커 승차감이 저하되는 현상.
★ 언더 댐핑(under damping) : 쇽업소버의 감쇠력이 너무 적어 승차감이 저하되는 현상.

3 스태빌라이저 stabilizer

스태빌라이저는 토션 바 스프링의 일종으로서 양끝이 좌·우의 컨트롤 암에 연결되며, 중앙부는 차체에 설치되어 커브 길을 선회할 때 차체가 롤링(rolling ; 좌우 진동)하는 것을 방지하며, 차체의 기울기를 감소시켜 평형을 유지하는 기구이다.

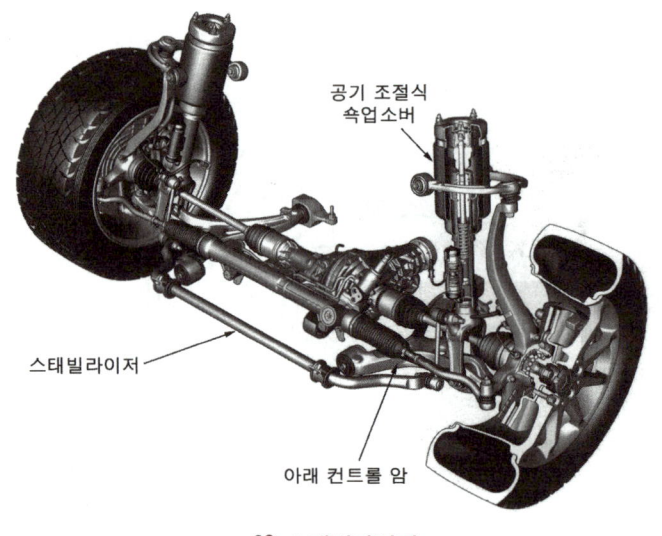

∷ 스태빌라이저

1-2. 현가장치의 분류

현가장치에는 구조상 일체 차축 현가 방식, 독립 차축 현가 방식, 공기 스프링 현가 방식 등이 있다.

1 일체 차축 현가 방식

이 방식은 일체로 된 차축에 좌우 바퀴가 설치되며, 차축은 스프링을 거쳐 차체(또는 프레임)에 설치된 형식이다. 일체 차축 현가 방식의 특징은 다음과 같다.

① 부품 수가 적어 구조가 간단하다.
② 선회할 때 차체의 기울기가 적다.
③ 스프링 밑 질량이 커 승차감이 불량하다.
④ 앞바퀴에 시미 발생이 쉽다.
⑤ 스프링 정수가 너무 적은 것은 사용하기 어렵다.

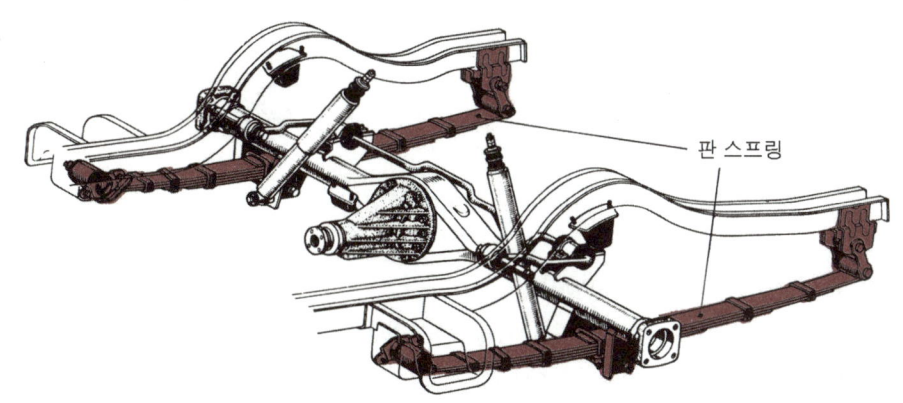

∷ 일체 차축 현가 방식

2 독립 차축 현가 방식

이 방식은 차축을 분할하여 양쪽 바퀴가 서로 관계없이 움직이도록 한 것이며, 승차감과 안정성이 향상되게 한 것이다.

독립 차축 현가 방식의 특징은 다음과 같다.

① 스프링 밑 질량이 작아 승차감이 좋다.
② 바퀴의 시미 현상이 적으며, 로드 홀딩(road holding)이 우수하다.
③ 스프링 정수가 작은 것을 사용할 수 있다.
④ 구조가 복잡하므로 값이나 취급 및 정비 면에서 불리하다.
⑤ 볼 이음 부분이 많아 그 마멸에 의한 휠 얼라인먼트가 틀려지기 쉽다.
⑥ 바퀴의 상하 운동에 따라 윤거(tread)나 휠 얼라인먼트가 틀려지기 쉬워 타이어 마멸이 크다.

∷ 독립 차축 현가 방식

현재 일반적으로 사용되고 있는 독립 차축 현가 방식에는 위시본 형과 맥퍼슨 형이 있다.

1) 위시본형 Wishbone type

① SLA 형식(short long arm type)

이 형식은 위·아래 컨트롤 암의 길이에 따라 평행 사변형 형식과 SLA 형식이 있다. 위시본 형식은 스프링이 피로하거나 약해지면 바퀴의 윗부분이 안쪽으로 움직여 부의 캠버가 된다. SLA 형식은 아래 컨트롤 암이 위 컨트롤 암보다 긴 것이며, 바퀴가 상하 운동을 하면 위 컨트롤 암은 작은 원호를 그리고, 아래 컨트롤 암은 큰 원호를 그리게 되어 컨트롤 암이 움직일 때마다 캠버(camber)가 변화되는 단점이 있다.

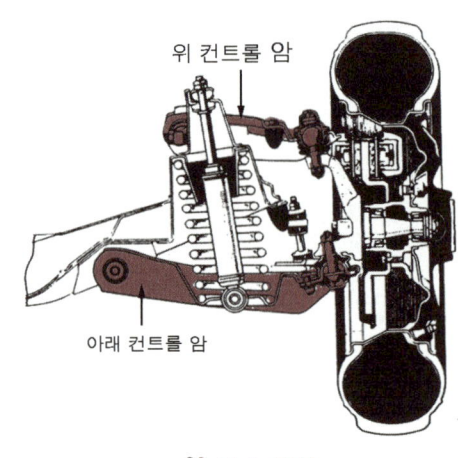

:: SLA 형식

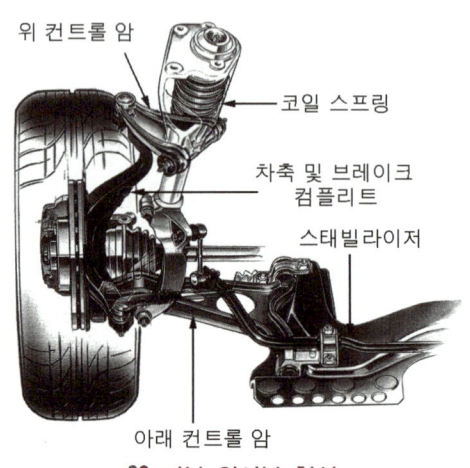

:: 더블 위시본 형식

② 더블 위시본 형식(dou wishbone type)

이 형식은 상하 한 쌍의 컨트롤 암으로 바퀴를 설치하는 형식으로 처음에는 컨트롤 암이 V형을 하고 있었으므로 새의 가슴(wishbone) 모양을 닮았다고 하여 이 이름이 붙여졌다. 현재는 모양에 관계없이 상하 2개의 컨트롤 암을 지닌 형식을 이와 같이 부르며, 예전의 형식을 컨번셔널 위시본 형식, 여기에 링크를 추가한 형식을 멀티 링크 형식으로 구별한다.

더블 위시본 형식은 위시본 형식의 단점을 보완한 것으로 일반적인 구조는 위시본 형식과 비슷하나 엔진 실(engine room)의 공간을 효율적으로 활용할 수 있다. 작동은 2개의 위·아래 컨트롤 암이 평행사변형 형식의 상하 운동을 하는 원리이며, 맥퍼슨 형식보다는 상대적으로 강도가 크고, 바퀴가 상하운동을 하여도 캠버나 캐스터 등의 변화가 작으며, 승차감이 부드럽고, 조향 안정성 등이 큰 장점이 있다. 또 컨트롤 암의 형상이나 배치에 따라 얼라인먼트의 변화나 가·감속할 때 자동차의 자세를 비교적 자유롭게 제어할 수 있으며, 강성도 높기 때문에 조종성 및 안정성을 중요시하는 승용자동차에서 널리 사용된다. 그러나 구조가 복잡하고 넓은 설치공간이 필요한 단점이 있다.

2) 맥퍼슨 형식 Macpherson type

이 형식은 조향 너클과 일체로 되어 있으며, 쇽업소버가 내부에 들어 있는 스트럿(strut ; 기둥) 및 볼 이음, 컨트롤 암, 스프링으로 구성되어 있다.

스트럿 위쪽에는 현가 지지를 통하여 차체에 설치되며, 현가 지지에는 스러스트 베어링(thrust

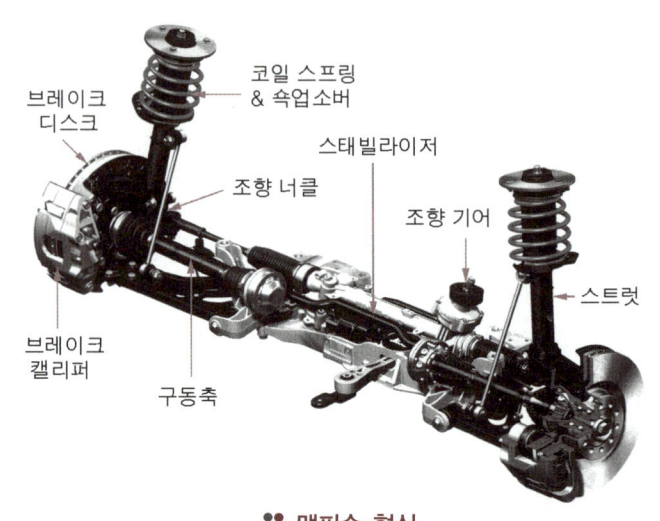

:: 맥퍼슨 형식

bearing)이 들어 있어 스트럿이 자유롭게 회전할 수 있다. 그리고 아래쪽에는 볼 이음을 통하여 현가 암에 설치되어 있다. 코일 스프링을 스트럿과 스프링 시트 사이에 설치하며, 스프링 시트는 현가 지지의 스러스트 베어링과 접촉되어 있다. 따라서 자동차의 중량은 현가 지지를 통하여 차체를 지지하고 조향할 때에는 조향 너클과 함께 스트럿이 회전한다.

이 형식의 특징은 다음과 같다.

① 구조가 간단하여 마멸되거나 손상되는 부분이 적으며 정비 작업이 쉽다.
② 스프링 밑 질량이 작아 로드 홀딩이 우수하다.
③ 엔진 실의 유효 체적을 크게 할 수 있다.

3 공기 스프링 현가장치 air spring suspension system

1) 개 요

이 형식은 압축 공기의 탄성을 이용한 것이며, 공기 스프링, 레벨링 밸브, 공기 저장 탱크, 공기 압축기로 구성되어 있다. 이 형식의 특징은 다음과 같다.

① 하중의 증감에 관계없이 차체 높이를 항상 일정하게 유지하며 앞·뒤, 좌·우의 기울기를 방지할 수 있다.
② 스프링 정수가 자동적으로 조정되므로 하중의 증감에 관계없이 고유 진동수를 거의 일정하게 유지할 수 있다.
③ 고유 진동수를 낮출 수 있으므로 스프링 효과를 유연하게 할 수 있다.
④ 공기 스프링 자체에 감쇠성이 있으므로 작은 진동을 흡수하는 효과가 있다.

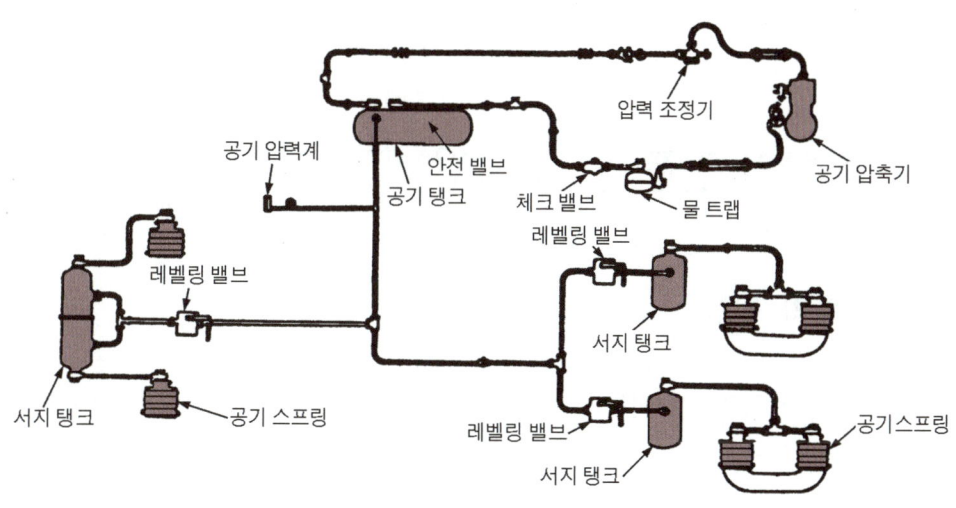

∷ 공기 스프링 현가장치 구성도

2) 구조 및 기능

① **공기 압축기**(air compressor) : 엔진에 의해 V벨트로 구동되며 압축 공기를 생산하여 저장 탱크로 보낸다.
② **서지 탱크**(surge tank) : 공기 스프링 내부의 압력 변화를 완화하여 스프링 작용을 유연하게 해주는 것이며, 각 공기 스프링마다 설치되어 있다.
③ **공기 스프링**(air spring) : 공기 스프링에는 벨로즈형(bellows type)과 다이어프램형(diaphram type)이 있으며, 공기 저장 탱크와 스프링 사이의 공기 통로를 조정하여 도로 상태와 주행속도에 가장 적합한 스프링 효과를 얻도록 한다.

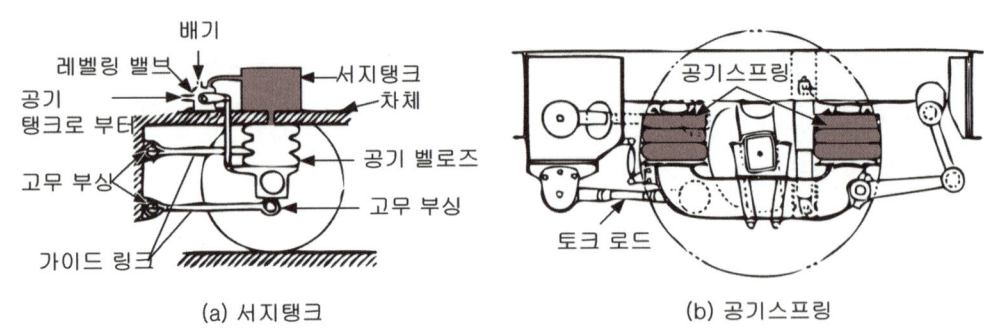

:: 서지 탱크와 공기 스프링

④ **레벨링 밸브(leveling valve)** : 레벨링 밸브는 공기 저장 탱크와 서지 탱크를 연결하는 파이프 도중에 설치되어 있으며, 자동차의 높이가 변화하면 압축 공기를 스프링으로 공급하거나 배출시켜 자동차의 높이를 일정하게 유지시키는 역할을 한다.

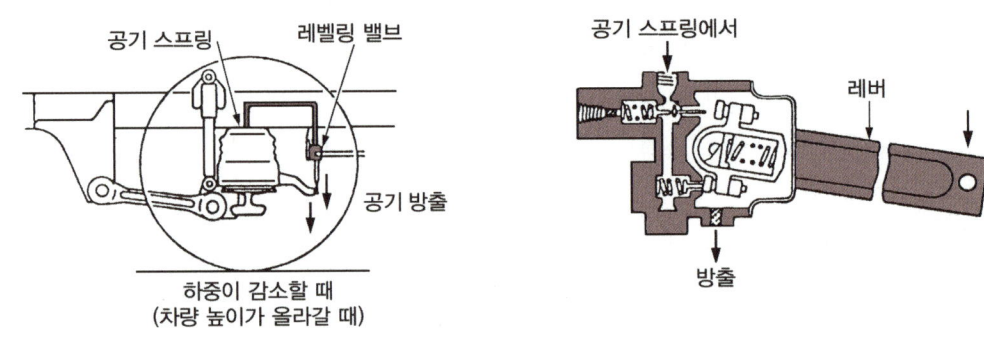

:: 레벨링 밸브의 작동

2 자동차의 진동 및 승차감

2-1. 자동차의 진동

자동차는 현가스프링에 의해 지지되는 스프링 위 질량과 타이어와 현가장치 사이에 있는 스프링 아래 질량으로 분류되며 각각의 고유진동에는 다음과 같은 것들이 있다.

스프링 위 질량 진동

① **바운싱(bouncing ; 상하 진동)** : 차체가 Z축 방향과 평행운동을 하는 고유진동이다.
② **피칭(pitching ; 앞뒤 진동)** : 차체가 Y축을 중심으로 하여 회전운동을 하는 고유진동이다.
③ **롤링(rolling ; 좌우 진동)** : 차체가 X축을 중심으로 하여 회전운동을 하는 고유진동이다.
④ **요잉(yawing ; 차체 뒷부분 진동)** : 차체가 Z축을 중심으로 하여 회전운동을 하는 고유진동이다.

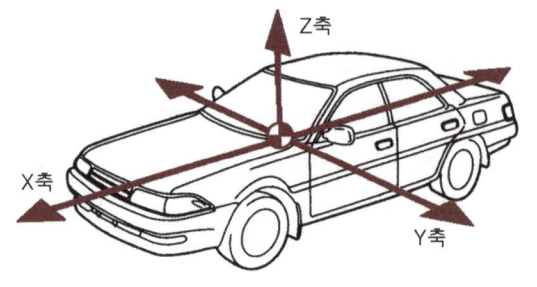

:: 스프링 위 질량 진동

2 스프링 아래 질량 진동

① **휠 홉**(wheel hop) : 차축이 Z방향의 상하평행 운동을 하는 진동이다.
② **휠 트램프**(wheel tramp) : 차축이 X축을 중심으로 하여 회전운동을 하는 진동이다.
③ **와인드업**(wind up) : 차축이 Y축을 중심으로 회전운동을 하는 진동이다.

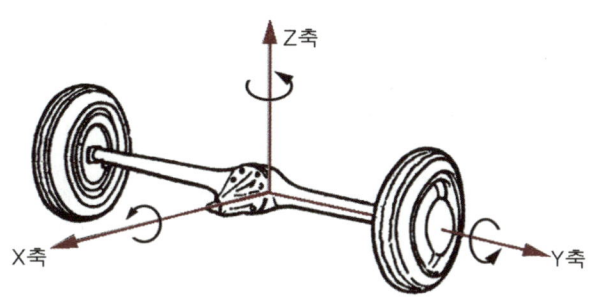

❊ 스프링 아래 질량 진동

2-2. 진동수와 승차감

자동차에서 멀미나 피로를 느끼는 것은 자동차의 이상 진동이 사람의 뇌에 작용하여 자율신경에 영향을 주기 때문이다. 사람이 걸어갈 때 머리의 상하진동은 60~70cycle/min이고 뛰어갈 때는 120~160cycle/min이라 하며, 일반적으로 60~120cycle/min의 상하진동을 할 때 가장 좋은 승차감을 얻을 수 있다고 한다. 진동수가 120cycle/min을 넘으면 딱딱해지고, 45cycle/min 이하에서는 멀미를 느끼게 된다.

9 전자제어 현가장치

학/습/목/표

1. 전자제어 현가장치의 특성에 대하여 설명할 수 있다.
2. 전자제어 현가장치의 종류에 대하여 설명할 수 있다.
3. 액티브 ECS의 구성 부품에 대하여 설명할 수 있다.
4. 액티브 ECS에 이용되는 센서의 기능에 대하여 설명할 수 있다.
5. ECS의 감쇠력 제어에 대하여 설명할 수 있다.
6. ECS의 자세 제어에 대하여 설명할 수 있다.
7. ECS의 자동차 높이의 제어에 대하여 설명할 수 있다.

1 ECS Electronic Control Suspension System

1-1. ECS의 개요

ECS(Electronic Control Suspension System, 전자제어 현가장치)는 컴퓨터(ECU), 각종 센서, 액추에이터 등을 설치하고 노면의 상태, 주행 조건, 운전자의 선택 등과 같은 요소에 따라서 자동차의 높이와 현가 특성(스프링 정수 및 감쇠력)이 컴퓨터에 의해 자동적으로 조절되는 현가장치이다.

즉 비포장도로를 주행할 때에 차체가 노면에 긁히지 않도록 하기 위하여 높아져야 하고, 포장된 도로를 주행할 때에는 안전성을 높이기 위해 차체가 낮아야 한다. 그리고 현가장치를 매순간마다 강하게(HARD) 또는 부드럽게(SOFT)조절하여야 하는데 이러한 작동을 컴퓨터로 조절한다.

1-2. ECS의 특징

① 급 제동할 때 노스 다운(nose down)을 방지한다.
② 급선회할 때 원심력에 대한 차체의 기울어짐을 방지한다.
③ 노면으로부터의 자동차 높이를 제어할 수 있다.
④ 노면의 상태에 따라 승차감을 제어할 수 있다.

그리고 차체의 좌우, 앞뒤의 자동차 높이, 조향 핸들 각도, 액셀러레이터 페달의 조작 속도(스로틀 위치 센서), 주행 속도, 노면의 상태 등을 판단하고 연산하여 주행 상태에 따른 쇽업소버의 감쇠력과 공기 스프링의 압력을 조정하여 아래와 같은 자제 제어를 수행한다.

제어 종류		제어 시기
쇽업소버 감쇠력	Auto	Sport 일 때
	Super soft	Medium일 때
	Soft	
	Medium	Hard 일 때
	Hard	
차체자세 제어	롤 제어	주행 중 선회할 때
	스쿼트 제어	주행 중 가속, 출발, Auto stall, 급가속 할 때
	다이브 제어	주행 중 제동 할 때
	변속할 때 스쿼트 제어	변속레버 위치를 변환할 때(N→D, N→R)
	피칭, 바운싱 제어	작은 요철 도로를 주행할 때
	스카이훅 제어	큰 요철도로를 주행할 때
	도로면 대응제어	고속주행할 때
	급속 자동차 높이 제어	험한 도로를 주행할 때
	통상 자동차 높이 제어	일반 도로를 주행할 때

1-3. ECS의 종류

1 감쇠력 가변 방식 ECS

감쇠력 가변 방식의 ECS는 쇽업소버의 감쇠력(damping force)을 다단계로 변화시킬 수 있다. 쇽업소버 감쇠력만을 제어하는 감쇠력 가변 방식은 구조가 간단하여 주로 중형 승용차에서 사용되며, 쇽업소버의 감쇠력을 Soft, Medium, Hard 등 3단계로 제어한다.

2 복합 방식 ECS

복합 방식은 쇽업소버의 감쇠력과 자동차의 높이 조절 기능을 지닌 것이다. 쇽업소버의 감쇠력은 Soft와 Hard 2단계로 제어하며, 자동차 높이는 Low, Normal, High 3단계로 제어한다. 특징은 코일 스프링이 하던 역할을 공기 스프링이 대신하기 때문에 하중 변화에도 일정한 승차감과 자동차의 높이를 유지할 수 있다.

3 세미 액티브 ECS Semi Active Type

세미 액티브 방식은 스카이 훅(sky hook) 쇽업소버의 이론에 바탕을 두고 개발된 것이며, 역방향 감쇠력 가변 방식 쇽업소버를 사용하여 기존의 감쇠력 ECS의 경제성과 액티브 ECS의 성능을 만족시킬 수 있는 장치이다. 쇽업소버의 감쇠력은 쇽업소버 외부에 설치된 감쇠력 가변 솔레노이드 밸브에 의해 연속적인 감쇠력 가변 제어가 가능하고, 쇽업소버 피스톤이 팽창과 수축할 때에는 독립 제어가 가능하다. 또한 ECS 컴퓨터에 의해 256단계까지 연속 제어가 가능하다.

세미 액티브 ECS의 원리는 진동 제어 작용을 스카이 훅 댐퍼의 이론에 따라 실현하려는 것으로 공중에 쇽업소버를 고정하여 차체를 걸고 스프링으로 지지하여 노면의 요철을 바퀴만이 상하로 움직여 차체로 전달되도록 한다는 것이다.

일반적인 쇽업소버는 차체와 노면으로부터의 상하 움직임을 감쇠하고 스카이 훅 쇽업소버는 차체의 상하 움직임만을 감쇠하며, 세미 액티브 ECS(액추에이터)는 실제로 공중에 고정하는 것은 불가능하므로 차체의 감쇠를 자체의 에너지로 쇽업소버의 행정을 이루도록 한다.

현가장치와 차체의 관계에서 현가장치가 딱딱하면 차체의 자세 변화를 억제하지만 승차감이 나쁘며, 부드러우면 승차감은 좋지만 차체의 자세 변화가 격심하다. 따라서 보통의 주행에서는 승차감이 좋고 가속, 감속, 코너링, 울퉁불퉁한 길에서는 딱딱하게 하여 차체의 안정과 조종 안정성을 유지한다. 이것을 컴퓨터로 감지하여 순식간에 감쇠력 및 스프링 정수를 변환시킨다.

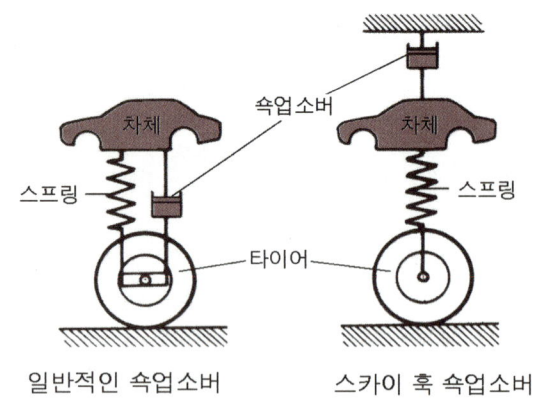

일반적인 쇽업소버와 스카이 훅 쇽업소버

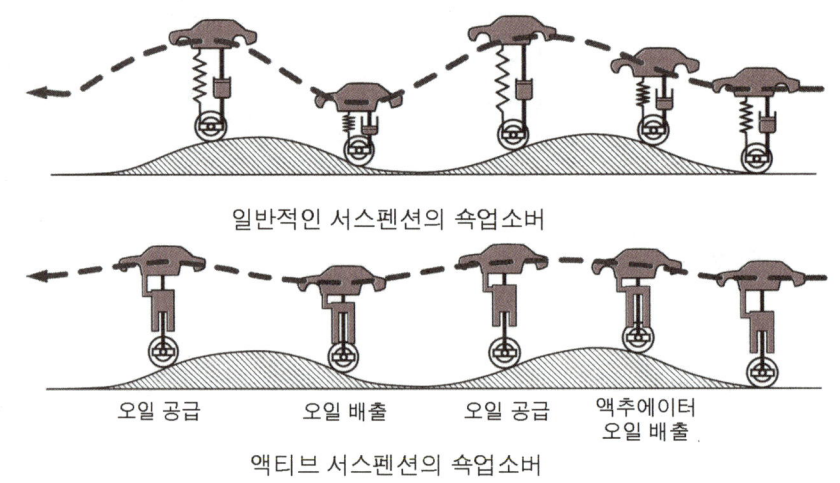

일반적인 쇽업소버와 스카이 훅 쇽업소버의 작동 상태 비교

4 액티브 active ECS

액티브 ECS 방식은 감쇠력 제어와 자동차 높이 조절 기능을 지니고 있으며, 자동차의 자세 변화에 능동적으로 대처함으로서 자세 제어가 가능한 장치이다. 쇽업소버의 감쇠력 제어에는 Super soft, Soft, Medium, Hard 등 4단계로 제어되며, 자동차 높이 조절은 Low, Normal, High, Extra High 등 4단계로 제어된다.

자세 제어 기능에는 앤티 롤(anti roll), 앤티 바운스(anti bounce), 앤티 피치(anti pitch), 앤티 다이브(anti dive), 앤티 스쿼트(anti squat) 제어 등을 수행한다. 액티브 ECS 방식은 구조가 복잡하고, 가격이 비싸므로 일부 대형 고급 승용차에서만 사용한다.

1) 프리뷰 제어 preview control

자동차의 앞쪽에 있는 도로 면의 돌기나 단차를 초음파로 검출하여 바퀴가 단차 또는 돌기를 넘기 직전에 쇽업소버의 감쇠력을 최적으로 제어하여 승차감을 향상시킨다. 프리뷰 센서는 초음파에 의해 자동차 앞쪽에 있는 도로 면의 돌기나 단차를 검출하는 것으로 앞 범퍼 좌우에 2개가 설치된다.

돌기를 검출한 경우에는 쇽업소버의 감쇠력을 부드럽게(soft) 제어하여 돌기를 넘을 때 충격을 흡수한다. 그리고 단차를 검출한 경우에는 쇽업소버의 감쇠력을 딱딱하게(hard) 제어하여 단차를 통과할 때 쇽업소버의 스토퍼(stoper)가 닿는 것을 방지한다.

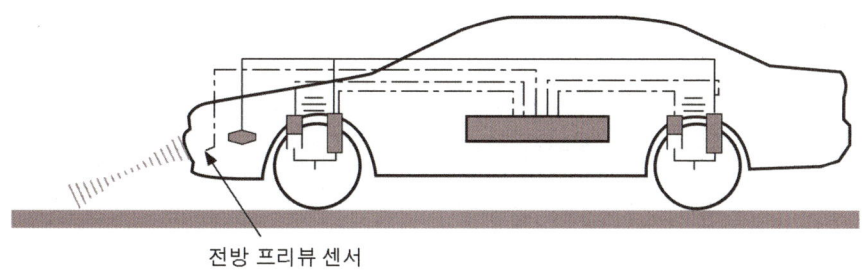

프리뷰 센서 설치 위치

① **프리뷰 센서의 돌기 검출 원리**

진동자(압전 세라믹)에 펄스 전압을 가하여 얻어지는 초음파는 바퀴 앞쪽의 도로 면으로 향해 200KHz 정도의 주파수를 발산한다. 바퀴 앞쪽에 돌기가 있으면 초음파는 돌기에 의해 반사되어 수신기로 되돌아온다. 이때 되돌아오는 초음파의 세기로 전압이 발생되는 전자회로가 구성되어 있어 이 전압의 유무에 따라 앞쪽의 돌기 여부를 검출한다.

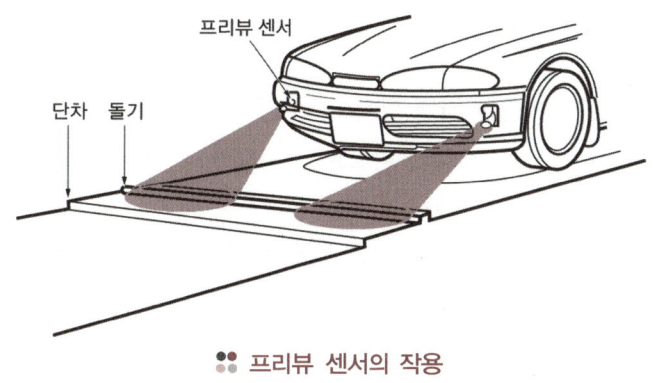

프리뷰 센서의 작용

② **프리뷰 센서의 단차 검출 원리**

편평하게 보이는 포장도로에도 노면에는 작은 요철이 있다. 이 요철에 의해 초음파가 반사되기 때문에 센서에는 약한 초음파가 되돌아오는 것으로 일반적인 주행에서도 센서 내부에는 미세한 전압이 발생된다. 그러나 바퀴 앞쪽에 단차가 있으면 센서로 되돌아오는 초음파가 두절되어 진동자에 의한 전압도 0V가 된다. 이것에 의해 앞쪽의 단차를 검출한다.

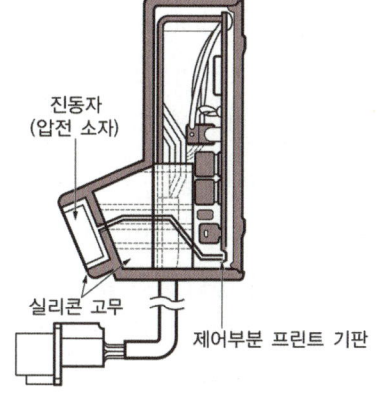

프리뷰 센서의 구조

2) **퍼지 제어** fuzzy control

① **도로면 대응 제어**

현가장치의 상하 진동을 주파수로 분석하여 가볍게 뜨는 느낌과 거친 느낌의 정도를 판단하여 최적의 승차감을 얻도록 쇽업소버의 감쇠력을 퍼지 제어하여 상하 진동이 반복되는 주행 조건에서도 우수한 승차감을 얻도록 한다.

② **등판 및 하강 제어**

등판 및 하강 제어는 컴퓨터에서 도로면의 경사 각도 및 조향 핸들의 조작 횟수를 추정하여 운전 상황에 따른 조향 특성을 얻기 위해 앞·뒷바퀴의 앤티 롤(anti-roll) 제어시기를 조절한다. 경사진 도로에서 조향 핸들의 각속도가 클 때는 앞바퀴의 앤티 롤 제어를 지연시켜 오버 스티어링(over steering)의 경향으로 한다. 지연량(시간)은 도로면의 경사 정도와 주행 속도를 기초로 퍼지 제어를 한다.

반대로 내리막 경사진 도로에서 조향 핸들의 각속도가 작을 때는 뒷바퀴의 앤티 롤 제어를 지연시켜 언더 스티어링(under steering)의 경향으로 한다. 지연량(시간)은 도로 면의 내리막 경사 정도와 조향 핸들의 각속도 정도 및 주행 속도를 기초로 퍼지 제어를 한다.

3) 스카이 훅 제어 sky hook control

스프링 위(차체)에 발생하는 상하 방향의 가속도 크기와 주파수를 검출하여 상하 중력 가속도(G)의 크기에 대응하여 공기 스프링의 흡·배기 제어와 동시에 쇽업소버의 감쇠력을 딱딱하게(hard) 제어하여 차체가 가볍게 뜨는 것을 감소시킨다. 뒷바퀴는 앞바퀴에 대하여 주행 속도에 연동시켜 자동적으로 제어된다.

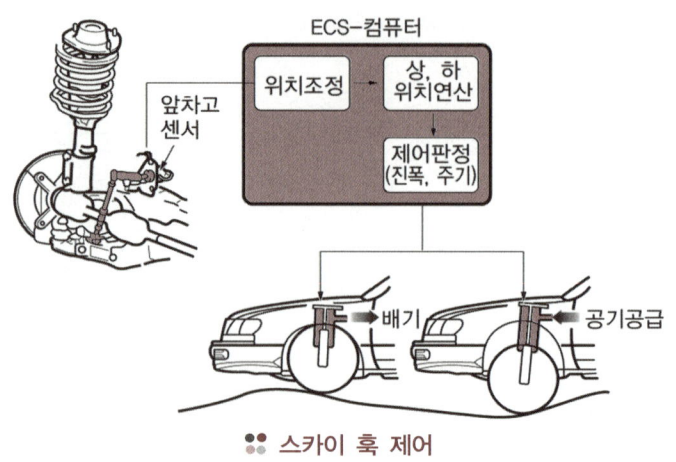

∷ 스카이 훅 제어

4) 차고 센서 vehicle high sensor

차고 센서의 설치 위치는 기존의 자동차와 같으나 센서 몸체(sensor body)와 자동차의 높이를 검출하는 방법으로 변경되었다. 기존 자동차의 차고 센서는 포토 단속기의 디지털 방식이었으나 전자제어 현가장치에서는 가변 저항의 아날로그 방식으로 자동차의 높이를 더욱 정밀하게 제어한다.

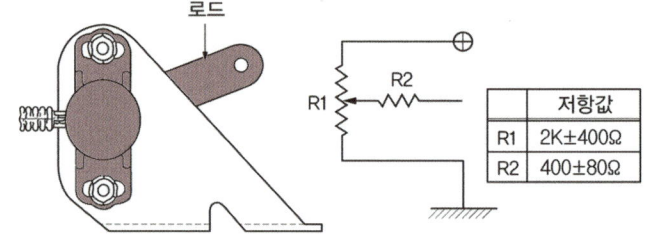

∷ 차고 센서 원리

차고 센서의 작동 원리는 가변 저항 방식으로 자동차 높이의 이동에 따라 로드가 움직이며, 중심축이 회전하면서 출력 전압이 변화한다. 즉 스로틀 위치 센서와 같은 원리이다. 그리고 차고 센서의 기능은 다음과 같다.

① 자동차의 높이를 검출한다.
② 자세제어 중 피칭(pitching) 및 바운싱(bouncing)을 검출한다.
③ 스카이 훅 제어를 할 때 차체의 상하 중력 가속도를 검출한다.

5) G 센서 gravity sensor

G 센서는 롤(roll) 제어 전용의 센서이며, 차체의 가로 방향 중력 가속도 값과 좌우 방향의 진동을 검출한다. 롤 제어의 응답성을 높이기 위하여 자동차의 앞쪽 사이드 멤버(front side member)에 설치되어 있다.

G 센서는 반도체를 이용한 게이지(gauge) 방식의 센서이며, 구조는 그림의 (a)와 같다. 케이스 내부에 댐핑 오일(damping oil)이 내장되어 있어 공전에 의한 진동을 방지한다. 피에조(piezo) 확산 저항을 그림의 (b)와 같이 브리지(bridge)회로로 만들어 반도체 형식의 게이지를 형성한다.

이 센서가 가속도에 의해 변형을 받으면 피에조 저항 효과에 따라 저항이 변화하여 브리지 회로의 평형이 깨진다. 이때 브리지 회로에 전압을 가하여 불평형 분량을 전압으로 검출하여 가속도를 측정한다. 출력 특성은 2.5V를 0G로 하여 가속도 방향에 따라서 그림의 (c)와 같이 변화한다.

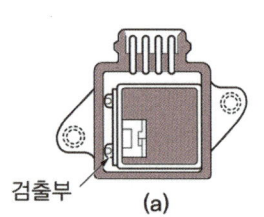 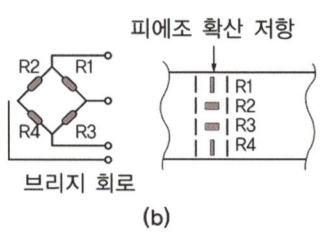 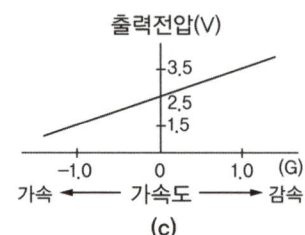

∷ G 센서의 구조와 작동

1-4. 액티브 ECS의 구성 부품

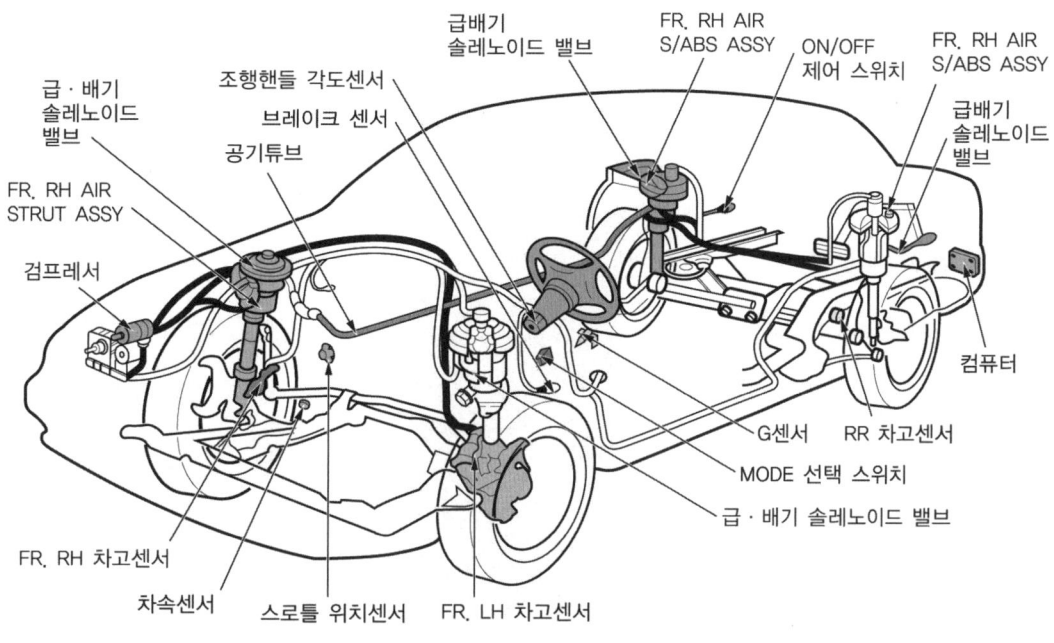

액티브 ECS의 구성품

❶ **앤티 롤링 제어**(Anti-rolling control) : 선회할 때 자동차의 좌우 방향으로 작용하는 가로 방향 가속도를 G센서로 감지하여 제어하는 것이다. 즉 자동차가 선회할 때에는 원심력에 의하여 중심 이동이 발생하여 바깥쪽 바퀴쪽은 목표 차고보다 낮아지고 안쪽 바퀴는 높아진다. 이에 따라 바깥쪽 바퀴의 스트럿의 압력은 높이고 안쪽 바퀴의 압력은 낮추어 원심력에 의해서 차체가 롤링하려고 하는 힘을 억제한다.

❷ **앤티 스쿼트 제어**(Anti-squat control) : 급출발 또는 급가속할 때에 차체의 앞쪽은 들리고, 뒤쪽이 낮아지는 노스 업(nose-up)현상을 제어하는 것이다. 작동은 컴퓨터가 스로틀 위치 센서의 신호와 초기의 주행속도를 검출하여 급출발 또는 급가속 여부를 판정하여 규정 속도 이하에서 급출발이나 급가속 상태로 판단되면 노스 업(스쿼트)를 방지하기 위하여 속업소버의 감쇠력을 증가시킨다.

❸ **앤티 다이브 제어**(Anti-dive control) : 주행 중에 급제동을 하면 차체의 앞쪽은 낮아지고, 뒤쪽이 높아지는 노스 다운(nose down)현상을 제어하는 것이다. 작동은 브레이크 오일 압력 스위치로 유압을 검출하여 속업소버의 감쇠력을 증가시킨다.

❹ **앤티 피칭 제어**(Anti - Pitching control) : 자동차가 요철 노면을 주행할 때 차고의 변화와 주행속도를 고려하여 속업소버의 감쇠력을 증가시킨다.

❺ **앤티 바운싱 제어**(Anti-bouncing control) : 차체의 바운싱은 G센서가 검출하며, 바운싱이 발생하면 속업소버의 감쇠력은 Soft에서 Medium이나 Hard로 변환된다.

❻ **주행속도 감응 제어**(vehicle speed control) : 자동차가 고속으로 주행할 때에는 차체의 안정성이 결여되기 쉬운 상태이므로 속업소버의 감쇠력은 Soft에서 Medium이나 Hard로 변환된다.

❼ **앤티 쉐이크 제어**(Anti-shake control) : 사람이 자동차에 승하차할 때 하중의 변화에 따라 차체가 흔들리는 것을 쉐이크라고 하며, 자동차의 속도를 감속하여 규정 속도 이하가 되면 컴퓨터는 승차 및 하차에 대비하여 속업소버의 감쇠력을 Hard로 변환시킨다. 그리고 자동차의 주행속도가 규정값 이상되면 속업소버의 감쇠력은 초기 모드로 된다.

:: 액티브 ECS의 입·출력 다이어그램

1 앞·뒤 차고 센서

차고 센서는 레버에 연결된 로드와 센서 보디로 구성되어 있으며, 앞쪽에 1개, 뒤쪽에 1개 총 2개가 설치되어 있다. 앞 차고 센서는 아래 컨트롤 암과 차체에, 뒤 차고 센서는 차축(axle)과 차체에 연결되어 위치를 감지하며, 차체의 상하 움직임에 따라 레버가 회전하므로 레버의 회전량을 통하여 자동차의 높이를 감지한다.

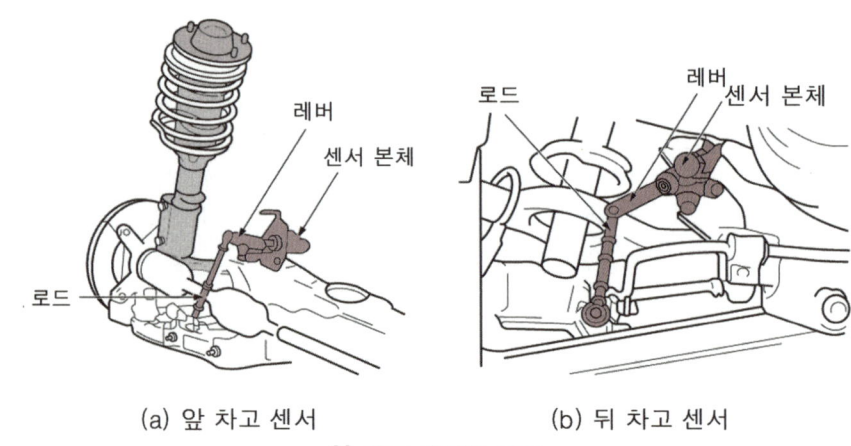

(a) 앞 차고 센서   (b) 뒤 차고 센서

:: 차고 센서의 구조

컴퓨터는 차고 센서의 신호에 의해 현재의 자동차 높이와 목표 자동차의 높이를 설정하고 제어한다. 차고 센서를 통한 자동차 높이 감지는 9단계까지 감지가 가능하며 제어에는 Low, Normal, High, Extra High 등 4단계로 제어된다. 차고 센서의 원리는 레버에 설치된 원판(disc plate)이 자동차의 높이 변화에 따라 발광 다이오드와 포토 트랜지스터 사이에서 회전하며, 원판의 홈(slot)을 통해 발광 다이오드의 빛이 포토 트랜지스터로 입력되어 발생한 출력에 의해 자동차의 높이가 검출된다.

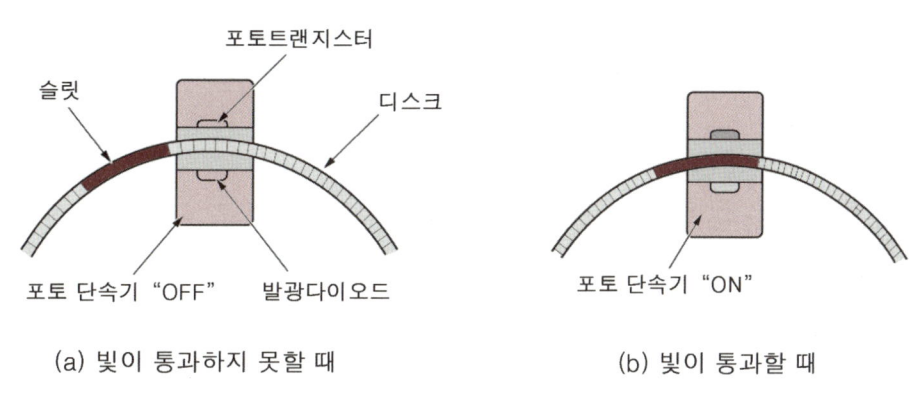

:: 차고 센서의 작동 원리

2 조향 핸들 각속도 센서

① 기능 및 구조

이 센서는 핸들이 설치되는 조향 칼럼과 조향축 위쪽에 설치되어 있으며, 센서는 2개로 되어 있다. 조향 핸들 각속도 센서는 핸들을 조작하면 구멍이 뚫려있는 디스크(센서 판)가 회전하게 되고, 센서는 구멍을 통하여 감지되어 조향 방향, 조향 각도, 조향 각속도를 검출한다. 2개의 센서를 사용하는 이유는 조향 핸들의 좌우 회전 방향을 검출하기 위함이며, 컴퓨터는 조향 핸들 각속도 센서의 신호를 기준으로 롤(roll ; 좌우 진동)을 예측한다.

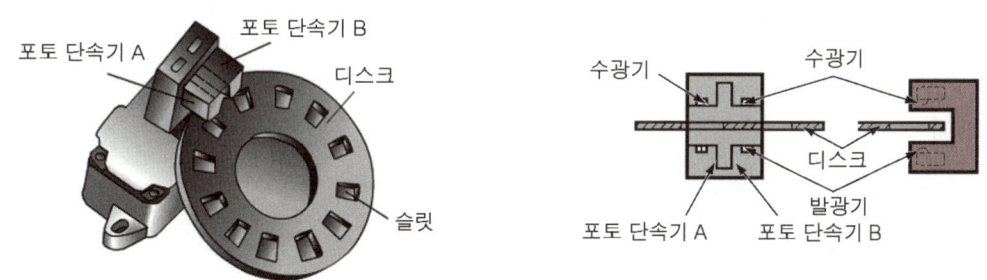

:: 조향 핸들 각속도 센서 구조

② 조향 핸들 각속도 센서의 작동 원리

조향 핸들 각속도 센서는 포토 단속기의 발광다이오드와 포토트랜지스터 사이에 설치된 원판이 조향핸들의 회전운동에 따라 회전하며, 발광다이오드의 빛이 포토트랜지스터로 통과여부에 따라 전기적인 신호 즉, 조향핸들의 회전속도 및 회전방향, 회전 각도를 검출한다. 그러나 조향핸들을 매우 적게 회전할 때에는 출력신호가 발생하지 않는다.

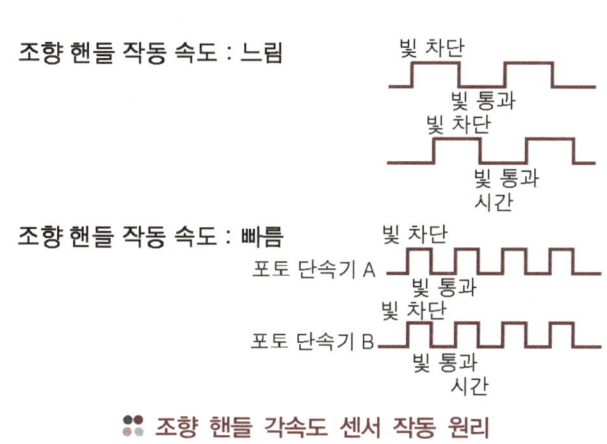

:: 조향 핸들 각속도 센서 작동 원리

3 G 센서

이 센서는 엔진 룸 내의 차체에 1개가 설치되어 있다. G 센서는 롤(roll) 제어용 센서이며, 자동차가 선회할 때 G 센서 내부의 철심이 자동차가 기울어진 쪽으로 이동하면서 유도되는 전압이 변화한다. 컴퓨터는 유도되는 전압의 변화량을 감지하여 차체의 기울어진 방향과 기울어진 량을 검출하여 앤티 롤(anti roll)을 제어할 때 보정 신호로 사용한다.

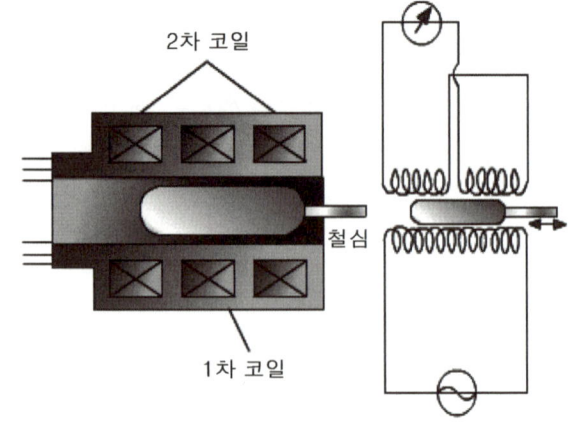

∷ G센서의 구조

4 자동변속기 인히비터 스위치

자동변속기의 인히비터 스위치(inhibitor switch)는 운전자가 변속 레버를 P, R, N, D, 2, L 중 어느 위치로 선택 이동하는지를 컴퓨터로 입력시키는 스위치이다. 컴퓨터는 이 신호를 기준으로 변속 레버를 이동할 때 발생할 수 있는 진동을 억제하기 위해 감쇠력을 제어한다.

∷ 인히비터 스위치

5 차속 센서

이 센서는 홀(hall) 소자 형식으로 변속기의 출력축에 설치되어 있다. 차속 센서는 자동차의 주행 속도를 컴퓨터로 입력시키는 역할을 한다. 컴퓨터는 이 신호를 기초로 선회할 때 롤(roll)량을 예측하며, 다이브(dive), 스쿼트(squat) 제어 및 고속 안정성을 제어하는 신호로 사용한다.

6 스로틀 위치 센서

이 센서는 액셀러레이터 페달의 케이블과 연결되어 있다. 즉, 운전자의 가·감속 의지를 판단하기 위한 센서로서 운전자가 액셀러레이터 페달의 밟는 량을 검출하여 컴퓨터로 입력시킨다. 컴퓨터는 이 신호를 기준으로 운전자의 가·감속 의지를 판단하여 앤티 스쿼트를 제어할 때 기준 신호로 이용된다.

7 고압 스위치

공기를 쇽업소버의 공기 스프링에 공급하여 자동차의 자세를 순간적으로 변화시키기 위해서는 많은 양의 압축 공기를 필요로 한다. 이에 따라 액티브 ECS의 구성 부품 중에는 2개의 공기 압축기와 2개의 공기 저장 탱크가 있다. 공기 압축기로 압축시킨 공기를 저장 탱크에 저장해 두었다가 자세를 제어할 때 공급한다.

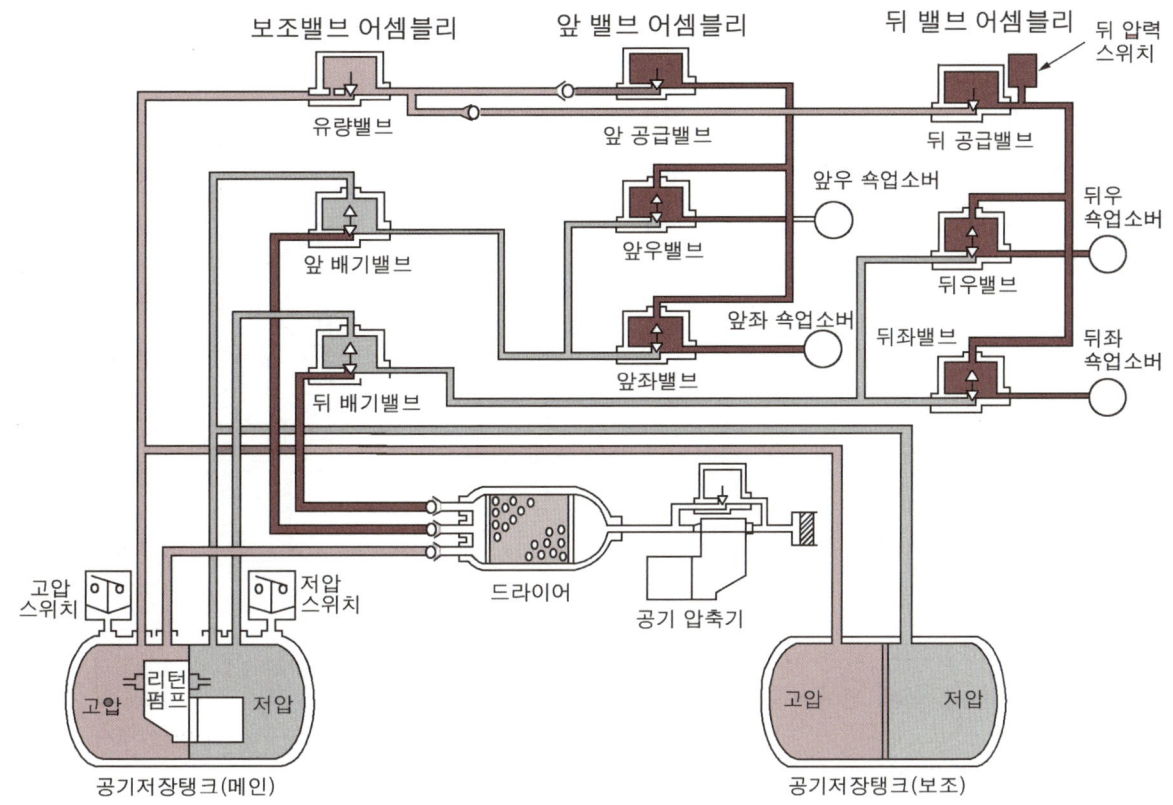

∷ 전자제어 현가장치 공기 배관도

공기 저장 탱크는 중간이 막혀 고압과 저압으로 나누어져 있으며, 고압 스위치는 고압 쪽에 설치되어 있다. 저압 탱크의 고압 쪽 공기 압력이 너무 낮을 경우에는 정상적인 자세 제어가 어려우므로, 고압 스위치는 고압 탱크 내의 공기 압력이 일정 압력 이하로 떨어지게 되면 공기 압축기를 작동시켜 압력을 유지한다. 고압 스위치는 공기 저장 탱크 내의 공기 압력이 7.6~9.4kgf/cm²정도로 유지되도록 공기 압축기를 제어하는 일을 한다.

8 저압 스위치

자동차의 앞·뒤에 설치되어 있는 공기 저장 탱크는 내부에 저압과 고압으로 나누어져 있다. 탱크의 중간에는 리턴 펌프(return pump)라 부르는 압축기가 설치되어 있으며, 리턴 펌프가 작동하면 저압쪽의 공기는 고압 쪽으로 공급된다.

즉, 고압 쪽은 자세 제어를 할 때 공기를 공급하고 저압 쪽은 자세 제어를 할 때 배출되는 공기를 저장하는 탱크이다. 만약, 탱크의 저압 쪽에 배출되어 저장되는 공기가 많아 압력이 높아지면 자세를 제어할 때 쇽업소버에서 배출

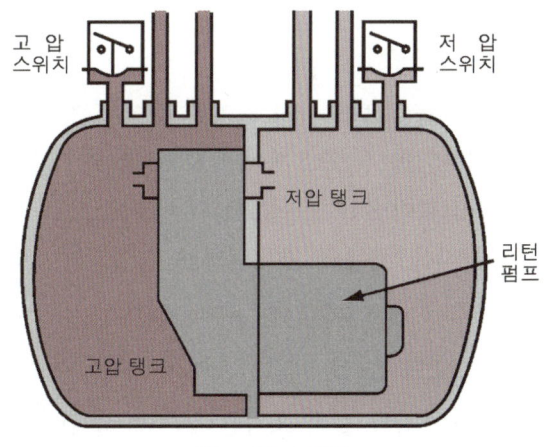

∷ 고압 스위치

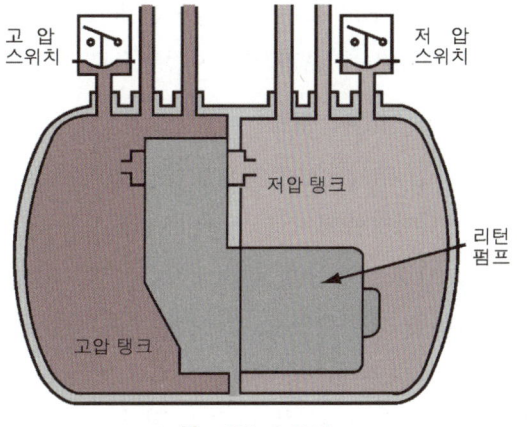

∷ 저압 스위치

이 불량해져 자세 제어가 어려워지므로 공기 저장 탱크의 저압 쪽 압력이 일정 압력 이상 상승하게 되면 저압 스위치가 작동하면서 내부의 리턴 펌프를 구동한다.

리턴 펌프가 구동되면 저압 쪽의 공기는 고압 쪽으로 보내져 저압 쪽은 압력이 낮아진다. 이에 따라 저압 스위치는 자세를 제어할 때 원활한 쇽업소버 공기 스프링의 배기를 위해 저장 탱크의 저압 쪽 압력을 일정(0.7~1.4kgf/cm²)하게 유지시키는 역할을 한다.

9 뒤 압력 센서

이 센서는 뒤 쇽업소버 내의 공기 압력을 감지하는 역할을 한다. 뒤 쇽업소버 내의 공기 압력은 뒷좌석의 승차 인원이나 트렁크의 화물 적재량에 따라 많은 변화가 일어난다.

컴퓨터는 뒤 압력 센서의 신호로 자동차 뒤쪽의 무게를 감지하여 무게에 따라 뒤 쇽업소버에 급·배기를 할 때 급기 시간과 배기 시간을 다르게 한다. 또한 규정 이상으로 뒤 쇽업소버 내의 공기 압력이 높아지게 되면 자세를 제어할 때 뒤쪽 제어를 금지하는 조건도 있다.

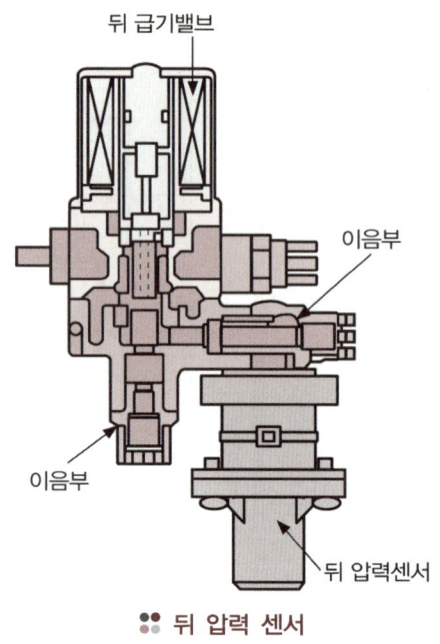

∷ 뒤 압력 센서

10 ECS 모드 선택 스위치

ECS 모드 선택 스위치는 운전자가 주행 조건이나 노면 상태에 따라 쇽업소버의 감쇠력 특성과 자동차 높이를 선택할 때 사용한다.

1) SPT 모드

SPT는 SPORT를 줄여 표기한 것이며, SPT 스위치를 한번 누르면 계기판의 SPT 표시등이 점등되면서 ECS 제어 모드가 SPORT 모드로 변환된다. SPORT 모드는 쇽업소버의 기본 감쇠력이 Super Soft에서 Medium으로 변환되고, Hard 영역이 넓어져 승차감은 다소 낮아지나 차체의 자세변화를 줄일 수 있기 때문에 구불구불한 도로를 주행하거나 sporty한 운전을 즐길 때 효과적이다.

2) HI 모드

HI는 HIGH를 줄여 표기한 것이며, 주행 속도 80km/h 이하에서 HI 스위치를 한번 누르면 계기판의 HI 표시등이 점등되면서 자동차 높이가 Normal 상태보다 30mm 더 상승하며, 비포장 도로 또는 울퉁불퉁한 도로를 주행할 때 사용하면 효과적이다. 그리고 주행 속도가 70km/h를 초과하면 자동적으로 Normal 상태로 되돌아온다.

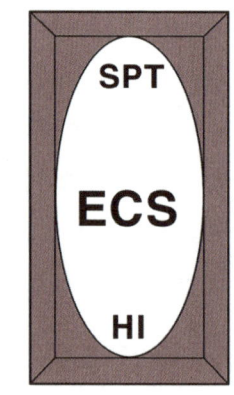

∷ 모드 선택 스위치

3) Extra-HIGH 모드

Extra-HIGH는 AUTO 모드로 주행 중 주행 속도가 10km/h 이하인 상태에서 HI 스위치를 3초 이상 누르고 있으면 계기판의 Extra-HIGH 표시등이 점등되면서 자동차 높이가 Extra-HIGH 상태를 유지한다.

Extra-HIGH에서는 Normal 상태보다 50mm 더 상승하며, 험한 도로를 주행하거나 과속 방지 턱을 넘어갈 때 사용하면 효과적이다. 그리고 주행 속도가 10km/h를 초과하면 자동적으로 Normal 상태로 되돌아간다. AUTO 모드로 되돌아갈 때에는 HI로 선택된 상태에서는 다시 한 번 HI 누르고, SPT로 선택된 상태에서는 다시 한 번 SPT 스위치를 누르면 된다.

11 전조등 릴레이 Head Lamp Relay

전조등 릴레이의 역할은 운전자가 전조등 스위치를 작동하면 전조등 릴레이가 작동하며, 이 릴레이가 작동하면 축전지의 전기를 전조등으로 보내어 점등된다. 일반적으로 전조등은 야간 주행에서만 작동되며, 전조등 릴레이의 신호에 따라 ECS 컴퓨터는 고속 주행 중 자동차의 높이 제어를 다르게 한다.

즉, 주행 속도가 90km/h로 10초 이상을 유지하거나 100km/h를 초과하는 고속 주행에서는 자동차 높이가 Normal 보다 10mm 낮은 Low로 내려온다. Low 위치라 하더라도 전조등이 작동되지 않는 주간에는 자동차의 앞쪽만 Low로 내리고, 뒤쪽은 Normal 위치를 그대로 유지시켜 공기 저항을 감소시킨다. 그러나 전조등 릴레이 신호가 컴퓨터에 입력되어 전조등이 점등되었다고 판단되면 앞·뒤를 모두 Low로 내려 전조등의 광도가 변화하는 것을 방지한다.

12 도어 스위치 Door Switch

도어 스위치는 자동차의 도어가 열리고 닫히는 것을 감지하는 스위치이다. ECS 컴퓨터는 도어 스위치의 신호로 자동차에 승객의 승차 및 하차 여부를 판단하여 승·하차를 할 때 차체의 흔들림을 방지하기 위해 쇽업소버의 감쇠력을 제어하며, 자동차 높이가 High 또는 Extra-High 상태일 때에는 승객이 승·하차를 할 때 편의를 위해 Normal 위치로 내려준다.

13 제동등 스위치

제동등 스위치는 운전자의 브레이크 페달 조작 여부를 검출하여 입력시키면 컴퓨터는 이 신호를 기준으로 제동할 때 차체가 앞쪽으로 기울어지는 것을 방지하기 위해 앤티 다이브(anti Dive)를 실행한다.

14 공전 스위치 Idle Switch

공전 스위치는 운전자의 액셀러레이터 페달의 조작 여부를 검출하는 역할을 한다. 컴퓨터는 이 신호를 기준으로 자동차가 출발할 때 앤티 스쿼트(Anti Squat), 변속레버를 조작할 때 차체의 진동이 발생되는 것을 방지하기 위해 시프트 스쿼트(shift Squat) 등을 실행한다.

15 스텝 모터 Step Motor

스텝 모터는 각각의 쇽업소버 상단에 설치되어 있으며, 컴퓨터의 신호에 의해 작동한다. 컴퓨터는 자동차 운행 중 쇽업소버의 감쇠력을 변화시켜야할 조건이 되면 스텝 모터를 회전시키고 스텝 모터가 회전하게 되면 스텝 모터와 연결된 제어 로드(control rod)가 회전하면서 쇽업소버 내부의 오일 회로가 크게 변화되어 감쇠력이 가변된다.

1) 스텝 모터의 기능 및 구조

스텝 모터는 4개의 쇽업소버 위쪽에 설치되며, 컴퓨터의 전기적 신호에 의해 작동한다. 내부 구조는 페라이트계 영구자석으로 된 로터(rotor, 회전자)와 스테이터(stator, 고정자), 그리고 코일 A와 B로 되어 있으며, 코일에 직류 전류를 공급하면 이때 발생하는 전자력으로 로터를 끌어 당겨

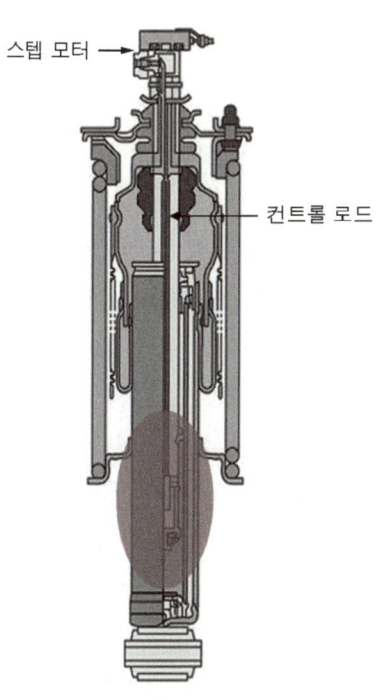

∷ 스텝 모터 설치 위치

회전력을 발생시킨다.

컴퓨터는 자동차가 운행 중 쇽업소버의 감쇠력을 변환시켜야 할 조건이 되면 스텝 모터를 일정한 각도로 회전시키고, 스텝 모터가 회전하면 스텝 모터에서 쇽업소버 내부까지 연결된 컨트롤 로드(control rod)가 회전하면서 쇽업소버 내부의 오일 통로의 크기가 변화되어 감쇠력이 변화된다.

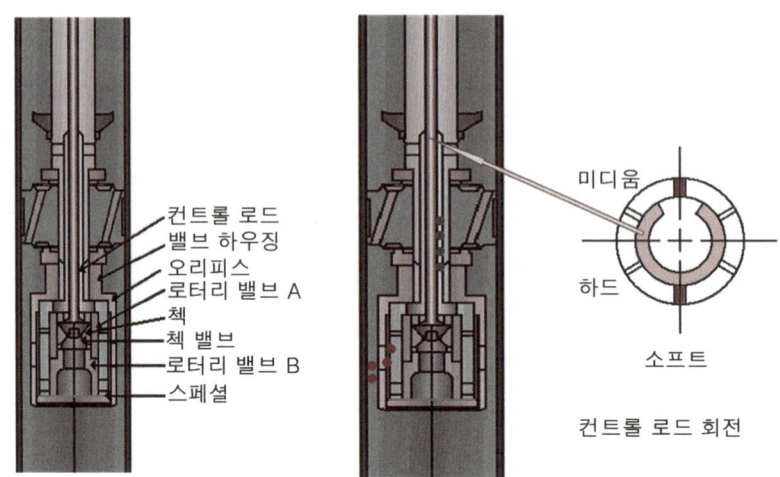

∴ 감쇠력 쇽업소버의 구조

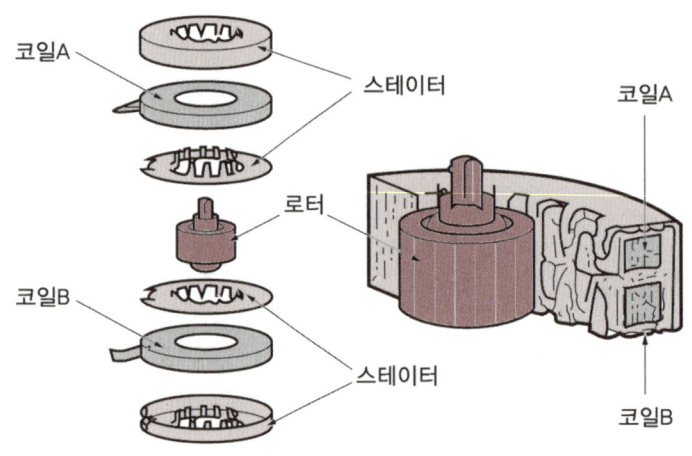

∴ 스텝 모터의 구조

2) 스텝 모터의 작동 원리

그림(a)의 스테이터 1과 같이 전류를 A, B 각 상의 코일에 공급하면 플레밍의 오른손 법칙에 따라 A1극, B1극이 N극으로, A2극, B2극이 S극으로 되어 로터의 N극과 S극을 각각 끌어당겨 그림(b)에 나타낸 바와 같은 위치를 유지하며, 스테이터 1상태에서 스테이터 2와 같이 A상의 코일에 전류의 방향으로 반대로 공급하면 A1극, B2극이 S극으로, A2극, B2극이 N극으로 되면서 로터가 약 90° 반 시계방향으로 회전한다. 이렇게 코일에 흐르는 전류의 방향을 바꾸어줌으로서 로터를 움직이도록 한다.

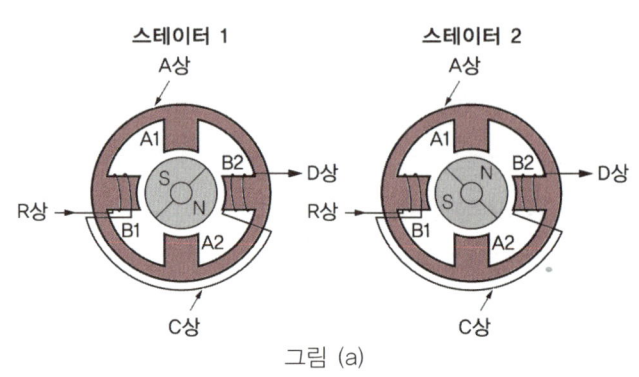

그림 (a)

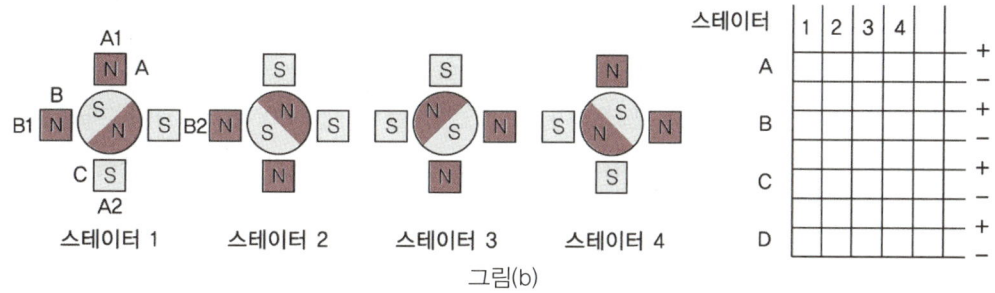

:: 스텝 모터의 작동 원리

16 유량 변환 밸브

유량 변환 밸브는 자동차의 높이를 조절하거나 자세를 제어할 때 앞뒤 쇽업소버의 공기 스프링에 공기를 공급하기 위해 앞뒤 공기 공급 밸브에 공기를 공급하는 역할을 한다. 유량 변환 밸브에는 밸브의 작동에 관계없이 항상 열려 있는 공기 통로가 1개 있으며, 컴퓨터의 신호에 의해 솔레노이드 밸브가 작동하여야만 열리는 통로가 또 1개 있다. 자동차의 높이를 상승시키는 제어를 할 때는 항상 열려 있는 공기 통로로 공기가 공급되지만, 자세 제어를 하거나 급속하게 자동차의 높이를 제어할 때에는 컴퓨터가 솔레노이드 밸브를 작동시켜 많은 양의 공기가 쇽업소버의 공기 스프링으로 공급되도록 한다.

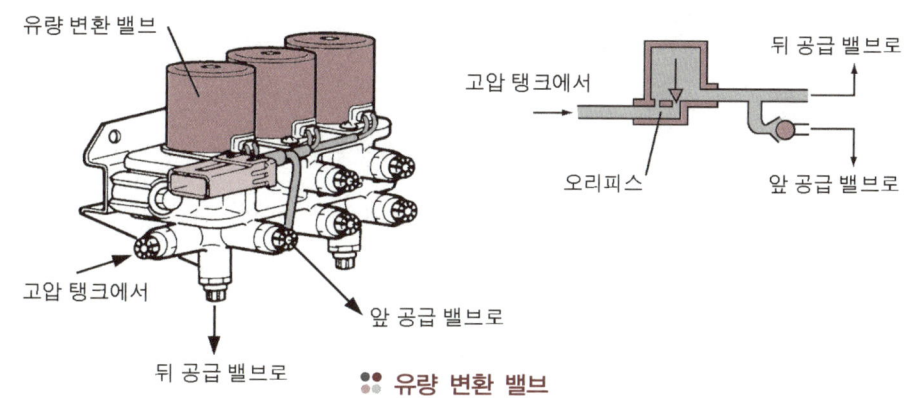

:: 유량 변환 밸브

17 앞·뒤 공기 공급 밸브

① 앞 공급 밸브

앞 공기 공급 밸브는 자동차 높이를 제어하거나 자세를 제어할 때 앞쪽 좌우 스트럿(strut) 공기 스프링에 공기를 공급하는 밸브이며, 공기를 공급할 때에는 ON으로 되며, 배출을 할 때에는 OFF로 된다. 그리고 공기의 역류를 방지하기 위한 체크 밸브(check valve)가 설치되어 있다.

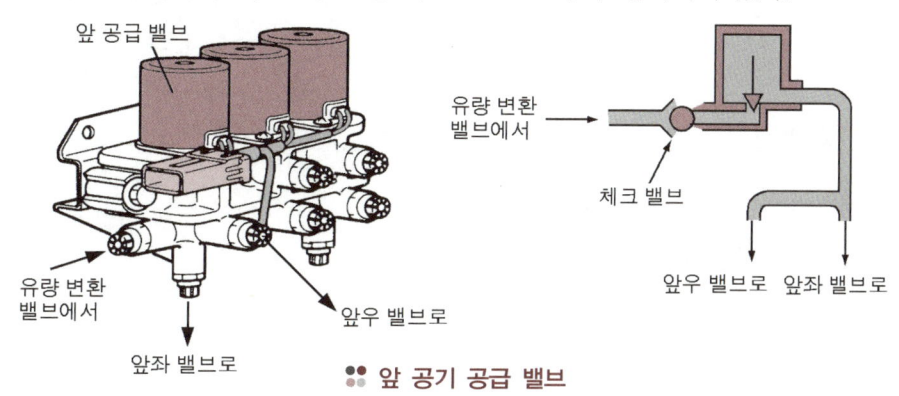

:: 앞 공기 공급 밸브

② 뒤 공기공급 밸브

뒤 공기 공급 밸브는 자세를 제어하거나 자동차 높이를 상승으로 제어할 때는 뒤쪽 좌우 쇽업소버의 공기 스프링에 공기를 공급하는 밸브이며, 공기를 공급할 때는 ON으로 되며, 배출을 할 때는 OFF상태를 유지한다. 이 밸브에는 뒤 쇽업소버의 공기 스프링 내의 압력을 검출하는 뒤 압력 센서가 설치되어 있다.

18 앞·뒤 배기 밸브

앞·뒤 배기 밸브는 컴퓨터의 전기적 신호로 작동되며, 앞뒤·좌우 쇽업소버의 공기를 대기 중으로 배출할 것인지 아니면 저압 탱크 쪽으로 보낼 것인지를 결정하여 공기를 배출시키는 밸브이다.

컴퓨터는 자동차의 높이 제어 또는 자세 제어의 조건에 따라 앞뒤 배기 밸브를 작동시키는데 자동차의 높이를 하향으로 제어할 때 배출되는 공기는 대기 중으로 배출시키고, 자세를 제어할 때 배출되는 공기는 그 양이 많지 않기 때문에 저압 탱크 쪽으로 보낸다.

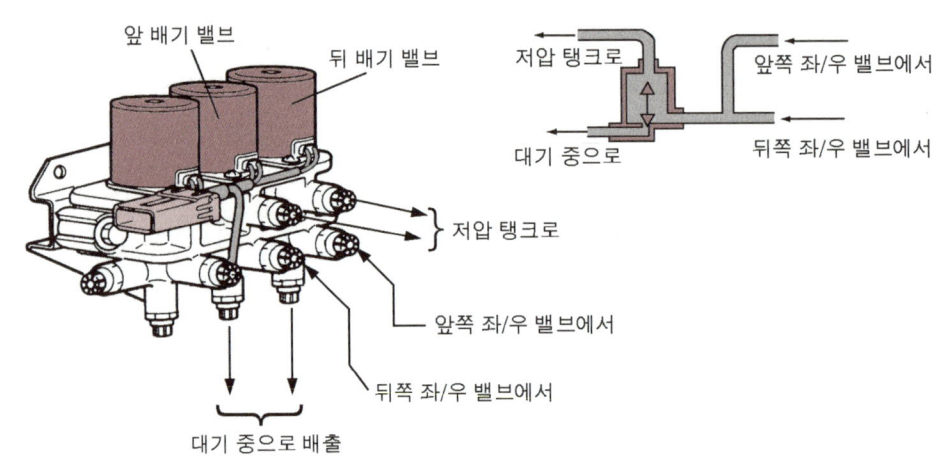

∷ 앞·뒤 배기 밸브

19 앞뒤·좌우 밸브

앞뒤·좌우 밸브는 컴퓨터의 전기적인 신호로 작동되며, 앞뒤·좌우 쇽업소버의 공기 스프링에 공기를 공급하거나 배출시키는 역할을 한다. 컴퓨터는 자동차의 높이를 제어하거나 또는 자세를 제어할 때 조건에 따라 앞뒤·좌우 밸브를 작동하여 공기 스프링에 공기를 공급 또는 배출시킨다.

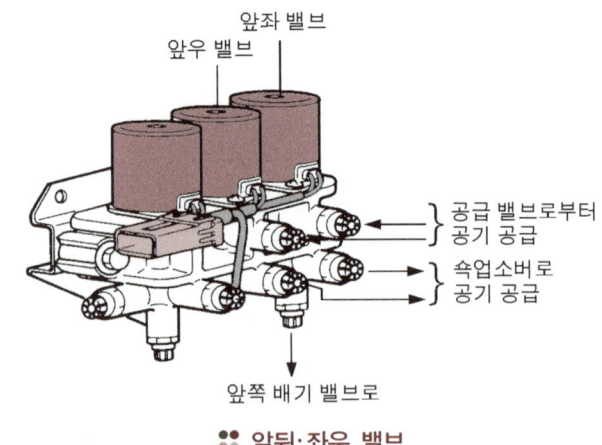

∷ 앞뒤·좌우 밸브

20 공기 압축기 릴레이

공기 압축기 릴레이는 압축기에 축전지의 전기를 공급하는 역할을 한다. 고압 탱크의 공기 압력이 규정값 이하로 낮아지면 고압 스위치가 작동하며, 컴퓨터는 고압 스위치의 작동 신호를 기준으로 공기 압축기 릴레이를 작동시켜 압축기를 구동한다.

압축기가 구동되면 압축 공기가 고압 탱크로 공급되어 고압 탱크의 압력이 규정 압력으로 높아진다. 자동차의 높이를 상승시킬 때에도 컴퓨터가 직접 공기 압축기의 릴레이를 작동시켜 압축기의 압축 공기를 공기 스프링에 공급한다.

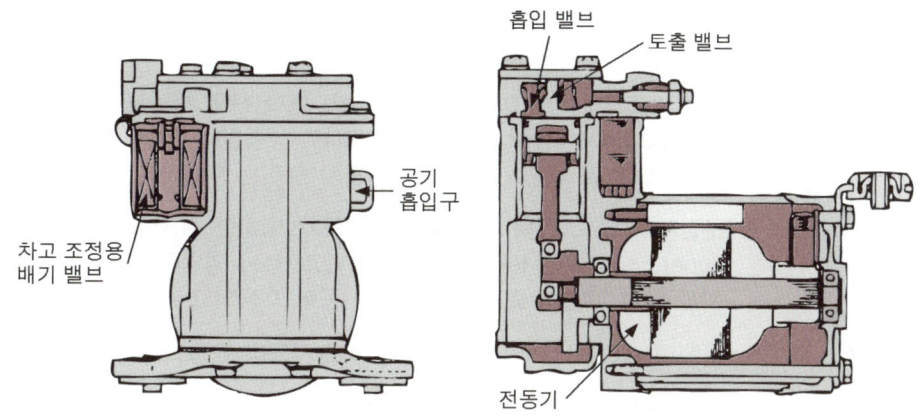

∷ 공기 압축기 릴레이

21 리턴 펌프 릴레이 Return Pump Relay

리턴 펌프 릴레이는 리턴 펌프에 축전지의 전기를 공급한다. 리턴 펌프는 앞쪽의 공기 탱크에 설치되어 있어 저압 탱크 쪽의 공기를 고압 탱크 쪽으로 보내는 역할을 하며, 자세를 제어할 때 쇽업소버의 공기 스프링에서 배출된 공기는 저압 탱크에 저장한다.

저압 탱크 쪽의 공기 압력이 규정 압력보다 높아지면 저압 스위치가 작동하여 컴퓨터로 신호를 보낸다. 저압 스위치의 작동 신호를 받은 컴퓨터는 리턴 펌프 릴레이를 작동시켜 리턴 펌프를 구동하여 저압 탱크의 공기를 고압 탱크로 보낸다. 따라서 저압 탱크의 공기 압력은 다시 규정값(0.7~1.4kgf/cm²) 이하로 낮아진다.

∷ 리턴 펌프 릴레이

22 모드 표시등

모드 표시등은 계기판에 설치되어 있으며, 컴퓨터는 운전자의 스위치 선택에 따른 현재 ECS의 작동 모드를 표시등에 점등시켜 알려주고, ECS에 고장이 발생하였을 때 알람(Alarm) 표시등을 점등시켜 고장을 알려준다.

모드 표시등의 점등 조건은 다음 표와 같다.

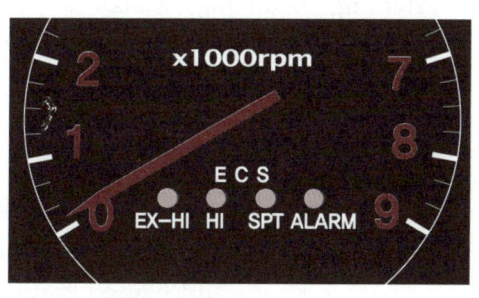

∷ 모드 표시등

ECS 모드 표시등	점등 조건 및 제어 모드
EX-HI Extra-HIGH	주행 속도 10km/h 이하에서 운전자가 모드 선택 스위치로 Extra-HIGH를 선택하면 표시등이 점등되면서 자동차의 높이가 Extra-HIGH로 상승한다. 주행속도가 10km/h를 초과하면 자동적으로 표시등이 소등되며, 자동차의 높이는 Normal 상태로 되돌아간다.
HI HIGH	주행 속도 70km/h 이하에서 운전자가 모드 선택 스위치로 HIGH를 선택하면 표시등이 점등되면서 자동차의 높이가 HIGH로 상승한다. 주행 속도가 70km/h를 초과하면 자동적으로 표시등이 소등되고 자동차 높이는 Normal로 되돌아간다.
SPT SPORT	운전자가 모드 선택 스위치를 SPT를 선택하면 표시등이 점등되고 기본 감쇠력이 Super-soft에서 Medium으로 변환되고 Hard 영역이 넓어진다. 운전자가 SPT 스위치를 다시 한번 누를 경우에만 표시등이 소등되고 AUTO 모드로 되돌아간다.
ALARM	운행 중 ECS에 고장이 발생할 경우 표시등이 점등되며, 그 밖의 경우에는 소등된다.
모두 소등	표시등이 전혀 점등되지 않는 상태는 AUTO 제어 모드로, 운행 조건이나 노면 상태에 따라 컴퓨터가 자동적으로 쇽업소버의 감쇠력과 자동차의 높이를 제어한다.

1-5. ECS 제어 기능

액티브 ECS는 감쇠력 제어, 자동차의 높이 제어, 자세 제어의 3가지를 하는데 각 제어의 기능에 대하여 설명하면 다음과 같다.

1 감쇠력 제어 기능

주행 조건이나 노면의 상태에 따라 쇽업소버의 감쇠력이 Super-Soft, Soft, Medium, Hard의 4단계로 컴퓨터에 의해 제어된다. 컴퓨터는 제어 모드에 따라 쇽업소버 위쪽에 설치된 스텝 모터를 구동하고, 스텝 모터의 구동에 의해 쇽업소버 내부로 연결된 컨트롤 로드가 회전하면 쇽업소버 내 오일 통로의 크기가 변화되어 차체에 발생하는 고유 진동(Roll, Dive, Squat, Pitching, Bouncing, Shake)을 쇽업소버의 감쇠력을 강하게 또는 약으로 변화시켜 감쇠력을 제어한다.

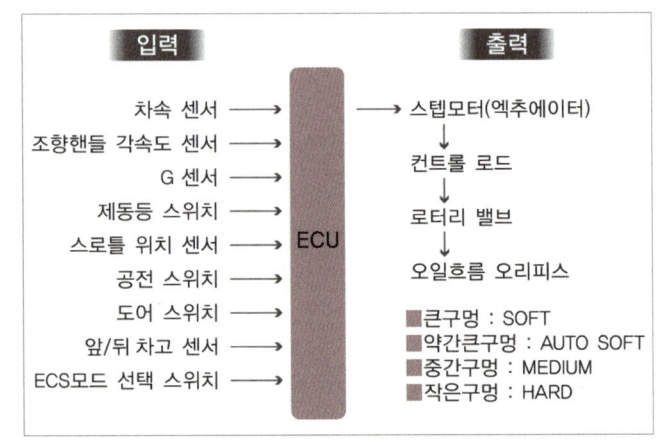

❖ 감쇠력 제어 기구의 다이어그램

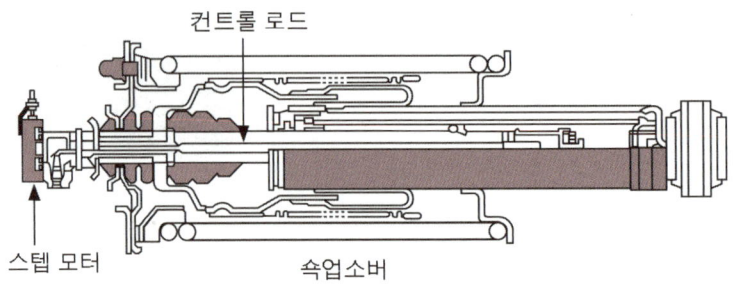

❖ 감쇠력 제어 스텝 모터

1) 선택 모드별 특징

선택 모드	감쇠력 제어	특 징
AUTO 모드	Super Soft	AUTO 모드를 선택하면 기본 감쇠력은 Super Soft이며, 주행속도, 주행조건, 도로 면 상태 등에 따라 Super-Soft, Soft, Medium, Hard의 4단계로 제어된다.
	Soft	
	Medium	
	Hard	
SPORT 모드	Medium	SPORT 모드를 선택하면 기본 감쇠력은 Medium으로 변환되고, 주행조건이나 도로 면의 상태에 따라 Medium, Hard 2단계로 자동제어 된다.
	Hard	

2) 앤티 롤 Anti Roll 제어의 감쇠력 전환

차체에서 롤링이 발생되면 공기의 공급 및 배출과 동시에 맵(map)에 따라 감쇠력을 1초 동안 Soft, Medium 또는 Hard로 전환시킨 다음 감쇠력을 1단 내려서 유지한다. 다만, 좌우 방향의 G(가속도)가 규정값 이상인 경우에는 감쇠력을 Medium 또는 Hard로 유지한다. 처음 복귀할 때에는 다시 한 번 감쇠력을 1단 올려서 약 1초 후에 처음의 감쇠력으로 복귀한다.

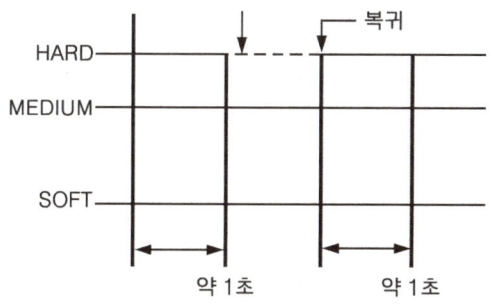

❖ 앤티롤 제어의 감쇠력 변환

3) 앤티 다이브 Anti Dive 제어의 감쇠력 전환

급제동할 때의 Nose Dive를 감소시키기 위해 공기의 공급 및 배출과 동시에 감쇠력을 Medium 또는 Hard로 전환한다.

① 제동등 스위치가 ON으로 된 후 즉시 앞뒤 방향의 가속도가 규정값 이상으로 될 때 앞쪽에는 규정 시간 이상으로 공기를 공급하여 감쇠력은 AUTO모드일 경우에는 Medium으로, Sport 모드일 경우에는 Hard로 제어한다.

② 제동등 스위치가 ON 상태에서 가속도가 더욱 더 증가하면 뒤쪽을 앞쪽과 동시에 공기를 배출하고, 감쇠력은 Sport 및 AUTO 모드일 경우에도 Hard로 제어한다.

③ 가속도가 규정값 미만으로 내려가면 감쇠력을 약 1초 후에 처음으로 복귀시키고, 공기를 공급 및 배출한 시간만큼 복귀 쪽에 공급 및 배출하여 앞쪽과 뒤쪽의 공기량을 제어전의 상태로 복귀시킨다.

4) 앤티 스쿼트 Anti Squat 제어의 감쇠력 변환

급출발을 할 때 스쿼트를 감소시키기 위해 공기의 공급 및 배출과 동시에 감쇠력을 Medium 또는 Hard로 전환한다.

① 스로틀 밸브의 열림 속도가 규정값 이상으로 되면 일정시간 동안 앞쪽은 공기를 배출시키고, 뒤쪽은 공기를 공급하여 감쇠력을 AUTO 모드일 경우에는 Medium 또는 Hard에, Sport 모드일 경우에는 Hard로 약 1초 동안 전환하고 그 후 처음의 감쇠력으로 복귀시킨다.

② 자동변속기 자동차의 경우 제동등 스위치가 ON되고 주행 속도가 3km/h 이하의 상태에서 스로틀 위치 센서의 출력이 규정값 이하로 되면 자동변속기의 스톨(stall)상태로 판단하고 감쇠력을 Hard로 변환한다. 그 후 제동등 스위치 OFF에서 차속 센서의 펄스 신호가 입력되면 자동변속기의 스톨 상태로부터 급발진으로 판단하고 앞쪽에서는 공기를 배출하고 뒤쪽에서는 공기를 공급함과 동시에 약 1초 후에는 감쇠력을 처음으로 복귀시킨다.

③ 스로틀 위치 센서의 출력 전압이 4V(액셀러레이터 페달을 끝까지 밟은 상태)를 1초 이상 계속되면 감쇠력을 AUTO 모드에서는 Medium에, Sport 모드에서는 Hard로 전환한다.

④ ①항과 ②항의 조건이 해소된 경우에는 실행한 공기 공급 및 배출 시간과 같은 시간의 복귀 쪽의 공기 공급과 배출을 실행한다. 이때 감쇠력은 제어시작 시간과 같이 Medium 또는 Hard에 약 1초 동안 전환되고 난 후 처음의 감쇠력으로 복귀시킨다.

5) 주행 속도에 의한 감쇠력 전환

주행 속도에 따른 감쇠력을 전환하여 고속 주행의 안정성을 높인다.

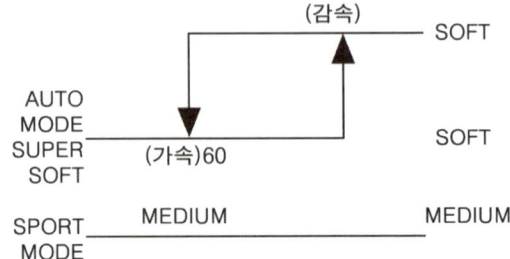

❖ 주행 속도에 의한 감쇠력 변환

2 자세 제어 기능

쇽업소버의 감쇠력 가변과 쇽업소버 위쪽에 설치된 공기 스프링의 압력으로 제어하는 기능이며, 차체의 자세 변화가 예상되면 컴퓨터는 쇽업소버의 감쇠력을 변환시킴과 동시에 차체가 기울어지는 쪽의 공기 스프링에는 공기를 공급하고, 반대로 차체가 들리는 쪽의 공기 스프링에는 공기를 배출시켜 차체의 자세를 제어한다.

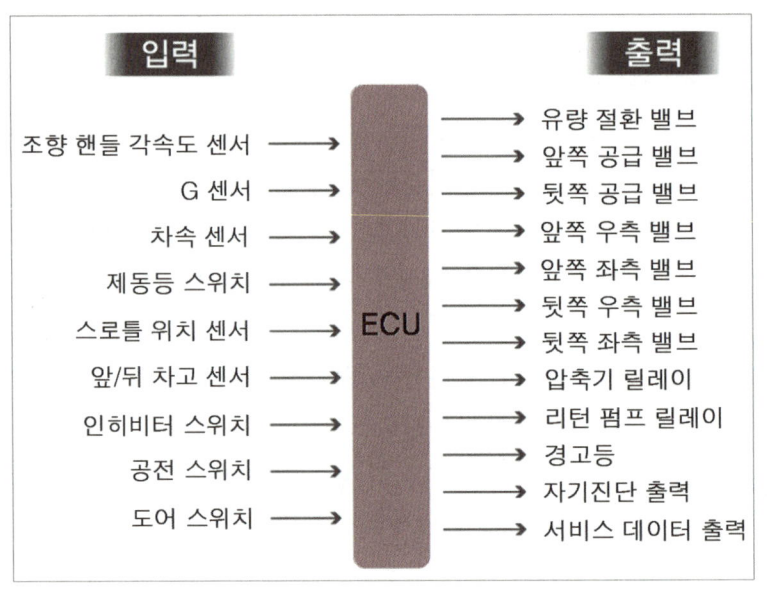

❖ 자세 제어 다이어그램

1) 앤티 롤 제어

주행 중 조향 핸들을 조작하여 선회를 하면 자동차 안쪽의 차체는 올라가고 바깥쪽 차체는 내려가는 현상을 제어한다. 컴퓨터는 일정 주행속도 이상에서 조향 핸들을 조작하면 조향 핸들 각속도 센서의 신호로 조향 핸들의 조작 속도, 조향 방향 및 조향 속도를 연산하여 차체의 Roll이 발생할 조건으로 판단되면 쇽업소버의 감쇠력과 쇽업소버의 공기 스프링에 공기를 공급하거나 배출시켜 차체의 기울어짐을 방지한다.

입력 센서	선택 모드	감쇠력 제어	자세 제어	
조향 핸들 각속도 센서 차속 센서 G 센서	AUTO 모드	Medium 또는 Hard	시작	복귀
	SPORT 모드	Hard	바깥쪽 공기 공급 안쪽 공기 배출	좌우 공기통로 연결

또 감쇠력이 변환 된 후 1초 후에 1단계를 내려 유지시킨다. 다만, G 값이 아래와 같을 때에는 아래 표와 같이 제어된다.

모드	유지 조건	유지 감쇠력
AUTO	0.5G 이상	Medium
SPORT	0.1G 이상	Hard

① **조향 핸들 각속도 센서에 의한 제어** : 조향 핸들 각속도 센서의 방향과 G 센서의 방향이 같고 G 센서의 출력이 0.05G 이상 되면 제어한다. 제어 방법은 안쪽은 공기를 배출시키고, 바깥쪽에는 공기를 공급한다. 그리고 각 영역은 발생된 Roll의 양에 의해 결정된다.

모드 영역	AUTO		SPORT	
	공기 공급 및 배출 시간	감쇠력	공기 공급 및 배출 시간	감쇠력
1	300mS	유지	300mS	Hard
2	100mS	Medium	+10mS	Hard
3	+100mS	Medium	앞쪽 100mS / 뒤쪽 250mS	Hard

② **G 센서에 의한 제어** : G 센서에 의한 제어는 주행 속도가 일정값 이상이고, 0.15G 이상이면 제어한다. 제어는 일정시간 동안 안쪽은 공기를 배출시키고, 바깥쪽은 공기를 공급하며, 유량 조정 밸브는 OFF 상태이다. 아래 표의 영역 1~5는 발생한 Roll의 양에 의해 결정되고, 공기 공급 및 배출을 완료한 후 G 센서 값이 0.1G 이상이면 제어 상태를 계속 유지하며, G 센서 값이 0.1G 미만으로 낮아진 경우에는 해제된다.

모드 영역	AUTO(90km/h 미만)		AUTO(90km/h 이상)		Sport	
	공기 공급 및 배출 시간	감쇠력	공기 공급 및 배출 시간	감쇠력	공기 공급 및 배출 시간	감쇠력
1	비 작동	현 상태	+100mS	현 상태	+150mS	Hard
2	비 작동	현 상태	+150mS	현 상태	+150mS	Hard
3	통로 닫음	현 상태	+200mS	Medium	+200mS	Hard
4	+150mS	Medium				
5	+200mS	Medium				

2) 앤티 다이브 제어

주행 중 브레이크 페달을 밟으면 자동차의 무게 중심이 앞쪽으로 이동하면서 차체의 앞쪽은 내려가고, 뒤쪽은 들어 올리는 현상을 제어한다. 컴퓨터는 일정 주행속도 이상에서 운전자가 브레이크 페달을 밟으면 차속 센서의 신호로 감속 정도를 연산하고 만약, 차체의 다이브 현상이 발생될 조건으로 판단되면 쇽업소버의 감쇠력과 공기 스프링의 공기를 공급하거나 배출시켜 차체의 기울어짐을 방지한다.

입력 센서	센서 모드	감쇠력	자세 제어	
			시작	복귀
제동등 스위치 차속 센서	AUTO 모드	Medium or Hard	앞쪽 공기 공급	앞쪽 공기 공급
	SPORT 모드	Hard	뒤쪽 공기 배출	뒤쪽 공기 배출

① **앤티 다이브 제어** : Anti-Dive 제어시 쇽업소버의 감쇠력은 Medium 또는 Hard로 제어하며, 아래 표와 같이 앞쪽은 공기를 공급하고, 뒤쪽은 공기를 배출한다.

모드 \ 구분	0.2G 이상일 때의 제어		0.4G 이상일 때의 제어	
	공기 공급 및 배출 시간		공기 공급 및 배출 시간	
	앞쪽	뒤쪽	앞쪽	뒤쪽
AUTO	100mS 공기 공급	×	100mS 공기 공급	100mS 공기 배출
SPORT	100mS 공기 공급	×	100mS 공기 공급	100mS 공기 배출

② **앤티 다이브 제어 복귀** : Anti-Dive 제어 복귀는 0.2G 미만으로 떨어진 경우에 작동하며, 0.2G 이상에서의 제어는 앞쪽을 100mS로 공기를 배출한다. 그리고 0.45G 이상일 때의 제어는 앞쪽은 100mS로 공기를 배출하고, 뒤쪽은 100mS로 공기를 공급한다. 이때 감쇠력은 1초 후에 원래대로 복귀한다.

3) 앤티 스쿼트 제어

정지 상태 또는 일정 주행속도 이하에서 운전자가 액셀러레이터 페달을 급격히 밟으면 자동차의 무게 중심이 뒤쪽으로 이동하면서 차체의 앞쪽은 들리고, 뒤쪽은 내려가는 현상을 제어한다. 컴퓨터는 자동차가 정지된 상태에서 차속 센서와 스로틀 위치 센서의 신호를 연산하여 급출발이라고 판단되면 차체의 스쿼트 현상이 발생되지 않도록 쇽업소버의 감쇠력과 공기 스프링의 공기를 공급하거나 배출시켜 차체의 기울어짐을 방지한다.

입력 센서	센서 모드	감쇠력	자세 제어	
			시작	복귀
스로틀 위치 센서 차속 센서	AUTO 모드	Medium or Hard	앞쪽 공기 공급	앞쪽 공기 공급
	SPORT 모드	Hard	뒤쪽 공기 배출	뒤쪽 공기 배출

또한 주행 중 가속할 때의 제어는 주행 속도가 3km/h 이상이고 스로틀 위치 센서의 전압 변화가 발생하면 제어를 시작하며, 앞쪽은 150mS로 공기를 배출하고, 뒤쪽은 150mS로 공기를 공급한다. 감쇠력은 아래 표와 같이 제어 후 1초가 지나면 복귀한다. 그리고 주행 의 속도가 3km/h 이상(주행 중 급가속할 때)에서는 공기공급 및 배출 제어는 하지 않고 감쇠력의 변환만 실행한다.

영역	AUTO 모드	SPORT모드
1	유지	유지
2	유지	Hard
3	Medium	Hard

4) 피칭 Pitching 및 바운싱 Bounce 제어

비포장 도로 또는 요철(凹凸) 도로를 주행할 때 차체의 상하 진동 또는 진행 방향으로의 차체가 기울어지는 현상을 제어한다. 컴퓨터는 차고 센서에 의해 험한 노면이라고 판단되면 차체의 피치 또는 바운스 현상이 발생되지 않도록 쇽업소버의 감쇠력과 공기 스프링의 공기를 공급하거나 배출시켜 차체의 기울어짐을 방지한다.
즉 차고 센서로부터 행정(stroke)의 주파수를 검출하게 되면 행정의 변화(피치, 바운스)에 대해 공기 스프링에 공기의 공급 또는 배출을 실행한다.

① 주행 속도는 30km/h 이상이며, 아래의 판정표에 의한 피칭, 바운스가 판정되면(판정시간 0.2초 이상

1초 이하) 제어한다.

② 신장되는 쪽은 공기를 공급하고, 압축되는 쪽은 공기의 배출을 200mS를 기준으로 제어한다.

③ 감쇠력은 앞쪽과 뒤쪽을 동시에 현재의 상태에서 Hard로 변환한다.

④ 앞뒤를 독립적으로 판정하여 독립적으로 제어한다.

⑤ 피치 및 바운스의 행정 판정이 없어지면 그 시점부터 1초 후에 감쇠력은 앞쪽과 뒤쪽을 동시에 이전 상태로 복귀한다.

⑥ 행정 판정표

목표 자동차 높이	정상 판정 (0.2≤T≤1초)		행정 판정				비고
			고속일 때		저속일 때		
	Low 쪽	High 쪽	Low 쪽	High 쪽	Low 쪽	High 쪽	
Normal	L	NH	EL	EL	EL	EL	[그림]
High	NL	NH	EL	EL	EL	EL	
Low	LL	N	EL	EL	EL	EL	

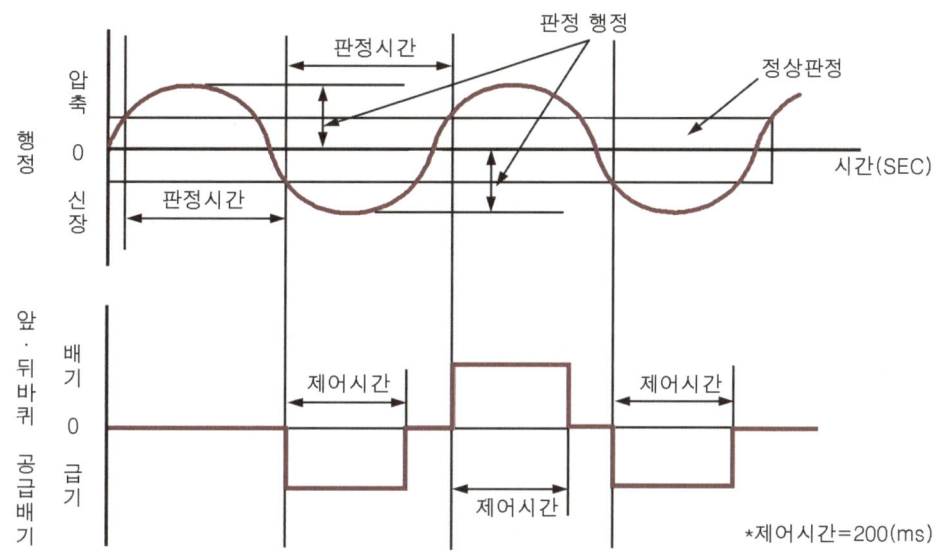

∷ 앤티 피치/바운스 제어

5) 고속 안정성 제어

주행 중 주행 속도가 100km/h를 초과하면 고속 안정성을 확보하기 위해 쇽업소버의 감쇠력과 자동차의 높이를 제어하며, 컴퓨터는 차속 센서에 의해 90km/h 이하의 주행 속도가 검출되면 자동차의 높이를 다시 복귀시킨다.

입력 센서	센서 모드	감쇠력 제어	자세 제어	
			시작	복귀
차속센서	AUTO 모드	Super Soft or Soft	Normal → Low	Low → Normal
	SPORT 모드	Medium		

3 자동차 높이 제어 기능

1) 자동차의 높이를 높일 때

각종 센서와 스위치들로부터 자동차의 높이를 높여야 하는 조건의 신호가 컴퓨터로 입력되면 공기 탱크에 설치된 공기 공급 솔레노이드 밸브와 앞뒤 자동차 높이 조절 공기 밸브가 컴퓨터의 출력 신호에 의해 작동(밸브 열림)되며, 이에 따라 압축 공기가 공기 스프링에 공급되어 체적이 증가하면 스트럿(쇽업소버)의 길이가 길어져 자동차의 높이가 높아진다.

2) 자동차의 높이를 낮출 때

자동차의 높이를 낮추어야 하는 조건일 경우에는 공기 압축기에 설치된 배출 솔레노이드 밸브와 앞뒤 자동차 높이 조절 공기 밸브가 컴퓨터의 출력 신호에 의해 작동(밸브 열림)하여 공기 스프링 내의 공기가 대기 중으로 배출되고, 공기 스프링의 체적이 감소하여 스트럿의 길이가 짧아져 자동차 높이가 낮아진다.

3) 자동차의 높이 제어 착수 및 준비조건

앞뒤 차고 센서의 신호는 3단계(목표 자동차의 높이보다 높다, 목표 자동차의 높이이다. 목표 자동차의 높이보다 낮다)로 나누어지며, 목표 자동차의 높이와 실제 자동차의 높이가 다를 때 자동차의 높이 조정이 착수된다. 다만, 자동차 높이의 불필요한 조정을 피하기 위해 자동차의 높이 조정을 결정하는데 필요한 시간은 주행 속도, 자동차의 사용 조건에 따라 변화한다.

① **엔진 시동 직후(주행은 하지 않음)** : 실제 자동차의 높이와 목표 자동차의 높이가 다르면 자동차 높이(상하)의 조정이 즉시 시작된다.

② **자동차 정지 상태(엔진은 작동 중)** : 실제 자동차의 높이와 목표 자동차의 높이 차이가 6초 이상 계속되면 자동차 높이(상하)의 조정이 시작되지만 주행 후 정지하고 나서 즉시 도어가 열리지 않을 때에는 목표 자동차의 높이와 실제 자동차의 높이가 다르면 차고 센서의 신호는 무시된다(이때는 준비상태이다).

③ **자동차 주행 중** : 목표 자동차의 높이와 실제 자동차의 높이 차이가 30초 이상 계속되면 자동차 높이(상하)의 조정이 시작된다. 다만, 다음 조건에서의 결정 시간은 5초이다.

- 목표 자동차 높이가 주행속도에 의해 변경되었을 때
- 목표 자동차 높이가 모드 선택스위치의 작동에 의해 변경되었을 때
- 목표 자동차 높이가 불량한 도로 면으로 인해 Normal 높이에서 Hard 높이로 변경되었을 때(이때의 결정시간은 2초이다)
- 전조등 스위치의 작동으로 뒤쪽 자동차 높이를 변경시킬 필요가 있을 때

④ **주행 중 엔진의 작동을 정지한 경우** : 엔진의 작동을 정지하기 전의 자동차 높이가 목표 자동차의 높이보다 높으면 즉시 자동차의 높이가 낮아지도록 조정된다. 이때 자동차의 높이를 높이는 조정은 이루어지지 않는다. 점화 스위치가 OFF되고 난 후 3분 이내에 최대 60초 동안 자동차의 높이를 낮추는 조정이 이루어지고, 3분 후 컴퓨터의 전원 공급이 자동적으로 차단되므로 그 이후에는 제어가 이루어지지 않으며, 점화 스위치가 OFF되면 장치 내의 비정상적인 조건이 있더라도 컴퓨터에 전원의 공급이 차단되므로 자기진단 출력 코드도 나타나지 않는다.

4) 자동차의 높이 조정 정지 조건

① AUTO 모드에서는 험한 노면이 검출되어 자동차의 높이를 High로 할 때 평상시보다 신속히(약 2초) 자동차의 높이를 높인다.

② Extra-High 모드에서의 자동차 높이는 승차 인원수와 화물적재량에 따라 앞쪽과 뒤쪽에서 상승하는 높이가 다른 경우도 있다. 그리고 목표 자동차의 높이는 다음과 같다.

자동차 높이	앞쪽	뒤쪽
Extra-High	Normal + 50mm	←
High	Normal + 30mm	←
Normal(기준)	398 ± 5mm	366.5±5mm
Low	Normal - 10mm	←

2 뉴 ECS Electronic Control Suspension System

2-1. ECS의 개요

서스펜션이란 바퀴와 차체 사이에 존재하는 시스템으로 주행시 노면으로부터 발생하는 진동을 흡수하여 운전자에게 편안함을 제공하는 중요한 장치이다. 자동차는 주행조건에 따라 승차감(Ride)과 핸들링(Handling)에 많은 변수를 가지고 있다.

전자제어 서스펜션은 자동차의 높이 조절 및 유지 기능과 감쇠력 조절 기능을 가지고 있다. 이러한 기능은 주행상태에 따른 최적의 자동차 높이와 감쇠력을 제어하므로 저속에서는 승차감이 향상되고 고속에서는 주행 안정성을 유지할 수 있다. 최신 자동차에 탑재되는 ECS 시스템은 코일스프링 및 쇽업소버를 사용하는

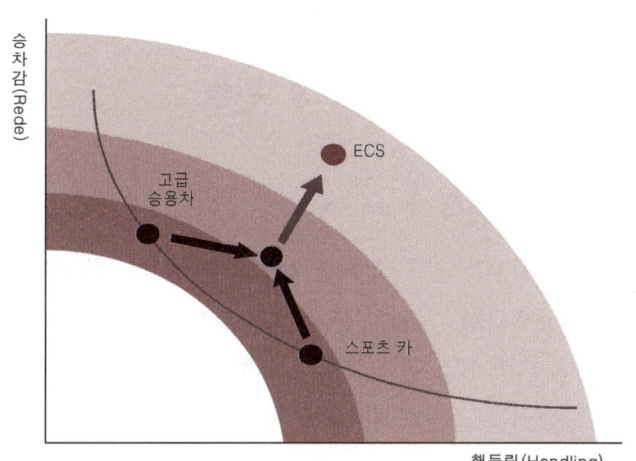

❋ 승차감과 조종 안정성의 관계

일반적인 전자제어 서스펜션 시스템과는 달리 에어 스프링과 CDC(Continuously Damping Control) 댐퍼가 사용된다. 시스템의 작동에는 컴프레서에서 만들어진 압축 공기가 사용되며, 기존의 개방된 공기 회로(Open Loop Air Supply System)가 아닌 폐쇄된 공기 회로(Closed Loop Air Supply System)의 구조를 가지고 있다.

2-2. ECS의 기능

① **자동차 높이 조절 및 유지 기능** : 전자제어 현가장치는 구성 요소에 공기의 공급과 배기를 통하여 노면의 상태에 따라 유지, 상승, 하강을 조절한다.
② **감쇠력 조절 기능** : Soft에서 Hard 대역의 감쇠력 연속 조절이 가능하여 승차감을 향상 시킨다.
③ 급제동시 노즈 다운(nose down) 및 급 출발시 노즈 업(nose up)현상 방지.

2-3. ECS의 입·출력 제어 기능

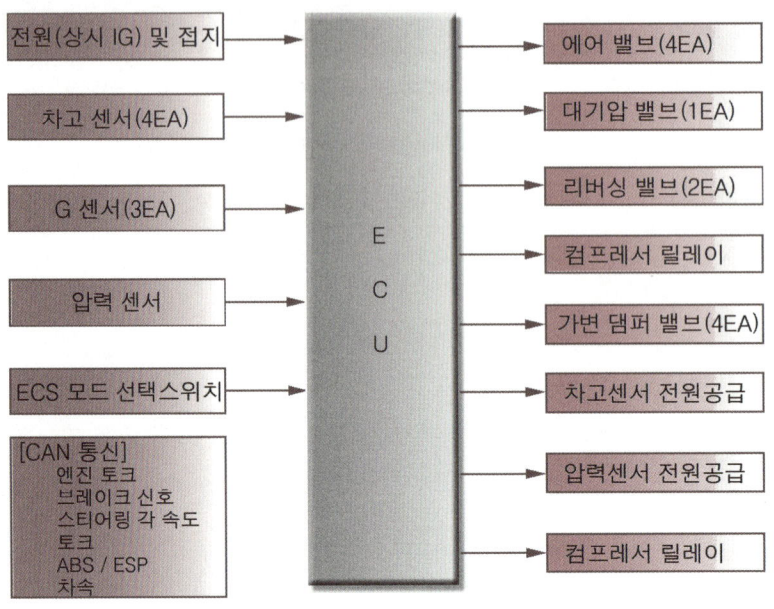

ECS의 입·출력 다이어그램

2-4. ECS의 구성 부품

1 차고 센서 Height Sensor

차고 센서는 앞·뒤에 총 4개가 장착된다. 차체와 서스펜션 로어 암 사이에 장착되며, 차체의 움직임에 따라 레버의 회전으로 상하 가속도를 검출하여 ECS ECU에 신호를 전달한다. 이때 ECU는 높이를 연산하여 자동차의 높이를 조정하며, 차체 움직임의 가속도를 연산하여 감쇠력을 조정한다.

차고 센서

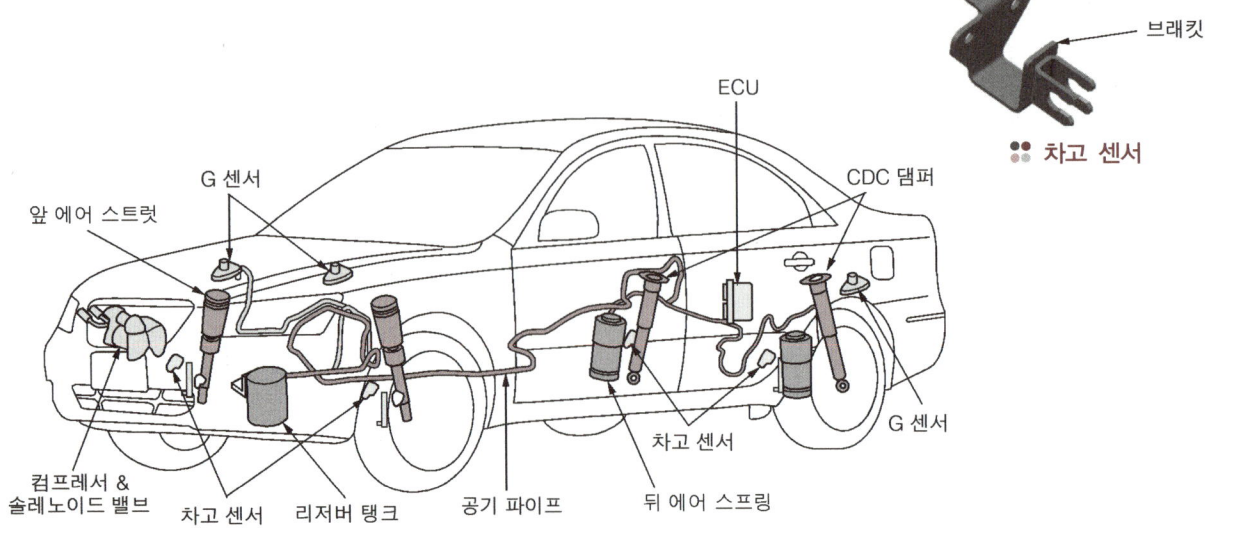

ECS의 구성 부품

2 G센서

자동차의 상하 가속도를 감지하기 위하여 엔진룸에 2개, 뒤쪽 좌측에 1개의 G 센서가 장착된다. ECS ECU는 주행 상태에서 G 센서의 출력 값을 입력 받아 자동차의 움직임을 파악 하고 쇽업소버의 외부에 장착되어 있는 감쇠력 가변 솔레노이드 밸브를 제어한다.

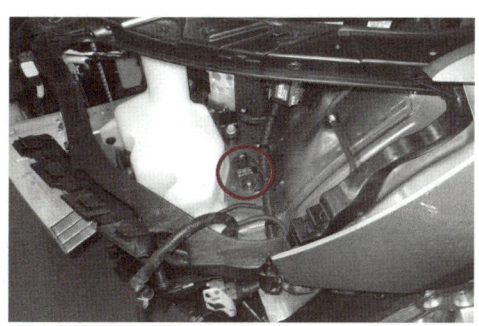
앞 좌측 G 센서

앞 우측 G 센서

3 압력 센서 Pressure sensor

밸브 블록에 장착되며, ECS 시스템 내부의 압력을 감지하는 센서로 ECS가 작동되지 않을 때는 리저버 탱크의 압력을 검출하고 작동시에는 에어 스프링의 움직임과 연결된 시스템의 회로 압력을 검출한다.

밸브 블록 설치 위치

4 조향 핸들 각속도 센서

조향 핸들 각속도 센서는 핸들이 설치되는 조향 칼럼과 조향축 위쪽에 설치되어 있으며, 센서는 2개로 되어 있다. 조향 핸들 각속도 센서는 핸들을 조작하면 구멍이 뚫려있는 디스크(센서 판)가 회전하고, 센서는 구멍으로 검출하여 조향 방향, 조향 각속도, 조향 속도를 검출한다. 2개의 센서를 사용하는 이유는 조향 핸들의 좌우 회전 방향을 검출하기 위함이며, 컴퓨터는 조향 핸들 각속도 센서의 신호를 기준으로 롤(roll ; 좌우 진동)을 예측한다.

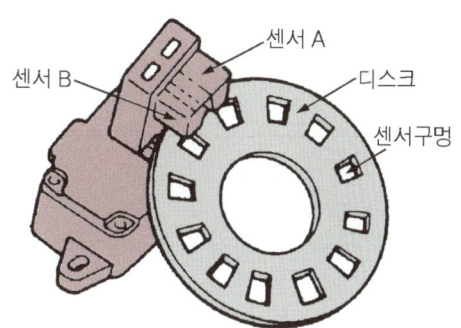
조향 핸들 각속도 센서

5 기타 신호

can 통신을 통해 브레이크 신호, 엔진 토크 신호, 차속 신호, ABS 신호와 함께 ECU로 입력된다.

6 모드 선택 스위치

ECS 모드 선택 스위치는 운전자의 자동차 높이 및 감쇠력 조절 선택 의지를 ECU에 전달하는 기능을 하며, 자동차 높이를 선택하는 차고 제어 스위치와 감쇠력을 선택할 수 있는 감쇠력 제어 스위치가 있다.

1) 차고 선택 스위치

운전자의 선택 의지에 따라 HI(높음) 모드와 Normal(보통) 모드를 선택할 수 있다.

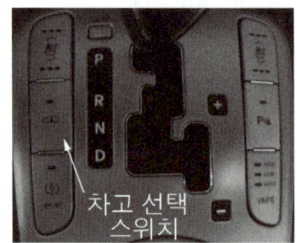

차고 모드	앞 차고	뒤 차고
높음(High)	+ 30mm	+ 30mm
보통(Normal)	0 mm	0 mm
낮음(Low)	15mm	15mm

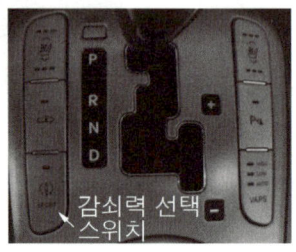

•• 차고 선택 스위치와 감쇠력 선택 스위치

2) 감쇠력 선택 스위치

운전자의 선택 의지에 따라서 감쇠력이 높은 스포츠 모드와 자동 제어가 가능한 오토 모드를 선택할 수 있다.

7 공압 회로

최근 사용되는 ECS는 폐쇄된 공기 회로(Closed Loop Air Supply System)를 사용하여 컴프레서의 소형화와 작동 시간을 최대 30% 정도 감소시키며, 서스펜션의 반응 속도를 약 5~10배 정도 향상시켰다.

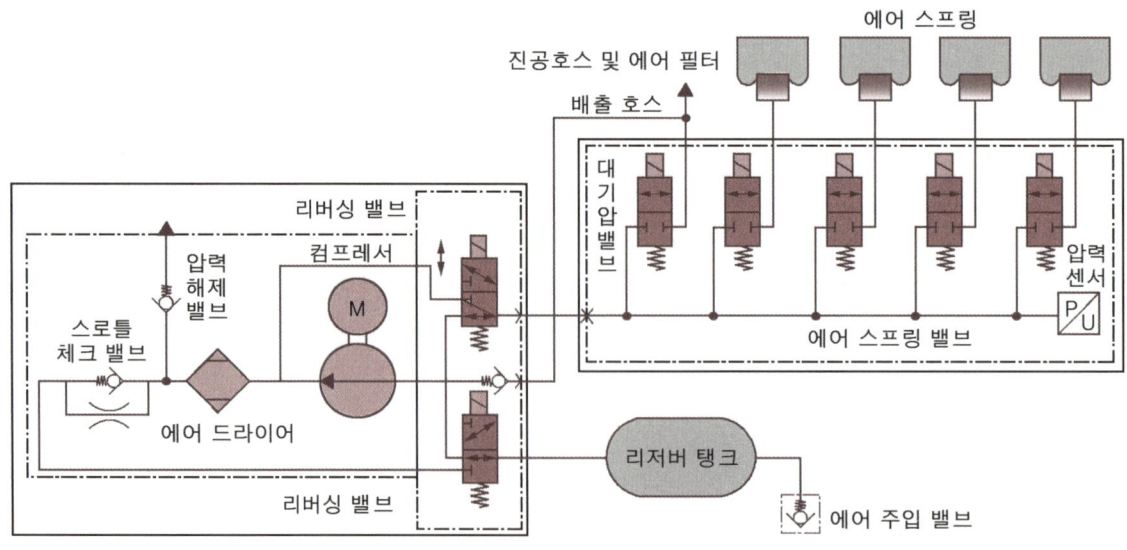

•• 공압 회로

1) 컴프레서

공압 시스템의 공기 공급과 배기 기능을 하며, 내부에는 시스템의 안전을 위하여 압력을 배출할 수 있는 릴리프 밸브가 장착되어 있다. 포트는 3개가 있으며, 리저버 탱크, 밸브 블록 및 외부 공기와 연결된다.

:: 컴프레서 설치 위치

2) 리버싱 밸브 Reversing valve

컴프레서 내부에 장착되어 에어 스프링으로 에어를 공급 또는 배기 시에 내부 밸브의 작동을 변환하는 역할을 한다.

3) 압력 해제 밸브 Relief pressure valve

컴프레서에 장착되어 내부 압력이 규정 압력 이상이 되면 밸브가 열려 에어를 배출하는 안전밸브이다.

4) 에어 주입 밸브 Air filling valve

좌측 헤드램프 뒤쪽 엔진 룸 내에 장착되어 있으며, 시스템 내 에어를 주입하기 위한 밸브이다.

5) 에어 드라이어 Air Dryer

공기 중의 수분을 흡수하여 시스템 내에 수분 등이 공급되지 않도록 한다. 대기압 밸브를 통해 내부 공기가 외부로 방출될 때 내부 습기도 배출된다.

6) 밸브 블록 Valve block

밸브 블록에는 5개의 솔레노이드 밸브가 장착되어 있으며, 외부에 6개의 에어 포트가 있다. 밸브 블록 내부에 에어의 공급 또는 배출이 되는 포트가 1개, 대기압 밸브와 연결되는 포트 그리고 나머지 4개의 포트는 앞·뒤의 에어 스프링과 연결된다.

7) 리저버 탱크 Reservoir tank

컴프레서와 에어 스프링에 에어 압력을 공급하고 압력 해제시 저장하는 기능을 한다.

2-5. 앞·뒤 현가장치

1 앞 현가장치

앞 현가장치는 공기 스프링과 댐퍼가 일체 구조로 되어있으며, 공기 스프링은 실시간으로 자동차의 높이 조절을, 가변 댐퍼는 G센서의 신호에 따라 노면의 상태를 감지하여 감쇠력을 조절한다.

앞 현가장치

2 뒤 현가장치

앞 현가장치와는 달리 공기 스프링과 댐퍼가 별도의 구조로 되어 있다. 공기 스프링은 공기 스프링, 충격의 완충을 위한 우레탄 패드, 이물질 유입 방지 프로텍터로 구성되어 있으며, 에어 튜브를 통해 공기를 공급 또는 배기시켜 실시간으로 자동차의 높이를 조정한다. 가변 댐퍼는 ECU의 신호에 따라 전류 제어를 통해 유량을 제어하여 조절한다.

공기 스프링   가변 댐퍼

뒤 현가장치

10 조향장치

학/습/목/표

1. 조향장치의 원리에 대하여 설명할 수 있다.
2. 조향장치의 구비조건에 대하여 설명할 수 있다.
3. 일체 차축 방식의 조향기구의 기능에 대하여 설명할 수 있다.
4. 독립 차축 방식의 조향기구의 기능에 대하여 설명할 수 있다.
5. 동력 조향장치의 필요성에 대하여 설명할 수 있다.
6. 동력 조향장치의 장·단점에 대하여 설명할 수 있다.
7. 동력 조향장치의 구조와 작동에 대하여 설명할 수 있다.

1 조향장치 Steering System

조향장치는 자동차의 진행 방향을 운전자가 의도하는 바에 따라서 임의로 조작할 수 있는 장치이다. 조향 핸들을 조작하면 조향 기어에 그 회전력이 전달되며, 조향 기어에 의해 감속되어 앞바퀴의 진행 방향을 바꿀 수 있도록 되어 있다.

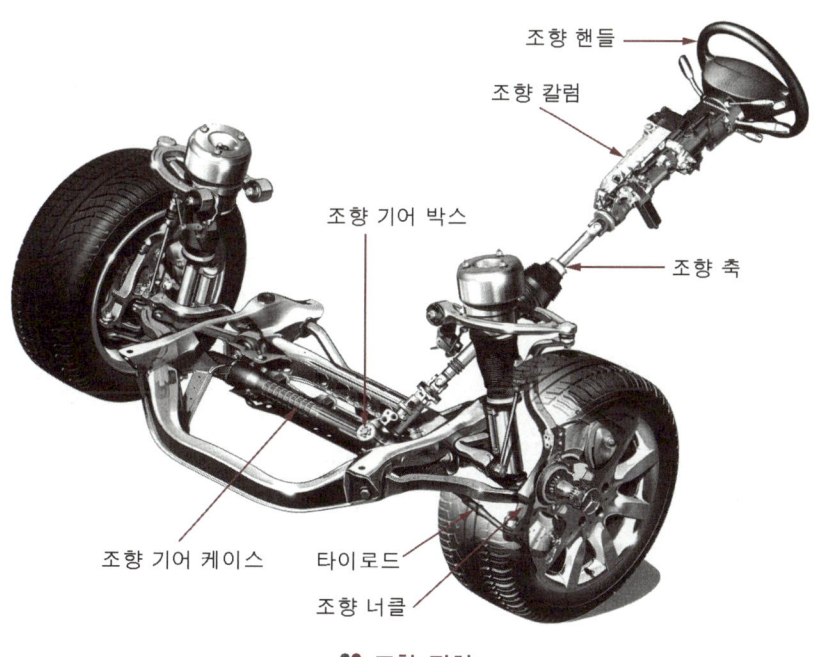

:: 조향 장치

1-1. 조향장치의 원리

1 애커먼 장토식 Ackerman-Jantoud type

이 원리는 조향 각도를 최대로 하고 선회할 때 선회하는 안쪽 바퀴의 조향 각이 바깥쪽 바퀴의 조향 각보다 크게 되며, 뒷차축 연장선상의 한 점 O를 중심으로 동심원을 그리면서 선회하여 사이드 슬립 방지와 조향 핸들의 조작에 따른 저항을 감소시킬 수 있는 방식이다.

즉, 자동차를 직진 상태로 하였을 때 킹핀과 타이로드 엔드와의 중심을 연결하는 선의 연장선 A와 B가 뒷차축 중심점 P에서 만나게 되어 있기 때문에 조향 핸들을 회전시켰을 때 타이로드의 작용으로 양쪽 바퀴의 너클 스핀들 중심의 연장선 C와 D가 뒷차축의 중심 연장선 0점에서 만나게 된다. 이에 따라 앞·뒷바퀴는 어떤 선회 상태에서도 중심이 일치되는 원(동심원)을 그릴 수 있다.

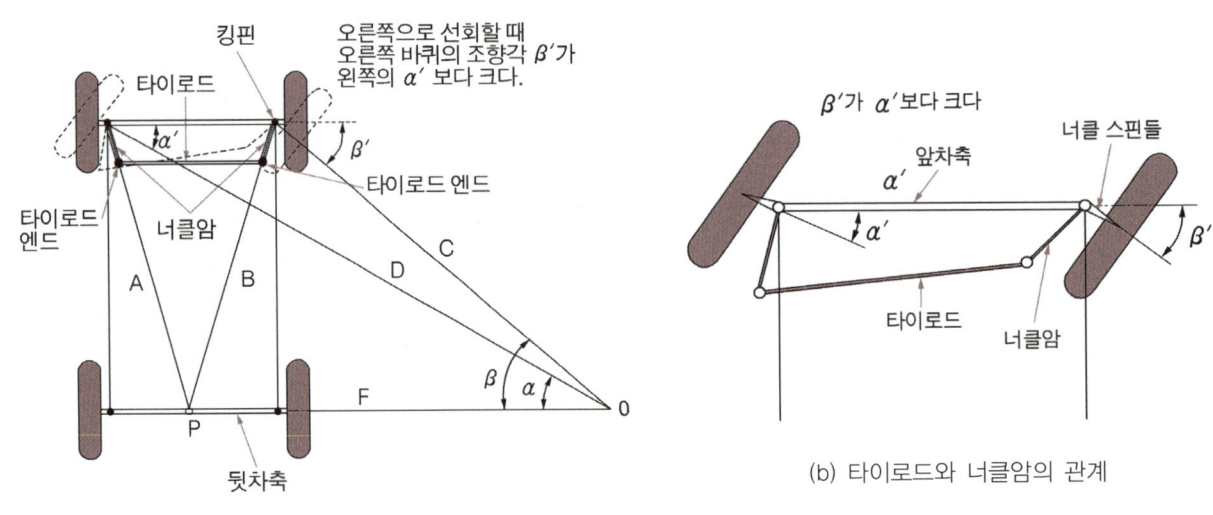

(a) 애커먼 장토식 조향 원리

(b) 타이로드와 너클암의 관계

:: 조향 원리(애커먼 장토식)

2 최소회전 반지름

조향 각도를 최대로 하고 선회하였을 때 그려지는 동심원 중에서 가장 바깥쪽 바퀴가 그리는 원의 반지름을 말하며, 다음의 공식으로 산출된다.

$$R = \frac{L}{\sin\alpha} + r$$

여기서, R : 최소회전 반지름 L : 축간거리(축거 ; wheel base)
$\sin\alpha$: 가장 바깥쪽 앞바퀴의 조향각도 r : 바퀴 접지면 중심과 킹핀과의 거리

3 조향장치의 구비 조건

① 조향 조작이 주행 중의 충격에 영향을 받지 않을 것
② 조작이 쉽고, 방향 변환이 원활하게 행해질 것
③ 회전 반지름이 작아서 좁은 곳에서도 방향을 변환할 수 있을 것
④ 진행 방향을 바꿀 때 섀시 및 보디 각 부에 무리한 힘이 작용되지 않을 것
⑤ 고속 주행에서도 조향 핸들이 안정 될 것

⑥ 조향 핸들의 회전과 바퀴의 선회 차이가 크지 않을 것
⑦ 수명이 길고 다루기나 정비하기가 쉬울 것

1-2. 조향장치의 구조와 작용

1 일체 차축 방식의 조향 기구

일체 차축 방식의 조향 기구는 조향 핸들, 조향 축, 조향 기어 박스, 피트먼 암, 드래그 링크, 타이로드, 너클 암 등으로 구성되어 있다. 작동은 조향 핸들을 돌리면 그 조작력이 조향 축을 거쳐 조향 기어 박스로 전달된다.

조향기어 박스에서는 감속하여 섹터 축을 회전시키며, 섹터 축이 회전하면 피트먼 암이 원호 운동을 하여 드래그 링크를 앞 뒤 방향으로 이동시킨다. 이에 따

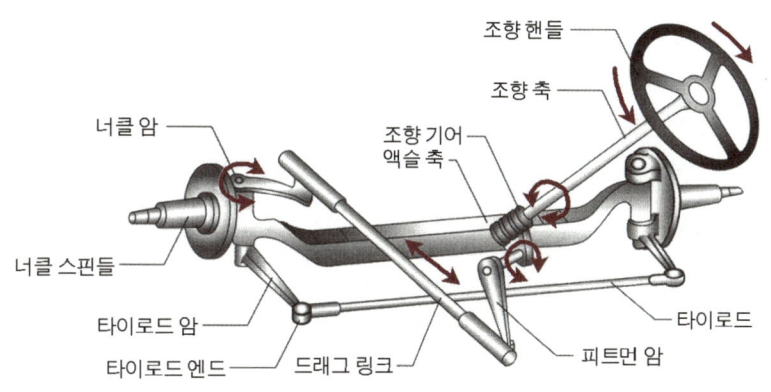

❖ 일체 차축 방식의 조향 기구

라 오른쪽이나 왼쪽 바퀴가 조향 너클에 의해 선회하게 되고, 또 타이로드를 통해 반대쪽 바퀴를 선회시켜 진행 방향을 변환시킨다.

2 독립 차축 방식의 조향 기구

독립 차축 방식 조향 기구에는 드래그 링크가 없으며, 타이로드가 둘로 나누어져 있다. 그 구성은 조향 기어 상자를 볼-너트 형식을 사용하는 자동차에서는 조향 핸들, 조향 축, 조향 기어 박스, 피트먼 암, 센터 링크, 아이들러 암, 타이로드, 너클 암 등으로 구성되어 있다. 최근에는 래크와 피니언 형식의 조향 기어 상자를 사용하면서 센터 링크 및 아이들러 암을 사용하지 않는다.

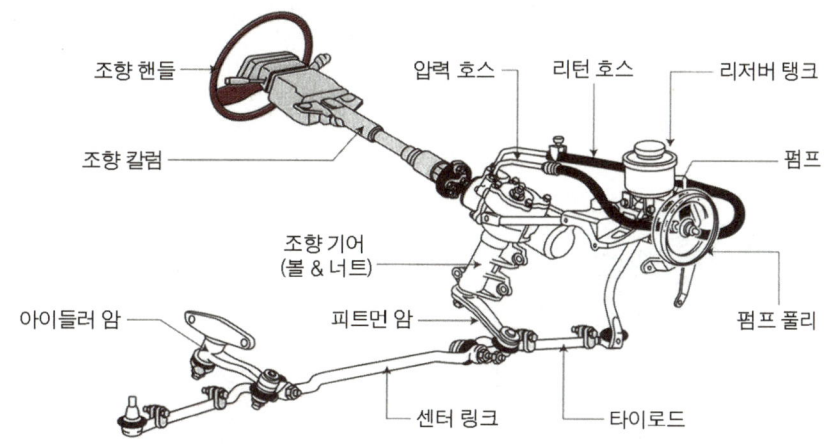

❖ 독립 차축 방식의 조향기구

3 조향 기구

1) 조향 핸들(또는 조향 휠)

조향 핸들은 림(rim), 스포크(spoke) 및 허브(hub)로 구성되어 있으며, 스포크나 림 내부에는 강철이나 알루미늄 합금의 심으로 보강되고, 바깥쪽은 합성수지로 성형되어 있다. 조향 핸들은 조향 축에 테이퍼(taper)나 세레이션(serration) 홈에 끼우고 너트로 고정시킨다. 허브에는 경음기(horn)를 작동시키는 스위치가 부착되며, 최근에는 에어 백(Air bag)을 설치하여 충돌할 때 센서에 의해 질소 가스의 압력으로 팽창하는 구조로 된 것도 있다.

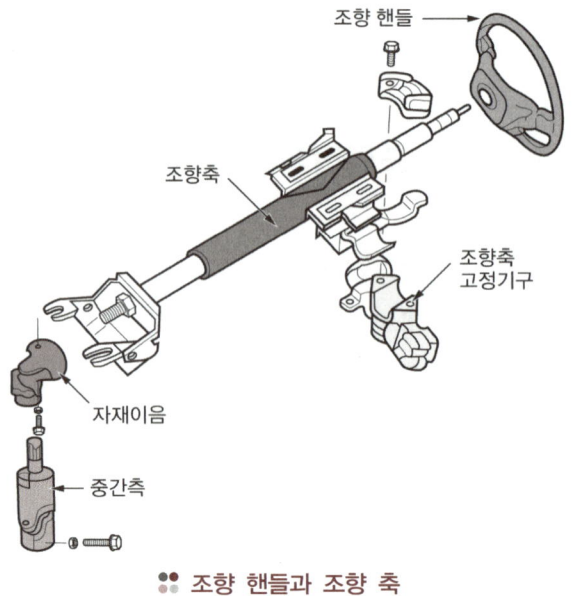
※ 조향 핸들과 조향 축

2) 조향 축 steering shaft

조향 축은 조향 핸들의 회전을 조향 기어의 웜(worm)으로 전달하는 축이며, 웜과 스플라인을 통하여 자재 이음으로 연결되어 있다. 또 조향 기어와 축을 연결할 때 오차를 완화하고 노면으로부터의 충격을 흡수하여 조향 핸들에 전달되지 않도록 하기 위해 조향 핸들과 축 사이에 탄성체 이음으로 되어 있다. 조향 축은 조향하기 쉽도록 35~50°의 경사를 두고 설치되며, 운전자의 요구에 따라 알맞은 위치로 조절할 수 있다.

3) 조향 기어 박스 steering gear box

조향 기어는 조향 조작력을 증대시켜 앞바퀴로 전달하는 장치이며, 종류에는 웜 섹터형, 웜 섹터 롤러형, 볼 너트형, 캠 레버형, 래크와 피니언형, 스크루 너트형, 스크루 볼형 등이 있으며 현재 주로 사용되고 있는 형식은 볼 너트 형식과 래크와 피니언 형식이다.

> **TIP**
>
> **조향 기어비**
> 조향 핸들의 움직인 양과 피트먼 암의 움직인 양의 비로 표시하며 조향 기어비가 적으면 조향 핸들의 조작은 신속하나 큰 회전력이 필요하며 크면 핸들의 조작은 가벼우나 조향 조작의 늦음이 생겨 고속 주행시에 위험이 발생한다. 일반적으로 조향 기어비는 보통 10~20 : 1이다.
>
> $$\text{조향기어비} = \frac{\text{조향 핸들의 회전각도}}{\text{피트먼암의 움직인 각도}}$$

① **볼 너트 형식(ball & nut type)** : 이 형식은 스크루와 너트 사이에 다량의 볼이 들어 있어 조향 핸들의 회전을 볼의 동력전달 접촉에 의해서 너트로 전달한다. 작동은 조향 핸들이 회전하면 볼이 스크루 홈을 이동하여 너트의 한 끝에서 밖으로 나와 안내 튜브를 경유하여 다시 스크루 홈으로 들어간다. 볼은 2줄로 나누어 순환하며, 이 순환 운동으로 너트는 직선 운동을 하고 섹터는 원호 운동을 한다.

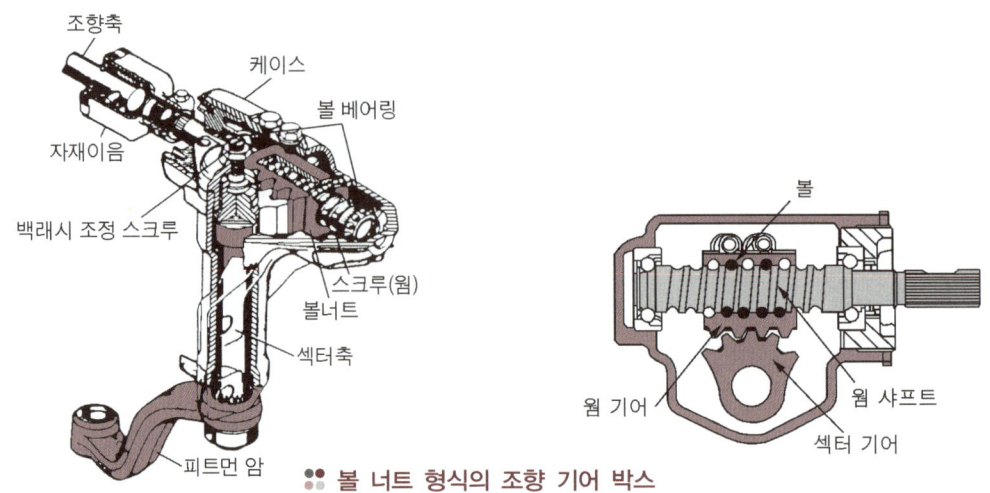
※ 볼 너트 형식의 조향 기어 박스

② **래크와 피니언 형식**(rack & pinion type) : 이 형식은 조향 핸들의 회전 운동을 래크를 통해 직선 운동으로 바꾸어 조향하도록 되어 있으며, 조향 축 아랫부분에 피니언이 래크와 결합되어 있다. 따라서 래크는 피니언의 회전운동에 의해 조향 기어 박스 내에서 좌우로 직선 운동을 하여 그 양끝의 타이로드를 거쳐 좌우의 너클 암을 이동시켜 조향한다.

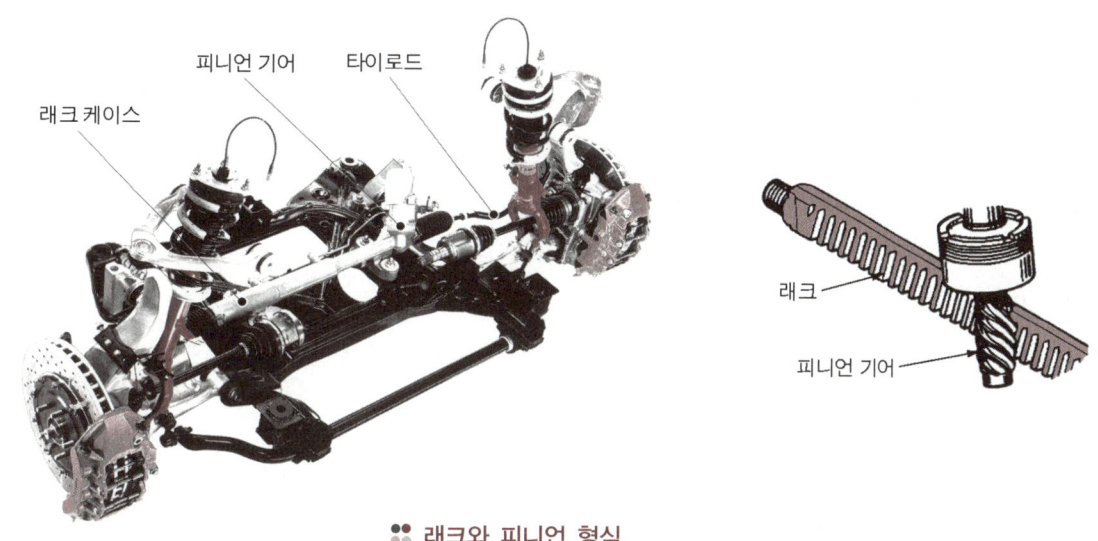

∷ 래크와 피니언 형식

4) 피트먼 암 pitman arm

피트먼 암은 조향 핸들의 움직임을 일체 차축 방식 조향 기구에서는 드래그 링크로, 독립 차축 방식 조향 기구에서는 센터 링크로 전달하는 것이며, 그 한쪽 끝에는 테이퍼의 세레이션(serration)을 통하여 섹터 축에 설치되고, 다른 한쪽 끝은 드래그 링크나 센터 링크에 연결하기 위한 볼 이음으로 되어 있다.

5) 드래그 링크 drag link

드래그 링크는 일체 차축 방식 조향 기구에서 피트먼 암과 너클 암(제3암)을 연결하는 로드이며, 드래그 링크는 피트먼 암을 중심으로 한 원호 운동을 한다. 또 양끝의 볼 이음 부분에는 노면의 충격이 조향 기어에 전달되지 않도록 스프링이 들어 있으며, 이 스프링의 위치와 드래그 링크의 설치 방향을 바꾸어 조립하면 조향장치 각 부분에 무리한 힘이 가해지므로 주의하여야 한다.

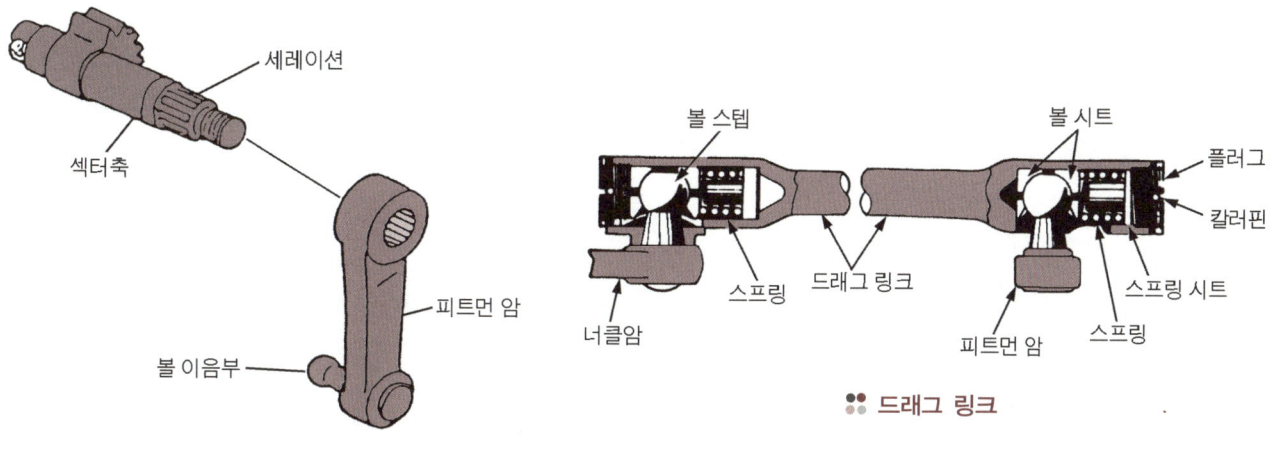

∷ 피트먼 암과 섹터 축   ∷ 드래그 링크

6) 센터 링크 center link

센터 링크는 독립 차축 방식 조향 기구에서 피트먼 암과 볼 이음을 통하여 연결되며, 작동은 조향 핸들을 회전시키면 피트먼 암으로부터의 힘을 타이로드로 전달한다.

7) 타이로드 tie-rod

타이로드는 독립 차축 방식 조향 기구에서는 래크와 피니언 형식의 조향 기어에서는 직접 연결되며, 볼트 너트 형식 조향 기어 상자에서는 센터 링크의 운동을 양쪽 너클 암으로 전달하며, 2개로 나누어져 볼 이음으로 각각 연결되어 있다. 또한 일체 차축 방식 조향 기구에서는 1개의 로드로 되어 있고, 너클 암의 움직임을 반대쪽의 너클 암으로 전달하여 양쪽 바퀴의 관계를 바르게 유지시킨다. 또 타이로드의 길이를 조정하여 토인(toe-in)을 조정할 수 있다.

8) 너클 암 knuckle arm ; 제3암

너클 암은 일체 차축 방식 조향 기구에서 드래그 링크의 운동을 조향 너클에 전달하는 기구이다.

9) 일체 차축 방식 조향 기구의 앞 차축과 조향 너클

일체 차축 방식(ridge axle)의 앞 차축은 강철을 단조한 I 단면의 빔이며, 그 양쪽 끝에는 스프링 시트가 용접되어 있고, 킹핀을 통해 조향 너클이 설치된다. 조향 너클은 킹핀을 통해 앞 차축과 연결되는 부분과 바퀴의 허브가 설치되는 스핀들(spindle)부로 되어 있어 킹핀을 중심으로 회전하여 조향작용을 한다.

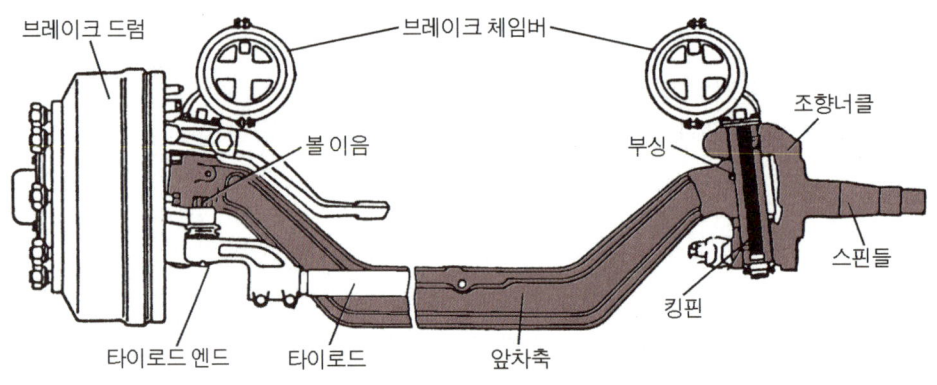

일체 차축 방식의 앞 차축과 조향 너클

10) 킹 핀 king pin

킹핀은 일체 차축식 조향 기구에서 앞 차축에 대해 규정의 각도(킹핀 경사각)를 두고 설치되어 앞 차축과 조향 너클을 연결하며, 고정 볼트에 의해 앞 차축에 고정되어 있다.

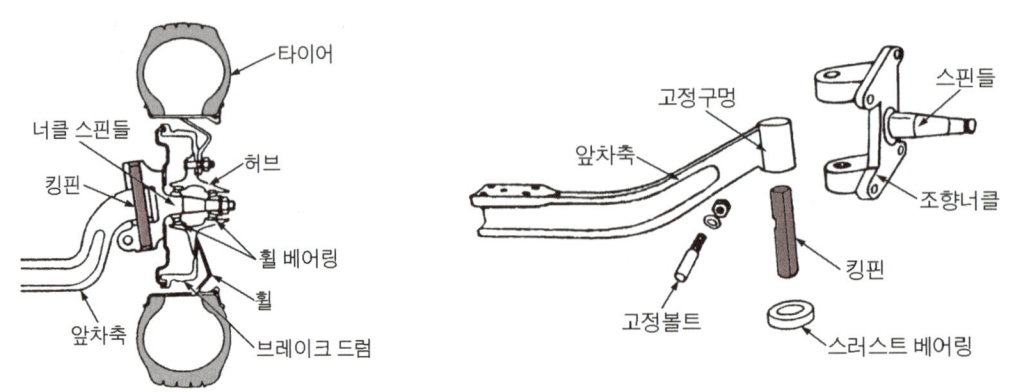

킹 핀

2 동력 조향장치 power steering system

2-1. 개 요

자동차의 대형화 및 저압 타이어의 사용으로 앞바퀴의 접지 압력과 면적이 증가하여 신속하고 경쾌한 조향이 어렵다. 이에 따라 가볍고 원활한 조향 조작을 위해 엔진의 동력으로 오일 펌프를 구동하여 발생된 유압을 이용하는 동력 조향장치를 설치하여 조향 핸들의 조작력을 경감시키는 장치이다. 이 장치는 다음과 같은 특징이 있다.

1 동력 조향장치 power steering system 의 장점

① 조향 조작력이 작아도 된다.
② 조향 조작력에 관계없이 조향 기어비를 선정할 수 있다.
③ 노면으로부터의 충격 및 진동을 흡수한다.
④ 앞바퀴의 시미현상을 방지할 수 있다.
⑤ 조향 조작이 경쾌하고 신속하다.

2 동력 조향장치의 단점

① 구조가 복잡하고 값이 비싸다.
② 고장이 발생하면 정비가 어렵다.
③ 오일펌프 구동에 엔진의 출력이 일부 소비된다.

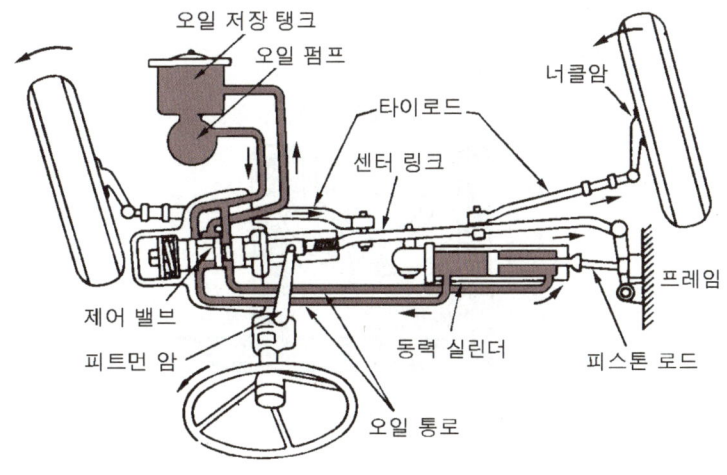

∷ 동력 조향장치의 구조

2-2. 동력 조향장치의 종류

1 링키지형 linkage type

이 형식은 동력 실린더를 조향 링키지 중간에 배치한 것이며, 조합형과 분리형이 있다.
① **조합형(combined type)** : 동력 실린더와 제어밸브가 일체로 된 것이다.
② **분리형(separate type)** : 동력 실린더와 제어밸브가 분리된 것이다.

2 일체형 integral type

이 형식은 동력 실린더를 조향 기어 박스 내에 설치한 형식이며, 인라인 형과 오프셋 형이 있다.
① **인 라인 형(in line type)** : 조향 기어 박스와 볼 너트를 직접 동력 기구로 사용하도록 한 것이며, 조향 기어 박스 상부와 하부를 동력 실린더로 사용한다.
② **오프셋 형(off-set type)** : 동력 발생 기구를 별도로 설치한 형식이다.

2-3. 동력 조향장치의 구조

동력 조향장치는 작동부, 제어부, 동력부의 3주요부와 유량 제어 밸브 및 유압 제어 밸브와 안전 체크 밸브 등으로 구성되어 있다.

1 오일 펌프 - 동력부

오일 펌프는 유압을 발생하며, 엔진의 크랭크축에 의해 V벨트를 통하여 구동된다. 오일 펌프의 형식은 주로 베인 펌프(vane pump)를 사용하며, 베인 펌프의 작동은 로터(rotor)가 회전하면 베인이 방사선상으로 미끄럼 운동을 하여 베인 사이의 공간을 증감시키게 된다. 공간이 증가할 때에는 오일이 펌프로 유입되고 감소되면 출구를 거쳐 배출된다.

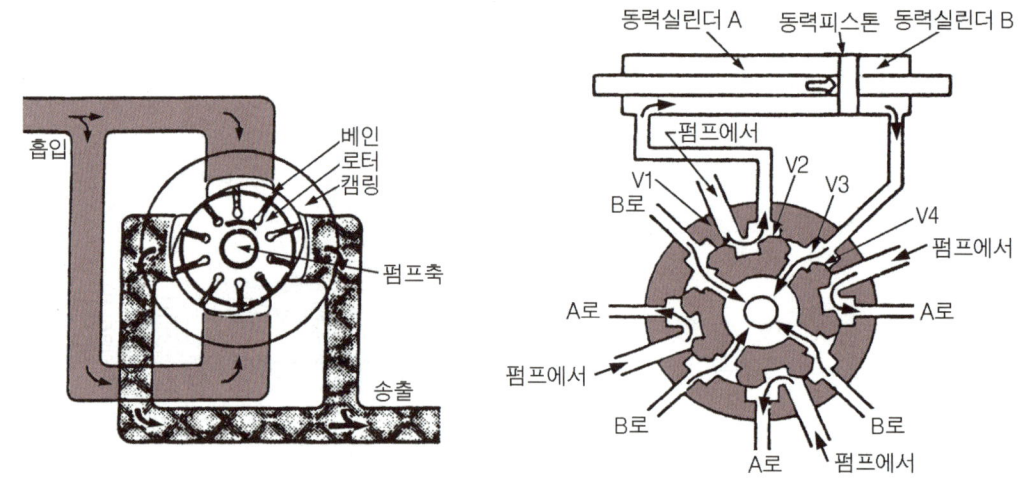

오일 펌프(베인형)

2 동력 실린더 - 작동부

동력 실린더는 실린더 내에 피스톤과 피스톤 로드가 들어 있으며, 오일 펌프에서 발생한 유압유를 피스톤에 작용시켜서 조향 방향 쪽으로 힘을 가해 주는 장치이다. 또 동력 실린더는 피스톤에 의해 2개의 방(chamber)으로 분리되어 있으며, 한쪽 방에 유압유가 들어오면 반대쪽 방에서는 유압유가 저장 탱크로 복귀하는 복동식 실린더이다.

3 제어 밸브 - 제어부

제어 밸브는 조향 핸들의 조작력을 조절하는 기구이며, 조향 핸들을 회전시켜 피트먼 암에 힘을 가하면 오일 펌프에서 보내 준 유압유를 조향 방향으로 동력 실린더의 피스톤이 작동하도록 유로를 변환시킨다.

제어 밸브는 밸브 보디 안쪽에 3개의 홈과 오일 펌프에서 보내 준 유압유를 동력 실린더 2개의 방으로 공급하

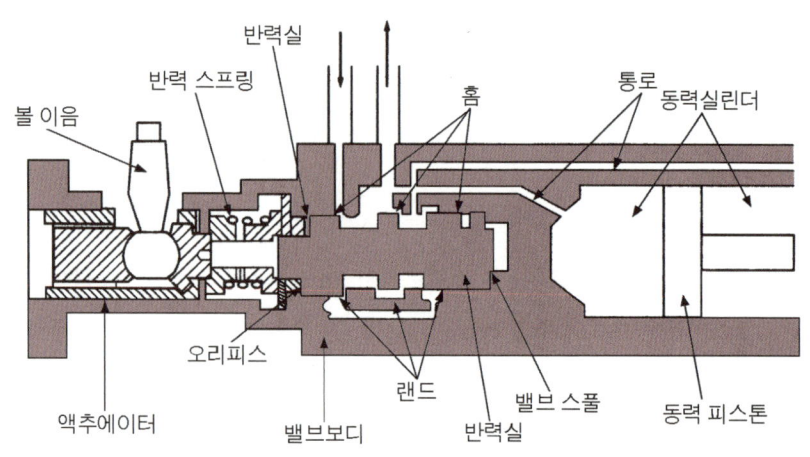

동력 실린더와 제어 밸브

기 위한 오일 통로가 있다. 밸브 스풀(valve spool)에는 밸브 보디에 있는 3개의 홈에 대응하는 3개의 랜드(land)가 있어 밸브 스풀의 이동에 따라 밸브 보디의 오일 통로가 개폐된다.

4 안전 체크 밸브 safety check valve

이 밸브는 제어 밸브 속에 내장되어 있으며 엔진이 정지된 경우 또는 오일 펌프의 고장, 회로에서의 오일 누출 등의 원인으로 유압이 발생되지 못할 때 조향 핸들의 조작을 수동으로 할 수 있도록 해주는 밸브이다.

작동은 동력 조향부가 고장이 났을 때 조향 핸들을 조작하면 동력 실린더가 작용하여 실린더 한쪽 방의 오일에 압력을 가하면, 반대쪽 방은 진공 상태로 된다. 이에 따라 안전 체크 밸브가 열려 압력이 가해진 쪽의 체임버 오일이 진공 쪽의 방으로 유입되어 수동 조작이 가능하도록 해 준다.

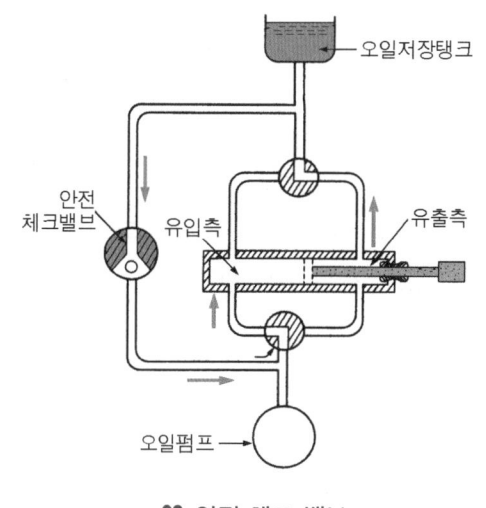

:: 안전 체크 밸브

2-4. 동력 조향장치의 작동

여기서는 현재 승용차에서 사용되고 있는 래크와 피니언 형식의 동력 조향장치 작동에 대하여 설명하기로 한다. 이 형식의 제어 밸브는 로터리 밸브(rotary valve) 형식을 사용하며, 유압유는 고압 호스나 파이프를 통하여 제어 밸브로 유입된다. 운전자가 조향 핸들을 조작하면 유압유는 래크와 피니언형 동력 조향장치 구조의 그림 동력 실린더 A나 B로 들어가 래크를 왼쪽 또는 오른쪽으로 이동시켜 배력 작용을 얻는다.

1 작동 과정

래크와 피니언의 하우징 자체를 동력 실린더로 하고 오일 펌프에서 발생한 유압을 제어 밸브가 조절하여 배력시키는 형식이며, 유량 제어 밸브는 고속으로 주행할 때 저항이 큰 조향력을 확보하기 위해 엔진의 회전속도에 대해 유량을 조절하며 작동 과정은 다음과 같다.

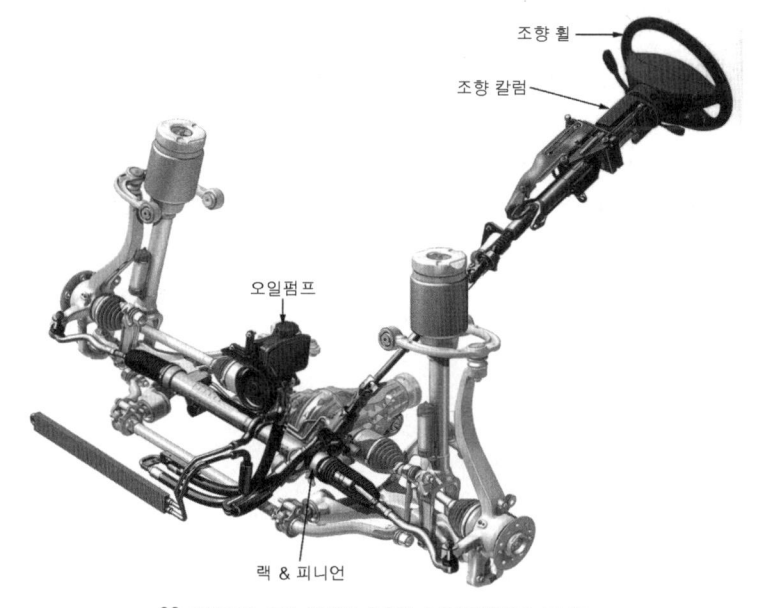

:: 래크와 피니언형 동력 조향장치의 구성

① V벨트에 의해 오일 펌프(1)가 구동되어 유압유가 토출된다.

② 토출된 유압유는 오일 펌프 내에 부착된 유량 제어 밸브(2)에서 엔진의 회전속도 감응 작용으로 적당하게 유량이 조절되어 압력 호스(12)를 거쳐 제어 밸브(4)로 공급된다.

③ 조향 핸들을 회전시키면 피니언에 연결된 제어 밸브(4)가 작동되고, 조향 방향에 따라 유압유의 회로가 형성된다. 유압유는 파이프(6)를 통하여 동력 실린더 A에 공급되거나 파이프(5)를 거쳐 동력 실린더 B에 공급된다.

④ 동력 실린더 A에 유압유가 공급되면 동력 실린더 B의 유압유는 파이프(5), 제어 밸브(4) 및 리턴 호스(8)를 거쳐 오일 저장 탱크(9)로 리턴 된다. 또한 동력 실린더 B에 유압유가 공급되면 동력 실린더 A에 있던 유압유는 파이프(6), 제어 밸브(4) 및 리턴 호스(8)를 통하여 오일 저장 탱크로 복귀한다.

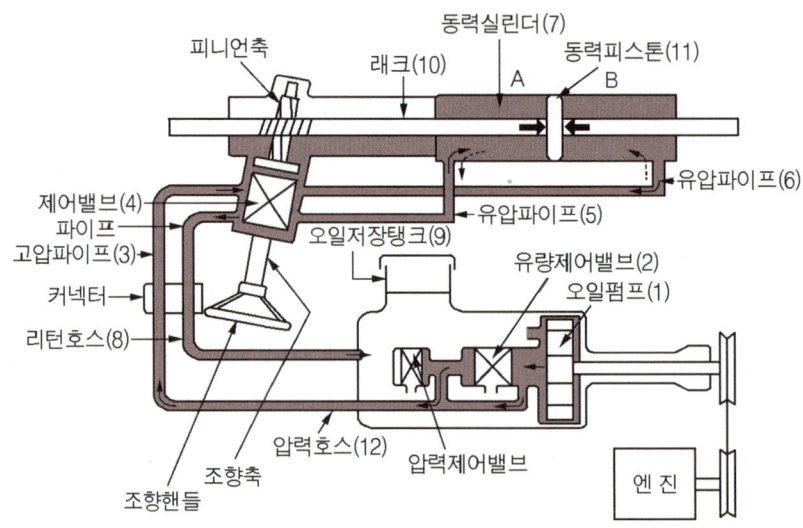

❖ 래크와 피니언형 동력 조향장치의 구조

2 제어 밸브의 구조와 작동

제어 밸브는 조향축과 일체로 회전하는 로터, 로터와 피니언을 연결하는 토션 바, 피니언과 일체로 회전하는 슬리브 등으로 구성되어 있으며, 로터와 슬리브는 스플라인으로 연결되어 있다.

제어 밸브는 조향력을 감응하여 토션 바가 비틀리고 로터와 슬리브 사이에서 발생하는 회전 범위에 따라 V1, V2, V3, V4의 단면적이 증감되어 유압유의 유로를 개폐하여 작동 압력을 조절한다.

1) 직진 주행할 때

자동차가 직진으로 주행할 때는 로터와 슬리브가 중립 상태이고, 밸브 홈으로 형성된 유로는 아래그림에서 V1, V2, V3, V4는 균일하게 충분히 열려 있으므로 오일펌프에서 공급되는 유압유는 동력 실린더에 가해지지 않고 저장 탱크로 복귀된다.

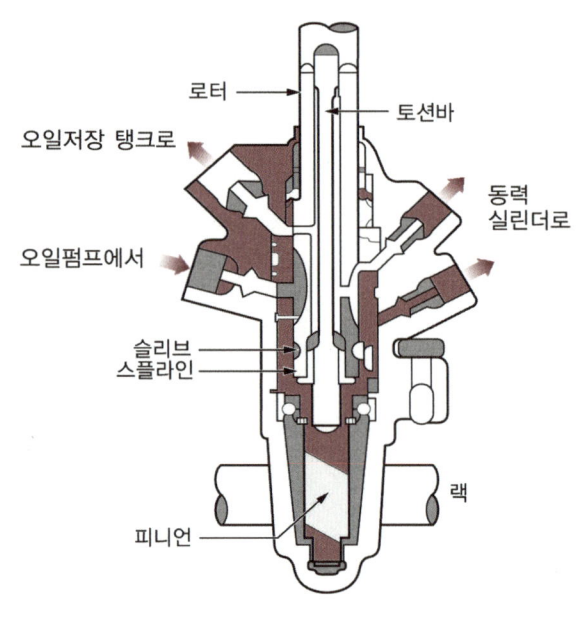

❖ 제어 밸브의 구조

2) 조향 작동(우 회전할 때)

조향 핸들을 오른쪽으로 회전시키면 유로 V2, V4에 교차하는 유량에 감응하여 동력 실린더 A의 유량이 증가하여 랙크를 우측으로 이동시킨다. 이때 동력 실린더 B의 유압유는 유로 V3를 거쳐 저장 탱크로 복귀한다.

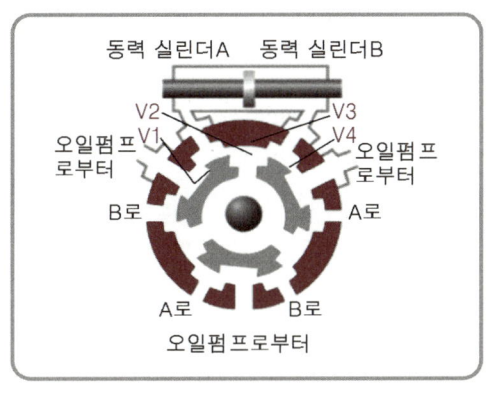

∷ 직진 주행할 때 제어 밸브의 작동

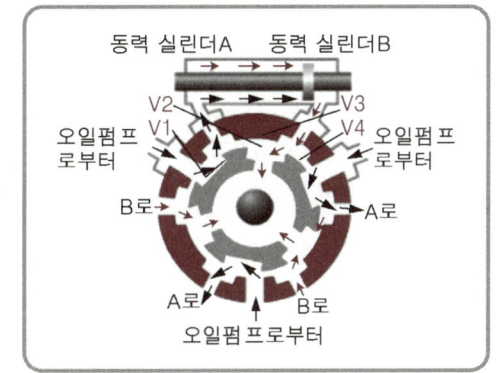

∷ 우측으로 조향할 경우 제어 밸브의 작동

11 전자제어 동력조향장치

학/습/목/표

1. 전자제어 동력 조향장치의 구비조건과 특징에 대하여 설명할 수 있다.
2. 전자제어 동력 조향장치의 효과에 대하여 설명할 수 있다.
3. 전자제어 동력 조향장치의 종류에 대하여 설명할 수 있다.
4. 유압식 전자제어 동력 조향장치의 구조와 기능에 대하여 설명할 수 있다.
5. 유압식 전자제어 동력 조향장치의 종류에 대하여 설명할 수 있다.
6. 전동 유압식 전자제어 동력 조향장치의 구조·기능을 설명할 수 있다.
7. 속도 감응형 전자제어 동력 조향장치의 구조·기능을 설명할 수 있다.

 전자제어 동력조향장치

1-1. 전자제어 동력 조향장치의 개요

자동차에서 가장 바람직한 조향 조작력은 주행 조건에 따라 최적의 조향 조작력을 확보하여 주차를 하거나 저속으로 주행할 때는 가볍고 부드러운 조향 특성을, 중속 및 고속 운전 영역에서는 안정성을 얻을 수 있도록 적당히 무거운 조향 조작력이 필요하다.

기존의 유압 방식 동력 조향장치(NPS ; Normal Power Steering)에서는 저속 주행 및 주차할 때 운전자가 조향 핸들에 가하는 조향 조작력을 감소시키기 위해 유압 에너지를 이용하였다. 따라서 기계 방식 조향장치에서 발생되었던 저속 주행 및 주차할 때의 조향 조작력 증가에 대한 문제를 해결할 수 있었으나 고속으로 주행할 때 노면과의 접지력 저하에 따라 조향 핸들의 조작력이 가벼워지는 단점이 있다.

즉 배력이 일정한 동력 조향장치에서는 저속 영역의 특성을 중시하면 고속 영역에서 조향 조작력이 가벼워 불안정하고, 고속 영역의 특성을 중시하면 저속 영역에서 조향 조작력이 무거워진다. 따라서 기존의 일반적인 유압 방식 동력 조향장치(NPS)에서는 상반되는 저·고속 두 조건의 요구 특성을 만족시키기 어려우므로 저속과 고속 영역 특성 양쪽의 최적 점에서 설계한다.

이와 같이 상반되는 저·고속 영역 두 조건의 요구 특성을 만족시키기 위해 전자제어 동력 조향장치(ECPS ; Electronic Control Power Steering)가 개발되었다. 전자제어 동력 조향장치는 자동차의 주행속도에 따라 조향 조작력을 적절히 변화시켜 주차 또는 저속 영역에서는 조향 조작력을 가볍게 하여 원활한 조향 성능을, 고속 영역에서는 조향 조작력을 무겁게 하여 주행 안정성을 제공한다.

따라서 전자제어 동력 조향장치는 주행 조건에 따라 조향 특성을 최적화한 이상적인 장치라 할 수 있다. 국내에서는 1990년 초반부터 전자제어 동력 조향장치가 적용되어 자동차의 고급화, 고부가 가치화에 대응하고 있다.

1-2. 전자제어 동력 조향장치의 특징과 종류

1 전자제어 동력 조향장치의 구비조건

① 소형·경량이고 구조가 간단할 것
② 작동이 원활하고, 고행 주행의 안정성이 있을 것
③ 내구성과 신뢰성이 클 것
④ 정숙성이 있을 것
⑤ 광범위한 사용 조건에 대한 안정성이 있을 것

2 전자제어 동력 조향장치의 특징

① 기존의 동력 조향장치와 일체형이다.
② 기존의 동력 조향장치를 변경할 필요 없이 사용할 수 있다.
③ 제어 밸브에서 직접 입력회로 압력과 복귀회로 압력을 바이패스 시킨다.
④ 조향각도 및 횡가속도를 검출하여 캐치 업(catch up)**을 보상한다.

> **TIP**
> **캐치 업(catch up)이란?**
> 고속으로 주행하거나 또는 급 조향을 할 때(유량이 적을 때) 조향하는 방향으로 잡아당기는 현상을 말한다.

3 전자제어 동력 조향장치의 효과

① 저속에서 편리하고 안정적인 핸들링이 가능하다.
② 고속으로 주행할 때 최적화 된 Load Contact에 의한 안전한 조향이 가능하다.
③ 정밀한 밸브 제어에 의해 정교하고 민감한 핸들링이 가능하다.
④ 필요에 따라서 고속 주행 상태에서 안전한 유압의 지원이 가능하다.
⑤ 마이크로 프로세스의 프로그래밍에 의한 자동차 특성과의 최적화가 가능하다.

4 전자제어 동력 조향장치의 기능

전자제어 동력 조향장치는 다음과 같은 기능을 수행한다.

번호	기 능	내 용
1	주행속도 감응 기능	주행속도에 따른 최적의 조향 조작력을 제공한다.
2	조향 각도 및 각속도 검출 기능	조향 각속도를 검출하여 중속 이상에서 급 조향할 때 발생되는 순간적 조향 핸들의 걸림 현상(catch up)을 방지하여 조향의 불안감을 해소한다.
3	주차 및 저속 영역에서 조향 조작력 감소 기능	주차 또는 저속 주행에서 조향 조작력을 가볍게 하여 조향을 용이하게 한다.
4	직진 안정 기능	고속으로 주행할 때 중립으로의 조향 복원력을 증가시켜 직진 안정성을 부여한다.
5	롤링 억제 기능	주행속도에 따라 조향 조작력을 증가하여 빠른 조향에 따른 롤링의 영향을 방지한다.
6	페일 세이프(fail safe) 기능	축전지 전압 변동, 주행속도 및 조향 핸들 각속도 센서의 고장과 솔레노이드 밸브 고장을 검출한다.

5 전자제어 동력 조향장치(ECPS)의 종류

전자제어 동력 조향장치의 종류는 크게 동력원을 유압으로 사용하는 유압식과 전기로 작동되는 전동기를 사용하는 전동식으로 분류한다.

1) 유압식 전자제어 동력 조향장치

유압식 전자제어 동력 조향장치는 엔진에 의해 구동되는 유압 펌프의 유압을 동력원으로 사용한다. 구성부품으로는 유압 펌프, 조향 기어 박스, 그리고 각종 센서로부터 정보를 받아 최적의 조향 조작력을 제어하는 컴퓨터로 구성된다.

2) 전동식 전자제어 동력 조향장치

전동식 전자제어 동력 조향장치는 유압 펌프 대신 전동기를 사용한 방식이다. 따라서 구성부품으로는 전동기, 조향 기어 박스, 그리고 각종 센서로부터 정보를 받아 최적의 조향 조작력을 제어하는 컴퓨터로 구성된다.

2 유압식 전자제어 동력 조향장치

2-1. 유압식 전자제어 동력 조향장치의 개요

조향장치는 자동차의 주행속도가 증가함에 따라 구동력의 증가에 대한 반발력이 발생하거나 양력 및 항력에 의한 조향축 하중 감소 등으로 조향할 때 타이어와 노면 사이의 접지저항이 감소한다. 따라서 고속으로 주행할 때는 조향 안전성이 떨어져 불안하게 되므로 자동차의 주행속도가 증가할수록 조향 조작력은 무겁고 주행속도가 낮을수록 가볍게 할 필요가 있다.

이와 같이 조향 조작력을 변화시키는 장치가 전자제어 동력 조향장치이다. 이를 실현하기 위해 유압식 전자제어 동력 조향장치(EPS ; Electronic Power Steering system)는 엔진에 의해 구동되는 유압 펌프의 유압을 동력원으로 사용하는 기존의 일반적인 유압식 동력 조향장치(NPS ; Normal Power Steering)에 유량 제어 기구인 유량 제어 솔레노이드 밸브를 추가하여 주행속도의 변화에 대응하여 조향 기어 박스로 공급되는 유량을 적절하게 제어한다.

유량 제어 솔레노이드 밸브는 주행속도 및 조향 핸들 각속도 센서의 정보를 입력받은 컴퓨터(EPSCM ; Electronic Power Steering Control Module)에 의해 제어된다.

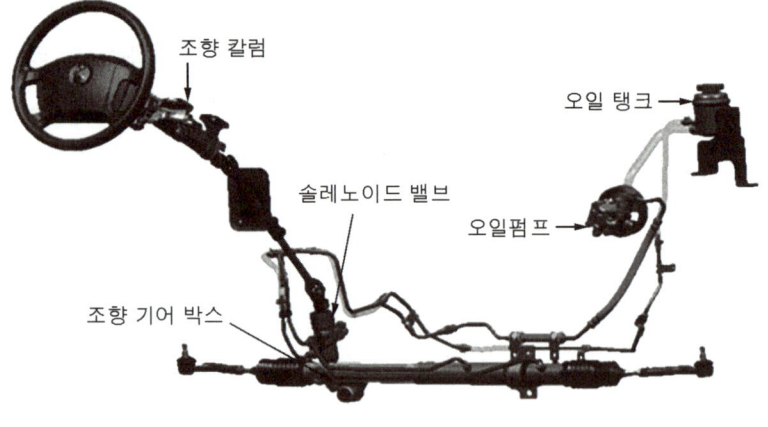

❖ 유압식 전자제어 동력 조향장치

2-2. 유압식 동력 조향장치의 기본원리

유압식 동력 조향장치 중 승용자동차에서 주로 사용되는 래크 & 피니언 방식(rack & pinion type)을 기준으로 설명하도록 한다. 조향 기어 박스는 래크 & 피니언에 의해 좌우 방향으로 조향된다.

래크 & 피니언 어셈블리 좌우에는 실린더가 설치되어 있으며, 운전자가 조향 핸들을 조작하면 토션 바(torsion bar)가 오일 회로의 방향을 변환시켜 유압 펌프에서 형성된 유압이 해당 실린더로 작용하여 조향이 이루어진다.

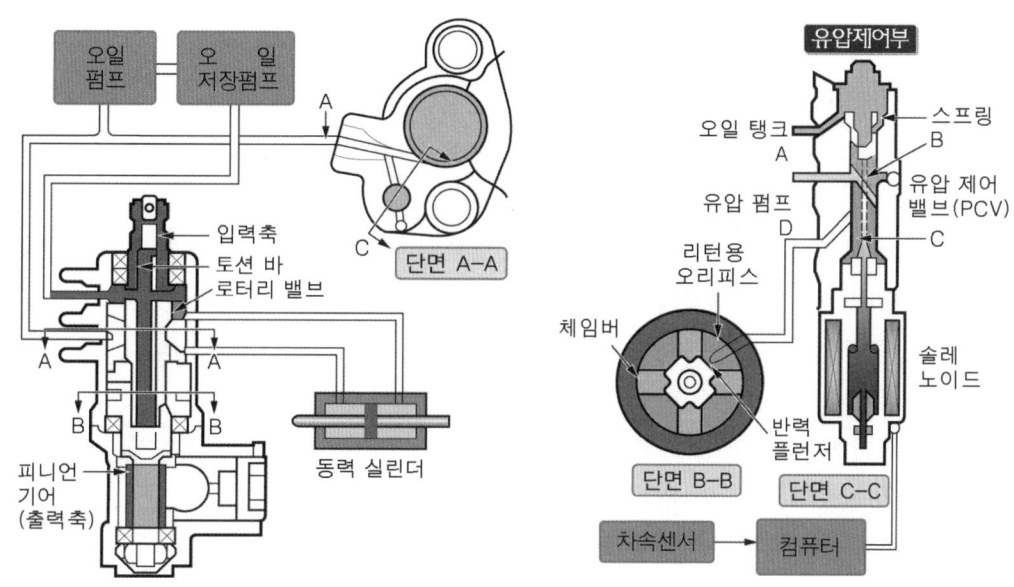

:: 유압식 전자제어 동력 조향장치 기본 원리도

1 정차 및 저속으로 주행할 때

정차 또는 저속으로 주행(0~60km/h)할 때는 컴퓨터에서 솔레노이드 밸브로 약 1A의 전류가 공급되어 솔레노이드 밸브에는 가장 큰 출력이 위쪽으로 작용한다. 이로 인해 압력 제어 밸브는 위쪽에 위치한 스프링을 압축하면서 상승하여 오일 펌프의 유압이 작용하는 오일회로 A와 반력 플런저로 공급되는 오일회로 D를 차단하는 위치에 있게 되므로 반력 플런저에 작용하는 유압을 제어하면(이때의 유압은 0이다.) 반력 플런저가 입력쪽을 누르는 힘이 없기 때문에 가장 경쾌한 조향 조작력을 얻을 수 있다.

2 중속 및·고속으로 주행할 때

중속 및 고속으로 주행할 때는 솔레노이드 밸브 및 압력 제어 밸브의 위치는 오일회로 A에서 오일회로 D로의 통로를 연다. 이 상태에서 조향 핸들을 통상적인 조향 범위 내에서 조작하면 오일 펌프의 토출 압력은 저속으로 주행할 때와 같이 조향 각도에 대해서 상승하기 때문에 조향 조작력에 비례한 출력 유압이 얻어져 중·고속 주행에서의 적절한 조향 감각을 얻을 수 있다.

3 고속으로 주행할 때

고속으로 주행할 때는 솔레노이드 밸브 위쪽에 가해지는 유압이 주행속도의 증가에 따라 감소하여 압력 제어 밸브가 아래쪽으로 이동하여 오일회로 B가 열리면서 오일회로 D에 오일이 공급되어 반력 플런저 뒤쪽을 밀게 되므로 플런저가 유압의 입력을 막아 토션 바와 피니언이 일체가 되도록 하여 조향 조작력이 무거워진다.

따라서 험한 도로를 주행하거나 타이어가 펑크 난 경우 등 노면에서 큰 반력이 작용하면 펌프의 토출 압력이 일반적인 조향의 경우보다 상승하여 반력 플런저에 작용하는 유압을 규정값 이하로 제어한다. 이에 따라 주행할 때 노면에서 큰 힘이 작용한 경우에도 조향 조작력을 일정값 이하로 제어하여 험한 도로를 주행하더라도 조향 핸들을 놓치는 경우가 없다.

2-3. 유압식 동력조향장치의 종류

1 속도 감응 방식(유량 제어 방식)

솔레노이드 밸브나 전동기를 주행속도와 기타 조향 조작력에 필요한 정보에 의해 작동하여 고속과 저속 모드에 필요한 유량을 제어한다. 유량 제어 방식 전자제어 동력 조향장치에서는 차속센서 및 조향 핸들 각속도 센서의 입력에 대응하여 컴퓨터가 유량 조절 솔레노이드 밸브의 전류를 제어하여 조향 기어 박스에 유압(유량)을 조절함에 따라 주행속도에 따른 최적의 조향조작력을 실현한다.

즉, 메인 밸브에서 공급된 유량을 바이패스(by-pass)시켜 공급 유량을 조절하여 특성의 변화를 얻는다. 특성의 가변 폭은 밸브가 지니는 유량 특성의 범위 내에 있어 작고 또 유량을 제어할 때 조향 응답성의 저하 때문에 현재는 일부 차종에서 사용되고 있다.

유량 제어 방식의 작동원리는 다음과 같다. 주차를 할 때는 솔레노이드 밸브에 의해 유량 조절 밸브 스풀(spool)은 바이패스 라인을 차단하여 저속 밸브에 의해 유압이 발생되도록 하여 가벼운 조향 조작력을 제공한다. 그리고 주행할 때는 솔레노이드 밸브에 의해 유량 조절 밸브 스풀이 유압의 바이패스 양을 주행속도에 따라 증대시켜 무거운 조향 조작력을 제공한다.

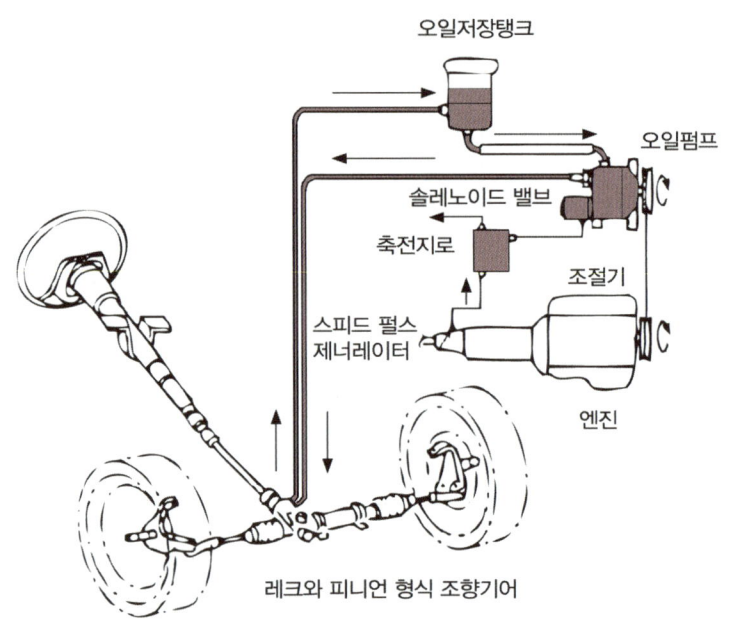

∷ 속도 감응 방식(유량 제어 방식) 구조

2 실린더 바이패스 제어 방식

조향 기어 박스에 실린더 양쪽을 연결하는 바이패스 밸브와 통로를 배치하고 주행속도의 상승에 따라 바이패스 밸브의 면적을 확대하여 실린더의 작용 압력을 감소시켜 조향 조작력을 제어하는 방식이다. 이 방식에서는 바이패스 밸브 내의 흐름 방향이 조향 방향에 따라 역회전하므로 좌우의 특성을 갖추기 위해 설계 면과 제조 면에서 배려가 이루어져 있다.

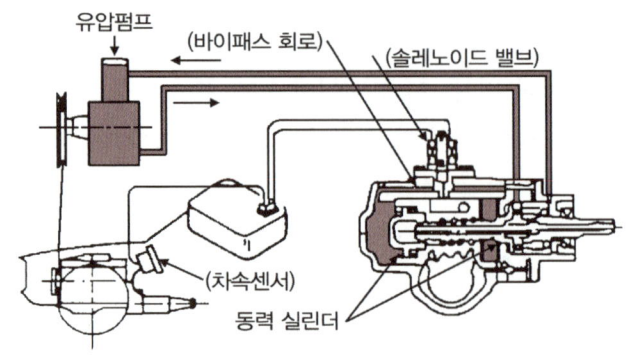

∷ 실린더 바이패스 제어 방식

급 조향할 때 응답성 지연의 제약 및 대응 방법은 유량 제어 방식과 마찬가지이나 조향 조작력의 변화량은 유량 제어 방식보다 약간 크다. 바이패스 밸브와 바이패스 통로를 조향 기어 박스에 설치하여야 하므로 가격이 비싸다.

3 유압 반력 제어 방식

동력 조향장치의 밸브부분에 유압 반력 제어장치를 두고 유압 반력 제어 밸브에 의해 주행속도의 상승에 따라 유압 반력실(reaction chamber)에 도입하는 반력 압력을 증가시켜 반력기구의 강성을 가변제어 하여 직접 조향 조작력을 제어하는 방식이다. 조향 조작력의 변화량은 반력 압력의 제어에 의해 유압 반력기구의 용량 범위에서 임의의 크기가 주어지며 급조향할 때 응답 지연의 문제가 없어 승용자동차에 바람직한 조향장치이다.

유압 반력 제어 방식의 작동원리는 다음과 같다. 주차할 때는 솔레노이드 밸브에 의해 유량 조절 밸브 스풀은 반력 라인을 차단하여 로터리 밸브(rotary valve)에 의해 유압이 발생 되도록 하여 가벼운 조향 조작력을 제공한다. 그리고 주행할 때는 솔레노이드 밸브에 의해 유량 조절 밸브 스풀은 반력 라인에 유압이 발생 되도록 하고 반력 압력은 주행속도에 따라 증대시켜 무거운 조향 조작력을 제공한다.

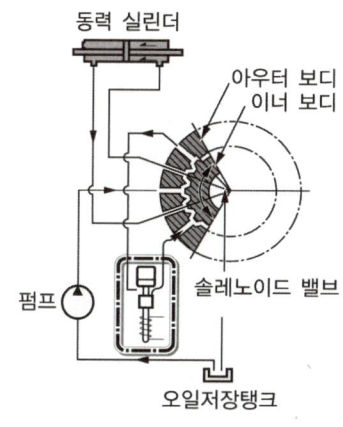

∷ 로터리 밸브 유압

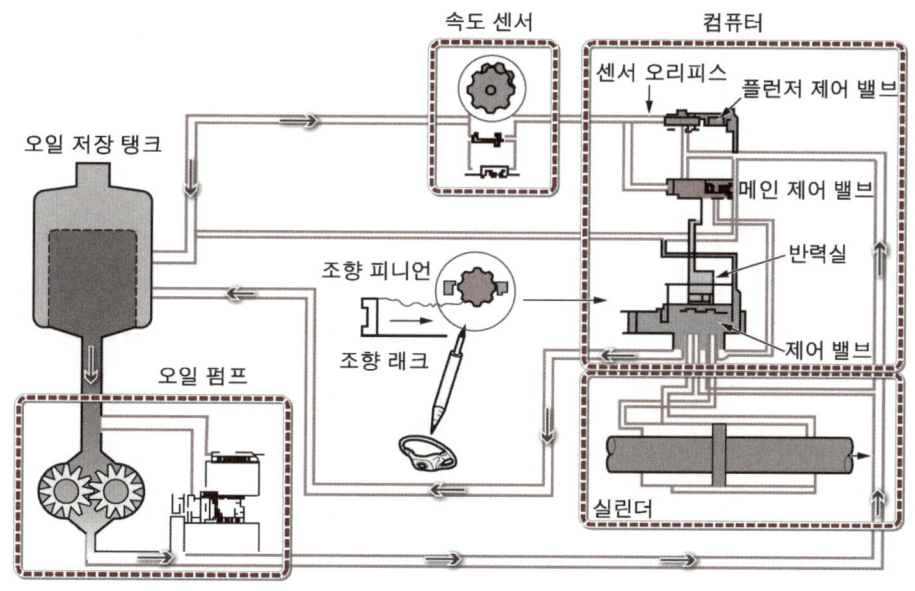

∷ 유압 반력 제어 방식

4 밸브 특성 제어 방식

차속 감응 방식이 아닌 기존의 동력 조향장치에서는 특정 밸브의 특성과 반력 특성과의 조합으로 자동차의 제원에 적절한 조향력을 설정하고 있다.

밸브 특성 제어 방식의 동력 조향장치는 이 밸브의 특성을 가변으로 하여 조향력을 제어한다. 펌프에서 공급되는 유량을 손실 없이 실린더에 작용하는 압력으로 변환할 수 있어 급 조향을 할 때 응답성이 좋은 차속 감응 방식을 구성할 수 있고 제어 밸브의 구조가 비교적 간단해진다.

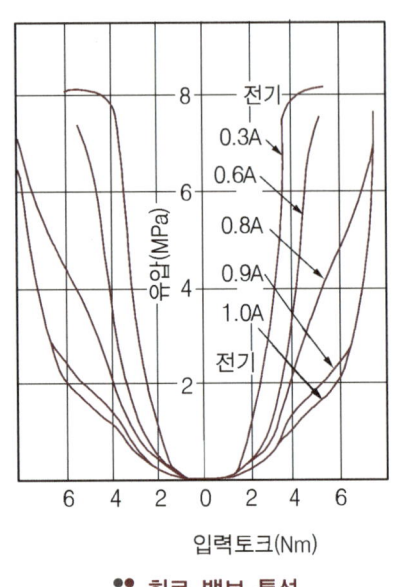
◦◦ 회로 밸브 특성

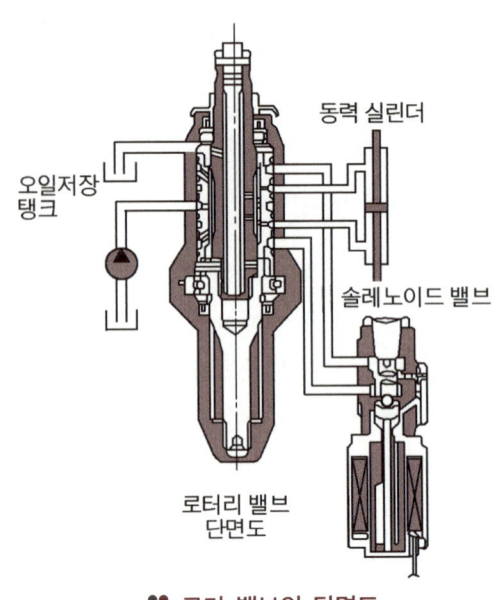
◦◦ 로터 밸브의 단면도

2-4. 유압식 동력 조향장치의 구성 요소

전자제어 동력 조향장치(ECPS)의 종류에는 여러 가지가 있지만 일반적인 구성은 컴퓨터, 차속 센서, 조향 기어 박스로 되어있다. 또 조향 기어 박스에는 주행속도 등에 의해 유량 특성을 제어하는 유량 제어 솔레노이드 밸브가 설치되어 있다. 필요에 따라서는 조향 핸들 각속도 센서로부터 조향 각속도를 검출하여, 중속 이상 조건에서 급조향할 때 발생되는 순간적 조향 핸들 걸림 현상인 캐치 업(catch up)을 방지하여 조향의 불안감을 해소한다.

그리고 스로틀 위치 센서로부터 스로틀 밸브 열림 정도를 검출하기도 하는데 이것은 스로틀 밸브 열림 정도가 일정값 이상 열린 상태에서 주행속도가 입력되지 않는 경우 차속 센서의 고장으로 판단하기 위함이다. 일반적으로 전자제어 동력 조향장치에서 차속 센서가 고장이 났을 때에는 주행 안정성을 확보하기 위해 조향 조작력을 중속(조금 무겁게) 조건으로 일정하게 유지한다.

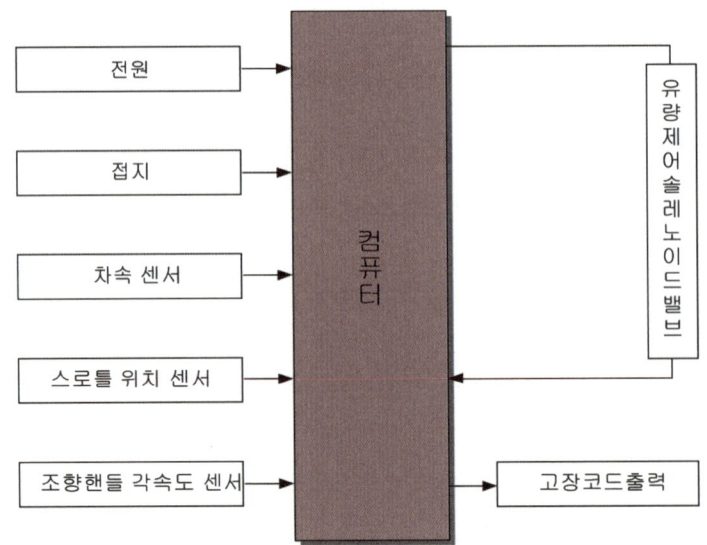
◦◦ 유압식 전자제어 동력 조향장치의 입출력 다이어그램

1 컴퓨터

차속 센서, 스로틀 위치 센서, 조향 핸들 각속도 센서로부터 정보를 입력받아 유량 제어 솔레노이드 밸브의 전류를 듀티 제어한다. 즉 유량 제어 솔레노이드 밸브에 저속으로 주행할 때는 많은 전류를, 그리고 고속으로 주행할 때는 적은 전류를 공급하여 유량 제어 밸브의 상승 및 하강을 제어하여 주행조건에 따른 최적의 조향 조작력을 확보한다. 또 고장이 나면 안전 모드로의 전환 제어 및 고장 코드를 출력하는 기능을 한다.

2 차속 센서

컴퓨터가 주행속도에 따른 최적의 조향 조작력으로 제어할 수 있도록 주행속도를 입력한다. 또 컴퓨터는 차속 센서가 고장일 때 중속의 조향 조작력으로 일정하게 유지하여 고장이 나더라도 중속 이상에서의 주행 안정성을 확보한다.

3 스로틀 위치 센서

스로틀 위치 센서는 스로틀 바디에 설치되어 있으며, 운전자가 액셀러레이터 페달을 밟은 양을 검출하여 컴퓨터에 입력시켜 차속 센서의 고장을 검출하기 위해 사용된다. 컴퓨터는 스로틀 밸브의 열림 정도가 일정값 이상 열린 상태에서 주행속도가 입력되지 않는 경우 차속 센서의 고장으로 판단한다. 일반적으로 차속 센서가 고장이 나면 주행 안정성을 확보하기 위해 조향 조작력을 중속(조금 무겁게) 조건으로 일정하게 유지한다.

4 조향 핸들 각속도 센서

조향 핸들 각속도 센서는 조향 각속도를 검출하여, 중속 이상 조건에서 급조향할 때 발생되는 순간적으로 조향 핸들 걸림 현상인 캐치 업(catch up)을 방지하여 조향 불안감을 해소하는 역할을 한다.

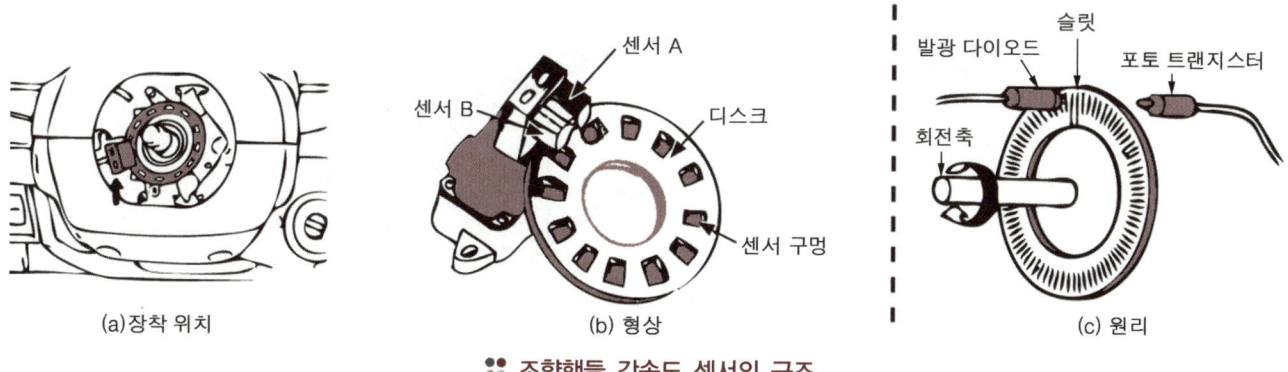

∷ 조향핸들 각속도 센서의 구조

5 유량 제어 솔레노이드 밸브

유량 제어 솔레노이드 밸브는 주행속도와 조향 각속도 신호를 기초로 하여 최적 상태의 유량을 제어한다. 컴퓨터는 공회전 또는 저속으로 주행할 때 유량 제어 솔레노이드 밸브에 큰 전류를 공급하여 스풀 밸브가 상승하도록 하고, 고속으로 주행할 때는 적은 전류를 공급하여 스풀 밸브가 하강하도록 하여 입력 및 바이패스(By-Pass) 통로의 개폐를 조절한다. 이와 같이 유량 제어 솔레노이드 밸브에서 유량을 제어하기 때문에 저속으로 주행할 때는 가벼운 조향 조작력을, 고속으로 주행할 때는 무거운 조향 조작력이 되도록 변화시키는 기능을 한다. 그리고 컴퓨터는 유량제어 솔레노이드 밸브에 흐르는 전류를 저속으로 주행할 때는 큰 전류를, 고속으로 주행할 때는 적은 전류를 공급하여 반력 플런저로 공급되는 유량을 제어한다.

3 전동 유압식 동력 조향장치(EHPS)

3-1. 전동 유압식 동력 조향장치의 개요

동력 조향장치의 보급이 증가함에 따라 그 요구 성능도 단순히 조향 조작력의 경감에 그치지 않고 주행속도이나, 주행조건에 따른 최적의 적절한 조향 조작력의 설정도 중요한 요구 성능 중 하나가 되었다.

그 요구에 대응하기 위해 기존의 유압 동력장치에 유압 제어기구와 컴퓨터를 추가한 전자제어 동력 조향장치가 이미 개발 되었지만 기존의 일반적인 동력 조향장치(NPS ; Normal Power Steering)에 비하면 매우 복잡하고 가격이 비싸다. 한편 유압 동력장치의 고성능화와는 별도로 위 사항의 요구에 대응하는 방법으로 전동기(motor)를 이용하여 조향 조작력을 보조(ASSIST)하는 전동식 동력 조향장치가 개발되었다.

전동 유압식 파워 스티어링(EHPS ; Electronic Hydraulic Power Steering)은 엔진의 동력을 이용하지 않고 축전지의 전원을 공급 받아 독립적으로 전기 모터를 작동시킨다. 모터의 회전에 의해 전동식 유압 펌프가 작동되고 펌프에서 발생되는 유압을 조향 기어에 전달하여 운전자의 조향 핸들의 조작력을 보조한다.

따라서 엔진의 동력을 벨트를 통하여 이용하지 않기 때문에 소음 및 진동이 개선되고 조향시에만 에너지가 소모되므로 연비가 향상되며, 차속에 따른 작동 압력의 조정과 모터 펌프의 설치위치에 제약을 받지 않는 장점이 있다.

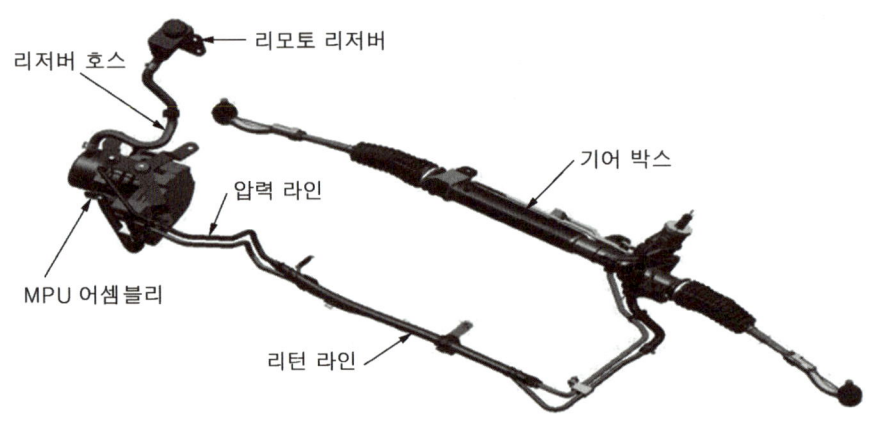

전동 유압식 동력 조향장치의 구조

3-2. 전동 유압식 동력 조향장치의 작동 원리

전동 유압식 동력 조향장치의 구성은 전기 모터로 구동되는 기어 펌프(MPU ; Motor pump unit)와 기존의 동력 조향장치와 동일한 유압 장치 그리고 작동을 제어하는 컴퓨터로 구성되어 있다.

차속 센서와 조향 각속도 센서의 측정값이 컴퓨터에 입력되면 컴퓨터는 모터 펌프 유닛(MPU)의 유량 변화를 압력으로 변화시켜 운전자의 조향 핸들의 조작력을 변화시킨다.

이때 모터 펌프 유닛의 속도는 차속에는 반비례하고 조향 각속도에는 비례하여 작동된다. 시스템으로 공급되는 전압이 설정된 수준 이하인 경우에는 시스템을 보호하기 위하여 작동을 정지 시키며, 공급 전압이 모터 펌프가 정상적으로 작동이 가능한 수준으로 회복되면 모터 펌프 유닛이 작동된다.

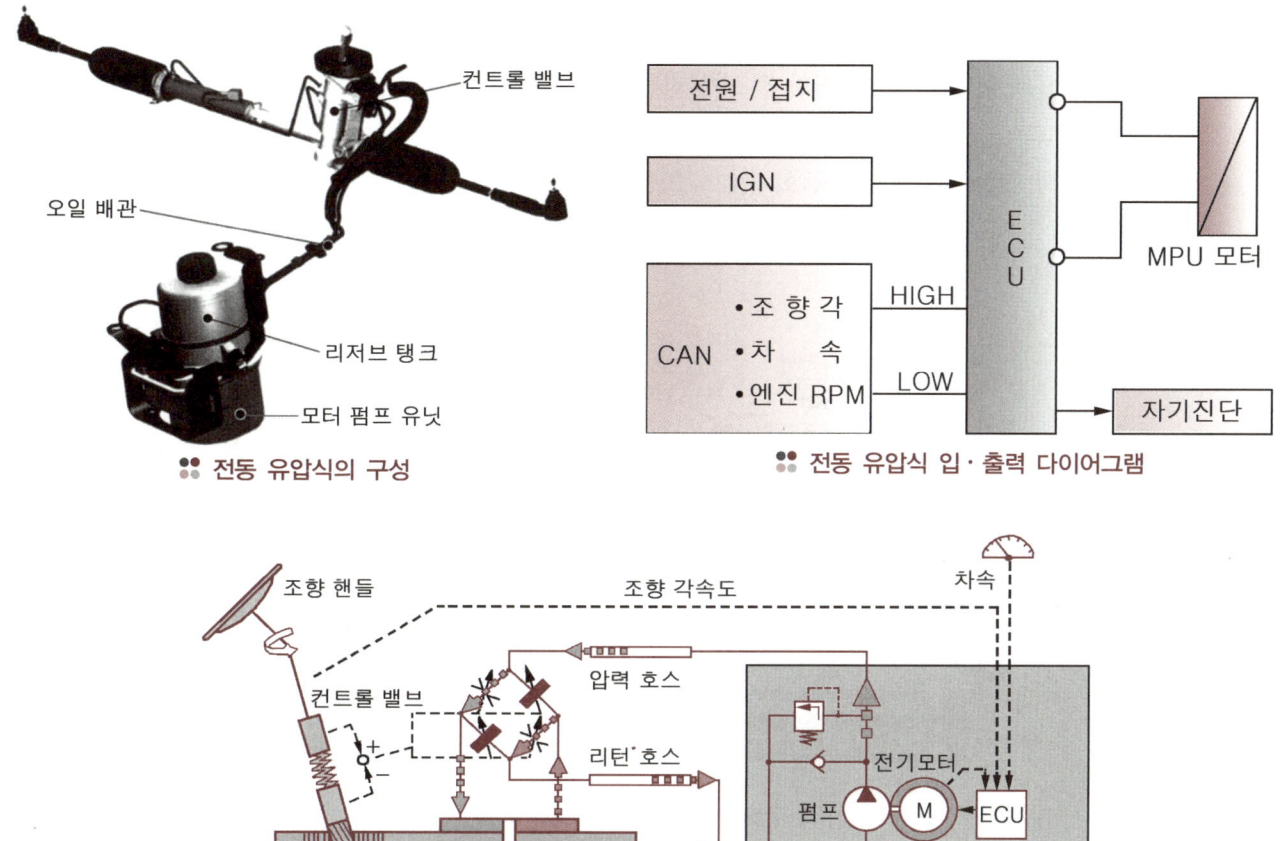

:: 전동 유압식의 구성

:: 전동 유압식 입·출력 다이어그램

:: 동력 조향장치의 작동 원리

1 모터 펌프 유닛의 구조

그림은 기어식 펌프를 AC 동기 모터로 구동하는 리저브 탱크 일체형 전동식 오일 펌프이다. 모터 펌프 유닛에 내장되어 있는 컴퓨터(ECU)의 기반 부분에는 모터 구동용의 인버터 전원 제어에 필요한 3상 브리지 회로용의 드라이버 IC 및 통신 인터페이스용 IC 등이라고 하는 범용 IC가 보인다. CPU는 제어용 맵이 격납되어 있는 ROM 등의 메모리도 내장되어 있는 원 칩 타입이다.

:: 모터 펌프 유닛의 구조

우측 위 그림은 레귤레이터 밸브 등이 조합되어 있는 펌프 부분이다. 유닛의 중앙을 관통하는 기어식 오일 펌프용의 구동축은 모터에 직결되어 있으며, 기어식 펌프는 정량성이 뛰어나기 때문에 회전수에 의해서 토출되는 양을 제어하는 것이 가능하다. 우측 아래 그림은 모터 펌프 유닛에 내장되는 컴퓨터의 기반 부분이다. 2장으로 겹쳐 있어서 그림에 보이는 것은 마이크로컴퓨터(CPU) 등이 배치된 약전(弱電) 계통이고 구동 전류를 취급하는 파워 반도체는 뒤쪽에 겹쳐지는 1장의 기반으로 배치되어 있다.

2 선회시 작동

조향 핸들을 우측으로 회전시키면 모터와 펌프가 회전하여 왼쪽 실린더에 유압이 공급되어 움직임이 시작된다. 고무호스가 배치되어 있는 것은 소음을 감쇠시키고 자동차에 조립할 때 여유를 있도록 하기 위함이다.

유압에 의한 호스의 팽창 분량이나 급선회시 오일의 부족을 보충하기 위해 체크 밸브가 열려 리저브 탱크로부터 오일을 보충한다. 선회가 완료되면 왼쪽 실린더의 공급된 유압이 해제되지만 배압 밸브가 일정 압력으로 열리도록 하여 유연한 연결이 이루어지도록 한다.

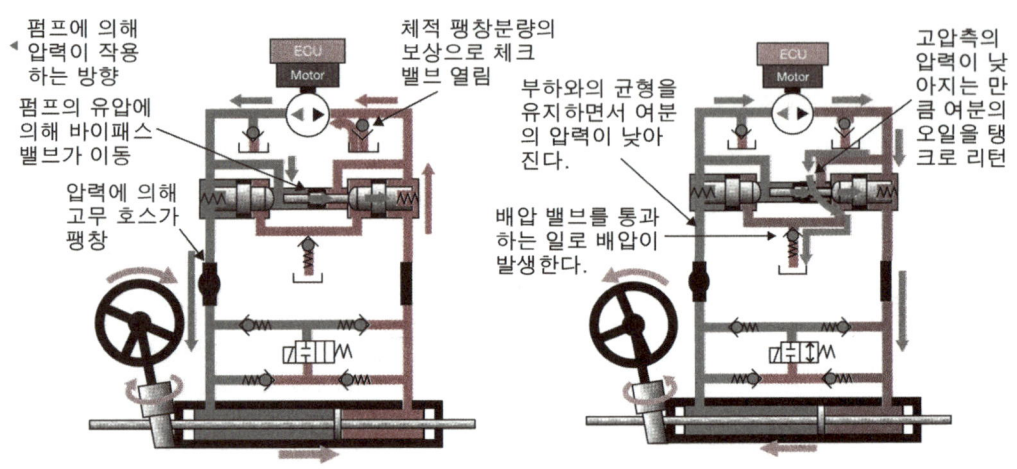

∷ 우회전시 작동 및 복귀시 작동

3-3. 전동 유압식 동력 조향장치의 제어

1 시동 및 정지 조건

전동 유압식 동력 조향장치는 엔진의 시동 상태가 컴퓨터에 입력되면 전자제어 시스템이 초기화되고 자기 진단 후 결함이 없을 경우 시스템은 운전자의 요구에 따른 조향 조작력을 보조한다.

2 조향 조작력 제어

차량 속도, 조향 각속도에 따라 컴퓨터가 모터의 회전 속도를 조절하여 조향 조작력을 조정하고 최적의 조향 감을 제공한다.

3 슬립 모드 제어

자동차의 정차 및 주행시 조향 핸들의 동작이 없을 경우 불필요한 에너지 소모를 방지하기 위해 모터의 회전수를 최소 필요한 회전수로 낮춘다.

4 모터 전류 제한

모터 전류는 설정된 온도에 따라 최대 허용 전류를 제한하여 시스템을 보호한다.

4 속도 감응형 전동식 동력 조향장치(MDPS)

4-1. 속도 감응형 전동식 동력 조향장치의 개요

속도 감응형 전동식 동력 조향장치(MDPS ; Motor Driven Power Steering system)는 자동차의 주행속도에 따라 전기 모터를 구동시켜 조향 핸들의 조작력을 보조하는 장치이다. 기존의 유압식 동력 조향장치에 비하여 간단한 제어장치로 조향 조작력 제어의 자유도를 넓히면서 가격과 중량의 감소, 작업성 등이 향상되는 효과가 있으면서 연료소비율의 향상에 중점을 두고 있다.

속도 감응형 전동식 동력 조향장치는 자동차의 주행속도에 따라 조향 핸들의 조작력을 전자제어로 전동기를 구동시켜 주차 또는 저속으로 주행할 때에는 조향조작력을 가볍게 해주고, 고속으로 주행할 때에는 조향조작력을 무겁게 하여 고속주행 안정성을 운전자에게 제공한다.

4-2. 속도 감응형 전동식 동력 조향장치의 장점 및 특징

1 속도 감응형 전동식 동력 조향장치의 장점

① 연료소비율이 향상된다.
② 에너지 소비가 적으며 구조가 간단하다.
③ 엔진의 작동이 정지된 때에도 조향 조작력의 증대가 가능하다.
④ 조향 특성의 튜닝(tuning)이 쉽다.
⑤ 엔진 룸 레이아웃(ray-out) 설정 및 모듈화가 쉽다.
⑥ 유압 제어 장치가 없어 환경 친화적이다.

2 속도 감응형 전동식 동력 조향장치의 단점

① 전동기의 작동 소음이 크고, 설치 자유도가 적다.
② 유압식에 비하여 조향 핸들의 복원력 낮다.
③ 조향 조작력의 한계 때문에 중·대형자동차에는 사용이 불가능하다.
④ 조향 성능을 향상시키고 관성력이 낮은 전동기의 개발이 필요하다.

3 속도 감응형 전동식 동력 조향장치의 특징

① 속도 감응형 전동식은 유압식에 필요한 오일을 사용하지 않으므로 환경 친화적이다.
② 유압 발생 장치나 유압 파이프 등이 없어 부품수가 감소하여 조립성의 향상 및 경량화(약 2.5kgf)를 꾀할 수 있다.
③ 경량화로 인한 연료소비율을 향상(약 3~5%) 시킬 수 있다.
④ 전동기를 운전조건에 맞추어 제어하여 자동차 속도별 정확한 조향 조작력의 제어가 가능하고 고속 주행의 안전성이 향상되어 조향 성능이 향상된다.

4-3. EPS 시스템과 MDPS 시스템의 비교

1 EPS Electronic Power Steering

기존의 전자제어 동력 조향장치는 엔진의 크랭크축에 구동 벨트로 연결하여 오일 펌프를 구동한 후 조향 핸들의 조향 조작력을 발생시킨다. 이때 발생한 유압을 에너지로 이용하므로 구조가 복잡하고 설계에 제약을 받으며, 연비의 문제와 배기가스의 배출에 문제가 발생한다.

2 MDPS Motor Driven Power Steering

속도 감응형 전동식 조향장치는 컴퓨터가 조향 신호를 받으면 조향축 또는 조향 기어 부근에 장착된 모터를 구동하여 토크를 발생시켜 조향 조작력을 향상시킨다. 전기 에너지를 이용하므로 친환경적이고 구동 소음과 진동 및 설치 위치에 대한 설계의 제약이 감소되었다. 그러나 모터 구동시의 충격이 조향 핸들로 전달되며, 또한 20~50A의 구동 전류가 소모되므로 컴퓨터는 아이들 업 기능을 별도로 해야 한다.

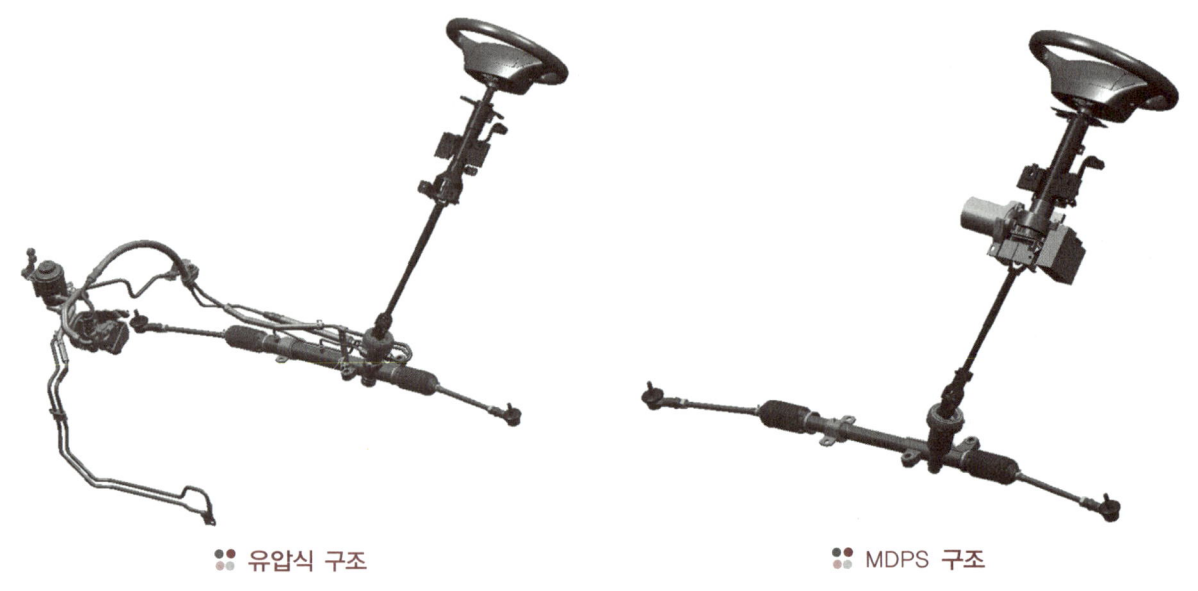

:: 유압식 구조 :: MDPS 구조

4-4. 속도 감응형 전동식의 종류

MDPS는 컨트롤 유닛에 의해 차속과 조향 핸들의 조향 조작력에 따라 전동 모터에 흐르는 전류를 제어하여 조향 방향에 대해서 적절한 동력을 어시스트 하는 것이다. 종류로는 모터의 부착 위치에 의해서 칼럼 어시스트 방식, 피니언 어시스트 방식 및 래크 어시스트 방식이 있다. 또한 엔진 정지시 및 고장시에 보조 동력은 얻을 수 없지만 수동에 의해 조향할 수 있는 구조로 되어 있다.

종 류	칼럼 어시스트 방식	피니언 어시스트 방식	래크 어시스트 방식
적 용	소형 자동차	중·소형 자동차	중형 자동차
모터 위치	조향 칼럼부	피니언 기어부	래크(rack) 부
소모 전류	25~60A	30~60A	60~90A
출 력	300~700kgf	400~700kgf	700~1000kgf
기 타	소음 대책 요구	설치 공간의 제한	기어 직경 증대

1 칼럼 어시스트 방식 column assist type

칼럼 어시스트 방식은 전동기를 조향 칼럼 축에 설치하고 클러치, 감속기구(웜과 웜기어) 및 조향 조작력 센서 등을 통하여 조향 조작력의 증대를 수행한다. 컴퓨터가 차속 센서, 조향 조작력 센서 등을 통하여 운전 상황을 검출하여 전동기의 구동 토크를 제어함으로서 적절한 조향 조작력의 증대를 수행한다.

모터가 초기에 구동될 때나 정지시 조향 칼럼을 통해 진동과 소음이 조향 핸들로 전달되며, 비교적 경량화가 가능하여 경형 자동차 및 소형 자동차에 적합하다.

:: 칼럼 어시스트 방식

:: 감속기구

2 피니언 어시스트 방식 pinion assist type

피니언 어시스트 방식은 전동기를 조향 기어의 피니언 축에 설치하여 클러치, 감속기구(웜과 웜기어) 및 조향 조작력 센서 등을 통하여 조향 조작력의 증대를 수행한다. 컴퓨터가 차속 센서, 조향 조작력 센서 등으로 운전 상황을 검출하여 전동기의 구동 토크를 제어함으로서 적절한 조향 조작력의 증대를 수행한다. 엔진 룸의 공간에 한계가 있어 설계시 공간의 제한에 대한 것을 고려하여야 한다.

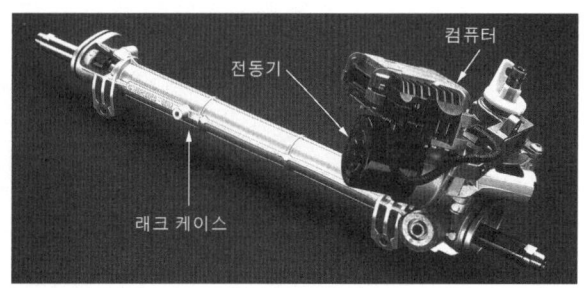

:: 피니언 어시스트 방식

3 래크 어시스트 방식 rack assist type

래크 어시스트 방식은 전동기를 조향 기어의 래크 축에 설치하고 감속기구 및 조향 조작력 센서 등을 통하여 조향 조작력의 증대를 수행한다. 컴퓨터가 차속 센서, 위치 센서, 조향 조작력 센서 등으로 운전 상황을 검출하여 전동기의 구동 토크를 제어하며, 복원력 및 댐핑 제어로 킥백**, 시미 등의 감소 및 최적 조향 조작력의 증대를 수행한다. 엔진 룸의 공간에 한계가 있어 설계시 공간의 제한에 대한 것을 고려하여야 하며, 중대형 승용자동차에 사용이 가능하다.

> **TIP**
>
> **킥백(kick back)이란?**
> 요철이 있는 도로면을 주행할 때 조향핸들의 주방향에 발생하는 충격을 말한다. 타이어가 도로면의 요철에 의해 킥(발로 참)함으로서 백(되돌아가는 것)하고, 조향핸들을 충격적으로 돌리는데서 이렇게 부른다.

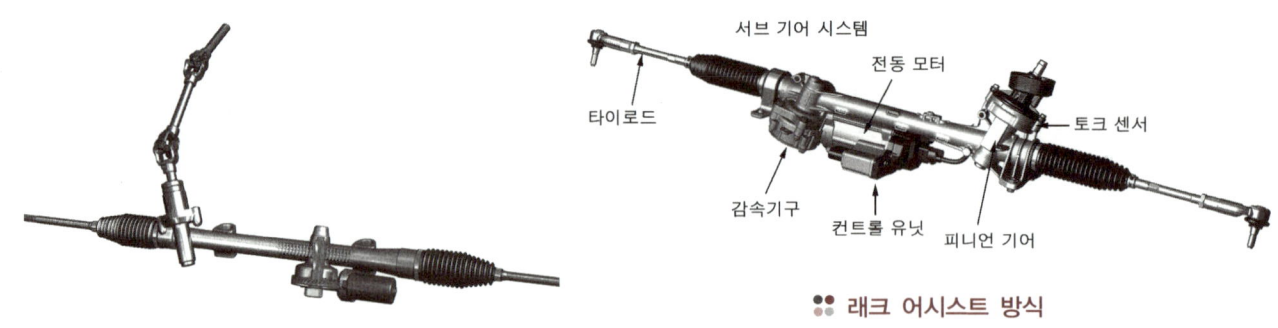

:: 래크 어시스트 방식

4-5. 속도 감응형 전동식의 구성 및 기능

속도 감응형 전동식 동력 조향장치에는 여러 종류가 있지만 그 제어 방식이 비슷하므로 여기서는 칼럼 어시스트 방식 조향장치를 위주로 설명한다.

1 칼럼 어시스트 방식 조향장치의 구성

칼럼 어시스트 방식은 입력 부분, 제어 부분, 출력 부분으로 되어 있다. 입력 부분은 입력 센서의 신호로부터 운전 상황을 판단하는 역할을 하며, 제어 부분은 입력 센서의 정보를 바탕으로 컴퓨터에 설정된 제어논리에 따라 출력 부분을 제어한다. 출력 부분은 컴퓨터(EPSCM)의 신호를 받아 전동기를 구동하며, 경고등 제어, 아이들 업 제어(idle up control), 자기 진단 기능을 수행한다.

:: 칼럼 어시스트 방식의 입·출력 다이어그램

2 칼럼 어시스트 방식의 입력 부분

1) 차속 센서

차속 센서는 변속기 출력축에 설치되어 있으며, 홀센서 방식이다. 주행속도에 따라 최적의 조향 조작력(고속으로 주행할 때에는 무겁고, 저속으로 주행할 때에는 가볍게 제어)을 실현하기 위한 기준 신호로 사용된다.

2) 엔진 회전속도

엔진 회전속도는 전동기가 작동할 때 엔진의 부하(발전기 부하)가 발생되므로 이를 보상하기 위한 신호로 사용되며, 엔진 컴퓨터로 부터 엔진의 회전속도를 입력받으며 500rpm 이상에서 정상적으로 작동한다.

3) 조향 조작력 센서(토크 센서)

조향 조작력 센서는 조향 칼럼과 일체로 되어 있으며, 운전자가 조향 핸들을 돌려 래크와 피니언 그리고 바퀴를 돌릴 때 발생하는 토크를 조향 칼럼을 통해 측정한다. 컴퓨터는 조향 조작력 센서의 정보를 기본으로 조향 조작력의 크기를 연산한다. 조향 조작력 센서에는 여러 가지 형식이 있지만 여기서는 비접촉 광학식 조향 조작력 센서를 설명한다.

① **조향 조작력 센서의 구성** : 조향 조작력 센서는 발광 소자(Led) 및 수광 소자(Linear Array) 각 2개와 입·출력 디스크(Wide 1개, Narrow 1개), 그리고 토크 연산부분 2개로 이루어져 있다.

② **조향 조작력 센서의 원리** : 조향할 때 조향 조작력이 입력 디스크와 출력 디스크 사이의 토션 바에 가해진다. 이때 토션 바가 비틀어짐에 따라 입·출력 디스크의 위상은 토션 바의 비틀림 양만큼 변화한다. 따라서 128개의 픽셀(Pixel)로 이루어진 센서 A, B에는 발광다이오드로부터

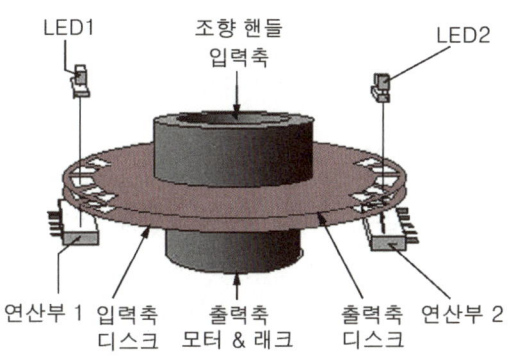

∷ 조향조작력 센서의 구성

가해지는 투과량이 변화하게 되고 센서는 투과량을 전류로 변환하여 컴퓨터로 보낸다. 컴퓨터는 이 정보로 전동기를 이용하여 조향조작력을 제어한다.

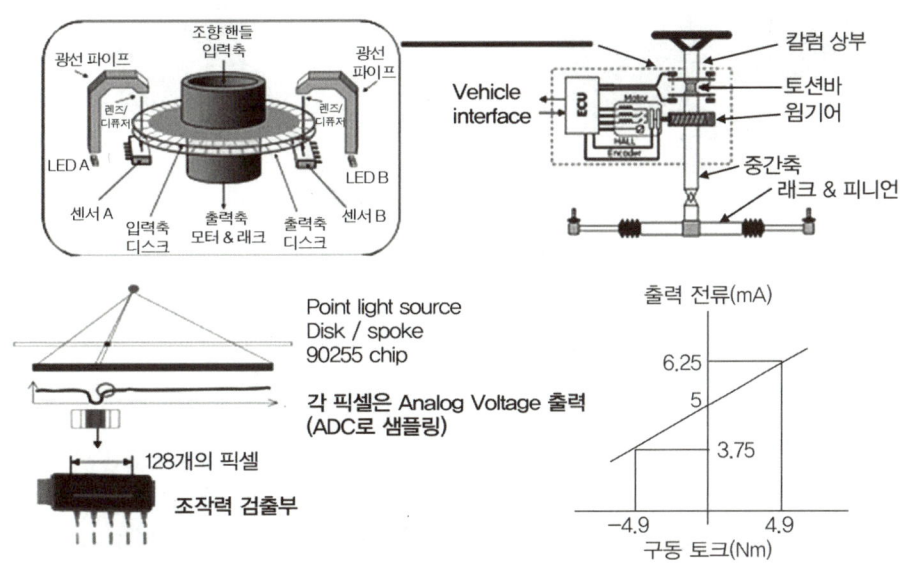

∷ 조향 조작력 센서의 작동 원리

4) 전동기 회전각도 센서

전동기 회전각도 센서는 전동기 내에 설치되어 있으며, 전동기(Motor)의 로터(Rotor)위치를 검출한다. 이 신호에 의해서 컴퓨터가 전동기 출력의 위상을 결정한다.

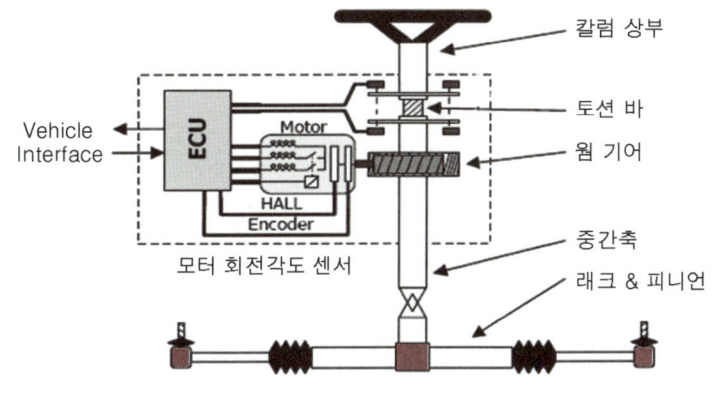

∷ 전동기 회전각도 센서의 구조

3 칼럼 어시스트 방식의 제어 부분

컴퓨터는 조향 조작력 센서의 신호에 의해 최적의 조향 조작력을 제어하기 위해 설정된 제어 논리(control logic)에 따라 출력 부분의 전동기를 제어한다. 전동기의 구동력은 조향 핸들을 조작하는 토크에 비례하여 구동된다. 또 각종 신호를 모니터링(Monitoring)하고, 고장이 발생한 경우에는 수동으로 조작할 수 있도록 하는 페일 세이프(Fail Safe) 기능을 지니고 있다.

3상 전동기를 사용하므로 제어의 고속 성능이 필요하여, 16bit 마이크로컴퓨터를 사용한다. 또 경고등 및 아이들 업 제어(idle up control) 등을 수행한다.

4 전동기 motor

전동기는 스테이터 쪽에 코일을, 로터 쪽에 영구 자석을 배치한 삼상 직류 브러시리스(Brushless) 전동기와 로터 안쪽에 래크 축(rack shaft)과 볼 너트(ball nut)를 설치하고 너트의 회전(전동기의 회전)에 의해 래크 축과 일체로 된 볼 너트가 직선운동을 한다.

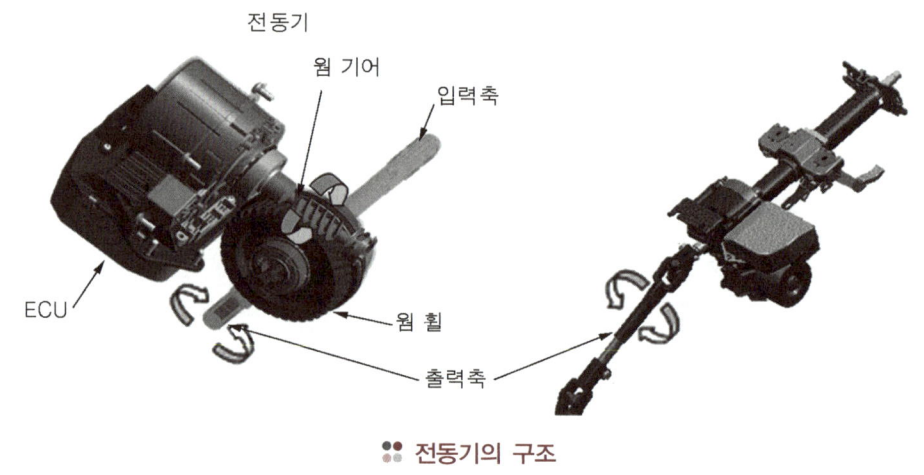

∷ 전동기의 구조

4-6. 속도 감응형 전동식의 작동

운전자가 조향 핸들을 조작하면 조향 핸들(입력축)과 전동기에서 래크(출력축)를 연결하는 토션 바(Torsion Bar)에 비틀림이 발생할 때 컴퓨터는 토션 바의 비틀림 각도를 조향 조작력 센서에 의해 투과량을 검출한다.

이때 컴퓨터는 조향 조작력 센서의 출력값으로 조향 조작력 및 배력을 연산하고 전동기에 전류 신호를 보낸다. 따라서 전동기는 연산값 만큼 회전하게 되고 웜과 웜기어에 의해 전동기의 회전을 20.5 : 1로 감속시킨다. 전동기는 출력축에 연결되어있으므로 출력축이 회전하고 이 부분에 연결된 자재이음에 의해 조향 기어의 피니언 축으로 전달되어 원하는 만큼 조향 핸들이 회전한다.

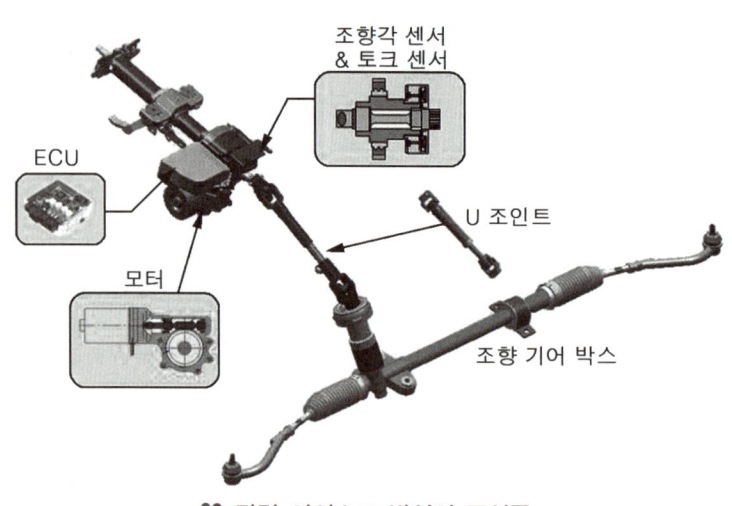

∷ 칼럼 어시스트 방식의 구성품

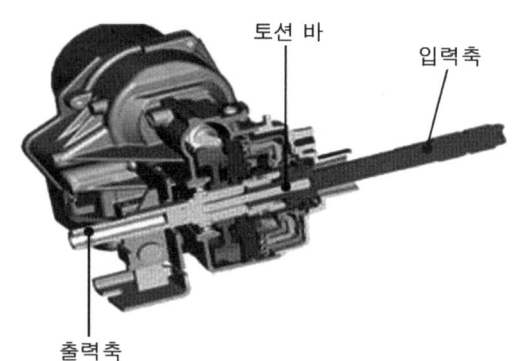 

:: 토션 바의 구조와 위치

4-7. 속도 감응형 전동식의 제어

1 주행속도에 따른 전동기의 구동 전류 제어

발전기(alternator)로 부터 L - 단자 신호(자동차 제조사에 따라서는 L-단자 신호 대신 엔진 회전수 신호를 입력으로 사용하는 경우도 있다)를 입력 받아 클러치 신호가 출력 되고 있는 상태에서 전동기의 전류 제어는 자동차의 주행상태에 따라 정지시 제어와 차속 감응 제어 및 전동기의 보호 전류 제어 등을 실행하고 있다. 차량의 정지시 제어는 토크 센서(torque sensor)의 신호를 입력 받아 전동기를 구동하는 제어를 말하며 차속 감응 제어는 차속 센서의 신호를 입력 받아 실행하는 제어로 보통 차속의 범위는 0~45(km/h)에서 제어 하지만 현재에는 전 영역에서 제어하는 경우가 많다.

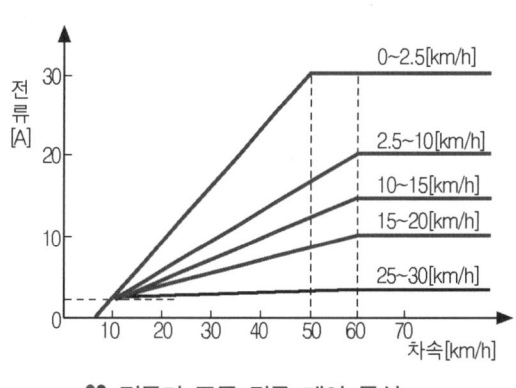

:: 전동기 구동 전류 제어 특성

차속에 대한 전동기의 전류제어는 그림의 전동 전동기의 전류 제어 특성과 같다. 이 전류 제어 특성은 5개 모드로 표시하고 있지만 실제로는 16개 정도의 모드로 나누어져 제어한다. 그림의 전류 제어 특성이 차속에 따라 어떻게 변화하는지 참고하여 두면 좋다.

2 과부하 보호 전류 제어

정차시 조향 핸들을 완전히 회전시키면 토크 센서의 신호에 의해 컨트롤 유닛(ECU)은 전동기의 출력 전류를 제어하게 되는데 이때 전동기에 흐르는 전류 거의 최대 상태가 되어 20 ~ 30A 정도의 전류가 흐르게 된다. 이 상태가 지속되면 전동기와 컨트롤 유닛의 출력 구동 회로는 과열 상태가 되어 전동기와 구동회로에 좋지 않은 영향을 미치게 된다.

따라서 전동기의 과열 방지와 컨트롤 유닛의 출력 회로를 보호하기 위해 전동기의 보호 전류 제어를 실행하도록 하고 있다. 전동기의 보호 전류 제어는 20 ~ 30A 정도의 일정한 전류가 전동기에 계속하여 흐르면 1A 씩 전류를 감소시켜 전동기와 출력 회로를 보호하는 전류 제어이다. 이와는 반대로 조향 핸들을 완전히 회전한 상태를 해제시키면 컨트롤 유닛은 전동기의 출력 전류를 서서히 증가시켜 정상적인 작동 모드로 전류를 제어한다.

3 보상 제어

전동기가 자동차가 정지된 상태에서 작동을 하거나 또는 작동상태에서 정지를 할 때, 전동기의 작동속도가 변화하며 이에 따라 회전 가속도가 변화한다. 전동기를 정밀하게 제어하기 위해 전동기의 작동 속도나 가속도에 따라 보상을 수행하는 제어를 보상 제어라 한다. 즉 조향 감각을 향상시키기 위한 보상을 행하는 것이다.

1) 관성 보상 제어

전동기식 전자제어 동력 조향장치에 사용되는 전동기는 DC모터를 사용하고 있으며, 전동기의 회전력에 의해 전기적인 관성을 보상하지 않으면 조향시 응답 특성이 저하되어 이에 대한 보상이 요구된다. 관성 보상 제어는 이러한 전동기의 전기적 관성을 보상하기 위해 ROM 내의 데이터 값은 일정한 상수값을 만들어 전동기의 속도 제어한다.

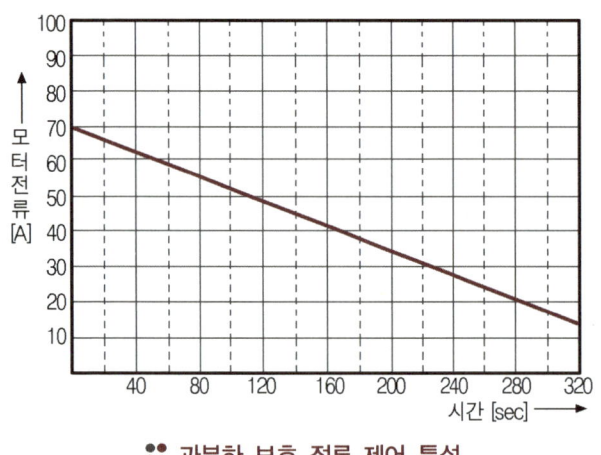

과부하 보호 전류 제어 특성

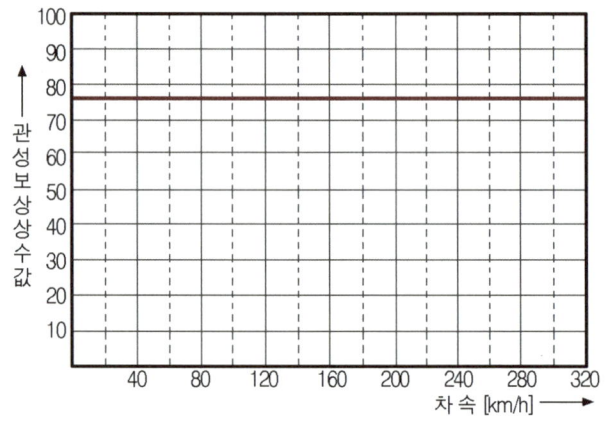

관성 보상 제어 특성

2) 댐핑 보상 제어

댐핑(damping) 보상 제어는 전동기가 회전할 때 전동기의 회전에 의한 진동을 흡수하기 위한 제어를 말한다. 전동기가 회전할 때 속도가 변화되는 것은 여러 가지 요인이 있지만 변화되는 속도는 각속도에 기인한다. 이것은 전동기의 회전이 고속일 때와 저속일 때의 각속도가 달라지기 때문에 전동기가 회전할 때 진동을 흡수하기 위한 각속도 값을 제어하게 된다.

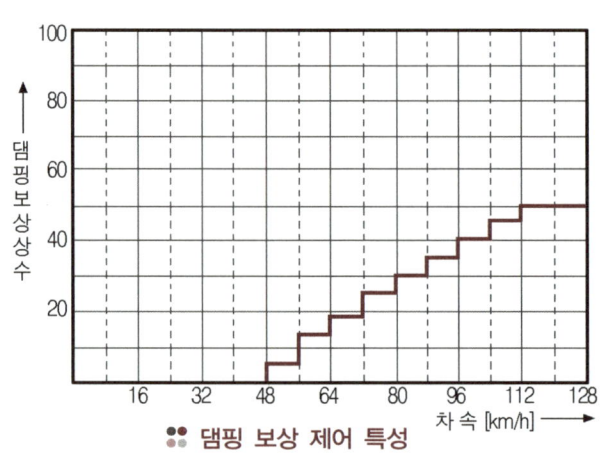

댐핑 보상 제어 특성

3) 마찰 보상 제어

전동기가 회전 할 때 마찰력에 의한 회전을 보상하기 위한 제어이다. 전동기가 회전을 시작할 때는 여러 가지 기계적·전기적 마찰을 갖게 되어 초기의 전류는 급격히 증가하게 된다. 이 값을 보상하기 위한 것이 마찰 보상 제어이다. 전동기의 마찰 보상값은 전동기의 출력 전류값에 보상되어 초기의 구동을 원활하게 이루어지도록 한다.

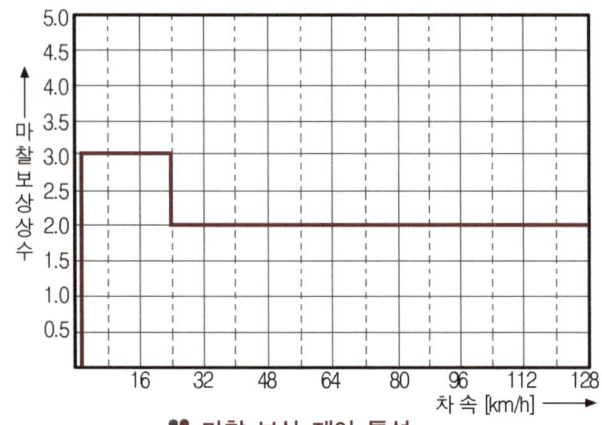

마찰 보상 제어 특성

4 아이들 업 제어

전동식 동력 조향장치는 전동기를 사용하므로 전동기가 작동할 때 소모 전류가 매우 크다.(약 45A) 따라서 전동기가 공회전할 때 작동하면 발전기의 부하가 커져 엔진의 작동이 불안해질 우려가 있다. 컴퓨터는 이를 방지하기 위해서 아이들 업 제어를 한다. 컴퓨터는 전동기가 작동할 때 트랜지스터(TR)를 ON시켜 엔진 컴퓨터로 작동신호를 보낸다. 이때 엔진 컴퓨터는 엔진 회전속도를 상승시켜 엔진 회전속도의 저하 방지한다.

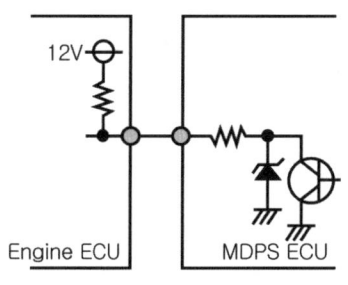

∷ 아이들 업 제어

5 경고등 제어

전동식 동력 조향장치는 주행 안정성과 밀접한 관계에 있는 장치이므로 고장이 발생하면 운전자에게 고장상태를 알리기 위해 계기판에 경고등이 점등된다.

6 인터록 회로 기능

중·고속으로 주행할 때 장치의 고장(컴퓨터 고장 등)에 의한 예상하지 못한 급조향을 방지하기 위한 기능으로 전동기로의 전류공급을 제한하는 범위를 설정해 놓은 기능이다.

12 4바퀴 조향장치(4WS)

학/습/목/표
1. 4WS 설치 목적에 대하여 설명할 수 있다.
2. 4WS의 선회 특성에 대하여 설명할 수 있다.
3. 2WS와 4WS를 비교하여 차이점을 설명할 수 있다.
4. 4WS의 제어 목적에 대하여 설명할 수 있다.
5. 4WS의 효과에 대하여 설명할 수 있다.
6. 4WS의 작동 원리에 대하여 설명할 수 있다.
7. 4WS의 제어 방식의 종류에 대하여 설명할 수 있다.

1 4바퀴 조향장치의 개요

1 개요

일반적인 자동차는 앞바퀴만으로 조향하는데 비하여 4바퀴 조향장치(Four Wheel Steering system)는 뒷바퀴도 조향하는 장치이다. 2바퀴 조향장치는 고속에서 선회할 때 앞바퀴에는 조향 핸들에 의한 회전으로 코너링 파워(cornering power)가 발생하지만 뒷바퀴는 차체의 가로 방향 미끄러짐이 발생하여야만 코너링 파워가 발생하기 때문에 선회의 지연과 차체의 뒷부분이 심하게 흔들리는 문제점이 있다.

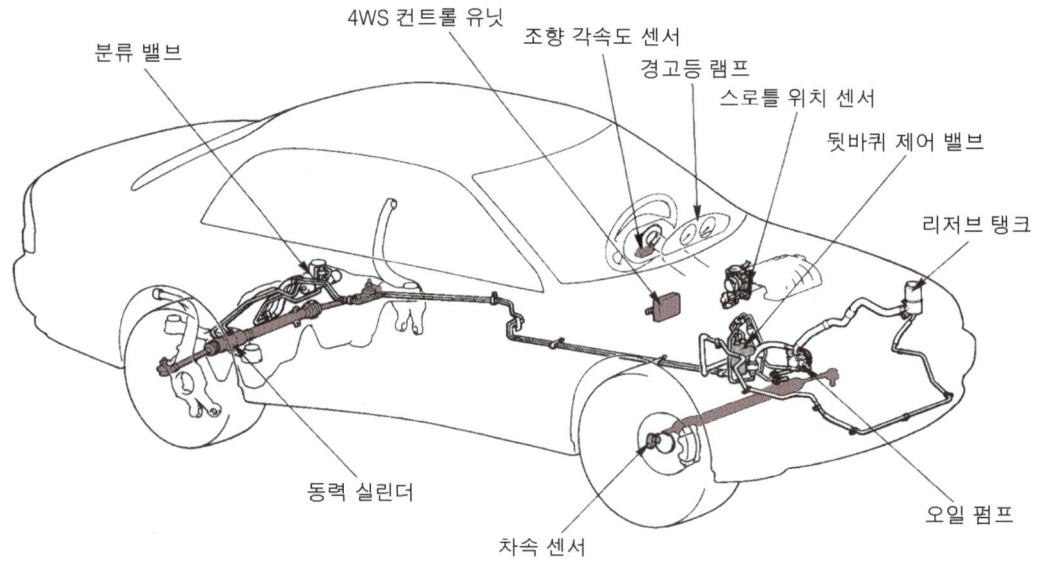

❖ 4WS 동력 조향장치의 구조

그러나 4바퀴 조향장치는 고속에서 차로를 변경할 때 안정성이 향상되고, 차고(車庫)에 넣거나 U턴과 같은 좁은 회전에서는 회전 반지름이 작아져 운전이 쉬워진다. 자동차 주행 역학의 가장 중요한 목표는 능동적인 안전도의 향상 즉, 조향성과 승차감의 향상이며, 4바퀴 조향장치는 4바퀴를 모두 조향하여 조향성을 향상시키는 장치이다.

즉, 4바퀴 조향장치는 운전자가 조향 핸들을 조작함에 따라 앞바퀴에서 발생하는 코너링 포스(cornering force)에 대해 동시에 뒷차축에서도 해당 코너링 포스가 발생하도록 뒷바퀴의 조향 각도를 제어하여 차체 무게 중심에서의 측면 미끄럼 각도(side slip angle)를 감소시켜 안정되도록 하는 조향장치이다.

또 원하는 자동차의 가로 방향 미끄럼 각도 및 요(yaw) 속도를 얻기 위해 자동차의 앞바퀴 조향 각도와 뒷바퀴 조향 각도를 능동적으로 제어한다. 자동차의 주행속도, 조향 핸들의 조작 각도, 요 속도의 함수로서 뒷바퀴 조향 각도를 제어하는 방법과 뒷바퀴 조향 각도 제어를 통해 저속 주행에서의 조종성과 직진 안정성을 대폭적으로 향상시킨다.

2 4바퀴 조향 장치의 선회 특성

4바퀴 조향장치에 앞바퀴를 조향하게 되어 있지만 앞바퀴에 대해서 뒷바퀴의 조향 방향이 동일한 방향인 경우를 동위상 조향이라 하며, 고속으로 주행하는 경우와 최저속일 때 사용이 가능하다. 고속으로 주행 중에는 앞뒤 바퀴가 같은 방향으로 변환되기 때문에 앞바퀴만의 조향으로 인한 뒷바퀴의 미끄러짐이 없어지며, 젖은 노면 등에서의 조향도 원만하게 되어 추월시에도 안전하다. 그리고 최저속으로 종렬 주차를 할 경우 등 비스듬하게 이동할 수 있어서 편리하다.

또한 앞바퀴에 대해서 뒷바퀴의 조향 방향이 반대 방향인 경우를 역위상 조향이라고 하며, 앞뒤 바퀴의 상대 조향 각도가 클수록 그 효과가 크다. 따라서 차고지에 주차하는 경우와 같이 작은 회전반경이 필요할 때 사용된다.

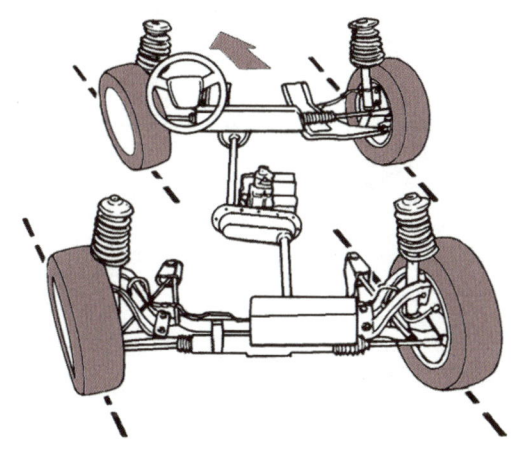

•• 동위상 조향

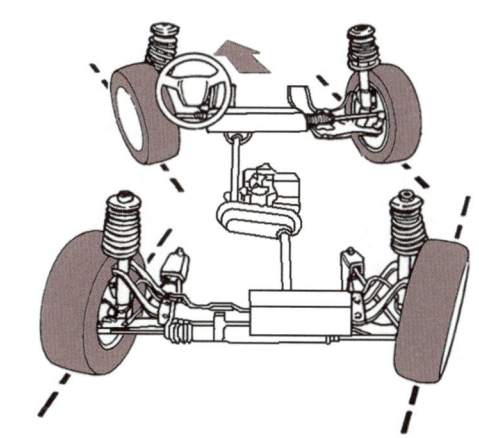

•• 역위상 조향

차속 감응 방식의 제어는 조향 방향이 저속 영역에서는 역위상 조향으로 회전반경이 작은 선회성이 좋고 중·고속 영역에서는 동위상 조향으로 선회시의 주행 안정성을 높이고 있다.

자동차가 고속 주행으로 선회하는 경우 2 WS에서는 자동차 전체(차체)에 원심력이 매우 커지기 때문에 큰 코너링 포스가 필요하다.

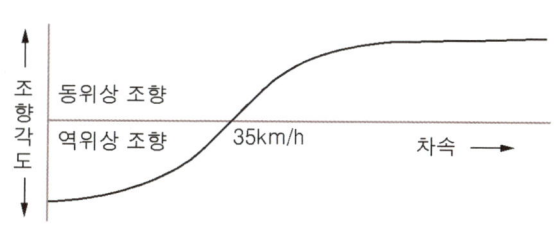

•• 주행 속도에 따른 뒷바퀴의 조향 방향

따라서 앞뒤 바퀴에 큰 슬립 각도(slip angle)가 필요하기 때문에 결과적으로는 그림(a)와 같이 차체의 슬립 각도(β)가 커지고 차체는 크게 선회원의 안쪽 방향을 향하면서 선회하게 되지만 슬립 각도(α)가 한계를 넘으면 급격하게 조향 기능이 저하된다.

이에 비하여 4WS에서는 그림(b)와 같이 뒷바퀴를 앞바퀴와 같은 방향을 향하도록 하면 차체의 슬립 각도(β)을 작게 하여 차체 선회원의 접선과 차체의 방향을 똑같이 하는 것으로써 2WS에 비해 선회 성능을 향상시키고 있다.

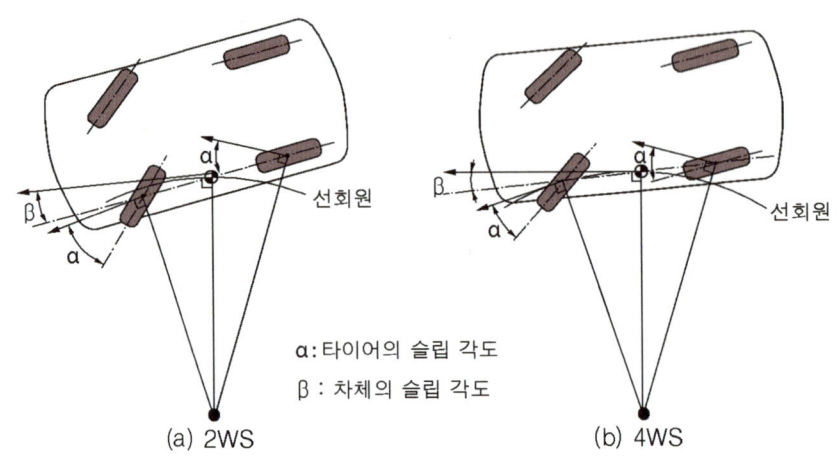

:: 선회시의 차체의 슬립·앵글

또한 조향 각도 감응 방식의 제어는 중속 영역으로 조향 핸들을 재빠르게 회전시켰을 때 작용하는 것으로 그림과 같이 일순간 역위상 조향으로 한 후에 동위상 조향으로 되돌리는 것으로 자동차 선회성의 첫 시작을 빠르게 조향할 수 있도록 응답성을 높이고 있다.

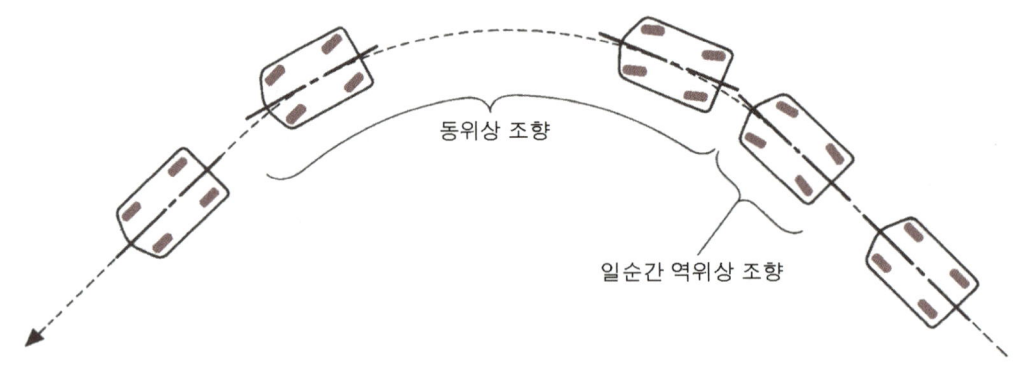

:: 조향 각도 감응 방식의 선회시 위상 제어

2 4바퀴 조향장치의 기본 개념

2-1. 2바퀴 조향과 4바퀴 조향의 비교

자동차가 2바퀴 조향에 의해 조향하였을 때 그림과 같이 조향 핸들을 돌려 앞바퀴의 방향을 변환시키면 앞바퀴에 발생하는 가로 방향의 힘(lateral force)에 의해 자동차 중심에 요잉(yawing)의 힘이 발생되어 자동차의 방향이 변화하게 된다.

순간 지연이 최소화되어 요잉 모멘트를 시작하자마자 앞·뒷바퀴의 가로 방향 작용력에 의해 자동차가 선회하게 되므로 고감도의 조향 성능이 가능하게 된다.

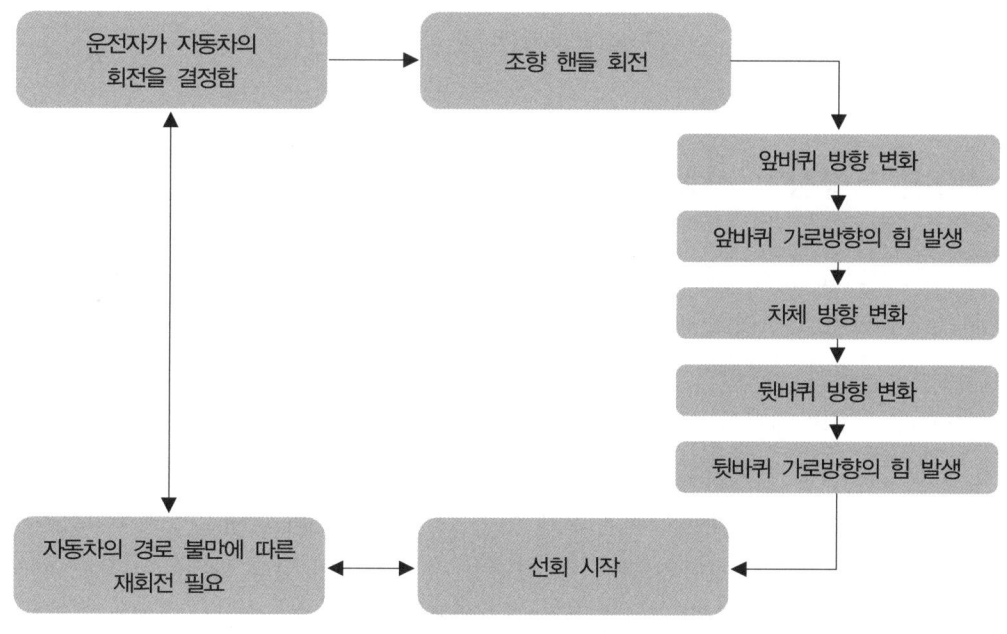

2바퀴 조향장치의 회전운동

이때 방향이 고정되어 있는 뒷바퀴(다만, 휠 얼라인먼트에 의해 뒷바퀴 방향이 차체와 수평을 이루지 않을 수 있음)는 차체와 같은 방향으로 움직이고 이어서 가로 방향의 힘을 발생시켜 자동차의 회전이 가능하게 된다. 그러나 방향의 변환을 시작하는 요잉 모멘트(yawing moment)와 실제로 자동차를 회전시키는 앞·뒷바퀴에 가로 방향의 작용력이 동시에 발생되지 않기 때문에 조향 핸들이 회전하고 자동차가 회전을 시작하기까지의 시간이 지연되며, 이러한 현상이 발생하는 주요 원인은 앞바퀴에 비해 뒷바퀴에서의 가로 방향의 작용력이 늦기 때문이다. 이러한 문제점을 개선하여 우수한 조종성능을 향상시키고자 하는 것이 4바퀴 조향장치의 목적이다.

4바퀴 조향장치에서 그림과 같이 뒷바퀴가 앞바퀴와 같은 방향으로 동시에 조향이 된다면 앞·뒷바퀴에 가로 방향의 작용력이 거의 동시에 발생하므로 시간의 지연이 최소화되어 요잉 모멘트를 시작하자마자 앞·뒷바퀴에 가로 방향의 작용력에 의해 자동차가 선회하게 되므로 고감도의 조향성능이 가능하게 된다.

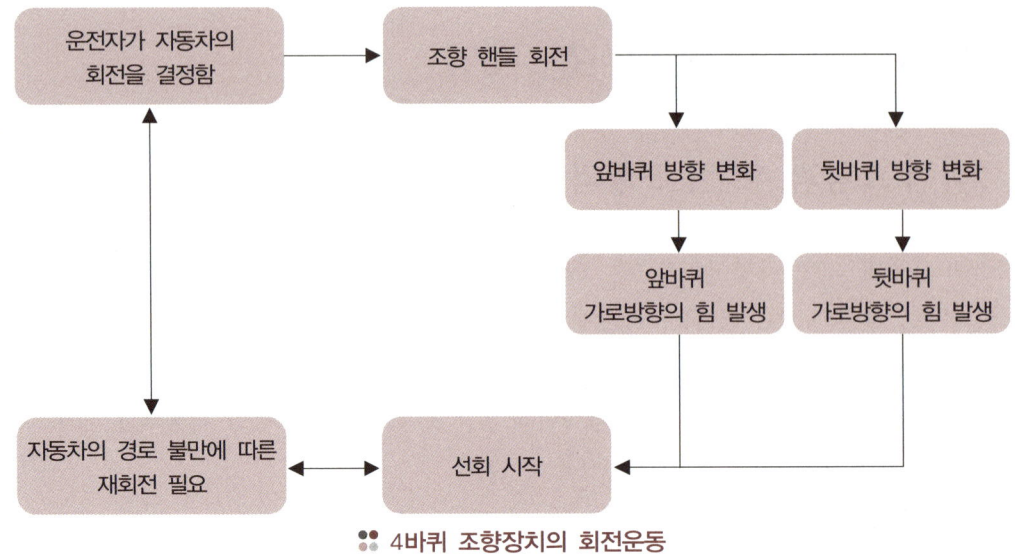

:: 4바퀴 조향장치의 회전운동

2-2. 4바퀴 조향장치 자동차의 자유로운 선회

자동차가 저속으로 선회할 경우 자동차의 진행 방향과 타이어의 방향은 거의 일치한다고 간주해도 무방하므로 각 타이어에 코너링 포스는 거의 발생하지 않는다. 4바퀴의 진행 방향의 수직선은 1점에서 교차하고, 자동차는 그 점(선회중심)을 중심으로 하여 선회한다.

저속에서 선회할 때 주행의 궤적의 그림을 보면 2바퀴 조향 자동차(앞바퀴 조향)의 경우 뒷바퀴는 조향되지 않기 때문에 선회 중심은 거의 뒷바퀴의 연장선상에 있다. 4바퀴 조향장치의 경우 뒷바퀴를 역위상 조향으로 하면 선회 중심은 자동차 앞쪽에 근접한 위치에 오게 된다. 저속에서 선회할 때 2바퀴 조향장치와 4바퀴 조향장치 자동차의 앞바퀴 조향 각도가 같다면 4바퀴 조향장치 자동차 쪽이 선회 반지름이 작게 형성되므로 회전이 자유롭고 안쪽 바퀴의 차이도 작아진다. 승용자동차의 경우 뒷바퀴를 5° 역위상 조향으로 하면 최소회전 반지름은 약 50cm, 안쪽 바퀴의 차이는 10cm 정도 감소시킬 수 있다.

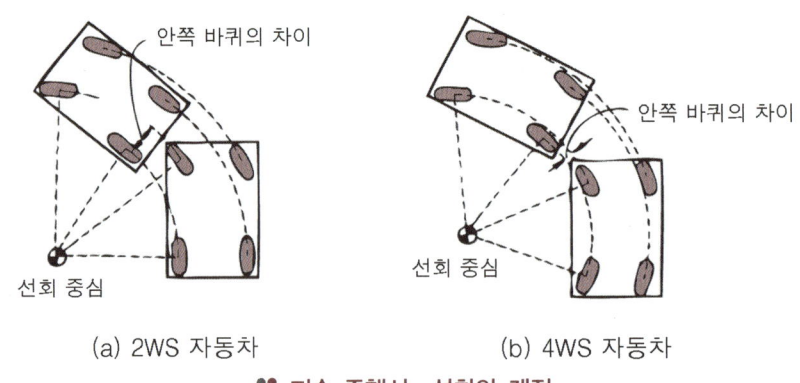

(a) 2WS 자동차　　(b) 4WS 자동차

:: 저속 주행시 선회의 궤적

2-3. 4바퀴 조향장치 자동차의 중·고속에서의 선회 성능

직진하고 있는 자동차가 선회할 때 자동차의 중심점이 진행 방향을 바꾸는 공전과 그 중심점 주위의 자동차 자전과의 2가지 운동이 합성되어 실행된다. 그림은 고속 선회에서의 자동차 움직임을 나타낸 것이다.

먼저, 앞바퀴에서 조향이 실행되면 앞바퀴에는 미끄럼 각도 α가 발생하고 코너링 포스가 발생하여 차체가 자전(自轉)을 시작한다. 이에 따라 차체가 편향되어 뒷바퀴에도 미끄럼 각도 β가 발생하여 뒷바퀴에도 코너링 포스가 발생되어 4바퀴의 힘이 자전과 공전의 힘을 분담하여 균형을 이루면서 선회를 한다. 그러나 주행속도가 빨라지는 만큼 원심력이 증가하므로 코너링 포스도 증대되어야 한다.

따라서 앞바퀴에 큰 슬립 각도를 주어 큰 코너링 포스를 발생시켜야 한다. 앞바퀴에 의해 큰 슬립 각도를 주기 위해 차체에 의해 큰 자전운동을 일으키게 할 필요성이 있다. 그러나 주행속도가 빨라질수록 자전운동은 불안정성이 증가하므로 자동차의 스핀(spin)이나 옆으로 쏠리는 현상이 발생하기 쉽다. 이상적인 고속 선회운동은 차체의 방향과 자동차의 진행방향을 가능한 일치시켜 여분의 차체 운동을 억제시켜 앞·뒷바퀴에 충분한 코너링 포스를 발생시키는 것이다.

그림과 같이 4바퀴 조향장치 자동차에서는 뒷바퀴를 동위상으로 조향함에 따라 뒷바퀴에도 미끄럼 각도 α를 발생시켜 앞바퀴의 코너링 포스와 균형을 이루어 자전운동을 억제한다. 따라서 차체의 방향과 자동차의 진행방향을 일치시킨 안정된 선회를 기대할 수 있다.

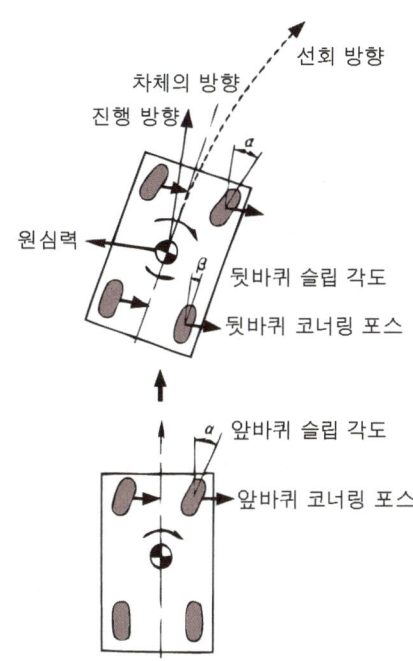

:: 고속 선회에서의 자동차 변동

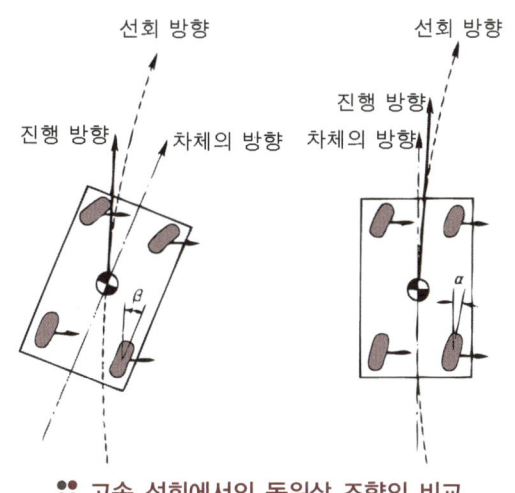

:: 고속 선회에서의 동위상 조향의 비교

3 4바퀴 조향장치의 제어 목적과 효과

1 4바퀴 조향장치의 제어 목적

코너링 포스가 발생할 때 앞·뒷바퀴의 시간 지연을 최소화하고, 자동차의 자세와 진행 방향을 각각 제어가 가능하도록 한다. 또 주행 경로를 변환할 때 안정성 및 앞바퀴와 뒷바퀴 사이의 차체 슬립 각도를 최소화하여 저속으로 주행을 할 때 자동차의 회전 반지름을 감소시킨다. 즉 4바퀴 조향장치의 제어 목적은 다음과 같다.

① 가로 방향의 가속도(lateral acceleration)와 요 레이트(yaw rate)의 위상 지연(phase lag)을 최소화

한다.
② 차체의 사이드 슬립 각도(side slip angle)를 0으로 하여 선회의 안정성을 증대시킨다.
③ 주행할 때 안정성을 증대시킨다.
④ 저속운전 영역에서 우수한 조향성을 유지한다.
⑤ 모델 매칭(model matching)을 통하여 원하는 조향 응답성을 실현한다.
⑥ 자동차의 변화나 외란(外亂)에 대한 강인성을 갖는다.

2 4바퀴 조향장치의 효과

4바퀴 조향장치를 사용하였을 때의 효과는 다음과 같다.

1) 고속에서 직진성이 향상된다.

직선 도로를 고속으로 주행할 때 운전자는 가로 방향의 바람이나 노면의 요철 때문에 조향 핸들이 조금씩 계속 움직여 자동차의 궤적과 주행 방향을 일치시키려고 노력한다. 4바퀴 조향장치는 이와 같은 작은 조향에서도 뒷바퀴를 앞바퀴와 같은 방향인 동위상으로 조향시켜 부드럽고 안정된 주행이 가능하도록 한다.

2) 차로의 변경이 용이하다.

차로를 변경하기 위해 앞바퀴를 작은 각도로 조향할 때 뒷바퀴도 거의 동시에 같은 방향인 동위상으로 조향되므로 안정된 차로의 변경이 가능해진다.

3) 경쾌한 고속 선회가 가능하다.

선회할 때 뒷바퀴도 앞바퀴와 같은 방향인 동위상으로 조향되어 코너링 포스가 발생하므로 차체의 뒷부분이 원심력에 의해 바깥쪽으로 쏠리는 스핀(spin) 현상의 발생 없이 안정된 선회를 할 수 있다.

4) 저속회전에서 최소 회전 반지름이 감소한다.

교차로와 같이 90° 회전을 할 때 또는 U턴을 할 때 뒷바퀴는 앞바퀴와 조향의 방향이 반대인 역위상으로 되어 안쪽 바퀴와 바깥쪽 바퀴의 차이를 감소시킨다.

5) 주차할 때 일렬 주차가 편리하다.

주차시킬 때 저속으로 작은 곡률로 조향 핸들을 돌리면 앞·뒷바퀴가 역방향으로 되어 2바퀴 조향 장치보다 최소 회전 반지름과 안쪽 바퀴의 차이가 작아져 조향의 반복을 감소시킬 수 있다. 또 일렬로 주차할 때에도 앞·뒷바퀴가 역방향으로 조향되므로 회전 반지름의 감소로 주차가 쉬워진다.

6) 미끄러운 도로를 주행할 때 안정성이 향상된다.

빙판이나 눈길 또는 도로면이 미끄러운 도로에서 주행할 때 4바퀴 조향장치는 뒷바퀴의 조향에 의해 차체 뒷부분의 미끄럼을 줄일 수 있어 주행 안정성이 향상된다. 그러나 타이어가 노면과 마찰력을 상실하면 2바퀴 조향장치나 4바퀴 조향장치나 모두 아무런 효과를 기대할 수 없다.

4 4바퀴 조향장치의 작동

1 4바퀴 조향장치의 원리

4바퀴 조향장치 컴퓨터는 차속 센서의 신호에 따라 적절한 신호를 뒷바퀴 조향 제어 박스(rear steering control box)의 제어 전동기(control motor)로 보내 제어 요크(control yoke)를 회전시키고 앞바퀴의 조향 각도에 따라 뒷바퀴의 조향축이 뒷바퀴 조향 제어 박스 내의 베벨기어(bevel gear)를 회전시킨다.

제어 요크와 베벨기어의 회전이 위상 제어 기구 내에서 조향되어 제어 밸브 로드(control valve rod)의 움직임 양과 방향을 결정하며, 제어 밸브 내에서 오일회로가 변환되어 출력 로드(power rod)가 뒷바퀴를 조향한다.

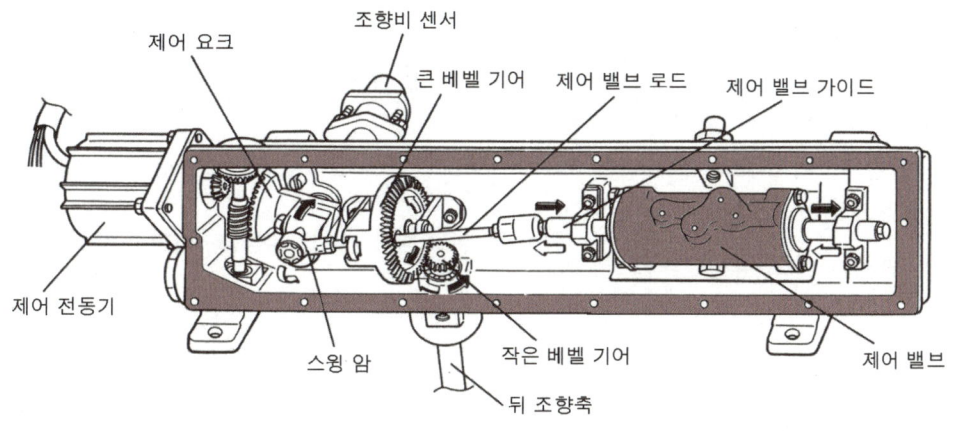

:: 뒷바퀴 조향 제어 박스의 구조

2 뒷바퀴 조향각도 설정 방법

중속과 고속운전 영역에서 앞바퀴와 같은 방향인 동위상으로 뒷바퀴를 조향하기 때문에 조향 응답성과 조향 안정성이 향상되며, 요 각속도 등의 정보로 뒷바퀴를 조향하여 노면의 외란이나 가로 방향의 바람에 의한 외란에 안정성이 향상되고, 저속운전 영역에서는 앞바퀴와 반대 방향인 역위상으로 뒷바퀴를 조향하기 때문에 작은 회전 반지름으로 회전이 가능하며, 앞쪽 바퀴와의 내륜 차이가 감소한다.

그리고 4바퀴 조향장치 제어 방식의 종류는 다음과 같다.

① **앞바퀴 비례 조향 각도 방식** : 뒷바퀴의 조향 각도를 앞바퀴의 조향 각도에 비례시켜 조향하는 방식이다.

② **조향 조작력 피드백(feed back) 방식** : 조향 조작력을 입력으로 하는 뒷바퀴 조향 방식으로 뒷바퀴 조향 각도는 앞바퀴의 가로 방향 작용력에 비례하여 조향된다고 생각하는 방식이다.

③ **요(yaw) 각도 피드백 방식** : 자동차 주행속도의 상태량인 요 각속도에 비례시켜 뒷바퀴를 조향하는 방식이다.

④ **무게 중심 사이드 슬립 각도 제로(zero) 제어 방식** : 무게 중심점 사이드 슬립 각도를 제로(zero)에 근접시키는 것을 목표로 하는 제어 방식이다.

⑤ **모델 플로잉 방식** : 요 각속도와 가로 방향 가속도의 조향 응답성을 미리 설정한 가상 모델에 실제의 자동차를 충족시켜 일치시키는 방식이다.

5 4바퀴 조향장치 제어 방식의 종류

1 미세(微細) 조향 각도 제어

1) 가로 방향 가속도, 차속감응 방식

그림은 전체 구성도이며, 그 구조는 앞바퀴의 동력 조향장치에 뒷바퀴 전용 밸브를 하나 더 추가하여 가로 방향 가속도에 거의 비례하는 앞바퀴의 조향 저항과 평행되는 유압을 발생시켜 그 유압을 뒷바퀴 액추에이터로 보낸다. 뒷바퀴 액추에이터는 그림과 같이 장력이 큰 스프링 들어 있어 공급된 유압과 평형이 되는 위치까지 출력 로드의 위치가 변화한다. 이 로드의 움직임에 의해 뒷바퀴 전체가 조향된다. 주행속도와 뒷바퀴 전체 조향 각도의 관계는 가로 방향 가속도의 함수로 표시된다.

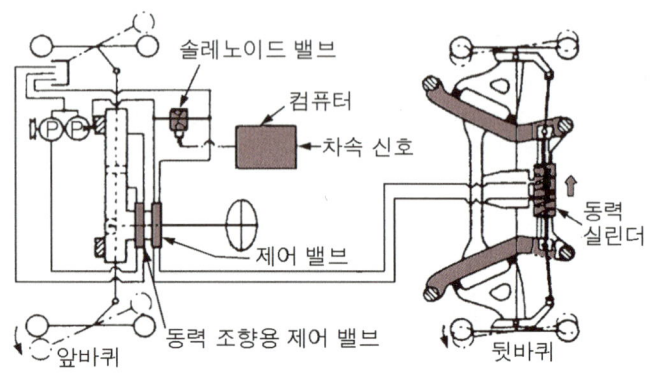

● 가로 방향 가속도 감응형 4바퀴 조향장치의 전체구성도

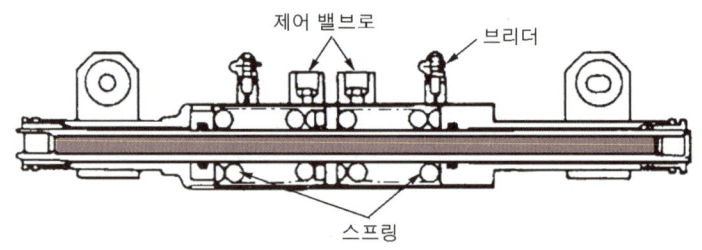

● 가로 방향 가속도 감응형 4바퀴 조향장치의 뒤 액추에이터

2) 앞바퀴 조향 각도 차속감응 방식

고속에서의 조향성능을 향상시키기 위해 뒷바퀴를 복잡하게 제어하는 장치가 개발되었다. 그림은 전체구성도이다. 이 장치에서 오일펌프로부터 토출되는 오일은 직접 솔레노이드 서보밸브(solenoid servo valve)로 들어가 컴퓨터의 지시에 의해 제어되어 뒷바퀴 액추에이터로 공급된다.

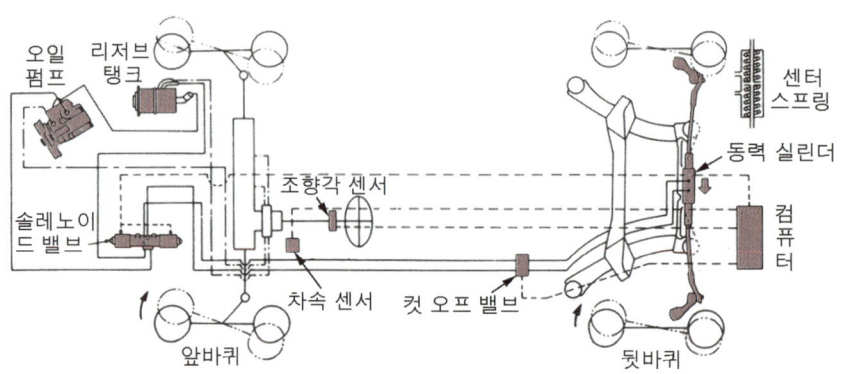

● 앞바퀴 조향 각도 감응형 4바퀴 조향장치의 전체 구성도

제어는 조향각도 센서의 신호로부터 조향 각속도 및 가속도를 컴퓨터로 연산하여 실행된다. 이에 따라 중속 및 고속주행에서의 빠른 조향일 경우에는 순간 역위상으로 조향할 수 있어 자동차의 회전운동을 시작을 빠르게 하여 조향에 대한 응답성을 향상시킨다.

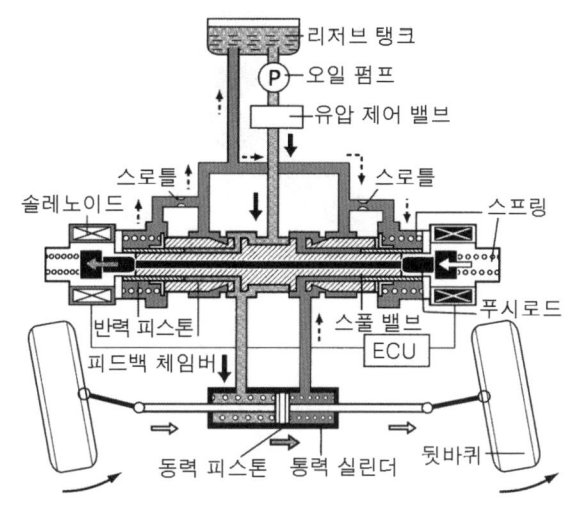

∷ 앞바퀴 조향 각도 감응형 4바퀴 조향장치 솔레노이드 서보 밸브

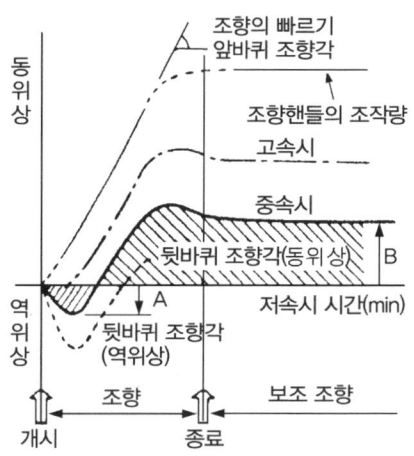

∷ 앞바퀴 조향 각도 감응형 4WS의 뒷바퀴 조향 특성

2 큰 조향 각도 제어

큰 조향 각도 제어는 고속주행에서의 주행 안정성과 동시에 저속운전 영역에서 작은 반지름의 회전 성능도 달성하는 4바퀴 조향장치이다.

1) 앞바퀴 조향 각도 감응 방식

그림은 전체 구성도이며, 앞바퀴의 래크와 피니언 형식의 조향 기어에서 뒷바퀴에 앞바퀴의 조향 각도를 전달하기 위해 뒷바퀴 조향용 피니언 기어가 설치되어 있다. 그 각도 변화는 센터 조향축(center steering shaft)을 거쳐 뒷바퀴 조향 기어로 전달된다.

∷ 앞바퀴 조향각도 감응형 4바퀴 조향장치 구성도

뒤 조향 기어는 그림과 같이 편심 축과 유성기어의 조합으로 구성되어 있으며, 그림과 같은 입·출력 특성이 얻어진다. 이에 따라 조향장치의 특성은 그림과 같이 작은 조향각도는 동위상 조향, 큰 조향각도는 역위상 조향의 특성이 되고 매우 작은 각도로 조향이 되는 고속 주행에서는 동위상 조향으로 되어 주행의 안정성이 얻어지며, 큰 각도로 조향이 되는 최저속에서는 역위상 조향으로 되어 작은 지름의 회전성이 얻어진다.

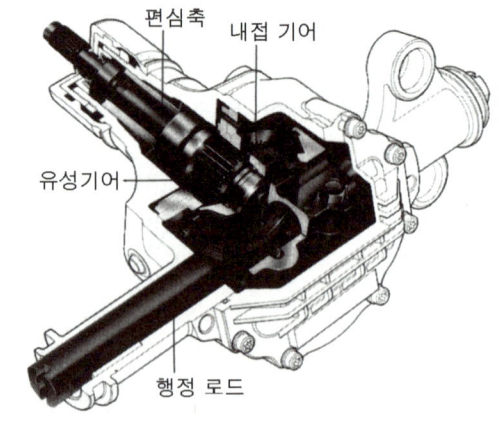

⁕⁕ 앞바퀴 조향각도 감응형 4바퀴조향장치의 뒷바퀴 조향기어

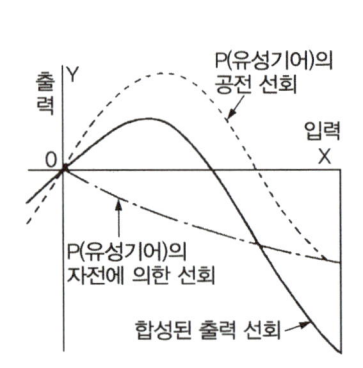

⁕⁕ 뒷바퀴 조향기어의 입·출력 특성

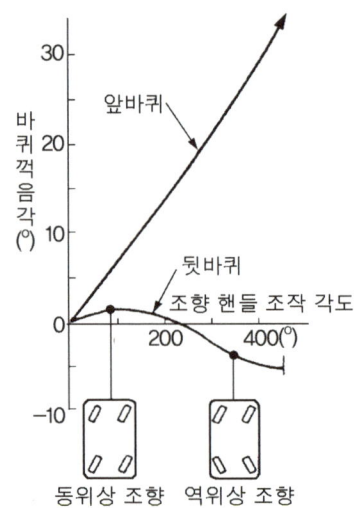

⁕⁕ 조향 각도 감응형 4바퀴 조향장치의 특성

2) 앞바퀴 조향 각도 비례 차속감응 방식

조향 각도 비례 제어란 조향 핸들의 조향 각도에 비례하여 저속운전 영역에서는 역위상으로, 고속운전 영역에서는 동위상으로 뒷바퀴의 조향을 실행하는 제어이다. 중·고속운전 영역에서 조향할 때 앞·뒷바퀴의 균형이 안정되어 정상적으로 선회 상태가 되었을 때는 자동차의 진행 방향과 차체의 방향이 일치되어 안정된 선회 성능을 얻을 수 있다.

조향의 초기에 과도할 경우 처음부터 앞·뒷바퀴 동시에 코너링 포스가 발생하므로 차체가 자전보다 앞서 공전운동을 하고 차체가 선회 방향의 바깥쪽으로 향하는 경향이 있지만 2바퀴 조향장치 자동차의 선회와 비교하면 선회 방향과의 차이를 충분히 작게 할 수 있다.

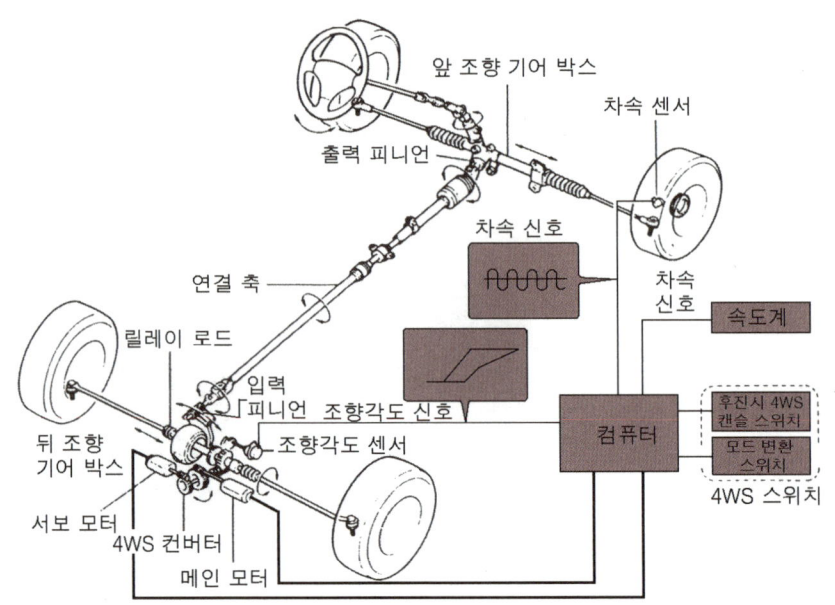

⁕⁕ 조향 각도 비례제어 4바퀴 조향장치 구성도

13 휠 얼라인먼트

학/습/목/표

1. 휠 얼라인먼트의 역할에 대하여 설명할 수 있다.
2. 캠버의 정의와 필요성에 대하여 설명할 수 있다.
3. 캐스터의 정의와 필요성에 대하여 설명할 수 있다.
4. 토인의 정의와 필요성에 대하여 설명할 수 있다.
5. 조향축 경사각의 정의와 필요성에 대하여 설명할 수 있다.

1 휠 얼라인먼트 Wheel Alignment 개요

자동차의 앞부분을 지지하는 앞바퀴는 어떤 기하학적인 관계를 두고 설치되어 있는데 이와 같은 앞바퀴의 기하학적인 각도 관계를 말하며 캠버, 캐스터, 토인, 킹핀 경사각 등이 있다. 그리고 휠 얼라인먼트의 역할은 다음과 같다.

① **캐스터** : 조향 핸들의 조작을 확실하게 하고 안전성을 준다.
② **캐스터와 킹핀 경사각** : 조향 핸들에 복원성을 부여한다.
③ **캠버와 킹핀 경사각** : 조향 핸들의 조작력을 가볍게 한다.
④ **토인** : 타이어의 마멸을 최소로 한다.

2 휠 얼라인먼트 요소의 정의와 필요성

1 캠 버 camber

자동차를 앞에서 보면 그 앞바퀴가 수직선에 대해 어떤 각도를 두고 설치되어 있는데 이를 **캠버**라 하며, 그 각도를 **캠버 각**이라 한다. 캠버 각은 일반적으로 +0.5~+1.5°정도이다. 그리고 바퀴의 윗부분이 바깥쪽으로 기울어진 상태를 **정의 캠버**(Positive camber), 바퀴의 중심선이 수직일 때를 **0의 캠버**(zero camber) 그리고 바퀴의 윗부분이 안쪽으로 기울어진 상태를 **부의 캠버**(Negative camber)라 한다.

1) 정(+) 캠버

정의 캠버는 바퀴의 위쪽이 바깥쪽으로 기울어진 상태를 말하며, 정의 캠버가 클수록 선회할 때 코너링 포스가 감소한다.

2) 부(-) 캠버

부의 캠버는 바퀴의 위쪽이 안쪽으로 기울어진 상태를 말하며, 승용차에서는 뒷바퀴에 -0°30′~2° 정도 두고 있다. 또한 고속 자동차용 앞바퀴는 대부분 부의 캠버를 사용하며, 부의 캠버는 선회할 때 코너링 포스를 증가시키며, 바퀴의 트레드 안쪽의 마모를 촉진시킨다.

> **TIP**
> **코너링 포스(cornering force)란?**
> 조향할 때 조향 방향쪽으로 작용하는 힘을 말한다.

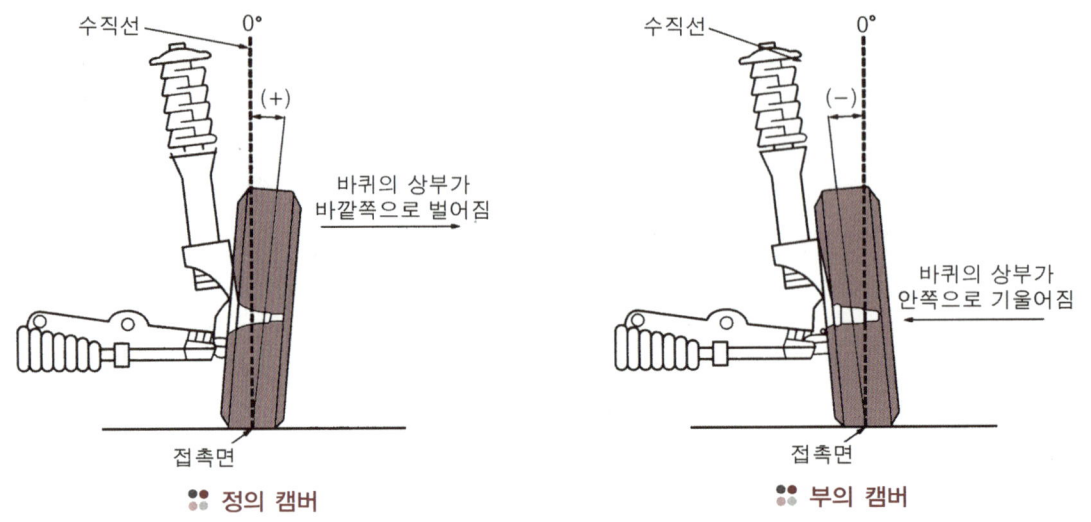

:: 정의 캠버 :: 부의 캠버

그리고 캠버의 역할은 다음과 같다.
① 수직 방향 하중에 의한 앞 차축의 휨을 방지한다.
② 조향 핸들의 조작을 가볍게 한다. - 이것은 킹 핀 경사각과 함께 접지 면의 중심과 킹핀 연장선이 노면에서 교차하는 점과의 거리인 캠버 오프셋 량을 감소시켜 조향 핸들의 조작력을 경감시킨다.
③ 하중을 받았을 때 앞바퀴의 아래쪽(부의 캠버)이 벌어지는 것을 방지한다.

2 캐스터 caster

자동차의 앞바퀴를 옆에서 보면 조향 너클과 앞 차축을 고정하는 킹핀(독립 차축 방식에서는 위·아래 볼 이음을 연결하는 조향축)이 수직선과 어떤 각도를 두고 설치되는데 이를 캐스터라고 하며 그 각도를 캐스터 각이라 한다. 캐스터 각은 일반적으로 +1~+3°정도이다. 그리고 킹 핀 윗부분(또는 위 볼 이음)이 자동차의 뒤쪽으로 기울어진 상태를 정의 캐스터, 킹핀의 중심선(또는 조향축)이 수직선과 일치된 상태를 0의 캐스터, 킹핀의 윗부분(또는 위 볼 이음)이 앞쪽으로 기울어진 상태를 부의 캐스터라 한다.

캐스터는 일반적으로 각도로 표시하지만 mm 단위로도 표시할 수 있다. mm 단위로 표시할 경우에는 바퀴 중심을 지나는 수직선과 킹핀 중심과의 연장선이 각각 노면에서 만나는 점(이 사이 거리를 리드라 부름)사이의 거리로 나타낸다.

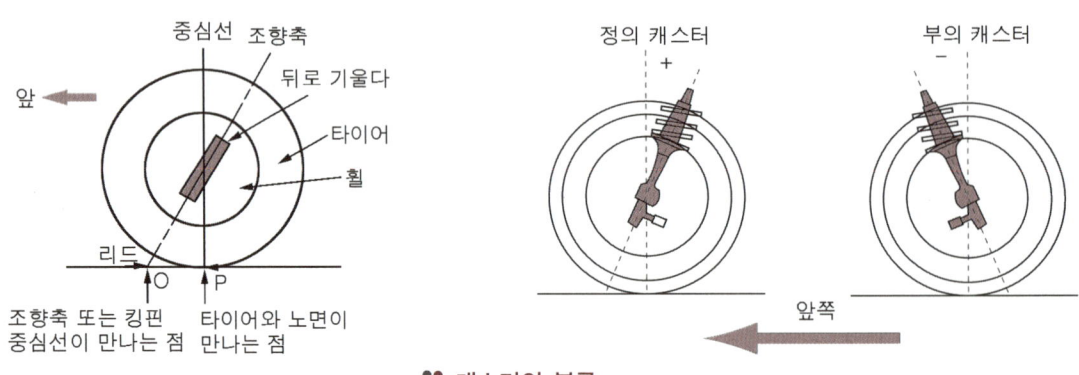

:: 캐스터의 분류

1) 정(+) 캐스터

정의 캐스터는 자동차를 옆에서 보았을 때 킹핀의 위쪽이 바퀴의 중심선을 지나 노면과 수직인 직선의 뒤쪽으로 기울어져 있는 상태이다. 정의 캐스터는 주행할 때 바퀴를 앞쪽으로 잡아당기는 효과를 나타내므로 자동차는 전진 방향으로 안정되며, 시미(shimmy)현상을 감소시킨다.

또한 정의 캐스터는 킹핀의 기울어짐 때문에 선회할 때 안쪽 바퀴가 차체를 약간 들어올리고, 바깥쪽 바퀴는 차체를 약간 낮아지도록 작용한다. 이에 따라 선회를 한 다음 조향 핸들에 가한 힘을 제거하면 바퀴가 직진 위치로 복귀하도록 하는 복원력을 발생시킨다. 그러나 선회할 때 안쪽 바퀴의 높이가 높아지도록 하는 것은 불안정한 요소로 작용한다. 그리고 엔진이 뒤쪽에 설치된 자동차(RR Car)는 차체의 앞부분이 가볍기 때문에 캐스터 값을 약간 크게 하고 있다.

2) 부(-)의 캐스터

부의 캐스터는 자동차를 옆에서 보았을 때 킹핀의 위쪽이 바퀴의 중심을 지나 노면과 수직인 직선의 앞쪽으로 기울어져 있는 상태이다. 앞 엔진 앞바퀴 구동 방식(FF Car)의 자동차에서는 부의 캐스터를 주로 사용한다. 부의 캐스터를 사용하면 선회할 때 바퀴의 복원력이 감소하고 직진 성능은 방해를 받으나 사이드 포스(side force)에 대한 저항력은 증대된다. 그리고 캐스터의 역할은 다음과 같다.

① **주행 중 조향 바퀴에 방향성을 부여한다.**

조향 바퀴에서 방향성이 얻어지는 것은 조향 바퀴에 걸리는 하중이 스핀들의 중심선을 통하여 작용하지만 노면에서의 반발력은 그림의 P점에 작용하므로 이 점에 큰 마찰력이 발생하기 때문이다. 또 구동 바퀴에서 발생된 추진력은 차체를 통하여 킹핀 방향으로 작용하므로 주행 중 O점이 P점을 잡아당기는 것과 같이 작용하므로 바퀴는 항상 전진 방향으로 안정된다.

② **조향하였을 때 직진 방향으로의 복원력을 준다**

복원력은 조향 너클과 스핀들의 관계에서 발생한다. 이 관계는 선회할 때 선회하는 쪽 바퀴의 스핀들은 낮아지고 반대쪽 바퀴의 스핀들은 높아진다. 따라서 스핀들의 높이가 낮아지면 현가장치를 통하여 차체가 위쪽으로 올라가게 된다. 또 스핀들 끝 부분의 높이가 높아지면 이와 반대로 차체가 아래쪽으로 내려가게 되므로 이와 같은 차체의 운동은 조향 핸들에 가해진 힘에 의해 형성된다. 이에 따라 조향 핸들에 가한 힘을 제거하면 차체가 원위치로 복귀하므로 조향 바퀴도 직진 상태가 된다.

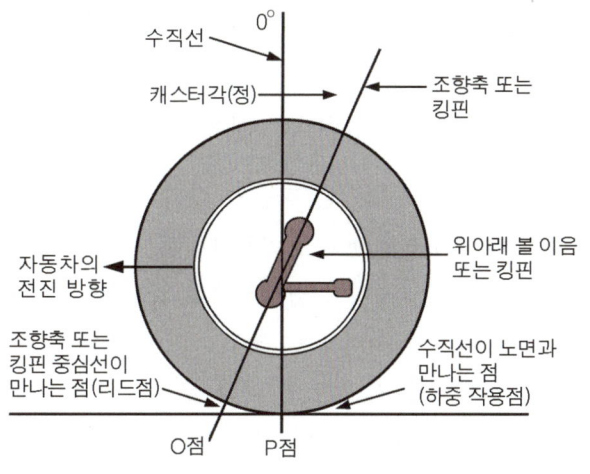

∷ 조향 바퀴에 방향성 부여

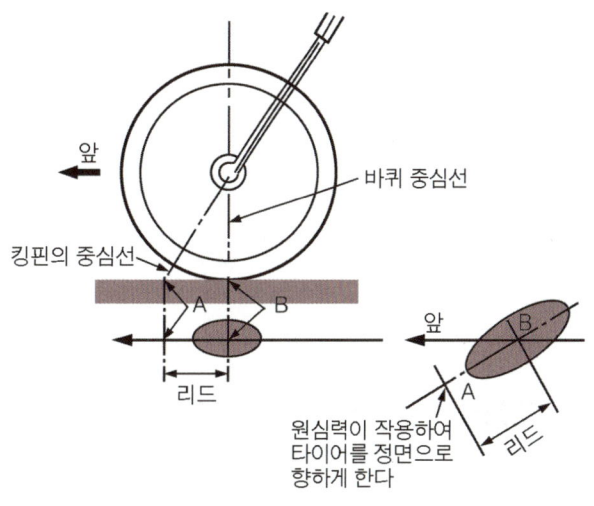

∷ 조향 바퀴에 복원성 부여

> **→ 리드와 캐스터 효과**
> ★ 킹핀(또는 조향축)의 중심선과 바퀴의 중심을 지나는 수직선이 노면과 만나는 거리를 리드(또는 트레일 ; lead or trail)라고 하며, 이것이 캐스터 효과를 얻게 한다. 캐스터 효과는 정의 캐스터에서만 얻을 수 있으며 주행 중에 직진 성능이 없는 자동차는 더욱 정의 캐스터로 수정하여야 한다.

3 토 인 toe-in

자동차 앞바퀴를 위에서 내려다보면 바퀴 중심선 사이의 거리가 앞쪽이 뒤쪽보다 약간 작게 되어 있는데 이것을 토인이라고 하며 일반적으로 2~6mm정도이다. 토인의 값은 mm 단위로 표시되지만 각도로도 표시한다. 뒷바퀴 구동 방식(FR Car)의 자동차에서 앞바퀴가 정(+)의 킹핀 오프셋이면 주행 중 앞바퀴는 밖으로 벌어지려는 경향이 있으며, 또한 앞바퀴가 정의 캠버라면 캠버에 의해 밖으로 벌어지려고 한다.

조향 링키지 각 부분의 유격은 캠버와 킹핀 오프셋에 의한 작용을 증대시키는 역할을 하기 때문에 바퀴는 트레드 안쪽이 심하게 마멸된다. 이를 방지하기 위하여 정차 상태에서 어느 정도 토인으로 하여 직진 주행을 할 때 0이 되도록 한다. 직진 주행을 할 때 0이 되면 바퀴의 직진 성능이 증대되며 시미 현상이 감소한다.

뒷바퀴 구동 방식의 승용자동차에서는 토인의 값을 +0°20′~ 0°30′정도 두며, 앞바퀴 구동 방식의 승용자동차에서는 구동력의 반작용력 때문에 앞바퀴가 안쪽으로 선회하는 특성이 있다. 따라서 이러한 경우에는 정차를 하였을 때는 토 아웃으로 하고 주행할 때는 0이 되도록 한다. 앞바퀴 구동 방식 승용자동차의 경우 토인의 값은 −0°10′~+0°30′이 대부분이다.

그리고 토인의 역할은 다음과 같다.
① 앞바퀴를 평행하게 회전시킨다. − 앞바퀴는 주행할 때 캠버로 인하여 양쪽 바퀴가 바깥쪽을 향하여 벌어지려는 경향이 발생하므로 토인을 두어 바퀴가 직진 방향으로 회전하도록 한다.
② 앞바퀴의 사이드 슬립과 타이어 마멸을 방지한다.
③ 조향 링키지 마멸에 따라 토 아웃(toe-out)이 되는 것을 방지한다.
④ 토인은 타이로드의 길이로 조정한다.

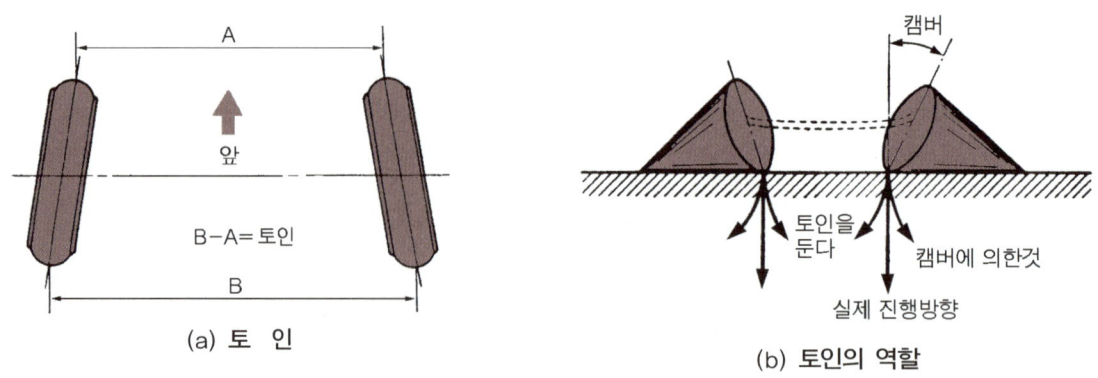

(a) 토 인   (b) 토인의 역할

:: 토인과 토인의 역할

4 조향축 경사각(킹핀 경사각)

자동차를 앞에서 보면 독립 차축 방식에서는 위·아래 볼 이음(일체 차축 방식에서는 킹핀)의 중심선이 수직에 대하여 어떤 각도를 두고 설치되는데 이를 조향축 경사(또는 킹핀 경사각)라고 하며 이 각을 조향축 경사각이라고 한다. 조향축 경사각은 일반적으로 7~9°정도 둔다.

그리고 조향축 경사각의 역할은 다음과 같다.
① 캠버와 함께 조향 핸들의 조작력을 가볍게 한다.
② 캐스터와 함께 앞바퀴에 복원성을 부여한다.
③ 앞바퀴가 시미(shimmy)현상을 일으키지 않도록 한다.

> **TIP**
> **협각이란?**
> ★ 캠버 각과 킹핀 경사각을 합한 각을 협각(狹角 ; included angle)이라고 하며 이 각의 크기에 따라 타이어 중심선과 킹핀 연장선이 만나는 점이 결정된다. 이들이 만나는 점이 노면 밑에 있으면 토 아웃의 경향이 발생하고, 노면 위에 있으면 토인의 경향이 발생한다.

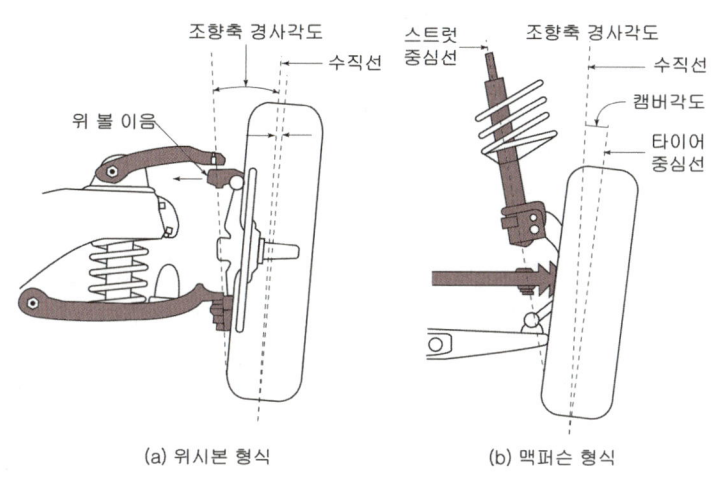

∷ 조향축 경사각(킹핀 경사각)

5 선회할 때 토 아웃 toe-out on turning

자동차가 선회할 때 애커먼 장토식의 원리에 따라 모든 바퀴가 동심원을 그리려면 안쪽 바퀴의 조향각이 바깥쪽 바퀴의 조향각보다 커야 한다. 즉, 자동차가 선회할 경우에는 토 아웃이 되어야 하며 이 관계는 너클 암, 타이로드 및 피트먼 암에 의해 결정된다.

6 킹핀 오프셋 또는 스크러브 레디어스

king pin Off-set or scrub radius

킹핀 오프셋이란 바퀴의 중심선이 노면에 대하여 만나는 점과 킹핀의 중심선이 노면에서 만나는 점 사이의 거리를 말한다. 킹핀 오프셋은 킹핀 경사각과 캠버에 의해 결정된다. 바퀴와 노면 사이에서 발생하는 마찰력은 킹핀 중심선의 연장선이 노면에서 만나는 점을 회전으로 한 모멘트로 작용한다. 킹핀 오프셋이 작으면 작을수록 조향 링키지는 부하를 적게 받으나 조향할 때의 조작력은 커진다. 승용차의 킹핀 오프셋은 뒷바퀴 구동 방식은 30~70mm, 앞바퀴 구동 방식은 10~35mm 정도이다. 킹핀 오프셋도 정(+)과 부(-)로 분류한다.

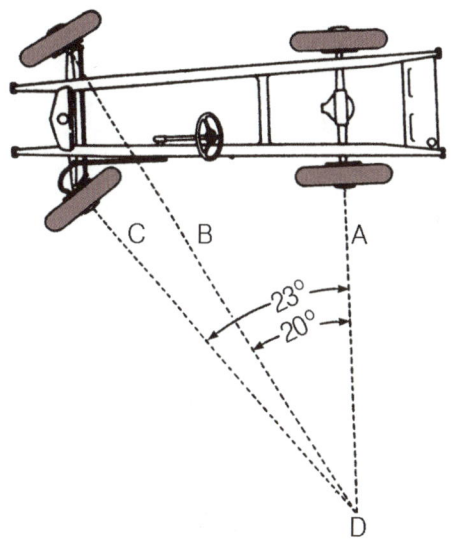

∷ 선회할 때의 토 아웃

1) 정의 킹핀 오프셋

정의 킹핀 오프셋은 바퀴의 중심선이 노면과 만나는 점이 킹핀의 중심선이 노면과 만나는 점보다 바깥쪽에 있는 상태이다. 정의 킹핀 오프셋은 제동력이 작용하면 바퀴가 안쪽에서 바깥쪽으로 벌어지도록 작용한다. 노면과의 마찰계수가 양쪽 바퀴에 서로 다를 경우에는 마찰계수가 큰 쪽의 바퀴가 더 많이 바깥쪽으로 벌어져 자동차가 주행선을 이탈할 수 있다. 따라서 바퀴의 시미 현상을 감소시키고 바퀴로부터 조향장치로 전달되는 모멘트를 감소시키기 위해서는 가능한 킹핀 오프셋을 작게 하려고 한다.

2) 부의 킹핀 오프셋

부의 킹핀 오프셋은 바퀴의 중심선이 노면과 만나는 점이 킹핀의 중심선이 노면과 만나는 점보다 안쪽에 있는 상태이다. 회전 점이 바퀴의 바깥쪽에 있기 때문에 제동할 때 앞바퀴에 작용하는 제동력은 바퀴가 바깥쪽에서 안쪽으로 선회하도록 작용한다. 따라서 노면과 마찰 계수가 서로 다를 경우에는 마찰계수가 큰 쪽의 바퀴가 안쪽으로 더 많이 조향되므로 자동차는 주행선을 그대로 유지할 수 있다. 이와 같은 특성은 갑자기 앞바퀴에 결함이 발생하였을 때 매우 유효한 장점이 된다.

3) 0의 킹핀 오프셋

바퀴의 중심선과 킹핀의 중심선이 노면의 한 점에서 함께 만나는 상태이다. 조향할 때 바퀴는 원의 자국을 그리지 않고 접촉점에서 직접 조향된다. 따라서 정차 상태에서 조향을 하려면 큰 힘이 필요하게 된다. 그러나 제동을 할 때에는 앞바퀴를 바깥쪽으로 벌어지도록 하려는 모멘트는 현저하게 감소한다.

14 선회 성능

학/습/목/표
1. 사이드 슬립을 할 때 바퀴에 작용하는 힘에 대하여 설명할 수 있다.
2. 코너링 포스와 코너링 파워에 영향을 주는 요소에 대하여 설명할 수 있다.
3. 캠버 스러스트에 대하여 설명할 수 있다.
4. 언더 스티어링과 오버 스티어링에 대하여 설명할 수 있다.
5. 선회 특성과 방향 안전성에 대하여 설명할 수 있다.
6. 현가 방식에 따른 조향 효과에 대하여 설명할 수 있다.

1-1. 선회 성능의 개요

자동차의 선회 성능은 안정 성능과 조향 성능이 포함되는데 주로 선회시 주행의 능력과 성질을 대상으로 하며, 현가장치·조향장치 및 바퀴의 성능에 따라 결정된다. 자동차가 선회할 때 극히 저속에서는 코너링 포스(cornering force)가 없기 때문에 애커먼 장토식의 조향 이론에 가까운 조향을 하지만 고속에서는 원심력이 작용한다. 자동차가 선회할 수 있는 것은 원심력과 평형이 되는 코너링 포스가 발생하기 때문이다. 코너링 포스는 노면에 옆 방향의 구배가 없는 경우는 대부분 바퀴의 사이드 슬립이 발생한다.

1-2. 사이드 슬립을 할 때 바퀴에 작용하는 힘

바퀴의 사이드 슬립(side slip)은 노면과 접촉하는 트레드의 중심 면과 진행 방향이 일치되지 않을 때 바퀴의 옆쪽과 노면의 접촉으로 슬립이 발생하는 현상이다. 사이드 슬립이 발생하는 이유는 자동차가 선회할 때 차체는 원심력에 의하여 바깥쪽으로 밀리지만 바퀴는 노면과의 마찰에 의해 접촉면이 이동하지 않으므로 차체의 진행 방향과 바퀴의 회전 방향이 서로 다르게 작용하기 때문이다.

사이드 슬립이 발생하면 바퀴는 그림과 같이 접지 부분에 직각으로 작용하는 사이드 포스(side force) F가 발생한다. 사이드 포스는 진행 방향과 직각인 분력과 평행인 분력으로 분류하며, 평행인 분력은 바퀴의 동력 전달 저항으로 되

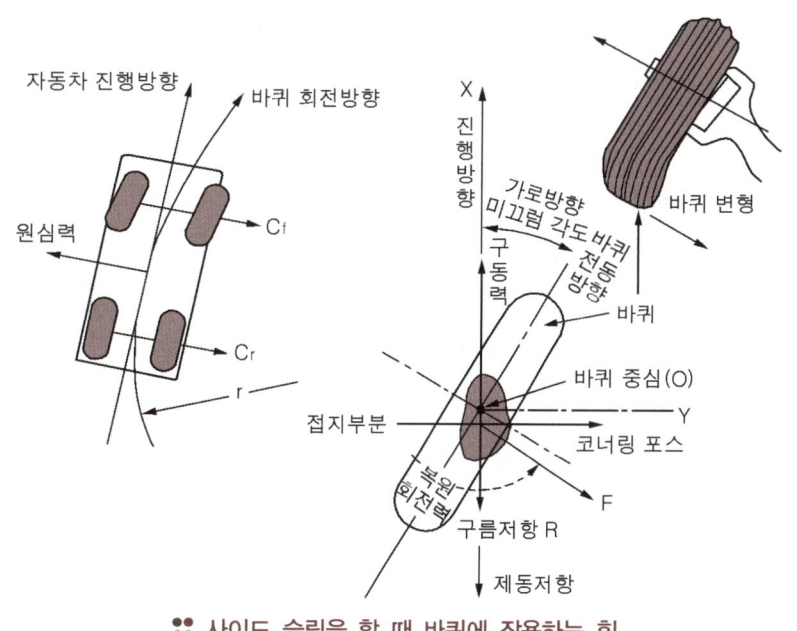

❋❋ 사이드 슬립을 할 때 바퀴에 작용하는 힘

고, 진행 방향에 직각인 분력은 코너링 포스의 역할을 한다.

그리고 바퀴는 그림과 같이 변형되며 뒤쪽으로 갈수록 오른쪽으로 향하여 변형이 증가한다. 따라서 코너링 포스는 바퀴의 변형에 의해 발생하는 것으로 그 작용점은 바퀴 접지면 중심보다 뒤쪽에 있기 때문에 사이드 슬립이 발생하는 바퀴는 코너링 포스의 작용점이 접지면 중심보다 뒤쪽에 있으므로 바퀴를 자동차의 진행 방향과 일치시키는 방향으로 작용하기 때문에 복원 회전력(self aligning torque)이라 부르기도 하며 복원 회전력의 크기는 **리드(lead 또는 킹핀 오프셋)×코너링 포스**가 된다. 실제로는 캐스터의 영향으로 바퀴 중심점이 앞쪽으로 이동하여 모멘트가 더욱 증가한다.

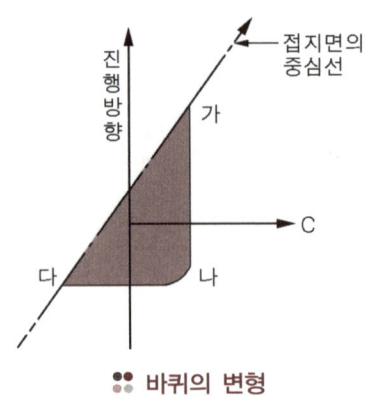

∷ 바퀴의 변형

1 코너링 포스 Cornering Force

코너링 포스란 자동차가 선회할 때 원심력과 평형을 이루는 힘으로서 자동차의 선회 성능을 고려할 때 매우 중요한 항목이다. 코너링 포스는 바퀴의 사이드 슬립 각도와 하중 등에 의해 변화하며, 그 경향은 그림에 나타낸 바와 같다.

바퀴의 사이드 슬립 각도가 작을 경우 코너링 포스는 비례하여 증가하지만 어떤 각도에 도달하면 최댓값이 된다. 사이드 슬립 각도의 실용 범위는 5~6°이하이기 때문에 그림(코너링 포스와 사이드 슬립 각도와의 관계)에 나타낸 곡선에서 직선에 가까운 부분을 실용 범위로 생각하면 된다.

일반적으로 코너링 포스와 바퀴의 사이드 슬립 각도 관계는 바퀴의 크기와 형식에 따라 변화되므로 여러 가지 바퀴의 코너링 포스 특성을 위 그림(코너링 포스와 사이드 슬립 각도와의

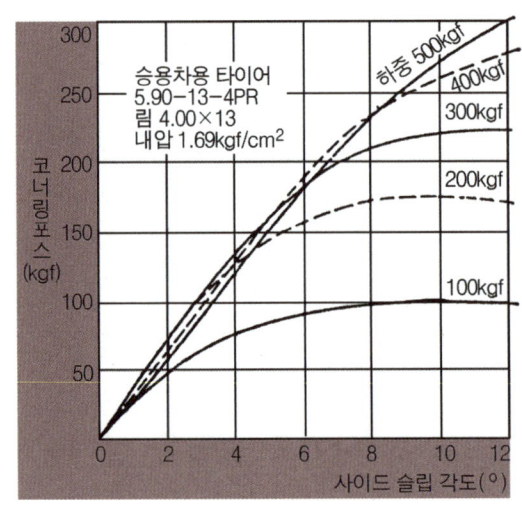

∷ 코너링 포스와 사이드 슬립 각도와의 관계

관계)에서 직선 부분을 비교한다. 단위 사이드 슬립에 대한 코너링 포스의 크기를 표시하는 코너링 파워(Cornering Power, 단위는 kgf/deg)를 사용하며, 코너링 포스와 코너링 파워에 영향을 주는 요소는 다음과 같다.

1) 바퀴의 수직 하중

바퀴에 가해지는 수직 하중이 증가하면 코너링 포스는 바퀴와 노면과의 마찰력에 의해 증가되며, 코너링 파워는 바퀴에 가해지는 무게가 작을 때는 무게에 비례하여 증가하지만 일정한 무게에 도달하면 최댓값이 되며, 그 이후는 감소한다.

2) 바퀴의 크기

코너링 포스와 파워는 바퀴의 크기가 증가할수록 증가하지만 코너링 포스를 무게로 나눈 하중에 대한 비율은 일정하다.

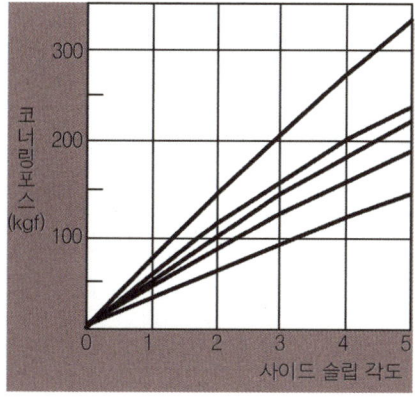

타이어 사이즈	접지 lb(kg)	내압 lb	림	속도mph (km/h)
7.50-16 4p	1560(710)	36	5.00F	29(47)
7.00-16 4p	1145(520)	28	5.00F	29(47)
6.50-16 4p	1050(475)	28	4.50F	29(47)
6.00-16 4p	915(4/5)	28	4.00F	29(47)
5.50-16 4p	810(365)	30	3.50D	29(47)

∷ 바퀴의 크기

3) 림 rim의 폭

림의 폭을 크게 하면 코너링 포스가 증가한다. 그림은 림의 폭이 코너링 포스에 미치는 영향을 나타낸 것으로 점선은 림의 폭과 바퀴 폭의 비율을 표시한 것이다.

4) 바퀴의 형식과 구조

타이어 트레드 패턴의 홈 깊이가 깊으면 코너링 파워는 감소한다. 또한 타이어를 형성하는 카카스의 코드 각도가 커지면 코너링 파워는 증가하고 파손 및 마멸이 감소되지만 완충 작용이 저하되어 승차감이 저하되는 원인이 된다.

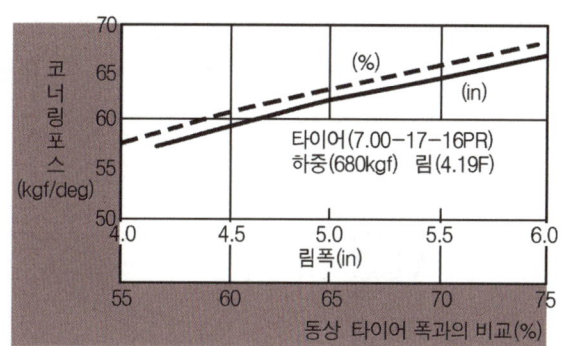

∷ 코너링 파워와 림 폭과의 관계

5) 바퀴의 공기 압력

바퀴의 공기 압력을 증가시키면 코너링 포스와 파워가 증가하지만 완충 능력이 저하되므로 승차감이 저하된다. 따라서 바퀴의 공기 압력을 감소시키고 림의 폭을 크게 하여 선회 성능이 저하되는 것을 방지하고 있다.

2 캠버 스러스트 Camber thrust

자동차의 앞바퀴는 0.5~1.5°의 캠버각이 있다. 그러나 독립 현가 방식의 자동차가 선회할 때 원심력에 의해 롤링(rolling)이 발생하기 때문에 바깥쪽 바퀴의 캠버는 감소하고, 안쪽 바퀴의 캠버는 증대되어 자동차를 안쪽으로 기울이려는 힘이 발생한다.

따라서 바퀴는 캠버각에 의해 원뿔이 노면을 굴러가려는 것과 같은 성질이 있으므로 앞 액슬축의 연장선과 원뿔의 교차점을 중심으로 원운동을 하려고 한다. 그러나 실제로는 차체에 의해 바퀴를 직선 운동하도록 구속되어 있기 때문에 바퀴는 진행 방향에 대하여 직각인 원뿔 운동의 안쪽으로 향하려는 힘이 작용하는데 이 힘을 **캠버 스러스트**라 한다.

그리고 사이드 슬립과 캠버를 합한 바퀴의 사이드 포스는 다음과 같다. 캠버각이 있는 바퀴가 사이드 슬립을 할 때 사이드 슬립은 캠버각이 있고 사이드 슬립이 없는 바퀴의 사이드 포스와 캠버각이 없는 사이드 슬립을 일으키는 바퀴의 사이드 포스의 합이 된다.

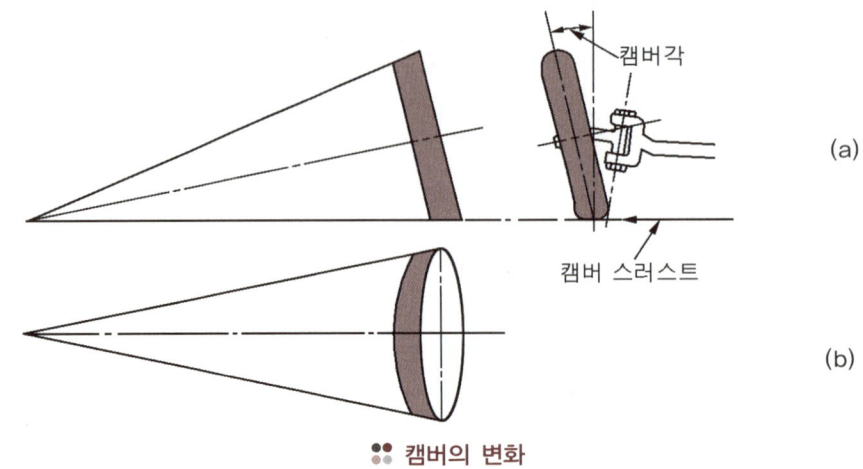

:: 캠버의 변화

3 언더 스티어링과 오버 스티어링

주행 속도가 증가함에 따라 필요한 조향 각도가 증가되는 현상을 **언더 스티어링**(U.S ; Under Steering)이라 하고, 조향 각도가 감소되는 현상을 **오버 스티어링**(O.S ; Over Steering)이라 한다. 또한 언더 스티어링과 오버 스티어링의 중간 정도의 조향 각도 즉, 주행 속도의 증가에 따라 처음에는 조향 각도가 증가하고, 어느 속도에 도달하면 감소되는 리버스 스티어링(R.S ; Reverse Steering)이 있다.

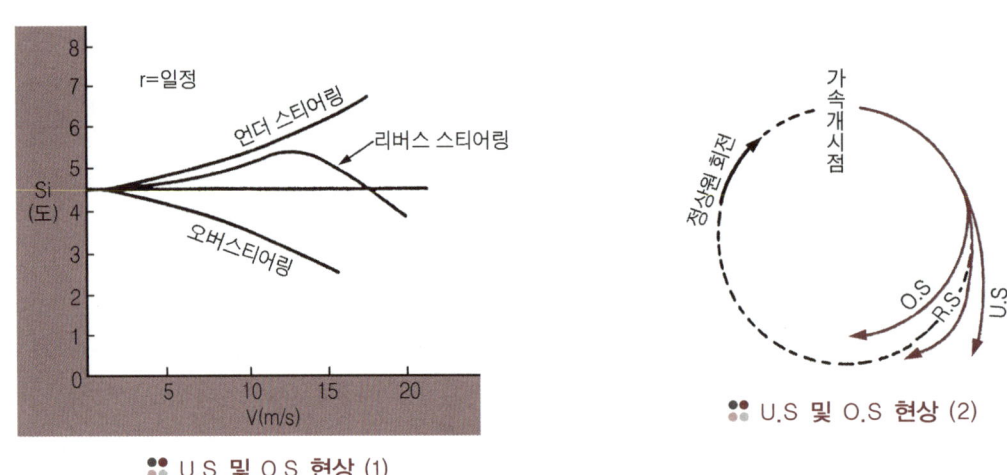

:: U.S 및 O.S 현상 (1)

:: U.S 및 O.S 현상 (2)

4 선회 특성과 방향 안전성

일반적으로 언더 스티어링의 자동차가 방향 안정성이 크다고 하는 이유는 다음과 같다. 아래 그림과 같이 옆 방향의 바람에 의해 옆 방향의 힘 P를 받으면서 직진하는 자동차를 생각하면 옆 방향의 힘 P를 상쇄시키고 직진하기 위해서는 조향 핸들을 약간 회전시켜 앞·뒷바퀴에 사이드 슬립 각도를 부여함으로써 P와 같은 양만큼의 코너링 포스를 발생시켜야 한다.

이 경우 오버 스티어링(앞바퀴의 사이드 슬립 각도가 뒷바퀴의 사이드 슬립 각도보다 작을 때)일 때는 자동차는 O점을 중심으로 하여 OY쪽으로 진행 방향을 바꾸게 된다. 이때 선회에 의해 발생되는 원심력은 옆

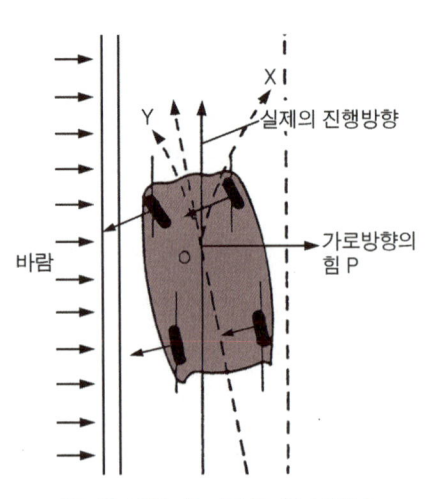

:: 옆 방향의 바람을 받으면서 직진 주행할 때의 조향

방향 힘 P와 같은 방향이므로 주행 속도가 빠를수록 이러한 경향이 현저하게 나타난다.

언더 스티어링(앞바퀴의 사이드 슬립 각도가 뒷바퀴의 사이드 슬립 각도보다 클 때)일 경우 자동차는 OX쪽으로 진행 방향을 바꾸게 된다. 이때 선회에 의해 발생되는 옆 방향의 힘 P를 상쇄시키는 방향으로 작용하기 때문에 방향 안전성이 향상된다. 또한 직진 주행 중 강한 바람에 의해서 옆 방향의 힘을 받았을 경우 바람의 압력의 중심은 일반적으로 자동차의 중심점보다 앞에서 형성되기 때문에 자동차는 앞부분이 흔들리게 되어 주행 방향도 바뀌게 된다. 아스팔트 포장 도로를 장시간 고속으로 주행할 경우에는 옆 방향의 바람에 대한 영향이 적은 언더 스티어링으로 하는 것이 유리하다.

5 조향 특성

자동차가 선회 할 때 발생되는 원심력에 대응하는 구심력으로 선회가 가능하다. 구심력은 코너링 포스에 의해 결정되고 다시 이에 의해 발생하는 복원 회전력이 조향 감각의 대부분을 차지하고 있다.

복원 회전력이 조향 핸들에 전달될 때까지는 휠 얼라인먼트에 의해 수정이 되고 조향 링키지를 움직일 때의 관성력이나 링크 기구 내의 마찰 또는 조향 기어 형식 등에 의해 간섭을 받게 되므로 이들의 합성이 조향 감각으로 된다. 조향 감각은 너무 무겁거나 가벼워도 나쁘다.

조향 감각은 안전성 면에서 보면 주행 속도가 상승함에 따라 조향 조작을 할 때 조향 핸들에 가해지는 힘이 서서히 증가되어야 한다. 선회 후에 조향 핸들을 가볍게 놓았을 때 조향

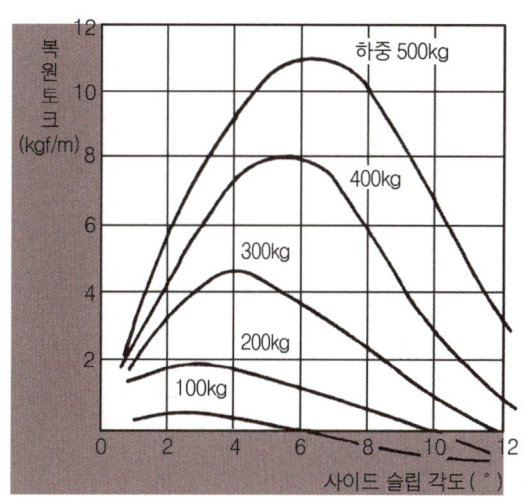

❖ 복원 회전력의 일반적인 성질 및 하중의 영향

핸들이 중립 위치로 복원되면 조향 조작이 용이하지만 복원되는 속도가 문제가 된다.

복원 속도는 코너링 포스에 의한 회전력과 조향 링키지 및 그 마찰력에 의해 변화한다. 그리고 그림과 같이 복원 회전력은 사이드 슬립 각도가 5~6° 부근에서 최댓값이 되고 그 이후부터는 급속히 감소하므로 사이드 슬립 각도가 큰 범위에서는 부(-, 負)가 되는 경향이 있다. 따라서 급 조향을 하면 조향 조작이 끝날 무렵에 조향 핸들에 가해지는 힘이 감소하여 조향 핸들을 놓치는 경우가 있다. 조향 효과는 바퀴의 종류, 조향 링키지의 형상 및 구성, 조향 기어비 등에 의해 결정되지만 안전성과는 서로 모순된 성질을 지니고 있다.

6 현가 방식에 따른 조향 효과

1) 일체 차축 방식의 조향 효과

차체가 롤링(rolling)을 하면 아래 그림 (a)와 같이 판스프링의 변형으로 말미암아 차축의 좌우 중심이 변화되어 차체에 대해 어떤 각도를 형성하게 된다. 따라서 조향 핸들을 조작하지 않아도 차축 자체가 조향 효과를 나타내게 되는데 이것을 차축 조향(axle shaft steering)이라 한다.

그림(b)에서 차축 조향이 뒷차축에서 발생하면 오버 스티어링이 되므로 판스프링의 캠버, 섀클 등의 설치 방법을 다르게 하여 임의로 수정이 가능하다. 앞 차축에서 차축 조향이 발생하면 차축 조향 이외에도 차축의 설치 위치가 변화되므로 조향 핸들의 위치를 일정하게 하여도 조향 각도가 변화하여 복잡하고 미묘한 작용이 발생된다.

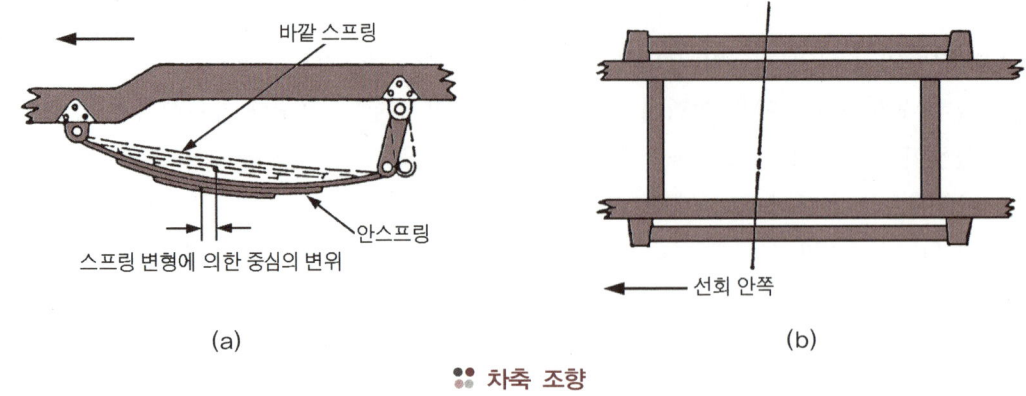

차축 조향

2) 독립 현가 방식의 조향 효과

일체 차축 현가 방식에서는 차체의 롤링이 발생하여도 캠버의 변화는 없으나, 독립 현가 방식에서는 캠버가 변화됨으로써 복잡한 조향 특성이 발생한다.

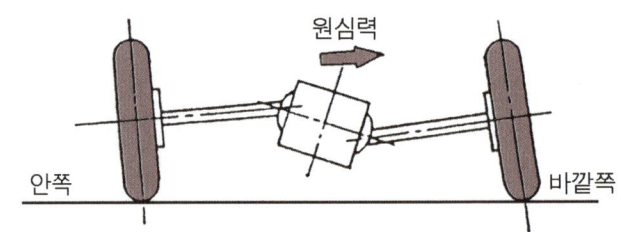

독립 현가 방식의 조향 효과

15 제동장치(Brake System)

학/습/목/표

1. 제동장치의 분류에 대하여 설명할 수 있다.
2. 유압식 브레이크의 구조와 작동에 대하여 설명할 수 있다.
3. 브레이크 슈의 구성에 대하여 설명할 수 있다.
4. 디스크 브레이크의 구조와 작동에 대하여 설명할 수 있다.
5. 배력식 브레이크의 구조와 작동에 대하여 설명할 수 있다.
6. 공기식 브레이크의 구조와 작동에 대하여 설명할 수 있다.
7. 주차 브레이크에 대하여 설명할 수 있다.

제동장치(Brake System)는 주행중인 자동차를 감속 또는 정지시키고, 또 주차 상태를 유지하기 위하여 사용되는 매우 중요한 장치이다. 제동장치는 마찰력을 이용하여 자동차의 운동 에너지를 열에너지로 바꾸어 제동 작용을 하며, 구비 조건은 다음과 같다.

① 작동이 확실하고, 제동 효과가 클 것
② 신뢰성과 내구성이 클 것
③ 점검·정비가 쉬울 것

1 제동장치의 분류

제동장치는 운전자의 발로 조작하는 풋 브레이크(foot brake)와 손으로 조작하는 핸드 브레이크(hand brake)가 있다. 조작 기구에는 로드(rod)나 와이어(wire)를 사용하는 기계식과 유압식으로 분류되며, 기계식은 핸드 브레이크에, 유압식은 풋 브레이크로 사용된다.

또한, 제동력을 높이기 위한 배력 방식에는 흡기다기관의 진공을 이용하는 진공 서보식, 압축 공기 압력을 이용하는 공기 브레이크 등이 있으며, 풋 브레이크의 혹사에 의한 과열을 방지하기 위하여 사용하는 배기 브레이크(엔진 브레이크), 와전류 리타더, 하이드롤릭 리타더 등의 감속 브레이크(제3 브레이크)가 있다.

1 설치 위치에 의한 분류

① **휠 브레이크** : 휠 브레이크는 모든 바퀴에 설치되어 있는 브레이크 형식으로 마스터 실린더의 유압을 받아서 브레이크 슈(또는 패드)를 드럼(또는 디스크)에 압착시켜 제동력을 발생시키는 것으로 각 차축에 설치된 휠의 회전을 감속 또는 정지시킨다.

② **센터 브레이크** : 센터 브레이크는 대형자동차에서 브레이크 드럼을 변속기 출력축이나 추진축에 설치하여 주차시 자동차가 스스로 이동하는 것을 방지하는 주차 브레이크로 많이 이용된다. 강판제 브레이크 밴드 안쪽에 라이닝을 리벳으로 조립하고 브래킷을 통해 설치되어 있으며, 작동은 브레이크 레버를 당기면 풀 로드(pull-rod)가 당겨지면서 홀딩 캠이 브레이크 밴드를 수축시켜 드럼을 강하게 조여 제동이 된다.

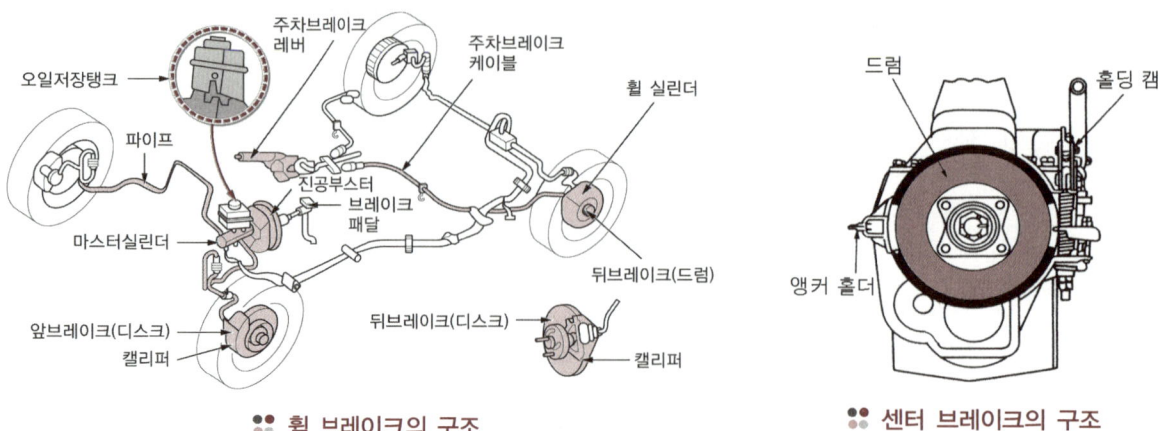

:: 휠 브레이크의 구조   :: 센터 브레이크의 구조

2 조작 방식에 의한 분류

① **핸드 브레이크** : 핸드 브레이크는 자동차의 정지 상태를 유지시키기 위한 브레이크로서 보통 브레이크 레버를 손으로 작동시키기 때문에 핸드 브레이크라고도 한다. 브레이크 레버에 의해 와이어(wire)가 당겨질 때 브레이크 슈가 확장되어 브레이크 드럼을 압착하여 제동 작용하는 드럼 브레이크와 브레이크 밴드가 수축되어 브레이크 드럼을 압착하여 제동 작용을 하는 센터 브레이크가 있다.

:: 핸드 브레이크의 구조

② **풋 브레이크** : 주행중인 자동차를 감속시키거나 정지시킬 경우에 사용되는 브레이크로서 브레이크 페달을 밟아 제동 작용을 한다. 풋 브레이크는 기계식, 유압식, 진공 배력식, 공기 배력식, 공기 브레이크가 이에 속한다.

3 작동 형태에 의한 분류

① **내부 확장식** : 내부 확장식은 브레이크 페달을 밟아 마스터 실린더의 유압이 휠 실린더에 전달되면 브레이크 슈가 드럼을 향하여 밖으로 벌어지면서 압착되어 제동 작용을 하는 방식이다.

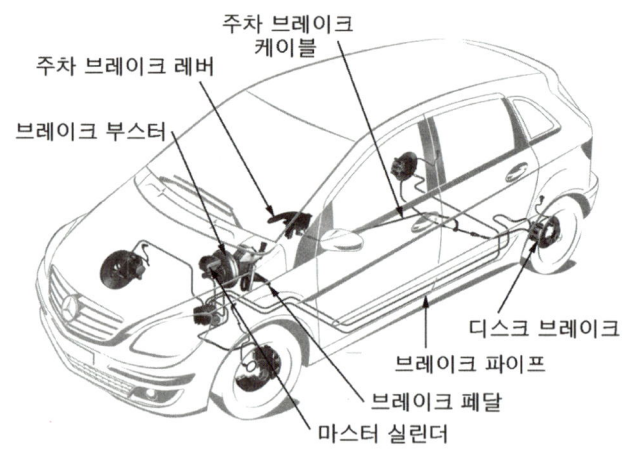

:: 풋 브레이크의 구조

② **외부 수축식** : 외부 수축식 브레이크는 레버를 당길 때 브레이크 밴드를 브레이크 드럼에 강하게 조여서 제동하는 형식이다.

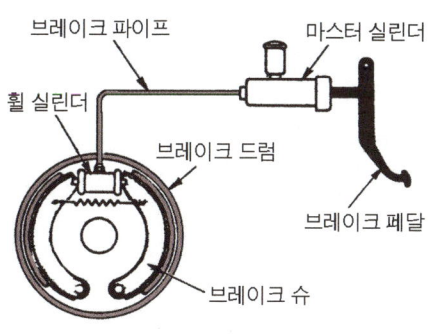
❖ 내부 확장식의 구조

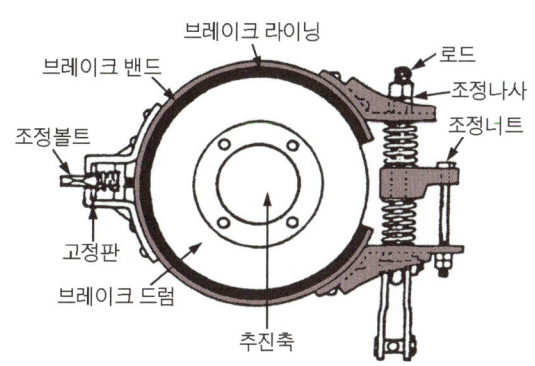
❖ 외부 수축식의 구조

③ **디스크식** : 디스크 브레이크(disc brake)는 마스터 실린더에서 발생한 유압을 캘리퍼로 보내어 바퀴와 함께 회전하는 디스크를 양쪽에서 패드(pad ; 슈)로 압착시켜 제동을 시킨다. 디스크 브레이크는 디스크가 대기중에 노출되어 회전하므로 페이드 현상이 적으며, 자동으로 조정되는 브레이크 형식이다.

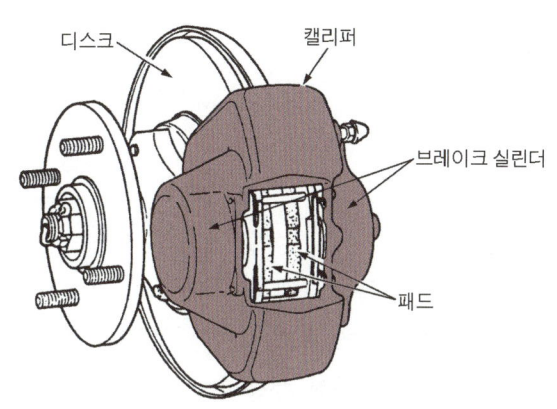
❖ 디스크 브레이크의 구조

4 작동 기구에 의한 분류

① **기계식** : 기계식 브레이크는 브레이크 페달이나 브레이크 레버의 조작력을 케이블 또는 로드를 이용하여 브레이크 슈를 브레이크 드럼에 압착시켜 제동 작용을 한다.

② **유압식** : 유압식 브레이크는 파스칼의 원리를 이용하여 브레이크 페달에 가해진 힘이 유압 기구에 전달되면 유압을 발생시켜 제동 작용을 하는 형식으로 유압이 모든 바퀴에 동일하게 전달됨으로 제동력이 균일하며, 조작기구의 마찰 손실이 적어 브레이크의 조작력이 적어도 되는 장점이 있으나 유압 계통에 결함이 있는 경우에 브레이크 기능이 상실되는 단점이 있다.

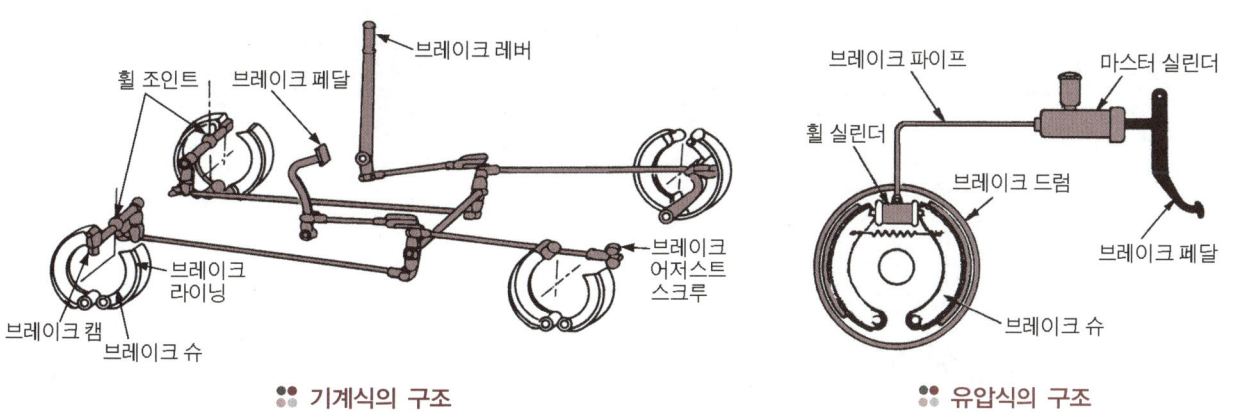

❖ 기계식의 구조   ❖ 유압식의 구조

③ **공기식** : 공기 브레이크는 압축 공기의 압력을 이용하여 브레이크 슈를 드럼에 압착시켜 제동 작용을 하는 것이며, 브레이크 페달에 의해 브레이크 밸브를 개폐시켜 브레이크 체임버에 공급되는 공기량으로 제동력을 조절한다.

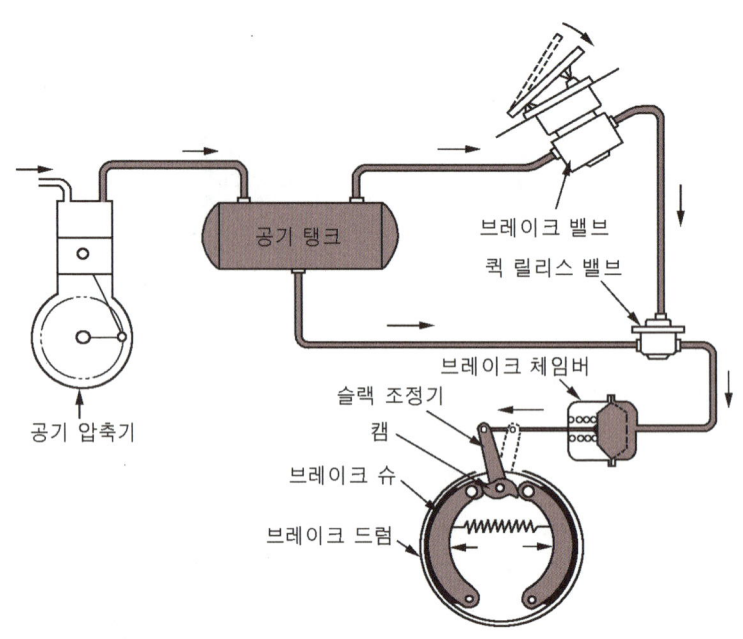

공기식 브레이크의 구조

④ **진공 배력식** : 진공 배력식 브레이크(servo brake)는 유압 브레이크에서 제동력을 증대시키기 위하여 유압 계통에 보조 장치를 설치한 것으로서 엔진의 흡입행정에서 발생하는 진공(부압)과 대기 압력의 차이를 이용하여 제동력을 증대시키는 브레이크 장치이다.

⑤ **공기 배력식** : 공기 배력식 브레이크는 엔진의 동력으로 구동되는 공기 압축기를 이용하여 발생되는 압축 공기와 대기와의 압력차를 이용하여 적은 힘으로 브레이크 페달을 조작하여도 소정의 제동력을 얻을 수 있는 장치이다.

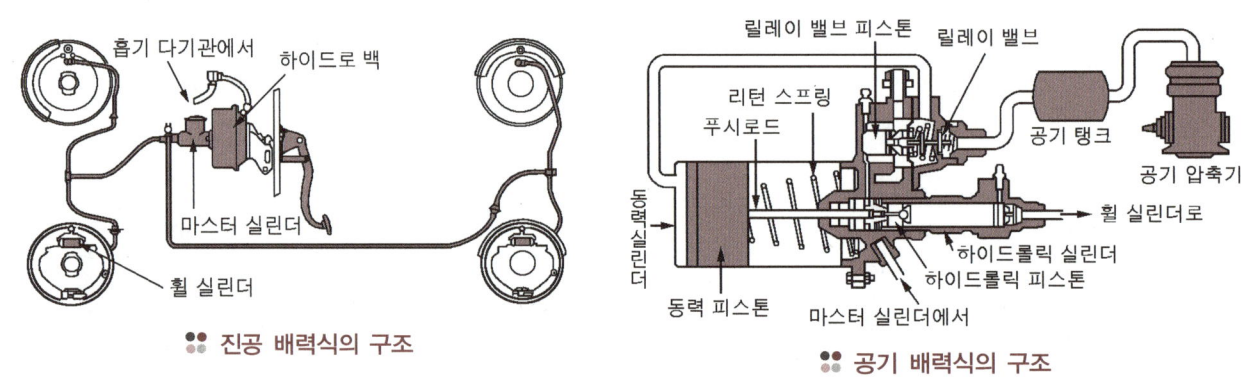

진공 배력식의 구조   **공기 배력식의 구조**

2 유압 브레이크

유압 브레이크(hydraulic brake)는 파스칼의 원리를 응용한 것이며, 유압을 발생시키는 마스터 실린더, 이 유압을 받아서 브레이크 슈(또는 패드)를 드럼(또는 디스크)에 압착시켜 제동력을 발생시키는 휠 실린더(또는 캘리퍼) 및 유압 회로를 형성하는 파이프(pipe)나 플렉시블 호스(flexible hose) 등으로 구성되어 있다.

유압 브레이크의 특징은 다음과 같다.
① 제동력이 모든 바퀴에 동일하게 작용한다.
② 마찰 손실이 적다.
③ 페달 조작력이 작아도 된다.
④ 유압 회로가 파손되어 오일이 누출되면 제동 기능을 상실한다.
⑤ 유압 회로 내에 공기가 침입하면 제동력이 감소한다.

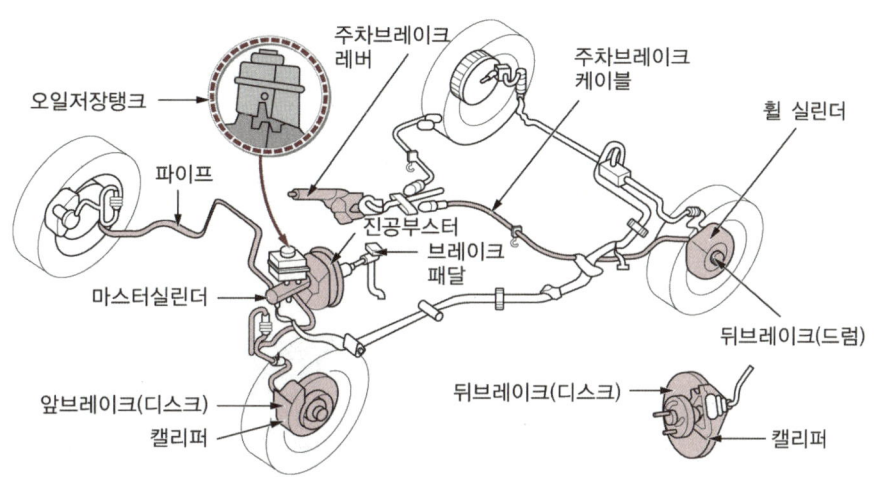

∷ 유압 브레이크의 구성

1 유압 브레이크의 구조와 그 작용

유압 브레이크는 브레이크 페달을 밟으면 마스터 실린더에서 유압이 발생하여 휠 실린더로 압송된다. 이 때 휠 실린더에서는 그 유압으로 피스톤이 좌우로 확장되므로 브레이크 슈가 드럼에 압착되어 제동 작동을 한다. 반대로 페달을 놓으면 마스터 실린더 내의 유압이 저하하며, 브레이크 슈는 리턴 스프링의 장력으로 제자리로 복귀되고 휠 실린더 내의 오일은 마스터 실린더의 오일 저장 탱크로 되돌아가 제동 작용이 해제된다.

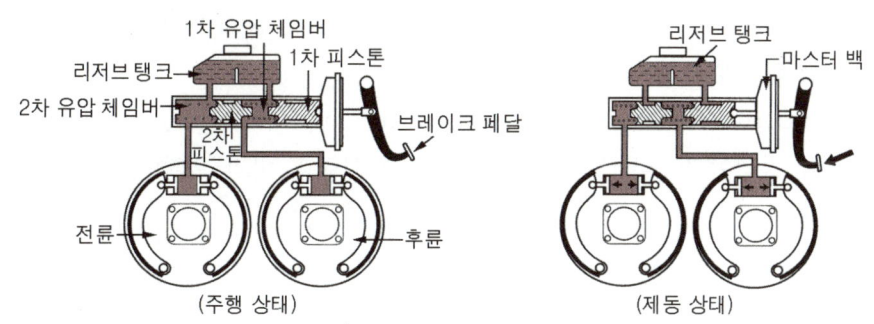

∷ 유압 브레이크 작동도

2 브레이크 페달 brake pedal

브레이크 페달은 조작력을 경감시키기 위해 지렛대 원리를 이용하며, 프레임이나 차체에 설치된다. 페달을 밟으면 푸시로드를 거쳐 마스터 실린더 내의 피스톤을 움직여 유압을 형성한다. 또 페달의 지렛대 비율을 알맞게 하여 밟는 힘을 증대시킬 수 있고 또 밟는 힘을 조절하여 제동력을 변화시킬 수 있다.

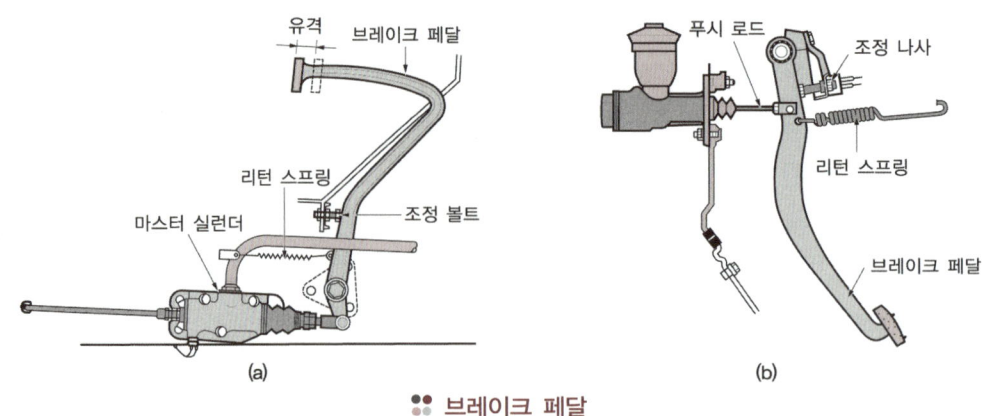

∷ 브레이크 페달

3 마스터 실린더 master cylinder

1) 구조 및 그 작용

마스터 실린더는 브레이크 페달을 밟는 것에 의하여 유압을 발생시키는 일을 하며, 그 구조는 실린더 보디, 오일 저장 탱크, 그리고 실린더 내에는 피스톤, 피스톤 컵, 체크 밸브, 피스톤 리턴 스프링 등이 내장되어 있다. 마스터 실린더의 형식에는 피스톤이 1개인 싱글 마스터 실린더(single master cylinder)와 피스톤이 2개인 탠덤 마스터 실린더(tandem master cylinder)가 있으며 현재는 탠덤 마스터 실린더를 사용하고 있다.

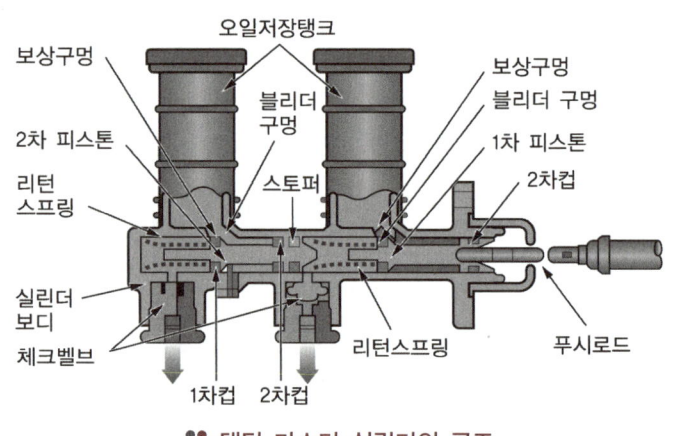

∷ 탠덤 마스터 실린더의 구조

① **실린더 보디(cylinder body)** : 실린더 보디의 위쪽에는 오일 저장 탱크가 설치되어 있고, 재질은 주철이나 알루미늄 합금을 사용한다.

② **피스톤(piston)** : 피스톤은 실린더 내에 끼워지며, 페달을 밟는 것에 의해 푸시로드가 실린더 내를 미끄럼 운동시켜 유압을 발생시킨다.

③ **피스톤 컵(piston cup)** : 피스톤 컵에는 1차 컵(primary cup)과 2차 컵(secondary cup)이 있으며, 1차 컵의 기능은 유압 발생이고, 2차 컵의 기능은 마스터 실린더 내의 오일이 밖으로 누출되는 것을 방지한다.

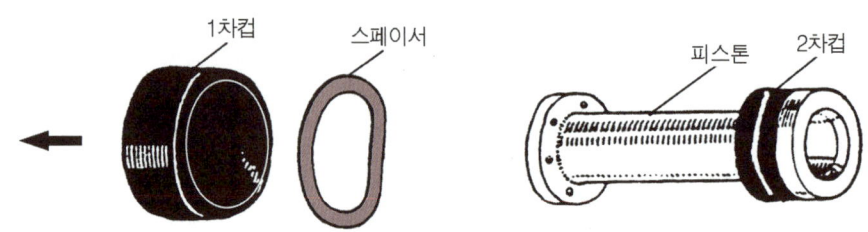

∷ 피스톤 컵과 피스톤의 구조

④ **체크 밸브(check valve)** : 이 밸브는 피스톤 반대쪽 실린더 끝에 시트 와셔를 사이에 두고 설치되며, 피스톤 리턴 스프링에 의해 시트에 밀착되어 있다. 작용은 브레이크 페달을 밟으면 오일이 마스터 실린더

에서 휠 실린더로 나가게 하고, 페달을 놓으면 파이프 내의 유압과 피스톤 리턴 스프링을 장력이 평형이 될 때까지만 시트에서 떨어져 오일이 마스터 실린더 내로 복귀하도록 하여 회로 내에 잔압(殘壓)을 유지시켜 준다.

⑤ **피스톤 리턴 스프링(piston return spring)** : 이 스프링은 체크 밸브와 피스톤 1차 컵 사이에 설치되며 페달을 놓았을 때 피스톤이 제자리로 복귀하도록 도와주고 체크 밸브와 함께 잔압을 형성하는 작용을 한다.

> **→ 잔압과 베이퍼록**
> ▶ **잔압(잔류 압력)** : 피스톤 리턴 스프링은 항상 체크 밸브를 밀고 있기 때문에 이 스프링의 장력과 회로 내의 유압이 평형이 되면 체크 밸브가 시트에 밀착되어 어느 정도의 압력이 남게 되는데 이를 잔압이라고 하며, 0.6~0.8kgf/cm²정도이다. 잔압을 두는 목적은 다음과 같다.
> ① 브레이크 작동 지연을 방지한다.　　② 베이퍼록을 방지한다.
> ③ 회로 내에 공기가 침입하는 것을 방지한다.
> ④ 휠 실린더 내에서 오일이 누출되는 것을 방지한다.
> ▶ **베이퍼 록(vapor lock)** : 브레이크 회로 내의 오일이 비등·기화하여 오일의 압력 전달 작용을 방해하는 현상이며 그 원인은 다음과 같다.
> ① 긴 내리막길에서 과도하게 풋 브레이크를 사용할 때
> ② 브레이크 드럼과 라이닝의 끌림에 의하여 과열되었을 때
> ③ 마스터 실린더, 브레이크 슈 리턴 스프링 손상·쇠약에 의한 잔압이 저하되었을 때
> ④ 브레이크 오일 변질에 의한 비등점의 저하 및 불량한 오일을 사용할 때

2) 탠덤 마스터 실린더의 작용

탠덤 마스터 실린더는 유압 브레이크에서 안정성을 높이기 위해 앞·뒤 바퀴에 대하여 각각 독립적으로 작동하는 2계통의 회로를 두는 형식이다. 실린더 위쪽에 앞·뒤 바퀴 제동용 오일 저장 탱크는 내부가 분리되어 있으며, 실린더 내에는 피스톤이 2개가 들어 있다. 이 경우 푸시로드 쪽의 피스톤이 뒷바퀴용이다. 각각의 피스톤은 리턴 스프링과 스토퍼(stopper)에 의해 그 위치가 결

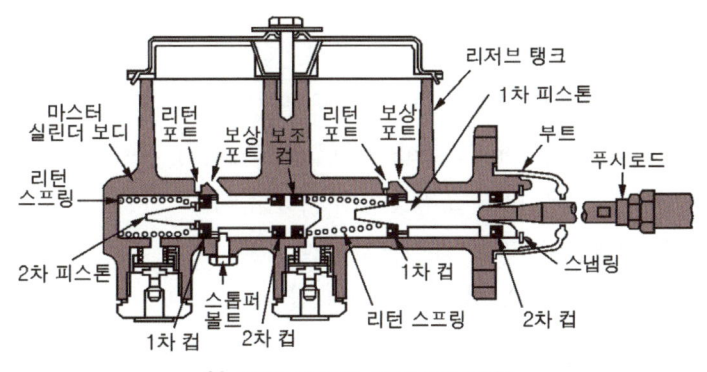

∷ 탠덤 마스터 실린더의 작용

정되며, 앞·뒤 피스톤에는 리턴 스프링이 각각 설치되어 있고, 각각의 피스톤에 대응하는 보상 구멍과 블리더 구멍이 설치되어 있다.

작동은 페달을 밟으면 뒷바퀴 제동용 피스톤이 푸시로드에 의해 리턴 스프링을 압축시키면서 앞바퀴 제동용 피스톤 사이의 오일에 압력을 가하여 뒷바퀴를 제동시킨다. 이와 동시에 앞바퀴 제동용 피스톤도 뒷바퀴 제동용 피스톤에 의해 발생한 유압으로 앞바퀴에 유압을 작동시킨다. 그리고 유압 회로의 고장이 있을 경우에는 다음과 같이 작용한다.

① **뒷바퀴 유압 회로에서 오일 누출이 있을 경우** : 뒷바퀴 제동용 피스톤이 움직인 후 앞바퀴 제동용 피스톤을 작동시킨다.

② **앞바퀴 제동용 회로에 고장이 있을 경우** : 앞바퀴 제동용 피스톤이 움직인 후 뒷바퀴 제동용 회로에 유압

을 작용시킨다.

③ 이 형식에서도 유압 회로에 고장이 발생하면 제동력이 감소하여 제동거리가 길어지며, 제동이 불안정하게 된다.

4 파이프 pipe

브레이크 파이프는 강철 파이프(steel pipe)와 플렉시블 호스(flexible hose)를 사용한다. 파이프는 진동에 견디도록 클립으로 고정하고 연결부는 2중 플레어(double flare)로 하며, 호스는 차축이나 바퀴와 연결하는 부분에서 사용하고 연결부에는 금속제 피팅(fitting)이 설치되어 있다.

5 휠 실린더 wheel cylinder

휠 실린더는 마스터 실린더에서 압송된 유압에 의하여 브레이크 슈를 드럼에 압착시키는 일을 하며, 구조는 실린더 보디, 피스톤, 확장 스프링, 피스톤 컵 그리고 실린더 보디에는 파이프와 연결되는 오일 구멍과 회로 내에 침입한 공기를 제거하기 위한 블리더 스크루(bleeder screw)가 있다.

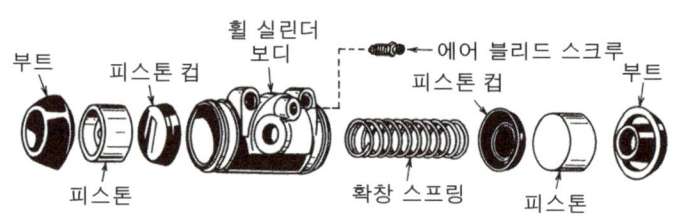

:: 휠 실린더의 구조

6 브레이크 슈 brake shoe

브레이크 슈는 휠 실린더의 피스톤에 의해 드럼과 접촉하여 제동력을 발생하는 부분이며, 라이닝이 리벳이나 접착제로 부착되어 있다. 그리고 슈에는 리턴 스프링(return spring)을 두어 마스터 실린더의 유압이 해제되었을 때 슈가 제자리로 복귀하도록 하며, 홀드 다운 스프링(hold down spring)에 의해 슈를 알맞은 위치에 유지시킨다. 라이닝의 종류에는 위븐 라이닝(weaving lining), 몰드 라이닝(mould lining), 세미 메탈릭 라이닝(semi metallic lining), 메탈릭 라이닝(metallic lining) 등이 사용되고 있다. 그리고 라이닝은 다음과 같은 구비 조건을 갖추어야 한다.

① 내열성이 크고, 페이드 현상이 없을 것
② 기계적 강도 및 내마멸성이 클 것
③ 온도의 변화, 물 등에 의한 마찰계수 변화가 적을 것

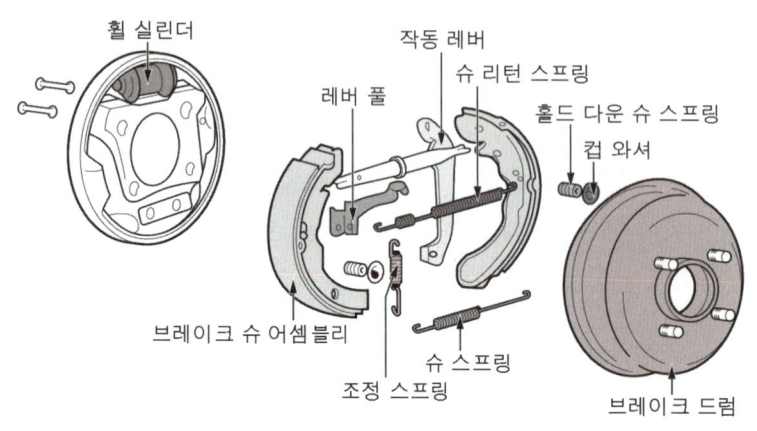 

:: 브레이크 슈

7 브레이크 드럼 brake drum

드럼은 휠 허브(wheel hub)에 볼트로 설치되어 바퀴와 함께 회전하며, 슈와의 마찰로 제동력을 발생시키는 부분이다. 또 냉각 성능을 크게 하고 강성을 높이기 위해 원둘레 방향으로 핀(fin)이나 직각 방향으로 리브(rib)를 두고 있다. 그리고 제동할 때 발생한 열은 드럼을 통하여 방산 되므로 드럼의 면적은 마찰 면에서 발생한 냉각(열 방산) 능력에 따라 결정된다. 드럼이 갖추어야 할 조건은 다음과 같다.

① 가볍고 강도와 강성이 클 것 ② 정적·동적 평형이 잡혀 있을 것
③ 냉각이 잘되어 과열하지 않을 것 ④ 내마멸성이 클 것

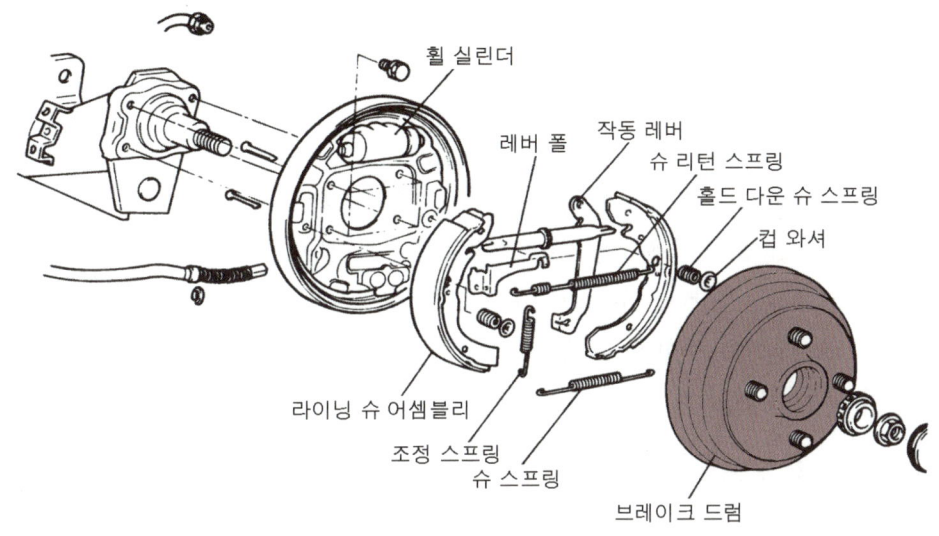

•• 브레이크 드럼

3 브레이크 슈의 구성

1 더블 앵커 방식

더블 앵커 방식은 2개의 앵커핀, 2개의 브레이크 슈로 구성되어 있으며, 해당 슈만이 **자기작동 작용**을 한다. 앵커핀이 편심으로 되어 있어 브레이크 드럼 간극을 조정할 수 있다.

> **자기작동작용**
> 자기작동 작용이란 회전 중인 브레이크 드럼에 제동을 걸면 브레이크 슈는 마찰력에 의해 드럼과 함께 회전하려는 경향이 발생하여 확장력이 커지므로 마찰력이 증대되는 작용을 말한다. 자기작동 작용을 하는 슈를 리딩 슈(leading shoe)라 하며, 드럼의 회전 반대 방향 쪽의 슈는 드럼으로부터 떨어지려는 경향이 생겨 확장력이 감소되는 슈를 트레일링 슈(trailing shoe)라 한다.

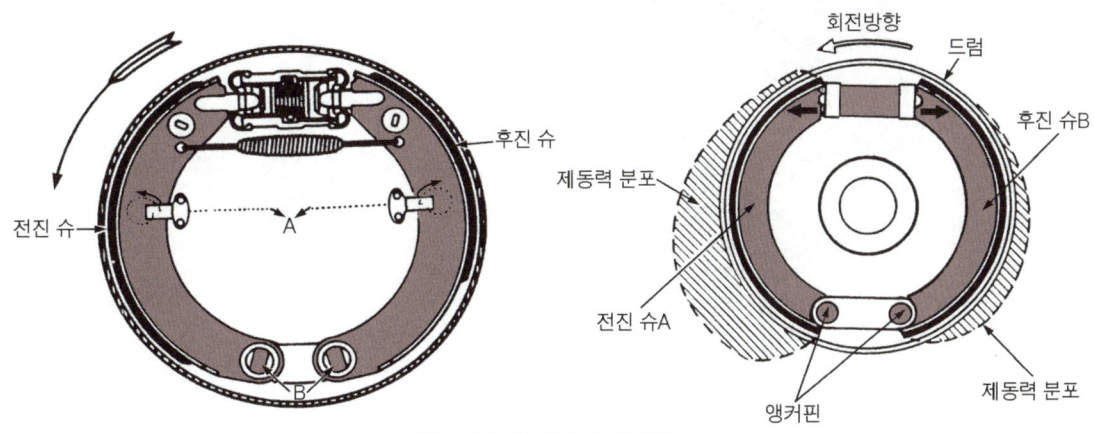

•• 더블 앵커 형식의 구조

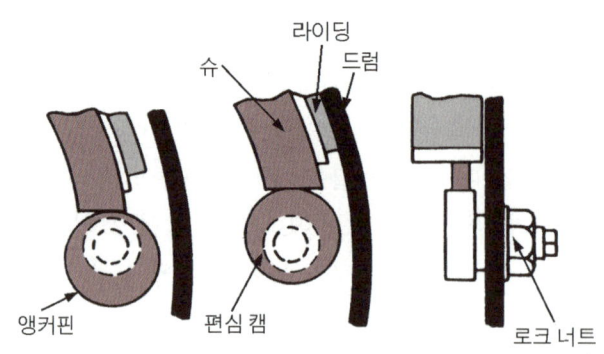
:: 브레이크 간극 조정

2 앵커 링크 방식

앵커 링크 방식은 1개의 앵커 핀, 2개의 브레이크 슈, 2개의 링크로 구성되어 있으며, 휠 실린더에 유압이 작용하면 양쪽 브레이크 슈가 앵커 핀을 피벗으로 확장되어 드럼과 접촉한다. 이때 브레이크 슈는 링크 핀을 피벗으로 움직여 자동적으로 드럼에 대하여 조정된다. 또한 브레이크 드럼 간극을 조정하기 위하여 휠 실린더 양쪽에 조정 바퀴가 설치되어 있다.

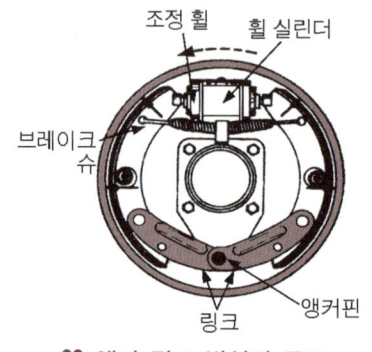
:: 앵커 링크 방식의 구조

3 단동 2리딩 슈 방식

단동 2리딩 슈 방식은 2개의 브레이크 슈, 2개의 단일 직경형 휠 실린더를 사용하여 전진에서 제동할 경우 2개의 브레이크 슈 모두가 자기작동 작용을 하는 리딩 슈로서 작동하기 때문에 큰 제동력을 발생한다.

그러나 후진에서 제동하는 경우 모두 자기작동 작용이 없는 트레일링 슈가 되어 제동력이 전진에서 제동하는 경우보다 1/3로 감소된다.

4 복동 2리딩 슈 방식

복동 2리딩 슈 방식은 2개의 동일 직경형 휠 실린더, 4개의 앵커 핀으로 구성되어 브레이크 드럼의 회전 방향에 따라 고정측이 변경되며, 전후진에서 제동하는 경우 모두 자기작동 작용을 할 수 있는 리딩 슈가 되어 큰 제동력을 얻을 수 있다.

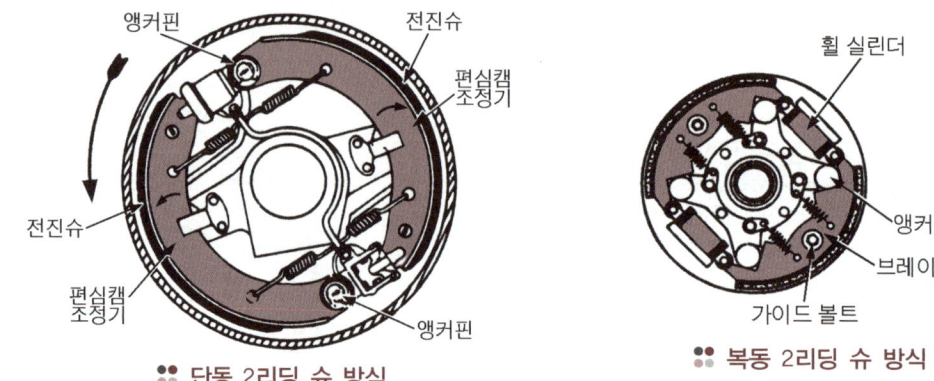
:: 단동 2리딩 슈 방식 :: 복동 2리딩 슈 방식

5 넌 서보형 non-servo brake

넌 서보형은 브레이크가 작동될 때 자기작동 작용이 해당 슈에만 발생하게 된 것이며, 전진 방향에서 자기 작동 작용을 하는 슈를 전진 슈, 후진 방향에서 자기 작동 작용을 하는 슈를 후진 슈라고 부른다.

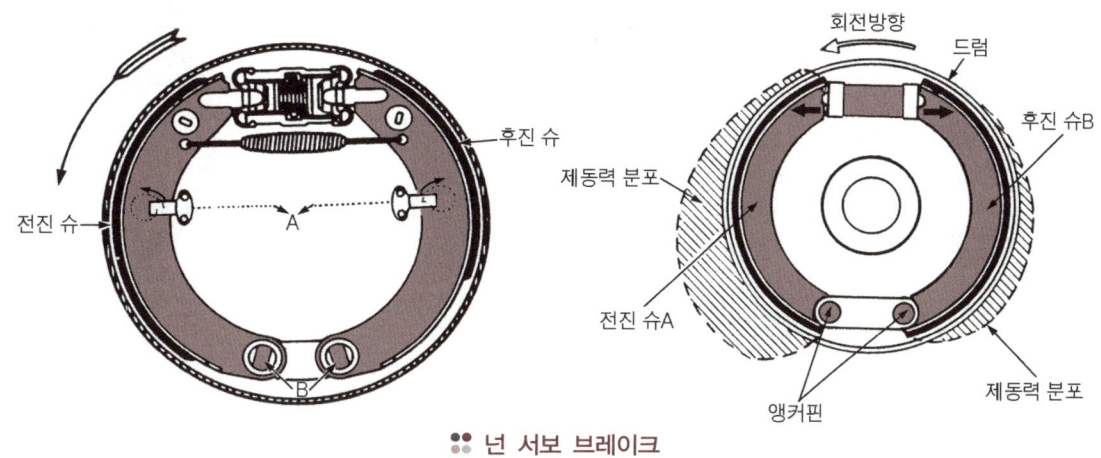

:: 넌 서보 브레이크

6 유니 서보형 uni-servo type

유니 서보형은 전진에서는 휠 실린더 피스톤에 의하여 1차 슈가 밀려지면 2차 슈에도 자기작동 작용이 일어나 모든 슈가 리딩 슈가 되지만, 후진에서는 2개의 슈가 모두 트레일링 슈로 되어 제동력이 감소하는 것이다. 또 먼저 자기 작동 작용이 일어나는 슈를 **1차 슈**, 나중에 자기 작동 작용이 일어나는 슈를 **2차 슈**라고 부른다.

7 듀오 서보형 duo-servo type

듀오 서보형은 브레이크 슈가 드럼에 압착되어 있을 때 드럼의 회전 방향에 따라 고정측이 바뀌어 전진 또는 후진에서 모두 자기작동 작용이 일어나 강력한 제동력이 발생한다. 또 먼저 자기 작동 작용이 일어나는 슈를 **1차 슈**, 나중에 자기 작동 작용이 일어나는 슈를 **2차 슈**라고 부른다.

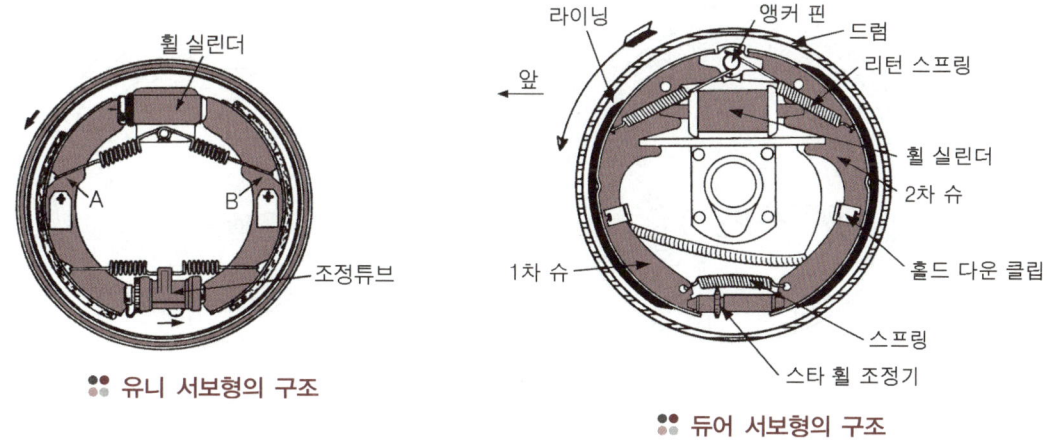

:: 유니 서보형의 구조   :: 듀어 서보형의 구조

4 브레이크 드럼과 슈의 자기작동

자기작동 작용이란 회전 중인 브레이크 드럼에 제동을 걸면 슈는 마찰력에 의해 드럼과 함께 회전하려는 경향이 발생하여 확장력이 커지므로 마찰력이 증대되는 작용이다. 한편, 드럼의 회전 반대 방향 쪽의 슈는 드럼으로부터 떨어지려는 경향이 생겨 확장력이 감소된다. 이때 자기 작동 작용을 하는 슈를 **리딩 슈**(leading shoe), 자기 작동 작용을 하지 못하는 슈를 **트레일링 슈**(trailing shoe)라고 한다.

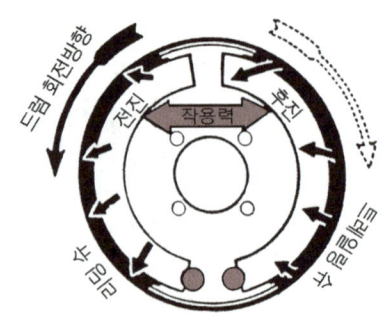

∷ 자기 작동 작용

5 자동 간극 조정 브레이크

브레이크 라이닝이 마멸되면 라이닝과 드럼의 간극이 커지므로 브레이크 페달을 밟는 양이 증가한다. 이에 따라 필요할 때마다 라이닝 간극을 조정하여야 한다. 이 형식은 라이닝 간극 조정이 필요할 때 후진에서 브레이크 페달을 밟으면 자동적으로 조정된다.

작동은 후진에서 브레이크 페달을 밟으면 슈가 드럼에 밀착됨과 동시에 회전 방향으로 움직여 그림의 슈 B(2차 슈)가 앵커 핀으로부터 떨어진다. 이에 따라 조정 케이블이 조정 레버를 당겨 조정기 휠과 접촉하는 부분을 들어올린다. 슈와 드럼의 간극이 크면 이 움직임도 커지며 간극이 일정 값에 도달하면 조정기 휠의 다음 이에 조정 레버가 물린다. 이 상태에서 브레이크 페달을 놓으면 슈 B가 다시 앵커 핀에 밀착되어 조정기 케이블이 헐거워지므로 조정레버는 스프링의 장력으로 제자리로 복귀되며 이때 조정기 휠을 1노치 회전시킨다. 이에 따라 슈와 드럼의 간극이 작아진다. 그리고 전진에서는 브레이크 페달을 밟아도 슈 B가 앵커 핀에 밀착된 상태를 유지하므로 조정 장치는 작동하지 않는다.

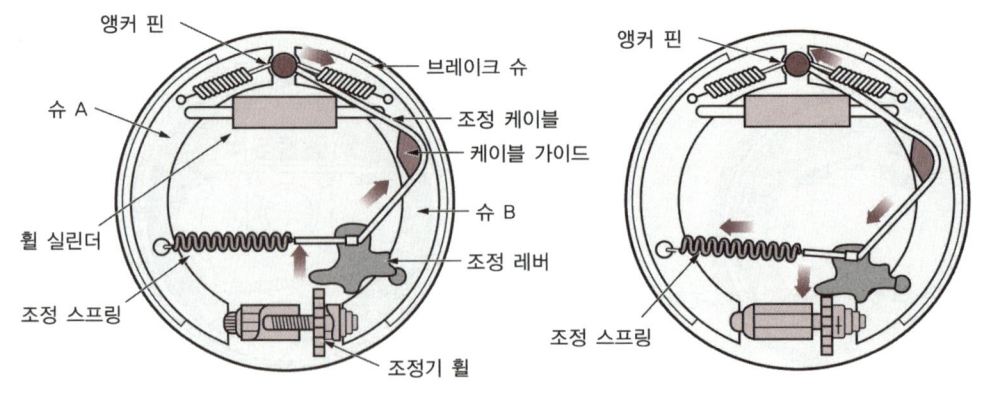

∷ 자동 조정 브레이크

6 브레이크 오일

브레이크 오일은 피마자 기름에 알코올 등의 용제를 혼합한 식물성 오일이며, 구비조건은 다음과 같다.
① 점도가 알맞고 점도 지수가 클 것   ② 윤활성이 있을 것

③ 빙점이 낮고, 비등점이 높을 것
④ 화학적 안정성이 클 것
⑤ 고무 또는 금속 제품을 부식, 연화, 팽창시키지 않을 것
⑥ 침전물 발생이 없을 것

7 디스크 브레이크

1 개요

디스크 브레이크(disc brake)는 마스터 실린더에서 발생한 유압을 캘리퍼로 보내어 바퀴와 함께 회전하는 디스크를 양쪽에서 패드(pad ; 슈)로 압착시켜 제동을 시킨다. 디스크 브레이크는 디스크가 대기 중에 노출되어 회전하므로 페이드 현상이 적으며, 자동 조정 브레이크 형식이다. 그리고 이 형식의 구성은 바퀴와 함께 회전하는 디스크, 디스크와 함께 제동력을 발생시키는 패드, 패드와 피스톤을 지지하며 스핀들이나 판에 고정된 캘리퍼 등으로 구성되어 있다. 디스크 브레이크의 장·단점은 다음과 같다.

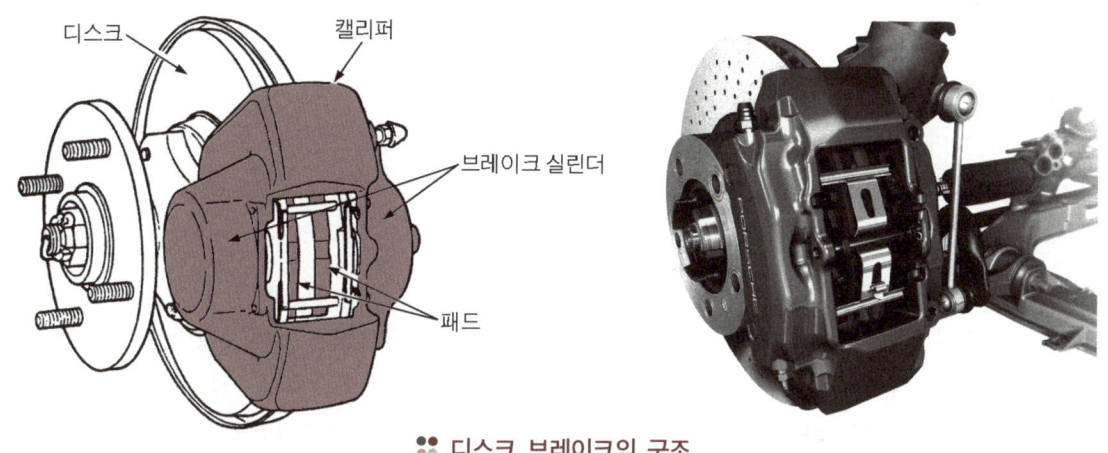

∷ 디스크 브레이크의 구조

디스크 브레이크의 장점	디스크 브레이크의 단점
① 디스크가 대기 중에 노출되어 회전하므로 냉각 성능이 커 제동 성능이 안정된다. ② 자기 작동 작용이 없어 고속에서 반복적으로 사용하여도 제동력의 변화가 적다. ③ 부품의 평형이 좋고 한쪽만 제동되는 일이 없다. ④ 디스크에 물이 묻어도 제동력의 회복이 크다. ⑤ 구조가 간단하고 부품 수가 적어 차량의 무게가 경감되며, 정비가 쉽다.	① 마찰 면적이 적어 패드의 압착력이 커야 한다. ② 자기 작동 작용이 없어 페달 조작력이 커야 한다. ③ 패드의 강도가 커야 하며, 패드의 마멸이 크다. ④ 디스크에 이물질이 쉽게 부착된다.

2 디스크 브레이크의 종류

디스크 브레이크의 종류는 캘리퍼의 양쪽에 설치된 실린더가 브레이크 패드를 디스크에 접촉시켜 제동력을 발생하는 고정 캘리퍼형(대향 피스톤형이라고도 한다), 실린더가 한쪽에 설치되어 캘리퍼 전체가 이동하여 제동력을 발생하는 부동 캘리퍼형으로 분류한다.

부동 캘리퍼형에는 1피스톤 형식과 2피스톤 형식이 있으며, 그림의 중앙에 나타낸 것과 같이 1피스톤 형식은 캘리퍼를 좌우로 움직여 제동력을 발생할 수 있도록 한 형식으로 캘리퍼의 한쪽에 1개의 실린더와 내부에 1개의 피스톤이 설치되어 있으며, 마스터 실린더에서 유압이 공급되어 피스톤이 패드를 디스크에 압착하면 캘리퍼는 반력에 의해서 이동되어 반대쪽의 패드도 디스크에 압착되어 제동력을 발생하게 된다.

그림의 우측에 나타낸 2피스톤 형식은 1개의 실린더에 2개의 피스톤을 설치하여 2개의 피스톤 사이에 유압이 작용하면 좌측의 피스톤은 직접 패드를 디스크에 압착시키고 우측의 피스톤은 캘리퍼를 통하여 반대쪽의 패드를 디스크에 압착되도록 하여 제동력을 발생하게 된다.

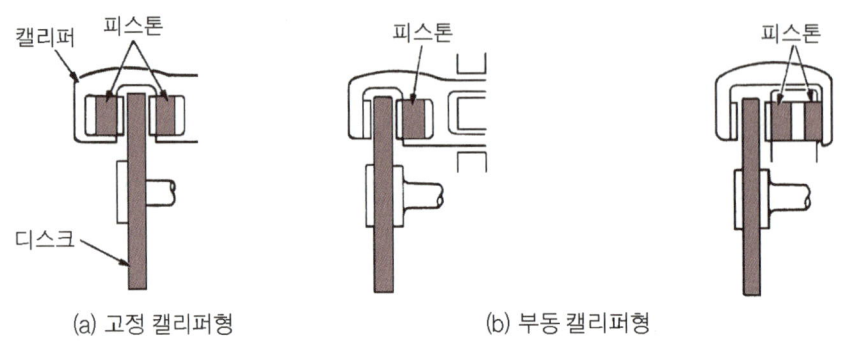

(a) 고정 캘리퍼형　　(b) 부동 캘리퍼형

∷ 디스크 브레이크의 종류

1) 고정 캘리퍼형

고정 캘리퍼형은 바퀴와 함께 회전하는 디스크와 차축이나 스트럿에 고정되어 있는 캘리퍼로 구성되어 있으며, 캘리퍼의 양 끝에 실린더가 설치되어 있다. 실린더에는 피스톤 및 자동 조정장치가 내장되어 있으며, 마스터 실린더에서 캘리퍼의 실린더에 유압이 공급되면 피스톤이 패드를 디스크의 양면에 압착시켜 제동 작용이 이루어지도록 하는 형식이다.

캘리퍼의 바깥쪽 실린더가 바퀴의 안쪽면에 설치되기 때문에 방열 작용이 좋지 않아 베이퍼록을 일으키는 경우가 있으며, 캘리퍼의 중앙을 양쪽으로 분리할 수 있는 분할형과 분리할 수 없는 일체형이 있다.

① **디스크(disc)** : 디스크는 바퀴의 허브에 설치되어 바퀴와 함께 회전하는 주철제 원판으로 그림에 나타낸 것과 같이 제동시에 발생되는 마찰열을 방산시키기 위하여 내부에 냉각용의 통기 구멍이 설치되어 있는 벤틸레이디드 디스크로 되어 있다.

② **캘리퍼(caliper)** : 캘리퍼는 주철제로 되어 제동력의 반력을 받음과 동시에 패드를 디스크에 밀착시킬 때 반력을 받기 때문에 차축이나 스트럿에 단단하게 고정되어 있다.

∷ 캘리퍼 일체형

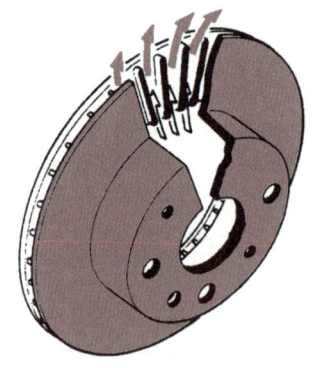

∷ 벤틸레이티드 디스크

③ **실린더 및 피스톤**(cylinder & piston) : 실린더 및 피스톤은 디스크에 끼워지는 캘리퍼에 설치되어 있기 때문에 구조는 그림에 나타낸 것과 같다. 실린더의 끝 부분에는 피스톤과의 사이에서 수분 및 이물질이 유입되는 것을 방지하기 위하여 유연한 고무의 부츠가 설치되어 있으며, 안쪽에는 고무제의 피스톤 실이 실린더 내벽의 홈에 설치되어 실린더 내의 유압을 유지함과 동시에 디스크와 패드 사이의 간극을 조절하는 자동 조정장치의 역할도 한다.

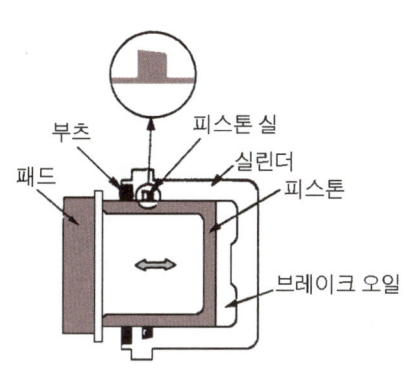
∷ 실린더와 피스톤의 조립 상태

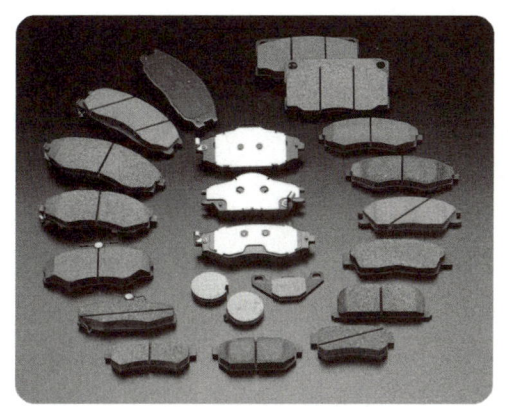
∷ 각종 브레이크 패드

④ **패드**(pad) : 패드는 두께가 약 10mm 정도의 반금속제로 피스톤의 선단에 설치되어 있다. 패드의 측면에는 사용 한계를 나타내는 홈이 설치되어 있으며, 캘리퍼에 설치된 점검 홈에 의해서 패드가 설치된 상태에서 마모 상태를 점검할 수 있도록 되어 있다.

2) 부동 캘리퍼형

캘리퍼를 좌우로 움직여 제동력을 발생할 수 있도록 한 형식으로 캘리퍼의 한쪽에 1개의 실린더와 내부에 1개의 피스톤이 설치되어 있으며, 마스터 실린더에서 유압이 공급되어 피스톤이 패드를 디스크에 압착하면 캘리퍼는 반력에 의해서 이동하여 반대쪽의 패드를 디스크에 압착시켜 제동력을 발생하게 된다. 이 형식은 현재 소형 승용차량에 모두 사용되고 있는 디스크 브레이크 형식이다.

구조는 그림에 나타낸 것과 같이 바퀴와 함께 회전하는 디스크와 부동식의 캘리퍼, 캘리퍼에 조립되어 있는 피스톤과 부츠로 구성되어 있으며, 작동은 다음과 같다.

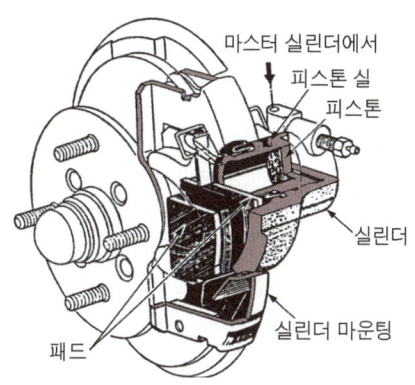
∷ 부동 캘리퍼 형식의 구조

실린더 내에 유압이 작용하면 피스톤은 그림에 나타낸 것과 같이 A의 방향으로 이동되어 캘리퍼 우측에 설치된 패드가 디스크에 압착된다. 동시에 실린더의 우측으로도 동일의 유압이 작용하기 때문에 캘리퍼를 B의 방향으로 당겨 캘리퍼 좌측에 설치된 패드도 디스크에 압착된다. 또한 디스크와 패드의 사이의 간극 조정은 고정 캘리퍼형과 동일하게 피스톤 실에 의해서 이루어진다.

● **장점**
① 구조가 간단하고 중량이 가볍다.
② 실린더가 통풍이 잘되는 위치에 설치되어 베이퍼록 현상이 없다.

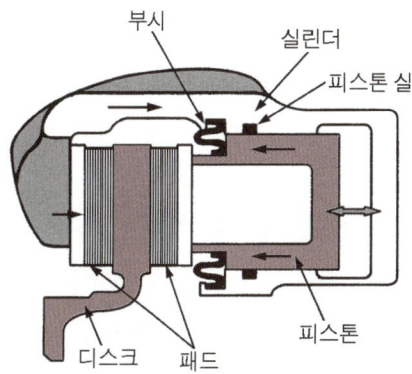
∷ 부동 캘리퍼 형식의 작동

③ 부품수가 적고 오일이 누출될 수 있는 개소도 적다.

● 단점
① 피스톤의 이동량을 크게 하여야 한다.
② 먼지 등에 의해 이동이 원활하지 않게 되기 쉽다.
③ 패드의 편마멸이 되기 쉽다.

3 벤틸레이티드 디스크

디스크는 바퀴의 허브에 설치되어 바퀴와 함께 회전하는 주절제 원판으로 그림에 나타낸 것과 같이 제동시에 발생되는 마찰열을 방산시키기 위하여 내부에 냉각용의 통기 구멍이 설치되어 있다.

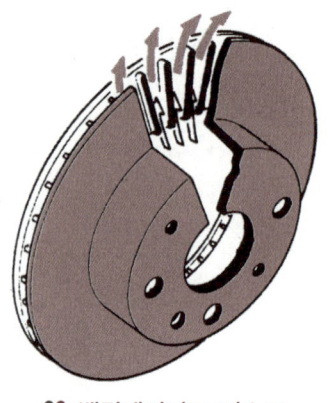

∷ 벤틸레이티드 디스크

4 자동 간극 조정장치

자동 간극 조정장치는 패드가 마모되면 자동적으로 피스톤을 전진시켜 디스크와의 간극을 항상 일정한 값으로 유지되며, 조정은 고무제의 피스톤 실에 의해서 이루어진다.

우측 그림에 나타낸 것과 같이 마스터 실린더에서 유압이 공급되면 피스톤은 실을 변형시키면서 패드에 압력을 가하여 제동력이 발생되도록 하고 유압이 해제되면 좌측 그림에 나타낸 것과 같이 피스톤 실의 탄성에 의해서 피스톤이 당겨져 복귀되므로 디스크와 패드와의 사이에는 항상 일정한 간극을 유지하게 된다.

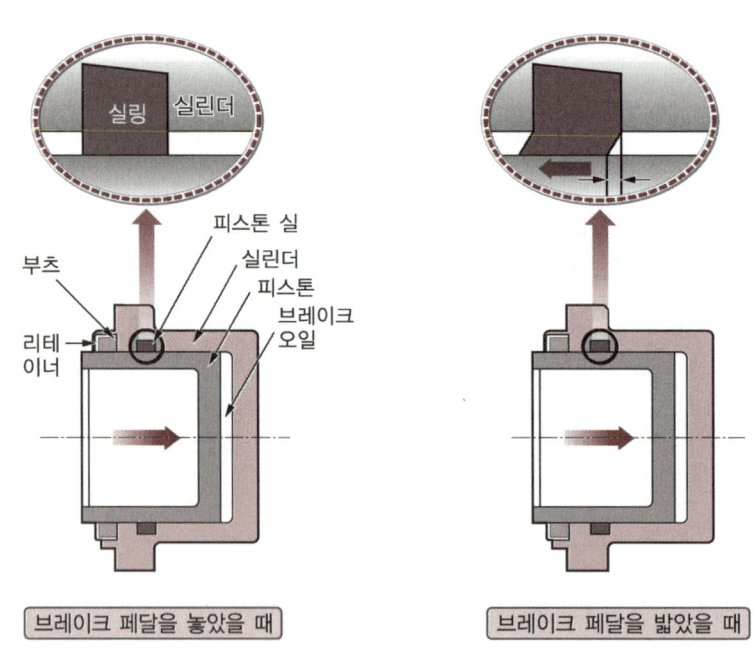

∷ 피스톤 실의 작동

5 패드 마모시 작동

패드가 마모되면 피스톤의 이동량이 많아지기 때문에 피스톤 실의 변형량을 초과하면 실과 실린더 사이에서 미끄러진 후 실을 변형시키면서 패드에 압력을 가하여 제동력이 발생되도록 한다. 유압이 해제되면 피스톤 실의 탄성에 의해서 피스톤이 변형량 만큼 당겨져 복귀되므로 디스크와 패드 사이에 새로운 간극으로 조정되어 유지하게 된다.

6 패드 마모시 경보장치

브레이크 패드에는 패드 두께가 마모되어 2mm가 되었을 때는 마모 인디케이터가 브레이크 디스크에 접촉되어 경고음을 발생하여 운전자에게 브레이크 패드의 교환 시기를 알려준다.

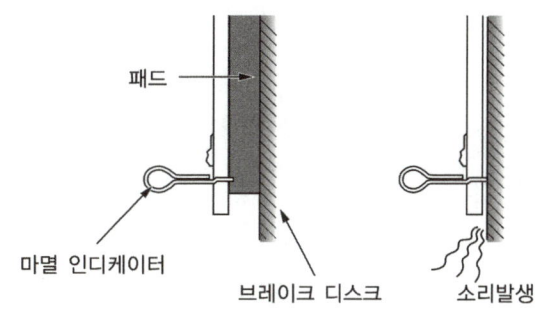

❈ 디스크 마모 인디케이터

8 배력식 브레이크

배력식 브레이크(servo brake)는 유압 브레이크에서 제동력을 증대시키기 위해 엔진의 흡입행정에서 발생하는 진공(부압)과 대기압력 차이를 이용하는 진공 배력식(하이드로 백), 압축 공기의 압력과 대기 압력의 차이를 이용하는 공기 배력식(하이드로 에어 팩)이 있다. 공기 배력식은 구조상 공기 압축기와 공기 저장 탱크를 더 배치하고 있으며, 작동 원리는 진공 배력식과 같으므로 여기서는 진공 배력식의 구조와 작동에 대해서만 설명하기로 한다.

8-1. 진공 배력식의 원리

진공 배력식은 흡입다기관의 진공과 대기 압력과의 차이를 이용한 것으로 배력 장치에 이상이 발생하여도 일반적인 유압 브레이크로 작동할 수 있도록 하고 있다. 원리는 흡기다기관에서 발생하는 진공이 50cmHg이며, 대기 압력이 76cmHg이므로 이들 사이에는 76-50 = 26(cmHg) = $0.34kgf/cm^2$이다. 그러므로 대기 압력 $1.0332kgf/cm^2 - 0.34kgf/cm^2 = 0.7kgf/cm^2$가 된다. 이 압력 차이가 진공 배력식 브레이크를 작동시키는 힘이다.

8-2. 진공 배력식의 종류

종류에는 마스터 실린더와 배력장치를 일체로 한 직접 조작식(마스터 백)과 마스터 실린더와 배력 장치를 별도로 설치한 원격 조작식(하이드로 백)이 있다.

1 직접 조작식(마스터 백)

브레이크 페달을 밟으면 작동 로드가 포핏과 밸브 플런저를 밀어 포핏이 동력 피스톤 시트에 밀착되어 진공 밸브를 닫으므로 동력 실린더(부스터) A와 B에 진공의 도입이 차단된다. 동시에 밸브 플런저는 포핏으로부터 떨어지고 공기 밸브가 열려 동력 실린더 B에 여과기를 경유한 대기(大氣)가 유입되기 때문에 동력 피스톤이 마스터 실린더의 푸시로드를 밀어 배력 작용을 한다.

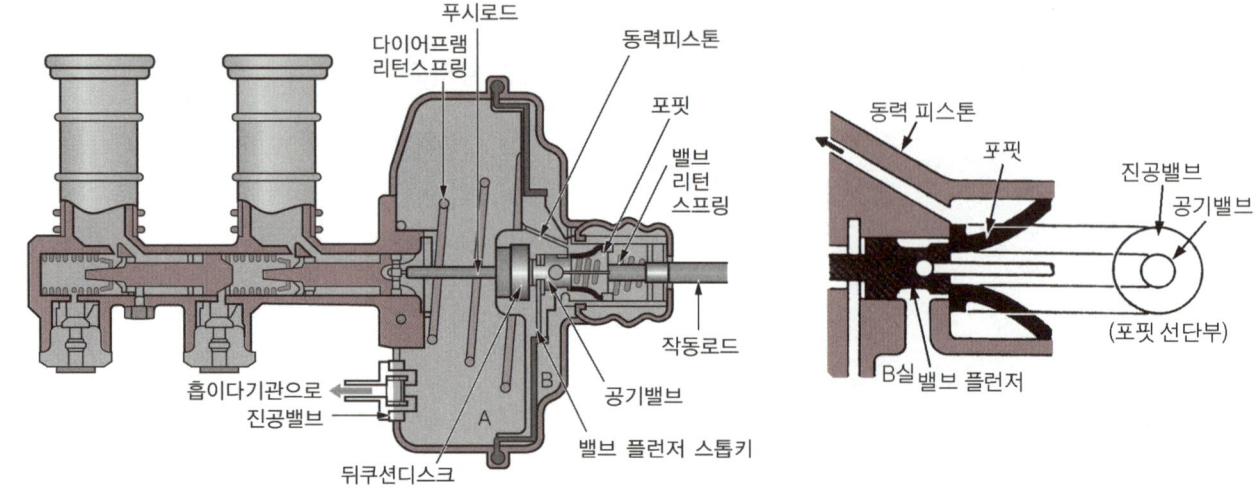

직접 조작식(마스터 백)의 작동 (1)

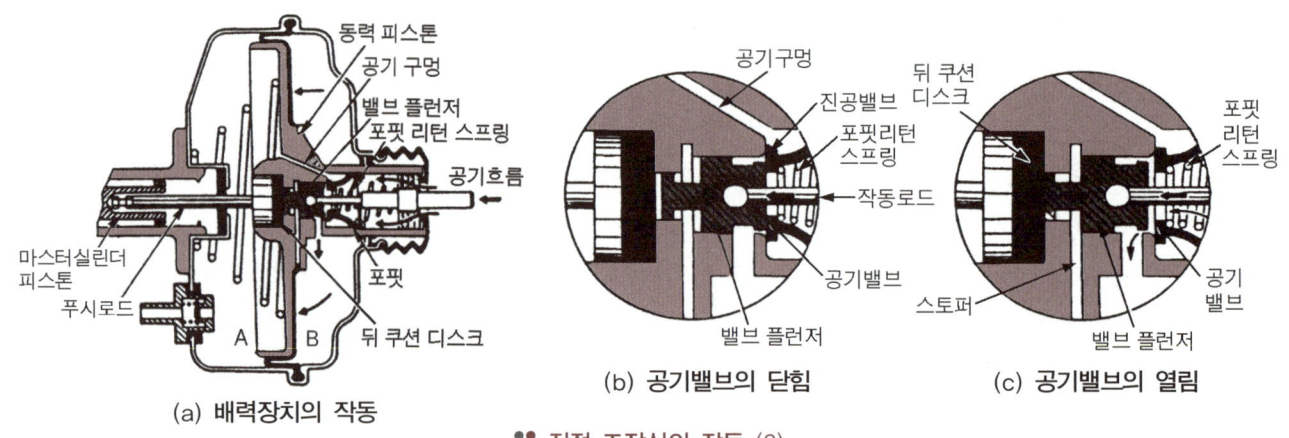

(a) 배력장치의 작동   (b) 공기밸브의 닫힘   (c) 공기밸브의 열림

직접 조작식의 작동 (2)

그리고 브레이크 페달을 놓으면 밸브 플런저가 리턴 스프링의 장력에 의해 제자리로 복귀됨에 따라 공기 밸브가 닫히고 진공 밸브를 열어 동력 실린더 A와 B의 압력이 같아지면 마스터 실린더의 반작용과 다이어프램 리턴 스프링의 장력으로 동력 피스톤이 제자리로 복귀한다. 이 형식의 특징은 다음과 같다.

① 진공 밸브와 공기 밸브가 푸시로드에 의해 작동하므로 구조가 간단하고 무게가 가볍다.
② 배력 장치에 고장이 발생하여도 페달의 조작력은 작동 로드와 푸시로드를 거쳐 마스터 실린더에 작용하므로 유압 브레이크 만으로 작동을 한다.
③ 페달과 마스터 실린더 사이에 배력 장치를 설치하므로 설치 위치에 제한을 받는다.

2 원격 조작식

원격 조작식은 유압 계통(유압 브레이크와 하이드롤릭 실린더)과 진공 계통(동력 실린더, 동력 피스톤, 릴레이 밸브 및 밸브 피스톤, 체크 밸브)으로 나누어진다.

1) 구조

① **진공 계통**
- **동력 실린더(power cylinder)** : 이 실린더는 강철판을 원형으로 프레스 가공한 것이며, 내부에는 피스톤과 리턴 스프링이 들어 있다.

● **동력 피스톤(power piston)** : 이 피스톤은 진공과 대기 압력의 양쪽(동력 실린더의 A와 B) 압력 차이에 의해 작동하며, 강력한 유압을 휠 실린더로 보낸다. 동력 피스톤은 2매의 둥근 강철판을 그 둘레 사이에 가죽 패킹을 끼우고 합친 구조로 되어 있다.

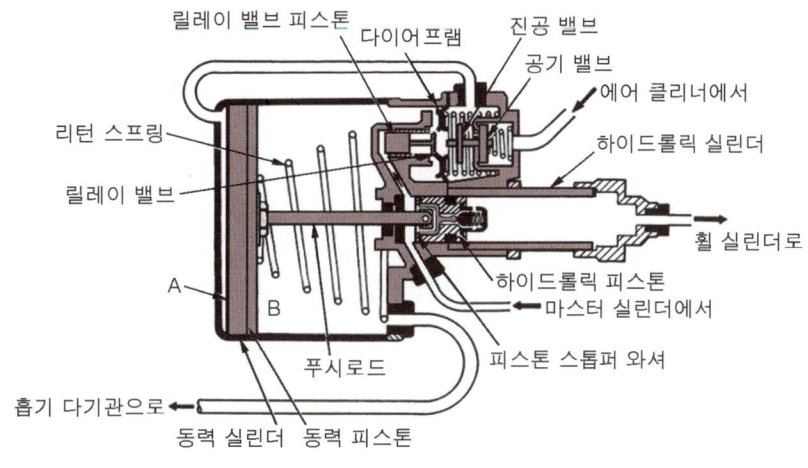

:: 원격 조작식

● **릴레이 밸브와 밸브 피스톤** : 이들의 작동은 마스터 실린더로부터의 유압에 의해 동력 실린더 A쪽에 진공을 도입하거나 차단하는 일을 한다. 릴레이 밸브는 공기 밸브와 진공 밸브로 되어 있으며, 공기 밸브는 스프링에 의해 닫혀진 상태로 설치된다. 진공 밸브는 중앙에 밸브 시트를 두고 있는 다이어프램과 상대하는 위치에 있으며, 다이어프램은 릴레이 피스톤에 의해 작동한다.

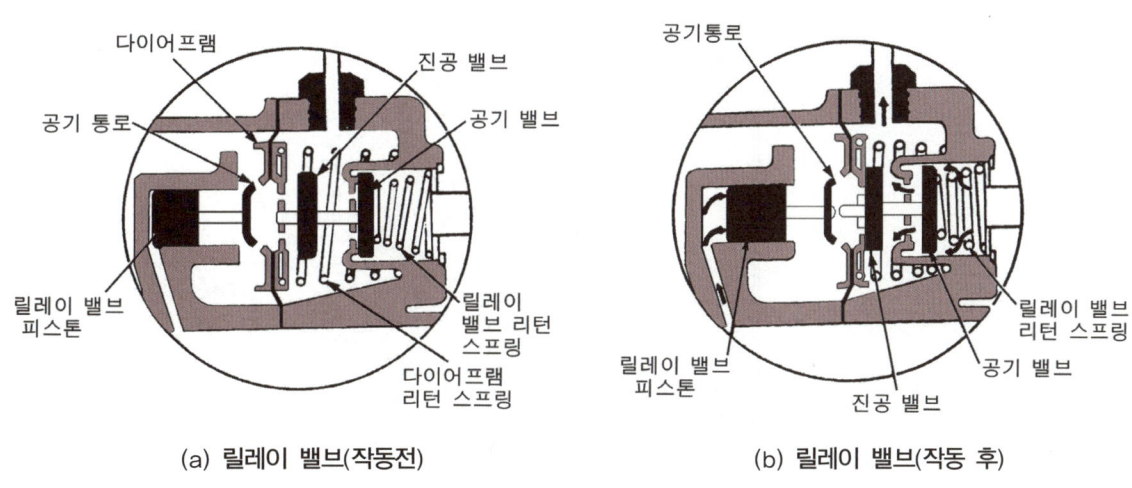

(a) 릴레이 밸브(작동전)   (b) 릴레이 밸브(작동 후)

:: 릴레이 밸브와 밸브 피스톤

② 유압 계통

● **하이드롤릭 실린더(hydraulic cylinder)** : 이 실린더의 내부에는 동력 피스톤과 푸시로드에 의해 작동하는 하이드롤릭 피스톤이 있다.

● **하이드롤릭 피스톤(hydraulic piston)** : 이 피스톤은 동력 피스톤의 푸시로드 끝에 설치되며, 내부에 체크 밸브와 요크가 설치되어 있다. 체크 밸브는 동력 피스톤이 작동하지 않을 때는 열려 마스터 실린더의 오일이 휠 실린더로 흐를 수 있도록 하고, 동력 피스톤이 작용하여 하이드롤릭 피스톤이 이동하면 요크가 스톱 와셔로부터 떨어지기 때문에 닫힌다. 하이드롤릭 피스톤이 각 휠 실린더로 오일을 압송한다.

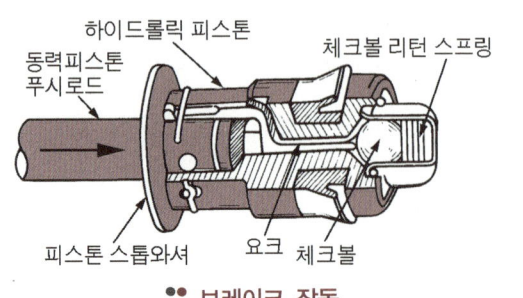
● 브레이크 작동

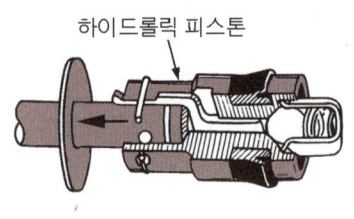
● 브레이크 해제

2) 작동

① **브레이크 페달을 밟았을 때** : 페달을 밟으면 마스터 실린더 내의 오일이 하이드롤릭 피스톤의 체크 밸브를 거쳐 휠 실린더로 공급되며, 이와 동시에 릴레이 밸브 피스톤에도 유압이 작용된다. 릴레이 밸브 피스톤에 가해지는 유압이 상승하면 피스톤이 이동하여 다이어프램을 사이에 두고 진공 밸브가 닫혀 동력 실린더의 A와 B에 진공 도입을 차단한다.

다음에 공기 밸브가 열려 대기 압력이 동력 실린더 A로 들어온다. 이에 따라 동력 피스톤이 A에서 B로 이동하여 푸시로드를 거쳐 하이드롤릭 피스톤을 이동시킨다. 하이드롤릭 피스톤이 이동하면 스톱 와셔에 밀착되어 있던 요크가 떨어진다. 이때 체크 밸브를 닫아 마스터 실린더와 휠 실린더 사이의 오일 흐름이 차단되고 하이드롤릭 실린더 내의 오일을 휠 실린더로 보내어 제동 작용을 한다.

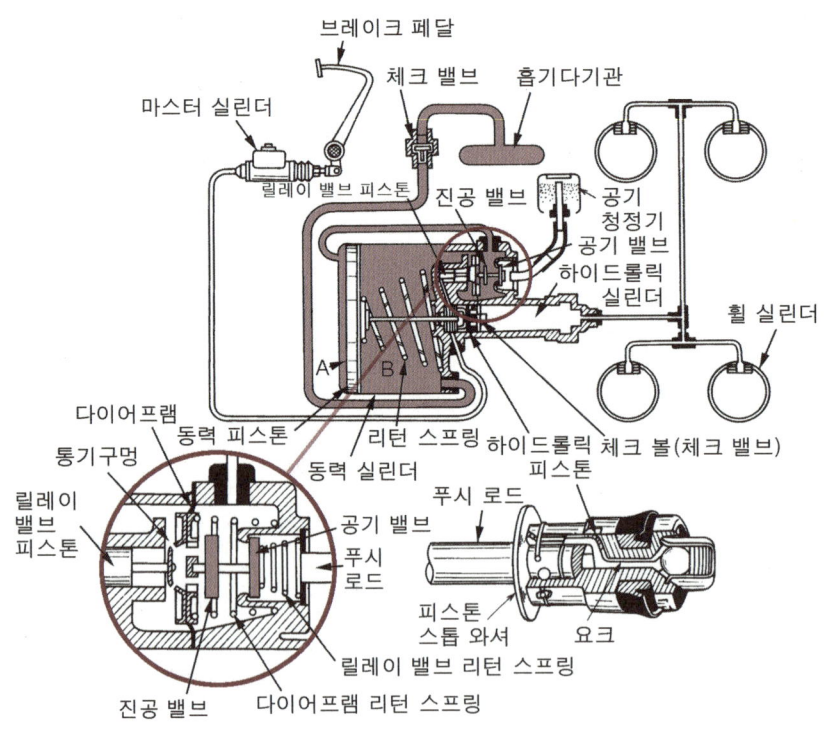
● 브레이크를 작용시키지 않았을 때

② **브레이크 페달을 놓았을 때** : 페달을 놓으면 릴레이 밸브 피스톤에 작동하던 마스터 실린더의 유압이 낮아져 피스톤이 다이어프램 스프링에 의해 제자리로 복귀되며, 공기 밸브가 닫혀 대기의 유입을 차단한다. 그 다음 진공 밸브가 다이어프램으로부터 떨어져 진공 밸브가 열린다.

이에 따라 동력 실린더 양쪽에는 압력의 차이가 없어져 리턴 스프링의 장력으로 동력 피스톤과 하이드롤릭 피스톤도 제자리로 복귀하며, 하이드롤릭 피스톤의 체크 밸브가 열려 휠 실린더에 작용하였던 오일이 마스터 실린더로 복귀한다.

3) 특징

① 배력 장치가 마스터 실린더와 휠 실린더 사이를 파이프로 연결하므로 설치 위치가 자유롭다.
② 진공 밸브와 공기 밸브가 마스터 실린더 유압만으로 작동되며, 그 구조가 복잡하다
③ 회로 내의 잔압이 너무 크면 배력 장치가 항상 작동하므로 잔압의 관계에 주의하여야 한다.

8-3. 공기식 배력 장치

공기식 배력장치는 압축 공기와 대기압의 압력차를 이용하여 제동력을 증대시키는 장치로서 대형 버스 및 트럭에 사용되고 있으며, 공기 압축기, 공기 탱크, 압력 제어장치 등으로 구성되어 있기 때문에 진공식 배력 장치에 비하여 가격이 비싸다.

1 하이드로 에어백의 구조

하이드로 에어백의 구조는 진공식 배력 장치의 원격 조작식과 거의 비슷하다.

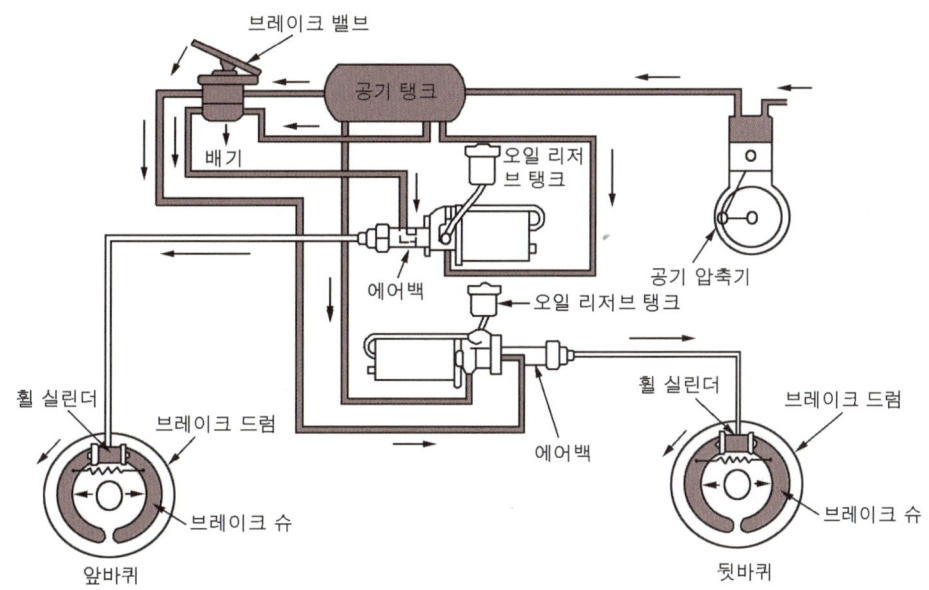

:: 압축 공기식 배력 장치의 구성품

2 하이드로 에어백의 작동

1) 브레이크 페달을 밟을 때

브레이크 페달을 밟으면 마스터 실린더의 오일이 하이드롤릭 실린더와 릴레이 밸브 피스톤에 작용하여 대기 밸브를 닫음과 동시에 공기 밸브를 열어 동력 피스톤 뒤쪽에 공기가 유입된다. 반대쪽에 있는 공기는 대기 구멍으로 배출되고 동력 피스톤이 이동하여 하이드롤릭 피스톤을 밀어 충분히 가압된 오일을 휠 실린더로 공급하여 브레이크 슈를 드럼에 압착시켜 제동 작용을 한다.

2) 브레이크 페달을 놓을 때

브레이크 페달을 놓으면 마스터 실린더의 유압이 낮아지기 때문에 동력 피스톤의 리턴 스프링에 의해 제자리로 복귀된다. 이때 먼저 릴레이 밸브가 리턴 스프링에 의해 복귀되면서 공기 밸브를 닫음과 동시에 대기 밸브를 열어 동력 피스톤 뒤쪽에 작용하였던 공기를 대기중에 방출시켜 동력 피스톤의 양쪽이 대기압으로 평형이 되어 작동 전의 상태로 되돌아간다. 따라서 드럼에 접촉되었던 브레이크 슈도 리턴 스프링에 의해 복귀되어 제동 작용이 해제된다.

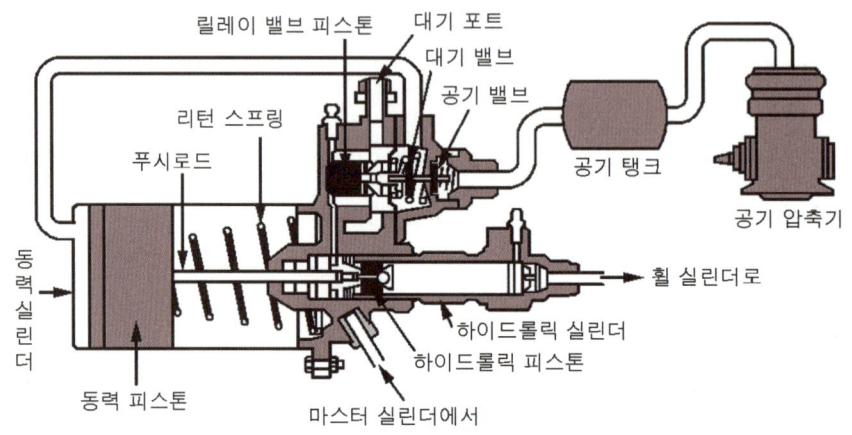

❖❖ 압축 공기식 배력 장치의 구조

3 하이드로 에어백의 장·단점

● 장점

① 동력 피스톤의 지름을 작게 하여도 강력한 제동력을 얻을 수 있다.
② 공기의 소비량이 비교적 적다.
③ 압축 공기의 최대 압력이 5~7kgf/cm²이기 때문에 제동력이 크다.

● 단점

① 구조가 복잡하고 제작비가 비싸다.
② 공기 압축기 작동에 엔진의 출력이 손실된다.

9 공기 브레이크

공기 브레이크는 압축 공기의 압력을 이용하여 모든 바퀴의 브레이크 슈를 드럼에 압착시켜서 제동 작용을 하는 것이며, 브레이크 페달에 의해 밸브를 개폐시켜 브레이크 체임버에 공급되는 공기량으로 제동력을 조절하며 장·단점은 다음과 같다.

1 공기 브레이크의 장점

① 자동차 중량에 제한을 받지 않는다.

② 공기가 다소 누출되어도 제동 성능이 현저하게 저하되지 않는다.
③ 베이퍼록의 발생 염려가 없다.
④ 페달 밟는 양에 따라 제동력이 조절된다(브레이크는 페달 밟는 힘에 의해 제동력이 비례한다.)

2 공기 브레이크의 단점

① 공기 압축기 구동에 엔진의 출력이 일부 소모된다.
② 구조가 복잡하고 값이 비싸다.

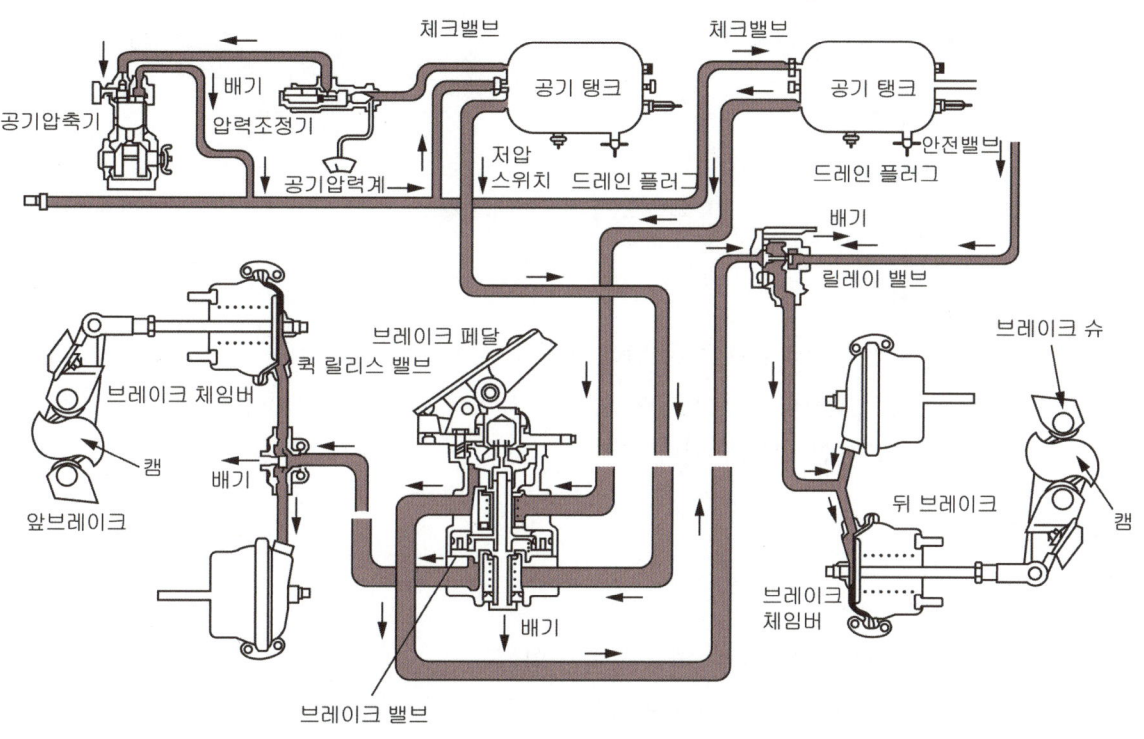

:: 공기 브레이크의 배관 및 구조

3 압축 계통

1) 공기 압축기 air compressor

공기 압축기는 엔진의 크랭크축에 의해 V벨트로 구동되며, 엔진 회전수의 1/2로 회전하면서 압축 공기를 생산하는 역할을 한다. 공기 입구 쪽에는 언로더 밸브가 설치되어 있어 압력 조정기와 함께 공기 압축기가 과다하게 작동하는 것을 방지하고 공기 저장 탱크 내의 공기 압력을 일정하게 조정한다.

2) 압력 조정기와 언로더 밸브 air pressure regulator & unloader valve

압력 조정기는 공기저장 탱크 내의 압력이 5~7kgf/cm²이상 되면 공기 탱크에서 공기 입구로 들어온 압축 공기가 스프링 장력을 이기고 밸브를 밀어 올린다. 이에 따라 압축 공기는 언로더 밸브 위쪽에 작용하여 언로더 밸브를 열어 압축기의 압축작용이 정지된다. 또한

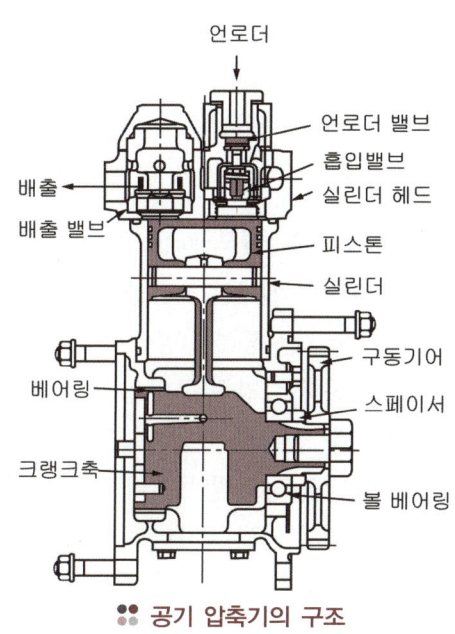

:: 공기 압축기의 구조

공기 저장 탱크 내의 압력이 규정값 이하가 되면 언로더 밸브가 제자리로 복귀되어 공기의 압축 작용이 다시 시작된다.

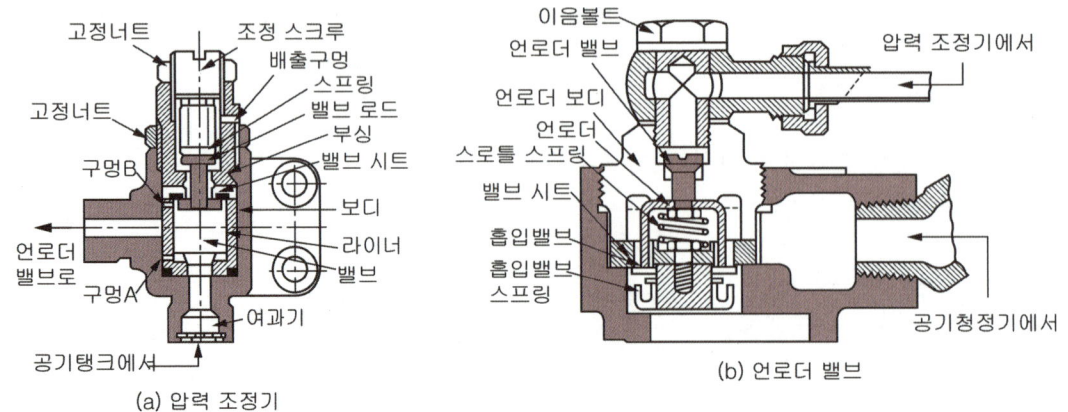

:: 압력 조정기와 언로더 밸브

3) 공기 탱크와 안전밸브

공기 저장 탱크는 공기 압축기에서 보내 온 압축 공기를 저장하며, 탱크 내의 공기 압력이 규정값 이상이 되면 공기를 배출시키는 안전밸브와 공기 압축기로 공기가 역류하는 것을 방지하는 체크 밸브 및 탱크 내의 수분 등을 제거하기 위한 드레인 코크가 있다.

4 브레이크 계통

1) 브레이크 밸브 brake valve

브레이크 밸브는 페달에 의해 개폐되며, 페달을 밟는 양에 따라 공기 탱크 내의 압축 공기를 도입하여 제동력을 조절한다. 즉, 페달을 밟으면 상부의 플런저가 메인 스프링을 누르고 배출 밸브를 닫은 후 공급 밸브를 연다.

이에 따라 공기 탱크의 압축 공기가 앞 브레이크의 퀵 릴리스 밸브 및 뒤 브레이크의 릴레이 밸브 그리고 각 브레이크 체임버로 보내져 제동 작용을 한다. 그리고 페달을 놓으면 플런저가 제자리로 복귀하여 배출 밸브가 열리며, 제동 작용을 한 공기를 대기 중으로 배출시킨다.

2) 퀵 릴리스 밸브 quick release valve

퀵 릴리스 밸브는 페달을 밟아 브레이크 밸브로부터 압축 공기가 입구를 통하여 공급되면 밸브가 열려 앞 브레이크 체임버로 통하는 양쪽 구멍을 연다. 이에 따라 브레이크 체임버에 압축 공기가 작동하여 제동된다.

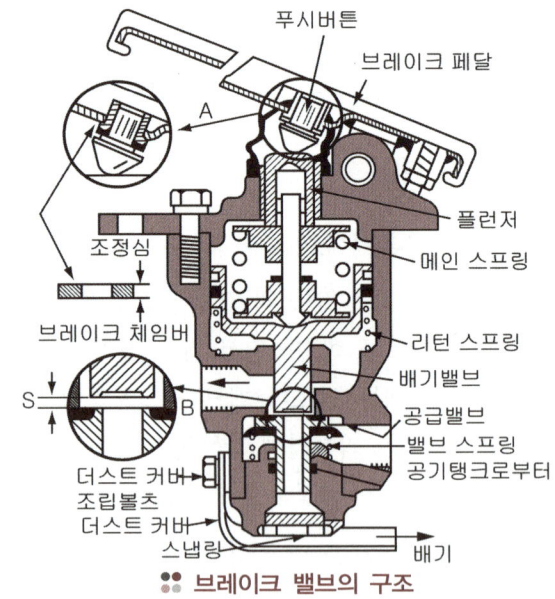

:: 브레이크 밸브의 구조

또 페달을 놓으면 브레이크 밸브로부터 공기가 배출됨에 따라 입구 압력이 낮아진다. 이에 따라 밸브는 스프링 장력에 의해 제자리로 복귀하여 배출 구멍을 열고 앞 브레이크 체임버 내의 공기를 신속히 배출시켜 제동을 해제시킨다.

3) 릴레이 밸브 relay valve

릴레이 밸브는 페달을 밟아 브레이크 밸브로부터 공기 압력이 유입되면 다이어프램이 아래쪽으로 내려가 배출 밸브를 닫고 공급 밸브를 열어 공기 저장 탱크 내의 공기를 직접 뒤 브레이크 체임버로 보내어 제동시킨다. 또 페달을 놓으면 다이어프램 위에 작동하던 공기 압력이 낮아지기 때문에 브레이크 체임버 내의 압력이 다이어프램 위에 작동하던 압력보다 커지므로 다이어프램을 위로 밀어 올려 위 부분의 압력과 평형이 될 때까지 밸브를 열고 공기를 배출시켜 신속하게 제동을 해제시킨다.

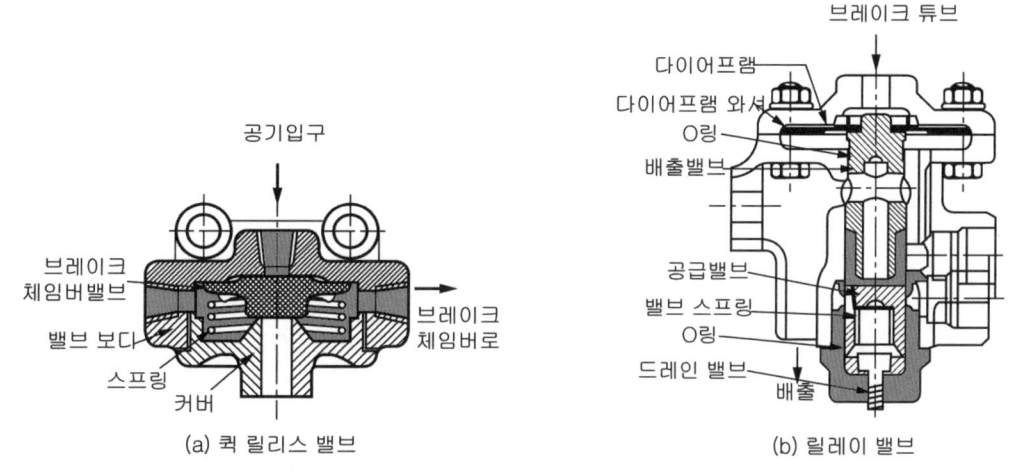

∷ 퀵 릴리스 밸브와 릴레이 밸브

4) 브레이크 체임버 brake chamber

페달을 밟아 브레이크 밸브에서 조절된 압축 공기가 체임버 내로 유입되면 다이어프램은 스프링을 누르고 이동한다. 이에 따라 푸시로드가 슬랙 조정기를 거쳐 캠을 회전시킴으로 브레이크 슈가 확장되어 드럼에 압착됨으로써 제동을 한다. 페달을 놓으면 다이어프램이 스프링 장력에 의해 제자리로 복귀되어 제동이 해제된다.

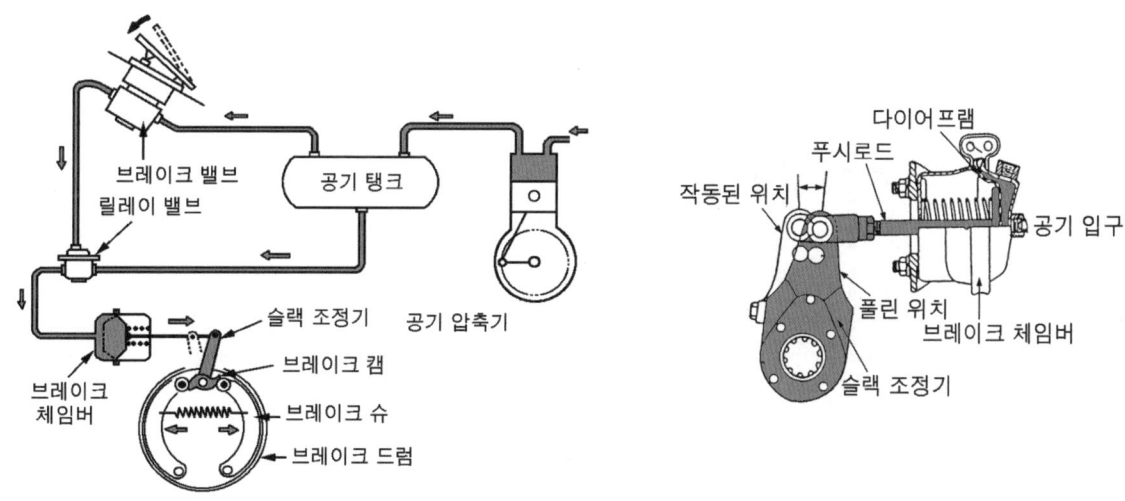

∷ 브레이크 체임버의 구조와 설치 위치

5) 슬랙 조정기

슬랙 조정기는 캠축을 회전시키는 역할과 브레이크 드럼 내부의 브레이크 슈와 드럼 사이의 간극을 조정하는 역할을 한다.

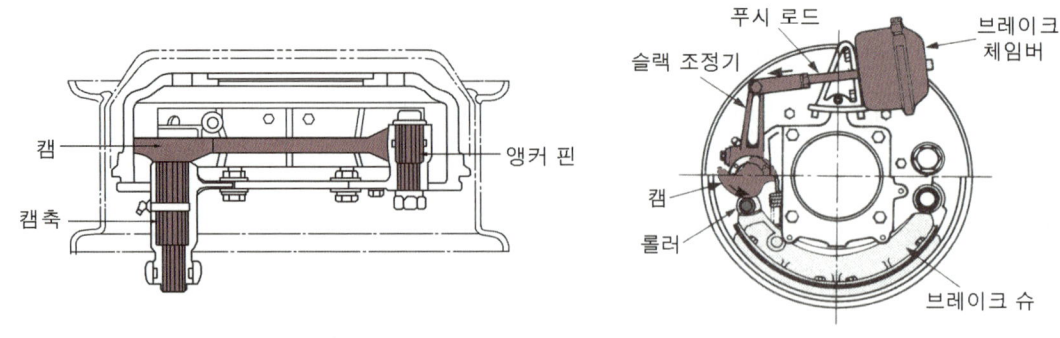

:: 슬랙 조정기

6) 저압 표시기

브레이크용의 공기 탱크 압력이 규정 보다 낮은 경우 적색 경고등을 점등하고 동시에 부저를 울려 브레이크용의 공기 압력이 규정보다 낮은 것을 운전자에게 알려주는 역할을 한다.

5 공기 브레이크의 작동

1) 페달을 밟았을 때

페달을 밟으면 압축 공기는 페달을 밟는 양에 따라 퀵 릴리스 밸브를 거쳐 앞 브레이크 체임버에 작동하고 동시에 릴레이 밸브에도 공급되어 뒤 브레이크 체임버를 작동시킨다. 이에 따라 푸시로드가 슬랙 조정기를 통하여 캠을 회전시켜 브레이크 슈가 드럼에 밀착되기 때문에 제동 작용을 한다.

2) 페달을 놓았을 때

페달을 놓으면 브레이크 밸브, 퀵 릴리스 밸브, 릴레이 밸브가 작동하여 브레이크 체임버 내의 압축 공기를 신속하게 대기 중으로 방출시키므로 제동이 해제된다.

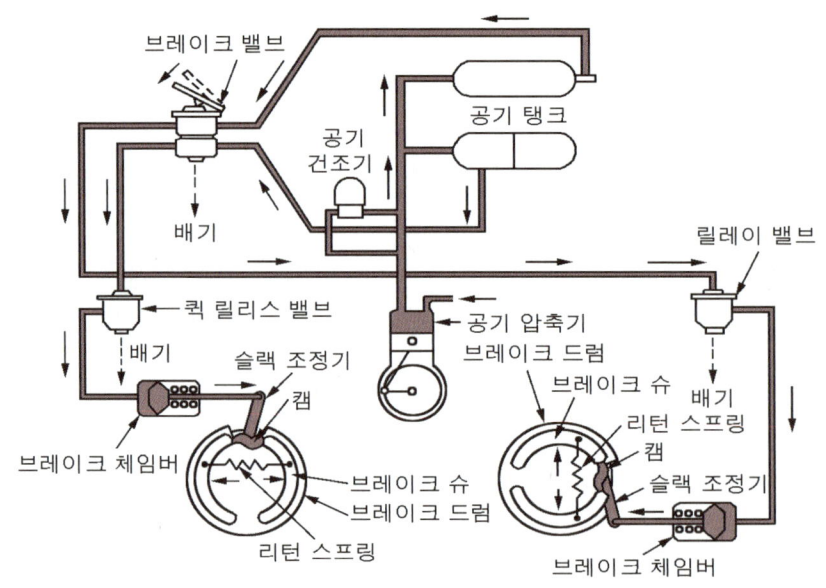

:: 공기 브레이크 작동도

10 주차 브레이크

1 센터 브레이크

1) 외부 수축식

이 형식은 강판제 브레이크 밴드 안쪽에 라이닝을 리벳으로 조립하고, 브래킷을 통해 설치되어 있으며, 브레이크 드럼은 변속기 출력축이나 추진축에 설치되어 있다.

작동은 레버를 당기면 풀 로드(pull-rod)가 당겨지며, 작동 캠의 작용으로 밴드가 수축하여 드럼을 강하게 조여서 제동이 된다. 그리고 레버에는 래칫(ratchet)을 두어 주차 상태를 유지시킨다.

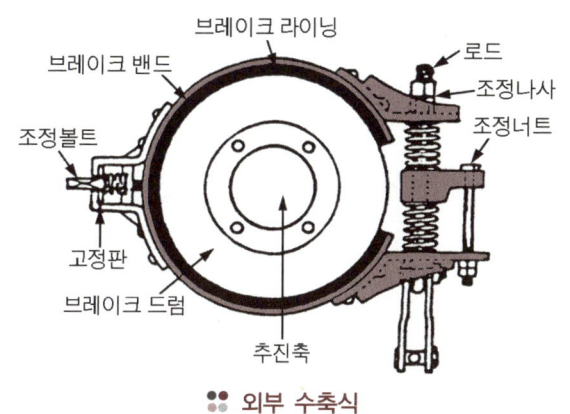
●● 외부 수축식

2) 내부 확장식

이 형식은 레버를 당기면 와이어(wire)가 당겨지며, 이때 브레이크 슈가 확장되어 제동 작용한다.

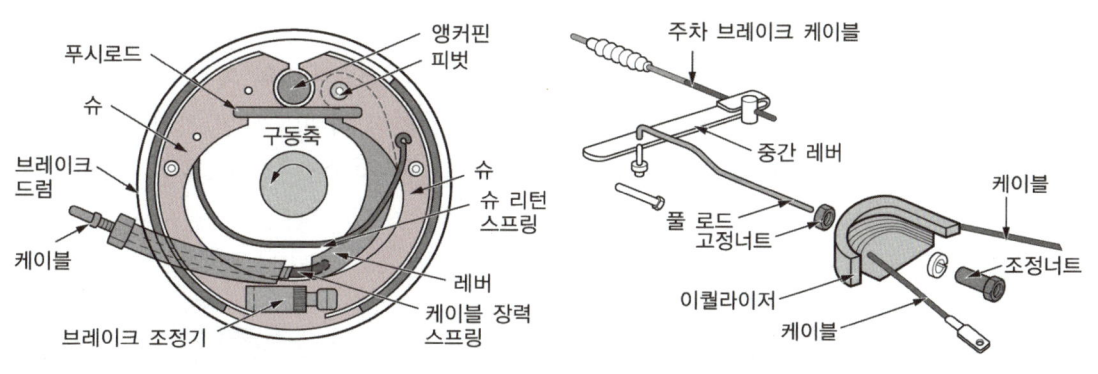
●● 내부 확장식

11 감속 브레이크

감속 브레이크는 자동차의 고속화, 대형화에 따라 일반적인 제동 장치만으로는 안전 운전을 할 수 없게 됨에 따라 풋 브레이크와 핸드(주차) 브레이크 이외에 다른 형식의 제동 기구가 필요하게 되었다. 이를 위해 개발된 것이 감속 브레이크이며, 풋 브레이크 보조로 사용된다. 즉 감속 브레이크는 긴 언덕길을 내려갈 때 풋 브레이크와 병용되며, 풋 브레이크의 혹사에 따른 페이드 현상이나 베이퍼록을 방지하여 제동 장치의 수명을 연장한다. 감속 브레이크에는 엔진의 회전 저항을 이용하는 엔진 브레이크(engine brake)를 비롯하여 배기 파이프에 밸브를 두고 배기가스가 압축하도록 작동시켜 제동력을 얻는 배기 브레이크(exhaust brake), 스테이터(stator), 로터(rotor), 계자 코일로 구성되어 계자 코일에 전류가 흐르면 자력선이 발생하고 이 자력선 속에서 로터를 회전시키면 맴돌이 전류가 발생하여 자력선과의 상호작용으로 로터에 제동력이 발생하는 와전류 리타더(eddy current retarder) 및 물이나 오일을 사용하여 자동차 운동 에너지를 액체 마찰에 의해 열에너지로 변환시켜 방열기에서 감속시키는 방식의 하이드롤릭 리타더(hydraulic dynamic retarder) 등이 있다.

16 ABS

학/습/목/표

1. 바퀴에 작용하는 제동력과 코너링 포스에 대하여 설명할 수 있다.
2. ABS의 사용 목적에 대하여 설명할 수 있다.
3. ABS의 기능에 대하여 설명할 수 있다.
4. ABS의 기본 원리에 대하여 설명할 수 있다.
5. ABS 제어 채널의 종류에 대하여 설명할 수 있다.
6. ABS 구성 요소의 구조 및 작동 원리에 대하여 설명할 수 있다.
7. 하이드롤릭 유닛의 작동 모드에 대하여 설명할 수 있다.

 ABS(바퀴 미끄럼 방지 제동장치) 개요

주행 중 브레이크 페달을 밟으면 디스크와 패드 사이의 마찰에 의하여 바퀴의 회전속도가 자동차의 주행속도보다 감소하여 바퀴와 노면 사이에서는 미끄럼이 발생하려고 하지만 바퀴와 노면 사이의 마찰력에 의해 미끄럼을 방지하여 자동차의 진행 방향과 반대 방향으로 작용되는 제동력으로 주행속도를 감속시킨다.

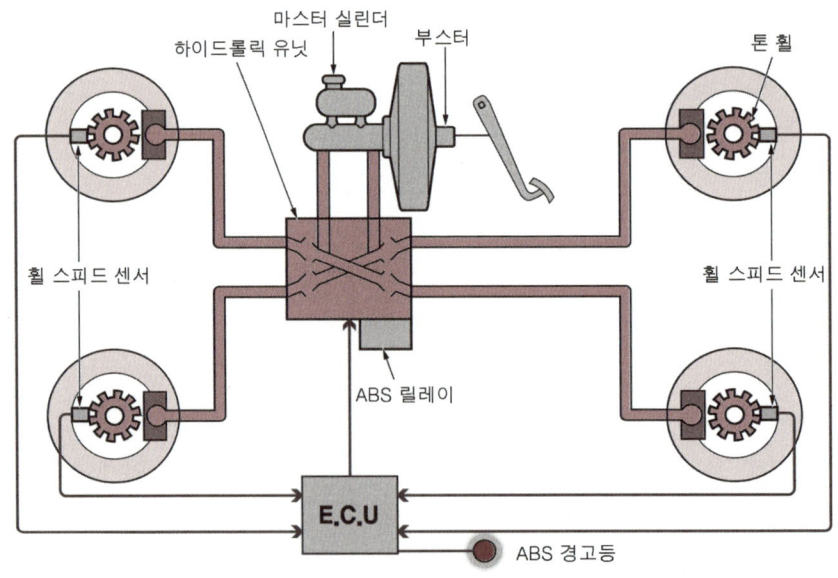

∷ ABS의 구성

즉, **제동**이란 바퀴와 노면 사이의 마찰력이 바퀴의 미끄럼을 방지하여 제동력에 의해 감소된 바퀴의 회전속도에 의하여 주행속도를 감속시키는 것이다. 그러나 과도한 제동력이 발생하면 바퀴의 회전속도가 급격하게 감소되어 자동차의 주행속도와 차이가 일정 값을 초과한다. 이러한 바퀴의 회전속도와 자동차의 주행속도가 일정 값 이상으로 차이가 나면 바퀴와 노면 사이의 마찰력으로는 이 속도 차이를 줄일 수 없게 된다.

따라서 바퀴는 제동력에 의하여 바퀴와 노면 사이에서 미끄럼이 발생하고 미끄럼의 발생 정도에 비례하여 제동효과가 감소한다. 과도한 제동에 의하여 바퀴와 노면 사이의 미끄럼율(slip ratio)이 증가하면 자동차의 진행방향으로 작동하는 관성력의 전달이 작아져 바퀴의 회전속도 감속이 급격하게 빨라진다.

이에 따라 바퀴와 노면 사이의 미끄럼에 의하여 바퀴는 회전이 정지되고 자동차는 관성에 의해 주행하는 상태가 되는데 이 현상을 바퀴의 **고착**(locking)이라 한다. 이와 같이 바퀴가 고착되는 상황에서는 조향 핸들을 조작하여도 운전자의 의지대로 조향되지 않아 장애물을 피하거나 안정된 제동을 할 수 없는 위험한 상태가 된다. 이러한 현상을 방지하기 위하여 사용하는 장치가 **바퀴 미끄럼 방지장치**(ABS, Anti-skid brake System 또는 Anti-lock brake System)이다.

1-1. 제동장치의 기초 이론

ABS를 이해하기 위해서는 제동력(brake force)과 제동 회전력(brake torque)의 발생 원리와 자동차의 운동 특성을 알아야 한다.

1 바퀴에 작용하는 힘

자동차가 주행할 때 바퀴와 노면 사이에는 제동력과 코너링 포스(cornering force)가 그림과 같이 작용한다.

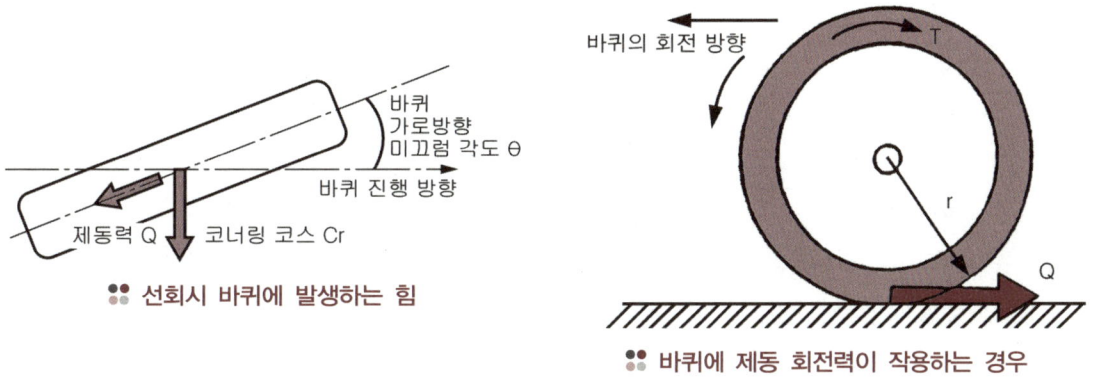

◦ 선회시 바퀴에 발생하는 힘   ◦ 바퀴에 제동 회전력이 작용하는 경우

1) 제동력

① **제동력과 제동 회전력의 관계** : 운전자가 브레이크 페달을 밟으면 마스터 실린더가 유압을 발생시켜 브레이크 캘리퍼(또는 휠 실린더)를 통하여 바퀴의 회전을 멈추도록 하는 힘이 발생하는데 이 힘을 제동 회전력이라 한다. 그림에서 자동차가 일정한 속도로 주행하고 있을 때 주행 저항을 0으로 가정하면 바퀴의 회전 각속도(ω)를 바퀴의 회전속도($V\omega$)로 환산하면 자동차의 주행속도(V)와 일치한다.

$$V = V\omega(r \times \omega) \quad \text{여기서, } r : \text{바퀴의 반지름} \quad \omega : \text{바퀴의 회전 각속도}$$

운전자가 자동차의 주행속도를 감속시키려고 브레이크 페달을 밟았을 때 유압이 상승하여 제동 회전력(T)이 증가하면 바퀴의 회전 각속도(ω)가 감소한다. 이 경우에 바퀴의 회전속도($V\omega$)가 주행속도(V)보다 작아져 바퀴와 노면 사이에 미끄럼이 발생하게 되며, 이때 바퀴와 노면 사이에 발생하는 힘을 제동력(Q)이라 한다.

제동력은 바퀴와 노면의 미끄럼율(slip ratio ; S), 바퀴에 가해지는 하중(W), 바퀴의 가로방향 미끄럼 각도(θ)에 따라 변화한다. 미끄럼율은 다음의 공식으로 나타내며, 미끄럼이 클수록($V\omega = 0$) 미끄럼율은 100%에 가깝게 된다.

$$S = \frac{V - V\omega}{V} \times 100$$

이때 제동력은 바퀴를 회전계로 보았을 때 바퀴를 돌리려는 힘으로 되며, 자동차의 진행방향에 대해 자동차의 주행속도를 감속시키려는 힘이 된다.

② **제동력의 미끄럼율 의존도** : 미끄럼율에 의한 제동력 특성은 그림에 나타낸 바와 같으며, 제동력은 처음에는 미끄럼율이 증가하면 함께 증가되나 어느 미끄럼율 이상에서는 오히려 감소한다.

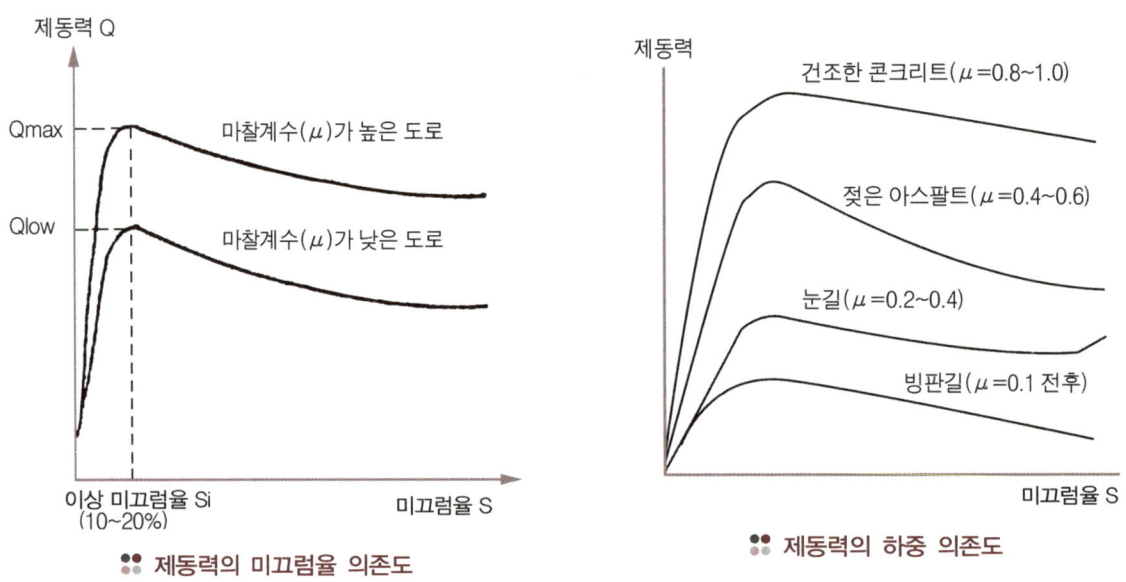

:: 제동력의 미끄럼율 의존도   :: 제동력의 하중 의존도

③ **제동력의 하중 의존도** : 제동력을 일반적인 마찰의 개념으로 생각하면 다음과 같은 공식으로 표현할 수 있다. 따라서 노면이 같을 경우에는 바퀴에 걸리는 하중이 크면 클수록 제동력도 커진다. 또 마찰 계수가 클수록 제동력이 증가한다.

$$Q = \mu W \quad 여기서, \; Q : 제동력 \quad \mu : 노면의 마찰 계수 \quad W : 바퀴에 걸리는 하중$$

2) 코너링 포스 cornering force

① **제동력이 가해지지 않았을 때의 특성** : 제동력이 가해지지 않는 경우에는 바퀴의 가로 방향 미끄럼 각도(θ)가 커질수록 어느 단계까지는 코너링 포스(CF)가 증가하다가 어느 단계를 넘어서면 그림과 같이 감소한다.

② **제동력이 가해졌을 때의 특성** : 바퀴에 제동력이 가해지면 코너링 포스는 기본적으로 가로방향의 미끄럼 각도(θ)와 자동차의 중량(W)에 대한 특성의 변화가 제동력이 가해지지 않은 경우와 같으나 그 크기가 미끄럼율(S)에 따라 변화한다고 생각하면 된다.

그림은 자동차의 하중을 일정하게 유지하였을 경우에 코너링 포스의 미끄럼율과 가로방향의 미끄럼 각도에 대한 관계를 나타낸 것으로 미끄럼율(S)이 0인 상태에서는 코너링 포스가 최대로 되지만 미끄럼율이 증가할수록 코너링 포스는 감소한다.

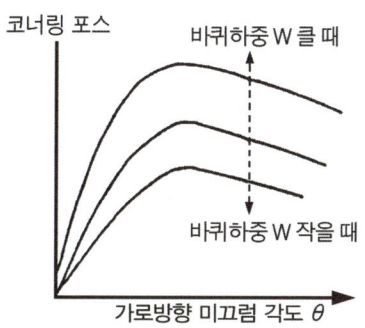

❖ 제동력이 가해지지 않은 경우 코너링 포스의 특성

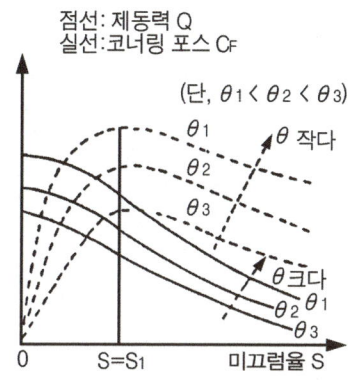

❖ 제동력이 가해진 경우 코너링 포스의 특성

③ **제동력과 코너링 포스의 관계** : 바퀴의 능력에는 한계가 있다. 구체적으로 표현하면 바퀴의 능력을 제동력 쪽에 많이 사용하면 코너링 포스는 감소한다. 그러나 바퀴의 능력을 제동력 쪽에 적게 사용하면 코너링 포스가 증가한다. 지금까지 설명한 브레이크 이론과 특성을 정리하면 그림과 같다.

운전자가 브레이크 페달을 밟아 제동 회전력(T)을 천천히 증가시키면 제동 회전력에 거의 비례하여 미끄럼율(S)

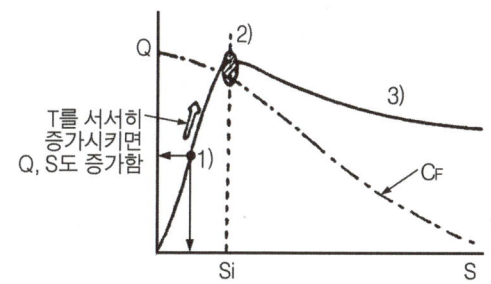

❖ 미끄럼율, 제동력, 코너링 포스의 관계

과 제동력(Q)이 커진다. 코너링 포스는 제동 회전력이 증가하면 조금씩 감소하며, 제동 회전력이 좀 더 증가하면 제동력은 이상 미끄럼율(S_i)에서 최대가 되며, 코너링 포스의 감소도 작아져 능력이 최대의 상태로 된다.

또 미끄럼율이 이상 미끄럼율 보다 크면($S > S_i$) 제동력이 조금씩 감소하면서 바퀴가 고착(locking, S=100%)된다. 이때 코너링 포스가 급격히 감소하기 때문에 자동차는 불안정한 상태가 된다.

앞바퀴가 고착되면 코너링 포스가 거의 0에 가까워져 주행 중 제동효과가 현저하게 감소하며, 뒷바퀴가 고착되면 코너링 포스가 거의 0에 가까워져 주행 중 자동차의 안정성이 떨어져 자동차의 좌우 진동이나 스핀(spin)이 발생하기 쉽다. 그리고 4바퀴가 모두 고착되면 앞·뒷바퀴의 코너링 포스가 모두 0에 가까워져 제어할 수 없게 된다. 즉 노면에서 외란이 없으면 곧장 진행을 하지만 그렇지 못한 경우에는 스키드(skid)나 스핀(spin)의 상태가 된다.

2 ABS의 사용 목적

ABS는 바퀴의 회전속도를 검출하여 그 변화에 따라 제동력을 제어하는 방식으로 어떠한 주행 조건, 어느 자동차의 바퀴도 고착(lock)되지 않도록 유압을 제어하는 장치이다. 항공기, 기차 등에 먼저 실용화되었으나, 현재는 자동차에도 많이 설치된 안전 제동 제어장치로 노면의 상태에 따라 제동력을 스스로 조절한다.

즉 노면, 바퀴 등의 조건에 관계없이 항상 알맞은 마찰 계수를 얻도록 하여 바퀴가 미끄러지지 않도록 하고, 방향 안정성 확보, 조종 안전성 유지, 제동거리의 최소화를 목적으로 예방 안전장치이다.

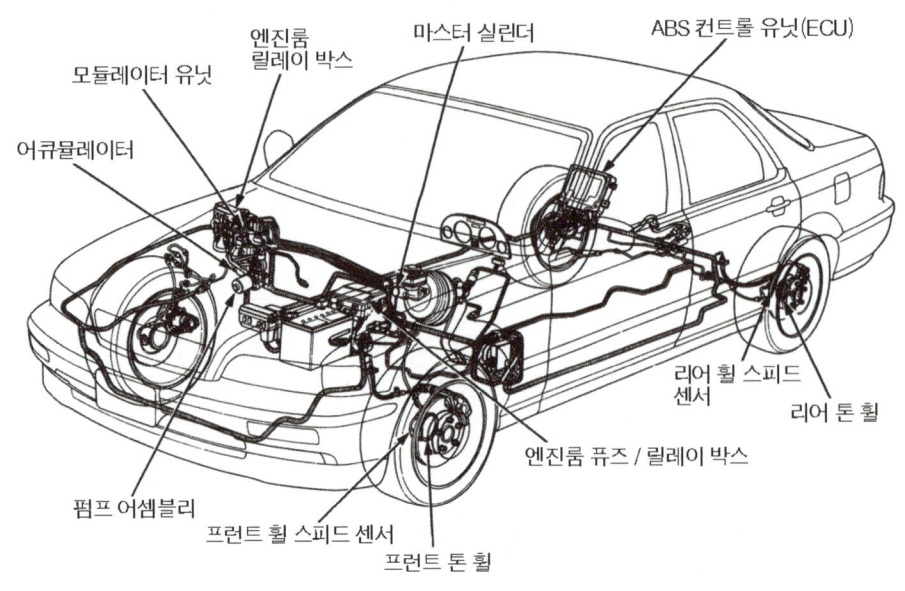

:: ABS 부품 배치도

1) 직진 주행 중에 제동할 때

자동차가 직진 방향으로 주행 중 한쪽 바퀴는 노면에서 미끄러지기 쉬운 상태에 있고 다른 한쪽 바퀴의 노면이 정상인 상태에서 제동을 할 때 마찰 계수가 낮은 바퀴가 먼저 고착되어 ABS를 장착하지 않은 자동차는 마찰 계수가 높은 방향으로 쏠려서 그림과 같이 스핀을 일으킨다. 이와 반대로 ABS를 장착한 자동차는 제동할 때 각 바퀴의 제동력이 독립적으로 제어되므로 직진 상태로 제동되는 것은 물론 제동거리 또한 단축된다.

2) 선회 주행 중에 제동할 때

미끄러운 노면에서 선회 중 제동할 때 급제동을 하면 ABS를 장착하지 않은 자동차는 바퀴가 고착되어 그림과 같이 선회 곡선의 접선 방향으로 미끄러진다. 그러나 ABS를 장착한 자동차는 바퀴의 고착이 방지되어 선회의 곡선을 따라 운전자의 의지대로 주행할 수 있다. 즉, 제동을 제어할 때 노면의 상태에 따라 제동력을 제어하여 제동 안정성을 보다 높게 확보할 수 있는 장치이다.

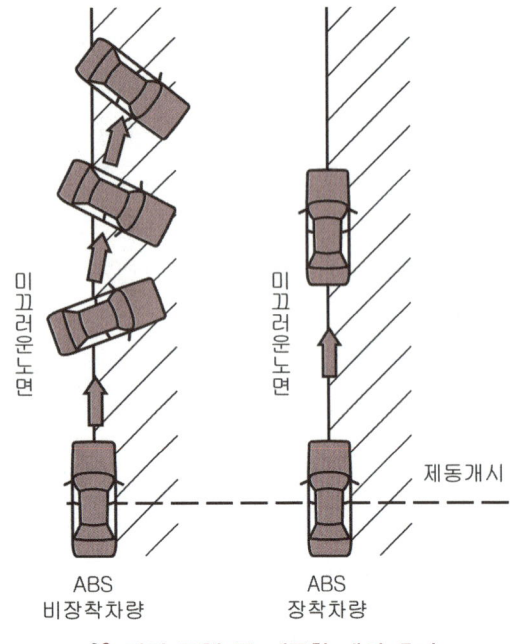

:: 직진 주행 중 제동할 때의 효과

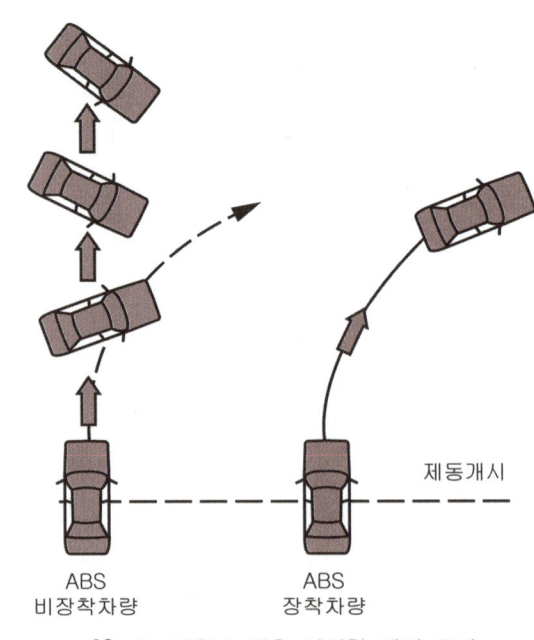

:: 미끄러운 노면을 선회할 때의 효과

1-2. ABS의 기능

1 방향 안정성 유지

자동차 주행 중 급제동을 할 때 바퀴 미끄럼 방지 제동장치가 설치되지 않은 자동차의 경우 대부분의 사고원인은 조향 기능을 상실하기 때문이다. 그 이유는 바퀴가 유압에 의해서 고착되면서 노면과의 마찰력 상실로 조향 핸들을 조작하여도 운전자가 원하는 방향으로 진행되지 않는다.

따라서 바퀴와 노면과의 적절한 마찰력이 요구되는데 이를 위해 바퀴가 고착되지 않도록 제어하여 원하는 마찰력을 얻는다. 이때는 운전자가 요구하는 대로 조향 성능을 유지할 수 있다.

2 제동 및 조향 안정성 유지

바퀴에 공급되는 유압을 정밀하게 제어하여 각 바퀴를 제동될 때 회전속도가 일정하다면 이 상태가 가장 안정된 제동이 될 것이다. 불안정한 제동이란 제동할 때 각 바퀴의 회전속도 차이에 의해서 직진 방향으로의 제동이 안 되는 것을 말한다. 따라서 ABS용 컴퓨터는 각 바퀴의 회전속도를 검출하여 각 바퀴의 회전속도가 일치 하도록 정확히 제어하므로 안정된 제동과 안정된 조향 성능을 확보할 수 있다.

3 제동거리 최소화

제동거리의 최소화는 도로의 조건에 따라 약간 차이가 있다. 즉 자동차의 안정된 자세와 관계없이 단순하게 제동한 후 거리만을 측정한다면 일반도로에서는 ABS를 설치하지 않은 자동차가 더 짧을 수 있다. 이때 자동차의 안정된 자세는 기대하기 어렵다. 그러나 미끄러운 노면이나 빗길의 경우에는 확실하게 ABS를 설치한 자동차가 우수하다.

1-3. ABS의 기본 원리

1 ABS의 제어원리

1) 미끄럼율과 노면과의 관계

주행 중 제동할 때 바퀴와 노면과의 마찰력으로 인하여 바퀴의 회전속도가 감소하면서 자동차의 주행속도가 감소한다. 이때 자동차의 주행속도와 바퀴의 회전속도에 차이가 발생하는 것을 **미끄럼 현상**이라 하며, 그 미끄럼 양을 백분율(%)로 표시하는 것을 **미끄럼율(%)**이라 한다. 그리고 제동할 때 바퀴와 노면의 마찰 특성으로 인한 ABS의 효과는 다음과 같다.

주행 중 운전자가 브레이크 페달을 밟으면 디스크와 패드의 마찰로 인한 제동 회전력이 발생하여 바퀴의 회전속도가 감소하고 바퀴의 회전속도는 차체 주행속도보다 작아진다. 이것을 미끄럼 현상이라 하고 이 미끄럼에 의해 바퀴가 노면 사이에 발생하는 마찰력이 제동력이 된다. 그러므로 제동력은 미끄럼의 크기에 의존하는 특성을 나타내며, 미끄럼율은 미끄럼의 크기를 나타내는 것으로 아래 공식으로 정의한다.

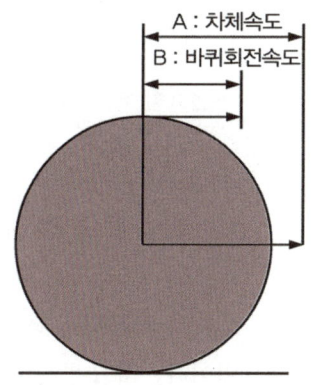

미끄럼율과 노면과의 관계

$$S = \frac{V - V\omega}{V} \times 100 \quad \text{여기서, } S: \text{미끄럼율} \quad V: \text{차체 주행속도} \quad V\omega: \text{바퀴의 회전속도}$$

미끄럼율을 요약하면 주행 중 제동할 때 바퀴는 고착되나 관성에 의해 차체가 진행하는 상태를 말한다. 미끄럼율은 주행속도가 빠를수록, 제동 회전력이 클수록 크다.

2) 제동력 및 코너링 포스의 특성 곡선

그림에 나타낸 특성의 곡선은 제동 특성 및 코너링 포스의 특성에 대하여 바퀴와 노면 사이의 마찰 계수와 바퀴 미끄럼율의 관계를 보여주는 예이다. 그림에서 가로축은 바퀴의 미끄럼율을 표시하고 0%는 바퀴가 노면에 대하여 원활하게 회전하는 상태를 나타내며, 100%는 바퀴가 고착된 상태를 보여준다. 제동 특성에 따라 미끄럼율이 20% 전후에 최대의 마찰 계수가 얻어지지만 그 이후에는 감소한다.

선회의 특성에 따라 미끄럼율이 증가하면 마찰 계수가 감소되어 미끄럼율 100%에서는 마찰 계수가 0이 된다. 이러한 현상은 마찰 계수가 높은 노면이나 낮은 노면에서는 마찬가지이다. 따라서 바퀴가 고착(미끄럼율 100%)되면 제동력이 낮아지기 때문에 제동거리가 길어지면 코너링 포스를 잃게 되며, 조종 및 방향 안정성이 상실되어 자동차에서 미끄럼이 일어날 수 있다. 즉 코너링 포스는 미끄럼 0%에서 최대가 되고, 미끄럼율 증가와 함께 감소하여 미끄럼 100%에서는 거의 0이 된다. 바퀴 미끄럼 방지 제동장치는 이러한 원리를 기본으로 하여 바퀴가 고착되는 현상이 발생할 때 브레이크 유압을 제어하여 미끄럼율이 최적의 값인 그림의 빗금 친 부분에서 유지되도록 제동력을 최대한 발휘하여 사고를 미연에 방지한다.

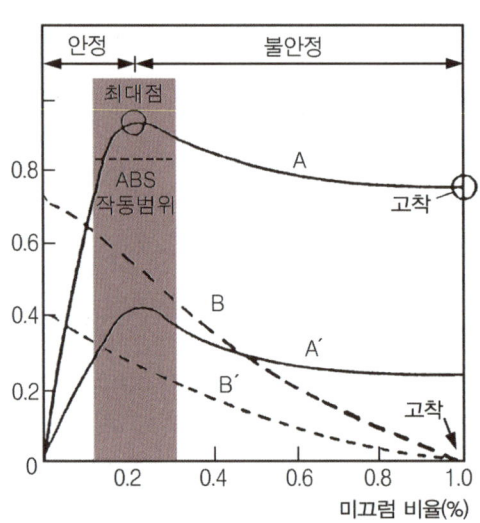

A : 노면 마찰 계수가 높은 제동력 특성 곡선
A′ : 노면 마찰 계수가 낮은 제동력 특성 곡선
B : 노면 마찰 계수가 높은 코너링 포스 특성 곡선
B′ : 노면 마찰 계수가 낮은 코너링 포스 특성 곡선

제동력 및 코너링 포스의 특성 곡선

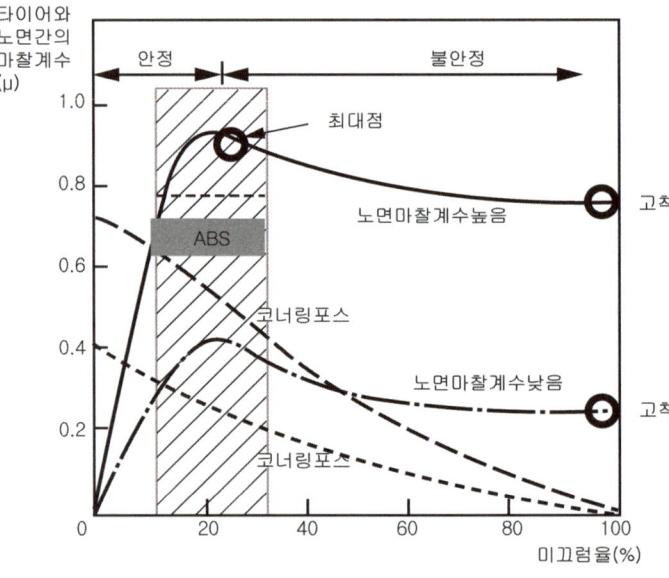

바퀴와 노면 사이의 미끄럼 특성

ABS 장치는 제동력이 최대가 되는 미끄럼율이 유지되도록 컴퓨터와 제동장치가 각 바퀴의 회전속도를 조절하는 장치이다. 미끄럼율이 20%를 전후해서 마찰 계수가 가장 높은 것을 알 수 있으며, ABS는 마찰 계수가 가장 높은 미끄럼율 영역에서 작동된다. 자동차가 100km/h이고 제동으로 인하여 바퀴의 회전속도가 80km/h라 하면 미끄럼율은 20%이다. 노면 상태에 따라서 차이가 있지만 미끄럼율이 15~20%일 때 제동력이 최고가 된다.

2 제동할 때 자동차의 운동

제동할 때 자동차에는 여러 가지 운동이 발생한다. 이때 이 운동에 대항하여 제어를 실시해야 안정된 제동효과를 얻을 수 있다. 주행 중인 자동차에 적당한 브레이크를 작용하면 자동차는 부드럽게 정지한다.

이것은 브레이크를 작용시키는 만큼 바퀴와 노면 사이에서 자동차가 진행하는 방향과 반대방향으로 마찰력이 발생하기 때문이다. 이 마찰력을 제동력이라 한다. 이때 이 제동력에 관련되는 마찰 계수를 제동 마찰 계수라 한다. 제동 마찰 계수가 클수록 제동력은 커져 자동차는 빠르게 그

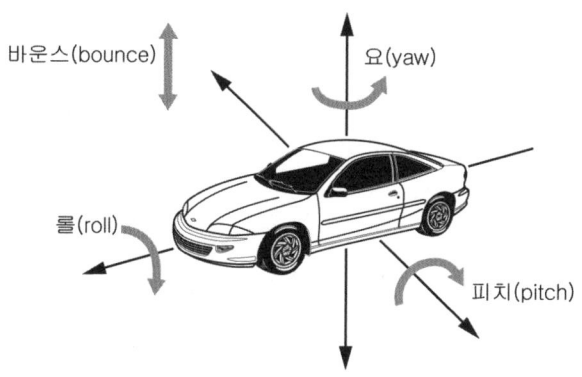

∷ 제동할 때 자동차의 운동

리고 짧은 거리에서 정지한다. 그리고 4개의 바퀴에 작용하는 제동력의 합과 그 크기가 같고, 방향이 반대인 힘을 관성력이라 한다. 제동력은 좌우바퀴에 대칭적으로 발생한다면 자동차는 진행방향을 유지하면서 정지하지만 좌우대칭이 아닌 경우에는 자동차를 무게 중심의 주위로 회전시키려는 모멘트가 발생하는데 이를 **요잉 모멘트**(Yawing Moment)라 한다.

3 ABS의 제어 방법

ABS의 제어는 각종 노면에 있어서 최대 마찰 계수를 주는 미끄럼율 부근에서 바퀴의 회전속도를 제어하는 것이다. 그 실현 방법으로는 바퀴가 고착될 때는 바퀴의 회전속도가 차체의 속도에 비해 급격하게 저하하는 성질을 이용한다. 바퀴의 고착은 바퀴의 회전속도와 차체의 주행속도 차이로 판정한다. 차체의 주행속도는 바퀴의 회전속도에서 가상 차체의 주행속도를 산출한다.

4 ABS 제어 채널의 종류

ABS는 4개의 바퀴를 제어하는데 뒷바퀴의 경우는 공동으로 제어하는 경우도 있다. 4바퀴의 회전속도를 검출하고 4바퀴를 각각 제어하면 4센서 4채널이 되는 것이다.

1) 4센서 4채널 4 sensor 4 channel 형식

이 형식은 그림과 같이 4개의 센서와 4개의 제어 채널을 가지고 있으며, 각 바퀴를 개별적으로 제어한다. 즉 브레이크 유압을 각 바퀴에 독립적으로 작용시키기 때문에 조향 성능과 제동거리는 가장 우수하지만 비대칭 노면(양쪽 바퀴가 놓여 있는 노면의 마찰 계수가 다른 경우)에서 방향 안정성이 불량하다.

그 이유는 앞뒤 차축의 좌우 바퀴에 작용하고 있는 제동력이 다르므로 차체를 선회시키는 것과 같은 요 모멘트(Yaw Moment)가 크게 되기 때문이다. 따라서 대부분의 자동차는 4채널을 사용하더라도 자동차의 안정성을 위하여 뒷바퀴는 실렉트 로우(Select Low) 방식을 채택한다.

∷ 4센서 4채널 형식

2) 4센서 3채널 4 sensor 3 channel 형식

이 형식은 주로 앞·뒷바퀴 분배 배관방식(H형) 브레이크 라인을 사용하는 뒷바퀴 구동 자동차(FR)에서 사용된다. 앞바퀴는 각각의 휠 스피드 센서 정보를 기초로 독립적으로 유압을 제어하지만 뒷바퀴는 각각의 휠 스피드 센서로부터의 정보를 통합하여 공통의 유압회로로 제어한다.

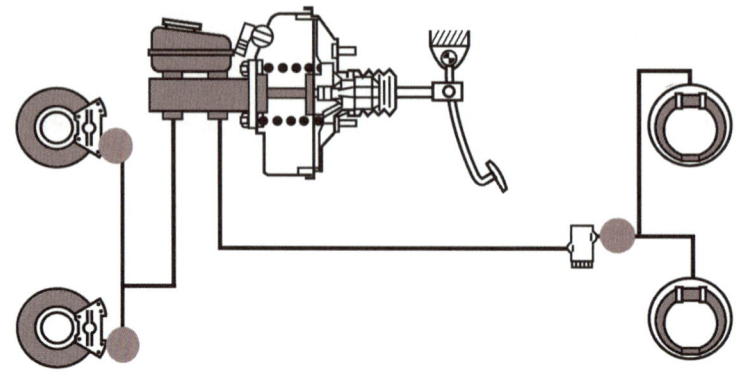

∷ 4센서 3채널 형식

3) 4센서 2채널 4 sensor 2 channel 형식

이 형식은 X자형 배관 자동차의 간이 장치이다. 앞바퀴는 독립적으로 제어되지만 뒷바퀴에는 대각의 앞바퀴 브레이크 유압이 프로포셔닝 밸브(proportioning valve)로 일정비율로 감압된 유압이 전달된다. 비대칭 노면에서 브레이크가 작동하면 높은 마찰 계수에 있는 바퀴에서 발생하는 유압은 낮은 마찰 계수에 있는 바퀴에 전달되므로 뒷바퀴가 고착된다.

한편 낮은 마찰 계수에 있는 바퀴의 유압은 낮기 때문에 높은 마찰 계수에 있는 뒷바퀴를 고착시킬 수 없어 방향 안정성을 유지할 수가 있다. 3채널, 4채널에 비하면 일반적으로 뒷바퀴의 제동력이 낮아 제동거리가 다소 길어지는 경향이 있으나 뒷바퀴의 미끄럼이 적어 안정성이 좋다.

4) 3센서 3채널 3 sensor 3 channel 형식

이 형식은 주로 앞·뒷바퀴 분배 배관 방식(H형) 브레이크 라인을 사용하는 뒷바퀴 구동 자동차(FR)에서 사용된다. 앞바퀴는 각각의 휠 스피드 센서 정보를 기초로 독립적으로 유압을 제어하지만 뒷바퀴는 1개의 센서(주로 종감속 링 기어 부위에 설치)에 정보를 통합하여 받아들이고, 1개의 공통 유압회로로 제어한다. 따라서 뒷바퀴는 실렉트 로우방식으로 제어된다.

2 ABS 구성 요소의 구조 및 작동 원리

 2-1. 컴퓨터(ECU)

ABS용 컴퓨터는 초기에 엔진의 컴퓨터와 같이 독립적으로 설치되었으나 최근의 ABS는 유압을 발생시키는 하이드롤릭 유닛과 일체로 구성되어 있다. 컴퓨터는 휠 스피드 센서의 신호에 의해 바퀴의 회전속도를 검출하고 바퀴의 회전 상태와 함께 소정의 이론에 의해 바퀴의 상황을 예측하여 바퀴가 고착되지 않도록 하이드롤릭 유닛 내의 솔레노이드 밸브, 전동기 등으로 작동신호를 보낸다.

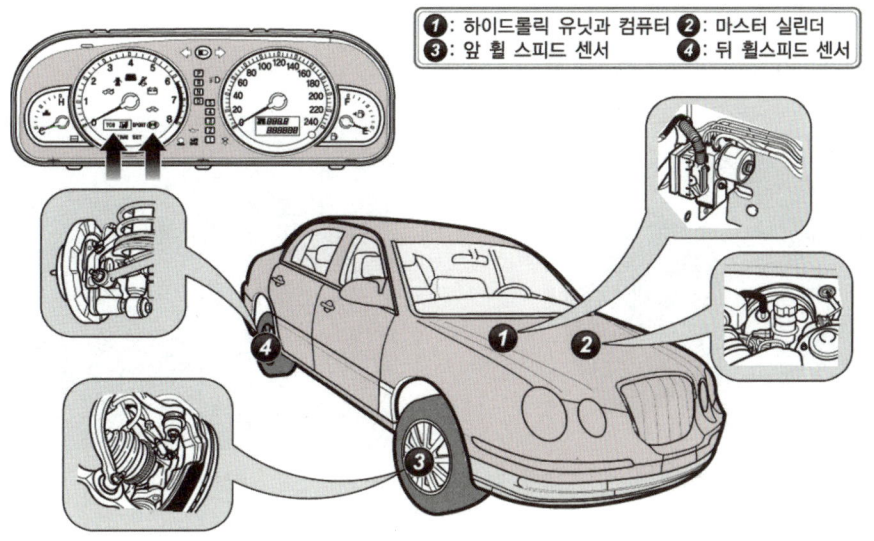

:: ABS의 구성 부품

즉, 센서에 의해 4바퀴 각각의 회전속도 및 감·가속도를 연산하여 미끄럼 상태를 판단하며 이를 통하여 하이드롤릭 유닛의 밸브 및 전동기를 구동하여 압력 증가, 압력 감소, 압력을 유지시킨다. 또 스캐너(자기 진단기)와 통신을 통하여 현재의 센서 및 하이드롤릭 유닛의 정보를 스캐너에 표시하여 고장 관련 데이터를 보여준다. 최근에는 스캐너를 통하여 컴퓨터로 각각의 밸브나 유압 조절용 전동기를 직접 구동할 수 있는 액추에이터 테스트(actuator tester)도 할 수 있다.

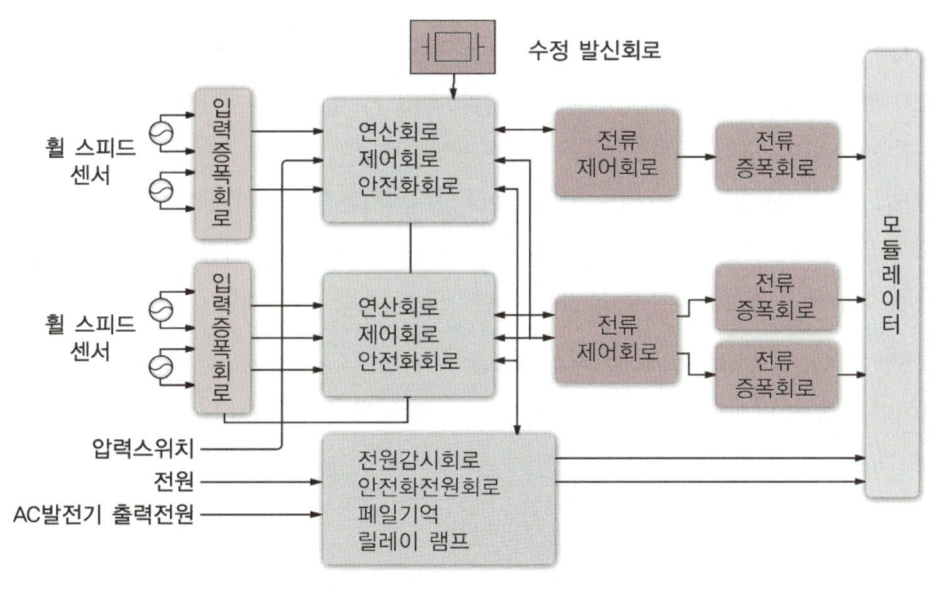

:: 컴퓨터의 블록 다이어그램

2-2. 하이드롤릭 유닛 hydraulic unit, 모듈레이터

기본 유압 회로는 일반적인 브레이크로 작용하는 1차 회로와 ABS가 작동할 때 사용되는 2차 회로로 구성되어 있으며, 각 바퀴로 전달되는 유압을 제어하는 부품들의 집합체이다.

하이드롤릭 유닛 내부는 동력을 공급하는 부분과 솔레노이드 밸브 등으로 구성되며, 전동기에 의해 작동되는 펌프에 의해 유압이 공급된다. 휠 스피드 센서로부터 전달된 신호에 의해 컴퓨터가 연산 작업을 실시하여 미끄럼 상태를 판단하고 ABS의 작동 여부가 결정되면 컴퓨터의 제어논리(Logic)에 의하여 밸브와 전동기가 작동되면서 압력 증가, 압력 감소, 압력 유지 모드 및 펌핑(pumping) 등이 제어된다.

∷ 하이드롤릭 유닛

∷ 컴퓨터

컴퓨터는 주행 중 수시로 휠 스피드 센서 신호를 검출한다. 이후 제동이나 그 밖의 상황에서 휠 스피드 센서 값에 변화가 발생하면 제어를 통해 하이드롤릭 유닛의 각종 솔레노이드 밸브를 작동시켜 현재 제동 중이라면 압력의 감소, 압력의 유지, 압력의 증가를 반복하여 바퀴가 고착되지 않도록 제어한다. 또 계기판에서는 ABS를 제어할 때와 고장 상태를 각각 경고등을 통해 보여준다.

1 하이드로릭 유닛의 내부 구성

1) 솔레노이드 밸브

① **상시 열림(NO ; Normal Open) 솔레노이드 밸브** : 상시 열림 솔레노이드 밸브는 통전되기 전에는 밸브의 오일 통로가 열려 있는 상태를 유지하는 밸브이며, 마스터 실린더와 캘리퍼 사이의 오일 통로가 연결된 상태에서 통전이 되면 오일 통로를 차단시키는 밸브이다.

② **상시 닫힘(NC ; Normal Close) 솔레노이드 밸브** : 상시 닫힘 솔레노이드 밸브는 통전되기 전에는 밸브의 오일 통로가 닫혀 있는 상태를 유지하는 밸브이며, 캘리퍼와 저압 어큐뮬레이터(LPA) 사이의 오일 통로가 차단된 상태에서 통전이 되면 오일 통로를 연결시키는 밸브이다

2) 저압 어큐뮬레이터 LPA ; Low Pressure Accumulator

저압 어큐뮬레이터는 유압이 과다하여 압력을 낮추는 경우에 캘리퍼의 압력을 상시 닫힘(NC) 솔레노이드 밸브를 통하여 덤프(Dump)된 유량을 저장한다.

3) 고압 어큐뮬레이터 HPA ; High Pressure Accumulator)

고압 어큐뮬레이터는 펌프 전동기에 의해 압송되는 오일의 노이즈(noise) 및 맥동을 감소시킴과 동시에 압력의 감소 모드일 때 발생하는 페달의 킥백(Kick Back)을 방지한다.

4) 펌프 pump

펌프는 저압 어큐뮬레이터로 덤프(Dump)되어 저장된 유량을 마스터 실린더의 회로 쪽으로 순환시키는 작용을 한다.

5) 펌프 전동기 pump motor

펌프 전동기는 ABS가 작동할 때 컴퓨터의 신호에 의해 작동되며, 축과 베어링에 의하여 회전운동을 직선 왕복운동으로 변화시켜 브레이크 오일을 순환시킨다.

2 하이드롤릭 유닛의 작동 모드

하이드롤릭 유닛은 일반 제동 모드(Normal Braking Mode), 압력 감소 모드(Dump Mode), 압력 유지 모드(Hold Mode), 압력 증가 모드(Reapply Mode) 4가지 작동 모드를 수행한다.

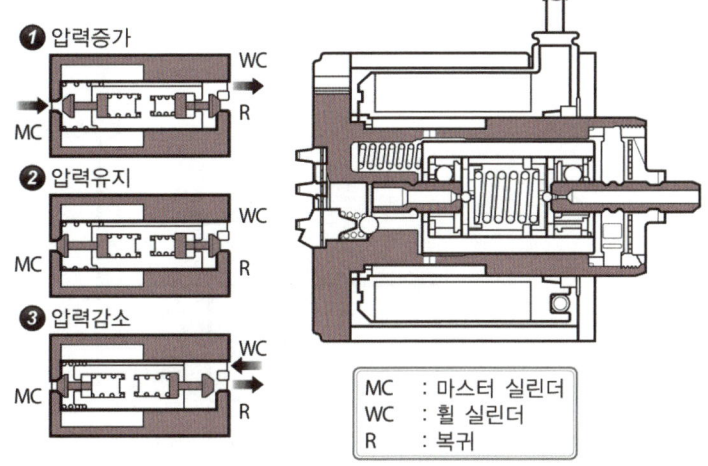

:: 하이드롤릭 유닛의 작동

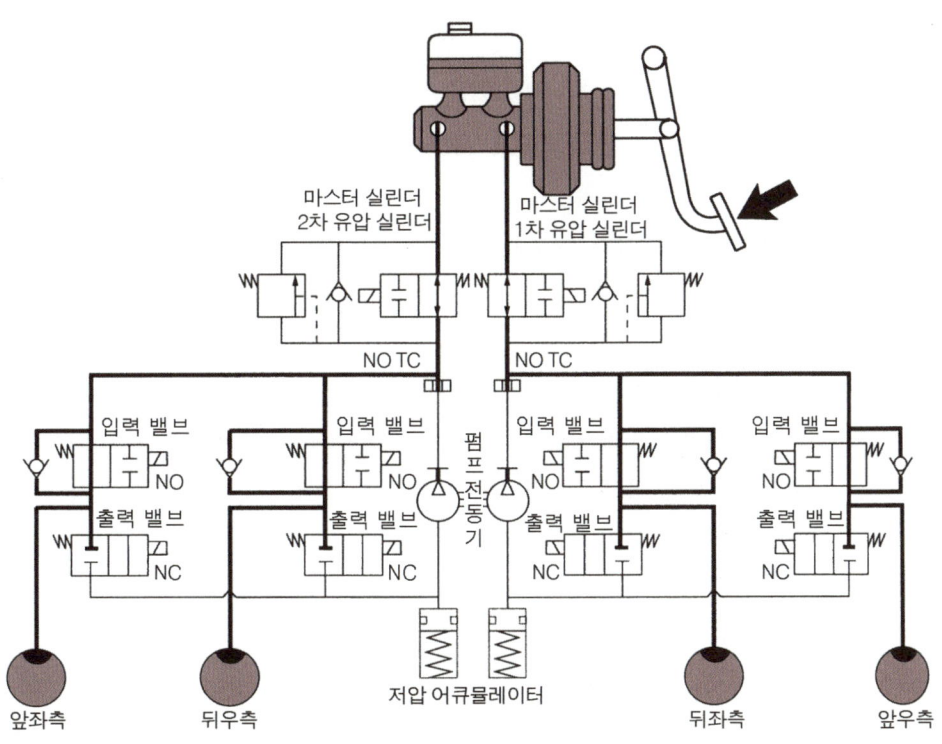

:: 하이드롤릭 유닛의 유압 회로도

1) 일반 제동 모드(ABS가 작동하지 않는 모드)

ABS가 설치된 자동차에서 바퀴의 고착 현상이 발생하지 않을 정도로 브레이크 페달을 밟으면 마스터 실린더에서 발생된 유압은 상시 열림(NO) 솔레노이드 밸브를 통해 각 바퀴의 캘리퍼로 전달되어 제동 작용을 한다. 더 이상 제동 작용이 필요 없을 때는 운전자가 브레이크 페달의 밟는 힘을 감소시키면 각 바퀴의 캘리퍼로 공급되었던 브레이크 오일이 마스터 실린더로 복귀되면서 유압이 감소한다.

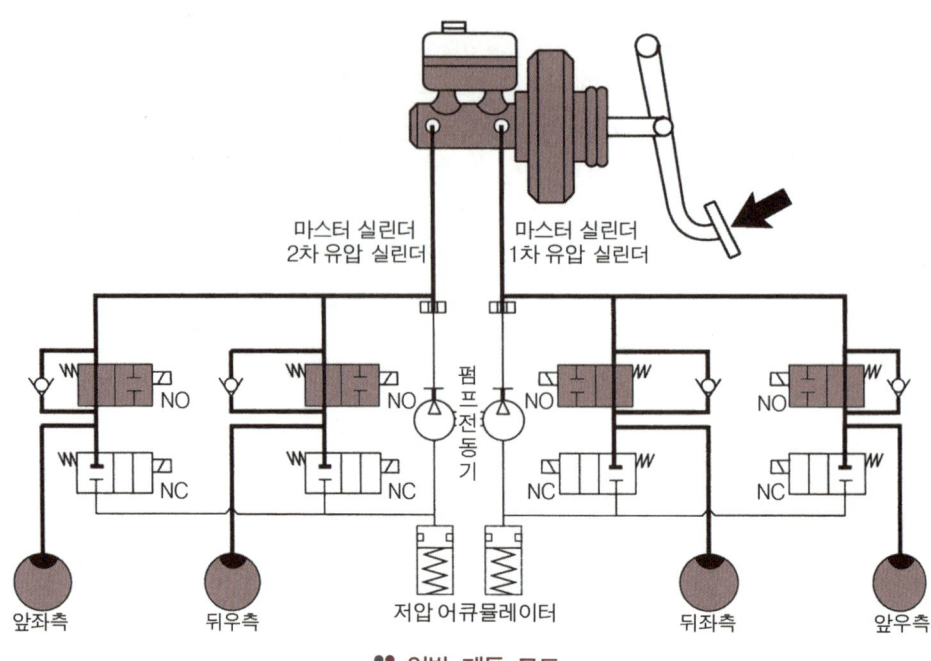

❖ 일반 제동 모드

2) 하이드롤릭 유닛 압력 감소 모드(ABS 작동)

ABS가 설치된 자동차에서 브레이크 페달을 힘껏 밟으면 바퀴의 회전속도는 자동차의 주행속도에 비해 급격하게 감소되므로 바퀴의 고착 현상이 발생하려고 한다. 이때 컴퓨터에서는 하이드롤릭 유닛으로 유압을 감소시키는 신호를 전달한다. 즉, 상시 열림(NO) 솔레노이드 밸브는 오일 통로를 차단시키고, 상시 닫힘(NC) 솔레노이드 밸브의 오일통로는 열어 캘리퍼의 유압을 낮춘다. 이때 캘리퍼에서 방출된 브레이크 오일은 저압 어큐뮬레이터(LPA)에 임시 저장된다. 저압 어큐뮬레이터에 저장된 브레이크 오일은 전동기가 회전함에 따라 작동되는 펌프(Pump) 토출에 따라 마스터 실린더로 다시 복귀한다.

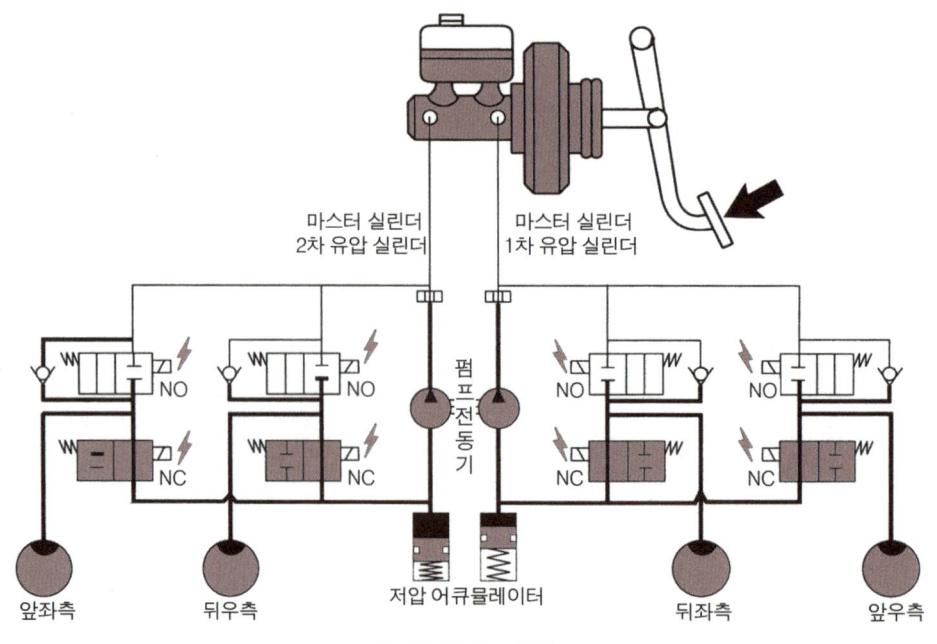

❖ 압력 감소 모드

3) 하이드로릭 유닛 압력 유지 모드(ABS 작동)

감압 및 증압을 통하여 캘리퍼의 적정 유압이 작용할 때에는 상시 열림(NO) 및 상시 닫힘(NC) 솔레노이드 밸브를 닫아 캘리퍼 내의 유압을 유지한다. 이때는 캘리퍼 내에는 유압이 그대로 유지되며, 마스터 실린더 유압이 차단되므로 유압은 더 이상 상승되지 않는다.

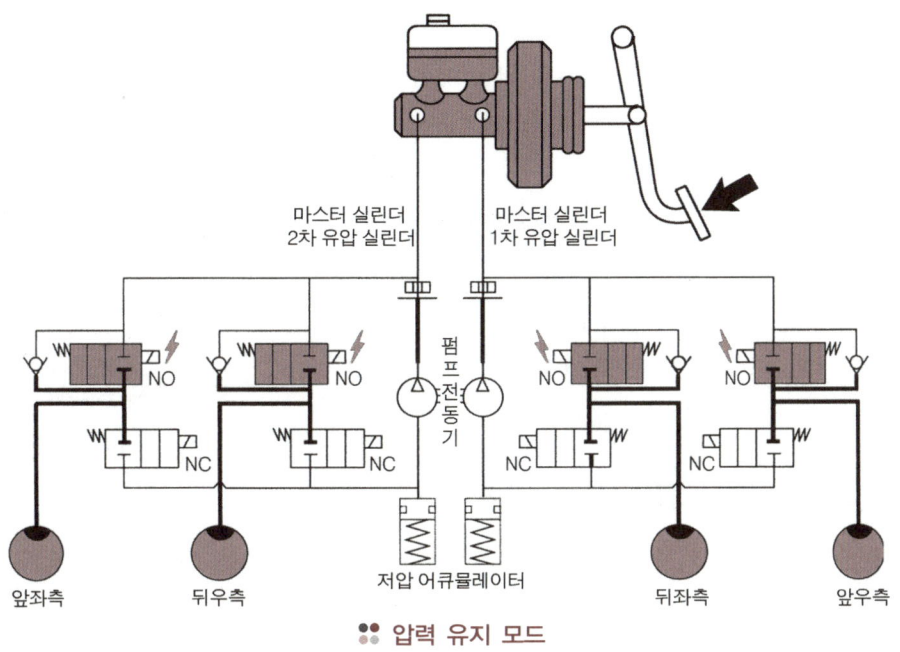

❖ 압력 유지 모드

4) 하이드로릭 유닛 압력 증가 모드(ABS 작동)

압력 감소의 작동을 실시했을 때 너무 많은 브레이크 오일을 복귀시키거나 바퀴와 노면 사이의 마찰 계수가 증가하면 각 캘리퍼 내의 유압을 증가시켜야 한다. 이때 컴퓨터는 하이드로릭 유닛에 유압을 증가시키는 신호를 전달한다. 즉, 상시 열림(NO) 솔레노이드 밸브는 오일 통로를 열고 상시 닫힘(NC) 솔레노이드 밸브는 오일 통로를 닫아서 캘리퍼 내의 유압을 증가시킨다. 압력 감소의 작동에서 저압 어큐뮬레이터(LPA)에 저장되어 있던 브레이크 오일은 압력 증가 상태에서 계속 전동기를 작동시켜 브레이크 오일을 공급하며 이때 브레이크 오일은 마스터 실린더 및 상시 열림(NO) 솔레노이드 밸브를 거쳐 캘리퍼로 공급한다.

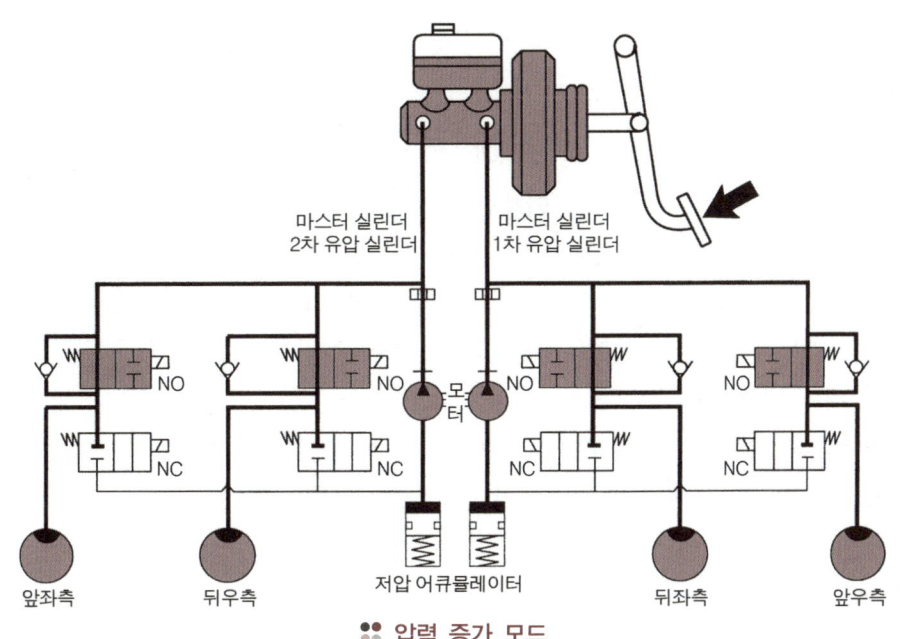

❖ 압력 증가 모드

2-3. 휠 스피드 센서 wheel speed sensor

바퀴 허브 또는 구동축에 설치된 센서 로터(sensor rotor)는 휠 스피드 센서의 자장을 단속한다. 바퀴의 회전속도 변화에 따라 AC 전압이 변화하며, 이들 파장의 값을 컴퓨터가 검출하여 4개 바퀴의 개별 신호를 비교하여 제동 및 감속을 검출하고 이 신호를 이용하여 ABS 하이드롤릭 유닛을 컴퓨터가 제어하여 ABS가 작동하는데 사용된다.

휠 스피드 센서는 바퀴 각각의 회전속도 및 가·감속도를 연산할 수 있도록 톤 휠(tone wheel)의 회전에 의해 검출된 데이터를 항상 컴퓨터로 전달하여 속도 및 가·감속도를 검출한다. 휠 스피드 센서의 종류에는 마그네틱 픽업 코일 방식 휠 스피드 센서와 액티브 센서 방식 휠 스피드 센서가 있다.

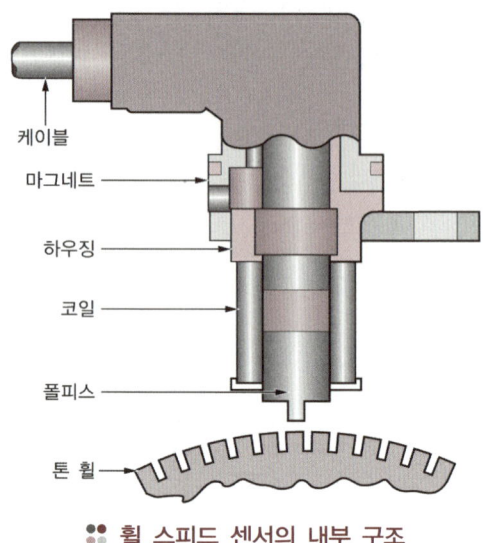
휠 스피드 센서의 내부 구조

1 마그네틱 픽업 코일 방식 휠 스피드 센서

이 방식은 패시브(Passive) 센서 즉, 마그네틱 픽업 코일 방식(magnetic pick up coil type)으로 자기유도 작용을 이용한 것이다. 기존 ABS의 휠 스피드 센서에서 주로 사용하던 것으로 센서는 마그네트와 코일로 구성되어 있고 톤 휠에 0.2~1.0mm 정도의 작은 간극으로 유지되어 설치된다. 휠 스피드 센서는 자기유도 작용을 이용한 것이며, 영구 자석에서 발생하는 자속이 톤 휠의 회전에 의해 코일에 AC 전압이 발생한다. AC 전압은 톤 휠의 회전속도에 비례하여 주파수가 변화하며 이 주파수에 의해 4바퀴 각각의 회전속도를 검출한다.

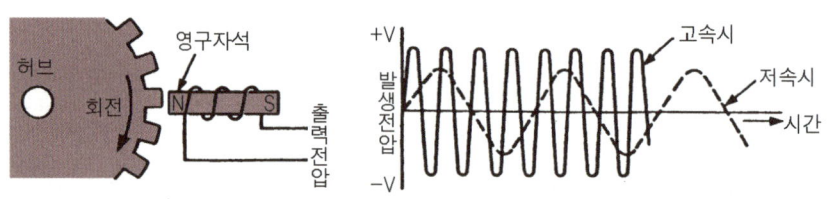
마그네틱 픽업코일 방식 휠 스피드 센서

2 액티브 센서 방식 휠 스피드 센서

액티브(Active) 센서 방식은 홀 IC를 이용한 방식과 MR IC를 이용한 방식이 있다. 홀 센서라 부르는 것이 홀 IC를 이용한 회전속도 검출방식인데 홀 IC를 이용한 액티브 휠 스피드 센서는 2선으로 구성된다. 액티브 센서는 패시브 센서에 비해 센서가 소형이며, 바퀴의 회전속도를 0Km/H까지도 검출이 가능하고 또 에어 갭(air gap)의 변화에도 민감하지 않고 노이즈에 대한 내구성도 우수하다.

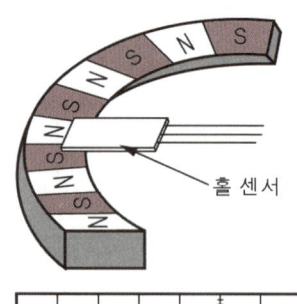

그리고 패시브 센서의 출력 형태는 아날로그 파형이나 액티브 센서의 경우는 디지털 파형으로 출력된다. 원리는 반도체의 양 끝에 전류를 인가하고, 이와 수직방향의 자계를 인가할 경우, 반도체 내에 전자 이동이 편향되어 전위차가 발생한다.

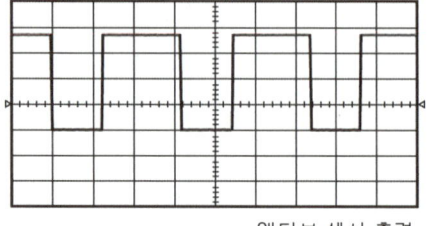
액티브 센서 출력
액티브 센서 방식 휠 스피드 센서

3 ABS 고장 진단

1 컴퓨터의 고장 진단

ABS는 주행속도가 10km/h 이내일 때 ABS가 작동되면 자기 진단을 한다. 즉 솔레노이드 밸브와 펌프 전동기가 매우 짧은 시간 동안 'ON' 되어 ABS의 기능을 점검한다. 또 평상시 점화스위치 ON 신호가 입력되면 수시로 ABS 컴퓨터는 장치를 점검하여 자기 진단을 실시한다. 이때 고장이 검출되면 ABS 경고등이 점등되며 고장이 해결되면 ABS 경고등을 소등한다. 경고등이 점등된 경우는 스캐너를 이용하여 점검 후 코드 확인하여 관련 부분을 정비한다.

2 경고등 제어

엔진 시동 후 ABS 경고등은 3초 동안 점등되었다가 점멸되며, 엔진 시동 후 즉시 경고등이 점등되지 않거나 3초 후에도 점등이 계속되는 경우에는 고장이다.
① 점화 스위치를 ON시키면 점등되어야 한다.
② 엔진이 시동되면 정상인 경우 소등되고, 고장이 있으면 점등되어야 한다.
③ ABS에 고장이 발견되면 점등되어야 한다.
④ ABS용 컴퓨터가 고장이 발생되면 점등되어야 한다.
⑤ ABS용 컴퓨터 커넥터가 분리된 상태에서도 점등되어야 한다.

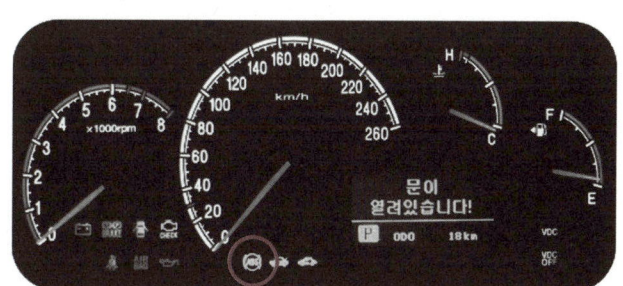
∷ 계기판 경고등 제어

ABS 관련 경고등에는 ABS 경고등과 다음 장에서 소개할 EBD(전자 제동력 분배장치) 경고등이 있다. 예를 들어 휠 스피드 센서 1개가 고장이 나면 ABS 경고등은 점등되지만 EBD 경고등은 점등되지 않는다. 따라서 뒷바퀴만 제동력이 제어되므로 ABS 전체가 작동되지 못할 때보다는 안정성을 확보할 수 있다. 그리고 ABS와 EBD 경고등이 동시에 점등되는 경우는 ABS용 컴퓨터 쪽 스위치를 상시 열림 상태로 한다. 이에 따라 전압이 최고(high)가 되면서 제너다이오드가 작동하여 트랜지스터가 구동되어 경고등은 둘 모두 점등된다. 정상인 경우는 이 스위치를 항상 ON시킨다.

따라서 전압이 접지로 흐르면서 경고등은 소등된다. 또 EBD 경고등은 소등되고 ABS만 점등되려면 특별한 장치가 필요하다. 이때 콘덴서를 사용한다. 이 콘덴서에 의해 제어되는데 콘덴서가 충전되는 동안은 ABS에 최고(high)전압이 유지되어 경고등이 점등된다. 콘덴서가 완전히 충전되면 EBD 쪽에 최고(high) 전압이 가해져 점등 될 수 있으므로 스위칭 동작을 통해 접지를 제어한다. 이와 같이 듀티 제어를 통해 ABS 경고등은 점등시키고 EBD는 소등시킬 수 있다.

3 림프 홈 기능(페일 세이프)

ABS에서의 림프 홈 기능은 ABS가 고장 나더라도 일반적인 제동이 가능하도록 하는 것이다. 즉 전기적으로 차단된 경우 기계적으로 유압이 형성될 수 있도록 하여야 한다. 즉 전기 공급을 차단하면 모든 유압이 기본 오일 통로를 형성한다. ABS 경고등도 일종에 페일 세이프인데 회로가 단선되면 경고등이 점등되는 구조로 되어 있다.

17 제동력 배력장치

학/습/목/표

1. 제동력 배력 장치의 필요성에 대하여 설명할 수 있다.
2. 제동력 배력 장치의 장점에 대하여 설명할 수 있다.
3. 제동력 배력 장치의 특성에 대하여 설명할 수 있다.
4. 기계식 제동력 배력 장치에 대하여 설명할 수 있다.
5. 전자식 제동력 배력 장치에 대하여 설명할 수 있다.

1 제동력 배력 장치의 개요

제동력 배력 장치는 비상 상태에서 급제동할 때 작용을 보조해 준다. 즉 운전자가 급제동을 하여야하는 상황에서 브레이크 페달을 약하게 밟는 경향이 많은 것에서 착안하여 자동차의 상태가 비상 제동임을 파악하면 브레이크 진공부스터의 동력이 즉시 마스터 실린더에 가해질 수 있도록 한 것이다.

실험을 통해 브레이크 보조 장치는 100km/h로 주행 중 급제동할 때 제동거리를 73m에서 43m로 줄일 수 있었다고 한다. 현재 사용되는 제동력 배력 장치는 기계식과 전자식이 있으며, 기계식은 진공 부스터 안에 추가로 부품을 설치한 것이다. 전자식은 기존의 (ABS)·차체 자세 제어장치(ESP ; Electronic Stability Program)에 소프트웨어만 추가하였다.

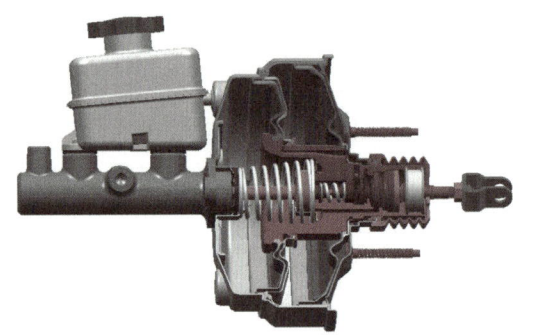 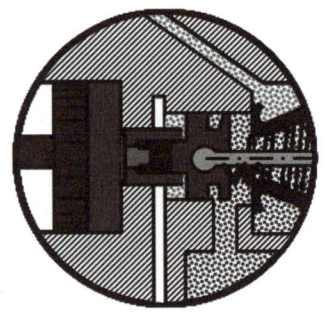

❉❉ 제동력 배력장치의 구조

2 제동력 배력 장치의 장점 및 특징

1) 제동력 배력 장치의 장점

① 브레이크 페달의 조작력이 일정 값 이상이 되면 추가적인 배력이 발생한다.
② 브레이크 페달을 밟을 때 페달이 부드럽다.
③ 2단계의 배력 비율이 발생한다.

2) 제동력 배력 장치의 특징

① 제동력 배력 장치는 ABS를 설치한 자동차에만 사용된다.
② 일정한 페달의 조작력까지는 기존과 동일하다.
③ 과도한 제동을 할 때 빈번한 ABS의 작동이 나타날 수 있다.
④ 제동효과는 기존과 같거나 향상된다.

3 제동력 배력 장치의 종류

제동 보조 장치는 기계식과 전자식으로 분류되며, 기계식은 브레이크 부스터 내부에 설치되고, 전자식은 차체자세 제어장치(ESP ; Electronic Stability Program)에 소프트웨어를 추가한 것이다.

1) 기계식 제동력 배력 장치

기계식 제동력 배력 장치의 경우에는 기존의 진공 부스터에 추가 진공 라인을 설치하였다고 보면 된다. 즉 기존의 부스터는 브레이크 페달을 밟기 전에는 진공 막을 사이에 두고 양쪽이 진공 상태로 유지되다가 브레이크 페달을 밟으면 한쪽은 진공 상태이고, 다른 한쪽은 대기가 들어와 이들의 압력 차이에 의해 브레이크 배력 효과가 발생한다.

기계식 제동력 배력 장치의 경우는 1차 배력 후에 2차로 추가적인 배력 효과를 주는 것이며, 압력 차이를 크게 유도하기 위하여 별도의 진공 라인을 설치하고 있다. 이러한 오일 통로의 제동력 배력 장치를 **2비율 부스터**(2 ratio booster)라 부른다. 기계식 제동력 배력 장치의 내부 구조는 반력 디스크(reaction disc), 진공 밸브(vacuum valve), 입력 로드(input rod), 출력 로드(output rod), 플런저(plunger) 등으로 구성된다.

① **플런저** : 제동할 때 밀려 대기실과 진공실을 차단하는 포핏 밸브를 밀어 포핏 밸브에 의해 진공실과 대기실이 차단되는 것을 도와준다.
② **입력 로드** : 브레이크 페달을 밟으면 푸시로드가 밀리고 이 푸시로드가 입력 로드를 밀어 입력 로드가 플런저를 밀도록 한다.
③ **출력 로드** : 입력 로드에 의해 밀린 푸시로드가 끝까지 밀리면 이때 마스터 실린더에서 유압을 발생시키는 것을 도와준다.

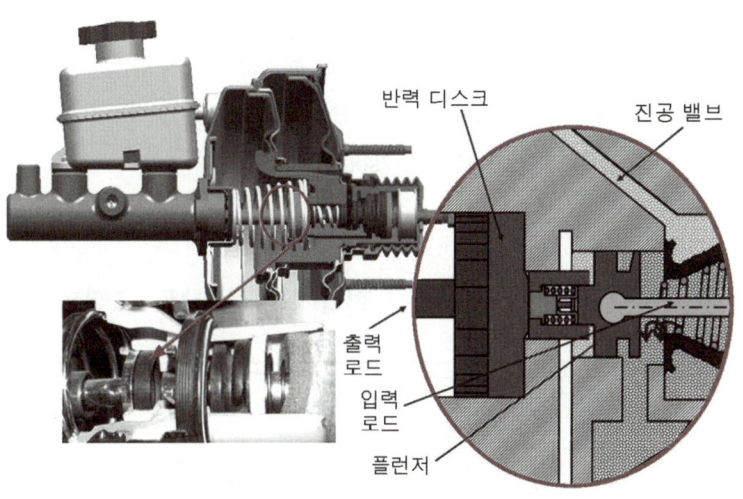

∷ 기계식 제동력 배력 장치의 내부 구조

④ **반력 디스크** : 제동 후 브레이크 페달을 놓을 때 작용하여 복귀를 원활히 한다.
⑤ **진공 밸브** : 제동할 때 진공실에 진공이 유입되지 않도록 차단한다.

2) 전자식 제동력 배력 장치

전자식 제동력 배력 장치는 HBA(Hydraulic Brake Assist)라고도 부르며, 차체 자세 제어장치(ESP)를 설치한 자동차에서 사용된다. 즉, 기존의 차체 자세 제어장치의 작용을 이용한 것으로 운행 중 긴박한 상황에서 차체 자세 제어장치 스스로가 제동 유압을 형성하여 해당 바퀴에 제동을 가했었지만 제동력 배력 장치의 경우는 운전자가 급제동을 했는데 원하는 시간에 제동 유압이 검출되지 않으면 강제로 전동기를 구동시켜 제동 유압을 만든다. 그리고 유압 피드백은 압력 센서로부터 검출한다.

① **전자식 제동력 배력 장치의 효과**
- 제동거리를 단축시킨다.
- 운전자별 제동거리의 오차를 줄일 수 있다.
- 긴급한 제동에서 유압이 증가한다.
- 소프트웨어(Software)만 추가하면 사용이 가능하다.

② **제동력 배력 장치 작동 조건**

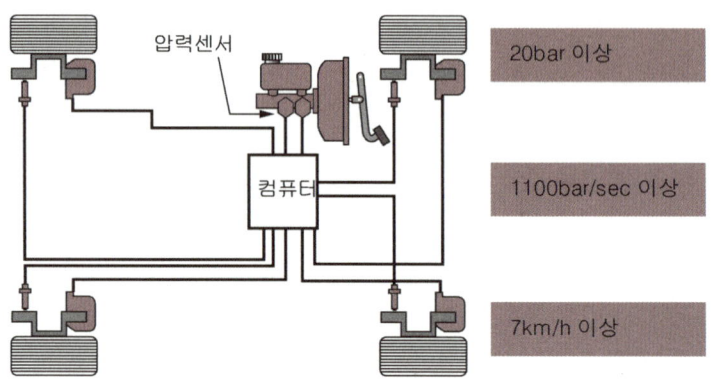

제동력 배력 장치의 작동 조건

③ **압력 센서 기능**
- 차체자세 제어장치 작동 중에 운전자의 브레이크 답력을 감지
- 예비 브레이크 압력을 조절
- 작동압력 : 주행속도 7km/h & 20Bar 이상
- 최대측정압력 : MAX 170Bar
- 작동할 때 : 1,100Bar/sec

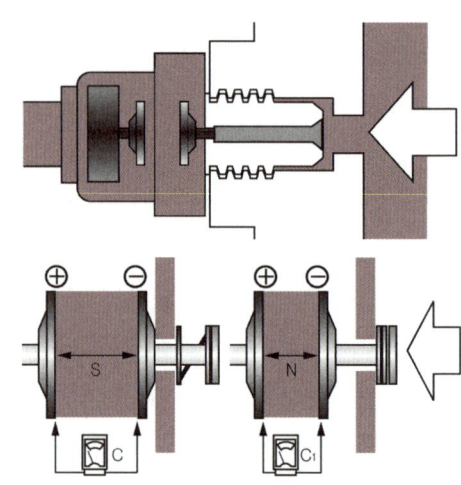

마스터 실린더 압력 센서의 기능

3) **제동력 배력 장치의 시간 변화에 다른 작동 그래프**

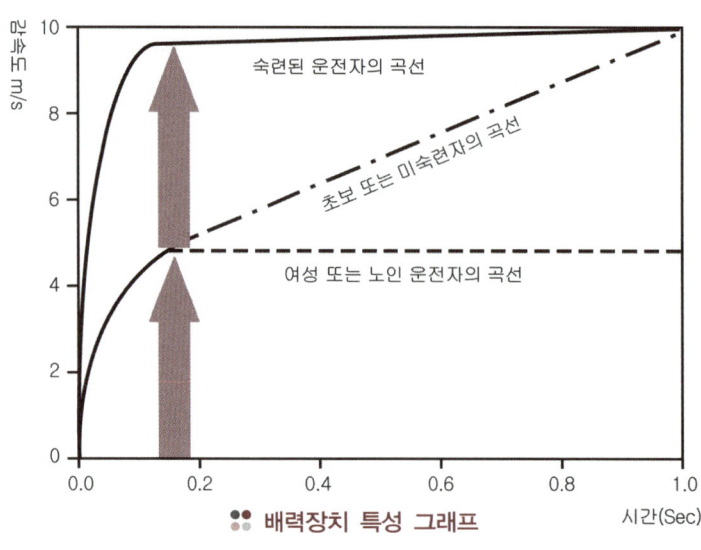

배력장치 특성 그래프

18 EBD(전자 제동력 분배장치)

학/습/목/표
1. 전자 제동력 분배 장치의 필요성에 대하여 설명할 수 있다.
2. 프로포셔닝 밸브의 작동에 대하여 설명할 수 있다.
3. 로드 센싱 프로포셔닝 밸브의 작동에 대하여 설명할 수 있다.
4. 전자 제동력 분배 장치의 작동 원리에 대하여 설명할 수 있다.
5. 전자 제동력 분배 장치 제어의 효과에 대하여 설명할 수 있다.
6. 전자 제동력 분배 장치의 안전성에 대하여 설명할 수 있다.

1 전자 제동력 분배 장치의 개요

주행 중 브레이크 페달을 밟으면 바퀴의 하중은 적재물의 무게, 화물이 적재된 위치, 자동차의 무게 중심, 제동 감속도 등의 복합적인 작용에 의해 앞쪽으로 밀리게 된다. 따라서 직진 중 브레이크 페달을 밟으면 앞바퀴의 하중은 커지고 뒷바퀴의 하중은 가벼워진다. 또 커브 길을 선회할 때 브레이크 페달을 밟으면 바깥쪽 바퀴는 하중을 더 받고 안쪽 바퀴는 하중을 적게 받는다.

이에 따라 대부분의 자동차들은 중간 정도의 부하와 중간 정도의 제동 감속도에서 최적의 제동 상태가 되도록 한다. 그리고 급제동을 할 경우 자동차의 무게 중심이 앞쪽으로 이동하기 때문에 앞바퀴보다 뒷바퀴가 먼저 제동이 된다. 따라서 뒷바퀴가 먼저 고착되어 미끄럼율(slip ratio)이 급격히 증가하며, 무게 중심이 자동차의 진행방향과 일치하지 않으므로 무게가 편중된 쪽으로 자동차 뒤쪽이 돌아가는 스핀(spin) 현상이 발생한다.

따라서 급제동을 할 때 앞바퀴보다 뒷바퀴가 먼저 고착되어 자동차가 스핀하는 것을 방지하기 위하여 프로포셔닝 밸브(proportioning valve)를 설치하는데 이 프로포셔닝 밸브로는 부족하기 때문에 유압을 전자 제어하여 급제동에서 스핀을 방지할 수 있도록 개발된 것이 전자 제동력 분배 장치(EBD ; Electronic Brake Force Distribution Control)이다. 또 전자제어라는 의미는 기존의 ABS 제어에서 뒷바퀴만을 독립적으로 제어한다고 보면 된다.

따라서 만약 ABS가 고장이 나더라도 EBD 제어가 가능하므로 50% 정도의 ABS를 제어할 수 있다. 또 브레이크가 유효하게 작동하도록 바퀴의 고착 한계의 감속도를 높이기 위해서는 각 바퀴의 하중 분배에 따른 제동력을 필요로 한다. 자동차의 무게 중심은 접지면 보다 위쪽에 있으며, 제동할 때의 하중에 의하여 하중 이동이 발생하므로 하중의 분배가 동적으로 변화한다.

앞·뒷바퀴가 동시에 고착되는 제동력의 분배를 이상 제동력 분배라 부르며, 이것은 고착 한계 감속도일 때 최대가 된다. 실제의 바퀴에서 일어나는 제동력은 앞·뒷바퀴의 브레이크 제원에 의해 결정되며, 이를 실제 제동력 분배라 부른다.

2 전자 제동력 분배 장치의 필요성

바퀴가 미끄러지기 시작하면 가로 방향의 작용력(side force)이 감소하고 앞바퀴가 고착되면 조향 성능을 상실한다. 그리고 뒷바퀴가 먼저 고착이 되면 자동차 스핀의 확률이 높아지기 때문에 이를 방지하기 위해 실제 제동력 분배를 이상 제동력 분배와 비슷하게 고착 시작점을 높인다.

예전에는 공차와 적차 상태에서의 하중의 차이가 큰 화물자동차의 제동력 분배 조정 방법으로 앞바퀴에 유압 제어 밸브를 설치하고 하중 변화에 대해 조정 시작점이 변화하는 로드 센싱 조절 밸브(LSRV ; Load Sensing Regulator Valve)나 G(Gravity) 밸브를 사용하는 경우가 많다.

또 주행 중 브레이크 페달을 밟을 때 뒷바퀴 조기 고착을 방지하기 위하여 프로포셔닝 밸브, LSPV(Load Sensing Pressure Valve), LSGV(Load Sensing Gravity pressure Valve) 등을 사용하여 자동차의 스핀 발생을 방지한다. 그러나 위의 밸브들은 기계적인 장치이므로 이상적인 뒷바퀴 유압분배를 실현하지 못한다. 또 브레이크 라이닝 및 패드의 마찰재료 산포에 따라 각 바퀴에 발생되는 제동력에 차이가 발생한다.

그리고 프로포셔닝 밸브, LSPV, LSGV 등은 고장이 발생하여도 운전자가 알 수 없어 급제동할 때 스핀이 발생할 수 있다. 이를 해결하기 위해 전자 제동력 분배 장치가 필요하다. 그리고 전자 제동력 분배장치 제어는 제동할 때 각 바퀴의 회전속도를 휠 스피드 센서로부터 입력받아 미끄럼율을 연산하여 뒷바퀴의 미끄럼율을 앞바퀴보다 항상 작거나 동일하게 뒷바퀴의 유압을 연속적으로 제어하여 스핀 현상을 방지하고 제동 성능을 향상시켜 제동거리를 단축한다.

1) 프로포셔닝 밸브 Proportioning Valve

프로포셔닝 밸브는 급제동을 할 때 앞뒤 브레이크의 균형력을 향상시키기 위하여 사용되며, 브레이크 페달을 약하게 밟았을 경우에는 작동하지 않는다. 싱글 프로포셔닝 밸브(single Proportioning Valve)는 앞·뒷바퀴 분리형에, 투 프로포셔닝 밸브(Two Proportioning Valve)는 4바퀴 분리형에서 주로 사용된다.

프로포셔닝 밸브는 뒷바퀴로 향하는 파이프에 연결되어 있으며, 마스터 실린더 부근 또는 마스터 실린더에 접속되어 있다. 이 밸브의 설치 목적은 높은 유압이 발생할 때 앞바퀴의 유압 상승 속도보다 뒷바퀴의 유압 상승 속도를 느리게 하기 위한 것이며, 이 현상은 어떤 분리점(split point)의 유압에 도달한 시점 이후에 발생한다.

이 분리점(split point)은 자동차의 무게, 휠 브레이크의 기본 크기(wheel brake base dimension), 브레이크 설계 등에 의해 결정된다. 프로포셔닝 밸브는 뒷바퀴의 고착이 앞바퀴보다 먼저 발생하는 것을 방지하여 미끄러질 때 자동차가 방향성을 상실하는 것을 방지한다.

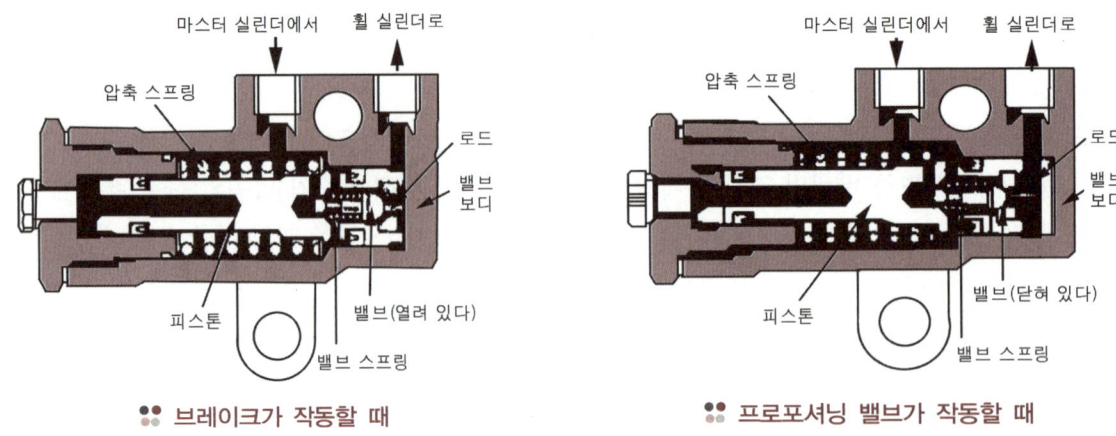

•• 브레이크가 작동할 때   •• 프로포셔닝 밸브가 작동할 때

2) 로드 센싱 프로포셔닝 밸브 LSPV ; Load Sensing Pressure Valve

이 밸브는 변동적인 하중에 대해 뒷바퀴의 유압을 자동적으로 제어해주는 것이며, 무게에 의한 차체의 높이 변화를 검출하여 스프링으로 밸브를 조정한다. 즉, 하중이 가벼울 때에는 낮은 압력, 무거울 때에는 높은 압력

의 유압을 뒷바퀴로 공급한다.

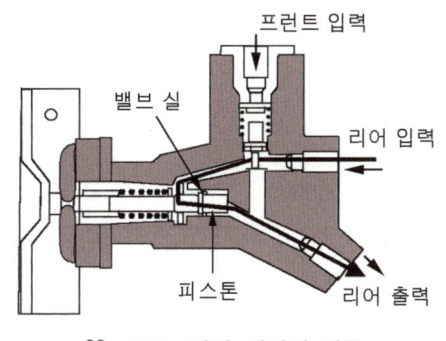
LSPV 감압 제어의 작동

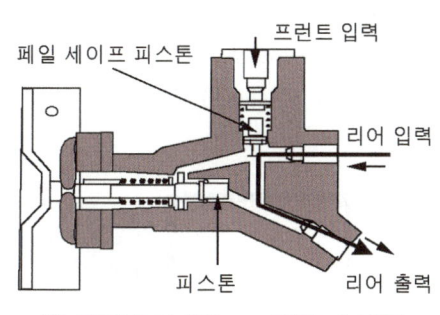
앞바퀴 브레이크 고장일 때 작동

3 전자 제동력 분배 장치의 작동 원리

프로포셔닝 밸브를 설치할 때 이상 제동 배분의 곡선보다 낮은 유압에서 감압을 수행하므로 그 부분만큼 뒷바퀴 쪽의 제동력이 손실된다. 전자 제동력 분배 장치는 ABS용 컴퓨터에 논리를 추가하여 뒷바퀴의 유압을 요구 유압의 분배 곡선(이상 제동분배 곡선)에 근접시켜 제어하는 원리이다.

제동할 때 각각의 휠 스피드 센서로부터 미끄럼율을 연산하여 뒷바퀴의 미끄럼율이 앞바퀴보다 항상 작거나 동일하게 유압을 제어한다. 따라서 뒷바퀴가 앞바퀴보다 먼저 고착되지 않으므로 프로포셔닝 밸브를 설치하였을 경우보다 전자 제동력 분배 장치를 제어할 때 뒷바퀴에 대한 제동력의 향상 효과가 크다.

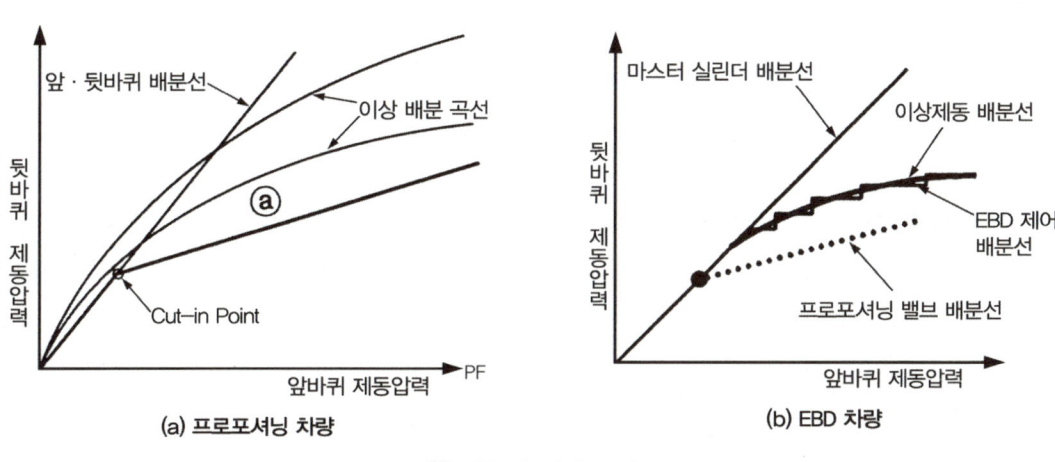
제동력 제어 곡선

1) 유압 제어

뒷바퀴가 앞바퀴보다 먼저 고착되기 직전에 ABS용 컴퓨터는 고착되려는 바퀴 쪽의 상시 열림(NO, Normal Open) 솔레노이드 밸브를 ON(닫음)으로 하여 고착되려는 바퀴의 유압을 유지시켜 고착을 방지한다(이를 유지 모드라 함). 그리고 앞바퀴에 비하여 뒷바퀴의 제동력이 감소하여 바퀴가 회전하면 다시 상시 열림 솔레노이드 밸브를 OFF(열림)시켜 마스터 실린더에서 가해진 유압을 다시 캘리퍼로 공급한다(이를 압력증가 모드라 함). 이때 펌프의 전동기는 작동하지 않는다.

2) 전자 제동력 분배 장치 제어의 효과

① 프로포셔닝 밸브보다 뒷바퀴의 제동력을 향상시키므로 제동거리가 단축된다.
② 뒷바퀴의 유압을 좌우 각각 독립적인 제어가 가능하므로 선회하면서 제동할 때 안전성이 확보된다.

③ 브레이크 페달을 밟는 힘이 감소된다.
④ 제동할 때 뒷바퀴의 제동 효과가 커지므로 앞바퀴 브레이크 패드의 마모 및 온도 상승 등이 감소되어 안정된 제동효과를 얻을 수 있다.
⑤ 프로포셔닝 밸브를 사용하지 않아도 된다.

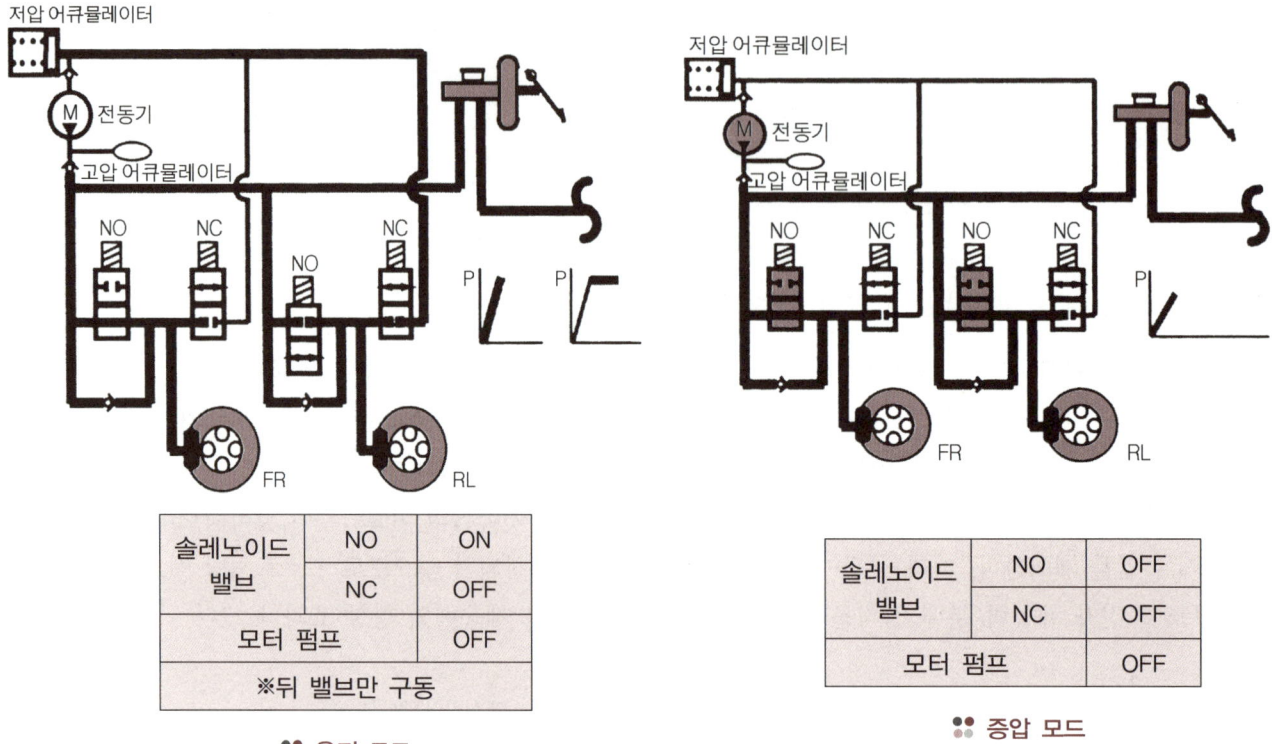

3) 전자 제동력 분배 장치의 안전성

① ABS의 고장 원인 중 다음과 같은 사항에서도 EBD 장치는 계속 제어되므로 ABS의 고장률이 감소된다.
- 휠 스피드 센서 1개 고장
- 펌프 전동기의 고장
- 낮은 전압으로 인한 고장

② 프로포셔닝 밸브는 운전자에게 알려주는 경고 장치가 없어 운전자가 고장여부를 알 수 없으며, 만약 고장이 발생된 상태로 급제동을 하면 차체의 스핀이 발생할 수 있으나 EBD 장치에서 고장이 발생하면 주차 브레이크 경고등을 점등하여 운전자에게 경고한다.

③ 전자 제동력 분배 장치의 고장

구 분	형 식		경고등	
	ABS	EBD	ABS	EBD
정상일 때	작동	작동	OFF	OFF
휠 스피드 센서 1개 고장	비 작동	작동	ON	OFF
펌프 고장	비 작동	작동	ON	OFF
저 전압 상태	비 작동	작동	ON	OFF
• 휠 스피드 센서 2개 이상 고장 • 솔레노이드 밸브 고장 • 컴퓨터 고장 • 그 밖의 고장	비 작동	비 작동	ON	ON

④ **고장일 때의 조치**

구 분	전자 제동력 분배 장치 장착 자동차
일반적인 성능 비교	자동차의 중량이 크고(5인승) 고속인 상태에서 급제동을 하면 30bar 보다 훨씬 큰 압력의 제어가 가능하므로 이상적인 뒤 브레이크 유압의 배분이 가능하다.
고장일 경우	일반적인 브레이크로 전환되는 프로포셔닝 밸브 밸브가 없어 스핀 발생이 우려되므로 저속 운행을 하여야 하며, 급제동을 삼가 하고 신속한 정비를 하여야 한다.

4 전자 제동력 분배 장치 경고등 제어

전자 제동력 분배 장치 경고등 ON/OFF 조건은 점화 스위치를 ON으로 하였을 때(점화 스위치 OFF 때까지) 점등되고, 또 주차 브레이크 레버를 당겼을 때 브레이크 오일이 부족할 때, 전자 제동력 분배 장치 계통에 불량한 부분이 있을 때(전자 제동력 분배장치 작동 안 됨), 컴퓨터 커넥터를 분리 때 등에 점등된다.

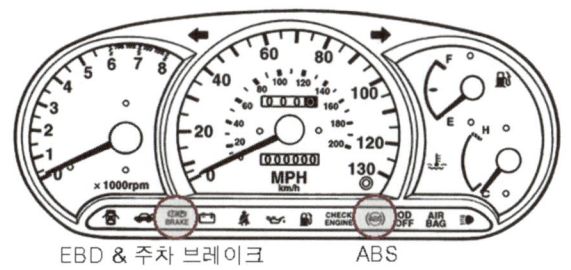

EBD & 주차 브레이크   ABS

❖❖ 전자 제동력 분배장치 경고등

19 TCS(구동력 제어장치)

학/습/목/표

1. 구동력 제어 장치의 필요성에 대하여 설명할 수 있다.
2. 엔진 조정 구동력 제어 장치에 대하여 설명할 수 있다.
3. 브레이크 제어 구동력 제어 장치에 대하여 설명할 수 있다.
4. 통합 제어 구동력 제어 장치에 대하여 설명할 수 있다.
5. 구동력 제어 장치의 기능에 대하여 설명할 수 있다.
6. 구동력 제어 장치의 제어에 대하여 설명할 수 있다.
7. 통합 제어 구동력 제어 장치 구성의 요소의 기능에 대하여 설명할 수 있다.

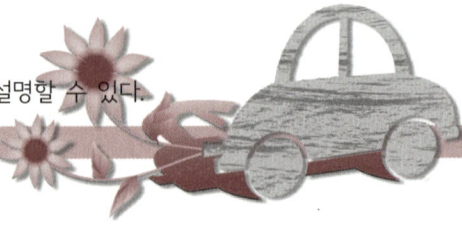

1 TCS의 개요 및 목적

눈길, 빙판길 등의 마찰 계수가 낮은 도로(노면 또는 바퀴의 마찰 계수가 매우 적고 미끄러지기 쉬운 도로)를 주행할 때 운전자는 바퀴를 공회전 시키지 않도록 하기 위해 신중한 액셀러레이터 페달의 조작이 필요하다. 그러나 구동력 제어 장치(TCS ; Traction control system))가 설치되어 있으면 마찰 계수가 낮은 도로에서 출발 또는 가속할 때 구동 바퀴가 공회전을 하면 운전자가 미세한 액셀러레이터 페달을 조작하지 않아도 자동적으로 엔진의 출력을 감소시키고

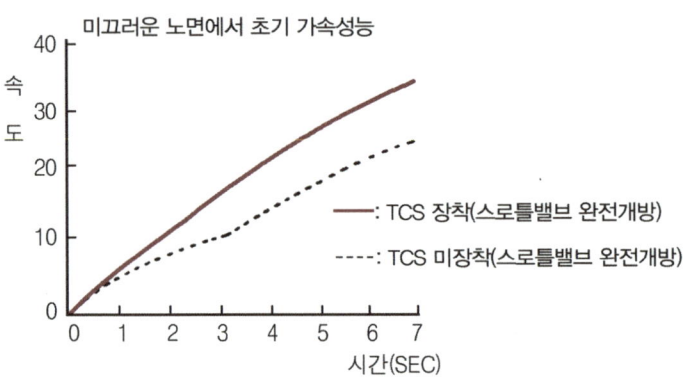

❋❋ 출발·가속할 때 도달 주행속도 비교

바퀴의 공회전을 가능한 억제하여 구동력을 노면에 효율적으로 전달할 수 있다.

또 주행 빈도가 높은 일반도로에서 선회할 때 지나치게 빠른 주행속도로 선회를 하면 자동차의 뒷부분이 밖으로 밀려 나가는 테일 아웃(tail out) 현상이 발생하는데 이것을 제어하기 위해서는 고도의 운전기술이 필요하다. 이러한 경우에도 구동력 제어 장치는 운전자가 액셀러레이터 페달을 밟아 스로틀 밸브를 완전히 열더라도 이와 관계없이 엔진의 출력을 제어하여 운전자의 의지대로 안전한 선회가 가능하도록 한다.

구동력 제어 장치는 자동차가 주행 중 구동력에 의해서 발생할 수 있는 상황을 컴퓨터로 제어하는 장치이다. 구동력은 클수록 좋지만 때로는 출발할 때 너무 큰 구동력에 의해 바퀴에서 미끄럼이 발생하고 이로 인해 출발의 지연 및 바퀴의 마모 등과 같은 비효율적인 문제가 발생한다.

또 커브 길을 선회할 때 가속을 하면 구동력이 커지면서 바퀴에 미끄럼이 발생한다. 이때 바퀴와 노면 사이의 마찰력이 저하되면서 자동차는 안정된 선회가 어렵게 된다. 눈길이나, 빗길 주행에서도 마찰력의 상실로 한쪽 바퀴가 미끄러지면 출발이 어렵게 된다. 이러한 상황에서 구동력 제어 장치가 작동하면 상황을 벗어날 수 있다.

구동력을 저하시키는 방법에는 여러 가지가 있다. 예전에는 엔진으로 흡입되는 공기량을 제한하여 엔진의 회전력을 낮추었지만 최근에는 엔진의 컴퓨터가 점화시기만을 늦추어 엔진의 회전력을 감소시킨 후 보다 적극적으로 바퀴에 제동을 가하는 방식이 사용되고 있다.

1-1. 바퀴의 역할

1 바퀴와 구동력 제어장치의 관계

자동차가 주행을 하면 바퀴에는 가속하기 위한 구동력과 회전하기 위한 가로 방향 작용력(side force)이 발생하며, 이 2개의 힘을 합쳐 총합력이라 한다. 그리고 노면과 바퀴 사이의 마찰력에는 한계가 있으며, 그 힘의 크기는 노면이 미끄러우면 작아진다. 이 한계 이상의 힘이 바퀴에 가해지면 바퀴는 공회전하여 기대한 구동력이 전달되지 않고 자동차의 조종 안정성에도 영향을 준다.

이에 따라 가속할 때 여분의 엔진 회전력을 억제하여 구동 바퀴의 공회전을 방지하고 마찰력을 항상 발생한계 내에 있도록 자동적으로 제어하는 것이 구동력 제어 장치의 주요 역할이다. 즉, 바퀴에 작용하는 힘을 제어하여 엔진 회전력을 항상 바퀴의 미끄럼 한계 내에 두도록 하는 것이 구동력 제어 장치이다.

2 바퀴에서 발생되는 힘

1) 자동차 운동력

자동차의 운동력은 바퀴와 노면 사이의 마찰력에 좌우된다.

2) 바퀴의 마찰력

① **가로 방향 작용력(side force)** : 바퀴의 회전 방향에 대한 직각 방향의 힘이다(미끄럼의 증가와 함께 감소한다.).

② **항력(구동력, 제동력)** : 바퀴의 회전 방향과 같은 방향의 힘이다.

③ **코너링 포스(cornering force)** : 바퀴의 진행 방향에 대한 직각 방향의 힘이다(자동차가 선회할 때 중요한 힘이다.).

④ **선회 저항(cornering resistance)** : 바퀴의 진행 방향과 같은 방향의 힘이다.

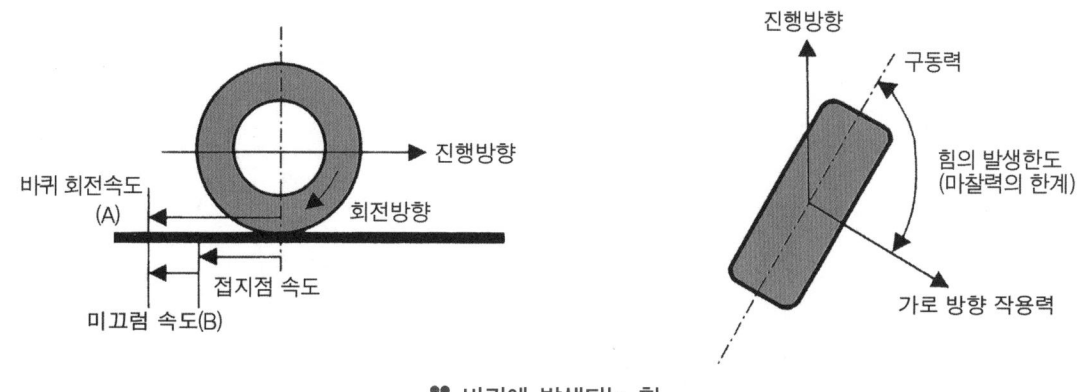

:: 바퀴에 발생되는 힘

1-2. 바퀴의 미끄럼과 구동력

일반적으로 가속 중에 자동차는 바퀴와 노면 사이에 미세한 미끄럼이 발생하여 구동력이 감소하며, 접지 점에서는 바퀴의 회전속도와 차체의 주행 속도에는 차이가 있다. 이 바퀴의 회전속도에 대한 차체의 주행 속도와의 차이를 미끄럼(slip)율이라 하며, 미끄럼율 S는 다음의 공식으로 나타낸다.

$$S = \frac{V - V\omega}{V} \times 100$$

여기서, S : 미끄럼율 V : 차체의 주행속도(구동되지 않는 바퀴)
$V\omega$: 바퀴의 회전속도(구동되는 바퀴)

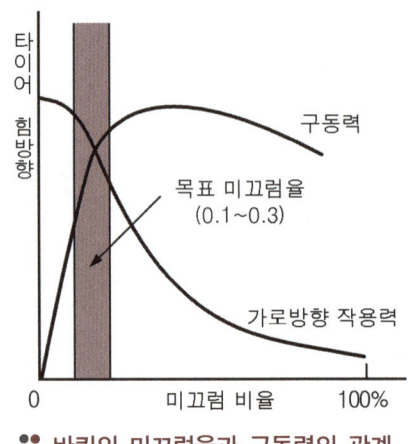

※ 바퀴의 미끄럼율과 구동력의 관계

바퀴의 미끄럼율과 구동력의 관계를 보면 미끄럼율이 낮은 범위에서부터 미끄럼율이 높게 됨에 따라 구동력과 비례적으로 크게 되고 미끄럼율이 어느 정도 증가하면 구동력은 더 이상 커지지 않게 되고 그 후 조금씩 저하된다.

1-3. 목표 미끄럼 비율 변경 방법

구동력 제어 장치의 목적은 가속 성능의 향상과 자동차의 자세 안정성 향상이다. 그러나 그림에 나타낸 바와 같이 가속 성능의 향상에 영향을 미치는 구동력과 자세 안정성의 향상에 영향을 미치는 코너링 포스는 각각 최댓값의 미끄럼율이 일치하지 않는다. 목표 미끄럼율을 변경하는 방법으로는 조향 각도를 검출하는 조향 핸들 각속도 센서를 설치하고 그 조향 각도에 따라 그림의 ❷ 그래프에 따르도록 결정된 보정계수 C를 당초 목표 미끄럼율을 새로운 목표 미끄럼율로 하는 구조이다.

조향 핸들의 조향 각도가 큰 경우 즉, 자동차가 선회할 때는 가속 성능보다 자동차의 안정성이 요구되는 큰 코너링 포스를 필요로 하는 상황이므로 조향 핸들의 조향 각도가 클 때는 목표 미끄럼율을 낮게 설정하도록 구성되어 있다(그림의 ❸). 또 액셀러레이터 페달을 밟는 속도, 밟은 양을 검출하는 센서에서 신호가 발신될 때에는 목표 미끄럼율을 최대 구동력이 얻어지는 값으로 변경하도록 구성되어 있어 액셀러레이터 페달에서 신호가 발신될 때는 운전자가 신속히 자동차의 가속을 요구하는 것으로 판단하고 구동력 제어 장치는 자세의 안정 보다도 가속 성능을 우선하는 특성으로 변경된다.

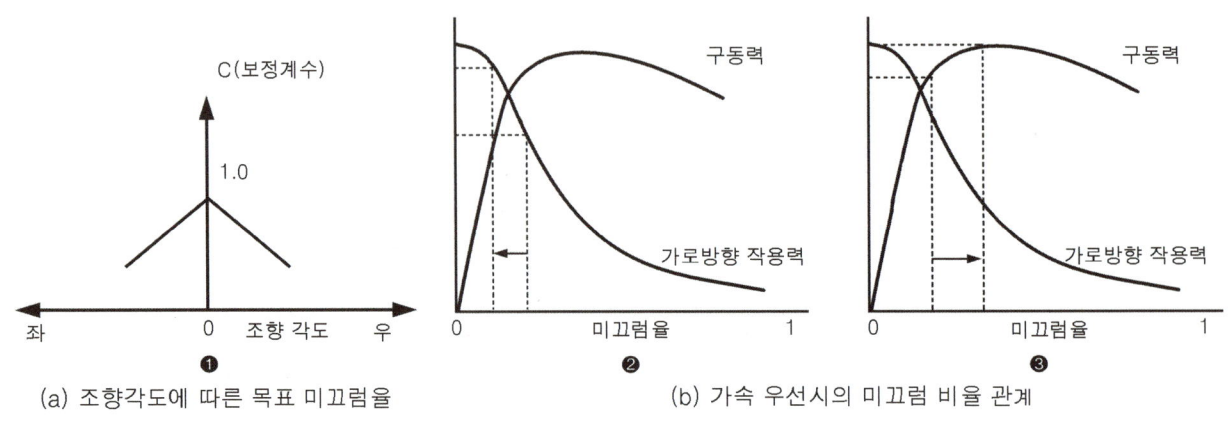

(a) 조향각도에 따른 목표 미끄럼율   (b) 가속 우선시의 미끄럼 비율 관계

※ 목표 미끄럼율 변경 방법

2 구동력 제어 장치의 종류

2-1. 엔진 조정 구동력 제어 장치 & 흡입 공기량 제한 형식

엔진 조정 구동력 제어장치(ETCS ; Engine intervention Traction Control System)는 엔진의 회전력을 감소시켜 구동력을 제한하는 것으로 국내에 처음 구동력 제어 장치가 도입되었을 당시에 주로 사용하였다. 이 장치는 구동력 제어 장치와 ABS가 분리된 형식으로 브레이크를 제어하기 어려웠다.

현재 사용하고 있는 구동력 제어 장치는 브레이크 제어와 함께 엔진 점화시기 제어인 엔진 운용 장치(EMS ; Engine Management System) 제어를 실행한다. 그러나 흡입 공기량 제어는 실행하지 않는다.

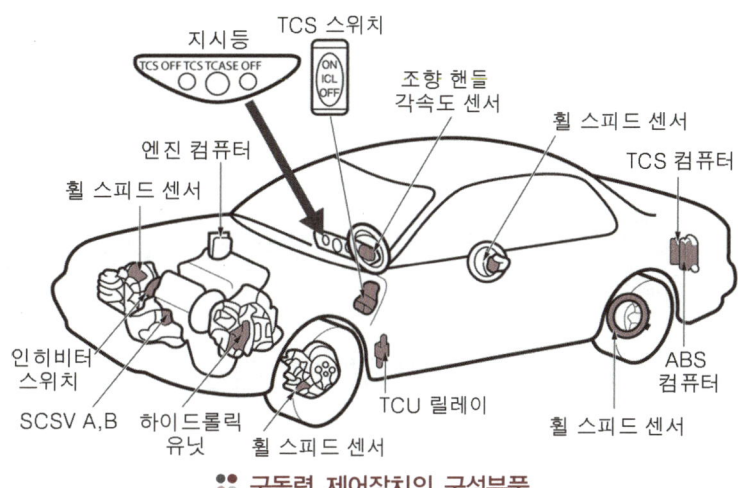

● 구동력 제어장치의 구성부품

1 점화시기 지각 제어

엔진 컴퓨터가 구동력 제어 장치와 통신을 통해 점화시기를 늦추어 엔진의 회전력을 감소시킨다.

2 흡입 공기량 제한 제어

메인 스로틀 밸브(main throttle valve) 제어 방식과 보조 스로틀 밸브(sub throttle valve) 제어 방식 2가지가 있으며, 엔진으로 유입되는 흡입 공기량을 제한하여 엔진의 회전력을 감소시켜 구동력 제어 기능을 수행한다.

2-2. 브레이크 제어 구동력 제어 장치

브레이크 제어 구동력 제어 장치(BTCS ; Brake Traction Control System)는 구동력 제어 장치를 제어할 때 브레이크 제어만을 수행한다. 즉 ABS 하이드롤릭 유닛 내부의 펌프에서 발생하는 유압으로 구동 바퀴의 제동을 제어한다.

2-3. 통합 제어 구동력 제어 장치

통합제어 구동력 제어 장치(FTCS ; Full Traction Control System)는 별도의 부품 없이 ABS용 컴퓨터가 구동력 제어 장치를 함께 제어한다. 즉 ABS용 컴퓨터가 앞바퀴(구동바퀴)와 뒷바퀴의 휠 스피드 센서의 신호를 비교하여 구동 바퀴의 미끄럼을 검출한다.

구동 바퀴의 미끄럼을 검출하면 구동력 제어 장치의 제어를 실행하게 되는데 이때 브레이크 제어를 수행하며, 엔진 컴퓨터와 자동변속기 컴퓨터(TCU)에 구동력 제어 장치 제어를 위해 CAN 통신을 하는 BUS 라인에 미끄러지는 양에 따라 엔진의 회전력 감소 요구 신호, 연료 공급을 차단할 실린더 수 및 구동력 제어 장치의 제어 요구 신호를 전송한다.

이때 엔진 컴퓨터는 ABS용 컴퓨터가 요구한 실린더 수만큼 연료 공급의 차단을 실행하며, 또 엔진의 회전력 감소 요구 신호에 따라 점화시기를 늦춘다. 자동변속기 컴퓨터는 구동력 제어 장치 작동 신호에 따라 변속위치(shift position)를 구동력 제어 장치 제어 시간만큼 고정(hold)시킨다. 이것은 킥다운(kick down)에 의한 저속의 변속으로 가속하는 힘이 증대되는 것을 방지하기 위함이다.

3 구동력 제어 장치의 기능 및 제어

3-1. 구동력 제어 장치의 기능

① 미끄러운 노면에서 출발 및 가속할 때 미세하게 액셀러레이터 페달을 조작할 필요가 없기 때문에 주행 성능을 향상시킨다(**미끄럼 제어**).
② 일반적인 도로에서 선회하면서 가속할 때 운전자의 의지대로 가속을 보다 안정되게 하여 주행성능을 향상시킨다(**추적(trace) 제어**).
③ 액셀러레이터 페달의 조작 빈도를 감소시켜 선회 능력을 향상시킨다(**추적 제어**).
④ 미끄러운 노면에서 뒤 휠 스피드 센서로 구한 차체의 주행 속도와 앞 휠 스피드 센서로 구한 구동 바퀴의 회전속도를 검출 비교하여 구동 바퀴의 미끄럼율을 적절히 감소시켜 주행성능을 향상시킨다.
⑤ 구동력 제어장치 OFF 모드 선택으로 구동력 제어 장치를 설치하지 않은 자동차와 동일하게 작동이 가능하므로 스포티(sporty)한 운전 및 다양한 운전 영역을 제공한다.

3-2. 구동력 제어 장치의 작동 원리

1 바퀴의 미끄럼과 구동력

1) 미끄럼율에 관련되는 힘

① 구동력은 바퀴와 노면과의 사이에서 미끄럼 현상에 의해 발생되며, 바퀴에 구동력을 전달시켜 자동차를 가속한 경우 주행 속도를 유지하고 있는 상태에서의 정도 차이는 있지만 미끄럼이 발생한다고 볼 수 있다.
② 자동차가 주행할 때 바퀴가 노면에 대하여 미끄러지는 상태이면 바퀴의 회전속도와 접지점의 속도와는 차이(미끄러짐 속도)가 발생한다.

2) 미끄럼율과 구동력, 가로 방향 작용력의 관계

① **구동력(traction force)** : 구동력은 미끄럼율이 0일 때는 전혀 발생하지 않는다. 미끄럼율에 비례하여 증가하다가 미끄럼율이 15~20% 정도에서 최대가 되며, 그 이상 미끄럼율이 증가하면 반대로 낮아진다.

② **가로 방향 작용력(side force)**: 미끄럼율이 0일 때 최대가 되며, 미끄럼율이 증가함에 따라 저하된다.
③ **미끄럼율 제어**: 미끄럼율 제어가 가능하다면 큰 구동력을 얻는 경우는 미끄럼율이 20% 정도이고 큰 코너링 포스를 얻는 경우는 미끄럼율이 0%일 때이다. 즉 구동력 제어 장치는 엔진의 출력을 자동으로 제어하는 것으로 미끄럼율을 최적으로 제어하여 주행 및 선회성능을 높이는 장치이다.

2 미끄럼 제어의 작동 원리

미끄럼 제어는 ABS의 작동 원리와 같이 바퀴의 미끄럼율을 제어하여 바퀴의 구동 및 가로 방향 작용력을 자동차의 운전 상황에 대응하여 최적의 상태로 제어하는 것이다. 자동차가 주행할 때 바퀴에는 가속으로 인한 구동력과 회전에 의한 가로 방향 작용력이 발생한다.

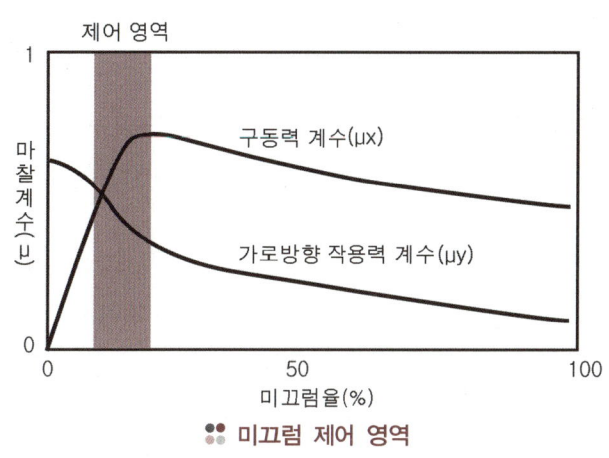

※ 미끄럼 제어 영역

3-3. 구동력 제어 장치의 제어

1 미끄럼 제어 slip control

뒤 휠 스피드 센서에서 얻어지는 차체의 주행속도와 앞 휠 스피드 센서에서 얻어지는 구동 바퀴와의 비교에 의해 미끄럼율이 적절하도록 엔진의 출력 및 구동 바퀴의 유압을 제어한다.

일반적으로 자동차가 주행할 때 바퀴에는 가속으로 인한 구동력과 회전에 의한 가로 방향 작용력이 발생하며, 미끄럼율과의 관계는 그림과 같다. 이러한 구동력과 가로 방향 작용력이 최고 효율을 얻을 수 있도록 다음과 같이 제어한다.

① **직진할 때**: 미끄럼율이 비교적 높은(Ⅰ)영역으로
② **선회할 때**: 미끄럼율이 비교적 적은(Ⅱ)영역으로

또 자갈길과 같은 험한 도로에서의 구동 특성은 A'와 같이 미끄럼율이 증가하여도 비교적 구동력을 큰 상태로 하므로 미끄러운 노면에서도 가속 성능이 우수하다.

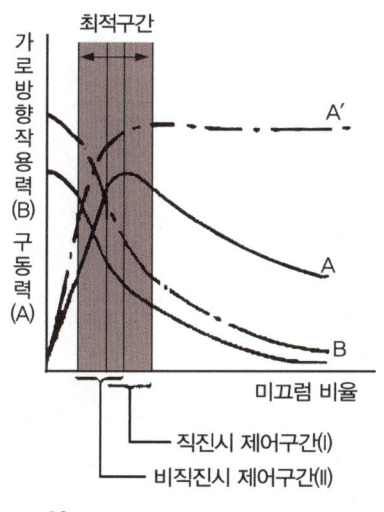

※ 구동력 제어장치 제어선도

2 추적 제어 trace control

추적 제어는 운전자가 조향 핸들을 조작하는 양과 액셀러레이터 페달을 밟는 양 및 이때 구동되는 바퀴가 아닌 바퀴의 좌우 회전속도 차이를 검출하여 구동력을 제어하기 때문에 안정된 선회가 가능하도록 한다. 선회 중 가속하는 경우에는 원심력(자동차에 가로 방향으로 가해지는 힘, 가로 방향 가속도)이 어느 한계 이상 되면 바퀴의 자국이 바깥쪽을 향하게 된다(언더 스티어링 증대). 이러한 경향은 원심력이 어떤 값을 초과하면 급격히 증가한다.

그리고 조향 각도를 증대시켜 나가는 경우에는 선회 반지름이 감소하게 되어 급격히 가로 방향 작용력이 증가하나 자동차의 움직임에는 지연이 있으므로 미리 자동차의 움직임을 예측하여 적절한 구동력을 얻을 필요가 있다. 구동력 제어 장치는 이러한 상황에 도달하기 전에 운전자의 의지를 센서로부터 입력·연산 후 자동적으

로 제어하기 때문에 안정된 선회를 위한 구동력 제어를 위해 엔진의 출력을 감소시킨다.

즉, 뒷바퀴의 회전속도 차이로부터 선회 반지름을, 평균값으로부터 차체의 주행속도를 연산하여 두 값을 이용한 가로 방향 작용력을 구하여 기준 값을 초과할 때에는 구동력을 제어한다. 그리고 조향 핸들 각속도 센서로부터는 조향 각도 증가량을, 스로틀 위치 센서로부터는 운전자의 가속의지를 판단하여 액셀러레이터 페달을 밟은 상태에서도 적절한 조향이 가능하다.

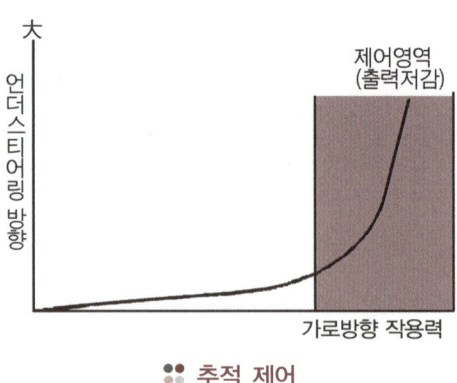

추적 제어

3 컴퓨터(ECU) 제어

컴퓨터는 휠 스피드 센서, 조향 핸들 각속도 센서, 스로틀 위치 센서, 자동변속기 컴퓨터(TCU) 등에서 각종 운전 상황을 검출하여 소정의 이론에 기초한 엔진의 출력 감소 신호 출력 및 경고등, 페일 세이프, 자기 진단 기능을 보유하고 있으며, 엔진 컴퓨터 및 자동변속기 컴퓨터로 CAN 통신을 통한 필요한 정보를 교환한다.

1) 미끄럼 제어

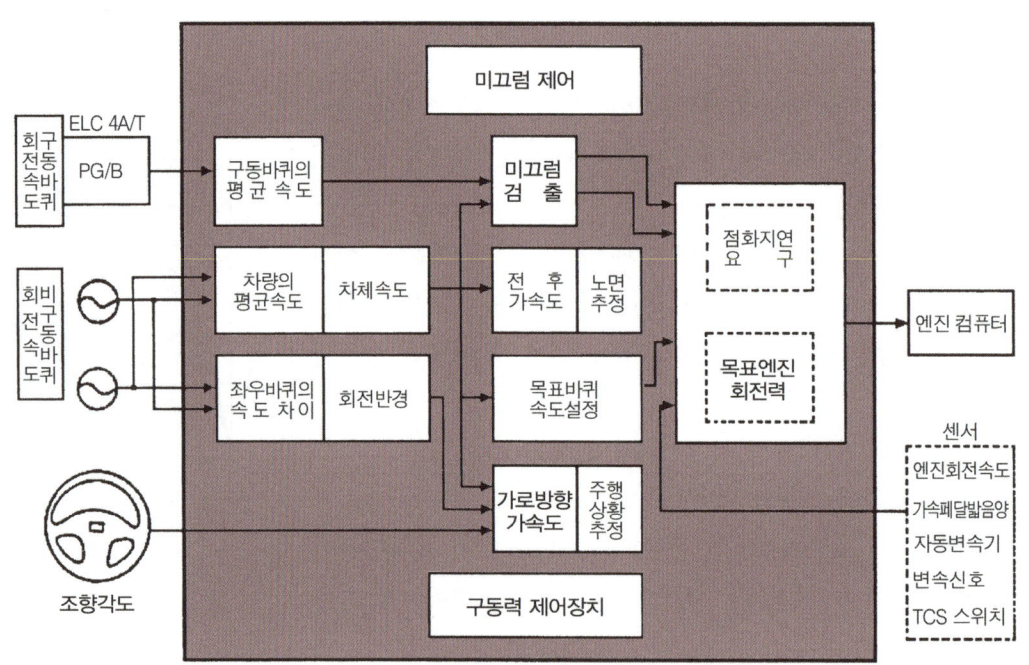

기본 제어 블록도

① **목표 바퀴 회전속도의 산출**

㉮ 비 구동 바퀴로부터 앞뒤 가속도를 산출한다.

㉯ 앞뒤 가속도의 최댓값은 그림의 마찰계수와 미끄럼율에서 알 수 있는 바와 같이 그 노면의 마찰계수 추정 값으로 한다.

㉰ 다음에 차체 주행속도에 적정 미끄럼율을 감안하여 목표 바퀴 회전속도를 설정한다. 적정 미끄럼율은 노면 상태 및 조향 각도에 따라 다음과 같이 보정해 나간다.

- 가속도 보정 : 가속도가 큰 만큼 목표 바퀴 회전속도 및 미끄럼 비

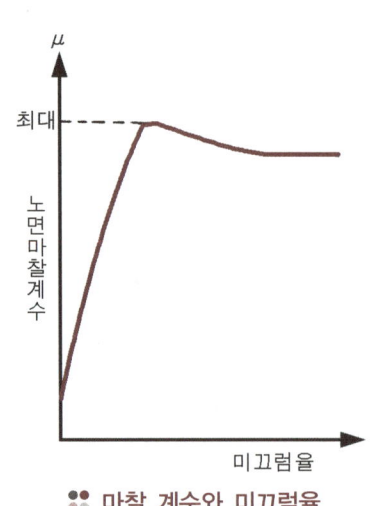

마찰 계수와 미끄럼율

율을 높게 한다.
- 선회 보정 : 조향 핸들 각속도 센서의 신호로 선회 의지를 추정하여 선회 중에는 미끄럼율을 감소시킨다.

② **목표 엔진 회전력 산출**
㉮ 목표 바퀴 회전속도를 실현하기 위해 기준이 되는 구동 바퀴의 구동력은 목표 바퀴 회전속도로부터 구한 기준 구동 바퀴 가속도를 기초로 미리 설정되어 있는 자동차 무게, 바퀴의 반지름 및 그때의 차체 주행속도에 걸리는 주행 저항으로부터 결정할 수 있다.
㉯ 엔진 회전력은 기준 구동 바퀴 회전력에 가속도 보정 및 선회 보정을 더하여 자동변속기 컴퓨터(TCU)로부터 변속단계 신호를 기준으로 산출한다.

③ **점화지연 요구 수준의 설정 및 스로틀 밸브 전폐 제어**
㉮ 구동 바퀴의 회전속도 및 차체의 주행 속도로부터 구동 바퀴의 미끄러짐 양을 산출하고 그 변화(미끄럼, 가속도)가 규정 값보다 클 경우 엔진 출력 감소의 응답성을 높이기 위해 그림에 나타낸 바와 같이 Level 1의 경우와 Level 2와 3의 경우, 2단계로 점화시기 지연 요구 수준을 정하여 엔진 컴퓨터로 송신한다.
㉯ 그림에서 Level 1과 2의 경우에는 스로틀 밸브는 목표 엔진 회전력 값에 대응하여 제어되지만 Level 3의 경우는 무조건 완전히 닫힌다(전폐).

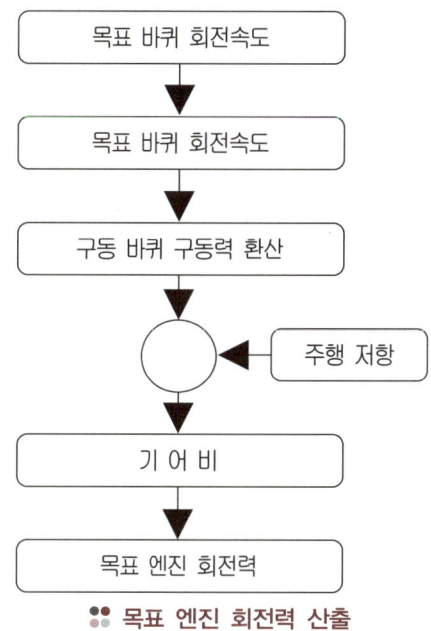

❖ **목표 엔진 회전력 산출**

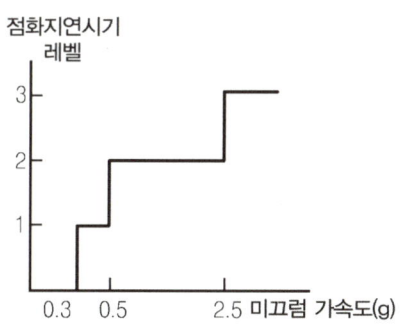

❖ **점화지연 요구 신호**

④ **구동력 제어장치의 제어 시작 및 완료 조건**

아래 조건의 모드가 성립할 때 제어를 시작한다	아래 조건 중 하나라도 성립되면 중지한다
① 구동력 제어장치 모드 ON ② 액셀러레이터 페달의 밟은 양과 엔진의 회전속도로부터 추정한 운전자의 가속 의지가 규정값 이상으로 되었을 때 ③ 구동 바퀴의 회전속도가 증가 상태일 때 ④ 자동변속기의 인히비터 스위치가 P, N 레인지 이외일 때 ⑤ 구동력 제어 장치가 정상 작동 중일 때	① 공전 스위치가 OFF에서 ON으로 될 때 ② 운전자의 가속 의지가 규정값 이하이고 구동 바퀴의 미끄럼율이 규정값 이하로 떨어졌을 때 ③ 구동력 제어 장치 계통의 고장을 검출하여 기능 정지 조건이 성립하였을 때

2) 추적 제어

① **요구 가로 방향 가속도 산출** : 바퀴의 회전 각도는 조향 핸들 각속도 센서의 출력 변화로부터 구한 조향 각도와 뒤 휠 스피드 센서의 평균값으로부터 구한 관계를 데이터 map으로부터 운전자의 선회 의지에 적합한 가로 방향 가속도를 산출한다.

② **엔진 회전력 산출** : 운전자의 조향 각도에 의해 구해진 요구 가로 방향 가속도와 차체의 주행속도로부터 목표 앞뒤 가속도를 추정하여 이것을 회전력으로 변화하여 목표 엔진 회전력을 결정한다. 그 다음에 액셀러레이터 페달을 밟은 양과 엔진 회전속도로부터 추정한 운전자의 가속 의지(요구 회전력)를 첨가하여 엔진 컴퓨터로부터의 요구 회전력을 결정한다.

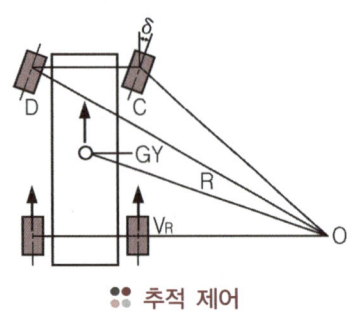

GY : 가로 방향 가속도 G
V : 주행 속도 [= (VL+VR) / 2]
S : 바퀴 벌림 각도 [=So / PST]
R : 회전반지름
VL : 뒤 왼쪽 바퀴 회전속도
VR : 뒤 오른쪽 바퀴 회전속도
So : 조향 각도
VST : 조향 기어비

:: 추적 제어

③ 제어 시작 조건

다음의 조건이 성립되었을 때 제어를 시작한다.
㉮ 구동력 제어 장치 모드 ON
㉯ 추적 제어 모드 ON
㉰ 액셀러레이터 페달을 밟은 양과 엔진 회전속도로부터 추정한 운전자의 가속 의지(회전력)가 목표 엔진 회전력보다 클 때
㉱ 구동력 제어 장치가 정상적으로 작동 중일 때

④ 제어 완료 조건

다음의 조건 중 한 가지만 성립되면 제어를 완료한다.
㉮ 액셀러레이터 페달을 밟은 양과 엔진 회전속도로부터 추정한 운전자의 가속 의지(회전력)보다 목표 엔진 회전력이 클 때
㉯ 구동력 제어 장치의 고장을 검출하였을 때

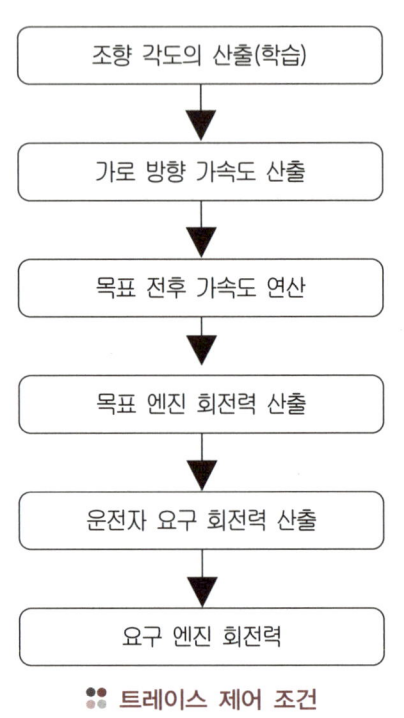

:: 트레이스 제어 조건

4 구동력 제어장치의 기능 및 제어

4-1. 멜코(MELCO) 엔진 운용 장치(EMS) 방식

이 방식은 국내에 초기 구동력 제어 장치가 보급되었을 때 사용하였다. 엔진의 점화시기 지각 제어와 흡입공기량 제한 방식을 이용하는 것으로 구동력 제어 장치의 작동 영역에서 스로틀 밸브를 닫아 흡입 공기량을 제한하여 엔진의 회전력을 감소시켜 구동력 제어 장치를 제어한다.

1 멜코 엔진 운용 장치 방식 구성 회로도

엔진 컴퓨터와 자동변속기 컴퓨터가 서로 통신을 하여 엔진 컴퓨터에게는 점화시기의 지각 요구를 자동변속기 컴퓨터에는 현재 변속단의 고정을 요구한다.

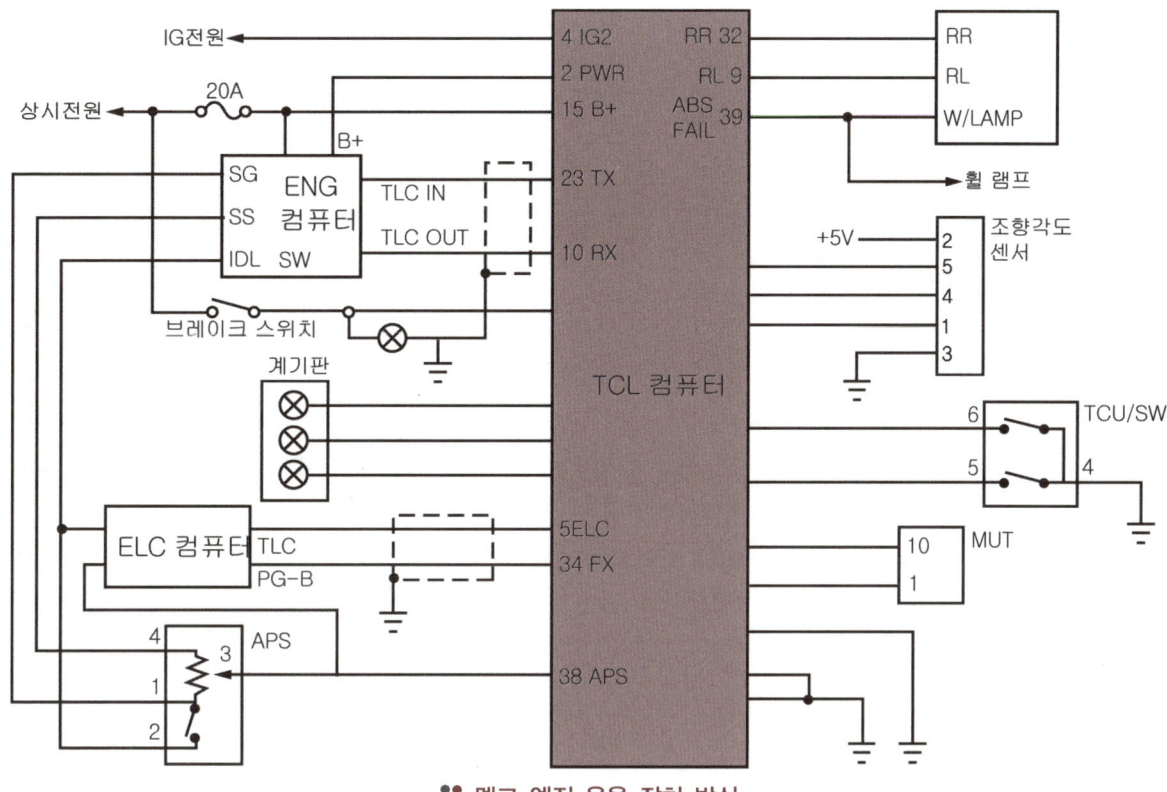

:: 멜코 엔진 운용 장치 방식

2 멜코 엔진 운용 장치 방식의 작동 원리

이 방식은 특이하게 구동력 제어 장치는 엔진 컴퓨터가 작동시킨다. 구동력 제어 장치 컴퓨터는 각종 센서로부터 받은 정보를 연산하여 최종적으로 엔진 컴퓨터로 전달하면 엔진 컴퓨터는 진공 솔레노이드 밸브와 대기 솔레노이드 밸브를 작동시켜 구동력 제어 장치의 기능을 수행한다.

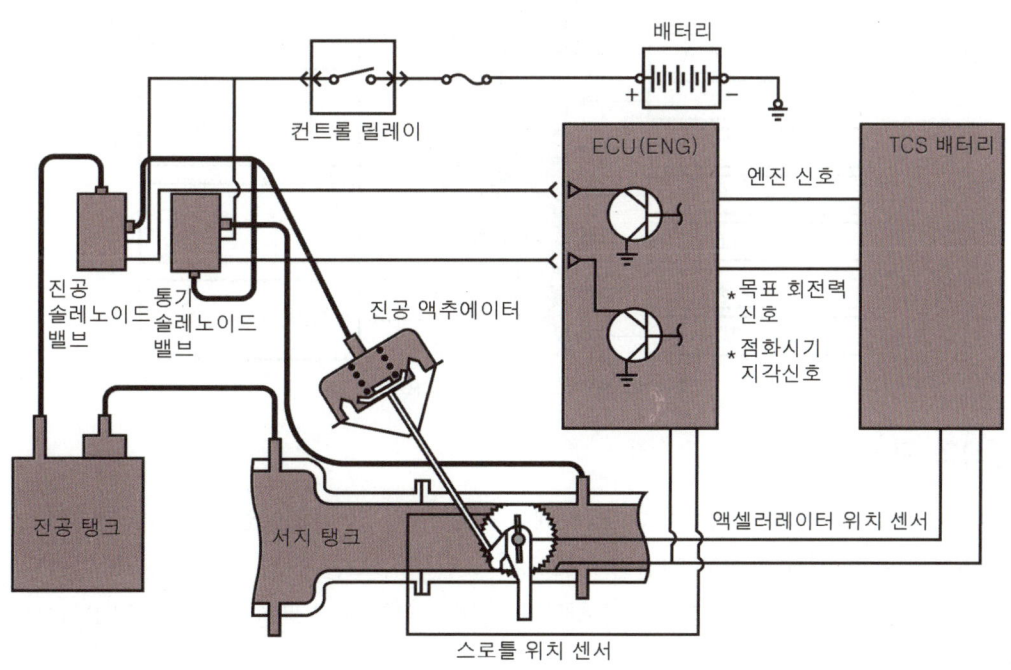

:: 멜코 EMS 방식의 구성부품

엔진 서지 탱크에서 공급받는 진공을 진공 솔레노이드 밸브에 의해 진공 액추에이터로 전달하면 진공 액추에이터가 작동한다. 제어할 때는 진공 솔레노이드 밸브와 대기 솔레노이드 밸브가 동시에 작동하는데 대기 솔레노이드 밸브를 설치한 목적은 원활한 작동을 유도하기 위함이다.

만약 진공 솔레노이드만 단독으로 작동한다면 부드러운 작동이 어렵다. 그러나 대기가 공급되는 통기 솔레노이드를 작동시키므로 안정된 작동이 가능하다. 한편 구동력 제어 장치 컴퓨터는 액셀러레이터 페달 위치 센서 값(APS)과 스로틀 위치 센서(TPS) 값을 비교하여 현재 제어가 정상적으로 이루어지는가를 피드백 받는다.

4-2. 헬라(HELLA) 방식

이 방식도 1990년대 일부 차종에 사용하던 것으로 멜코 엔진 운용 장치 방식과의 차이점은 간접적으로 스로틀 밸브를 제어한다. 멜코 엔진 운용 장치 방식의 경우는 흡입 공기량을 제한하기 위해 메인 스로틀 밸브를 직접 구동하여 흡입 공기량을 제어하였으나 헬라 방식은 메인 스로틀 밸브 이외에 별도의 보조 스로틀 밸브를 설치하여 흡입 공기량을 제어한다.

1 헬라 방식의 입·출력 계통

입력부분은 구동력 제어 장치 ON·OFF 스위치가 입력되면 브레이크 신호를 통해 현재 제동 상태인가를 확인한다. 또 4개의 휠 스피드 센서 신호를 받아 미끄럼율을 연산한다.

스로틀 위치 센서(TPS) 값을 입력받아 구동력 제어 장치의 밸브 위치 값과 비교하여 현재의 제어 상태를 피드백 받는다. 출력부분은 엔진 비동기 분사 신호를 컴퓨터로 보내어 제어시점을 알려주고 보조 스로틀 밸브로 (+)와 (-)를 각각 듀티 제어 신호를 출력한다.

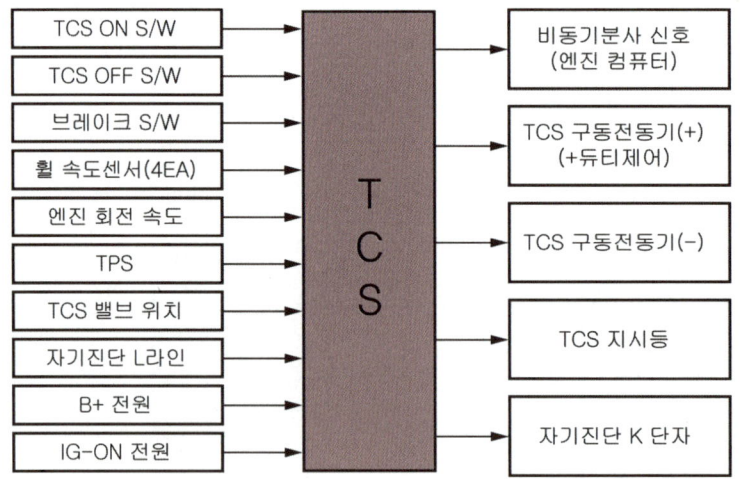

:: 헬라 방식의 입·출력 다이어그램

2 헬라 방식의 구성 회로도

이 방식은 보조 스로틀 밸브 제어 방식으로 멜코 엔진 운용 장치 방식에는 엔진과 자동변속기 사이의 통신이 유기적으로 이루어진 반면 헬라 방식은 엔진과 ABS로부터 일부 정보를 직접 라인을 통해 입력받고 모든 제어를 구동력 제어 장치용 컴퓨터가 단독적으로 수행한다. 엔진으로부터 스로틀 위치 센서(TPS) 값과 부하 금지 신호와 엔진 회전속도 신호를 입력받고, ABS로 부터는 4바퀴의 회전속도 신호를 받는다.

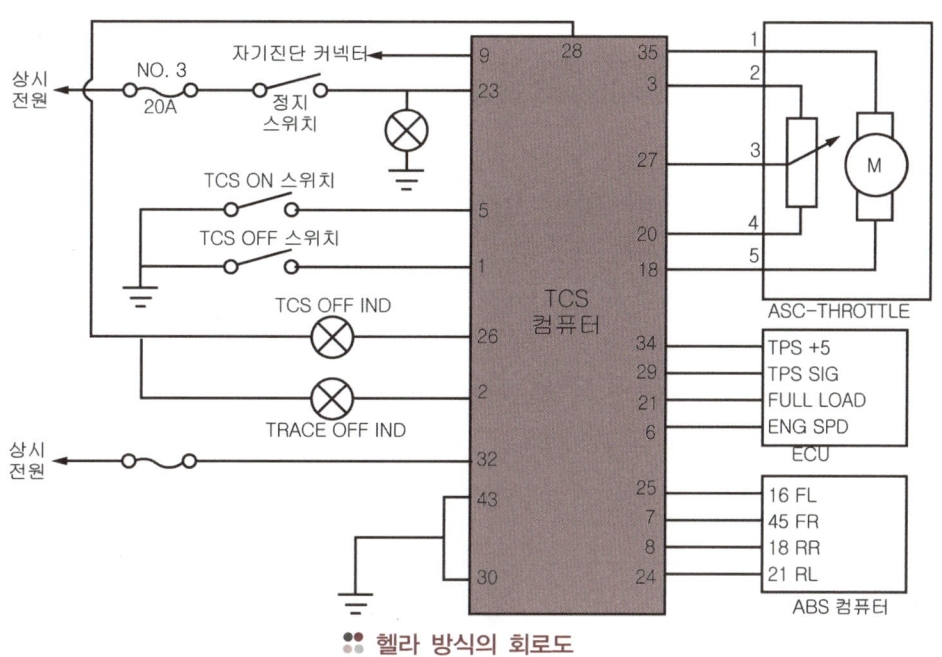

:: 헬라 방식의 회로도

4-3. 통합 제어 구동력 제어 장치(FTCS)

2000년대 이후에 사용되는 방식으로 엔진 제어와 브레이크 제어를 동시에 수행하는 방식이다. 앞에서 설명한 방식과는 다르게 부품이 간소화 되었으며, 성능이 더욱 향상된 방식이다. 구동력 제어 장치는 자동차 정보를 분석하여 현재 구동력 제어장치의 제어 영역으로 판단되면 통신을 통해 엔진 컴퓨터로 점화시기의 지각을 요구하고 자동변속기 쪽에는 현재의 변속단 고정을 CAN 통신을 통해 요구한다.

한편 하이드롤릭 유닛의 전동기와 솔레노이드 밸브를 구동하여 미끄러지는 바퀴에 유압을 공급한다. 또 운전자가 구동력 제어 장치 스위치를 OFF시키면 구동력 제어 장치의 기능은 정지되고 ABS 기능과 그 밖의 기능만 실행된다.

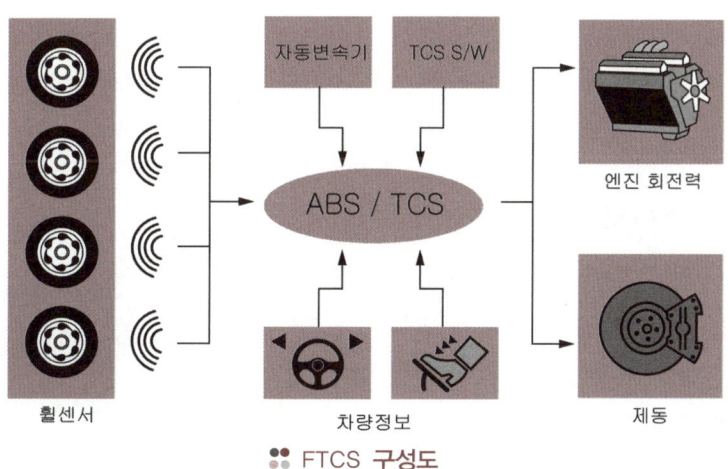

:: FTCS 구성도

5. 통합 제어 구동력 제어 장치의 구성요소 및 작동

5-1. 통합 제어 동력 제어 장치 입·출력 계통

입력신호는 전원이 공급되고 4바퀴로부터 휠 스피드 센서의 신호가 입력되어 미끄럼율을 연산하는 데이터로 쓰인다. 또 운전자가 구동력 제어 장치 스위치 OFF 여부를 구동력 제어 장치 OFF 스위치로부터 입력받고, 제동 장치가 작동 상태인지 여부를 브레이크 스위치를 통해 입력받는다. 출력부분은 하이드롤릭 유닛의 전동기와 구동력 제어 장치 관련 솔레노이드 밸브, 구동력 제어 장치 관련 지시등, CAN 통신으로 구성된다.

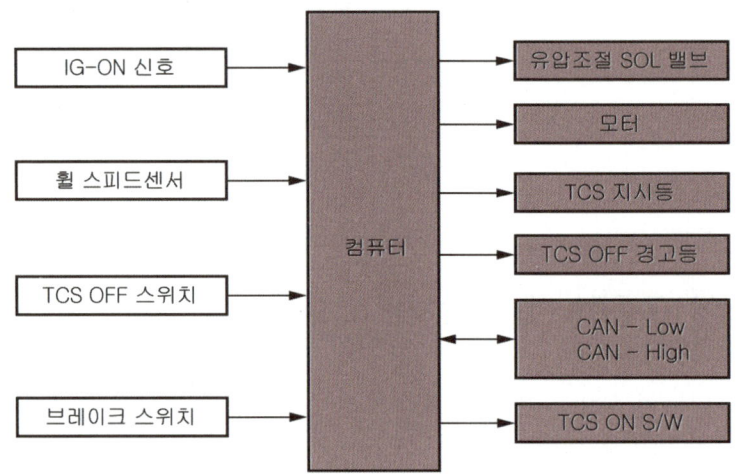

∷ 통합 제어 구동력 제어 장치 관련 입·출력 다이어그램

5-2. 통합 제어 구동력 제어 장치 구성 요소의 기능 및 작동 원리

1 휠 스피드 센서

휠 스피드 센서는 ABS, 전자 제동력 분배 장치(EBD), 구동력 제어 장치(TCS) 제어의 핵심 신호로 이용되는데 구동 바퀴인 앞바퀴 쪽과 피동 바퀴인 뒷바퀴 쪽의 회전속도를 정밀 연산하여 구동력 제어 장치의 기능을 수행한다.

2 구동력 제어 장치 스위치

운전자가 구동력 제어장치 기능을 선택할 수 있도록 하는 스위치이며, 스위치를 누를 때마다 ON과 OFF가 반복된다. 구동력 제어장치의 OFF를 선택한 경우에는 바퀴 미끄럼 방지 제동 장치와 전자 제동력 분배장치(EBD)만 작동한다.

∷ 구동력 제어 장치 스위치

3 하이드롤릭 유닛

1) 하이드롤릭 유닛 내부 유압 회로도

일반적인 ABS와는 달리 구동력 제어(traction control) 밸브가 설치되어 있으며, 구동력 제어 밸브가 작동

할 때 유압은 펌프에서 고압 어큐뮬레이터를 거쳐 바퀴로 공급된다.

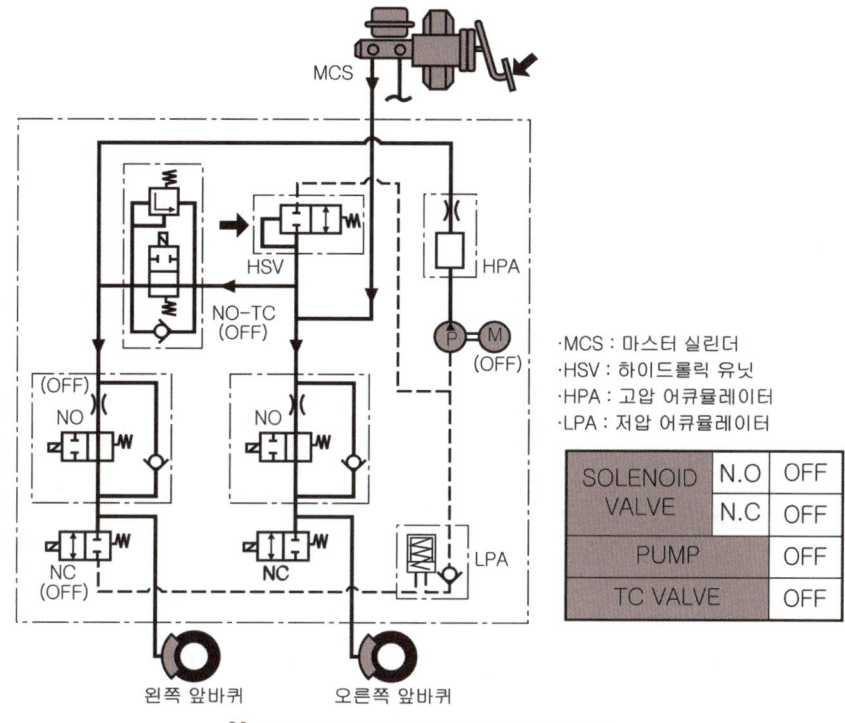

:: 하이드롤릭 유닛 내부 유압 회로도

2) 압력 증가 모드 유압 회로도

구동 바퀴에서 미끄럼 신호가 휠 스피드 센서로부터 입력되면 구동력 제어 장치는 구동력 제어 밸브(TC)를 ON하고 구동 바퀴 쪽에 상시 닫힘(NC)과 상시 열림(NO) 솔레노이드 밸브를 OFF 제어한다. 이때 마스터 실린더의 유압은 전동기를 거쳐 고압 어큐뮬레이터에 저장된 후 미끄러지는 바퀴로 전달된다. 이때는 유압이 증가되므로 미끄러지는 바퀴에 제동을 가할 수가 있다. 또 마스터 실린더에서 유압이 X자 형태로 공급되므로 피동 바퀴인 뒷바퀴는 상시 열림 밸브를 ON으로 하여 차단한다.

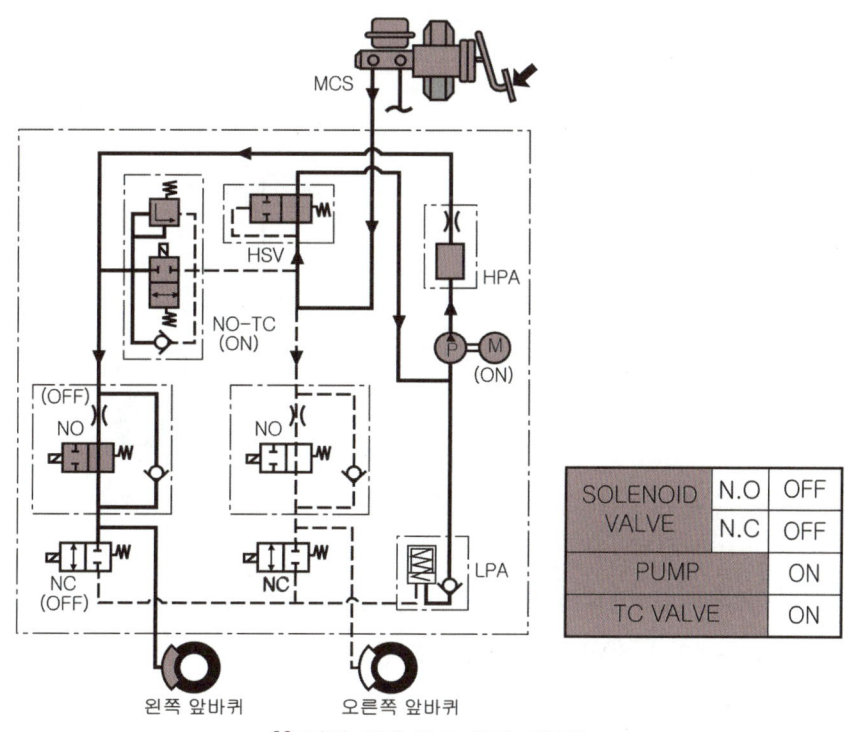

:: 압력 증가 모드 유압 회로도

3) 유지 모드 유압 회로도

구동력 제어 장치가 판단할 때 미끄럼 정도가 완화되어 현재 공급되고 있는 유압으로 충분하게 구동력 제어 장치의 제어를 할 수 있다고 판단되면 유지 모드로 진입한다. 이때 펌프와 구동력 제어 밸브는 계속해서 ON하고 상시 열림 솔레노이드 밸브도 ON하여 고압 어큐뮬레이터로부터의 유압을 차단하고 상시 닫힘 솔레노이드 밸브는 OFF 하여 현재의 유압이 계속해서 해당 바퀴에 공급되도록 유도한다.

솔레노이드 밸브	N.O	ON
	N.C	OFF
PUMP		ON
TC VALVE		ON

4) 압력 감소 모드 유압 회로도

구동력 제어 장치가 판단할 때 바퀴 회전속도를 증가시켜야 한다고 판단하면 다시 유압을 감압하여 유압을 낮추어 준다. 이때 바퀴에 가해지는 유압을 해제하여 저압 어큐뮬레이터 쪽으로 순환시키기 때문에 바퀴에 가해지던 유압이 해제되면서 바퀴의 회전속도가 증가된다. 이때는 구동력 제어 장치 해제 모드라고 보면 된다.

이때 펌프와 구동력 제어 밸브는 각각 ON이 되어 오일을 순환시키는데 작용하고, 상시 닫힘 솔레노이드 밸브와 상시 열림 솔레노이드 밸브도 각각 ON이 되기 때문에 바퀴로 유압을 공급하는 쪽과 해제하는 쪽의 두 곳으로부터 각각 분리되어 유압이 전혀 작용하지 못한다.

솔레노이드 밸브	N.O	ON
	N.C	ON
PUMP		ON
TC VALVE		ON

4 구동력 제어장치 경고등 제어

1) 경고등 기능

구동력 제어 장치의 작동등과 구동력 제어 장치 OFF등이 있는데 구동력 제어 장치 작동등은 구동력 제어 장치가 작동할 때 점등되는 지시등이고, 구동력 제어 장치 OFF등은 운전자가 구동력 제어 장치 OFF를 선택하거나 구동력 제어 장치 계통에 문제가 발생하면 운전자에게 경고하기 위한 경고등으로서 점등한다.

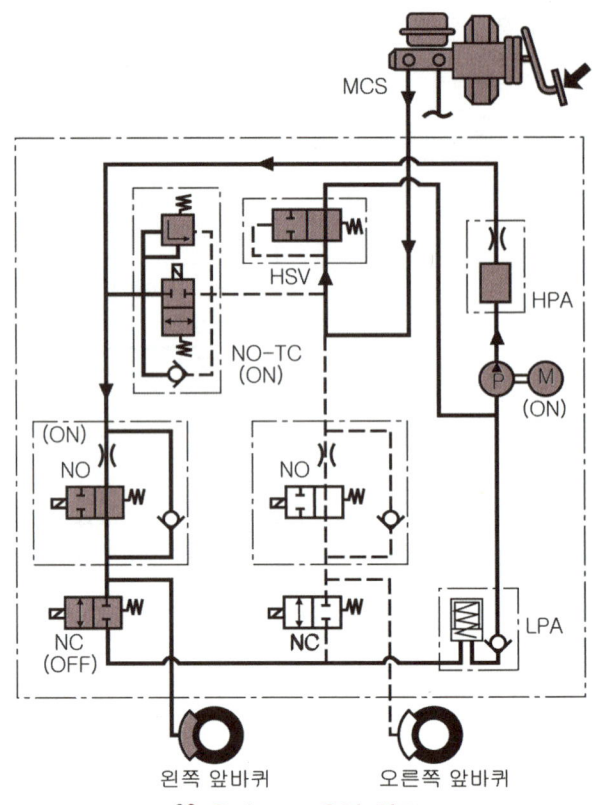

❖ 유지 모드 유압 회로도

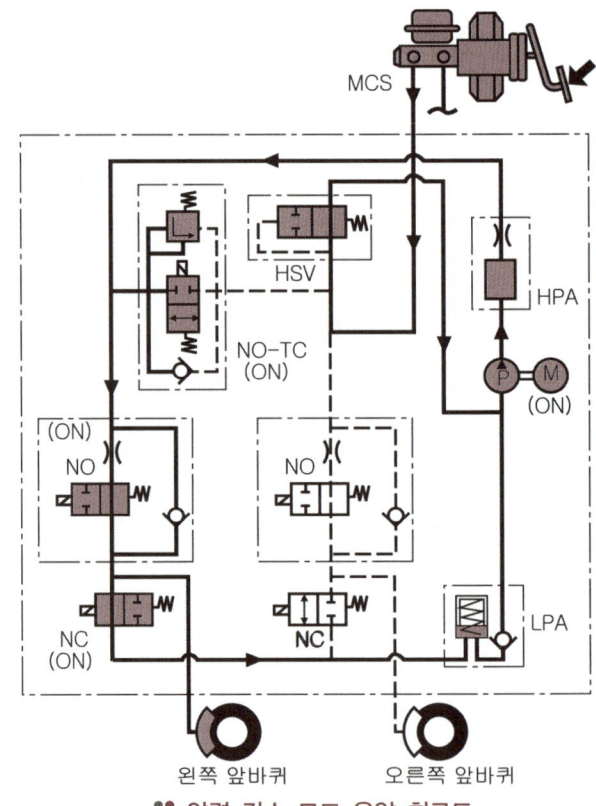

❖ 압력 감소 모드 유압 회로도

2) 경고등 점등 조건

① 구동력 제어 장치를 제어할 때 때 3Hz로 점멸된다.
② 점화 스위치를 ON시킨 후 3초간 점등된다.
③ 구동력 제어 장치에 고장이 발생하였을 때 점등된다.
④ 구동력 제어 장치 스위치 OFF시킬 때 점등(구동력 제어 장치는 스위치 OFF때 구동력 제어 장치 OFF 경고등 점등)된다.
⑤ 위 사항 이외는 소등된다.

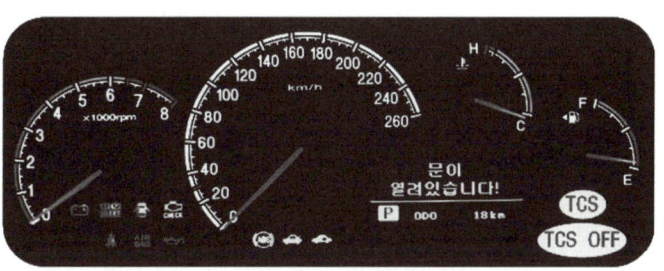

:: 구동력 제어 장치 경고등

3) 구동력 제어 장치 경고등 제어 방법

그림은 컴퓨터 내부의 구동력 제어장치 경고등 점등회로이다. 스위치를 ON하면 전압이 낮아져 제너다이오드를 구동할 수 없으므로 경고등은 소등된다. 반대로 스위치를 OFF하면 전압이 높아져 제너다이오드를 작동시켜 구동력 제어장치 경고등을 점등시킨다.

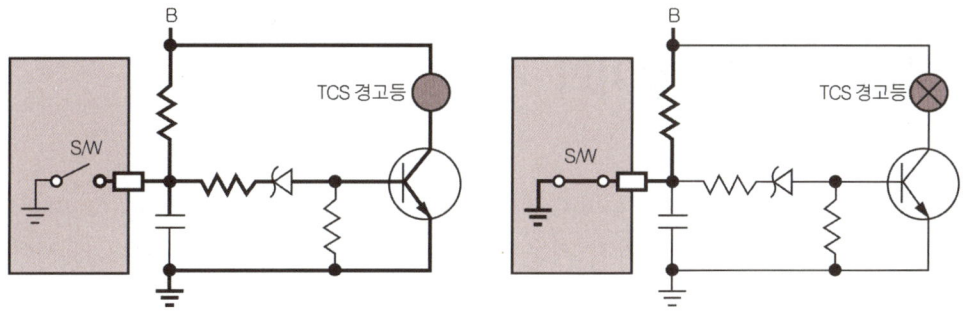

:: 구동력 제어 장치 경고등 제어 방법

5 CAN 통신정보

CAN 정보는 엔진 컴퓨터와 자동변속기 컴퓨터 그리고 구동력 제어 장치 컴퓨터가 각각 수행한다. 구동력 제어 장치의 기능을 수행하기 위해서는 엔진과 자동변속기가 서로 보조를 맞추어 실행하여야 한다.

엔진의 회전력 감소 요구 신호는 구동력 제어 장치가 엔진 컴퓨터로, 변속단의 고정 요구 신호는 구동력 제어 장치가 자동변속기 컴퓨터에게 요구한다. 반면 자동변속기 컴퓨터에서도 엔진 컴퓨터에게 변속의 원활을 기하기 위해 회전력의 감소 요구 신호를 보낸다.

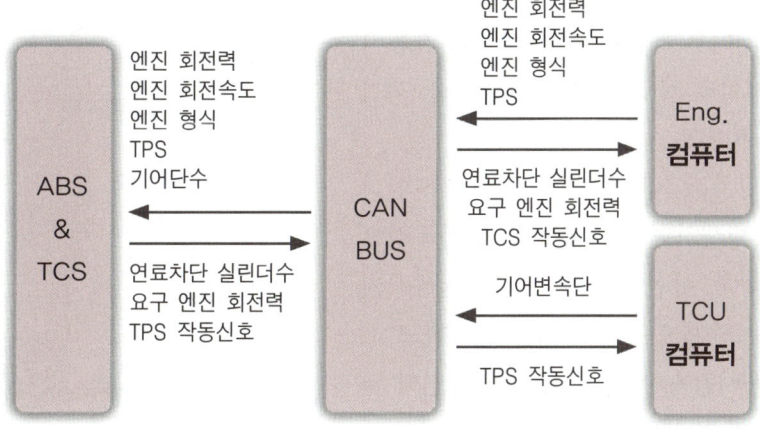

:: 구동력 제어 장치 관련 CAN 통신

20 ESP(차체 자세제어장치)

학/습/목/표

1. 차체 자세 제어 장치의 필요성에 대하여 설명할 수 있다.
2. 요 모멘트, 언더 및 오버 스티어링에 대하여 설명할 수 있다.
3. 유압 부스터 방식 차체 자세 제어 장치에 대하여 설명할 수 있다.
4. 유압 부스터 방식 구성 부품의 기능에 대하여 설명할 수 있다.
5. 진공 부스터 방식 차체 자세 제어 장치에 대하여 설명할 수 있다.
6. 진공 부스터 방식 구성 부품의 기능에 대하여 설명할 수 있다.
7. 차체 자세 제어 장치의 제어에 대하여 설명할 수 있다.

1 차체 자세제어장치의 개요

차체 자세제어장치(EPS ; Electronic Stability Program)는 VDC(vehicle dynamic control)라고도 부르며, 이 장치가 설치된 경우에는 바퀴 미끄럼 방지 제동장치(ABS)와 구동력 제어 장치(TCS)의 제어뿐만 아니라 전자 제동력 분배 장치(EBD) 제어, 요 모멘트 제어(yaw moment control)와 자동 감속 제어를 포함한 자동차 주행 중의 자세를 제어한다.

전자제어 현가장치는 자동차의 롤링(rolling)·피칭(pitching) 및 바운싱(bouncing) 제어를 통해 자동차 주행 중 발생되는 진동을 억제하여 안전을 확보하지만 선회할 때 발생하는 언더 스티어링(under steering)과 오버 스티어링(over steering)의 제어는 어렵다.

차체 자세 제어 장치는 요 모멘트를 제어하여 언더 및 오버 스티어링를 제어함으로서 자동차의 한계 스핀(spin)을 억제하여 안정된 주행 성능을 확보할 수 있다. 즉 차체 자세 제어장치란 자동차의 미끄러짐을 검출하여 운전자가 브레이크 페달을 밟지 않아도 자동적으로 각 바퀴의 브레이크 유압과 엔진의 출력을 제어하여 안전성을 확보한다.

차체 자세 제어 장치는 자동차에서 스핀이나 언더 및 오버 스티어링이 발생하면 이를 검출하여 자동적으로 안쪽 바퀴나 바깥쪽 바퀴에 브레이크를 작동시켜 자동차의 자세를 제어하여 안정된 상태를 유지하고 스핀 한계 직전에서 자동 감속한다. 또 스핀이나 언더 및 오버 스티어링이 이미 발생한 경우에는 각 바퀴별로

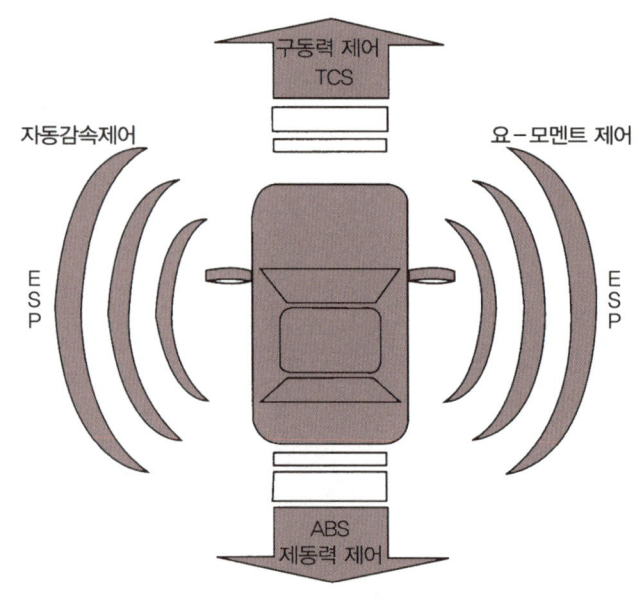

:: 차체 자세 제어 장치의 구성도

제동력을 제어하여 스핀이나 언더 및 오버 스티어링의 발생을 미연에 방지하여 안정된 운행을 하도록 한다.

이 장치는 ABS와 TCS 등의 기존 장치에 요-레이트 & 가로 방향 가속도 센서(G센서), 마스터 실린더 압력 센서를 추가한 것으로 주행 속도, 조향 핸들 각속도 센서, 마스터 실린더 압력 센서 등으로부터 운전자의 의도를 판단하고, 요-레이트 & 가로 방향 가속도 센서로부터 차체의 자세를 검출하여 운전자가 별도로 브레이크 페달을 밟지 않아도 4바퀴를 개별적으로 브레이크를 작동시켜 자동차의 자세를 제어하여 모든 방향에 대한 안전성을 확보한다.

2 차체 자세제어장치의 제어 이론

자동차가 주행할 때 발생되는 주요 진동에는 크게 **롤링**(rolling), **피칭**(pitching), **바운싱**(bouncing), **요잉**(yawing) 등 4가지가 있다. 롤링, 피칭, 바운싱은 전자제어 현가장치에서 제어하고 있으나 요잉은 제어하지 못한다. 차체 자세 제어 장치에서는 자동차의 중심을 기준으로 앞·뒷부분이 좌우로 이동되려는 요 모멘트를 제어한다.

1 요 모멘트 yaw moment

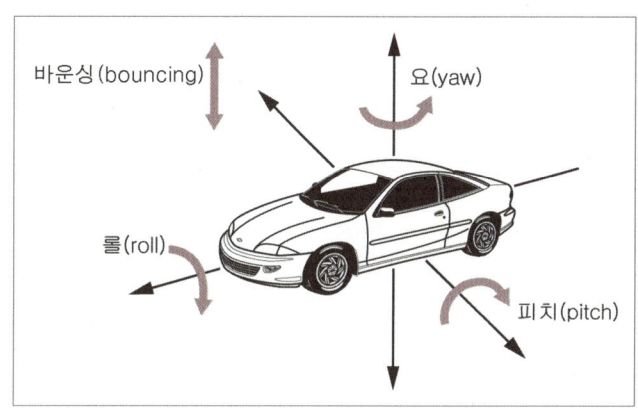

∷ 자동차에서 발생하는 진동

요 모멘트란 자동차가 선회할 때 안쪽 또는 바깥쪽 바퀴 쪽으로 이동하려는 힘을 말한다. 요 모멘트로 인하여 언더 스티어링, 오버 스티어링, 가로 방향 작용력(drift out) 등이 발생한다. 이로 인하여 주행 및 선회할 때 자동차의 주행 안정성이 저하된다.

차체 자세 제어 장치는 주행 안정성을 저해하는 요 모멘트가 발생하면 브레이크를 제어하여 반대 방향에 요 모멘트를 발생시켜 서로 상쇄되도록 하여 자동차의 주행 및 선회 안정성을 향상시킨다. 또 필요에 따라서 엔진의 출력을 제어하여 선회 안정성을 향상시키기도 한다.

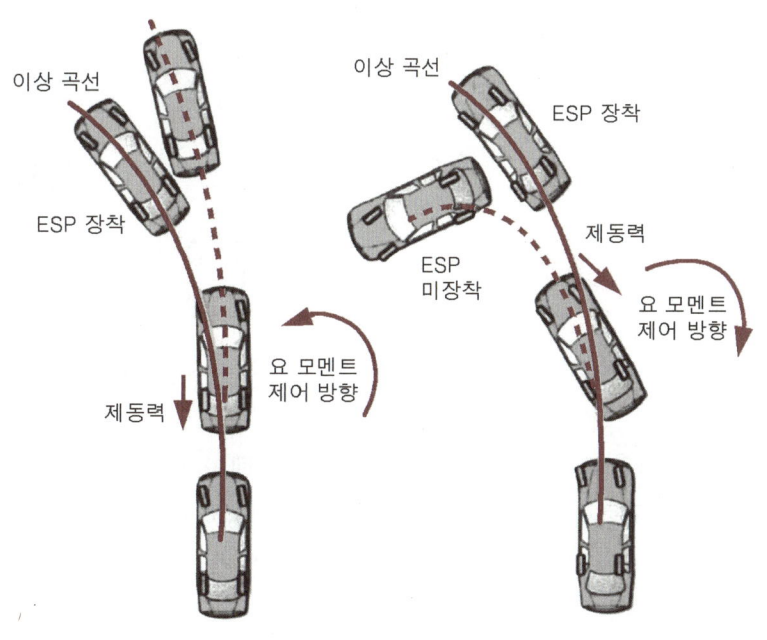

∷ 요-모멘트 발생

2 언더 및 오버 스티어링 under & over steering

오버 스티어링은 자동차가 운전자가 의도한 목표라인보다 안쪽으로 선회하는 것을 말한다. 일정한 조향 각도로 선회하는 도중에 뒷바퀴에 원심력이 작용하여 바깥쪽으로 미끄러져 나가 접지력을 잃었을 때 일어난다. 뒷바퀴가 미끄러진 상태이므로 스핀 현상으로 이어지기 쉽고 가속할 때에는 엔진의 출력이 노면에 충분히 전달되지 않아 출력도 떨어진다. 반면 언더 스티어링은 자동차가 운전자가 의도한 목표라인보다 바깥쪽으로 벗어나는 경향을 말한다.

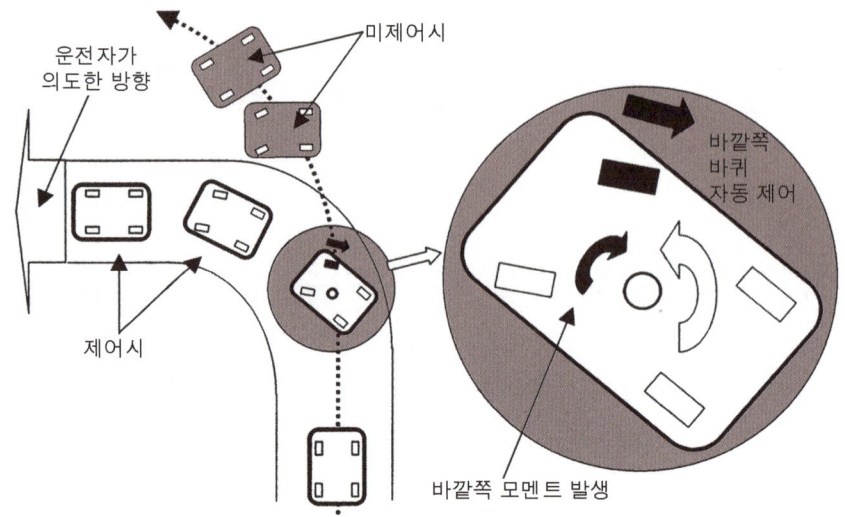

∷ 오버 스티어링

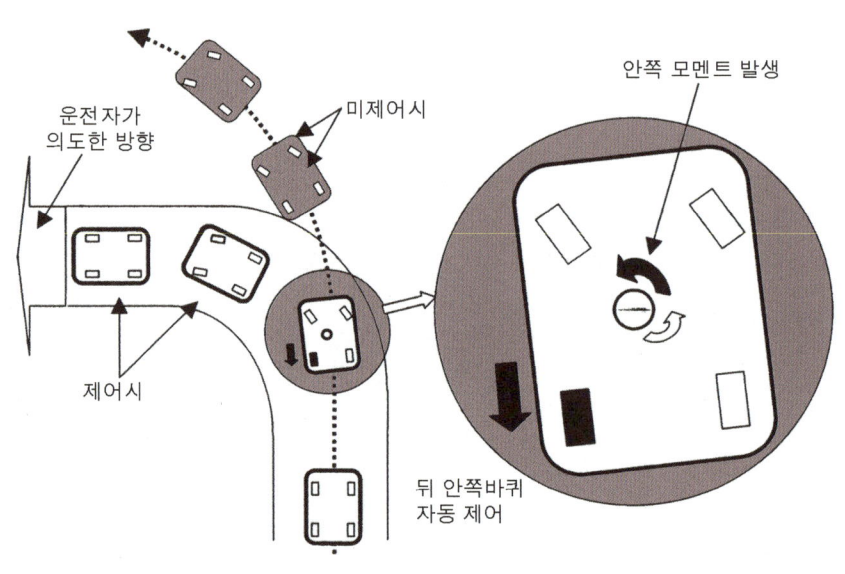

∷ 언더 스티어링

조향 핸들을 지나치게 조작하거나 과속, 브레이크 잠김 등이 원인이 되어 앞바퀴에 원심력이 작용하면, 일정한 조향 각도로 선회하려고 하여도 접지력을 잃고 바깥쪽으로 미끄러진다. 언더 스티어링이 심하면 커브를 돌지 못하고 도로 밖으로 튀어나갈 수도 있다. 일반적인 자동차는 직진성능을 향상시키기 위해 약간의 언더 스티어링으로 설정되어 있다.

즉, 오버 스티어링은 자동차의 주행속도를 높이면 원둘레 안쪽으로 파고드는 현상이며, 언더 스티어링은 주행속도를 높이면 원둘레 바깥쪽으로 벗어나는 현상이다. 주행속도를 높여도 정확하게 원둘레 위를 주행하는 성질을 뉴트럴 스티어링(neutral steering)라 부르며, 또 처음에는 언더 스티어링이였던 것이 나중에 오버 스티어링으로 바뀌거나 처음에는 오버 스티어링이였던 것이 언더 스티어링으로 바뀌는 것을 리버스 스티어링(revers steering)이라 한다.

3 유압 부스터 방식 차체 자세 제어 장치

현재 사용 중인 차체 자세 제어 장치의 분류에는 유압 부스터를 사용하는 방식과 진공 부스터를 사용하는 방식이 있다. 대부분의 자동차에 진공 부스터를 이용한 방식을 사용한다.

유압 부스터 방식(hydraulic booster type)의 차체 자세 제어 장치를 우리나라에서 최초로 사용하였다. 브레이크 배력 장치인 부스터에 유압 모터를 이용한 배력 장치를 사용한다. 기존의 진공 배력 장치는 엔진의 작동이 정지되면 작동할 수 없는 단점이 있었는데 유압 부스터는 엔진의 작동여부와 관계없이 배터리만 정상이면 항상 브레이크의 배력이 가능한 장점이 있다. 반대로 배터리가 방전되면 배력 작용을 할 수 없기 때문에 위험을 초래하기도 한다. 이를 방지하기 위해 부스터 압력을 수시로 점검하여 압력에 문제가 발생하면 버저(buzzer)로 문제가 있다는 경보를 한다. 또 계기판에 관련 경고등을 점등하여 경보하기도 한다. 이 방식은 기존의 ABS와 EBD, TCS의 기능을 포함하여 차체 자세 제어장치 기능까지 통합적으로 제어한다.

3-1. 유압 부스터 방식의 개요

유압 부스터 방식의 입력부분은 휠 스피드 센서, 조향 핸들 각속도 센서의 신호(조향 핸들 각속도 센서의 신호는 요 모멘트를 제어할 때 언더·오버 스티어링을 판단하고자 할 때 사용), 자동차의 비틀림을 알기 위해 요-레이트 센서의 신호, 자동차의 가로 방향 작용력(drift out)을 검출하기 위한 G-센서의 신호가 입력된다.

또 마스터 실린더에서 배출되는 유압을 검출하기 위한 마스터 실린더 압력 센서의 신호와 액셀러레이터 페달의 밟은 정도를 알기위한 액셀러레이터 페달 위치 센서(APS ; Accelerator Position Sensor)의 신호도 입력된다. ABS를 제어할 때 참조 신호인 브레이크 스위치 신호도 입력되며, TCS의 제어를 해제하기 위한 TCS OFF 스위치 신호도 입력된다.

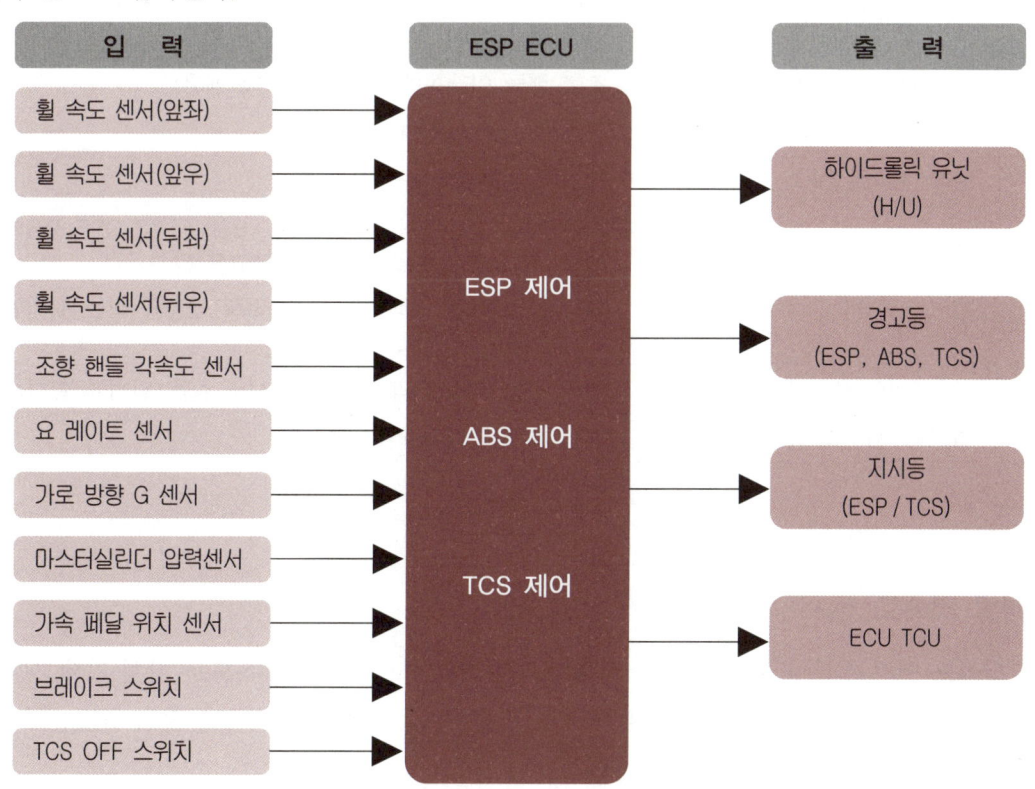

∷ 유압 부스터 방식의 입·출력 다이어그램

출력부분은 하이드롤릭 유닛(H/U ; hydraulic booster)과 유압 부스터(hydraulic booster)의 솔레노이드 밸브로 전압을 출력한다. 또 유압 모터를 제어하기 위해 전압을 출력하며, 차체 자세 제어 장치 릴레이를 직접 제어한다. 구동력 제어 장치의 제어를 위해 엔진 컴퓨터와 자동변속기 컴퓨터(TCU)가 서로 통신을 한다. 또 타이어 공기 압력 경보(TPW ; Tire Pressure Warning) 기능도 포함된다.

3-2. 유압 부스터 방식 구성 부품의 기능

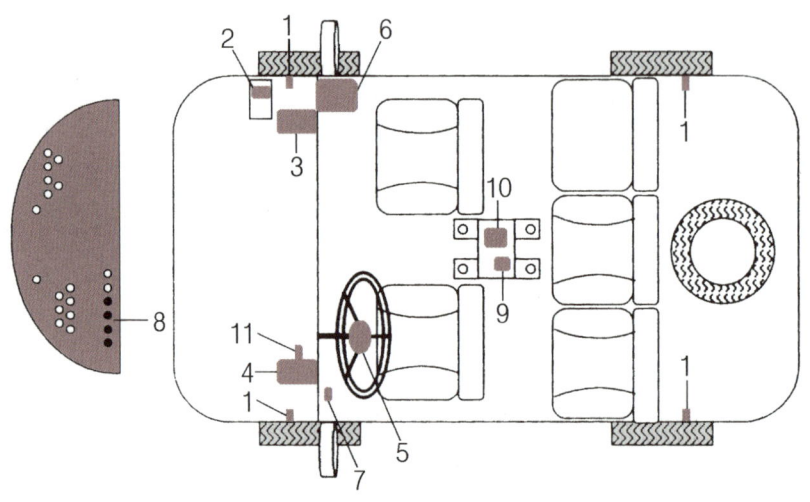

번호	명 칭	설치 위치
1	휠 스피드 센서	각 바퀴 별로 1개씩 설치됨
2	ESP 밸브 릴레이	엔진 룸 오른쪽 릴레이 박스에 설치됨
3	하이드롤릭 유닛(H/U)	ABS 모터와 일체로 엔진 룸 오른쪽에 설치됨
4	유압 부스터(H/U)	모터, 어큐뮬레이터, 마스터 실린더 압력 센서와 일체로 엔진 룸 왼쪽에 설치됨
5	조향 각속도 센서	조향 핸들 아래쪽에 설치됨(ECS와 공유)
6	ESP / ABS / TCS 컴퓨터	동승석 왼쪽 아래에 설치됨
7	ESP / TCS Off 스위치	계기판 오른쪽 아래에 설치됨
8	경고등	계기판에 설치(4개-ABS 경고등, ESP / TCS OFF 표시등, EPS / TCS 작동 표시등, TPW 경고등)됨
9	G-센서	센터 콘솔 박스 아래쪽에 요 레이트 센서와 같은 위치에 설치됨
10	요 레이트 센서	센터 콘솔 박스 아래쪽에 G-센서와 같은 위치에 설치됨
11	마스터 실린더 압력 센서	엔진 룸 유압 부스터에 설치됨

∴ 유압 부스터 방식의 구성 부품

1 조향 핸들 각속도 센서

조향 핸들 각속도 센서는 조향 핸들의 조향 각도와 조향 방향 그리고 조향 속도를 차체 자세 제어장치 컴퓨터로 입력한다. 이 신호를 기준으로 언더·오버 스티어링을 판단한다. 조향 핸들을 많이 돌렸는데 요-레이트 센서로부터 비틀림 신호가 적게 들어오면 언더 스티어링으로 판단하고, 적게 조향하였는데도 요-레이트 센서 값이 크게 입력되면 오버 스티어링이라 판단한다.

그리고 아래와 같은 조건이 만족된 상태가 2초 이상 계속되면 조향 핸들 각속도 센서의 중립 검출 위치를 감지한다.

① 주행속도가 10km/h 이상일 것
② 브레이크 스위치는 OFF 상태일 것
③ 점화 스위치를 ON으로 한 후 2초 이상이 경과될 것
④ 중립 신호(ST N)가 0일 것

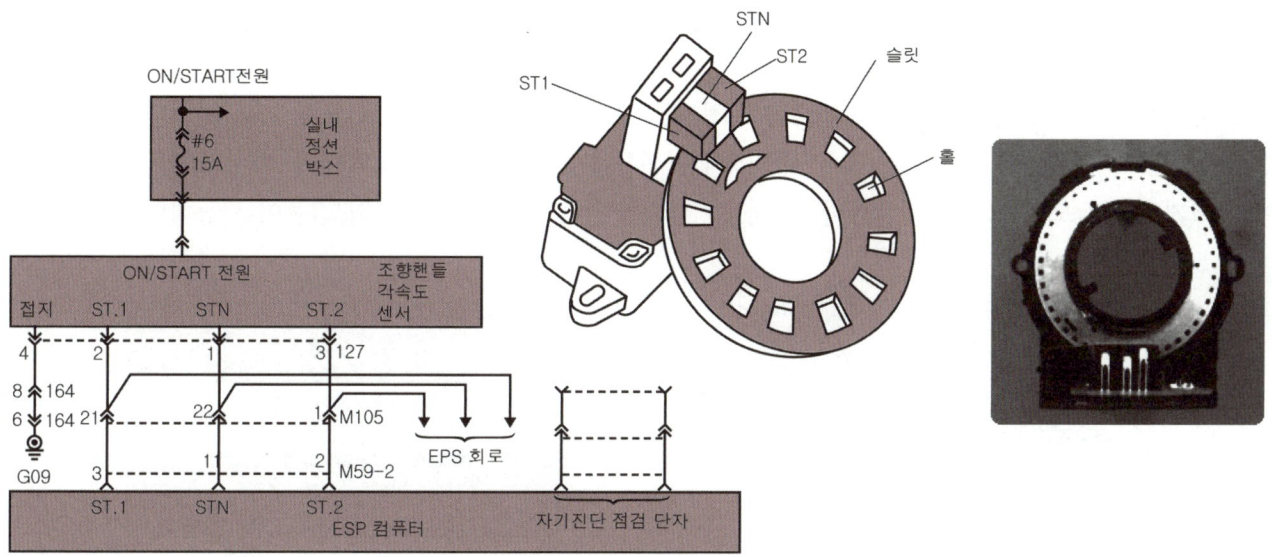

∷ 조향 핸들 각속도 센서 구조와 회로도

2 요 레이트 yaw rate 센서

요 레이트 센서는 자동차의 비틀림을 검출하는 것으로 자동차가 선회하거나 그 밖의 비틀림이 있을 경우 반응하여 신호를 보낸다. 언더 스티어링의 경우에는 자동차의 비틀림이 적은 상태이므로 요 레이트 센서의 출력 값의 변화가 적다.

반대로 오버 스티어링인 경우는 자동차가 많이 비틀린 경우이므로 요 레이트 센서의 출력값이 높게 출력된다. 이 신호를 기준으로 차체 자세 제어 장치 컴퓨터는 요 모멘트 제어를 실행한다.

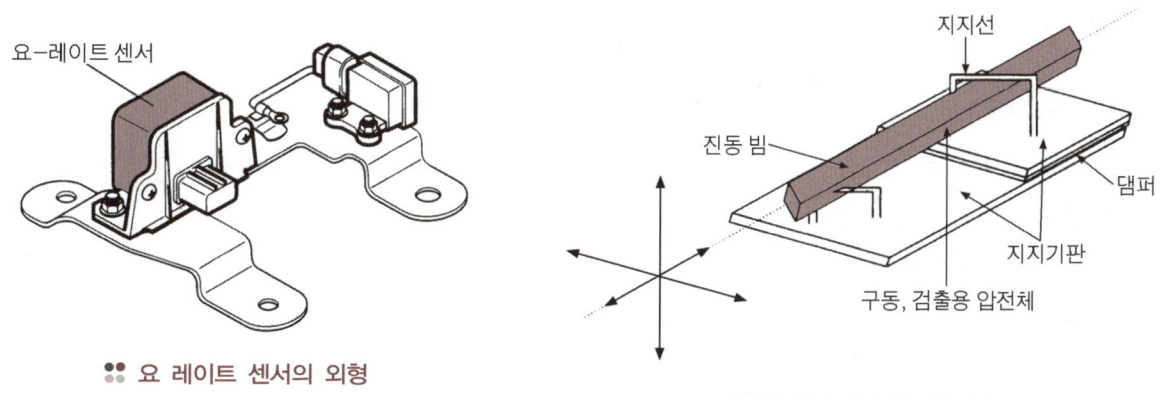

∷ 요 레이트 센서의 외형   ∷ 요 레이트 센서의 구조

요 레이트 센서의 구조는 진동 빔에 회전이 가해지면 그 회전속도에 따라서 발생하는 가로 방향 작용력을 검출하는 진동형 각속도 센서이다. 진동자는 사각 빔의 인접한 2면에 압전 소자를 부착하여 진동에 의해서 접점에서 발생하는 전압이 변화한다.

3 G 센서

G센서는 자동차의 가로 방향 작용력(drift out)을 판단하여 차체자세 제어 장치 컴퓨터로 입력시킨다. 컴퓨터는 이 신호를 이용하여 현재 자동차의 가로 방향 작용력이 얼마인지를 판단하여 차체자세 제어 장치의 제어에 참조한다.

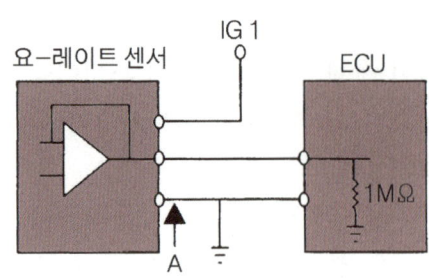

※ A점 단선시 센서의 출력은 4.7V 이상된다.

•• 요 레이트 센서의 내부 회로도

G 센서의 구조는 검출부분이 이동 전극과 고정 전극으로 되어 있으며, 가로 방향 가속도가 가해지면 이동 전극이 이동하여 고정 전극과 이동 전극 사이에서 전위차가 발생하여 두 전극의 용량 차이가 발생한다. 이 차이의 크기로 가속도의 크기를 검출한다. 절대 값 검출형이며, 직류(DC)의 출력 검출이 가능하다.

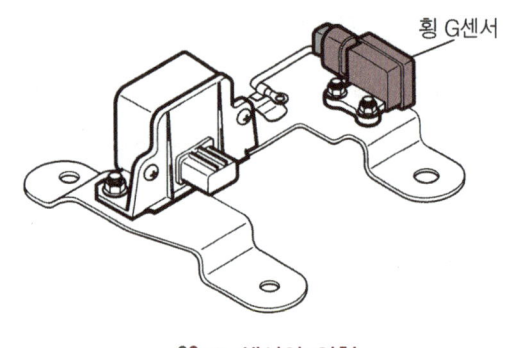

•• G 센서의 외형

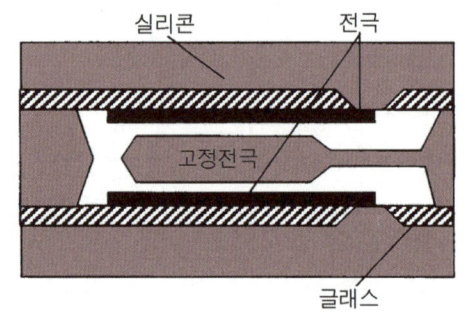

•• G 센서의 내부 구조

4 하이드롤릭 유닛(H/B unit)

하이드롤릭 유닛에는 유압을 발생시키는 유압 모터와 펌프가 설치되어 있으며, 배력에 필요한 유압을 저장하는 어큐뮬레이터가 있다. 또 유압을 검출하는 마스터 실린더 압력 센서가 설치되며, 내부에는 고·저압 압력 스위치도 설치되어 있다.

하이드로릭 유닛은 엔진 룸에 설치되며, 기존의 ABS·TCS와 거의 비슷하다. 다른 점은 어큐뮬레이터에서 공급되는 고압 라인이 있는 것이며, 상시 닫힘 밸브(NC)와 상시 열림 밸브(NO) 솔레노이드 밸브도 마찬가지이고 원리도 비슷하다.

5 유압 부스터

유압 부스터는 흡기 다기관의 부압을 이용한 기존의 진공 부스터 대신 유압 모터를 이용한 것이며, 유압 모터에서 발생된 유압을 어큐뮬레이터에 약 150bar의 압력으로 저장하여 배력 작용을 할 때 마다 이용한다. 유압 부스터는 액추에이터와 어큐뮬레이터에서 유압 모터에 의하여 형성된 압력이 증가한 유압을 이용한다. 유압 부스터의 효과는 다음과 같다.

① 브레이크 압력에 대한 배력 비율이 크다.
② 브레이크 압력에 대한 응답속도가 빠르다.

③ 흡기 다기관의 부압에 대한 영향이 없다.

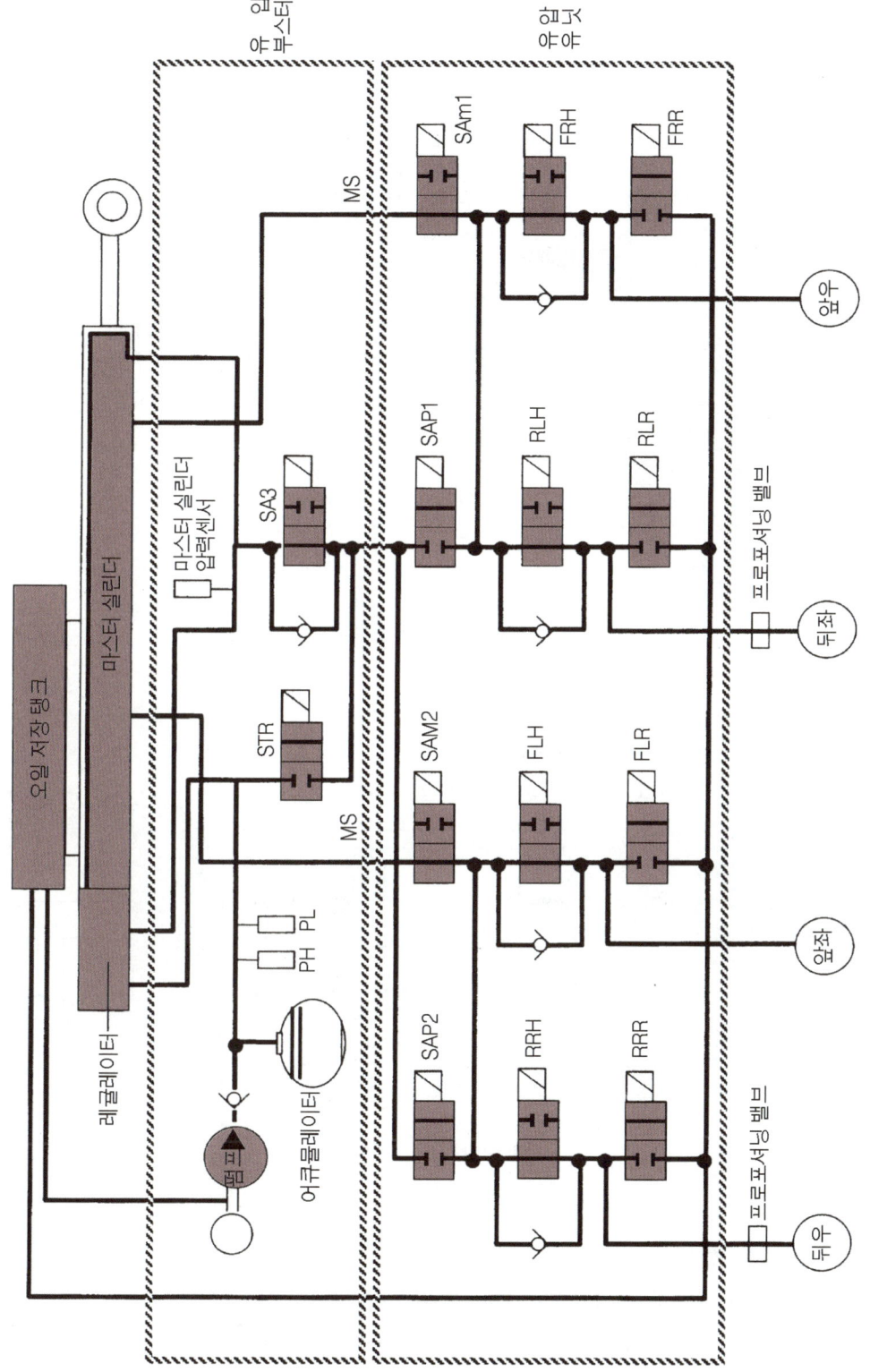

∙∙ 하이드롤릭 유닛과 유압부스터의 구성도

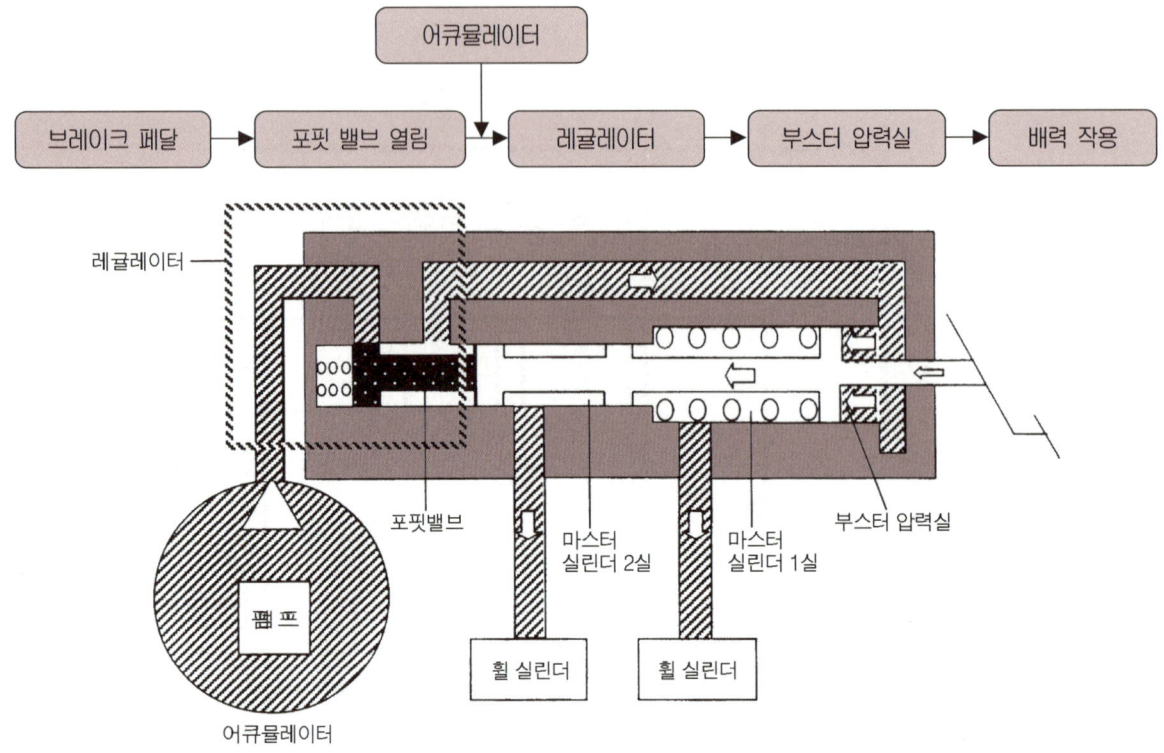

❖❖ 유압 부스터의 구조

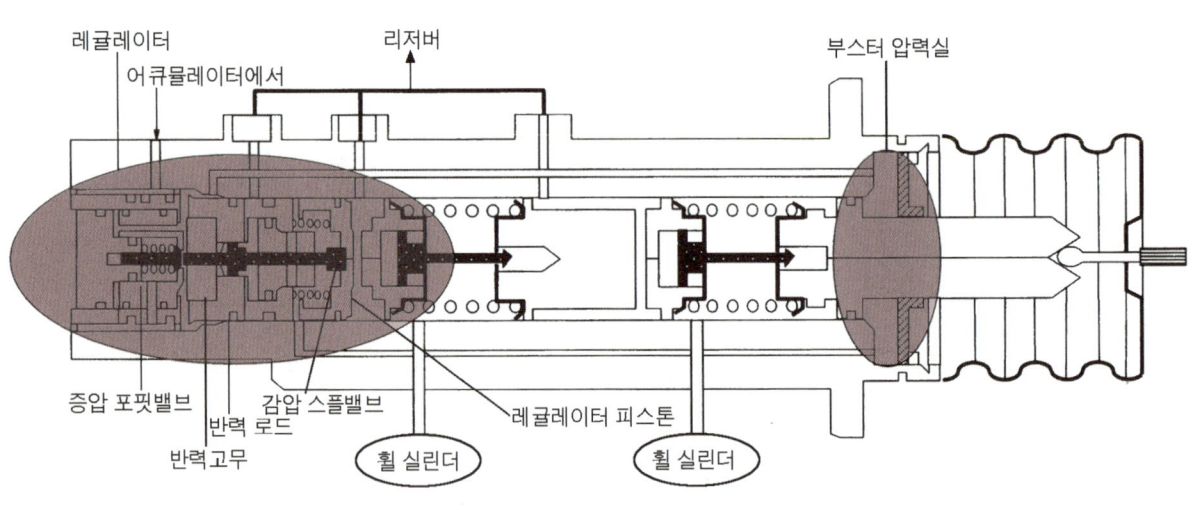

❖❖ 유압부스터 구성도

1) 유압 부스터의 작동 원리

브레이크 페달을 밟으면 페달과 연결된 푸시로드가 마스터 실린더 내의 피스톤을 이동시킨다. 이때 피스톤은 포핏 밸브(poppet valve)를 밀어서 어큐뮬레이터와 레귤레이터 사이의 통로를 개방한다.

포핏 밸브가 열리면 어큐뮬레이터에서 유압 모터에 의해 발생된 유압이 레귤레이터로 유입되고 이 유압은 레귤레이터의 통로를 통하여 부스터 압력실로 연결된다. 부스터 압력실과 연결된 유압은 푸시로드를 마스터 실린더 쪽으로 피스톤을 더욱 강하게 밀어서 높은 압력의 유압을 얻는다.

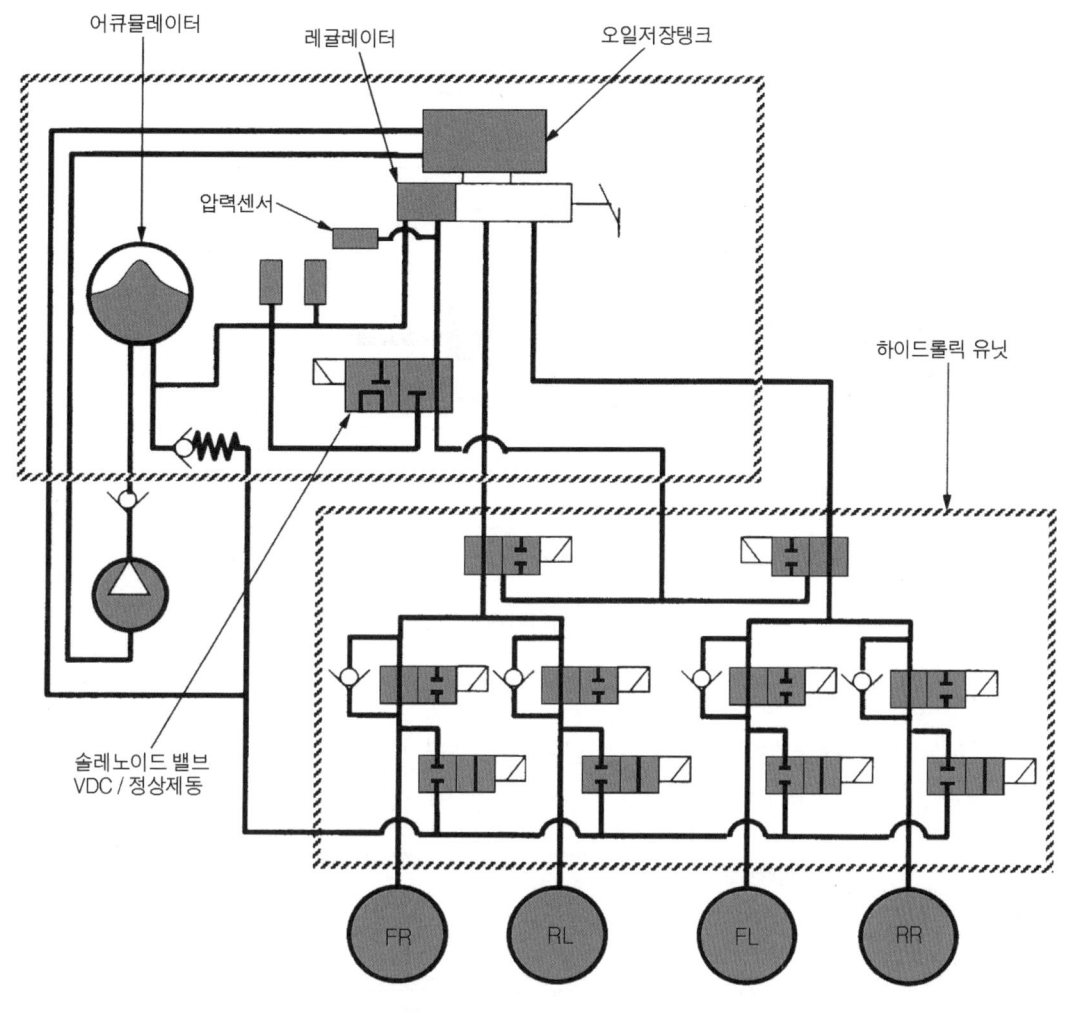

솔레노이드 밸브의 구조

2) 레귤레이터 regulator

① 레귤레이터의 구조

- **압력 증가 포핏 밸브**(poppet valve) : 압력 증가 포핏 밸브는 어큐뮬레이터의 유압을 차단하는 작용을 하며, 제동할 때 반력 로드(reaction road)의 작용에 의해 왼쪽으로 이동하여 어큐뮬레이터의 유압이 레귤레이터의 유압실로 공급된다.
- **반력 고무**(reaction rubber) : 어큐뮬레이터의 압력이 공급되면 반력 고무가 변형을 일으키며, 반력 고무의 변형으로 어큐뮬레이터의 유압을 로드 디스크로 전달한다.
- **반력 로드**(reaction rod) : 반력 로드는 압력을 증가시킬 때 왼쪽으로 이동하여 포핏 밸브를 미는 작용을 하며, 반력 고무를 통하여 어큐뮬레이터의 유압을 받는다.
- **감압 스풀 밸브**(spool valve) : 감압 스풀 밸브는 작동하지 않을 때에는 레귤레이터 유압실과 오일 탱크를 연결시키며, 압력을 증가시킬 때는 왼쪽으로 이동하여 오일 통로를 좁혀서 유압실의 유압을 유지시킨다.
- **레귤레이터 피스톤**(regulator piston) : 레귤레이터 피스톤은 마스터 실린더의 유압에 따라 압력을 증가시킬 때는 왼쪽으로 이동한다.
- **레귤레이터 압력 실**(regulator chamber) : 레귤레이터 압력실은 어큐뮬레이터의 압력을 마스터 실린더

와 같도록 조절한다.

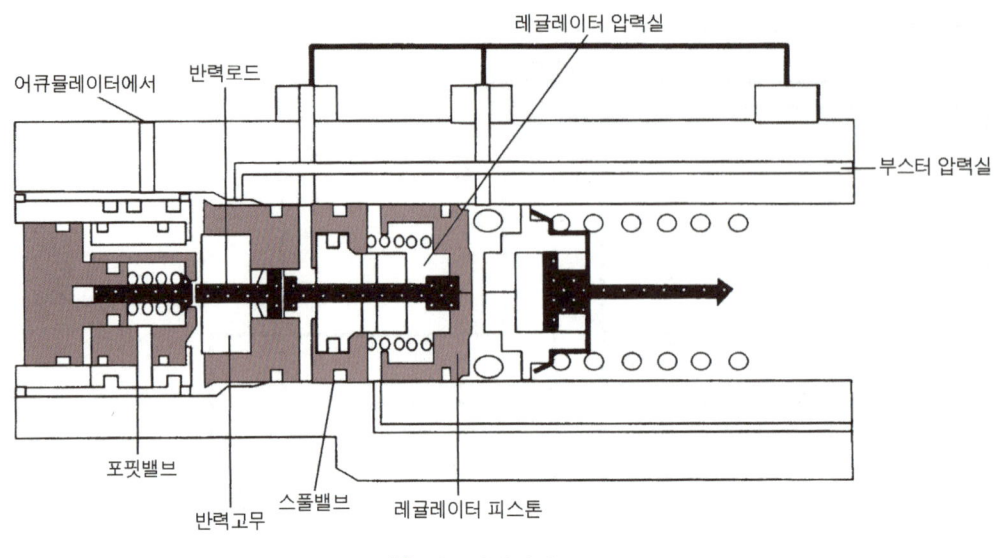

:: 레귤레이터의 구조

② 레귤레이터의 작동
- **비작동 감압 상태** : 어큐뮬레이터의 유압은 압력증가 포핏 밸브에 의하여 차단된다. 이에 따라 부스터 압력실과 통하고 있는 레귤레이터의 압력은 감압 스풀 밸브를 통하여 레귤레이터로 개방된다.

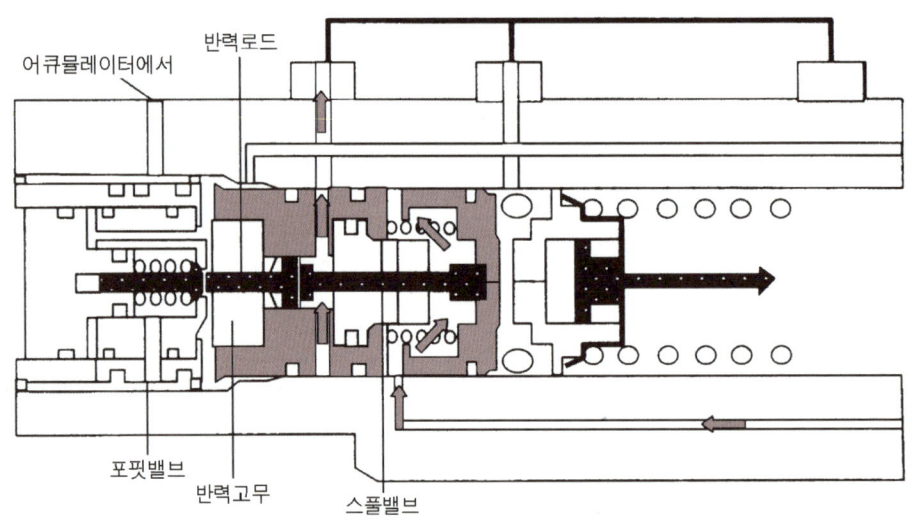

:: 레귤레이터의 비작동, 감압 상태

- **압력 증가 상태** : 이 때는 어큐뮬레이터의 유압을 압력 증가 포핏 밸브가 열림에 따라 레귤레이터로 공급한다. 이에 따라 부스터 압력실과 통하고 있는 레귤레이터의 압력은 감압 스풀 밸브가 닫힘에 따라 유지되고, 마스터 실린더와 같은 압력으로 조절된다.
- 마스터 실린더 압력이 낮을 때에는 반력 로드는 반력 고무에 붙지 않는다(제1단계).
- 마스터 실린더 압력이 높을 때에는 반력 로드가 반력 고무에 붙고, 고무를 대하고 있는 어큐뮬레이터 유압이 반력 로드를 오른쪽으로 이동시킨다(제2단계)

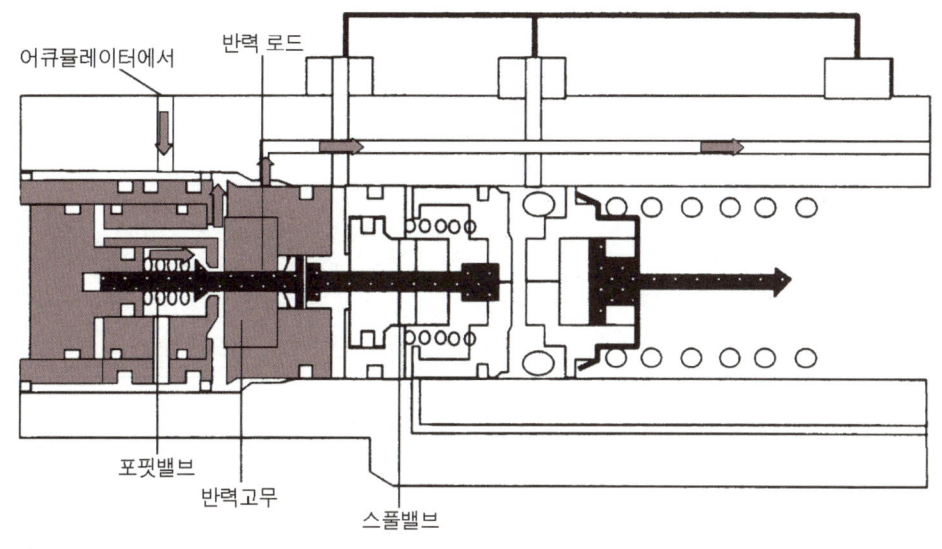

:: 레귤레이터의 압력 증가.

6 마스터 실린더 압력 센서

마스터 실린더 압력 센서는 유압 부스터에 설치되어 있으며, 강철제 다이어프램(steel diaphragm)으로 구성되어 있다.

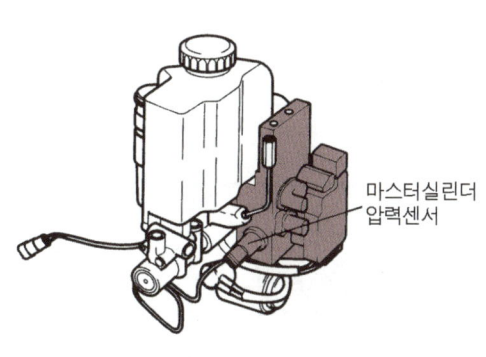

:: 마스터 실린더 압력 센서의 구조

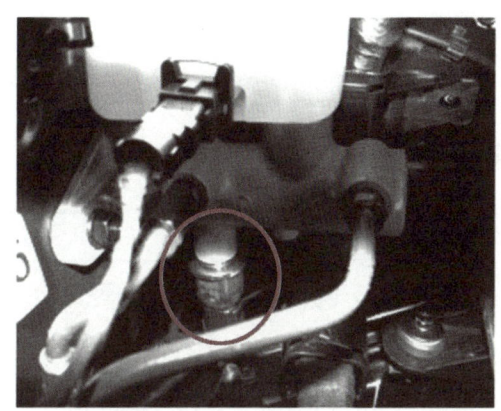

:: 마스터 실린더 압력 센서 설치 위치

7 제동등 스위치

제동등 스위치는 브레이크 작동 여부를 컴퓨터로 전달하여 차체 자세 제어 장치(ESP), 바퀴 미끄럼 방지 제동 장치(ABS) 제어의 판단 여부를 결정하는 역할을 하며, 바퀴 미끄럼 방지 제동 장치 및 차체 자세 제어장치 제어의 기본적인 신호로 사용된다.

8 액셀러레이터 페달 위치 센서

액셀러레이터 달 위치 센서는 액셀러레이터 페달의 조작 상태를 검출하는 것이며, 차체 자세 제어 장치 및 구동력 제어 장치(TCS)의 제어 기본 신호로 사용된다. 측정 단위는 0.020V씩 측정이 가능하며, 측정 주기는 6mS이다.

9 경고등 및 지시등

1) 작동 표시등

작동 표시등은 초기 점검 중에 점등되며, 엔진 회전속도가 낮거나(0rpm일 때 점등, rpm 〉450rpm일 때 소등) 차체 자세 제어장치 또는 구동력 제어 장치 제어 중 액추에이터를 강제로 구동할 때에 점등된다. 그리고 차체 자세 제어장치 관련부품의 고장이 있을 때 점멸된다 (점멸할 때에는 0.7초 On, 0.7초 Off).

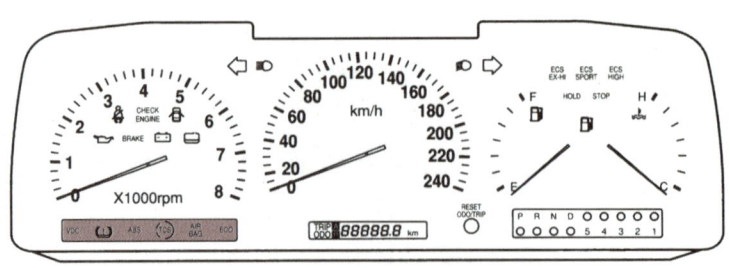

∷ 경고등과 지시등의 위치

2) 타이어 공기 압력(tire pressure) 경고등

타이어 공기 압력 경고등은 타이어의 공기 압력이 낮을 때 점등된다.

3) 바퀴 미끄럼 방지 제동 장치(ABS) 경고등

ABS 경고등은 점화 스위치를 ON시킨 후 3초 동안 점등되며, 또 ABS의 관련부품의 고장이 발생하였거나 액추에이터를 강제로 구동할 때 점등된다.

4) 구동력 제어 장치(TCS) 경고등

TCS 경고등은 초기 점검 중에 점등되며, 또 TCS 제어 관련 부품의 고장, 엔진의 회전속도가 낮을 때(rpm 〈 350rpm이면 점등, rpm 〉 450rpm이면 소등), TCS 제어 OFF 모드, 액추에이터를 강제로 구동할 때 점등된다.

10 컴퓨터 통신

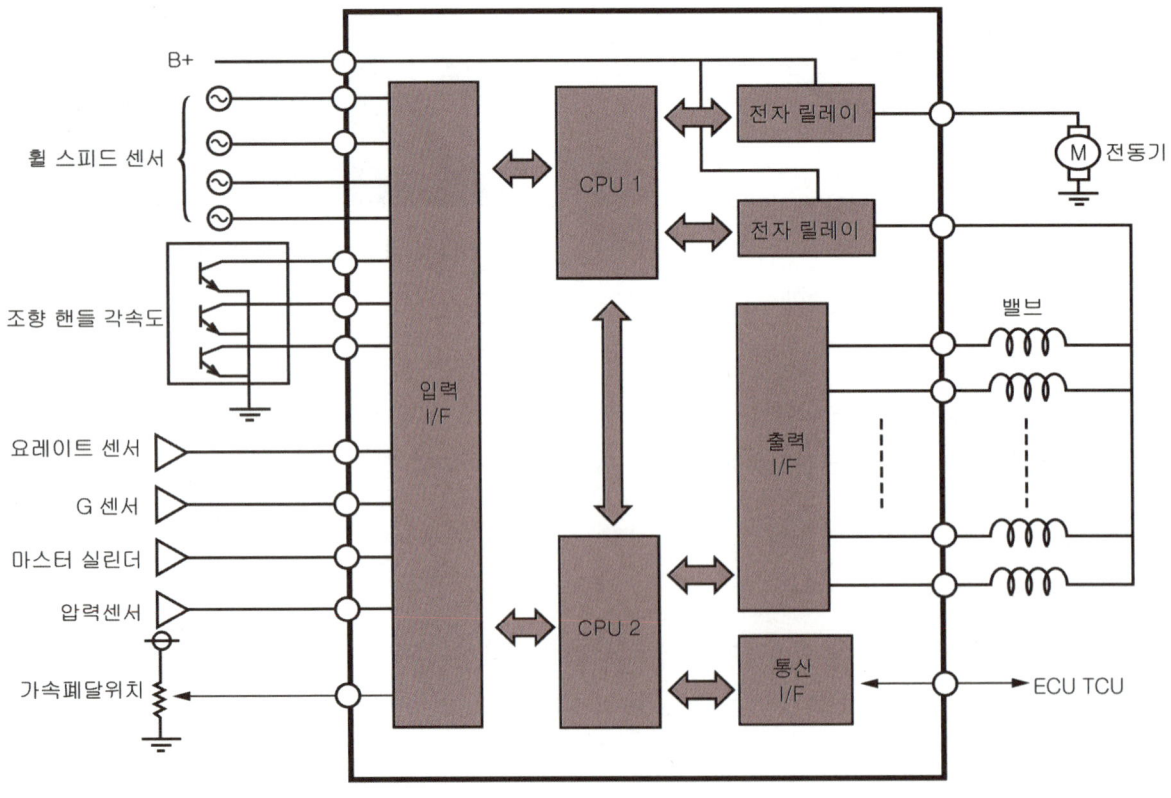

∷ 컴퓨터 내부 블록도

차체 자세 제어 장치 컴퓨터는 엔진 컴퓨터와 자동변속기 컴퓨터 사이를 서로 통신을 한다. 이때 구동력 제어 장치 관련 정보를 주고받는다. 엔진에서는 점화시기 지각 및 전자 제어 스로틀 밸브 장치(ETS ; Electronic Throttle valve System) 전동기에 의한 흡입 공기량 제한 제어도 실시한다. 그리고 자동변속기 컴퓨터에게는 변속단의 고정 요구를 출력한다.

4 진공 부스터 방식 차체 자세 제어 장치

현재 대부분의 자동차에서 사용되는 것으로 브레이크 배력 작용은 진공 부스터를 이용하며, 차체 자세 제어 장치의 제어는 ABS의 하이드롤릭 유닛에 차체 자세 제어 장치의 관련 부품을 업그레이드 하였으며, 또 마스터 실린더에는 압력 센서를 설치하여 운전자가 현재 제동하고 있는 유압을 검출하여 각종 제어나 제동력 배력 장치(BAS)를 제어할 때 이용한다.

기존에 사용하였던 유압 부스터 방식의 차체 자세 제어 장치는 이 방식에 비해 구조가 복잡하고 가격이 비싸기 때문에 간단하고 신뢰성은 우수한 진공 부스터 방식을 주로 사용한다.

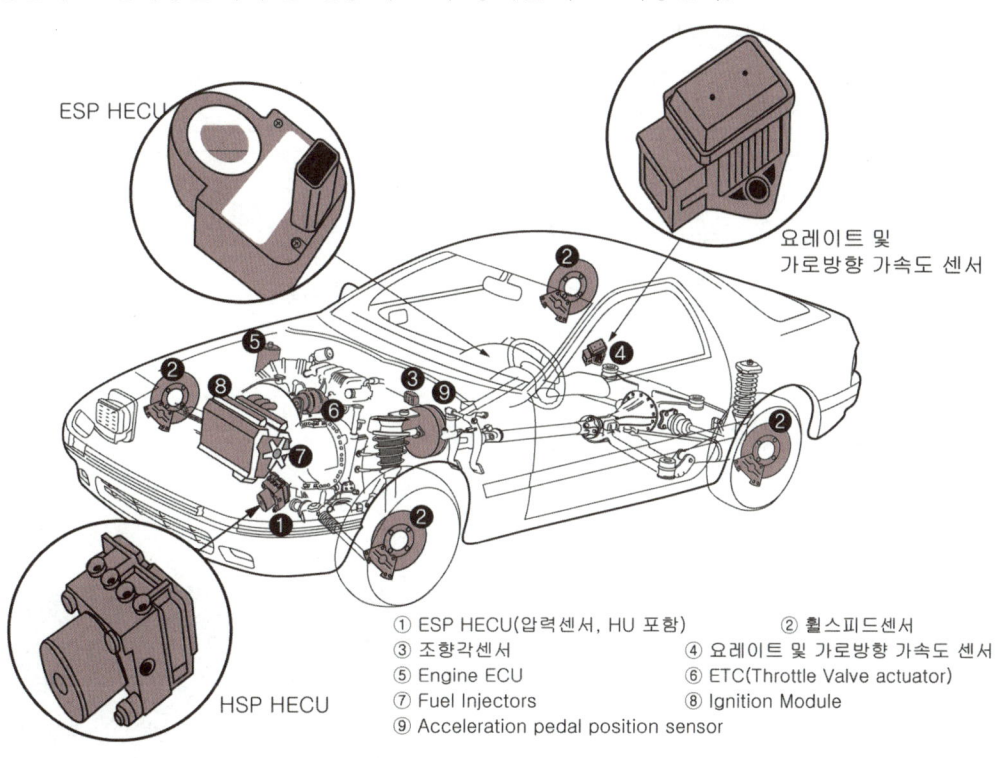

① ESP HECU(압력센서, HU 포함) ② 휠스피드센서
③ 조향각센서 ④ 요레이트 및 가로방향 가속도 센서
⑤ Engine ECU ⑥ ETC(Throttle Valve actuator)
⑦ Fuel Injectors ⑧ Ignition Module
⑨ Acceleration pedal position sensor

❖ 진공부스터 방식의 구성도

4-1. 진공 부스터 방식의 개요

차체 자세 제어 장치(ESP or VDC) 컴퓨터로 입·출력되는 정보들은 다음과 같다. 먼저 입력부분의 가장 기본적인 신호인 휠 스피드 센서 신호 4개가 입력되고, 조향 핸들의 조향 각도와 조향 정도 그리고 조향 속도를 알려주는 조향 핸들 각속도 센서 신호가 입력된다. 다음으로는 자동차의 비틀림을 판단하여 언더·오버 스티어링을 제어할 때 핵심 신호로 이용되는 요 레이트 센서이다.

또 자동차의 가로 방향 작용력을 검출하는 G 센서의 신호가 입력된다. 다음은 마스터 실린더의 압력을 검출하여 차체 자세 제어 장치 컴퓨터로 입력하는 마스터 실린더 압력 센서 1. 2가 입력된다. 마지막으로 브레이크 스위치와 차체 자세 제어 장치(구동력 제어장치) OFF 스위치 신호가 입력된다.

차체 자세 제어 장치 OFF 스위치를 누르면 차체 자세 제어 장치 OFF 경고등이 들어오는데 이때는 구동력 제어장치 기능이 정지된다. 출력부분은 유압을 발생시키는 펌프 전동기가 있으며, 최고 150bar까지 형성할 수 있다. 또 하이드롤릭 유닛의 각종 솔레노이드 밸브로 출력이 나가고 각종 경고등 및 지시등으로도 출력이 나간다. 마지막으로 엔진 컴퓨터와 자동변속기 컴퓨터와 CAN 통신을 통해 정보를 주고받는다.

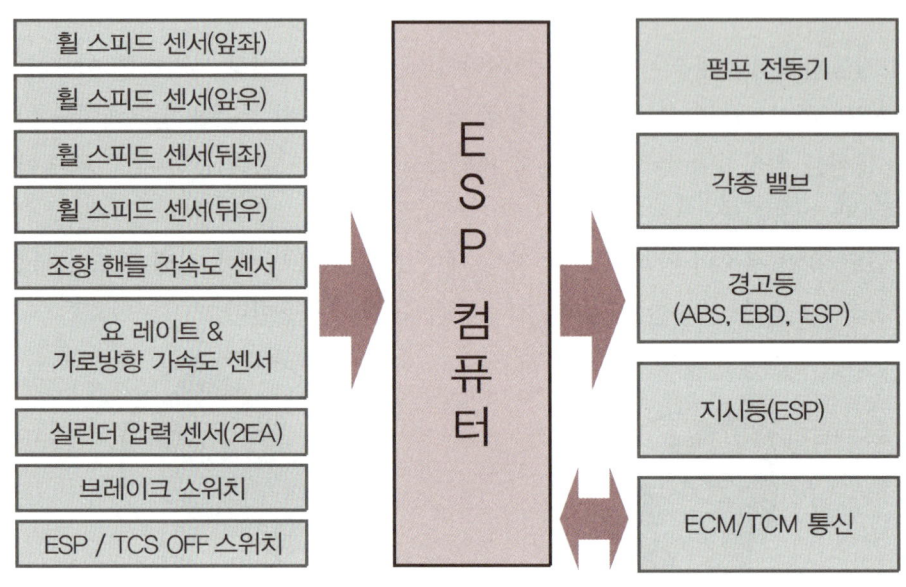

진공 부스터 방식의 입·출 다이어그램

4-2. 진공 부스터 방식 구성 부품의 기능

1 휠 스피드 센서

휠 스피드 센서는 액티브 방식의 홀 센서를 이용하며, 2개의 배선으로 되어 있다. 1개의 배선은 전원공급 배선으로 12V가 공급되고 나머지 배선은 출력배선으로 0.5V와 1.0V로 각각 변화한다. 출력 특성은 ON/ OFF(14mA/7mA) 전류출력으로 변화한다.

액티브 방식은 바퀴 회전속도와 에어 갭(Air-gap) 변화에 따른 출력신호의 크기 변화가 작은 장점이 있다. 또 저속 운전 영역에서도 바퀴의 회전속도를 검출할 수 있어 0rpm까지 검출이 가능하고, 외부 전자계통 간섭이 적다. 패시브(Passive) 방식의 센서에 비해 40~50% 소형으로 설계할 수 있으며, 온도특성 및 노이즈(Noise) 내구성 우수하다.

휠 스피드 센서의 설치 위치

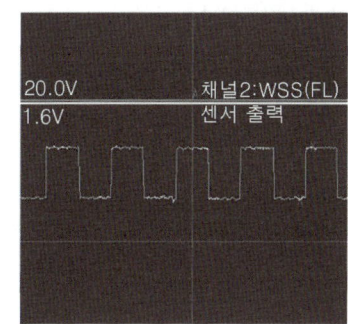

:: 액티브 방식 휠 스피드 센서

2 조향 핸들 각속도 센서

조향 핸들 각속도 센서는 비접촉 방식으로 AMR(Anisotropy Magneto Resistive)을 사용하며, 조향 핸들의 조작 각도 및 작동 속도를 측정한다. CAN 인터페이스(interface)를 통해 0점 조정이 가능하며, 지속적인 자기 진단을 실시한다.

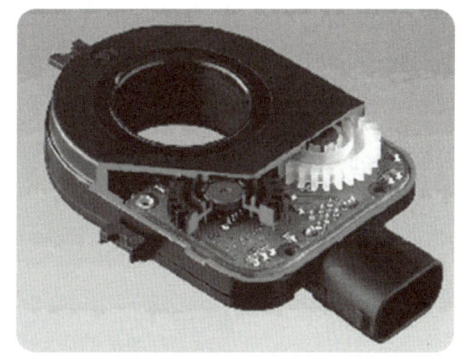

:: 조향 핸들 각속도 센서 설치 위치   :: 조향 헨들 각속도 센서

3 요 레이트 & G 센서

요 레이트 센서는 자동차의 비틀림을 검출하고, G 센서는 자동차의 가로 방향 작용력을 검출하는 센서이다. 이 2가지 신호를 이용하여 차체 자세 제어 장치 컴퓨터는 자동차의 언더·오버 스티어링을 제어한다.

출력 특성은 아날로그 파형이 출력되며, 두 센서 모두 0~5V까지 변화하는 특성이 있다. 요 레이트 센서 또는 G 센서가 고장 났을 때에는 자기진단 기구에 고장을 출력하며, 센서 데이터 값은 G 센서는 G(gravity)값으로 요 레이트 센서는 DEGREE로 표시된다.

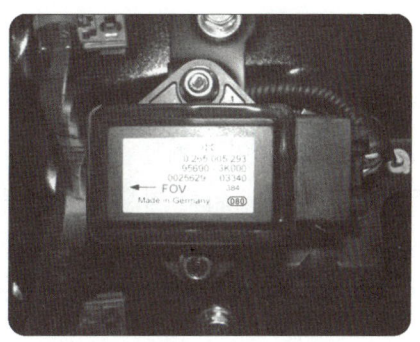

:: 요 레이트 & G 센서의 외형 및 설치 상태

4 마스터 실린더 압력 센서

마스터 실린더 압력 센서는 차체 자세 제어 장치가 작동하는 중에 운전자가 브레이크 페달을 밟는 힘을 검출하며, 예비 브레이크 유압을 조절한다. 작동 압력은 주행속도 7km/h에서 20bar 이상이고, 최대 유압은 170bar이며, 작동할 때의 유압은 1100bar/sec 이다.

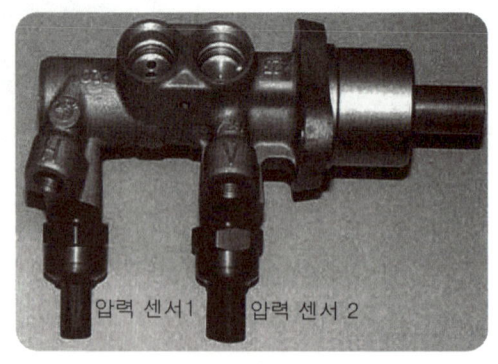
•• 마스터 실린더 압력 센서 설치 상태

5 브레이크 스위치

브레이크 상태를 차체 자세 제어 장치의 컴퓨터가 검출하여 신속하게 바퀴 미끄럼 방지 제동 장치 또는 차체 자세 제어 장치를 제어하기 위한 참조 신호로 이용한다.

6 차체 자세 제어 장치 OFF 스위치

OFF 스위치는 차체 자세 제어 장치 기능을 OFF시키는 것이 아니라 구동력 제어 장치 기능을 OFF시키는 스위치이다. 출발을 하거나 선회할 때 등 구동력 제어 장치의 제어가 필요 없을 때 사용한다. 이 스위치는 OFF 시켜도 긴급한 상황에서는 차체 자세 제어 장치가 작동되어야 한다.

7 하이드롤릭 유닛

하이드롤릭 유닛에는 바퀴 미끄럼 방지 제동 장치, 구동력 제어 장치, 차체 자세 제어 장치의 기능을 수행하기 위한 솔레노이드 밸브들이 설치되어 있다. 차체 자세 제어 장치는 각각의 솔레노이드 밸브를 작동시켜 각종 제어를 할 때 이용한다.

•• 하이드롤릭 유닛 설치 상태

1) 평상 normal 상태의 유압 회로도

운전자가 평상 상태로 브레이크 페달을 밟을 때의 유압 회로이며, 바퀴 미끄럼 방지 제동 장치, 구동력 제어 장치, 전자 제동력 분배 장치, 차체 자세 제어장치가 전혀 작동하는 않는 경우이다. 이때 마스터 실린더에서 발생한 유압은 TCV(Traction Control Valve, 구동력 제어 밸브)를 거쳐 IV(Inlet Valve, 입력 밸브)를 통과하여 각 바퀴로 유압이 전달된다. 전기적으로 작동하는 솔레노이드 밸브나 펌프 전동기도 작동하지 않는다.

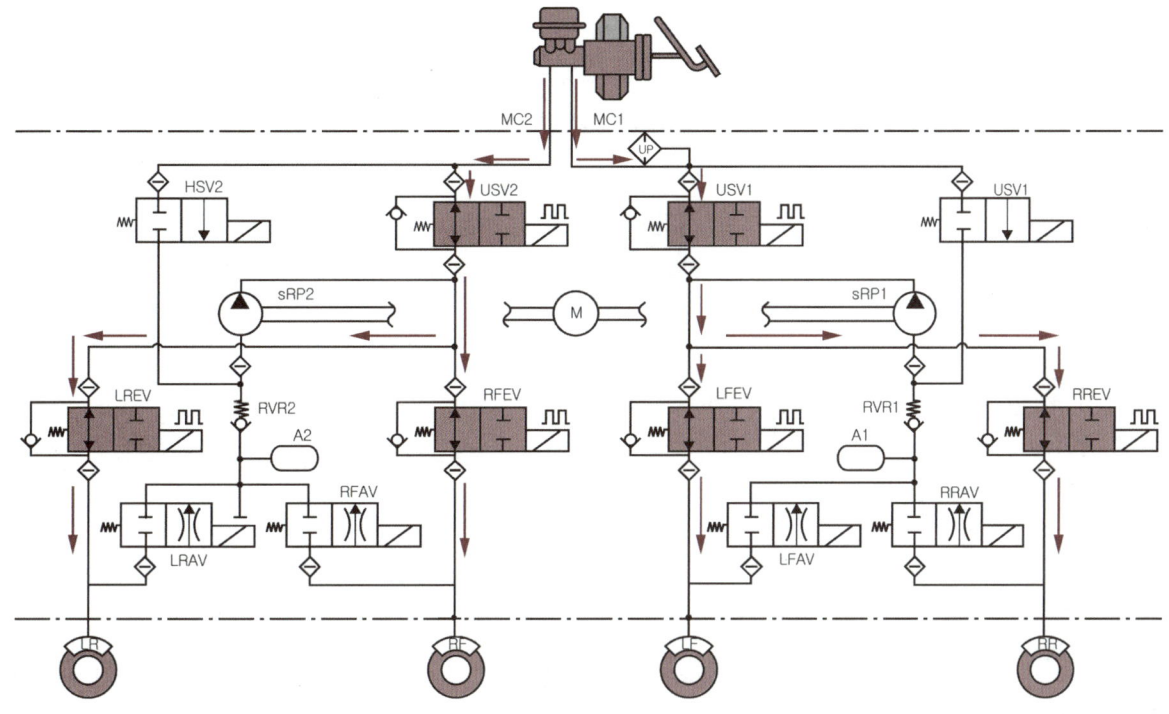

∷ 평상 상태의 유압 회로도

2) 압력 증가 상태의 유압 회로도

마스터 실린더에서 공급되는 유압은 HSV(Hydraulic Shuttle Valve ; 차체 자세 제어 장치, 구동력 제어 장치를 제어할 때 펌프 전동기로 유압을 공급하는 밸브)를 거쳐 펌프 전동기로 전달된다. 여기서 펌핑되어 압력이 증가된 유압이 각각의 IV(Inlet Valve, 입력밸브)를 거쳐 각 바퀴로 공급된다.

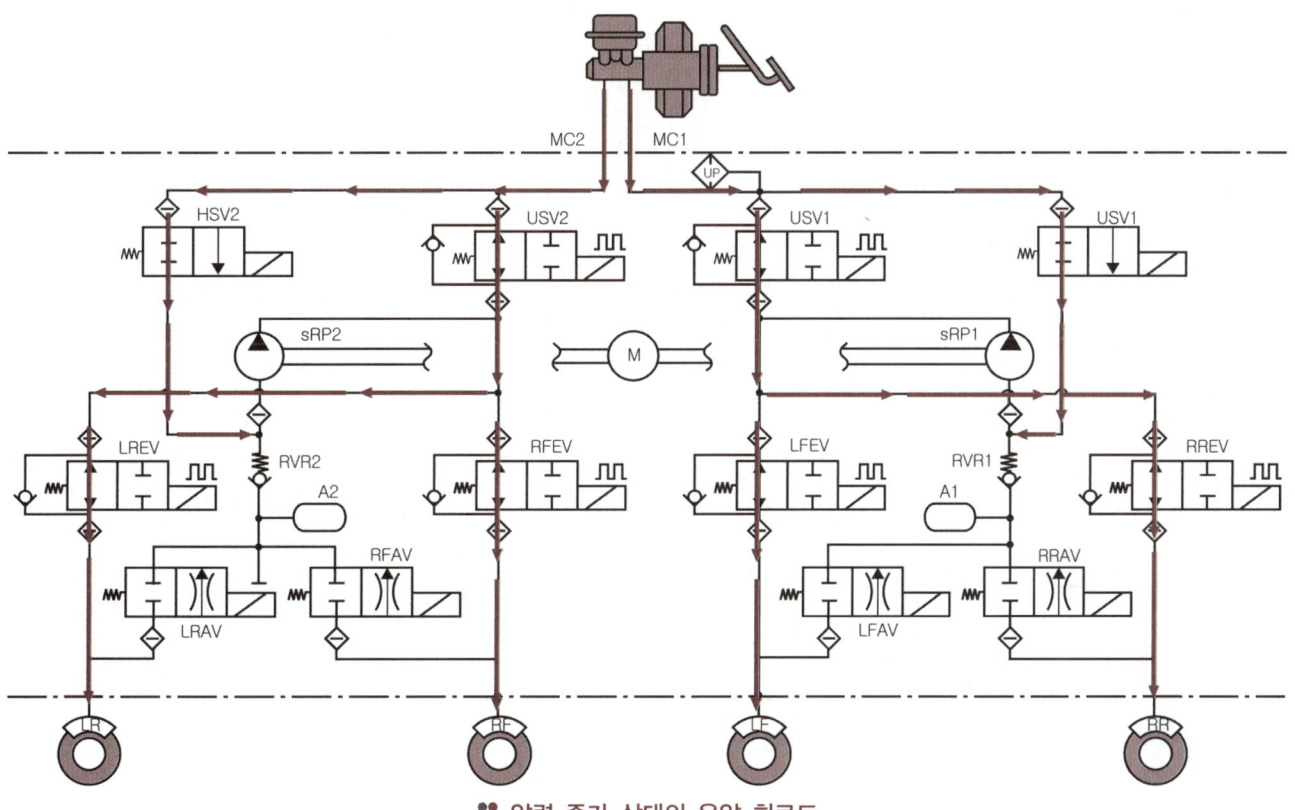

∷ 압력 증가 상태의 유압 회로도

3) 유지 상태의 유압 회로도

유지 상태에서는 IV(Inlet Valve)가 닫히며, OV(Outlet Valve, 출력 밸브)는 계속해서 닫혀있다. IV는 마스터 실린더 쪽 또는 펌프 쪽에서 공급되는 유압을 제어하므로 닫히면 유압이 차단된다. 반면 OV는 복귀 쪽이므로 역시 닫혀있으므로 오일의 복귀가 불가능하다. 따라서 현재 바퀴에 가해지는 유압 그대로가 유지된다.

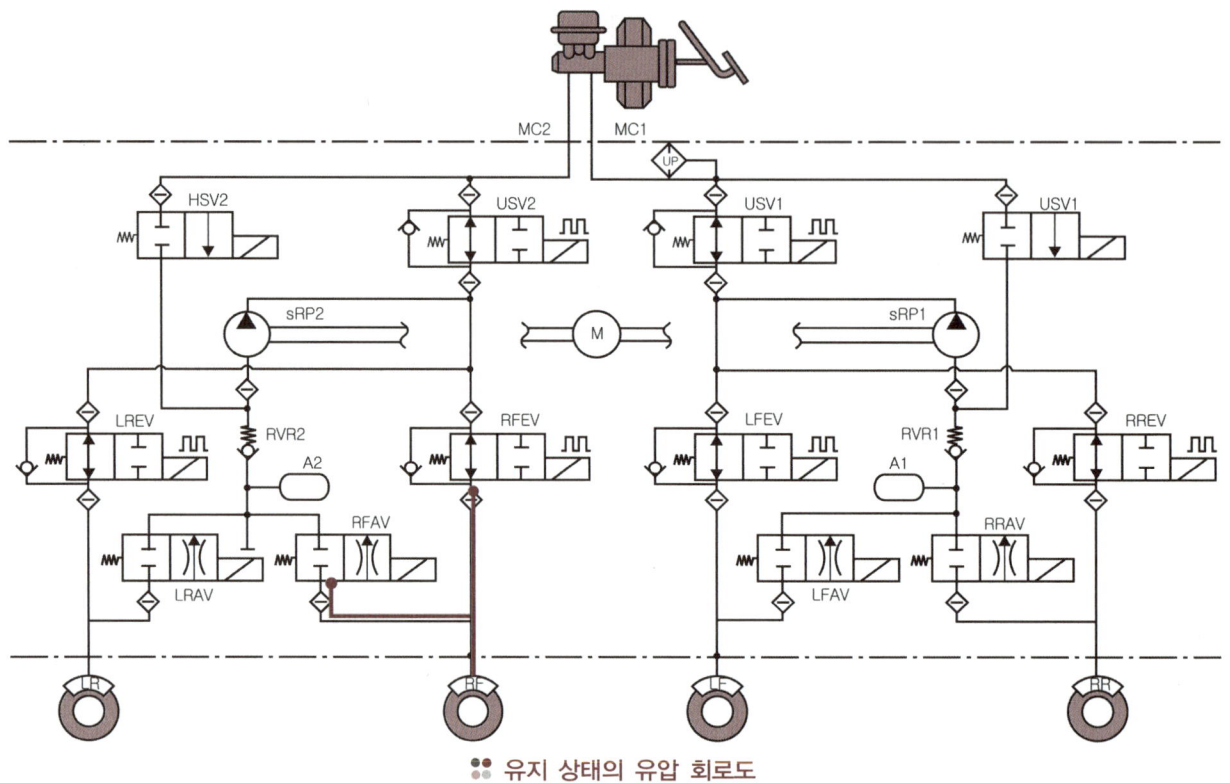

:: 유지 상태의 유압 회로도

4) 압력 감소 상태 유압 회로도

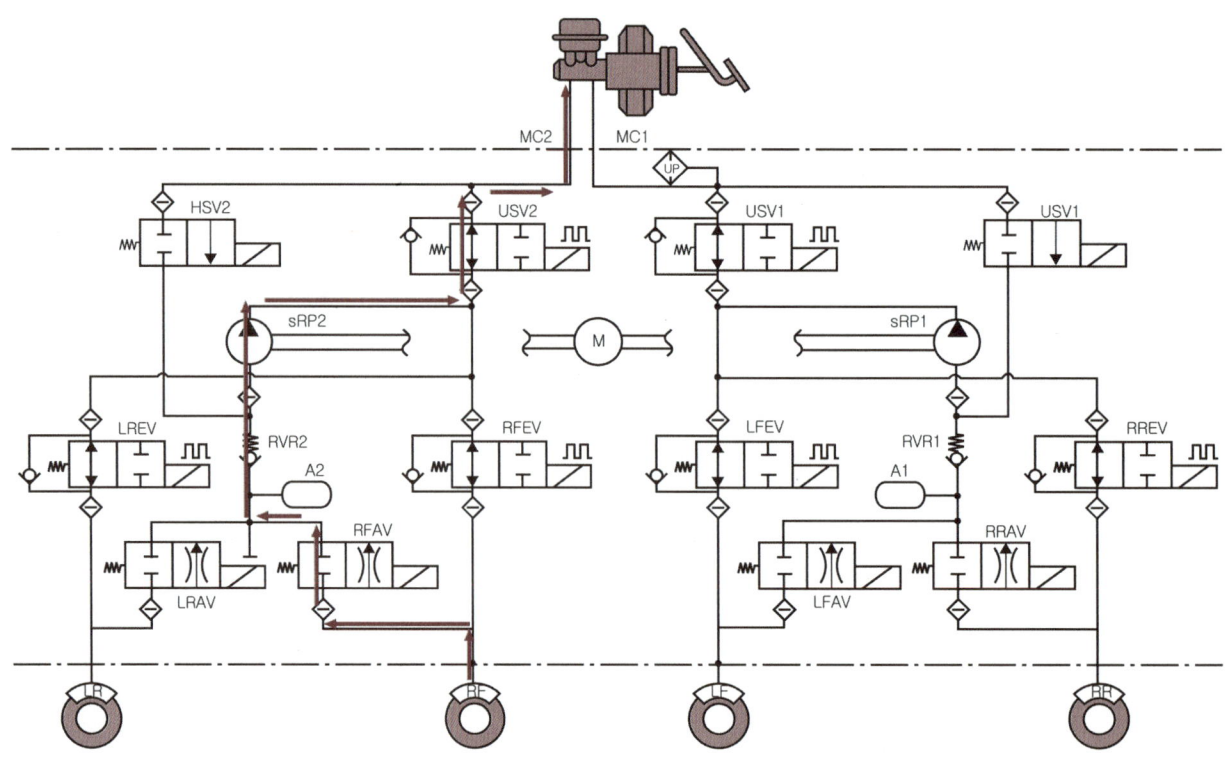

:: 압력 감소 상태 유압 회로도

압력 감소 상태에서는 바퀴에 가해지고 있던 유압이 마스터 실린더의 오일 탱크로 되돌아가야 하기 때문에 이와 관련된 장치들이 작동한다. 우선 OV(Outlet Valve)가 열려 복귀를 유도하고 또 펌프 전동기가 회전하여 오일을 마스터 실린더 쪽으로 역류시킨다. 이때 오일은 TCV(Traction Control Valve)를 거쳐 복귀한다.

8 경고등 및 지시등 제어

차체 자세 제어 장치 컴퓨터는 운전자가 차체 자세 제어 장치 OFF 스위치를 선택하면 경고등을 점등하고, 긴급한 상황에서 차체 자세 제어 장치를 작동할 때에는 지시등을 점등하여 지시한다.

9 CAN 통신

차체 자세 제어 장치 컴퓨터는 엔진 컴퓨터와 자동변속기 컴퓨터 사이에서 CAN 통신을 통해 서로의 정보를 교환한다. 차체 자세 제어 장치 쪽에서는 구동력 제어 장치 제어나 차체 자세 제어 장치를 제어할 때 엔진 회전력의 감소를 요구하여 구동력 제어 장치 및 차체 자세 제어 장치 효과를 극대화할 수 있도록 한다.

또 자동변속기에게는 현재 구동력 제어 장치나 차체 자세 제어장치의 작동 상황을 알려 현재 변속단을 유지하도록 요구한다. 엔진에서는 현재 엔진의 데이터, 엔진 회전력, 형식, 스로틀 위치 센서(TPS) 값 등의 정보를 전달하여 차체 자세 제어 장치 제어를 극대화 할 수 있도록 한다.

CAN 방식에는 고속(high speed)과 저속(low speed) CAN이 사용되는데 고속 CAN은 동력전달 계통에서 사용하고 저속 CAN은 차체(body) 전장 계통에서 사용한다.

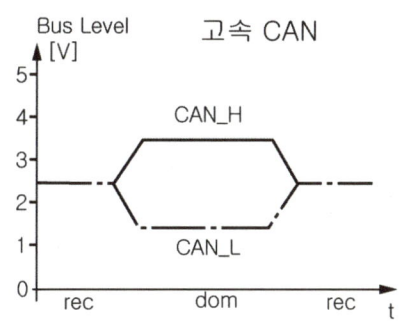 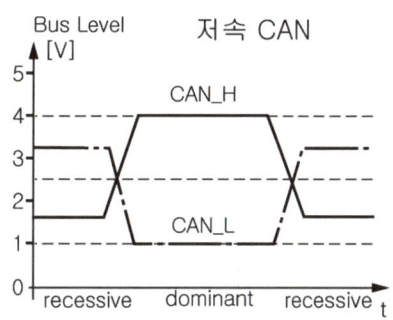

:: CAN 방식의 종류

5 차체 자세 제어 장치의 제어

5-1. 요 모멘트 제어 yaw moment control

1 요 모멘트 제어의 개요

차체 자세 제어 장치 컴퓨터에서는 요 모멘트와 선회방향을 각 센서들의 입력 값을 기초로 각 바퀴의 제동유압 제어 모드(압력 증가 또는 압력 감소)를 연산하여 필요한 마스터 실린더 포트(차단, 압력 증가, 유지)와 펌프 전동기 릴레이를 구동하여 발생한 요 모멘트에 대하여 역 방향의 모멘트를 발생시켜 스핀 또는 옆 방향 쏠림 등의 위험한 상황을 회피한다.

2 요 모멘트 제어 조건

① 주행속도가 15km/h 이상 되어야 한다.
② 점화 스위치 ON 후 2초가 지나야 한다.
③ 요 모멘트가 일정값 이상 발생하면 제어한다.
④ 제동이나 출발할 때 언더 스티어링이나 오버 스티어링이 발생하면 제어한다.
⑤ 주행속도가 10km/h 이하로 낮아지면 제어를 중지한다.
⑥ 후진할 때에는 제어를 하지 않는다.
⑦ 자기진단 기기 등에 의해 강제 구동 중일 때에는 제어를 하지 않는다.

3 제동 유압 제어

① 요 모멘트를 기초로 제어 여부를 결정한다.
② 미끄럼 비율에 의한 자세 제어에 따라 제어 여부를 결정한다.
③ 제동 유압 제어는 기본적으로 미끄럼율이 증가하는 쪽에는 압력을 증가시키고, 감소하는 쪽에는 압력을 감소 제어를 한다.
④ 1회 작동할 때 $5kgf/cm^2$을 기준(최초에는 $10kgf/cm^2$)으로 제어한다.
⑤ 작동은 8mS 주기로 제어를 한다.

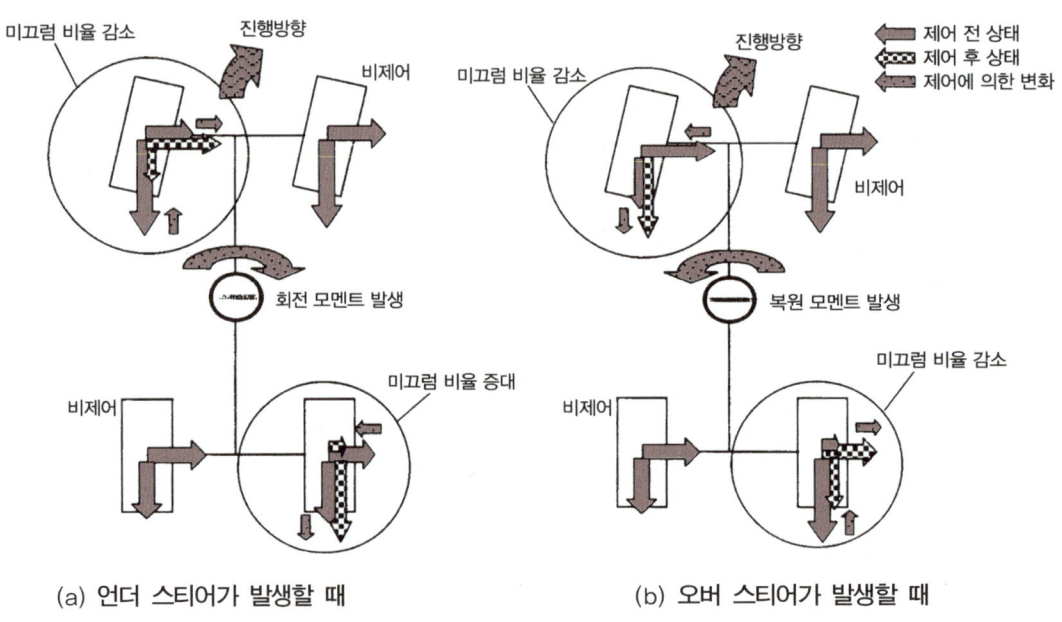

•• 우회전을 할 때 제어의 예

5-2. ABS(바퀴 미끄럼 방지 제동 장치)의 관련 제어

1 바퀴 미끄럼 방지 제동 장치 관련 제어의 개요

바퀴 미끄럼 방지 제동 장치의 관련 제어는 뒷바퀴의 제어의 경우 실렉터 로우(selector low) 제어에서 독립 제어로 변경되었으며, 요 모멘트에 따라서 각 바퀴의 미끄럼율을 판단하여 제어한다. 또 언더 스티어링이나 오버 스티어링 제어 일 때에는 바퀴 미끄럼 방지 제동장치의 제어에 제동 유압의 증가·감소를 추가하여 응답성을 향상시킨다.

2 바퀴 미끄럼 방지 제동 장치 관련 제어

바퀴 미끄럼 방지 제동 장치 제어 중에 미끄럼율이 제동력의 최대 위치에 있으면 미끄럼율을 증대시키더라도 제동력은 증대되지 않는다. 따라서 일반적으로 복원 제어의 효과가 높은 앞 바깥쪽 바퀴에 제동을 가하더라도 미끄럼율의 증대 효과가 작아진다. 따라서 뒤 안쪽 바퀴에 제동 유압을 가하여 뒤 바깥쪽 바퀴의 미끄럼율이 작아지도록 제어를 한다.

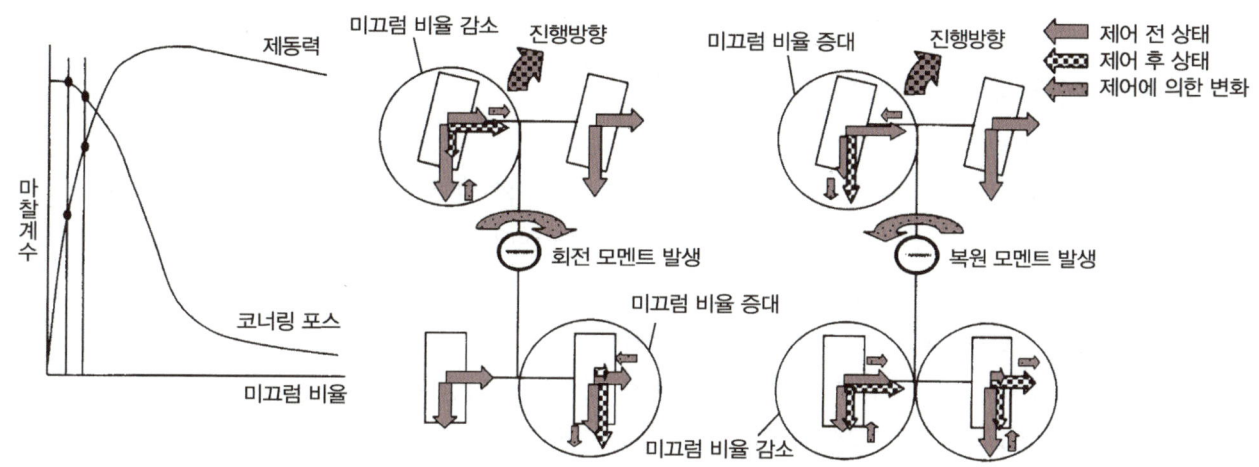

∴ 제동력과 코너링 포스의 특성(우회전 제어의 예)

3 바퀴 미끄럼 방지 제동장치 제어의 해제 조건

① 제동등 스위치 신호가 ON → OFF가 된 경우 해제된다.
② 주행속도가 3km/h 미만에서는 해제된다.
③ 다음의 조건에서는 뒷바퀴는 바퀴 미끄럼 방지 제동장치 제어를 하지 않는다.
　㉮ 차체자세 제어장치가 제어 중일 때
　㉯ 제동등 스위치 신호가 OFF일 때

5-2. 자동 감속 제어(브레이크 제어)

1 자동 감속 제어의 개요

선회할 때 G값에 대하여 엔진의 가속을 제한하는 제어를 실행함으로서 과속에서는 브레이크 제어를 포함하여 선회 안정성을 향상시킨다. 목표 감속도와 실제 감속도의 차이가 발생하면 뒤 바깥쪽 바퀴를 제외한 3바퀴에 제동 유압을 가하여 감속 제어를 실행한다. 자동 감속 제어는 아래의 조건이 만족되어야 제어한다.

① G값은 －0.08G 미만이어야 한다.
② 주행속도는 15km/h를 초과해야 한다.
③ 점화 스위치 ON 후 2초가 경과하여야 한다.

또 다음과 같은 경우에는 제어를 종료한다.
① G값이 -0.06G 보다 크면 해제된다.
② 주행속도가 10km/h 미만이 되면 해제된다.

2 구동력 제어 장치 관련 제어

1) 구동력 제어 장치 관련 제어의 개요

미끄럼 제어(slip control)는 브레이크 제어에 의해 자동 제한 차동 장치(LSD ; Limited Slip Differential) 기능으로 미끄러운 도로에서의 가속 성능을 향상시키며, 추적(trace) 제어는 운전 상황에 대하여 엔진의 출력을 감소시킨다. 또 자동 감속 제어는 엔진의 출력을 제어하며, 제어 주기는 16mS이다.

2) 구동력 제어 장치 관련 제어의 조건

① 주행속도가 2km/h 이상일 것
② 후진 또는 제1속의 경우에는 차체의 G값이 0.5G를 초과하여야 한다.
③ 제2속 이상의 경우에는 차체의 G값이 0.7G를 초과하여야 한다.
④ 변속위치는 P, N 이외의 경우이어야 한다.
⑤ 구동력 제어 장치 OFF 스위치는 ON이어야 한다.
⑥ 위의 조건에서는 엔진 컴퓨터는 점화시기 지각 명령을 실행한다.
⑦ 주행속도가 5km/h 미만이고 G값이 0G 미만으로 떨어지면 해제된다.

3 구동력 제어 장치 관련 제어

① 엔진 컴퓨터와의 통신으로 스로틀 밸브 구동과 점화시기의 지각을 실행한다.
② 15km/h 이상일 때에는 자동변속기 컴퓨터와의 통신으로 현재의 변속 패턴을 유지한다(킥 다운에 의한 가속력 증대 방지).
③ 4바퀴가 바퀴 미끄럼 방지 제동 장치를 제어 중이며, 브레이크 페달을 밟고 있는 상태이면 운전자에 의한 제동은 마찰 한계에 도달하였다고 판단하여 바퀴 미끄럼 방지 제동 장치의 제어만 실행한다.
④ 그 밖의 경우 브레이크 페달을 밟았을 때에는 제동이 우선되어야 하므로 제어는 바퀴 미끄럼 방지 제동 장치 → 차체 자세 제어 장치 → 자동 감속 제어 순서로 제어한다.
⑤ 밸브 릴레이가 OFF일 때에는 제어를 하지 않는다.
⑥ 실제 제동 감속 제어는 추적(trace) 제어만 된다.

4 타이어 공기 압력 저하 경보

① 타이어의 공기 압력이 부족하면 타이어 지름이 작아진다.
② 차체 자세 제어 장치 컴퓨터는 휠 스피드 센서의 신호를 분석하여 타이어 지름의 변화를 검출한다.
③ 타이어 지름의 변화를 검출하면 TPW(Tire Pressure Warning) 경고등을 점등하여 운전자에게 경보한다.

21 제동성능

학/습/목/표
1. 제동거리에 대하여 설명할 수 있다.
2. 제동 경과 및 제동거리 산출 공식에 대하여 설명할 수 있다.
3. 제동 성능에 영향을 미치는 인자에 대하여 설명할 수 있다.

1 제동거리

제동 장치의 능력이 아무리 크다 해도 얻을 수 있는 최대 제동력은 타이어와 노면과의 마찰력에 의해 결정되며 모든 바퀴가 고착되었을 때 제동 거리는 다음 공식이 성립된다.

$$\frac{W}{g} = \frac{V^2}{2 \times \mu \times W \times L} \quad \cdots\cdots\cdots (1)$$

여기서, W : 차량 총 중량(kgf)   g : 중력 가속도 (9.8 m/s)   V : 제동 초속도(m/s)
L : 정지거리(m)   μ : 타이어와 노면과의 마찰 계수

(1) 공식에서 다음과 같이 얻을 수 있다.

$$L = \frac{V^2}{2 \times \mu \times g} \quad \cdots\cdots\cdots (2)$$

마찰 계수 μ의 값은 포장도로에서는 0.5~0.7이며, 타이어가 회전하면서 제동되는 경우와 완전히 고착되었을 때에는 그 값이 달라져 아래 그림과 같이 된다. 아래 그림의 미끄럼율은 다음 공식에 따라 구한 것이다.

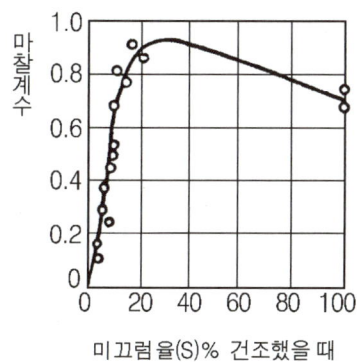
미끄럼율(S)% 건조했을 때

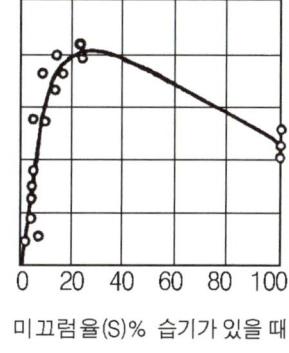
미끄럼율(S)% 습기가 있을 때

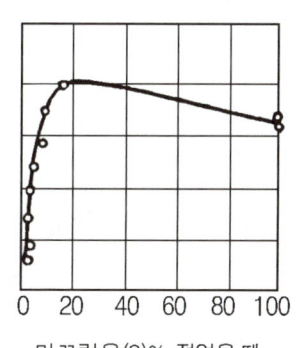
미끄럼율(S)% 젖었을 때

❖ 노면과 타이어와의 마찰 계수

$$\text{미끄럼율} = \frac{V - WR}{V} \times 100 \quad \cdots \cdots (3)$$

여기서, V : 자동차의 주행 속도   W : 타이어의 회전 각속도
         R : 타이어의 반지름   WR : 타이어의 주 속도

마찰 계수 μ는 미끄럼율이 30~40% 부근에서 최대가 되고 그 이후에는 급격히 감소하는 경향이 있다. 또 마찰 계수 μ는 타이어를 고착시켰을 때보다도 어느 정도 회전시키면서 제동하였을 때 감속도가 커지고 제동 거리도 단축되는 것을 알 수 있다. 제동된 브레이크 드럼에 발생하는 제동 회전력(brake torque)은 다음 공식으로 근사하게 표시된다.

$$T_B = \mu \times P \times r \quad \cdots \cdots (4)$$

여기서 T_B : 제동 회전력 μ : 브레이크 드럼과 라이닝의 마찰 계수
         r : 브레이크 드럼의 반지름   P : 브레이크 드럼에 걸리는 전 제동력

$$\text{제동력} = \frac{T_B}{R} = \frac{\mu \times P \times r}{R} \quad \cdots \cdots (5)$$

위 공식에서 P는 라이닝의 면적과 휠 실린더의 압착력에 비례하는 것이고, 휠 실린더에서 발생되는 힘은 페달을 밟는 힘과 페달의 지렛대 비율, 마스터 실린더와 휠 실린더의 면적 비율 등에 따라 결정된다. 구조상 페달 밟는 힘, 지렛대 비율은 그렇게 크게 할 수 없다. 제동거리는 (2)공식과 같이 표시되나 실제 측정에 의한 측정값이 있으면 다음의 공식으로 각 속도에 있어서의 제동 거리를 비교적 정확하게 구할 수 있다.

$$Ls = Lo \left(\frac{Vs}{Vo}\right)^2 \quad \cdots \cdots (6)$$

여기서, Ls : Vs km/h에 있어서의 제동거리   Lo : 실제 측정값
         Vo : 실제 측정할 때의 속도   Vs : Ls를 산출하려고 하는 속도

2 제동 경과

운전자가 위험을 느끼고 제동 조작을 하여 자동차가 정지할 때까지의 경과는 다음과 같이 나누어 생각할 수 있다.

1 반응 시간

운전자가 제동하지 않으면 안될 위험한 상태, 또는 신호를 눈 또는 귀로 느끼고 실제로 동작을 시작할 때까지 소요되는 시간이며, 일반적으로 0.4~0.5초 정도라고 한다.

2 페달 바꿔 밟기 시간

운전자의 발이 액셀러레이터 페달에서 브레이크 페달로 이동될 때까지 소요되는 시간이며, 페달의 위치에

따라 영향을 받으나 일반적으로 0.2~0.3초 정도라 한다.

3 페달 밟기 시간

브레이크 페달에 운전자의 발이 이동되어서부터 제동 회로 내의 유압이 상승하기 시작할 때까지의 소요 시간이며, 페달 간극, 브레이크 슈와 드럼의 간극 등에 영향을 받으나 일반적으로 0.1~0.2초 정도라 한다.

4 과도 제동 및 주요 제동

제동 회로 내의 유압이 상승하기 시작하여 제동력이 발생하면 감속도가 생긴다. 이 제동력이 최댓값에 도달할 때까지는 어느 정도 시간이 필요하며, 이때의 상태를 과도 제동이라 하고, 제동력이 최대가 되어서부터 자동차가 정지할 때까지 사이를 주요 제동이라 한다. 아래 그림은 위의 관계를 나타낸 것이다.

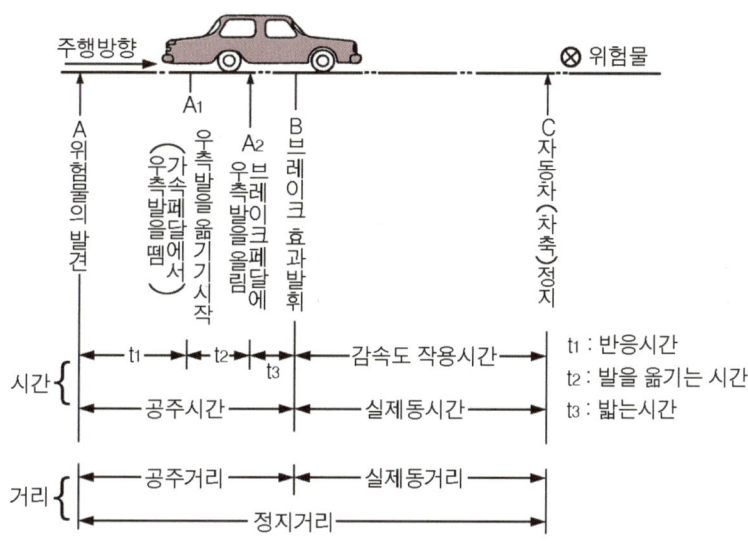

(a) 공주거리와 실제동거리

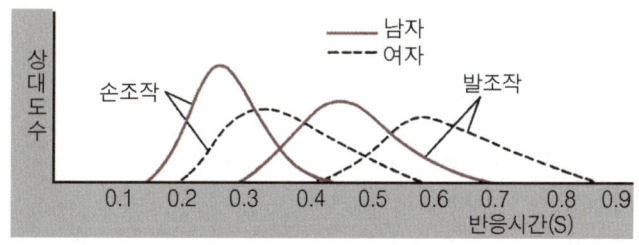

(b) 남자와 여자의 수족 반응시간 비교

:: 운전자의 동작, 시간 및 감속도의 관계

액셀러레이터 페달을 놓고서부터 제동력이 발생할 때까지의 시간을 공주시간, 이 사이에 주행한 거리를 공주거리라 한다. 또 주요 제동에서는 브레이크 페달을 일정한 힘으로 밟고 있을 때에도 위 그림에서 보인 것과 같이 제동력이 다소 변화한다. 즉, 중간에서는 브레이크 라이닝이나 드럼의 열 발생 때문에 제동력이 저하되고 정지 직전에서는 열 발생량이 감소하기 때문에 제동력이 회복된다. 정지거리는 공주거리와 제동거리를 더한 것이며, 반응 시간은 운전자에 따라 개인의 차이가 있으므로 주의하여야 한다.

1) 제동거리 산출 공식

지금 주행 속도 V(km/h)의 자동차가 제동력 F(kgf)의 작용으로 운동 거리 S(m)에서 정지하였다고 하면 그때의 일은 다음과 같다.

$$\text{자동차가 한 일} = F \times S \quad \cdots\cdots (7)$$

또 질량 m의 자동차가 속도 v(m/sec)로 운동을 하고 있을 때의 에너지는 다음과 같다.

$$\text{자동차가 가지는 에너지} = \frac{1}{2} \times m \times v^2 \quad \cdots\cdots (8)$$

그런데 질량 m은 지구의 중력 가속도 g(9.8m/s²)가 작용하여 자동차의 중량 W(kgf)가 되므로

$$\text{자동차의 질량 } m = \frac{W}{g} \quad \cdots\cdots (9)$$

가 된다. 따라서 공식 (9)를 공식 (7)에 대입하면

$$\text{자동차가 가지는 에너지} = \frac{1}{2} \times m \times v^2 = \frac{1}{2} \times \frac{W}{g} \times v^2 \quad \cdots\cdots (10)$$

이 된다.
자동차가 한 일과 운동 에너지는 같은 것이므로 공식 (7)과 공식 (10)은 같다. 즉

$$F \times S = \frac{1}{2} \times \frac{W}{g} \times v^2 \quad \cdots\cdots (11)$$

여기서, F : 제동력 (kgf)   S : 제동 거리(m)   W : 자동차의 총 중량 (kgf)
g : 중력 가속도 (9.8m/s²)   v : 자동차의 속도(m/sec)

여기서 속도 V km/h와 v(m/sec)사이에는 다음의 관계가 있다. 즉,
1km = 1000m
1h = 60sec×60 = 3600sec, 그러므로 공식 (12)와 같이 된다.

$$\text{Vkm/h} = \frac{1000}{3600} \text{V m/sec} = \frac{V}{3.6} \text{ m/sec} \quad \cdots\cdots (12)$$

운동 에너지는 속도의 제곱에 비례하므로 단위를 V로 고치기 위해 공식 (11)을 공식 (12)에 대입하면

$$F \times S = \frac{1}{2} \times \frac{W}{g} \times \left(\frac{V}{3.6}\right)^2 = \frac{1}{2} \times \frac{W}{9.8} \times \frac{V^2}{12.96}$$

이 된다. 이것을 간단히 하면

$$F \times S = \frac{W \times V^2}{254} \quad \cdots\cdots (13)$$

공식 (13)을 변형시키면

$$S = \frac{V^2}{254} \times \frac{W}{F} \quad \cdots\cdots\cdots (14)$$

공식 (14)를 제동거리의 산출 공식이라 한다. 이외에 제동을 걸면 자동차의 자체 운동을 정지시키고 동시에 동력전달 장치들을 정지시키지 않으면 안 된다. 이들을 회전 부분 상당 중량(W')이라 하며, 이것을 차량 중량에 더하여 산출되는 것이 제동거리로 다음과 같이 나타낸다.

$$제동거리 S_1 = \frac{V^2}{254} \times \frac{(W+W')}{F} \quad \cdots\cdots\cdots (15)$$

회전 부분 상당 중량(W')의 값은 다음과 같다.
- **승용 자동차** : 차량 중량의 5%(0.05W)
- **승합 및 화물 자동차** : 차량 중량의 7%(0.07W)

2) 공주거리 산출 공식

속도 V km/h, 즉 $\frac{V}{3.6}$ m/sec의 자동차가 공주시간에 주행한 거리는

거리 = 속도 × 시간이므로

공주 거리 $S_2 = \frac{V}{3.6} \times$ 공주시간(t)이 된다. 지금 공주시간을 0.1sec라 하면 공주거리는 공식 (16)과 같다.

$$공주거리 S_2 = \frac{V}{3.6} \times 0.1 = \frac{V}{36} \quad \cdots\cdots\cdots (16)$$

3) 정지거리 산출 공식

정지거리는 제동거리 S_1에 공주거리 S_2를 더한 것이므로 공식 (17)과 같다.

$$정지거리 = \frac{V^2}{254} \times \frac{(W+W')}{F} + \frac{V}{36} \quad \cdots\cdots\cdots (17)$$

3 제동 성능에 영향을 미치는 인자

일반적으로 제동 성능의 좋고 나쁨은 제동거리의 길고 짧음으로 비교되며, 제동 능력에 큰 영향을 주는 요소에는 차량총중량, 제동초속도, 바퀴의 미끄러짐 등이다.

1 차량총중량의 영향

어느 자동차에서 앞·뒷바퀴의 제동력을 같게 하고 적재량만을 증감시킬 경우 제동거리의 변화는 그림의 a 곡선과 같다. 또한 차량총중량에 비해 앞뒤 브레이크의 제동력이 충분할 때에는 b 곡선과 같이 차량총중량에는 관계가 없다. 그러나 차량총중량에 비해 앞·뒤 브레이크의 제동력이 작을 때에는 c 곡선과 같이 차량총중량 증가와 함께 거의 직선으로 제동거리가 증가한다.

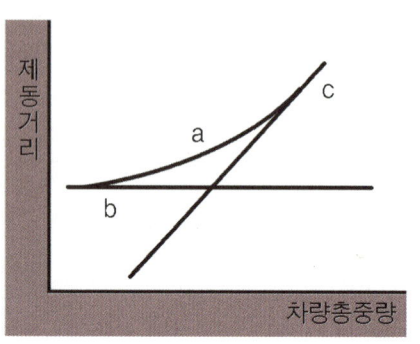

∷ 차량총중량과 제동 거리의 관계

2 제동초속도의 영향

아래 그림은 어느 자동차에서 앞·뒤 브레이크의 제동력을 같게 하고 여러 가지 시험 속도로 시험한 결과이다. 그림에서 알 수 있듯이 제동초속도 25km/h에서 제동하였을 경우 시간 t = 1.59초에서 b = 5 m/s²의 감속도를 얻었고, 또 제동초속도 55km/h에서는 b = 5 m/s²의 감속도를 얻기 위해 3.3초의 시간을 필요로 한다. 이와 같이 제동초속도가 클수록 일정한 감속도를 얻는데 요구하는 시간이 길어져 제동거리가 길어진다.

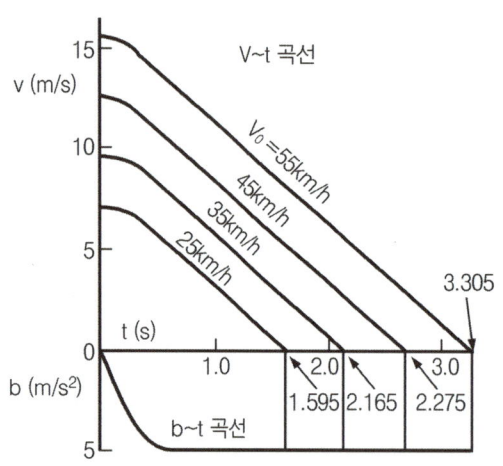

∷ 주행속도-시간, 감속도-시간 곡선

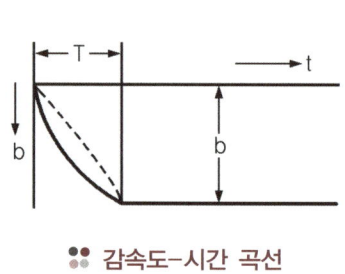

∷ 감속도-시간 곡선

지금 제동초속도에서의 제동거리 So를 측정할 수 있다면 감속도의 시간적 변화는 위 그림(감속도-시간)과 같으며, 곡선을 직선으로 가정하여

$$b ≒ \frac{V_o^2}{2\left(S_o - \frac{V_o}{2} \times T\right)} \quad \cdots\cdots (18)$$

여기서, b : 감속도가 일정하게 될 때의 최대값   T : 감속도가 일정하게 될 때까지의 시간

따라서 임의의 초속도 V에 대한 제동거리 S는

$$S = \left(\frac{V}{Vo}\right)^2 \left(So - \frac{Vo}{2} \times T\right) + \frac{V}{2} \times T \quad \cdots\cdots (19)$$

이 공식에 의해 매우 정확한 제동거리를 산출할 수 있다. 또한 공식 (19)에서 T = 0으로 하면

$$S = \left(\frac{V}{Vo}\right)^2 \times So \quad \cdots\cdots (20)$$

가 되며 간단하게 제동거리를 구할 수 있다.

3 바퀴의 미끄럼율

브레이크 작동 중 바퀴와 노면 사이의 마찰계수를 브레이크 저항계수라 하며, 이 값은 그림(브레이크 저항계수와 미끄럼율)에서 미끄럼율 S = 0.2~0.3일 때 최대가 된다. 이것은 브레이크 페달을 완전히 밟아 바퀴가 고착시키는 것보다 바퀴를 어느 정도 회전시키면서 브레이크를 작동시키는 것이 브레이크 효과가 좋으며, 제동거리도 단축되는 것을 의미한다.

이와 같이 제동 효과를 향상시키기 위해서는 아래 그림(효과적인 제동 방법)과 같이 가능한 빨리 제동력의 최대 위치까지 브레이크 페달을 밟은 후 밟는 힘을 약간 늦추는 것이 적당하지만 이렇게 페달 밟는 힘을 가감시키는 것(이것을 펌핑 브레이크라 함)은 매우 어렵다.

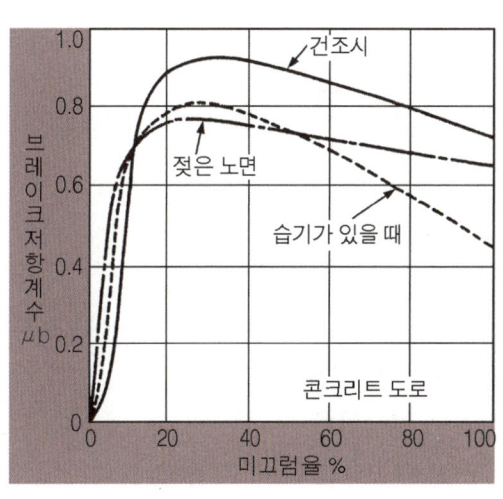

∷ 브레이크 저항 계수와 미끄럼율

이상적인 미끄럼율을 얻기 위해서는 브레이크 페달을 초당 여러 번 작동시킬 수 있다면 즉, 펌핑 브레이크 작용과 같은 페달 밟는 힘을 가감시키면 가능하다. 그러나 인간의 능력으로는 불가능하므로 ABS와 같은 장치들이 실용화되고 있다.

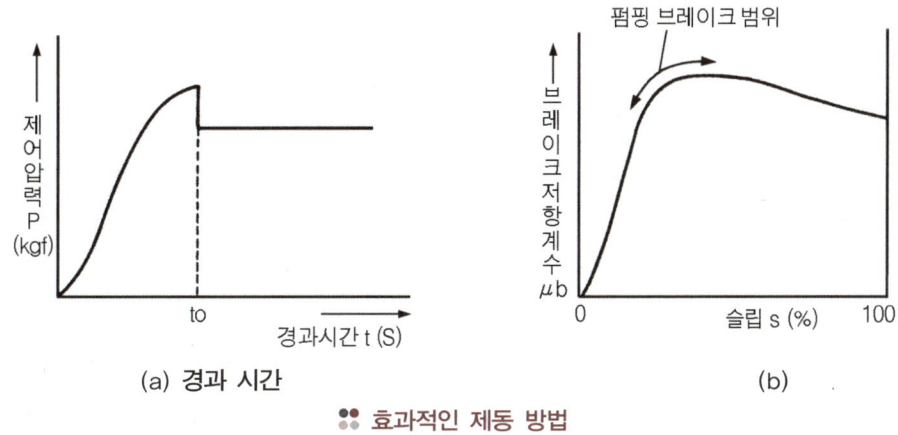

∷ 효과적인 제동 방법

22 프레임 및 보디 (Frame & Body)

학/습/목/표
1. 프레임의 기능에 대하여 설명할 수 있다.
2. 보통 프레임의 구조 및 특성에 대하여 설명할 수 있다.
3. 특수 프레임의 종류와 특성에 대하여 설명할 수 있다.
4. 모노코크 보디의 장점에 대하여 설명할 수 있다.
5. 모노코크 보디의 단점에 대하여 설명할 수 있다.
6 안전 보디의 구조에 대하여 설명할 수 있다.

1 프레임 Frame

프레임은 자동차의 섀시를 구성하는 각종 장치 및 보디를 설치하는 부분이며 설치한 부품, 차체에서 전달되는 하중, 앞뒤 차축의 반발력 등을 지지한다.

프레임은 자동차가 주행할 때 노면으로부터의 충격과 적재 하중에 의하여 발생하는 힘, 비틀림, 인장, 진동 등에 대하여 충분히 견딜 수 있는 강도와 강성을 지니며 동시에 가벼워야 한다. 프레임은 그 구조에 따라 다음과 같이 분류한다.

① **보통 프레임** : H형 프레임, X형 프레임
② **특수 프레임** : 백본 형 프레임, 플랫폼 형 프레임
③ **일체형**

프레임은 자동차의 용도, 구동 방식, 현가장치의 종류 등에 따라 알맞은 형식의 것이 사용된다.

 1-1. 보통 프레임

이것은 그림에 나타낸 바와 같이 2개의 세로 멤버(side member)와 몇 개의 가로 멤버(cross member)를 조합한 것이며, 세로 멤버와 가로 멤버만으로 조합한 것을 **H형 프레임**이라 하고, 가로 멤버를 X형으로 배열한 것을 **X형 프레임**이라 한다. 세로 멤버는 일반적으로 연한 강철판을 프레스 가공한 채널(channel)이 사용되고 그 열린 부분을 안쪽으로 하여 가로 멤버와 조합되어 있다.

화물자동차용의 프레임은 윗면이 동일 평면으로 된 직선 프레임이며, 승합자동차나 승용자동차에서는 바닥을 낮추기 위해 차축 설치 부분에 킥업(kick up)을 두고 있다. 세로 멤버와 가로 멤버의 단면은 채널 이외에 무게를 가볍게 하고 또한 비틀림 강도를 크게 하기 위하여 여러 가지 단면의 것을 사용한다. 그리고 세로 멤버와 가로 멤버의 결합 부분에는 보강판을 대고 용접을 하거나 리벳되어 있다.

1 H형 프레임의 특징

H형 프레임은 제작하기 쉽고, 굽음에 대한 강도가 크기 때문에 많이 사용된다. 그러나 비틀림 강도가 X형 프레임에 비해 약한 결점이 있어 가로 멤버의 설치 방법이나 단면 형상 등에 많은 고려가 되어 있다.

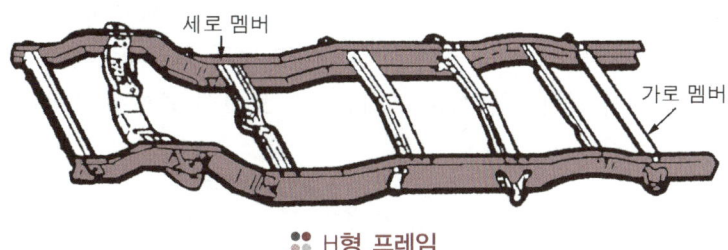

❋ H형 프레임

2 X형 프레임의 특징

X형 프레임은 비틀림을 받았을 때 X 멤버가 굽힘 응력을 받도록 하여 프레임 전체의 강성을 높이도록 한 것이며, 그림과 같이 구성되어 있다. X형 프레임은 그 구조가 복잡하고 섀시 각 부품과 보디 설치에 어려운 점이 있으나 예전의 승용자동차에서 비교적 많이 사용되었다.

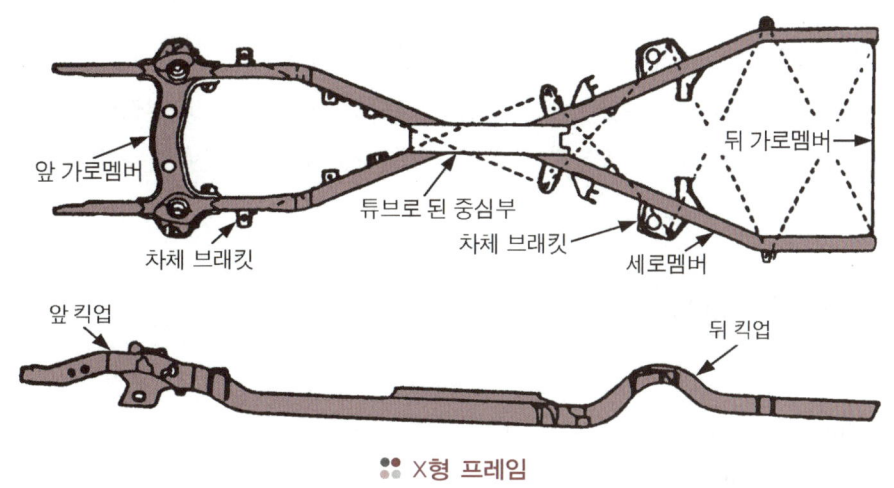

❋ X형 프레임

1-2. 특수 프레임

보통 프레임은 굽음에 대해서는 알맞은 구조로 되어 있으나 비틀림 등에 대해서는 부적합 하며, 또한 무게를 가볍게 만들기도 어렵다. 특수 프레임은 무게를 가볍게 하고 또 자동차의 중심을 낮게 할 목적으로 만들어진 것이며, 제작 상의 불편은 있으나 예전 승용자동차 등에서 주로 사용되었다. 특수 프레임의 종류에는 다음과 같은 형식의 것이 있다.

1 백본 형 back bone type

백본 형 프레임은 1개의 두꺼운 강철 파이프를 뼈대로 하고 여기에 엔진이나 보디를 설치하기 위한 가로 멤버나 브래킷(bracket)을 고정한 것이며, 뼈대를 이루는 세로 멤버의 단면은 일반적으로 원형으로 되어 있다. 이 프레임을 사용하면 바닥 중앙 부분에 터널(tunnel)이 생기기는 하지만 세로 멤버가 없기 때문에 바닥을 낮게 할 수 있어 자동차의 전체 높이 및 중심이 낮아진다.

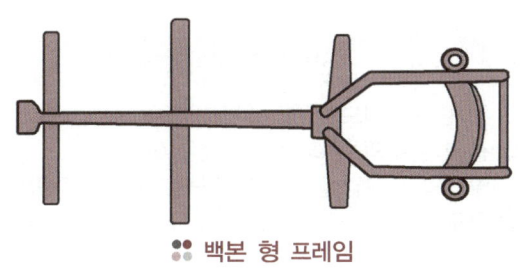

❋ 백본 형 프레임

2 플랫폼 형 platform type

플랫폼 형 프레임은 프레임과 차체의 바닥을 일체로 만든 것이다. 외관상으로는 H형 프레임과 별로 다른 것이 없는 것 같이 보이나 차체와 조합되면 상자 모양의 단면이 되어 차체와 함께 비틀림이나 굽음에 대해 큰 강성을 보인다. 플랫 폼 형은 프레임리스 보디의 과도적 존재라고도 할 수 있다.

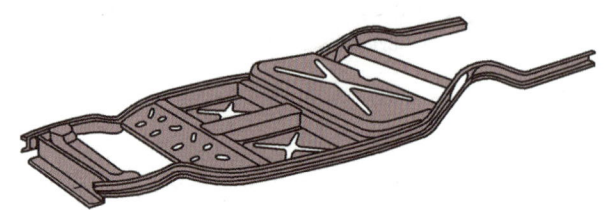
❖ 플랫폼 형 프레임

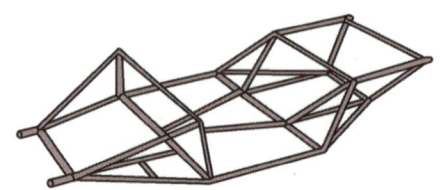
❖ 트러스 형 프레임

3 트러스 형 truss type

트러스 형 프레임은 스페이스 프레임(space frame)이라고도 부르며 지름 20~30mm의 강철 파이프를 용접한 트러스 구조로 되어 있다. 트러스 형은 무게가 가볍고 강성도 크나 대량 생산에는 부적합하다. 일반적으로 스포츠 카, 경주용 자동차와 같이 소량 생산이고 또한 높은 성능이 요구되는 자동차에서 사용된다.

2 모노코크 보디 monocoque body

모노코크 보디(monocoque body) 보디는 일체 구조, 유니 보디(unitized body)라고도 부르며, 이것은 프레임과 차체를 일체로 제작한 것으로 세로 멤버나 가로 멤버를 두지 않고 차체 전체로서 하중을 분담하도록 한 것이다.

이 방식에 따르면 차체의 무게를 줄일 수 있고 강도도 증가시키며 또한 차체 바닥의 높이를 낮출 수 있다. 현재 대부분의 승용자동차에

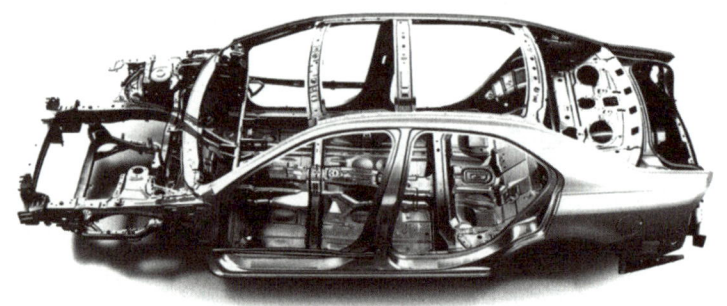
❖ 모노코크 보디

서 사용하고 있다. 프레임리스 보디에서는 차체 단면이 상자형으로 제작되며 곡면을 이용하여 강도가 증가되도록 조립되어 있다. 또한 현가장치나 엔진 설치 부분과 같이 하중이 집중되는 부분은 작은 프레임을 두어 이것을 통하여 차체 전체로 분산이 되도록 하고 있다.

모노코크 보디의 장점	모노코크 보디의 단점
① 일체 구조이므로 휨, 비틀림 등에 잘 견딘다. ② 충격 흡수의 효과가 커 안전성이 높다. ③ 별도의 프레임을 두지 않으므로 차량의 중량이 가볍다. ④ 구조상 바닥면이 낮아지므로 실내 공간이 넓다. ⑤ 얇은 강판을 점 용접법으로 제작하므로 정밀도가 높고 생산성이 좋다.	① 주행 장치로부터의 소음과 진동이 차체에 전달되기 쉽다. ② 엔진과 현가장치 지지방법 등에 기술을 요한다. ③ 충돌에 의한 보디의 손상 상태가 복잡하여 복원 수리가 까다롭다. ④ 충격력에 대한 저항력이 프레임 형식보다 낮다.

3 안전 보디 safety body

1 안전 보디의 구조

사고를 일으켜 자동차가 파손되어도 탑승자의 생명을 지키는 구조의 안전 보디 자동차가 세계적으로 보급되고 있다. 캐빈의 앞·뒤를 크러셔블 존(crushable zone)으로 하여 에너지의 절반 이상을 흡수하는 구조이다. 또한 보행자가 자동차에 부딪혀 튕겨나갔을 때에도 상해의 정도를 가볍게 하는 구조의 자동차가 등장하고 있다.

안전(충격 흡수) 보디의 구조

캐빈은 단단한 구조로 하고 필러나 루프 사이드 레일에 수지 리브를 설치함으로써 리브가 찌부러져 탑승자 머리 부분의 충격을 완화시키는 구조로 되어있다. 또한 도어 및 사이드 도어 빔으로 캐빈의 변형을 최소한으로 억제할 수 있다.

캐빈의 측면에서 충돌되는 경우를 위해 도어에는 사이드 빔이나 보강 사이드 패널을, 인스트루르먼트(instrument) 패널에는 보강 봉을 설치하고 보디의 플로어 크로스 멤버, 도어 개구부 부근이나 루프 패널 등에 린포스먼트(강화 부재)를 사용한 흡수 구조로 하고 있다.

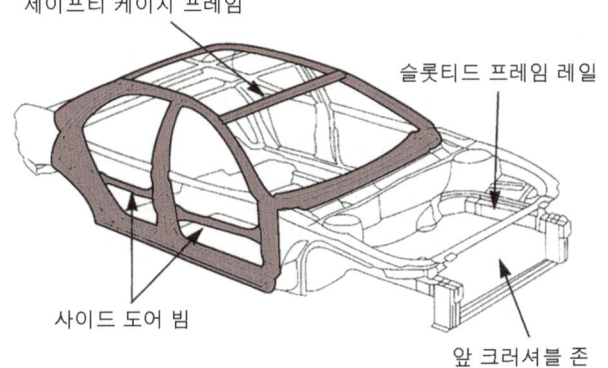

캐빈의 안전 강화 부분

센터 필러는 초고장력 강판을 사용하여 판 두께를 최적화함으로써 캐빈의 변형을 억제한다. 바닥의 측면으로부터의 충격은 로커 패널 내에 벌크 헤드나 보강재로 충돌 에너지를 흡수하여 분산시킨다.

2 충격 에너지의 흡수

정면으로부터의 충격 에너지는 앞 범퍼→앞 사이드 멤버→사이드 멤버 엔드→캐빈으로 전달되기 때문에 앞 보강 범퍼를 초고장력의 강판을 상자형태의 단면으로 하여 강도를 확보하고 충돌 에너지를 좌우의 앞 사이드 멤버로 분산한다.

앞 사이드 멤버는 스트레이트 형상으로 하여 끝 부분에 변형 비드, 중간은 린포스먼트(reinforcement)를 효과적으로 배치한다. 이것으로 압축 붕괴(주름상자의 형태로 찌부러짐)되기 쉬운 구조로 하여 충돌 에너지를 흡수한다. 그리고 앞 사이드 멤버 뒤 끝 부분의 프레임 엔드를 주름상자의 형태로 찌부러트려서 에너지를 분산시키고 캐빈에서 에너지를 흡수함으로서 탑승자의 안전을 지키게 된다.

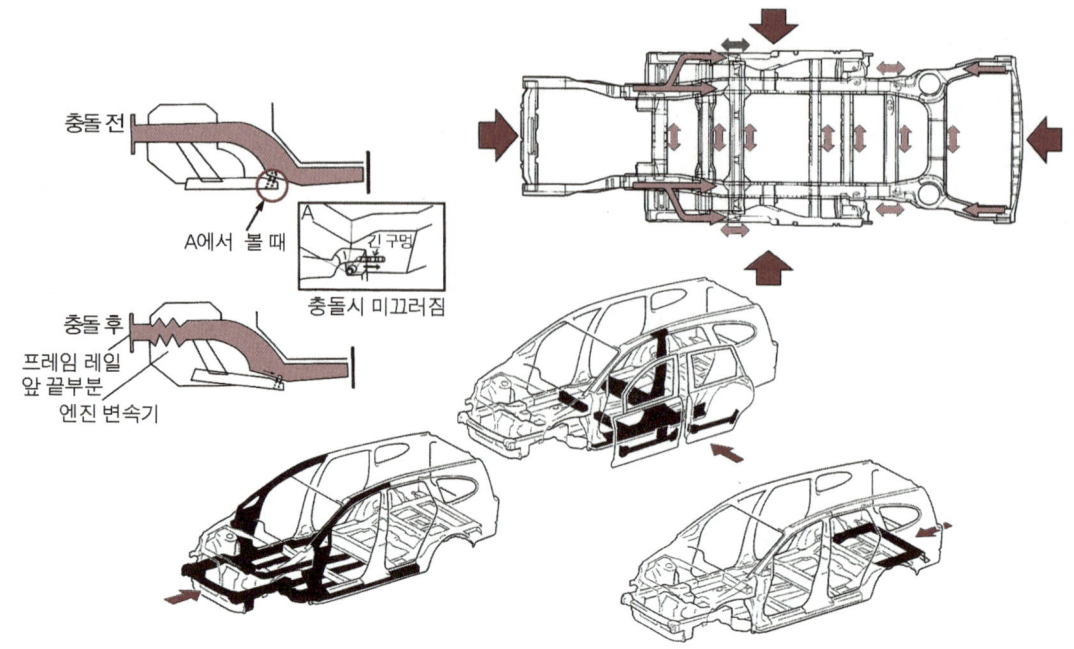

★★ 충격 에너지 흡수 보디의 구조

3 보행자 상해 경감 보디

보행자와의 충돌을 상정하여 보디의 보닛(bonnet)이나 앞 펜더 등을 충격 흡수 구조로 함으로서 상해를 조금이라도 경감되도록 한 것으로 보닛 프레임은 편평하게 하여 엔진 등의 기계부분과 보닛과의 공간을 확보한다. 보행자 머리 부분의 보호를 위해서 보닛 힌지(hinge)에는 충격을 받으면 가로 방향으로 휘어지는 부분을 장치함으로써 에너지를 흡수한다. 앞 펜더부에서는 설치 부분의 프레임을 변형되기 쉽게 함으로서 충격을 흡수한다. 와이퍼 브래킷은 충격을 받으면 브래킷(bracket) 부분이 떨어지도록 되어 있으며, 프런트 범퍼도 패드나 공간을 둠으로서 대응할 수 있도록 하고 있다.

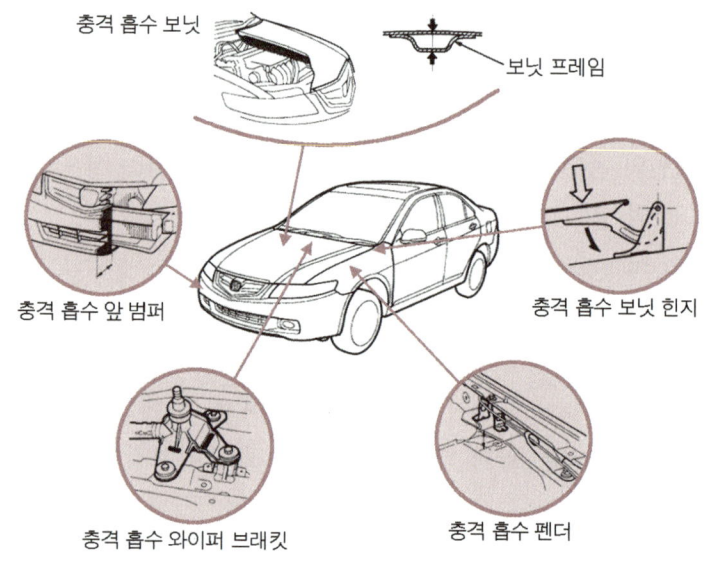

★★ 보행자 상해 경감 보디 부분

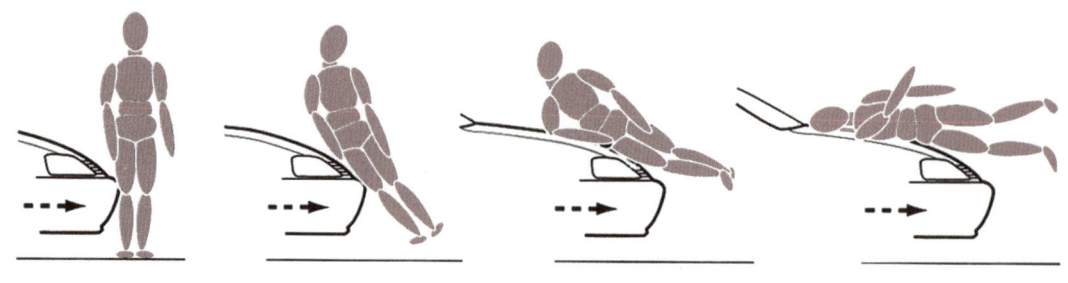

★★ 보행자의 충격 진행 상황 실험

23 TPMS & EPB

학/습/목/표
1. 타이어 공기압 경고 시스템에 대하여 설명할 수 있다.
2. TPMS의 종류에 대하여 설명할 수 있다.
3. TPMS 구성부품의 기능에 대하여 설명할 수 있다.
4. 전자 주차 브레이크 장치에 대하여 설명할 수 있다.
5. 전자 주차 브레이크 장치의 특징에 대하여 설명할 수 있다.
6. 전자 주차 브레이크 장치의 구성 부품의 기능에 대하여 설명할 수 있다.
7. 전자 주차 브레이크 장치의 제어에 대하여 설명할 수 있다.

1 타이어 공기 압력 경고 시스템의 개요

안전운전에 영향을 줄 수 있는 타이어의 압력변화를 운전자에게 알려주기 위하여 타이어 압력이 규정압력 이하로 저하되면 클러스터의 경고등을 통해 표시해주는 시스템이다. 미국에서는 2007년 9월 1일부터 도로교통안전국(NHTSA ; National Highway Traffic Safety Administration)의 법규 제정에 따라 모든 차량의 TPMS(Tire Pressure Monitoring System) 장착이 의무화 되었지만 국내에서는 관련 법규의 제정이 없으며, 고급형 차종에 장착하는 추세이다.

2 TPMS의 종류 및 구성

2-1. TPMS Tire Pressure Monitoring System의 종류

1 간접 방식

간접 방식의 타이어 공기 압력 경고 시스템은 ABS의 휠 스피드 센서 신호를 유선 통신으로 입력하면 바퀴의 회전수 차이를 비교 연산하여 타이어의 공기 압력상태를 검출하는 방식이다. 따라서 실제의 타이어 공기 압력과 차이가 발생하며, 계산 값 또한 정확하지 않은 단점이 있다. 오프로드 및 비포장도로 주행 시 타이어의 공기 압력을 정확하게 측정하기는 더욱 어렵다. 이 방식은 국내 및 해외의 자동차 제작사가 일부 사용하였으나 현재는 사용하지 않는다.

2 직접 방식

현재 대부분의 자동차에서 사용하고 있는 방식으로 타이어의 공기 주입구에 공기 압력을 계측할 수 있는 센서를 장착하여 공기의 압력을 직접 측정함으로써 정확성이 높은 장점이 있다. 승용자동차에서 사용하는 튜브리스 타이어 방식은 공기 주입구를 제거하고 공기 압력 센서를 장착하는 형식을 이용하며, 대형트럭과 버스에서 사용하는 튜브 타이어 방식은 공기 주입구의 캡에 압력 센서를 장착하는 형식을 사용한다.

직접 방식은 무선 통신을 이용하여 센서와 리시버간의 통신으로 모니터링 할 수 있다. 이때 사용하는 무선 주파수는 국내와 유럽은 433Mhz를 미국은 315Mhz를 사용하며, 전파간의 간섭과 에러율에 따른 신뢰성이 문제되었지만 기술의 개발로 인하여 안전성이 확보되었다. 하지만 타이어 교환시와 발열 온도에 따라 파손될 수 있는 단점이 있다.

2-2. TPMS의 구성

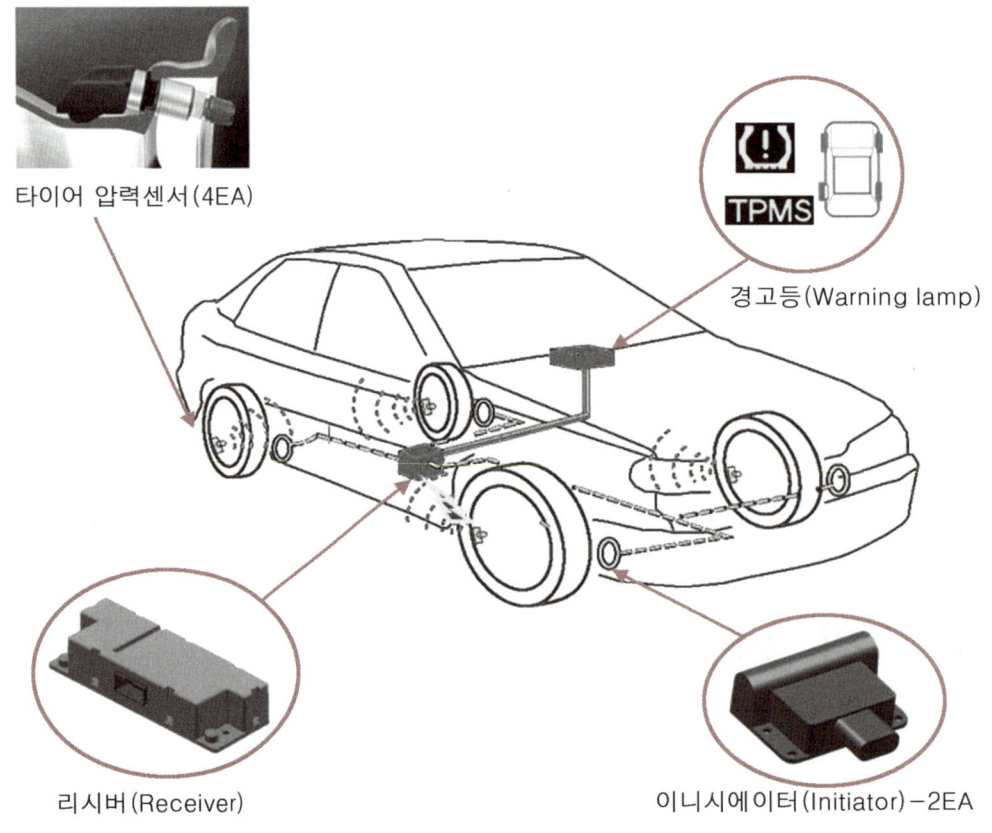

:: TPMS의 구성

1 타이어 압력 센서 Pressure Sensor

타이어의 휠 밸런스를 고려하여 약 30~40g 정도의 센서로서 휠의 림(Rim)에 있는 공기 주입구에 각각 장착되며, 바깥쪽으로 돌출된 알루미늄 재질부가 센서의 안테나 역할을 한다. 센서 내부에는 소형의 배터리가 내장되어 있으며, 배터리의 수명은 약 5~7년 정도이지만 타이어의 사이즈와 운전조건에 따른 온도의 변화 때문에 차이가 있다.

타이어의 위치를 감지하기 위해 이니시에이터로부터 LF(Low Frequency) 신호를 받는 수신부가 센서 내부에 내장되어 있으며, 압력 센서는 타이어의 공기 압력과 내부의 온도를 측정하여 TPMS 리시버로 RF(Radio Frequency)전송을 한다. 배터리의 수명 연장과 정확성을 위하여 온도와 압력을 항시 리시버로 전송하는 것이 아니라 주기적인 시간을 두고 전송한다.

각각의 센서는 고유의 ID값을 가지고 있기 때문에 센서를 교환하거나 또는 타이어의 위치를 변경하였을 경우 변경된 ID값을 리시버에 등록하여야 한다. 타이어의 압력 센서는 외부와 유선으로 연결되어 있지 않기 때문에 센서 단품의 이상 유무를 기존의 멀티미터나 파형으로 점검할 수 없으며, 무선으로 별도의 진단장비와 통신을 하여 센서의 ID값을 읽거나 센서가 측정한 데이터 값을 확인할 수 있다.

∷ 타이어 압력 센서

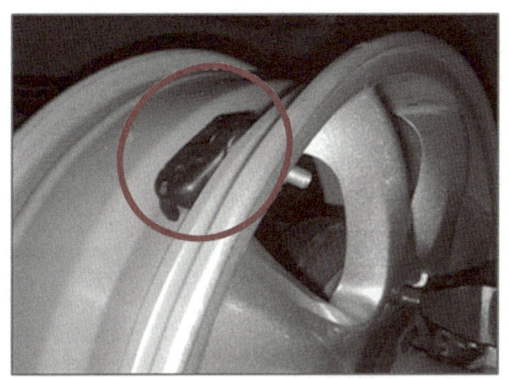

∷ 타이어 압력 센서의 장착 위치

2 이니시에이터 Initiator

이니시에이터는 TPMS의 리시버와 타이어의 압력 센서를 연결하는 무선통신의 중계기 역할을 한다. 차종에 따라 다르지만 자동차의 앞·뒤에 보통 2개~4개 정도가 장착되며, 타이어의 압력 센서를 작동시키는 기능과 타이어의 위치를 판별하기 위한 도구이다.

3 리시버 Receiver

리시버는 TPMS의 독립적인 ECU로서 다음과 같은 기능을 수행한다.

∷ 이니시에이터

① 타이어 압력 센서로부터 압력과 온도를 RF(무선 주파수) 신호로 수신한다.
② 수신된 데이터를 분석하여 경고등을 제어한다.
③ LF(저주파) 이니시에이터를 제어하여 센서를 Sleep 또는 Wake Up 시킨다.
④ 시동이 걸리면 LF 이니시에이터를 통하여 압력 센서들을 '정상모드' 상태로 변경시킨다.
⑤ 차속이 20km/h 이상으로 연속 주행 시 센서를 자동으로 학습(Auto Learning)한다.

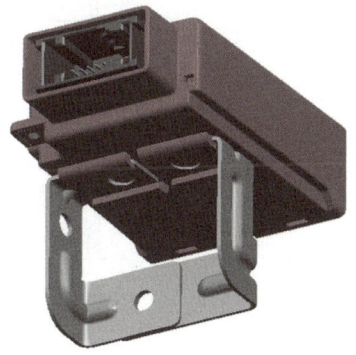

∷ 리시버

⑥ 차속이 20km/h 이상이 되면 매 시동시 마다 LF 이니시에이터를 통하여 자동으로 위치의 확인(Auto Location)과 학습(Auto Learning)을 수행한다.
⑦ 자기진단 기능을 수행하여 고장코드를 기억하고 진단장비와 통신을 하지만 차량 내의 다른 장치의 ECU들과 데이터 통신을 하지 않는다.

4 경고등

1) 저압 경고등

타이어 압력 센서에서 리시버에 입력되는 신호가 타이어의 공기 압력이 규정 이하일 경우 저압 경고등을 점등시켜 운전자에게 위험성을 알려주는 역할을 한다. 히스테리시스 구간을 설정하여 두고 정해진 압력의 변화 이상으로 변동되지 않으면 작동하지 않는다.

2) TPMS 램프

일종의 자기진단 경고등으로 시스템의 고장이 리시버에 기억되면 점등된다. 리시버가 정상 작동이면 키 스위치 ON 상태에서 3초 후 소등되며, 이상 발생 시는 점등 상태를 유지한다.

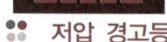
저압 경고등

TPMS 경고등

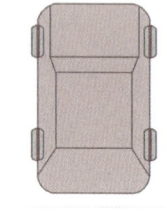
타이어 위치 경고등

3) 타이어 위치 경고등

저압 경고등과 함께 점등되며, 타이어의 압력이 규정 이하인 타이어 위치를 운전자에게 알려주는 역할을 하며, 리시버가 정상 작동일 경우 키 스위치 ON시 3초 간 점등된 후 소등된다.

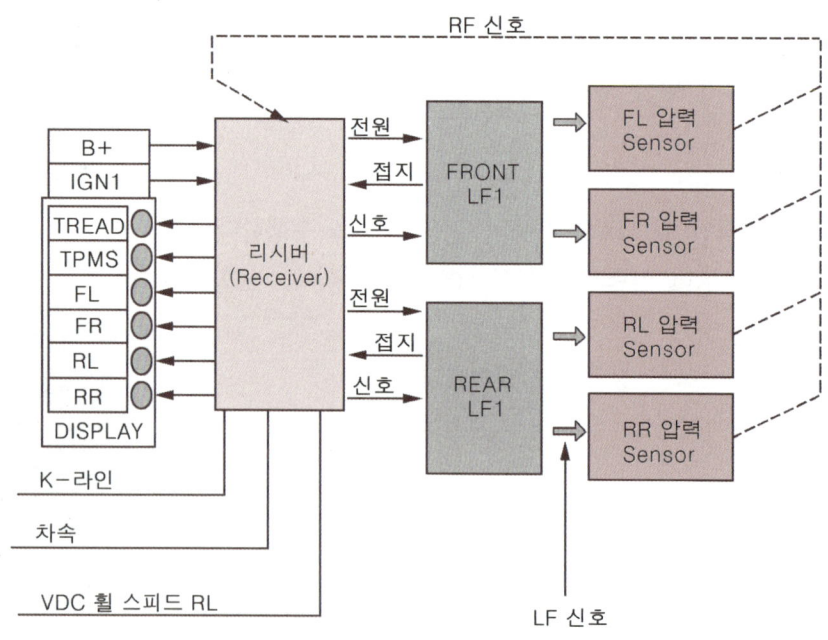
TPMS 다이어그램

3 EPB(전자 주차 브레이크 장치)

전자 주차 브레이크(EPB ; Electric Parking Brake) 장치는 운전자에 의해 주차 브레이크 레버를 작동시키거나 주차 브레이크 페달을 밟아 자동차의 정지 상태를 유지 및 안정화시키는 역할이 주 기능이다. 전자 주차 브레이크 장치는 간단한 스위치 조작으로 주차 제동을 할 수가 있으며, ESP, 엔진 ECU, TCU 등과 연계하여 자동으로 주차 브레이크를 작동시키거나 해제하고 긴급한 상황에서 제동 안정성의 확보가 가능하도록 구성된 운전자의 편의성을 증대시킨 주차 브레이크 장치이다.

전자 주차 브레이크 장치는 주차 케이블의 장력이 항상 일정하게 유지되어 케이블의 장력 조정 등이 불필요하고, 전자 주차 브레이크 장치에 고장이 발생되었을 때는 비상 해제 레버를 조작함으로써 주행이 가능하도록 되어있다.

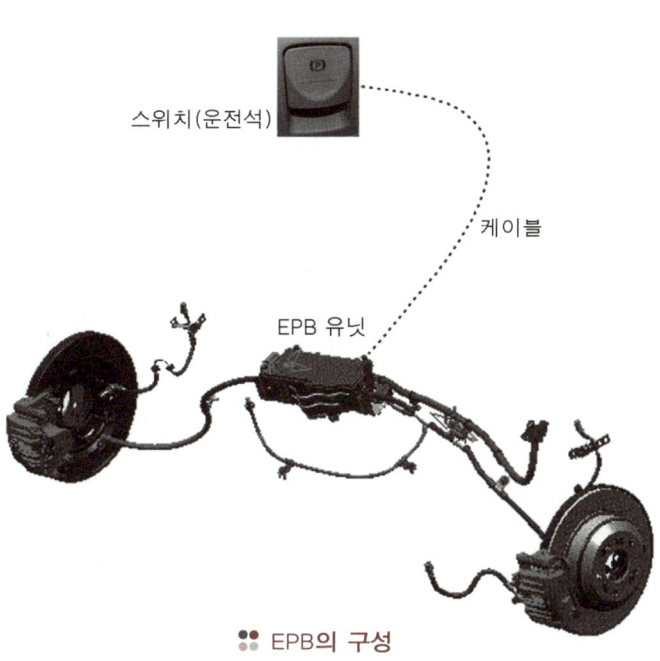

∷ EPB의 구성

1 전자 주차 브레이크 장치의 특징

① 스위치를 작은 힘으로 조작하여 작동과 해제를 한다.
② 페달이나 핸드 레버가 필요하지 않아 운전석의 공간 활용이 용이하다.
③ 비상 제동시 안정성이 향상된다.
④ 운전자의 의지와 상관없이 최대 조작력으로 작동된다.
⑤ 전자제어 시스템으로 자체적인 고장진단이 가능하다.

2 전자 주차 브레이크 장치의 구성

센서와 ECU 및 액추에이터가 일체형으로 되어 있다.

① **ECU** : EPB 관련 센서 및 스위치 신호와 CAN 통신으로 신호를 받아 연산 기능을 한다.
② **모터** : EPB를 구동하는 동력을 발생시킨다.
③ **기어박스(Gear Box)** : 좌·우의 브레이크를 동일한 힘으로 제어하며, 모터 정지시 해제 방지 기능을 한다.

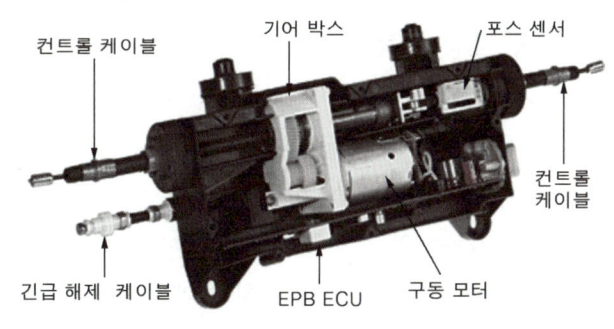

∷ EPB 유닛의 구조

④ **컨트롤 케이블(Control Cable)** : 스위치 작동시 EPB의 제동력을 좌·우측 브레이크에 전달하여 주차 제동을 시킨다.
⑤ **긴급 해제 케이블(Emergency Cable)** : 스위치 해제시 컨트롤 케이블의 주차 제동을 해제하며, 비상시에는 수동으로 릴리스 케이블 당기면 해제 된다.

⑥ **포스 센서(Force Sensor)** : 브레이크에 작동된 제동력을 실시간으로 감지하며 브레이크 디스크의 마모 상태에 상관없이 일정한 제동력을 유지시킨다.

⑦ **EPB 스위치** : EPB 스위치는 정차 모드 및 비상 제동 기능 작동시 사용되는 스위치이다. 스위치를 눌렀을 때 작동하고 당겼을 때 해제된다. 시스템의 안전성을 위하여 2중 구조로 되어 있으며, 2개의 접점이 정상적으로 입력되어야만 EPB 유닛이 작동된다.

3 전자 주차 브레이크 ECU의 입·출력

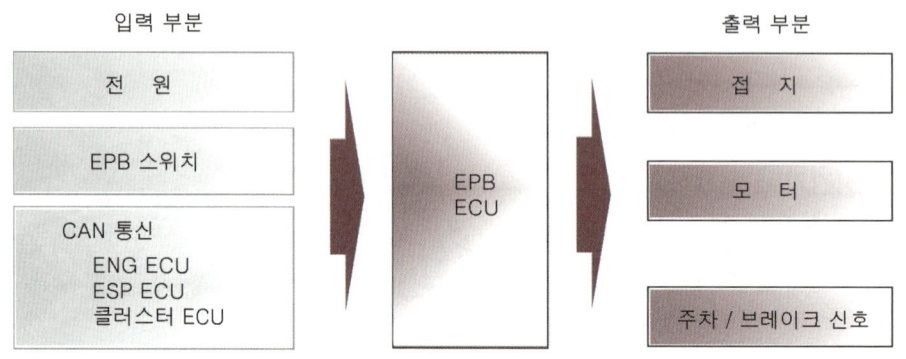

EPB 시스템의 입·출력 다이어그램

4 전자 주차 브레이크 장치의 기능

1) 정차 기능 SBM ; Static Braking Mode

정차 기능은 자동차가 정지 상태에서 작동 및 해제하는 기능을 말한다. 엔진 시동 상태에서 운전자가 주제동 장치를 조작하는 것과 상관없이 차속이 3km/h 미만 상태에서 EPB 스위치를 조작하여 작동하며, 클러스터 내의 제동 경고등이 점등된다. 해제하는 경우에는 점화 스위치 ON 상태에서 운전자가 브레이크 페달을 밟은 상태에서 EPB 스위치를 OFF 시켜야 한다.

램 프	내 용
((!))((P)) BRAKE	EPB 작동시 브레이크 램프 점등

2) 비상 제동 기능 DBF ; Dynamic Brake Function

자동차의 주행 상태에서 전자 주차 브레이크 장치의 작동 및 해제시키는 기능을 말한다. 자동차의 주행속도가 3km/h 이상의 조건에서 EPB 스위치를 누르고 있는 동안만 작동되며, EBP 스위치를 OFF시키면 비상 제동 기능이 해제된다. 또한 차체 자세 제어 장치(ESP)가 정상적으로 작동하는 경우에는 전자 주차 브레이크 장치가 ESP에 자동차의 감속을 위해 브레이크 작동을 요구하고, ESP가 비정상인 경우에는 전자 주차 브레이크 장치가 자동차의 감속을 위해 주차 브레이크를 작동시킨다.

램 프	내 용
((!))((P)) BRAKE	비상 제동 기능 작동시 점멸

3) 자동 해제 기능 DAR ; Drive Away Release

전자 주차 브레이크 장치가 작동하는 상태에서 운전자가 변속레인지를 D 또는 R 레인지로 위치시키고 액셀러레이터 페달을 작동시키면 자동으로 EPB ECU가 주차 브레이크를 해제시키는 기능을 말한다. 자동 해제 기능을 통해 경사로에서 출발할 때 브레이크의 감압 속도를 조절하여 자동차의 밀림을 방지한다.

세로 방향 G-센서로 감지하여 자동 해제 기능을 작동한다. 하지만 도어, 트렁크, 후드가 열려있는 경우와 운전석 안전벨트 미착용 신호가 입력되면 자동으로 해제되지 않는다.

4) 시동 Off 작동 기능 Engine-Off Apply

엔진의 시동이 꺼지면 자동으로 작동하는 기능을 말하며 클러스터 내의 브레이크 경고등이 점등되어 전자 주차 브레이크 시스템이 작동되었음을 운전자에게 일정시간 동안 알려주고 소등된다.

램프	내용
(!)(P) BRAKE	시동 OFF 후 일정시간 점등 후 소등됨

5) 비상 해제 기능 Emergency Release

전자 주차 브레이크 장치가 정상적인 조작으로 해제되지 않는 경우 트렁크 내의 비상 해제 케이블을 당김으로써 강제 해제시킬 수 있는 기능이다. 다른 주의사항으로는 전자 주차 브레이크 장치를 장착한 자동차는 상시 4륜구동 차량의 견인방법과 동일하게 견인차에 실어서 견인해야 한다. 만약 앞으로 견인할 경우 변속레인지의 P레인지 위치를 N 레인지 위치로, 주차 브레이크는 트렁크 내부의 비상 해제 케이블을 강제로 해제시킨 후 견인해야 고장을 방지할 수 있다.

램프	내용
EPB	EPB 스위치를 누르면 점멸한다.

6) 재 연결 기능 Latching Run

비상 해제 후 전자 주차 브레이크 장치를 첫 번째 작동할 때 최대 케이블 장력으로 주차 브레이크를 작동하면서 EPB 유닛 내부의 훅 및 클로(hook & claw)가 재 연결되어 전자 주차 브레이크 시스템이 작동한다.

7) 안전 클러치 기능 Safety Clutch

전자 주차 브레이크 장치를 보호하는 목적으로 주차 브레이크가 최대 허용 스트로크 이상 작동될 경우 기어 박스와 모터를 보호하기 위해 안전 클러치가 작동한다.

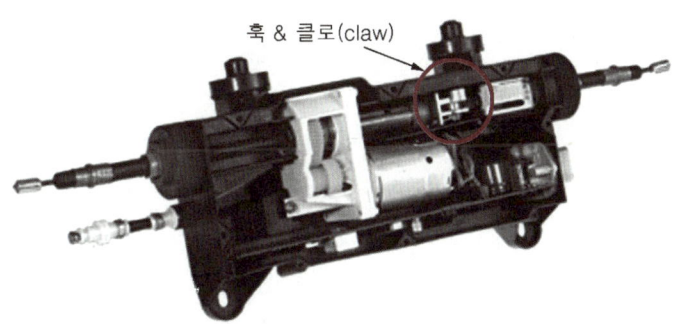

EPB 유닛 내의 훅 & 클로 위치

8) 자동 차량 홀드 기능 AVH ; Automatic Vehicle Hold

자동차가 정지할 때 자동으로 유압 브레이크를 작동하여 별도로 브레이크 페달을 밟지 않더라도 자동차의 정지 상태를 유지하는 장치이다. 이 기능은 운전자가 AVH 스위치를 ON시킨 후에 작동이 가능하다. 또한 자동차량 홀드 기능의 작동 중에 운전자가 자동차에서 이탈할 때 자동으로 자동 차량 홀드가 작동된다.

주행 후 자동차가 정차할 때마다 주차 제동장치를 작동시키는 경우 전자 주차 브레이크 장치의 내구성이 떨어지므로 차체 자세 제어 장치에 의해 유압을 이용하여 자동차를 제동한다.

5 전자 주차 브레이크 장치의 제어

전자 주차 브레이크 ECU는 CAN 통신을 통하여 차체 자세 제어 장치 ECU 및 엔진 ECU, TCU 등으로부터 관련 정보를 입력 받아 운전자의 작동 의지를 구동 모터로 작동시킨다. 모터의 구동으로 주차 케이블 구동 기어가 작동하고 주차 케이블을 당겨져 자동차를 안정되게 유지시킨다.

이때 케이블의 장력은 포스 센서가 감지하여 자동차의 조건 및 자동차의 경사도에 따라 적절한 제동력이 가해지도록 제어하므로 주차 케이블의 내구성 향상 및 간극 조정 등의 영향을 받지 않는다. 또한 전자 주차 브레이크 장치에 고장이 발생되어 전기적으로 해제되지 않을 경우 비상 해제 케이블을 당김으로써 주행이 가능하다.

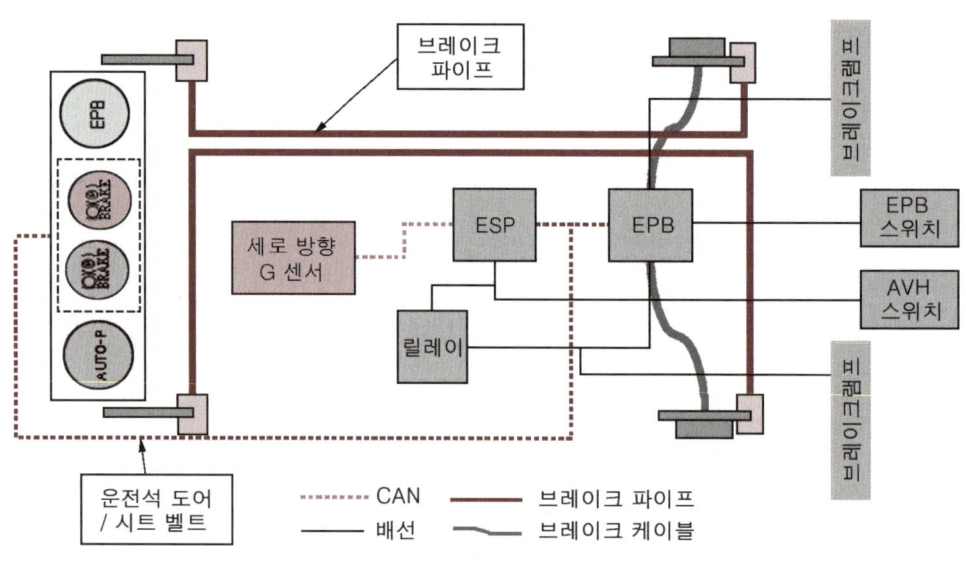

:: EPB 시스템의 구성

신 현 초 [現] 한국폴리텍 1대학 정수캠퍼스
이 병 호 [現] 경남정보대학교
정 중 호 [現] 한국폴리텍 7대학 부산캠퍼스
최 영 근 [現] 구미대학교

그린 오토섀시

초 판 발 행	2013년 3월 11일
제1판8쇄발행	2025년 3월 10일

지 은 이 | 신현초, 이병호, 정중호, 최영근
발 행 인 | 김 길 현
발 행 처 | (주)골든벨
등   록 | 제 1987—000018호   ⓒ 2013 Golden Bell
I S B N | 978-89-97571-61-1
가   격 | 22,000원

이 책을 만든 사람들

교 정 및 교 열 | 이상호　　　　　본 문 디 자 인 | 조경미, 박은경, 권정숙
제 작 진 행 | 최병석　　　　　웹 매 니 지 먼 트 | 안재명, 김경희
오 프 마 케 팅 | 우병춘, 오민석, 이강연　공 급 관 리 | 정복순, 김봉식
회 계 관 리 | 김경아

㉾ 04316 서울특별시 용산구 원효로 245(원효로1가 53-1) 골든벨빌딩 6F
• TEL : 도서 주문 및 발송 02-713-4135 / 회계 경리 02-713-4137 / 내용 관련 문의 02-713-7452 / 해외 오퍼 및 광고 02-713-7453
• FAX_ 02-718-5510   • 홈페이지_ www.gbbook.co.kr   • E-mail_ 7134135@naver.com

이 책에서 내용의 일부 또는 도해를 다음과 같은 행위자들이 사전 승인없이 인용할 경우에는
저작권법 제93조 「손해배상청구권」에 적용 받습니다.
　① 단순히 공부할 목적으로 부분 또는 전체를 복제하여 사용하는 학생 또는 복사업자
　② 공공기관 및 사설교육기관(학원, 인정직업학교), 단체 등에서 영리를 목적으로 복제·배포하는 대표, 또는 당해 교육자
　③ 디스크 복사 및 기타 정보 재생 시스템을 이용하여 사용하는 자

※ 파본은 구입하신 서점에서 교환해 드립니다.